Python 技術手冊 第四版
快速參考指南

Fourth Edition

PYTHON IN A NUTSHELL
A Desktop Quick Reference

Alex Martelli, Anna Martelli Ravenscroft,

Steve Holden, and Paul McGuire 著

黃銘偉 譯

O'REILLY®

目錄

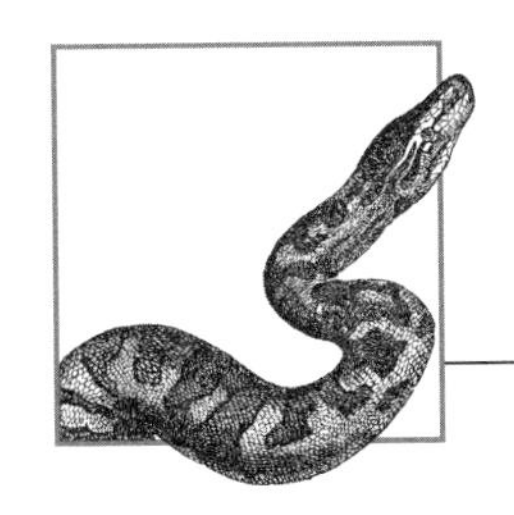

前言

Python 程式語言調和了表面上看似矛盾的許多特徵：優雅而務實、簡單卻強大，它非常高階（high-level），但在你需要擺弄位元和位元組時，並不會礙手礙腳，而且它既適合程式設計新手，對專家來說也很好。

本書的目標讀者是之前有過一些 Python 經驗的程式設計師，以及從其他語言過來，第一次接觸 Python 的程式設計老手。它提供了簡要的參考資訊，幫助讀者快速了解 Python 語言本身、其龐大標準程式庫中最常用的部分，以及一些最流行且實用的第三方模組和套件。Python 生態系統在豐富程度、涉獵範圍和複雜多樣性方面有了很大的進展，以致於百科全書式的單冊書籍不再是合理的希望。儘管如此，本書還是涵蓋了廣泛的應用領域，包括 Web 和網路程式設計、XML 處理、資料庫互動和高速數值計算。它還探討了 Python 的跨平台能力以及擴充 Python 或將其嵌入其他應用程式的基礎知識。

如何運用這本書

雖然你可以從頭開始一直線地閱讀本書，但我們希望它也能成為職業程式設計師的實用參考資料。你可以選擇使用索引來查詢感興趣的項目，或者閱讀特定的章節以了解其涵蓋的特有議題。無論你如何運用它，我們誠摯希望你喜歡閱讀這本書，它代表著我們團隊耗費一整年心血的最佳成果。

本書分為五個部分，包括以下內容。

第一部　開始使用 Python

第 *1* 章，「*Python* 簡介」

介紹 Python 語言的一般特點、它的實作（implementations）、從哪裡獲得幫助和資訊、如何參與 Python 社群，以及如何取得 Python 並在你的電腦上安裝，或是在瀏覽器中執行它。

第 *2* 章，「*Python* 直譯器」

介紹 Python 直譯器程式、它的命令列選項，以及如何用它來執行 Python 程式，或在互動式工作階段（interactive sessions）中使用它。這一章提到了用以編輯 Python 程式的文字編輯器和用來檢查 Python 原始碼的輔助程式，以及一些成熟的整合開發環境（integrated development environments），包括與標準 Python 一起免費提供的 IDLE。本章還包括從命令列執行 Python 程式。

第二部　核心 Python 語言和內建功能

第 *3* 章，「*Python* 語言」

涵蓋 Python 語法、內建資料型別、運算式、述句（statements）、流程控制，以及如何編寫和呼叫函式。

第 *4* 章，「物件導向的 *Python*」

涵蓋 Python 中的物件導向程式設計。

第 *5* 章，「型別注釋」

涵蓋如何將型別資訊添加到你的 Python 程式碼中，以便從現代程式碼編輯器獲得型別提示（type hinting）和自動完成（autocomplete）的幫助，並支援型別檢查器（type checkers）和 linter（程式碼品質檢測工具）的靜態型別檢查。

第 *6* 章，「例外」

涵蓋在錯誤和特殊情況下使用例外的方式、日誌記錄（logging），以及如何編寫程式碼在例外發生時自動進行清理工作。

第 *7* 章，「模組和套件」

涵蓋 Python 如何讓你將程式碼分類為模組和套件，如何定義和匯入模組，以及如何安裝第三方 Python 套件。本章還涵蓋使用虛擬環境（virtual environments）來隔離專案依存關係（project dependencies）的方式。

第 *8* 章，「核心內建功能和標準程式庫模組」

涵蓋內建的資料型別和函式，以及 Python 標準程式庫中一些最基本的模組（粗略地說，這個模組集合所提供的功能，在其他一些語言中是語言本身所內建的）。

第 *9* 章，「字串（*Strings*）與相關功能」

涵蓋 Python 的字串處理機能，包括 Unicode 字串、位元組字串（bytestrings）和字串字面值（string literals）。

第 *10* 章，「正規表達式」

涵蓋 Python 對正規表達式（regular expressions）的支援。

第三部　Python 程式庫和擴充模組（Extension Modules）

第 *11* 章，「檔案和文字運算」

涵蓋使用 Python 標準程式庫中的許多模組來處理檔案和文字，以及針對富文字（rich text）I/O 的特定平台擴充功能。本章還包括有關國際化（internationalization）和本地化（localization）的議題。

第 *12* 章，「續存和資料庫」

涵蓋 Python 的序列化（serialization）和續存（persistence）機制，以及它與 DBM 資料庫和關聯式（基於 SQL 的）資料庫的介面，特別是 Python 標準程式庫中便利的 SQLite。

第 *13* 章，「時間運算」

涵蓋 Python 中處理時間和日期的方式，使用標準程式庫和第三方擴充功能。

第 14 章，「自訂執行」

涵蓋在 Python 中實現進階執行控制（execution control）的方式，包括執行動態產生的程式碼和垃圾回收（garbage collection）的控制。本章還包括 Python 的一些內部型別，以及註冊「清理（cleanup）」函式以便在程式終止時執行的特殊議題。

第 15 章，「共時性：執行緒和行程」

涵蓋 Python 的共時執行（concurrent execution）功能，包括在一個行程中執行的多個執行緒（threads），以及在單一機器上執行的多個行程（processes）[1]。

第 16 章，「數值處理」

涵蓋 Python 在標準程式庫模組和第三方擴充套件中的數值計算功能；特別是如何使用十進位小數（decimal numbers）或分數（fractions）來代替預設的二進位浮點數（binary floating-point numbers）。本章還包括如何獲得並使用偽隨機（pseudorandom）數和真正的隨機數（random numbers），以及如何快速處理整個陣列（和矩陣）的數字。

第 17 章，「測試、除錯和最佳化」

本章所講述的工具和做法可以幫助你確保程式是正確的（也就是，它們做了應該做的事）、發現並修復程式中的錯誤，以及檢查並提高程式的效能。本章還包括警告（warnings）的概念和處理它們用的 Python 程式庫模組。

第四部　網路和 Web 程式設計

第 18 章，「網路基礎知識」

涵蓋使用 Python 進行網路通訊的基礎知識。

第 19 章，「客戶端網路協定模組」

涵蓋 Python 標準程式庫中用以編寫網路客戶端（network client）程式的模組，特別是用於處理客戶端的各種網路協定、傳送和接收電子郵件，以及 URL 處理。

---

1 第三版中關於非同步程式設計（asynchronous programming）的單獨章節在此版中被取消了，改在第 15 章的參考資訊中對這一日益增長的主題進行更徹底的講解。

第 *20* 章，「提供 *HTTP* 服務」

涵蓋如何在 Python 中為 Web 應用程式提供 HTTP 服務，透過流行的第三方輕量化 Python 框架，運用 Python 的 WSGI 標準介面來與 Web 伺服器互動。

第 *21* 章，「*Email*、*MIME* 和其他網路編碼」

涵蓋如何使用 Python 處理電子郵件訊息和其他網路結構化和編碼的文件（documents）。

第 *22* 章，「結構化文字：*HTML*」

涵蓋熱門的第三方 Python 擴充模組，用以處理、修改和產生 HTML 文件。

第 *23* 章，「結構化文字：*XML*」

涵蓋 Python 程式庫模組和流行的擴充功能，用以處理、修改和產生 XML 文件。

第五部　擴充、發佈（Distributing），以及版本升級和遷移（Migration）

第 24 章和第 25 章以摘要形式收錄在本書的印刷版本中，你可以在 *https://github.com/pynutshell/pynut4* 找到這些章節的全部內容。

第 *24* 章，「封裝程式和擴充功能」

介紹封裝和分享 Python 模組與應用程式的工具和模組。

第 *25* 章，「擴充和內嵌標準型的 *Python*」

介紹如何使用 Python 的 C API、Cython 和其他工具來編寫 Python 擴充模組。

第 *26* 章，「*v3.7* 到 *v3.n* 的遷移」

涵蓋為 Python 使用者規劃及部署版本升級的相關主題和最佳實務做法，這些使用者包括個人、程式庫維護者、企業範圍的部署與支援人員。

附錄，「*Python 3.7 至 3.11 的新功能和變化*」

依據版本詳細列出 Python 語法和標準程式庫的功能和變化。

本書編排慣例

全書皆使用下列慣例。

參考慣例

在函式或方法的參考條目（reference entries）中，合適的話，每個選擇性參數（optional parameter）都會使用 Python 語法 `name=value` 顯示其預設值（default value）。內建函式不必接受具名參數（named parameters），所以參數名稱可能不是很重要。某些選擇性參數最好用它們的存在或不存在來解釋，而非透過預設值。在這種情況下，我們會以方括號（brackets，`[]`）圍住它來指出該參數是選擇性的。若有多個引數是選擇性的，這些方括號可能內嵌在彼此之中成為巢狀結構。

版本慣例

本書涵蓋 Python 版本 3.7 到 3.11 的變化和功能。

Python 3.7 會作為所有表格和程式碼範例的基礎版本，除非另有說明[2]。你將看到這些記號，用以表示在涵蓋的版本範圍內新增或移除的變更和功能：

- **3.x+** 標示在 3.x 版本中引入的功能，更之前的版本中無法取用。
- **-3.x** 標示在 3.x 版本中刪除的功能，只在以前的版本中可用。

印刷體例

請注意，為了便於呈現，我們的程式碼片段和範例有時會偏離 PEP 8（*https://oreil.ly/u0RLL*）的規範。我們不建議在你的程式碼中採取這種自由的作風。取而代之，請藉由像 `black`（*https://oreil.ly/BM68x*）這樣的工具來採用一種標準的佈局風格（layout style）。

---

2 舉例來說，為了適應 Python 3.9 和 3.10 在型別注釋方面的廣泛變化，第 5 章的大部分內容都使用 Python 3.10 作為功能和範例的基礎版本。

斜體字（*Italic*）

用於檔案和目錄名稱、程式名稱、URL 以及介紹新術語。中文以楷體表示。

定寬字（`Constant width`）

用於命令列輸出和程式碼範例，以及出現在本文中的程式碼元素，包括方法、函式、類別和模組。

定寬斜體字（*`Constant width italic`*）

用於顯示程式碼範例和命令中要以使用者所提供的值來取代的文字。

定寬粗體字（**`Constant width bold`**）

用於要在系統命令列輸入的命令，或表示 Python 直譯器工作階段範例的程式碼輸出。也用在 Python 關鍵字。

此元素表示訣竅或建議。

此元素表示一般性的說明。

此元素表示警告或注意事項。

範例程式碼的使用

本書的補充資料（勘誤表、範例程式碼，以及其他額外資訊等）請由此處下載：*https://github.com/pynutshell/pynut4*。

這本書是為了協助你完成工作而存在。一般而言，本書若有提供範例程式碼，你就能在你的程式和說明文件中使用它們。除非你要重製的程式碼量很可觀，否則無須聯絡我們取得許可。舉例來說，使用本書中幾個程式碼片段來寫程式並不需要取得許可。販賣或散佈 O'Reilly 書籍的範例，就需要取得許可。引用本書的範例程式碼回答問題不需要取得許可。把本書大量的程式範例整合到你產品的說明文件中，則需要取得許可。

引用本書之時，若能註明出處，我們會非常感謝，雖然一般來說這並非必須。出處的註明通常包括書名、作者、出版商以及 ISBN。例如：「*Python in a Nutshell*, 4th ed., by Alex Martelli, Anna Martelli Ravenscroft, Steve Holden, and Paul McGuire. Copyright 2023, 978-1-098-11355-1」。

若你覺得對程式碼範例的使用方式有別於上述的許可情況，或超出合理使用的範圍，請別客氣，儘管聯繫我們：*permissions@oreilly.com*。

致謝

非常感謝 O'Reilly 的編輯和工作人員 Amanda Quinn、Brian Guerin、Zan McQuade 和 Kristen Brown。特別感謝我們的編輯 Angela Rufino，她肩負重任，確保我們按時完成了這本書！此外，感謝我們優秀的校對編輯 Rachel Head，她幫助我們看起來更博學，還要感謝我們的製作編輯 Christopher Faucher，他幫助我們確保本書在印刷和電子格式上都達到最佳效果。

感謝我們辛勤的技術審閱者 David Mertz、Mark Summerfield 和 Pankaj Gaijar，他們通讀了本書草稿中的每一段解釋和範例。沒有他們，本書就不會如此準確[3]。所有剩餘的錯誤全都算在我們頭上。

還要感謝 Luciano Ramalho、整個 PyPy 團隊、Sebastián Ramírez、Fabio Pliger、Miguel Grinberg 和 Python Packaging Authority 團隊對本書部分內容的協助，也感謝 Google 提供的實用的 Workspace 線上協作工具，若無此工具，我們合著者間的密切溝通（以及居住在不同大洲的作者之間的協調！）就會更加困難且效率低下。

最後但絕非最不重要的，作者群和本書的所有讀者都要感謝 Python 語言本身的核心開發者，沒有他們的英勇努力，這本書就不可能存在。

3 也不會有這麼多的腳註！

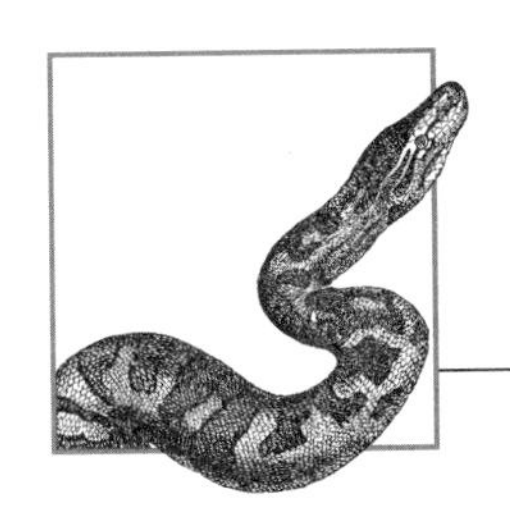

1 Python 簡介

Python 是一個廣受接納的通用程式語言（general-purpose programming language），由其創造者 Guido van Rossum 在 1991 年首次釋出。這個穩定而成熟的語言是高階、動態、物件導向和跨平台的，所有的這些都是非常吸引人的特點。Python 可以在 macOS、當前大部分的 Unix 變體（包括 Linux）、Windows 上執行，而經過一些微調後，也適用於行動平台（mobile platforms）[1]。

Python 為軟體生命週期的所有階段提供了高生產力，包括分析、設計、原型製作（prototyping）、程式碼編寫、測試、除錯、調整（tuning）、說明文件（documentation），當然還有維護（maintenance）。多年來，該語言的普及率穩步成長，在 2021 年 10 月成為 TIOBE 指數（*https://oreil.ly/qxdeK*）的排名領先者。今日，熟悉 Python 對每位程式設計師來說都是一種優勢：它已經滲透到大多數領域，在任何軟體解決方案中都能扮演有用的角色。

Python 提供了優雅、簡單、實用和強大能力的獨特組合。由於 Python 的一致性和規律性、它功能豐富的標準程式庫，以及許多可隨時使用的第三方軟體套件和工具，只要好好善用 Python，你將很快變得更有生產力。Python 很容易學習，相當適合程式設計新手，但也足夠強大，符合最精銳的專家需求。

1 對於 Android，請參考 *https://wiki.python.org/moin/Android*；對於 iPhone 和 iPad，請參閱 Python for iOS and iPadOS（*https://oreil.ly/iYnk3*）。

Python 語言

Python 語言雖非極簡主義，但基於好的實務因素，它相當精練簡要。一個語言若已提供表達某項設計概念的良好方式，那麼新增其他方式最多只能帶來中等程度的好處；然而，語言複雜度所帶來的成本，可不僅是隨著功能數目增加而上升的線性成長。複雜的語言比簡單的語言更難學習和精通（也更難以有效率地實作且不帶臭蟲）。語言的複雜化和怪異之處都會降低軟體開發的生產力，特別是在大型專案中，其中為數眾多的開發人員必須合作，而且往往維護著原本由他人所撰寫的程式碼。

Python 相當簡單，但不會過度簡化事情。它所堅持的理念是，如果一個語言在某些情境（contexts）中以特定方式動作，那麼理想上它在所有情境中都應該以類似的方式運作。Python 遵循這個原則：一個語言不應該有「方便」的捷徑、特例、臨時的例外、過於微妙的區別，或神祕且太過精巧的幕後最佳化。一個好的語言，就跟其他經過良好設計的人工製品一樣，必須以品味、常識和高度的實務性來衡量這些一般原則。

Python 是通用的程式語言，其特性在軟體開發的幾乎所有領域中都很有用。不存在 Python 無法成為解決方案一部分的領域。「一部分」在此很重要，雖然許多開發人員發現光是 Python 就能滿足他們所有的需求，但它不必單打獨鬥。Python 程式可與其他各式各樣的軟體元件相互配合，使它成為能夠整合其他語言所撰寫的元件之理想語言。從過去到現在，這個語言的設計目標之一都是它應該「play well with others（善於與人合作）」。

Python 是一個非常高階的語言（very high-level language，VHLL）。這表示 Python 使用較高階的抽象層（abstraction），與一般被稱為「高階語言（high-level languages）」的傳統編譯語言（compiled languages，例如 C、C++ 和 Rust）比起來，在概念上離底層的機器更為遙遠。Python 較為簡單，處理起來比較快（對人類及程式工具來說都是如此），而且比傳統的高階語言更有規律。這促成了較高的程式設計師生產力，並使 Python 成為強大的開發工具。傳統編譯語言的良好編譯器（compilers）可以產生執行起來比 Python 程式碼還要快的二進位機器碼。然而，在絕大多數情況下，用 Python 編寫的應用程式之效能都算充足。若遇到情況並非如此，那就套用第 17 章第 623 頁「最佳化」所講述的最佳化（optimization）技巧，改善你程式的效能，同時維持高生產力的優勢。

就語言階層而言，Python 能與其他強大的 VHLL 相媲美，如 JavaScript、Ruby 和 Perl。然而，簡單和規律性的優勢仍然在 Python 一邊。

Python 是物件導向（object-oriented）的程式語言，但能讓你同時以物件導向和程序性（procedural）風格開發程式碼，還觸及函式型程式設計（functional programming），可依照你應用程式的需求混合搭配使用。Python 的物件導向功能在概念上類似 C++ 所提供的，但用起來更為簡單。

Python 標準程式庫和擴充模組

Python 程式設計的內涵不僅限於 Python 語言：對於有效運用 Python 而言，標準程式庫（standard library）和其他擴充模組（extension modules）的重要性堪比語言本身。Python 標準程式庫提供許多設計良好、穩固的 Python 模組，便於重複使用。它所包含的模組可用於像是表示資料、處理文字、與作業系統和檔案系統互動，以及 Web 程式設計等工作，而且在 Python 支援的所有平台上都能運作。

擴充模組，不管是來自標準程式庫或其他地方的，能讓 Python 程式碼取用底層作業系統或其他軟體元件所提供的功能，例如圖形使用者介面（graphical user interfaces，GUI）、資料庫和網路通訊。擴充功能也能在計算密集的任務（computationally intensive tasks）中提供最大的速度，像是 XML 剖析（parsing）工作和數值陣列計算。然而，並非以 Python 編寫的擴充模組，不一定能夠享有純 Python 程式碼所具備的跨平台移植性。

你能以較為低階的語言撰寫擴充模組，來為你用 Python 所製作的原型（prototype）之中計算密集的小部分程式碼取得最高效能。你也能夠使用像是 Cython、ctypes 和 CFFI 之類的工具來將現有的 C/C++ 程式庫包裹為 Python 擴充模組，如第 25 章的「Extending Python Without Python's C API（不使用 Python 的 C API 擴充 Python）」（可在線上取得：*https://oreil.ly/python-nutshell-25*）所講述的那樣。你也能在以其他語言編寫的應用程式中內嵌 Python，藉由 app 限定的 Python 擴充模組對外開放應用程式的功能給 Python 使用。

本書記載了許多模組，不管是標準程式庫或其他來源的，包含了像是客戶端和伺服端網路程式設計、資料庫、文字和二進位檔案的處理，以及與作業系統的互動。

Python 實作

在本文寫作之時，Python 有兩個具有生產品質的完整實作（CPython 和 PyPy），還有幾個較新的、處於早期開發階段的高效能實作，如 Nuitka（*https://nuitka.net*）、RustPython（*https://oreil.ly/1oUWk*）、GraalVM Python（*https://oreil.ly/1XRt_*）和 Pyston（*https://www.pyston.org*），我們並不會進一步介紹它們。在第 6 頁的「其他的發展、實作及發行版」中，我們還提到了甚至處於更早階段的一些其他實作。

本書主要針對 CPython，也就是最廣為使用的實作，通常我們單純稱之為「Python」。然而，一個語言（language）與其實作（implementations）之間的區別是很重要的！

CPython

經典的 Python（Classic Python，*https://www.python.org*），也叫作 CPython，通常簡稱為 Python，是 Python 最新、最穩固且完整的生產品質實作。它可被視為該語言的「參考實作（reference implementation）」。CPython 包含 bytecode 編譯器（compiler）、直譯器（interpreter），以及內建的和選擇性的模組，全都以標準的 C 語言編寫。

CPython 可在其 C 編譯器符合 ISO/IEC 9899:1990 標準[2] 的任何平台上使用（也就是所有流行的現代平台）。在第 18 頁的「安裝」一節中，我們會解說如何下載並安裝 CPython。本書的所有部分，除了有明確標示的幾節之外，都適用於 CPython。在本文寫作之時，CPython 剛發行的目前版本是 3.11。

2 從 3.11 開始的 Python 版本使用「不含選擇性功能的 C11」，並規定「公開 API 應該與 C++ 相容」。

PyPy

PyPy（*https://pypy.org/*）是一個快速且有彈性的 Python 實作，以 Python 本身的一個子集（subset）寫成，能以數個較低階語言和虛擬機器為目標（target），使用進階的技術，例如型別推論（type inferencing）。PyPy 最強大之處在於，它能在執行 Python 程式的過程中「just in time（剛好及時）」產出原生的機器碼（native machine code）；它在執行速度上有很大的優勢。PyPy 目前實作 3.8（也有處於 beta 階段的 3.9）。

在 CPython、PyPy 和其他實作之間做出選擇

如果你的平台，像大多數平台一樣，能夠執行 CPython、PyPy 和我們提到的其他幾個 Python 實作，你該如何在它們之中挑選？首先，不要太早下決定：全部都下載並安裝。它們共存起來完全沒有問題，而且都是免費的（其中一些還提供有技術支援等附加價值的商業版本，但各自的免費版本也很好）。把它們都放在你的開發機器上，只需花費一些下載時間和一點磁碟空間，就能讓你直接進行比較。即便如此，這裡還是提供一些普遍的建議。

若你需要一個自訂的 Python 版本，或者執行時間很長的程式所需的高效能，可以考慮 PyPy（或者，如果你可以接受尚未達到生產品質的版本，可以考慮我們提到的其他實作）。

如果主要是在傳統環境中工作，CPython 是絕佳選擇。如果你沒有其他的強烈偏好，可以從標準的 CPython 參考實作開始，它受到第三方附加元件和擴充功能最廣泛的支援，並提供最新的版本。

換句話說，如果你是要實驗、學習，以及嘗試一些東西，就使用 CPython。要開發和部署（deploy），你的最佳選擇就取決於你想要使用的擴充模組，以及你希望如何發佈（distribute）你的程式。根據定義，CPython 支援所有的 Python 擴充功能；然而，PyPy 也支援大多數的擴充功能，而且由於 just-in-time 編譯為機器碼，對於需要長時間執行的程式來說，它通常會更快。為了確認這一點，請將你的 CPython 程式碼與 PyPy（當然，其他實作也是如此）進行基準化分析（benchmark）比較。

CPython 是最為成熟的：它存在的時間較長，而 PyPy（和其他實作）則是較新的，在臨場應用上尚未得到程度相當的實證。CPython 版本的發展領先於其他實作。

PyPy、CPython 和我們提到的其他實作都是很忠實的良好 Python 實作，在可用性和效能方面都比較接近。熟悉每個實作的優缺點是明智之舉，然後為每項開發任務挑選出最佳實作。

其他的發展、實作及發行版

Python 已經變得非常熱門，使得一些團隊和個人對其開發工作產生了興趣，提供了其核心開發團隊專注焦點以外的功能和實作。

現在，大多數基於 Unix 的系統都包括 Python，通常會是 3.*x* 版本（某個值的 *x*），作為「系統 Python」之用。要在 Windows 或 macOS 上取得 Python，通常需要下載並執行一個安裝程式（*https://oreil.ly/c-TxU*，也請參閱第 19 頁的「macOS」）。如果你對 Python 的軟體開發是認真的，應該做的第一件事就是**不要去動你系統安裝的 *Python***！除此以外，Python 越來越常被作業系統本身的某些部分所使用，所以調整 Python 的安裝可能導致麻煩。

因此，即使你的系統帶有「系統 Python」，也要考慮安裝一或多個 Python 實作，以自由運用，方便你進行開發，知道你所做的一切都不會影響作業系統。我們也強烈建議使用**虛擬環境**（*virtual environments*，參閱第 278 頁的「Python 環境」）來隔離不同的專案，讓它們得以擁有原本可能發生衝突的依存關係（例如，你的兩個專案都需要同一個第三方模組的不同版本）。另外，也可以在本地同時安裝多個 Python 版本。

Python 受歡迎的程度導致許多活躍社群的創立，讓這個語言的生態系統非常有活力。接下來的章節概述了一些比較有趣的發展，但沒有在此提及的專案反映的是空間與時間的限制，而非我們對它們有不好的評價！

Jython 和 IronPython

Jython（*https://www.jython.org*），在 JVM（*https://oreil.ly/Q8EQB*）的基礎之上支援 Python，還有在 .NET（*https://oreil.ly/o_MTn*）的基礎之上支援 Python 的 IronPython（*https://ironpython.net*），這些開源專案雖然為它們支援的 Python 版本提供了生產等級的品質，但在本文寫作時似乎已經「停滯」，因為它們支援的最新版本大幅落後 CPython。任何「停滯不前」的開源專案都有可能再次復活：只需要一或多位熱心且堅定的開發者投入到其「復興」之中。作為 JVM 的 Jython 替代品，你也可以考慮前面提到的 GraalVM Python。

Numba

Numba（*https://numba.pydata.org*）是一個開源的 just-in-time（JIT）編譯器，可以翻譯 Python 和 NumPy 的一個子集。鑑於它對數值處理的強烈關注，我們會在第 16 章再次提到它。

Pyjion

Pyjion（*https://oreil.ly/P7wKC*）是一個開源專案，最初由 Microsoft 發起，主要目標是為 CPython 添加一個 API 來管理 JIT 編譯器。次要目標包括為 Microsoft 的開源 CLR（*https://oreil.ly/5zjOG*）環境（.NET 的一部分）提供一個 JIT 編譯器，以及開發 JIT 編譯器用的一個框架。Pyjion 並不會取代 CPython；它是從 CPython（目前需要 3.10）中匯入的一個模組，可以讓你把 CPython 的 bytecode（位元組碼）「just in time」及時翻譯成幾種不同環境的機器碼。Pyjion 與 CPython 的整合是由 PEP 523（*https://oreil.ly/lFDGw*）所實現的；然而，由於建置 Pyjion 除了需要 C 編譯器（建置 CPython 只需要這樣）外，還需要其他一些工具，Python Software Foundation（PSF）可能永遠不會將 Pyjion 捆裝到它所釋出的 CPython 發行版中。

IPython

IPython（*https://ipython.org*）增強了 CPython 的互動式直譯器（interactive interpreter），使其更加強大和便利。它允許縮略的函式呼叫語法，以及由百分比（percent，%）字元引入的可擴充功能，稱為 *magics*。它還提供了 shell 轉義（escapes），允許 Python 變數接收 shell 命令的結果。你可以用一個問號（question mark）來查詢某個物件的說明文件（或者用兩個問號來查詢延伸的說明文件）。Python 互動式直譯器的所有標準功能也都可用。

IPython 在科學和資料導向的領域取得了顯著的進展，並且已經慢慢蛻變（透過 IPython Notebook 的發展，現在重構並更名為 Jupyter Notebook，會在第 38 頁的「Jupyter」中討論）為一個互動式的程式設計環境，穿插在程式碼片段[3]中，能讓你以 literate programming（*https://oreil.ly/tx5B3*）的風格嵌入解說文字（包括數學符號），並顯示執行程式碼後的輸出，還能選擇附上由 `matplotlib` 和 `bokeh` 等子系統製作的進階

3 這可以是其他的許多程式語言，而不僅僅是 Python。

圖表。圖 1-1 的下半部分顯示了在 Jupyter Notebook 中嵌入 `matplotlib` 圖形的例子。Jupyter/IPython 是 Python 最著名的成功故事之一。

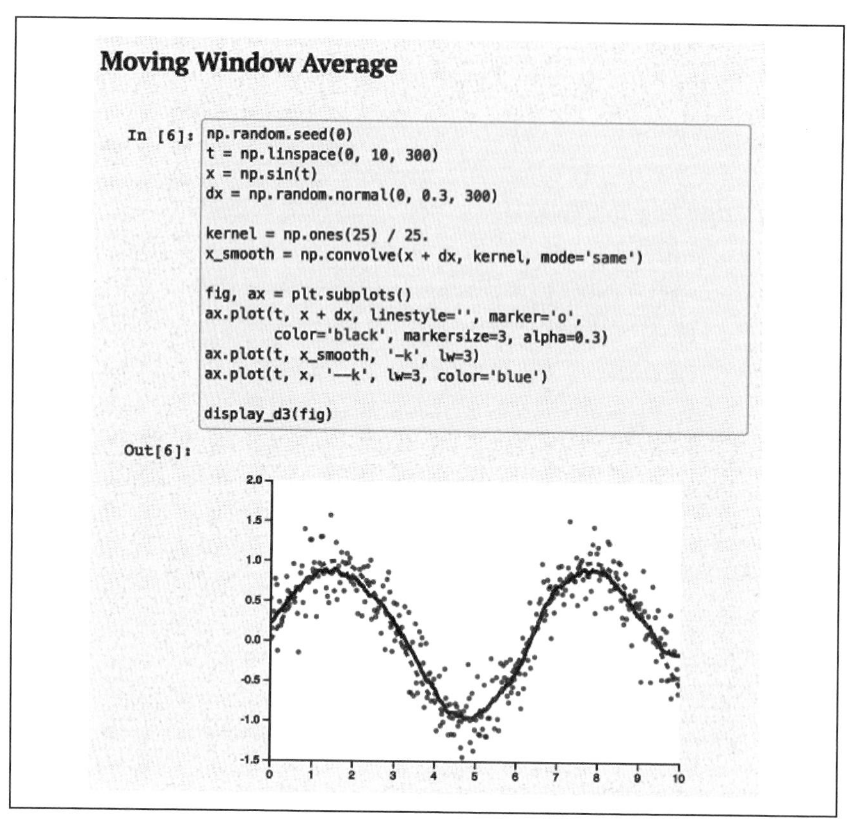

圖 1-1　內嵌了 matplotlib 圖表的 Jupyter Notebook 範例

MicroPython

微型化（miniaturization）的持續趨勢也讓 Python 在業餘愛好者的領域中獲得了發展的動力。單機板的電腦，像是 Raspberry Pi（*https://www.raspberrypi.org/*）和 Beagle Board（*https://beagleboard.org/*）讓你能在一個完整的 Linux 環境中執行 Python。在這個層級底下，還有一類叫作微控制器（*microcontrollers*）的裝置，它們是具有可配置硬體（configurable hardware）的可程式化晶片（programmable chips）。這拓展了業餘與專業專案的範疇，舉例來說，因為類比與數位感測變得容易，促成了只需要一點額外硬體就能達成的光線與溫度測量等應用。

業餘愛好者和專業工程師都越來越常使用這些裝置，它們一直在出現（有時也在消失）。感謝 MicroPython（*https://micropython.org*）專案，許多這類裝置（*https://oreil.ly/6Ifug*，micro:bit、Arduino、pyboard、LEGO®、MINDSTORMS® EV3、HiFive 等）的豐富功能，現在都可以用 Python（功能受限的方言）進行程式設計。撰寫這篇文章時，值得注意的是 Raspberry Pi Pico（*https://oreil.ly/ 6-s7Q*）的推出。鑑於 Raspberry Pi 在教育界的成功，以及 Pico 執行 MicroPython 的能力，Python 似乎正在鞏固其作為應用範圍最廣的程式語言之地位。

MicroPython 是一個 Python 3.4 實作（引述其說明文件（*https://oreil.ly/Xe5YP*）：「並選用了後續版本的一些功能」），它可產生 bytecode 或可執行的機器碼（許多使用者愉快地忽略了後面那個事實）。它完整實作了 Python 3.4 的語法，但缺乏大部分的標準程式庫。特殊的硬體驅動模組（hardware driver modules）能讓你控制內建硬體的各個部分；由於可取用 Python 的 socket 程式庫，也能讓裝置與網路服務互動。外部裝置與計時器事件（timer events）可觸發程式碼。由於 MicroPython 的存在，Python 語言可以在物聯網（Internet of Things）中充分發揮作用。

裝置通常是透過 USB 序列埠（serial port）、或經由瀏覽器使用 WebREPL 協定（*https://oreil.ly/sch3F*）來存取直譯器（我們尚未發現能完全運作的 ssh 實作，所以請用防火牆保護好這些裝置：**在沒有適當的強力預防措施之下，它們不應該能在網際網路上被直接存取！**）。你可以在裝置的記憶體中建立一個 *boot.py* 檔案，以 Python 來程式化裝置的開機引導程序（power-on bootstrap sequence），這個檔案可以執行任意複雜度的 MicroPython 程式碼。

Anaconda 和 Miniconda

近年來最成功的 Python 發行版（distributions）[4] 之一是 Anaconda（*https://www.anaconda.com*）。這個開源套件除了標準程式庫外，還附有為數眾多 [5] 預先配置好且經過測試的擴充模組。在許多情況下，你可能會發現它包含了你工作所需的所有必要的依存關係（dependencies）。如果你的依存關係不被支援，也可以用 `pip` 安裝模組。在基於 Unix 的系統上，它非常單純地安裝在單一目錄底下：要啟動它，只要把 Anaconda 的 *bin* 目錄加到你 shell 的 `PATH` 前面就行了。

---

4 事實上，conda 的能力延伸到了其他語言，而 Python 只不過是另一個依存關係。

5 透過 Anaconda 自動安裝 250 多個模組，還有 7,500 多個模組可使用 **`conda install`** 選擇安裝。

Anaconda 的基礎是叫作 conda 的套件技術（packaging technology）。它的一個姊妹實作 Miniconda（*https://oreil.ly/dfX4M*），能取用相同的程式庫，但並沒有預先裝載它們，而是在必要時再行下載，讓它更適合用來建立量身訂製的環境。conda 並沒有使用標準的虛擬環境，但含有等效的機能，能夠隔離多個專案的依存關係。

pyenv：對多重版本的簡單支援

pyenv（*https://oreil.ly/88o8b*）的基本用途是讓你能夠輕鬆地存取你需要的各種不同版本的 Python。它透過為每個可執行檔（executable）安裝所謂的 *shim* 指令稿（scripts）來做到這一點，這些指令稿依據下列順序檢視各種資訊來源，動態地計算出所需版本：

1. PYENV_VERSION 環境變數（若有設定）。
2. 當前目錄下的 *.pyenv_version* 檔案（如果存在的話），你能用 **pyenv local** 命令來設定它。
3. 攀登目錄樹時發現的第一個 *.pyenv_version* 檔案（若有找到的話）。
4. pyenv 安裝根目錄中的 *version* 檔案，你可以用 **pyenv global** 命令來設定它。

pyenv 將其 Python 直譯器安裝在其家目錄（home directory，通常是 *~/.pyenv*）底下，一旦可用，特定的直譯器可以作為預設的 Python 安裝在任何專案目錄中。另外（例如在多個版本下測試程式碼時），你可以使用指令稿去控制，在指令稿進行時動態地改變直譯器。

pyenv install -list 命令會展示一個令人印象深刻的清單，其中列出 500 多個支援的發行版，包括 PyPy、Miniconda、MicroPython 和其他一些發行版，包括從 2.1.3 到（撰寫本文時）3.11.0rc1 的所有官方 CPython 實作。

Transcrypt：將你的 Python 轉換為 JavaScript

已經有很多人嘗試將 Python 變成一種基於瀏覽器（browser）的語言，但是 JavaScript 的地位一直很難撼動。Transcrypt（*https://www.transcrypt.org*）系統是一個可用 pip 安裝的 Python 套件，用來把 Python 程式碼（目前最高到版本 3.9）轉換為可在瀏覽器上執行的 JavaScript。你可以完整存取瀏覽器的 DOM，允許你的程式碼動態地操作視窗內容並使用 JavaScript 程式庫。

儘管它會建立最小化的程式碼（minified code），Transcrypt 還提供完整的 sourcemaps（*https://oreil.ly/WjVAa*），允許你參考 Python 原始碼而非生成的 JavaScript 進行除錯。你可以用 Python 編寫瀏覽器事件處理器（event handlers），自由地將其與 HTML 和 JavaScript 混在一起。Python 可能永遠無法取代 JavaScript 成為內嵌的瀏覽器語言，但 Transcrypt 意味著你可能不再需要擔心這個問題。

另一個非常活躍的專案是 Brython（*https://brython.info*），它可以讓你用 Python（最高到 3.10）為網頁編寫指令稿，還有其他的專案：Skulpt（*https://skulpt.org*），尚未達到 Python 3，但正往這個方向發展；PyPy.js（*https://pypyjs.org*），同上；Pyodide（*https://oreil.ly/jb_US*），目前支援 Python 3.10 和許多科學擴充功能，並以 Wasm（*https://webassembly.org*）為中心；以及最新近的，Anaconda 的 PyScript（*https://pyscript.net*），建立在 Pyodide 之上。我們會在第 37 頁的「在瀏覽器中執行 Python」中詳細描述這些專案的其中幾個。

授權條款與價格議題

CPython 的授權（license）採用 Python Software Foundation License Version 2（*https://oreil.ly/NjjDu*），它與 GNU Public License（GPL）相容，但允許你將 Python 用於任何私有、免費或其他開源軟體之開發上，類似 BSD/Apache/MIT 的授權條款。PyPy 和其他實作的授權條款也同樣自由。你從主要的 Python 和 PyPy 網站下載的任何東西都不會花你任何一毛錢。此外，這些授權條款並沒有對你使用他們工具、程式庫和說明文件所開發的軟體設下授權方式與定價條款的限制。

然而，並非所有與 Python 有關的東西都沒有授權費用或麻煩。你可以免費下載的許多第三方 Python 原始碼、工具和擴充模組的授權條款自由度都很高，類似 Python 本身所用的那樣。其他則是由 GPL 或 Lesser GPL（LGPL）規範，限制你能用於衍生作品的授權條件。某些商業開發的模組與工具可能會要求你付費，不論你是否以盈利為目的[6]。

沒有什麼可以取代仔細檢視授權條件與價格。在你投資時間與精力到任何軟體工具或元件上之前，請先確認你能接受它的授權條款。通常，特別是在企業環境中，這種法務事宜可能得諮詢律師。本書中介紹的

6 一種流行的商業模式是**免費版**（*freemium*）：同時釋出免費版本和帶有技術支援的商業「付費（premium）」版本，也許還有額外的功能。

模組與工具，在本文寫作之時，都是可免費下載、原始碼開放並由類似 Python 的自由授權條款保護，除非我們明確指出並非如此。然而，我們並沒有主張自己具有法律專業知識，而且授權條款可能會隨著時間的推移而改變，所以謹慎一點重複確認總是好的。

Python 的開發和版本

Python 是由核心開發者組成的團隊所開發、維護並發行，領導這個團隊的是 Guido van Rossum，Python 的發明人、架構師，以及現在是「前任」的 Benevolent Dictator for Life（BDFL，終身的仁慈獨裁者）。這個稱號代表著 Guido 對於什麼會成為 Python 語言和標準程式庫的一部分有最終決定權。一旦 Guido 決定卸下 BDFL，他的決策角色就由一個小型的「Steering Council（指導委員會）」接管，該委員會由 PSF 成員選舉產生，任期一年。

Python 的智慧財產權歸 PSF 所有，它是致力於推廣 Python 的一個非營利機構，如第 15 頁的「Python Software Foundation」一節所述。正如「Python Developer's Guide」（*https://oreil.ly/WKjXc*）中所記載的，許多 PSF Fellows（會士）和會員（members）都對 Python 的參考原始碼儲存庫（reference source repositories，*https://github.com/python*）有提交（commit）權限，而大多數的 Python 提交者（committers）都是 PSF 的會員或會士。

對 Python 的變更建議（proposed changes）都詳細記錄在叫做 Python Enhancement Proposals（PEP，*https://oreil.ly/HxHfs*）的公開文件中。PEP 會由 Python 開發人員及更廣泛的 Python 社群進行辯論，最後由 Steering Council 來批准或駁回（Steering Council 會將辯論內容和初步表決結果納入參考，但並不受其約束）。數以百計的人們透過 PEP、討論、錯誤回報，以及對 Python 原始碼、程式庫和說明文件的修補，為 Python 的發展做出貢獻。

Python 核心團隊發行 Python 的次要版本（minor versions，*x* 值越來越大的 3.*x*），也稱為「feature releases（功能發行版）」，目前以每年一次的速度進行（*https://oreil.ly/VYX-k*）。

每個次要發行版（minor release，相對於修復錯誤的微型發行版，「bug-fix microreleases」）都會新增一些功能，使得 Python 更加強大，但也謹慎維持回溯相容性（backward compatibility）。Python 3.0 被允許打破回溯相容性，以去除多餘的「舊有（legacy）」功能並簡化語言，它於 2008 年 12 月首次釋出。Python 3.11（出版時的最新穩定版本）是在 2022 年 10 月初次發行。

每個 3.*x* 的次要發行版最初都是以 alpha 發行版（alpha releases）的形式供應，標示為 3.*x*a0、3.*x*a1，以此類推。在那些 alpha 版本之後，至少會有一個 beta 發行版（beta release），3.*x*b1，而在 beta 版本之後，至少會有一個候選發行版（release candidate），3.*x*rc1。在 3.*x* 的最終發行版（final release，即 3.*x*.0）出來時，已經相當穩固、可靠，並且在所有主要平台上都測試過了。任何 Python 程式設計師都可以幫忙確保這一點，只要下載 alpha、beta 或 rc 版本，試試它們，並在遇到問題時填寫錯誤報告（bug reports）即可。

只要次要發行版一推出，核心團隊的部分注意力就會轉向下一個次要發行版。然而，一個次要發行版通常會有相繼推出的 point releases（點號發行版，即 3.*x*.1、3.*x*.2 等等），每兩月一次，它們不會新增任何功能，但可能修正錯誤、解決安全問題、將 Python 移植至新平台、改善說明文件，或添加工具和（百分之百回溯相容的！）最佳化。

在主要發行版（major releases）之內，Python 的回溯相容性是相當好的。你可以在線上找到 Python 所有舊有發行版的程式碼和說明文件（*https://oreil.ly/JbCv3*），而附錄中包含了本書所涉及的每個發行版中的變化摘要清單。

Python 資源

最豐富的 Python 資源來自於 Web：先從 Python 的首頁（*https://www.python.org*）開始，充滿了可以探索的連結。

說明文件

CPython 與 PyPy 都附有良好的說明文件（documentation）。你可在線上閱讀 CPython 的手冊（manuals，*https://docs.python.org/3*，我們通常稱之為「線上文件」，online docs），還有各種適合離線檢視、搜尋和

列印的可下載格式。Python 說明文件頁面（*https://www.python.org/doc*）包含指向各式各樣其他文件的額外連結。也有 PyPy 的說明文件頁面（*http://doc.pypy.org*），你可以找到 Python（*https://oreil.ly/-NU8p*）和 PyPy（*https://oreil.ly/ajNWC*）的線上 FAQ。

適合非程式設計師的 Python 說明文件

大多數的 Python 說明文件（包括本書）都預設一些軟體開發的知識。然而，Python 相當適合剛入門的程式設計師，所以這個規則會有例外。適合非程式設計師的優良線上文件包括：

- Josh Cogliati 的「Non-Programmers Tutorial for Python 3」（*https://oreil.ly/HnXMA*，目前重心放在 Python 3.9）
- Alan Gauld 的「Learning to Program」（*https://oreil.ly/FQExV*，目前以 Python 3.6 為中心）
- Allen Downey 的「*Think Python*, 2nd edition」（*https://oreil.ly/kg6Yd*，目前聚焦於未定版本的 Python 3.*x*）

學習 Python 的一個絕佳資源（適合非程式設計師，經驗較少的程式設計師也適用）是「Beginners' Guide to Python」的 wiki（*https://oreil.ly/Yf5cK*），其中含有豐富的連結與建議。它是由社群所彙整，所以在可用書籍、課程、工具等方面的資訊都會是最新的，也會持續演進和改善。

擴充模組和 Python 原始碼

探索 Python 擴充功能二進位檔（binaries）和原始碼（sources）的一個好的起點是 Python Package Index（*https://oreil.ly/PGIim*，我們這些老手中仍有少數人喜愛稱之為「The Cheese Shop」，但現在一般被稱為 PyPI），在本文寫作之時，它提供了超過 400,000 個套件，每個都附有說明和連結。

標準的 Python 源碼發行版（source distribution）在標準程式庫和 *Tools* 目錄底下含有非常優良的 Python 原始碼，以及許多內建擴充模組的 C 原始碼。即使你沒有興趣從原始碼開始建置 Python，我們仍然建議你下載並解開 Python 源碼發行版（例如 Python 3.11 最新的穩定發行版（*https://oreil.ly/rqYZ9*））單純作為研究用途，又或者，如果你想的話，也可以在線上瀏覽一下當前 Python 標準程式庫最前沿的版本（*https://oreil.ly/zDQ1Z*）。

本書所講述的許多 Python 模組與工具都有專門的網站。我們會在本書合適的章節包含這些網站的參考資訊。

書籍

雖然 Web 是豐富的資訊來源，書本仍有它們的地位（如果你不同意這點，那我們就不會寫出這本書了，而你也不會在讀它）。關於 Python 的書籍有非常多。這裡是我們推薦的一些（有些涵蓋較舊的 Python 3 版本，而非當前的版本）：

- 如果你懂一點程式設計，只是剛開始學習 Python，而且你喜歡視覺化的教學手法，那麼 Paul Barry（O'Reilly）的《*Head First Python*》可能對你有好處。就像 Head First 系列中的所有書籍一樣，它使用圖像和幽默來教授其主題。繁體中文版《深入淺出 *Python* 第二版》由碁峰資訊出版。
- 《*Dive Into Python 3*》（*https://diveintopython3.net*），作者 Mark Pilgrim（Apress），以快步調且徹底的方式進行教學，相當適合已經是其他語言專家的人。
- Magnus Lie Hetland 的《*Beginning Python: From Novice to Professional*》（*https://oreil.ly/YtWRs*，Apress），透過詳盡的解說和全面開發各應用領域的完整程式來進行教學。
- Luciano Ramalho（O'Reilly）的《*Fluent Python*》是一本優秀的書籍，適合那些想使用更多 Pythonic 慣用語（idioms）和功能的資深開發人員。繁體中文版《流暢的 *Python*》由碁峰資訊出版。

社群

Python 最強大的地方之一就是它穩健、友善、熱情的社群。Python 程式設計師和貢獻者會在研討會、「hackathons」（在 Python 社群中常被稱為 *sprints*（*https://oreil.ly/oQceG*））及當地使用者聚會中交流，積極討論共同的興趣，並在郵件列表（mailing lists）和社交媒體上互相幫助。有關聯繫方式的完整清單，請訪問 *https://www.python.org/community*。

Python Software Foundation

除了持有 Python 程式語言的智慧財產權之外，PSF（Python 軟體基金會）也會促進 Python 社群之成長。PSF 資助使用者集會、會議和 sprints，並為開發、推廣和教育等其他活動提供補助。PSF 有數十名 Fellows

（會士（*https://oreil.ly/maILY*），因為他們對 Python 的貢獻而被提名，包括 Python 核心團隊所有的人，以及本書的三位作者）。數以百計的會員貢獻他們的時間、作品和金錢（包括許多獲頒 Community Service Awards 的人（*https://oreil.ly/MiQRf*）），還有數十個企業贊助商（*https://oreil.ly/FFOZ7*）。使用和支援 Python 的任何人都能成為 PSF 的會員[7]。請檢視會員資格網頁（*https://oreil.ly/MzdRK*）以了解各種會員級別的資訊，以及如何成為 PSF 的會員。如果你對貢獻 Python 本身感興趣，請參閱「Python Developer's Guide」（*https://oreil.ly/1Jwwb*）。

工作小組（Workgroups）

工作小組（*https://oreil.ly/0GmfI*）是由 PSF 建立的委員會（committees），為 Python 執行特定的、重要的專案。這裡有撰寫本文之時，一些活躍的工作小組：

- Python Packaging Authority（PyPA）（*https://oreil.ly/0Zxm7*）改善和維護 Python 的套件生態系統，並出版「Python Packaging User Guide」（*https://packaging.python.org*）。
- Python Education 工作小組（*https://oreil.ly/ZljIc*）促進 Python 的教育和學習。
- Diversity and Inclusion 工作小組（*https://oreil.ly/koEo4*）支援並促進 Python 程式設計師多樣化和國際化社群的發展。

Python 會議

全世界都有很多 Python 會議。一般的 Python 會議包括國際和地區性的，如 PyCon（*https://us.pycon.org*）和 EuroPython（*https://oreil.ly/nF74d*），以及其他更多地方性的會議，如 PyOhio（*http://www.pyohio.org*）和 PyCon Italia（*https://www.pycon.it/en*）。專題會議包括 SciPy（*https://www.scipy2022.scipy.org*）和 PyData（*http://pydata.org/ events.html*）。會議之後通常會有 coding sprints，其中 Python 貢獻者們會聚集在一起幾天，針對特定的開源專案一起編寫程式碼，並培養深厚的團隊情誼。你可以在 Community Conferences and Workshops 網頁上找到會議清單（*https://oreil.ly/asosj*），在 PyVideo 網站（*https://pyvideo.org*）上找到來自 450 多個會議超過 17,000 個關於 Python 的講座影片。

7 Python Software Foundation 營運著重要的基礎設施，以支援 Python 生態系統。對 PSF 的捐贈隨時都歡迎。

使用者群組和組織

除了南極洲[8]，Python 社群在每個大洲都有當地的使用者群組（user groups）：根據 LocalUserGroups 的 wiki（*https://oreil.ly/cY6Mk*）上的清單，有超過 1,600 個。世界各地都有 Python 聚會（meetups，*https://oreil.ly/h6oEs*）。PyLadies（*http://www.pyladies.com*）是一個國際輔導團體，有地方分會，旨在促進女性在 Python 中的發展，對 Python 感興趣的任何人都歡迎。NumFOCUS（*https://numfocus.org*）是一個非營利的慈善機構，推動研究、資料和科學計算的開放實踐，贊助 PyData 會議和其他專案。

郵件列表（Mailing lists）

Community Mailing Lists 網頁（*https://www.python.org/community/lists*）有幾個與 Python 相關的郵件列表的連結（以及一些 Usenet 群組，給我們之中夠老到記得 Usenet（*https://oreil.ly/5qYdq*）的那些人！）。或者也可以搜尋 Mailman（*https://mail.python.org/archives*），就能找到涵蓋各種興趣的活躍郵件列表。與 Python 有關的官方公告會被貼到 python-announce 列表（*https://oreil.ly/eg9Ft*）。要針對具體問題的尋求幫助，請寫信到 *help@python.org*。如果想獲得學習或教授 Python 的幫助，請寫信到 *tutor@python.org*，或更好的辦法是加入此列表（*https://oreil.ly/iEQJF*）。要想獲得 Python 相關新聞和文章的每週總覽，請訂閱 Python Weekly（*http://www.pythonweekly.com*）。你也可以在 *@python_discussions@mastodon.social* 上關注 Python Weekly。

社群媒體

要找 Python 相關部落格的 RSS feed（*https://oreil.ly/pf4AS*），請參閱 Planet Python（*http://planetpython.org*）。如果你對追蹤語言的發展感興趣，可以看看 *discuss.python.org*，如果你沒有定期訪問，它也會寄送有用的摘要報告。在 Twitter 上，請關注 @ThePSF。IRC（*https://oreil.ly/AXMAf*）上的 Libera.Chat（*https://libera.chat*）提供幾個與 Python 有關的頻道：主要的一個是 `#python`。LinkedIn（*https://www.linkedin.com*）有許多 Python 群組，包括 Python Web Developers（*https://oreil.ly/-LKFZ*）。在 Slack 上，請加入 PySlackers（*https://pyslackers.com*）社群。在 Discord 上，請檢視 Python Discord（*https://python discord.com*）。關於 Python 程

---

8 我們需要動員起來，讓更多的企鵝對我們的語言感興趣！

式設計的技術問題和答案也可以在 Stack Overflow（*http://stackoverflow.com*）的各種標記（tags）下找到和關注，包括 [python]（*https://oreil.ly/GHoVY*）。Python 目前是 Stack Overflow 上最活躍的（*https://oreil.ly/K3oK3*）程式語言，在那裡可以找到許多實用的答案和富有啟發性的討論。如果你喜歡 podcast 網路廣播，可以找找 Python podcasts，比如 Python Bytes（*https://pythonbytes.fm*）。

安裝

你可以在大多數平台上安裝 Python 的經典（CPython）和 PyPy 版本。若有合適的開發系統（CPython 用 C；本身用 Python 編寫的 PyPy，只需要先安裝 CPython 就行了），你可以從各自的原始碼發行版安裝 Python 版本。在流行的平台上，你也可以選擇安裝預先建置的二進位發行版（prebuilt binary distributions）。

若有預先安裝版本，如何安裝 Python

如果你的平台預裝了一個 Python 版本，我們仍然建議你為自己的程式碼開發單獨安裝一個最新的版本。那樣做的時候，請不要移除或覆寫你平台的原始版本：相反地，將新版本安裝在第一個版本旁邊。這樣一來，就不會干擾到作為平台一部分的任何其他軟體：這些軟體可能依存於平台本身附帶的特定 Python 版本。

以二進位發行版安裝 CPython 比較快，在某些平台上可以節省大量的工作，如果你沒有合適的 C 語言編譯器，這也是唯一的可能性。從原始碼安裝賦予你更多的控制權和彈性，如果你找不到適合你的平台的預先建置二進位發行版，那就必須這樣做。即使你從二進位檔進行安裝，最好也下載原始碼發行版（source distribution），因為它包含通常在預建置二進位檔中缺少的範例、演示和工具。我們接下來會看看如何做到這兩點。

從二進位檔安裝 Python

如果你的平台很流行而且是當前版本，你很容易就能找到預先建置好的、封裝好的二進位 Python 版本來進行安裝。二進位套件通常是自動安裝的，要麼直接作為可執行程式，要麼透過適當的系統工具，例如某些 Linux 版本上的 Red Hat Package Manager（RPM），以及 Windows 上的 Microsoft Installer（MSI）。下載軟體套件後，透過執行程式並挑選安裝參數來安裝它，例如要安裝 Python 的目錄。在 Windows 中，選擇標有「Add Python 3.10 to PATH（將 Python 3.10 新增到路徑）」的選項，讓安裝程式將安裝位置新增到 PATH 中，以便在命令提示列底下輕鬆使用 Python（參閱第 25 頁的「python 程式」）。

你可以從 Python 網站的 Downloads 頁面（*https://oreil.ly/b3AP7*）獲得「官方」二進位檔：點選標有「Download Python 3.11.x」的按鈕，下載適合你瀏覽器之平台的最新二進位檔。

許多第三方為其他平台提供免費的二進位 Python 安裝程式。Linux 發行版（distributions）都有安裝程式，無論你的發行版是基於 RPM 的（*http://rpmfind.net*，Red Hat、Fedora、Mandriva、SUSE 等），還是基於 Debian 的（*http://www.debian.org*，包括 Ubuntu，可能是本文撰寫之時最流行的 Linux 發行版）。Other Platforms 頁面（*https://oreil.ly/xvFYV*）為現在比較不常見的平台提供二進位發行版的連結，例如 AIX、OS/2、RISC OS、IBM AS/400、Solaris、HP-UX 等等（考慮到這些平台現在看起來「古老」的性質，這通常不會是最新的 Python 版本），還有一個是為目前非常流行的 iOS 平台（*https://oreil.ly/gnJND*）所提供的，它是熱門的 iPhone（*https://oreil.ly/RelC0*）和 iPad（*https://oreil.ly/Sb7_n*）裝置的作業系統。

Anaconda（*https://oreil.ly/DxmAG*）在本章前面提過，是包含了 Python 的一個二進位發行版，還帶有 `conda`（*http://conda.pydata.org/docs*）軟體套件，以及數百個第三方擴充功能，專門用於科學、數學、工程和資料分析。它適用於 Linux、Windows 和 macOS。Miniconda（*https://oreil.ly/RrY5_*），正如本章前面提到的，是同一個軟體套件，但沒有所有的那些擴充功能；你可以用 `conda` 選擇性地安裝它們的子集。

macOS

流行的第三方 macOS 開源軟體套件管理器 Homebrew（*http://brew.sh*），除了其他許多開源軟體套件以外，也提供了優秀的 Python 版本（*https://oreil.ly/rnK6U*）。第 9 頁「Anaconda 和 Miniconda」中提到的 `conda`，在 macOS 中也能運作得很好。

從原始碼安裝 Python

要從原始碼安裝 CPython，你的平台需要有 ISO 相容的 C 編譯器和工具（如 `make`）。在 Windows 上，建置 Python 的一般方式是使用 Visual Studio（最好是 VS 2022（*https://oreil.ly/eblTI*），目前免費提供給開發者（*https://oreil.ly/2j1dK*）使用）。

要下載 Python 原始碼，請訪問 Python Source Releases（*https://oreil.ly/HeGVY*）頁面（在 Python 網站上，將滑鼠懸停在選單欄的 Downloads 處，選擇「Source code」）並挑選你的版本。

連結所指的標示為「Gzipped source tarball」的檔案有 *.tgz* 延伸檔名（file extension）；這等同於 *.tar.gz*（也就是由流行的 `gzip` 壓縮程式式壓縮過的 *tar* 封存檔）。另外，如果你有處理 XZ 壓縮所需的工具，你也可以使用標有「XZ compressed source tarball」的連結，得到一個延伸檔名為 *.tar.xz* 而非 *.tgz* 的版本，用更強大的 `xz` 壓縮程式進行壓縮。

Microsoft Windows

在 Windows 上，從原始碼安裝 Python 可能是件麻煩事，除非你熟悉 Visual Studio，並且習慣在被稱為**命令提示列**（*command prompt*）[9] 的文字導向視窗中工作。大多數的 Windows 使用者都比較喜歡直接從 Microsoft Store（*https://oreil.ly/wNIMo*）下載預先建置的 Python。

如果下面的指示為你帶來了任何麻煩，請堅持使用二進位檔安裝 Python，如上一節所述。最好是從二進位檔進行單獨的安裝，即使你也有從原始碼安裝。使用從原始碼安裝的版本時，如果你注意到有什麼奇怪的地方，請比對檢查二進位檔安裝的版本。如果怪異之處消失了，那一定出於原始碼安裝的一些問題，如此你就知道必須再次確認建置後者時所挑選的細節。

在下面的章節中，為了清楚起見，我們假設你已經建立了一個名為 *%USERPROFILE%\py* 的新資料夾（例如 *c:\users\tim\py*），舉例來說，你可以在任何命令視窗中輸入 **`mkdir`** 命令來完成這件事。將原始碼 *.tgz* 檔案，例如 *Python-3.11.0.tgz* 下載到該資料夾。當然，你可以按照最適合你的方式來命名和放置這個資料夾，我們所選的名稱只是為了說明之用。

---

9 或者，在現代 Windows 版本中，有一個非常好的 Windows Terminal（*https://oreil.ly/_Cu97*）可用。

解壓縮並打開 Python 原始碼

你能用免費的程式，例如 7-Zip（*http://www.7-zip.org*），來解壓縮並打開一個 *.tgz* 或 *.tar.xz* 檔案。從 Download 頁面（*https://oreil.ly/Fwv5d*）下載適當的版本，安裝它，並在你從 Python 網站下載的 *.tgz* 檔案（例如 *c:\users\alex\py\Python-3.11.0.tgz*）上執行它。

假設你把這個檔案下載到你的 *%USERPROFILE%\py* 資料夾中（或者從 *%USERPROFILE%\downloads* 移到那裡，如果需要的話），你現在會有一個名為 *%USERPROFILE%\py\Python-3.11.0* 或類似的資料夾，取決於你下載的版本。這是樹狀目錄結構的一個根（root），它包含了整個標準 Python 發行版的原始碼。

建置 Python 原始碼

用任何文字編輯器開啟位於這個根資料夾的 *PCBuild* 子目錄中的 *readme.txt* 檔案，並按照其中的詳盡指示進行操作。

類 Unix 的平台

在類似 Unix 的平台上，從原始碼安裝 Python 通常很簡單[10]。在下面幾節中，為了清楚起見，我們假設你已經建立了一個名為 *~/py* 的新目錄，並將原始碼 *.tgz* 檔案，例如 *Python-3.11.0.tgz*，下載到該目錄。當然，你可以按照最適合你的方式來命名和放置這個目錄：我們挑選的名稱只是為了說明之用。

解壓並打開 Python 原始碼

你可以用流行的 GNU 版 `tar` 來解壓縮並打開一個 *.tgz* 或 *.tar.xz* 檔案。只需在 shell 提示列輸入以下內容：

```
$ cd ~/py && tar xzf Python-3.11.0.tgz
```

現在你有一個叫作 *~/py/Python-3.11.0* 或類似的目錄，取決於你下載的版本。這是樹狀目錄結構的一個根，包含了整個標準 Python 發行版的原始碼。

10 原始碼安裝的大多數問題涉及到各種支援程式庫的存在與否，這可能會導致建置出來的直譯器缺少一些功能。「Python Developers' Guide」解釋如何處理各種平台上的依存關係（*https://oreil.ly/j3XJs*）。*build-python-from-source.com* 是一個有用的網站，它向你展示了下載、建置和安裝特定版本 Python 所需的所有命令，包含幾個 Linux 平台上所需的大多數支援程式庫。

設定、建置和測試

你會在這個目錄下的 *README* 檔案中找到詳細的說明，標題是「Build instructions（建置的指示）」，我們建議你研究這些說明。然而，在最簡單的情況下，你所需要的可能是在 shell 提示列發出以下命令：

```
$ cd ~/py/Python-3.11/0
$ ./configure
    [configure 會寫出很多資訊，在此略過 ]
$ make
    [make 需要花上好些時間並發出很多資訊，在此略過 ]
```

如果你執行 **make** 而不先執行 **./configure**，**make** 會隱含地執行 **./configure**。當 **make** 完成後，請檢查你剛剛建置的 Python 是否如預期那樣運作：

```
$ make test
    [ 花了相當長的時間，發出了很多資訊，在此略過 ]
```

通常，**make test** 會確認你建置正常運作，但也會通知你，由於缺少選擇性的模組，有些測試被跳過了。

有些模組是平台限定的（例如，有些模組可能只會在執行 SGI 古老的 IRIX（*https://oreil.ly/SsGHY*）作業系統的機器上運作）；你不需要擔心它們。然而，其他模組之所以被跳過，可能是因為它們依存的其他開源套件還沒有安裝在你的機器上。舉例來說，在 Unix 上，`_tkinter` 模組（執行 Tkinter GUI 套件和 IDLE 整合開發環境所需的模組，它附在 Python 裡面）只有在 **./configure** 能在你的機器上找到 Tcl/Tk 8.0 或更高版本的安裝時，才可以建置。更多細節和關於不同 Unix 和類 Unix 平台的具體注意事項，請參閱 *README* 檔案。

從原始碼建置能讓你以多種方式調整組態設定（configuration）。舉例來說，你能以一種特殊的方式建置 Python，在你開發用 C 編寫的 Python 擴充功能時，幫助你除錯記憶體洩漏（memory leaks），這在第 25 章（*https://oreil.ly/python-nutshell-25*）的「Building and Installing C-Coded Python Extensions（建置和安裝用 C 編寫的 Python 擴充功能）」中有介紹。**./configure --help** 是很好的資訊來源，介紹你可以使用的組態設定選項。

建置後安裝

預設情況下，**./configure** 準備將 Python 安裝在 */usr/local/bin* 和 */usr/local/lib*。你可以在執行 **make** 之前，透過執行 **./configure** 並加上選項 **--prefix** 來改變這些設定。舉例來說，如果你想把 Python 安裝在你家目錄的 *py311* 子目錄中作為一個私有安裝，請執行：

```
$ cd ~/py/Python-3.11.0
$ ./configure --prefix=~/py311
```

並像上一節那樣繼續執行 **make**。一旦你完成了 Python 的建置和測試，要進行所有檔案的實際安裝，請執行下面的命令[11]：

```
$ make install
```

執行 **make install** 的使用者必須對目標目錄有寫入權限。根據你所選的目標目錄，以及那些目錄的權限，你可能需要在執行 **make install** 時 **su** 為 *root*、*bin* 或其他使用者。這種情況下，常見的慣用語是 **sudo make install**：如果 **sudo** 提示輸入密碼（password），請輸入你當前使用者的密碼，而不是 *root* 的密碼。另一種推薦的方式是安裝到虛擬環境（virtual environment）中，如第 278 頁的「Python 環境」中所述。

11 或者 **make altinstall**，如果你想避免建立指向 Python 可執行檔案和說明手冊頁面（manual pages）的連結。

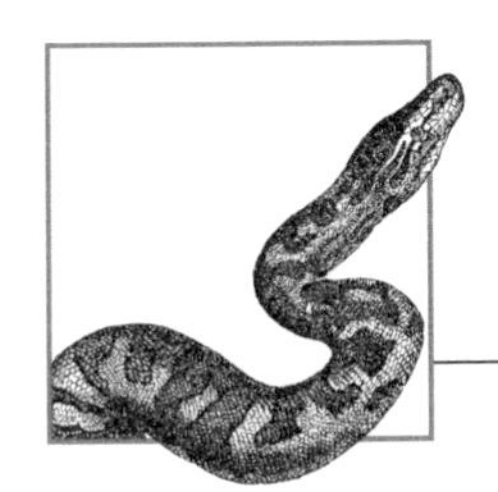

2 Python 直譯器

要用 Python 開發軟體系統，你通常得編寫包含 Python 原始碼（source code）的文字檔案（text files）。你可以使用任何文字編輯器（text editor）來完成這件事，包括我們會在第 32 頁「Python 開發環境」中列出的那些。然後用 Python 編譯器（compiler）和直譯器（interpreter）處理這些原始碼檔案（source files）。你可以直接這樣做，也可以在整合開發環境（IDE）中進行，或者透過內嵌了 Python 的另一個程式。Python 直譯器也可以讓你互動地執行 Python 程式碼，就像 IDE 一樣。

python 程式

Python 直譯器程式以 **python** 程式的形式執行（在 Windows 上名為 *python.exe*）。該程式包括直譯器本身和 Python 編譯器，它會在匯入模組時，視需要隱含地被調用。取決於你的系統，該程式可能必須存在於你 PATH 環境變數中列出的某個目錄中。此外，和其他程式一樣，你可以在命令（shell）提示列或在執行它的 shell 指令稿（或捷徑目標等）中提供它的完整路徑名稱[1]。

在 Windows 上，請按下 Windows 鍵，並開始輸入 **python**。「Python 3.x」（命令列版本）會出現，同時還有其他選擇，如「IDLE」（Python GUI）。

1 這可能涉及到在路徑名稱包含空格時使用引號（quotes），同樣地，這取決於你的作業系統。

環境變數

除了 PATH，其他的環境變數也會影響 **python** 程式。某些環境變數的效果與在命令列傳入給 **python** 的選項相同，如下一節所記載的，但有幾個環境變數提供了無法經由命令列選項取用的設定。下面的清單介紹一些經常使用的環境變數，要找完整的細節，請參閱線上說明文件（*https://oreil.ly/sYdEK*）。

PYTHONHOME

: Python 的安裝目錄（installation directory）。這個目錄下必須有一個 *lib* 子目錄，包含 Python 標準程式庫（standard library）。在類 Unix 系統中，對於 Python 3.*x*，標準程式庫模組應該在 *lib/python-3.x* 中，其中 *x* 是 Python 的次要版本。如果沒有設定 PYTHONHOME，Python 會對安裝目錄做出合理的猜測。

PYTHONPATH

: 一個目錄列表（list of directories），在類 Unix 系統上用冒號（colons）分隔，而在 Windows 上則用分號（semicolons）區隔，Python 可以從中匯入模組。這個列表擴充 Python 的 sys.path 變數之初始值。我們會在第 7 章涵蓋模組、匯入和 sys.path。

PYTHONSTARTUP

: 每次啟動互動式直譯器工作階段（interactive interpreter session）時要執行的 Python 原始碼檔案之名稱。若無設定此變數，或者把它設定為找不到的檔案路徑，就不會執行這樣的檔案。PYTHONSTARTUP 檔案並不會在你執行 Python 指令稿時執行，它只在啟動互動式工作階段時執行。

如何設定和檢查環境變數取決於你的作業系統。在 Unix 中，使用 shell 命令，通常是在起始 shell 指令稿（startup shell scripts）中。在 Windows 中，按下 Windows 鍵，開始輸入 **environment var**，就會出現幾個捷徑：一個是使用者環境變數，另一個是系統環境變數。在 Mac 上，你可以像在其他類 Unix 系統上一樣進行操作，但你有更多的選項，包括一個 MacPython 專用的 IDE。關於 Mac 上 Python 的更多資訊，請參閱線上說明文件（*https://oreil.ly/Co1au*）中的「Using Python on a Mac」。

命令列語法和選項

Python 直譯器的命令列語法可以總結如下：

```
[path]python {options} [-c command | -m module | file | -] {args}
```

中括號（[]，brackets，或稱「方括號」）括住選擇性（optional）的東西；大括號（{}，braces，或稱「曲括號」）圍住可以有零或多個的項目；豎線符號（|，bars）代表從多個選擇中選擇一個。Python 使用斜線符號（/，slash）表示檔案路徑，如同 Unix。

在命令列上執行一個 Python 指令稿可以像以下這麼簡單：

```
$ python hello.py
Hello World
```

你也可以明確提供指令稿的路徑：

```
$ python ./hello/hello.py
 Hello World
```

指令稿的檔案名可以是絕對（absolute）或相對（relative）的檔案路徑，不需要有任何特定的延伸檔名（儘管傳統上使用 *.py* 延伸檔名）。

options 是區分大小寫的短字串，以連字號（hyphen）開頭，要求 **python** 提供非預設行為。**python** 只接受以一個連字元（-）開頭的選項。表 2-1 中列出了最常用的選項。每個選項的說明都給出了設定之後可請求使用那種行為的環境變數（如果有的話）。許多選項有較長的版本，以兩個連字號開始，如 **python -h** 所顯示的那樣。關於完整的細節，請參閱線上說明文件（*https://oreil.ly/1ZcA9*）。

表 2-1　經常使用的 python 命令列選項

選項	意義（和相應的環境變數，如果有的話）
-B	不要將位元組碼（bytecode）檔案儲存到磁碟（PYTHONDONTWRITEBYTECODE）
-c	在命令列中給出 Python 述句（statements）
-E	忽略所有的環境變數（environment variables）
-h	顯示完整的選項列表，然後終止
-i	在檔案或命令執行後執行一個互動式（interactive）工作階段（PYTHONINSPECT）
-m	指定一個 Python 模組，作為主指令稿（main script）執行

選項	意義（和相應的環境變數，如果有的話）
`-O`	最佳化（optimizes）位元組碼（`PYTHONOPTIMIZE`），注意這是一個大寫字母 O，而非數字 0
`-OO`	與 `-O` 類似，但還會從位元組碼中刪除說明文件字串（docstrings）
`-S`	在啟動時省略隱含的 **import** site（在第 497 頁「站點個別化設定」中會涵蓋）
`-t, -tt`	對不一致的 tab 用法發出警告（`-tt` 對同樣的問題發出錯誤，而非警告）
`-u`	使用無緩衝的二進位檔（unbuffered binary files）作為標準輸出和標準錯誤（`PYTHONUNBUFFERED`）
`-v`	詳細（verbosely）追蹤模組的匯入和清理動作（`PYTHONVERBOSE`）
`-V`	印出 Python 的版本（version）號碼，然後終止
`-W arg`	在警告過濾器（warnings filter）中新增一個條目（參閱第 619 頁的「warnings 模組」）
`-x`	排除（跳過）指令稿原始碼的第一行

若你想在執行某些指令稿後立即得到一個互動式工作階段，就使用 `-i`，其中頂層變數（top-level variables）依然完好，可供檢視。對於正常的互動式工作階段，你不需要 `-i`，儘管它也沒有什麼壞處。

`-O` 和 `-OO` 為你匯入的模組所生成的位元組碼節省了少量的時間和空間，將 `assert` 述句變成無運算（no-operations），正如第 257 頁的「assert 述句」中所講述的那樣。`-OO` 還會丟棄說明文件字串（documentation strings）[2]。

在選項（options）之後，如果有的話，添加指令稿的檔案路徑來告訴 Python 要執行哪個指令稿。除了檔案路徑，你還可以使用 `-c` *command* 來執行一道 Python 程式碼字串命令（command）。*command* 通常包含空格，所以你需要在它周圍加上引號（quotes），以滿足你作業系統的 shell 或命令列處理器。有些 shell（例如 **bash**（*https://oreil.ly/seIne*））允許你輸入多行作為單一個引數（argument），所以 *command* 可以是一系列的 Python 述句。其他的 shell（如 Windows 的 shell）限制你只能寫出一行；然後 *command* 可以是一或多個由分號（;）區隔的簡單述句，正如我們會在第 49 頁「述句」中討論的那樣。

2 這可能會影響為了有意義的目的而剖析 docstrings 的程式碼；我們建議你避免編寫這樣的程式碼。

指定 Python 指令稿來執行的另一種方式是使用 **-m** *module*。這個選項告訴 Python 從所屬於 Python sys.path 的某個目錄中載入並執行一個名為 ***module*** 的模組（或者名為 *module* 的套件或 ZIP 檔案的 *__main__.py* 成員）；這對 Python 標準程式庫中的幾個模組很有用。舉例來說，如同第 635 頁的「timeit 模組」所述，**-m timeit** 通常是對 Python 述句進行微觀基準化分析（micro-benchmarking）的最佳方式。

一個連字號（-），或者在這個位置上沒有任何語彙單元（token），告訴直譯器從標準輸入（standard input）中讀取程式原始碼，這通常會是一個互動式工作階段（interactive session）。只有在後面接著進一步的引數之時，才需要連字號。*args* 是任意的字串；你執行的 Python 可以透過串列 sys.argv 的項目存取這些字串。

舉例來說，在命令提示列輸入以下內容，讓 Python 顯示目前的日期和時間：

```
$ python -c "import time; print(time.asctime())"
```

如果 Python 可執行檔（executable）的目錄有在你的 PATH 環境變數中，你可以只用 **python** 來啟動命令（你不必指定 Python 的完整路徑）。（如果你安裝了多個版本的 Python，你可以指定版本，例如 **python3** 或 **python3.10**，視情況而定；然後，如果你只使用 **python**，那麼執行的版本就會是你最新安裝的版本）。

Windows 的 py 啟動器

在 Windows 上，Python 提供了 **py** 啟動器（launcher）來在一部機器上安裝並執行多個 Python 版本。在這個安裝程式的底部，你會發現一個為所有使用者安裝啟動器的選項（預設是被選取的）。若你有多個版本，你可以使用 **py** 後面接著一個版本選項來挑選某個特定的版本，而非使用一般的 **python** 命令。表 2-2 中列出了常見的 **py** 命令選項（使用 **py -h** 檢視所有選項）。

表 2-2　經常使用的 py 命令列選項

選項	意義
-2	執行最新安裝的 Python 2 版本。
-3	執行最新安裝的 Python 3 版本。
-3.*x* 或 **-3.*x-nn***	執行一個特定的 Python 3 版本。僅以 **-3.10** 來參考時，會使用 64 位元版本，若無 64 位元版本，則使用 32 位元版本。若兩者皆有安裝，以 **-3.10-32** 或 **-3.10-64** 挑選一個特定的組建（build）。
-0 或 **--list**	列出所有已安裝的 Python 版本，並指出組建是 32 位元還是 64 位元，如 **3.10-64**。
-h	列出所有的 **py** 命令選項，後面接著標準的 Python help 說明。

如果沒有給出版本選項，**py** 會執行最新安裝的 Python。

舉例來說，要使用已安裝的 Python 3.9 的 64 位元版本顯示本地時間，可以執行這道命令：

```
C:\> py -3.9 -c "import time; print(time.asctime())"
```

（通常不需要提供 **py** 的路徑，因為安裝 Python 時就會把 **py** 新增到系統 PATH 中）。

PyPy 直譯器

PyPy 是用 Python 編寫的，實作了自己的編譯器來產生 LLVM 中介程式碼（intermediate code），以便在 LLVM 後端執行。PyPy 專案提供了一些標準 CPython 沒有的改良，最明顯的是在效能（performance）和多執行緒（multithreading）方面（撰寫本文時，PyPy 已經是最新版本的 Python 3.9 了）。

pypy 的執行方式與 **python** 類似：

```
[path]pypy {options} [-c command | file | - ] {args}
```

關於安裝指示和完整的最新資訊，請參閱 PyPy 主頁（*http://pypy.org*）。

互動式工作階段

當你執行沒有指令稿引數（script argument）的 **python**，Python 會啟動一個互動式工作階段（interactive session），並提示你輸入 Python 述句（statements）或運算式（expressions）。互動式工作階段非常適合進行探索、檢查東西，以及將 Python 當作一個強大又可擴充的互動式計算器（interactive calculator）使用（本章結尾會簡要討論的 Jupyter Notebook，就像「吃了類固醇的 Python（Python on steroids）」，專門為互動式工作階段的使用而設計）。這種模式通常被稱為 *REPL*，或 read–evaluate–print loop（讀取、估算、印出的迴圈），因為當時直譯器所做的事情幾乎就是這樣。

當你輸入一個完整的述句，Python 會執行（executes）它。當你輸入一個完整的運算式，Python 就會估算（evaluates）它。如果運算式有一個結果，Python 將輸出代表該結果的一個字串，同時將這個結果指定（assigns）給名為 _（單一個底線）的變數，這樣你就可以立即在另一個運算式中使用那個結果。Python 預期一個述句或運算式時，提示字串（prompt string）會是 `>>>`，而當一個述句或運算式已經開始但尚未完成時，提示字串則是 `...`。特別是，如果你在前一行開啟了小括號（parenthesis，或稱「括弧」）、中括號或大括號，但還沒有關閉它時，Python 會用 `...` 提示。

在互動式 Python 環境中工作時，你可以使用內建的 **`help()`** 函式進入一個輔助工具，提供關於 Python 關鍵字（keywords）和運算子（operators）、已安裝的模組和一般主題的實用資訊。閱讀較長的說明時，按 **`q`** 可以回到 `help>` 提示列。要退出該工具並回到 Python 的 `>>>` 提示列，請輸入 **`quit`**。你也可以在 Python 提示列下獲得對特定物件的說明，而不必進入 help 工具：輸入 **`help(`*`obj`*`)`**，其中 *`obj`* 是你想要取得更多說明的程式物件。

有幾種方式可以結束互動式工作階段。最常見的是：

- 輸入你作業系統的 end-of-file（檔案結尾）按鍵組合（Windows 的 Ctrl-Z；類 Unix 系統的 Ctrl-D）。
- 以 `quit()` 或 `exit()` 的形式，執行內建函式 `quit` 或 `exit` 中的任何一個（省略後面的 `()` 將顯示「Use quit() or Ctrl-D (i.e., EOF) to exit」這樣的資訊，但你仍然會留在直譯器中）。
- 執行述句 **`raise`** `SystemExit`，或者呼叫 `sys.exit()`（我們會在第 6 章中介紹 `SystemExit` 和 **`raise`**，並在第 8 章中介紹 `sys` 模組）。

使用 Python 互動式直譯器進行實驗

在互動式直譯器中嘗試 Python 述句是一種快速進行 Python 實驗的方式，可以立即看到結果。舉例來說，這裡是內建 `enumerate` 函式的一個簡單用法：

```
>>> print(list(enumerate("abc")))
[(0, 'a'), (1, 'b'), (2, 'c')]
```

互動式直譯器是學習 Python 核心語法和功能很好的入門平台（有經驗的 Python 開發人員經常開啟 Python 直譯器來快速查驗不常用的命令或函式）。

行編輯（line-editing）和歷程（history）機能部分取決於 Python 的建置方式：若有包含 `readline` 模組，GNU `readline` 程式庫的所有功能都可取用。對於像 **`python`** 這樣的文字模式互動程式，Windows 有簡單但堪用的歷程功能。

除了內建的 Python 互動式環境，以及下一節會介紹的，作為更豐富的開發環境一部分而提供的那些互動式環境以外，你還可以免費下載其他強大的互動式環境。最流行的是 *IPython*（*http://ipython.org*），涵蓋於第 7 頁的「IPython」中，它提供了令人眼花繚亂的多樣功能。一個較為簡單、更輕量化、但仍然相當方便的 read-line 直譯器替代品是 *bpython*（*https://oreil.ly/UBZVL*）。

Python 開發環境

Python 直譯器內建的互動模式是最簡單的 Python 開發環境。它很原始，但為輕量化的，體積較小，而且啟動速度快。配合良好的文字編輯器（如第 34 頁「支援 Python 的免費文字編輯器」中所討論的）以及行編輯和歷程記錄功能，互動式直譯器（或者更強大的 IPython/Jupyter 命令列直譯器）會是可用的開發環境。然而，你還可以使用其他幾種開發環境。

IDLE

Python 的 Integrated Development and Learning Environment（IDLE，整合式開發與學習環境，*https://oreil.ly/1vXr6*）在大多數平台上都隨著標準 Python 發行版一起提供。IDLE 是一個跨平台的 100% 純 Python 應用

程式，以 Tkinter GUI 為基礎。它提供了類似於互動式 Python 直譯器的一個 Python shell，但功能更為豐富。它還包括一個專為編輯 Python 原始碼而最佳化的文字編輯器、一個內建的互動式除錯器（debugger），以及幾個特化的瀏覽器（browsers）或檢視器（viewers）。

為了在 IDLE 中獲得更多的功能，請安裝 IdleX（*https://oreil.ly/cU_aD*），它匯集了大量免費的第三方擴充功能。

要在 macOS 上安裝和使用 IDLE，請按照 Python 網站上的具體指示（*https://oreil.ly/wHA6I*）進行。

其他的 Python IDE

IDLE 是成熟、穩定、簡單、功能相當豐富且可擴充的。然而，還有許多其他的 IDE 可用：跨平台的或特定平台的、免費或商業的（包括有免費功能的商業 IDE，特別是在你有開發開源軟體之時）、獨立的或作為其他 IDE 的附加元件。

其中一些 IDE 具有靜態分析（static analysis）、GUI 建造器（builders）、除錯器等功能。Python 的 IDE wiki 頁面（*https://oreil.ly/EMpSD*）列出了 30 多個，並有連結指向其他許多帶有評論和比較的網站。如果你是 IDE 收藏家，就祝你狩獵愉快囉！

就算是所有可用 IDE 的一個很小的子集，我們也無法做出公正的評價。流行的跨平台、跨語言又模組化的 IDE Eclipse（*http://www.eclipse.org*）有免費的第三方外掛 PyDev（*http://www.pydev.org*），提供了很好的 Python 支援。Steve 長期使用 Archaeopteryx 的 Wing（*https://wingware.com*），那是歷史最悠久的 Python 專用 IDE。Paul 所選的 IDE，也許是當今最受歡迎的第三方 Python IDE，是 JetBrains 的 PyCharm（*https://oreil.ly/uQWxm*）。Thonny（*https://thonny.org*）是一個熱門的初學者 IDE，輕量化但功能齊全，很輕易就能安裝在 Raspberry Pi 上（其他流行的平台幾乎都可以）。不容忽視的是 Microsoft 的 Visual Studio Code（*https://code.visualstudio.com*），這是一個非常流行且跨平台的優秀 IDE，支援（透過外掛）許多語言，包括 Python。如果你使用 Visual Studio，可以看看 PTVS（*https://oreil.ly/VZ7Dl*），那是一個開源的外掛，特別擅長在必要時提供 Python 和 C 的混合語言除錯功能。

支援 Python 的免費文字編輯器

你能用任何文字編輯器來編輯 Python 原始碼，即使是最簡單的，如 Windows 上的 Notepad（記事本）或 Linux 上的 *ed*。許多強大的免費編輯器都支援 Python，且具有額外的功能，如基於語法的著色（syntax-based colorization）和自動縮排（automatic indentation）。跨平台編輯器能讓你在不同平台上以統一的方式工作。良好的文字編輯器還能讓你在編輯器中執行你所選的工具，來處理你正在編輯的原始碼。條列 Python 編輯器的最新清單可以在 PythonEditors wiki（*https://oreil.ly/HGAzB*）中找到，它列出了數十個編輯器。

就純粹的編輯能力而言，最好的可能是經典的 Emacs（*https://oreil.ly/MnEBy*，請參閱 Python wiki 頁面（*https://oreil.ly/AIocZ*）以了解 Python 特有的附加元件）。Emacs 不容易學習，也不輕量化[3]。Alex 的個人最愛[4]是另一個經典：Vim（*http://www.vim.org*），傳統 Unix 編輯器 *vi* 經過 Bram Moolenaar 改良的版本。它的功能可能不及 Emacs 那般強大，但仍然很值得考慮，因為它速度快，輕量化，能用 Python 加以程式化，能以文字模式或 GUI 版本到處執行。關於 Vim 的出色介紹，請參閱 Arnold Robbins 和 Elbert Hannah 的《*Learning the vi and Vim Editors*》（O'Reilly），繁體中文版《精通 *vi* 與 *Vim* 第八版》由碁峰資訊出版。關於它在 Python 方面的訣竅和附加功能，請查看 Python wiki 頁面（*https://oreil.ly/6pQ6t*）。在有 Vim 的地方，Steve 和 Anna 也會使用它，Steve 也使用商業編輯器 Sublime Text（*https://www.sublimetext.com*），它有很好的語法著色（syntax coloring）功能和足夠的整合，可以在編輯器內執行你的程式。對於快速編輯和執行簡短的 Python 指令稿（以及作為一個快速且輕量化的通用文字編輯器，即使是用於數 MB 大小的文字檔案），SciTE（*https://scintilla.org/SciTE.html*）是 Paul 的首選編輯器。

檢查 Python 程式的工具

Python 編譯器充分檢查程式的語法，以便能夠執行程式，或者回報語法錯誤。若是想對你的 Python 程式碼進行更徹底的檢查，你可以下載並安裝一或多個第三方工具來達成此目的。`pyflakes`（*https://oreil.ly/RPeeJ*）是一個非常快速、輕量化的檢查器（checker）：它並不全面，但

3 一個很好的起點是《*Learning GNU Emacs*, 3rd edition》（O'Reilly）。

4 不僅只是「編輯器」，而且是 Alex 最喜愛的「他認為最接近 IDE」的工具！

不會匯入它所檢查的模組，這讓它用起來快速又安全。在光譜的另一端，pylint（*https://www.pylint.org*）非常強大而且高度可配置；它並不輕量化，但好處是能根據可編輯的組態檔（configuration files）以高度可自訂的方式檢查許多風格細節[5]。flake8（*https://pypi.org/project/flake8*）將 pyflakes 與其他格式化工具（formatters）和自訂外掛（custom plug-ins）捆裝在一起，並可藉由在多個行程之間分散工作來處理大型的源碼庫（codebases）。black（*https://pypi.org/project/black*）及其變體 blue（*https://pypi.org/project/blue*）刻意降低可配置程度；這使得它們受到廣泛分散的專案團隊和開源專案的歡迎，用以強制施加一致的 Python 風格。為了確保你不會忘記執行它們，你可以使用 pre-commit 套件（*https://pypi.org/project/pre-commit*）來將這些檢查器或格式化工具中的一或多個納入你的工作流程。

Python 直譯器

要想更徹底地檢查 Python 程式碼的型別用法（type usages）是否正確，可以使用像 mypy（*http://mypy-lang.org*）這類的工具；關於這個主題的更多內容，請參閱第 5 章。

執行 Python 程式

無論你用什麼工具來製作你的 Python 應用程式，你都可以把你的應用程式看成是一組 Python 原始碼檔案，它們是普通的文字檔案，通常具有延伸檔名 *.py*。一個**指令稿**（*script*）是你可以直接執行的一個檔案。一個**模組**（*module*）是可以匯入（import）的一個檔案（如第 7 章所述），為其他檔案或互動式工作階段提供一些功能。一個 Python 檔案**既可以**是一個模組（匯入後提供功能），**也可以**是一個指令稿（可以直接執行）。一個廣為採用的實用慣例是，主要作為模組匯入的 Python 檔案，在直接執行時，應該執行一些自我測試的運算，如第 592 頁的「測試」中所述。

Python 直譯器會視需要自動編譯 Python 原始碼檔案。Python 將編譯後的位元組碼（compiled bytecode）儲存在包含模組原始碼的目錄中一個叫作 *__pycache__* 的子目錄裡，並帶有特定版本的延伸檔名來表示最佳化等級（optimization level）。

5 pylint 還包括實用的 pyreverse（*https://oreil.ly/vSs_v*）工具，可以直接從你的 Python 程式碼自動產生 UML 類別圖和套件圖。

為了避免將編譯後的位元組碼儲存到磁碟上，你可以用選項 **-B** 來執行 Python，如果你是從唯讀磁碟（read-only disk）匯入模組，這可能就很方便。此外，當你直接執行指令稿時，Python 並不會儲存指令稿編譯過後的 bytecode 形式；取而代之，Python 會在你每次執行指令稿時，都重新編譯它。Python 只會為你所匯入的模組儲存位元組碼檔案（bytecode files）。它會在必要時自動重建每個模組的位元組碼檔案，例如在你編輯模組的原始碼之時。最後，為了進行部署（deployment），你可以使用第 24 章所講述的工具對 Python 模組進行封裝（可以在線上取得：*https://oreil.ly/python-nutshell-24*）。

你可以用 Python 直譯器或 IDE 來執行 Python 程式碼[6]。一般來說，你會透過執行一個頂層指令稿（top-level script）來起始執行動作。要執行一個指令稿，就把它的路徑作為引數提供給 **python**，如前面第 25 頁的「python 程式」所述。取決於你的作業系統，你可以直接在 shell 指令稿或命令檔（command file）中調用 **python**。在類 Unix 系統中，可以設定檔案的權限位元 x 和 r 來使 Python 指令稿變為可直接執行，並以所謂的 *shebang* 文字行作為指令稿的開頭，這種文字行的內容如下：

```
#!/usr/bin/env python
```

或其他以 #! 開頭，後面接著 python 直譯器程式路徑的文字行，在這種情況下，你可以選擇添加單一字詞的選項，例如：

```
#!/usr/bin/python -OB
```

在 Windows 上，根據 PEP 397（*https://oreil.ly/lmMal*），你可以使用同樣風格的 #! 行來指定特定的某個 Python 版本，因此你的指令稿可以在類 Unix 和 Windows 系統之間跨平台執行。你也可以用一般的 Windows 機制來執行 Python 指令稿，比如雙擊（double-click）其圖示。當你透過雙擊指令稿的圖示來執行一個 Python 指令稿，一旦指令稿終止，Windows 就會自動關閉與該指令稿關聯的文字模式控制台（text-mode console）。如果你希望控制台繼續存在（以允許使用者在螢幕上閱讀指令稿的輸出），請確保指令稿不會太快終止。舉例來說，作為指令稿的最後一條述句，請使用：

```
input('Press Enter to terminate')
```

若你是在命令提示列下執行指令稿，就沒必要這樣做。

6 或在線上：例如，Paul 就維護了一個線上 Python 直譯器的清單（*https://oreil.ly/GVT93*）。

在 Windows 上，你也可以使用延伸檔名 *.pyw* 和直譯器程式 *pythonw.exe* 而非 *.py* 和 *python.exe*。這種 *w* 變體執行 Python 時不會有文字模式的控制台，因此沒有標準輸入和輸出。這很適合仰賴 GUI 或在背景隱匿執行的指令稿。請在程式完全除錯好的情況下才使用它們，以便在開發過程讓標準輸出和標準錯誤可用於資訊、警告或錯誤訊息。

用其他語言編寫的應用程式可以內嵌 Python，根據自己的目的控制 Python 的執行。我們在第 25 章的「Embedding Python（內嵌 Python）」中簡要地研究了這個問題（可以在線上找到：*https://oreil.ly/python-nutshell-25*）。

在瀏覽器中執行 Python

也有在瀏覽器（browser）工作階段中執行 Python 程式碼的選擇，不管是在瀏覽器行程中執行，或在一些基於伺服器的個別元件中執行。PyScript 是前一種做法的典範，而 Jupyter 是後一種。

PyScript

在 Python-in-a-browser（瀏覽器中的 Python）的近期發展中，有一個是 Anaconda 釋出的 PyScript（*https://pyscript.net*）。PyScript 奠基於 Pyodide[7] 之上，使用 WebAssembly 在瀏覽器中建立一個完整的 Python 引擎。PyScript 引入了自訂的 HTML 標記（tags），這樣你就能編寫 Python 程式碼而不需要知道或使用 JavaScript。藉由這些標記，你可以創建包含 Python 程式碼的一個靜態 HTML 檔案，在遠端瀏覽器中執行，不需要額外安裝軟體。

一個簡單的 PyScript「Hello, World!」HTML 檔案看起來可能像這樣：

```
<html>
<head>
    <link rel='stylesheet'
 href='https://pyscript.net/releases/2022.06.1/pyscript.css' />
    <script defer
 src='https://pyscript.net/releases/2022.06.1/pyscript.js'></script>
</head>
<body>
<py-script>
```

7 這是一個很好的例子，展現開源專案透過「站在巨人的肩膀上」獲得的協同效應，已成為日常普遍的事情了！

```
import time
print('Hello, World!')
print(f'The current local time is {time.asctime()}')
print(f'The current UTC time is {time.asctime(time.gmtime())}')
</py-script>
</body>
</html>
```

你可以把這個程式碼片段儲存為一個靜態 HTML 檔案，並在客戶端瀏覽器中成功執行它，即使你的電腦上沒有安裝 Python。

PyScript 即將發生變化

PyScript 在本書出版時，仍處於早期開發階段，所以這裡顯示的具體標記和 API 可能會隨著套件的進一步發展而改變。

欲了解更完整的最新資訊，請參閱 PyScript 網站（*https://pyscript.net*）。

Jupyter

在 IPython 中對互動式直譯器的擴充功能（在第 7 頁的「IPython」中介紹過）被 Jupyter 專案（*https://jupyter.org*）進一步擴充，它最為著名的 Jupyter Notebook 為 Python 開發人員提供了一種「literate programming」（*https://oreil.ly/yvn4z*）工具。一個 notebook 伺服器，通常透過網站來取用，會儲存和載入每個 notebook，並創建一個 Python 核心行程，以互動方式執行其 Python 命令。

notebook 是一種豐富的環境。每個 notebook 都是由單元格（cells）所成的一個序列，其內容可以是程式碼，也可以是用 LaTeX 擴充過的 Markdown 語言進行格式化的富文字（rich text），能夠包含複雜的數學。程式碼單元格（code cells）也可以產生豐富的輸出，包括流行的大部分影像格式（image formats）以及指令稿控制的 HTML（scripted HTML）。特殊的整合使 `matplotlib` 程式庫得以適應 Web，並且有越來越多的機制能用來與 notebook 程式碼互動。

進一步的整合允許 notebook 以其他方式出現。舉例來說，透過適當的擴充功能，你可以很容易地將 Jupyter Notebook 格式化為 reveal.js（*https://revealjs.com*）演講投影片，其中的程式碼單元格能夠互動地執行。Jupyter Book（*https://jupyterbook.org*）能讓你將 notebook 收集為章節，並將選集釋出成書籍。GitHub 允許瀏覽（但不能執行）上傳的 notebook（有一種特殊的描繪器能提供 notebook 的正確格式）。

Internet 上有許多 Jupyter Notebook 的範例。為了良好地展示它的功能，請看一下 Executable Books（可執行的書籍）網站（*https://oreil.ly/Y2WS0*），notebook 是其出版格式的基礎。

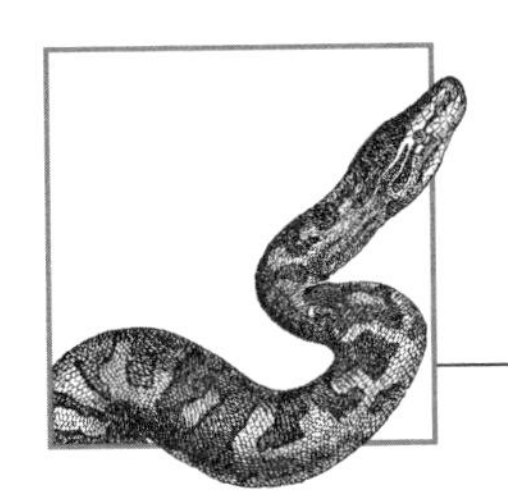

3
Python 語言

本章是 Python 語言的參考指南。若要想從頭開始學習 Python，我們建議你從線上說明文件（*https://oreil.ly/lVDFK*）的適當連結、和第 14 頁的「適合非程式設計師的 Python 說明文件」中提到的資源開始。如果你已經對其他至少一種程式語言瞭若指掌，而只是想學習有關 Python 的特定知識，本章就是為你所準備的。然而，我們並不是要教授 Python：我們以相當快的速度涵蓋了很多東西。我們把重點放在規則上，其次才是指出最佳實務做法和風格；作為你的 Python 風格指南，請使用 PEP 8（*https://oreil.ly/biw1p*，可以透過額外的指南來強化，如「The Hitchhiker's Guide to Python」（*https://oreil.ly/gKFLA*）、CKAN（*https://oreil.ly/0nj5h*）和 Google（*https://oreil.ly/q9_k_*））。

語彙結構

一個程式語言的**語彙結構**（*lexical structure*）是一套基本規則，管理你如何用該語言編寫程式。它是語言最底層的語法（syntax），規定了諸如變數名稱的樣子和如何表示註解（comments）等。每個 Python 原始碼檔案，就像其他文字檔案一樣，是字元所成的一個序列（a sequence of characters）。你也可以有效地把它看作是文字行（lines）、語彙單元（tokens）或述句（statements）構成的一個序列。這些不同的語彙觀點是互補的。Python 對程式的佈局（program layout）非常講究，尤其是文字行和縮排（indentation）：如果你是從其他語言來到 Python 的，請注意這些資訊。

文字行和縮排

一個 Python 程式是**邏輯行**（*logical lines*）所成的一個序列，每個邏輯行由一或多個**實體行**（*physical lines*）組成。每個實體行都能以一個註解結束。不在字串字面值（string literal）內的一個雜湊符號（#，hash sign）起始一個註解。在 # 之後的所有字元，直到但不包括行結尾（line end），都算是註解：Python 會忽略它們。只包含空白的一個文字行（可能還帶有一個註解）是一個**空行**（*blank line*）：Python 會忽略它。在互動式直譯器工作階段中，你必須輸入一個空的實體行（沒有任何空白或註解）來終止一個多行述句（multiline statement）。

在 Python 中，一個實體行的結尾標示著大多數述句的結束。與其他語言不同，Python 通常不用定界符（delimiter），如分號（;），來結束述句。如果一個述句太長而無法完整放入一個實體行內，你可以將兩個相鄰的實體行連接成一個邏輯行，方法是確保第一個實體行不包含註解，並以反斜線（\）結尾。更優雅地，如果一個開放的小括號（(）、中括號（[）或大括號（{）尚未關閉，Python 也會自動將相鄰的實體行連接成一個邏輯行：請利用這一機制來產生比在行尾使用反斜線更容易閱讀的程式碼。三引號（triple-quoted）字串字面值也可以跨越實體行。在一個邏輯行中，第一行之後的實體行被稱為**延續行**（*continuation lines*）。縮排規則適用於每個邏輯行的第一個實體行，而不適用於延續行。

Python 使用縮排（indentation）來表達一個程式的區塊結構（block structure）。Python 在述句區塊周圍不使用大括號或其他起訖定界符（begin/end delimiters）；縮排是表示述句區塊的唯一方式。在 Python 程式中的每個邏輯行都以其左邊的空白來進行**縮排**（*indent*）。一個**區塊**（*block*）是邏輯行所成的一個連續序列，它們的縮排量全都相同；一個縮排量較小的邏輯行結束該區塊。一個區塊中的所有述句都必須有相同的縮排，一個複合述句（compound statement）中的所有子句（clauses）也必須如此。原始碼檔案中的第一條述句必須沒有縮排（即不得以任何空白開始）。你在互動式直譯器主提示符 >>>（在第 30 頁「互動式工作階段」中介紹過的）處輸入的述句也必須沒有縮排。

Python 把每個 tab（製表字元）當作最多 8 個空格（spaces）來處理，因此 tab 之後的下一個字元會落入邏輯欄 9、17、25，以此類推。標準的 Python 風格是每個縮排層次（indentation level）使用 4 個空格（永不使用 tab）。

如果你必須使用 tab，Python 不允許將 tab 和空格混合起來用於縮排。

使用空格，而非 *tab*

設定你最喜歡的編輯器，將 Tab 鍵擴展為四個空格，這樣你寫的所有 Python 原始碼都只會包含空格，而不是 tab。如此一來，所有的工具，包括 Python 本身，在處理 Python 原始碼檔案的縮排時都會是一致的。最佳的 Python 風格是將區塊縮排正好四個空格，而且不使用 tab。

Python 語言

字元集（Character Sets）

Python 原始碼檔案可以使用任何 Unicode 字元，預設編碼（encoding）為 UTF-8（字元碼在 0 到 127 之間的字元，即 7 位元的 ASCII 字元，在 UTF-8 中編碼為相應的單位元組，所以一個 ASCII 文字檔案也會是很好的 Python 原始碼檔案）。

你可以選擇告訴 Python，某個原始碼檔案是用不同的編碼撰寫的。在這種情況下，Python 就會使用那種編碼來讀取檔案。為了讓 Python 知道一個原始碼檔案是用非標準的編碼撰寫的，請在原始碼檔案的開頭加上一個註解，其形式必須是這樣：

```
# coding: iso-8859-1
```

在 `coding:` 之後，寫上 `codecs` 模組中與 ASCII 相容的編解碼器（codec）名稱，如 `utf-8` 或 `iso-8859-1`。注意這個**編碼指引**（*coding directive*）註解（也被稱為「**編碼宣告**」，*encoding declaration*）只有在它位於原始碼檔案開頭時才會被接受（可能是在第 35 頁「執行 Python 程式」中提及的「shebang 文字行」之後）。最佳實務做法是讓所有的文字檔案都使用 `utf-8`，包括 Python 原始碼檔案。

語彙單元

Python 將每個邏輯行拆成一連串的基本語彙元件（elementary lexical components），稱為**語彙單元**（*tokens*）。每個語彙單元對應於邏輯行的一個子字串（substring）。一般的語彙單元類型有**識別字**（*identifiers*）、**關鍵字**（*keywords*）、**運算子**（*operators*）、**定界符**（*delimiters*）和**字面值**（*literals*），我們會在後續的章節中介紹。你可以自由地在語彙單元之間使用空白（whitespace）以分隔它們。邏輯上相鄰的識別字或關鍵字之間需要一些空白區隔，否則，Python 會把它們剖析（parse）為一個較長的識別字。舉例來說，`ifx` 是單一個識別字；要寫出關鍵字 **`if`** 後面接著識別字 `x`，需要插入一些空白（通常只有一個空格字元，即 **`if`** `x`）。

識別字

一個**識別字**（*identifier*）是用來指出變數、函式、類別、模組或其他物件的一個名稱（name）。識別字以一個字母（letter，即 Unicode 分類為字母的任何字元）或底線（_，underscore）開頭，後面是零或多個字母、底線、數字（digits）或 Unicode 分類為字母、數字或組合標記（combining marks）的其他字元（如 Unicode Standard Annex #3（*https://oreil.ly/iL3qY*）所定義）。

舉例來說，在 Unicode Latin-1 字元範圍（character range）內，一個識別字的有效前導字元（leading characters）是：

```
ABCDEFGHIJKLMNOPQRSTUVWXYZ_abcdefghijklmnopqrstuvwxyz
ªµºÀÁÂÃÄÅÆÇÈÉÊËÌÍÎÏÐÑÒÓÔÕÖØÙÚÛÜÝÞßàáâãäåæçèéêëìíîïðñòóôõöøùúûüýþÿ
```

在前導字元之後，有效的識別字主體字元（body characters）也一樣，再加上數字和 ·（Unicode 的 MIDDLE DOT）字元：

```
0123456789ABCDEFGHIJKLMNOPQRSTUVWXYZ_abcdefghijklmnopqrstuvwxyz
ªµ·ºÀÁÂÃÄÅÆÇÈÉÊËÌÍÎÏÐÑÒÓÔÕÖØÙÚÛÜÝÞßàáâãäåæçèéêëìíîïðñòóôõöøùúûüýþÿ
```

大小寫（case）有意義：小寫（lowercase）和大寫（uppercase）字母是不同的。識別字中不允許有標點符號字元（punctuation characters），例如 `@`、`$` 或 `!`。

謹防使用同形字的 *Unicode* 字元

有些 Unicode 字元看起來與其他字元非常相似，甚至無法分辨。這樣的字元對被稱為同形字（*homoglyphs*）。舉例來說，比較大寫字母 A 和大寫的希臘字母 alpha（Α）。這實際上是兩個不同的字母，只是在大多數字體（fonts）中看起來非常相似（或相同）。在 Python 中，它們會定義出兩個不同的變數：

```
>>> A = 100
>>> # 這個變數是 GREEK CAPITAL LETTER ALPHA：
>>> Α = 200
>>> print(A, Α)
100 200
```

如果想讓你的 Python 程式碼可以被廣泛使用，我們推薦一個指導原則，即所有的識別字、註解和說明文件都用英文書寫，避免非英文的同形字字元。欲了解更多資訊，請參閱 PEP 3131（*https://oreil.ly/jVK5H*）。

Python 語言

Unicode 正規化（normalization）策略增加了進一步的複雜性（Python 在剖析包含 Unicode 字元的識別字時使用 NFKC 正規化（*https://oreil.ly/q944n*））。更多技術資訊請參閱 Jukka K. Korpela 所著的《*Unicode Explained*》（O'Reilly）以及 Unicode 網站（*https://unicode.org*），和該網站所參考的書籍（*https://oreil.ly/92fm2*）。

避免在識別字中使用可正規化的 *Unicode* 字元

當名稱中包含某些 Unicode 字元時，Python 可能會意外在變數之間產生別名（aliases），因為它會在內部將 Python 指令稿中所示的名稱轉換為使用正規化字元（normalized characters）的名稱。舉例來說，字母 ª 和 º 會正規化為 ASCII 小寫字母 a 和 o，所以使用這些字母的變數可能會與其他變數發生衝突：

```
>>> a, o = 100, 101
>>> ª, º = 200, 201
>>> print(a, o, ª, º)
200 201 200 201  # 原本預期 "100 101 200 201"
```

最好避免在你的 Python 識別字中使用可正規化（normalizable）的 Unicode 字元。

正常的 Python 風格是以大寫字母開始類別名稱，而大多數[1]的其他識別字則以小寫字母開頭。用單一個前導底線（leading underscore）開頭的識別字，依照慣例，代表該識別字是要當成私有（private）的。以兩個前導底線開始的識別字表示一個**私有性更強**（*strongly private*）的識別字；然而，如果該識別字也以兩個後置底線（trailing underscores）結束，這就意味著它是語言定義的一個特殊名稱。由多個字詞（words）構成的識別字應該全部小寫，單詞之間有底線分隔，如 `login_password`。這有時被稱為 *snake case*（**蛇形大小寫**）。

互動式直譯器中的單一底線（_）。

識別字 _（單一底線）在互動式直譯器工作階段中是特殊的：直譯器會將 _ 繫結到它以互動方式估算的最後一個運算式述句之結果，如果有的話。

關鍵字

Python 有 35 個**關鍵字**（*keywords*），或者說是它為特殊語法用途所保留的識別字。就跟識別字一樣，關鍵字是區分大小寫的。你不能把關鍵字當作常規識別字使用（因此，它們有時被稱為「保留字」，reserved words）。有些關鍵字起始簡單述句或複合述句的子句，而其他關鍵字則是運算子。我們會在本書中詳細介紹所有的關鍵字，在本章或第 4 章、第 6 章和第 7 章中。Python 中的關鍵字有：

```
and    break    elif    from   is       pass   with
as     class    else    global lambda   raise  yield
assert continue except  if     nonlocal return False
async  def      finally import not      try    None
await  del      for     in     or       while  True
```

你可以透過匯入 `keyword` 模組並列印 `keyword.kwlist` 來列出它們。

3.9+ 此外，Python 3.9 引入了**軟性關鍵字**（*soft keywords*）的概念，這些關鍵字是對情境敏感（context sensitive）的。也就是說，它們是某些特定語法構造（syntax constructs）的語言關鍵字，但在這些構造以外，它們可以作為變數或函式名稱使用，所以它們不算是**保留**（*reserved*）

1 按照慣例，參考常數（constants）的識別字全都是大寫字母。

字。Python 3.9 中沒有定義軟性關鍵字，但 Python 3.10 就引進了下列軟性關鍵字：

```
_ case match
```

你可以透過列印 `keyword.softkwlist` 從 `keyword` 模組列出它們。

運算子

Python 使用非文數字字元（nonalphanumeric characters）和字元組合（character combinations）作為運算子（operators）。Python 能夠識別下列運算子，在本章第 71 頁的「運算式和運算子」中有詳細的介紹：

```
+  -  *  /  %   **  //  <<  >>  &   @

|  ^  ~  <  <=  >   >=  !=  ==  @=  :=
```

你可以用 `@` 作為運算子（在矩陣乘法中，在第 16 章中講到），儘管（苛求精確地說！）這個字元實際上是一個定界符（delimiter）。

定界符

Python 在各種述句（statements）、運算式（expressions）、串列（list）、字典（dictionary）和集合（set）的字面值（literals）及概括式（comprehensions）中使用下列字元或字元組合當作定界符，以及其他用途：

```
(     )     [     ]     {     }

,     :     .     =     ;     @

+=    -=    *=    /=    //=   %=

&=    |=    ^=    >>=   <<=   **=
```

句號（`.`）也可以出現在浮點數字面值（floating-point literals，如 `2.3`）和虛數字面值（imaginary literals，如 `2.3j`）中。最後兩列是擴增過的指定運算子（augmented assignment operators），它們是定界符，但也執行運算。我們會在介紹使用這些定界符的物件或述句時，討論各種定界符的語法。

以下字元作為其他語彙單元的一部分時，具有特殊含義：

```
'  "  #  \
```

' 和 " 包圍字串字面值（string literals）。字串外的 # 起始一個註解（comment），註解在當前文字行的結尾結束。在一個實體行結尾 \ 會將下一個實體行與它連接成一個邏輯行；\ 也是字串中的轉義字元（escape character）。字元 $ 和 ? 以及空白（whitespace）以外的所有控制字元（control characters）[2] 都不能成為 Python 程式文字的一部分，除非是在註解或字串字面值之中。

字面值

一個字面值（*literal*）是程式中對一個資料值（數字、字串或容器）的直接表示（direct denotation）。下面是 Python 中的數字和字串字面值：

```
42                      # 整數（Integer）字面值
3.14                    # 浮點數（Floating-point）字面值
1.0j                    # 虛數（Imaginary）字面值
'hello'                 # 字串（String）字面值
"world"                 # 另一個字串字面值
"""Good
night"""                # 三引號的字串字面值，跨越兩行
```

將數字和字串字面值與適當的定界符結合起來，你可以直接建立許多以這些字面值作為其值的容器型別：

```
[42, 3.14, 'hello']     # 串列
[]                      # 空串列
100, 200, 300           # 元組（Tuple）
(100, 200, 300)         # 元組
()                      # 空元組
{'x':42, 'y':3.14}      # 字典
{}                      # 空字典
{1, 2, 4, 8, 'string'}  # 集合
# 沒有表示空集合的字面值形式；請使用 set() 代替
```

我們將在第 50 頁的「資料型別」中詳細介紹這種容器字面值（container literals）的語法[3]，在我們討論 Python 支援的各種資料型別之時。在本書中，我們把這些運算式稱為字面值（literals），因為它們描述原始碼中字面上的值（也就是不需要額外的估算）。

---

2 控制字元包括非列印字元（nonprinting characters），如 \t（tab）和 \n（newline），兩者都算作空白，其他如 \a（警報，又稱「嗶」，beep）和 \b（backspace），它們就非空白。

3 根據線上說明文件（*https://oreil.ly/mN_gv*），這稱呼為「container displays」（如 list_display），但特別指稱帶有字面值項目的 displays（顯示）。

述句

你可以把一個 Python 原始碼檔案看成是簡單述句和複合述句所構成的一個序列（sequence）。

簡單述句

簡單述句（*simple statement*）是指不包含其他述句的述句。一個簡單的述句完全位於一個邏輯行之內。就像許多其他語言一樣，你可以在一個邏輯行中放置一個以上的簡單述句，使用分號（;）作為分隔符號。然而，每行使用一個述句是慣用和推薦的 Python 風格，這使程式更容易閱讀。

任何**運算式**（*expression*）都可以作為一個簡單的述句獨立存在（我們會在第 71 頁的「運算式和運算子」中討論運算式）。以互動方式工作時，直譯器會顯示你在提示符（>>>）處輸入的運算式述句（expression statement）之結果，並將結果繫結（bind）到一個名為 _（底線）的全域變數。除了互動式工作階段，運算式述句只對呼叫具有副作用（side effects，例如進行輸出、改變引數或全域變數，或提出例外）的函式（和其他 *callable*）有用。

一個**指定**（*assignment*）是一個為變數指定（assign）值的簡單述句，正如我們會在第 66 頁的「指定述句」中討論的那樣。在 Python 中使用 = 運算子的指定是一個述句，而且永遠不能成為運算式的一部分。要作為運算式的一部分進行指定，必須使用 :=（被稱為「海象」，walrus）運算子。你將在第 73 頁的「指定運算式」中看到使用 := 的一些例子。

複合述句

一個**複合述句**（*compound statement*）包含一或多個其他述句，並控制其執行。一個複合述句有一或多個**子句**（*clauses*），以相同的縮排對齊。每個子句都有一個**標頭**（*header*），從一個關鍵字開始，並以冒號（:）結束，後面接著一個**主體**（*body*），是一或多個述句所成的一個序列。一般來說，也被稱為一個**區塊**（*block*）的這些述句，會位在標頭行之後的獨立邏輯行中，向右縮排四個空格。當縮排量回到子句標頭的縮排量時（或者從那裡再往左移，回到某個內層複合述句的縮排量），該區塊在語彙上就算結束。另外，主體可以是單一個簡單述句，跟在 : 後面，與標頭位在同一邏輯行。主體也可以由同一行的幾個簡單述句組成，在它們之間用分號隔開，但是，正如我們已經提過的，這並非良好的 Python 風格。

資料型別

一個 Python 程式的運作取決於它所處理的資料。Python 中的資料值（data values）被稱為**物件**（*objects*）；每個物件，也就是一個**值**（*value*），都有一個**型別**（*type*）。一個物件的型別決定了該物件支援哪些運算（換句話說，你可以對該值進行哪些運算）。型別還決定了物件的**屬性**（*attributes*）和**項目**（*items*，如果有的話），以及物件是否可以被改變。一個可以被改變的物件被稱為**可變物件**（*mutable object*），而一個不能被改變的物件則是**不可變物件**（*immutable object*）。我們會在第 66 頁的「物件的屬性和項目」中討論物件的屬性和項目。

內建的 `type(obj)` 函式接受任何物件作為其引數，並回傳作為 *obj* 之型別的型別物件（type object）。內建函式 `isinstance(obj, type)` 會在物件 *obj* 具有型別 *type*（或其任何子類別）時回傳 **True**；否則，它回傳 **False**。isinstance 的 *type* 參數也可以是型別的一個元組（**3.10+** 或用 | 運算子連接多個型別），在這種情況下，如果 *obj* 的型別與給定的任何型別或那些型別的任何子類別相匹配，它就會回傳 **True**。

Python 有用於基本資料型別的內建型別，如數字（numbers）、字串（strings）、元組（tuples）、串列（lists）、字典（dictionaries）和集合（sets），如接下來幾個章節會介紹的。你也可以建立使用者定義的型別（user-defined types），稱為**類別**（*classes*），如第 139 頁「類別和實體」中所討論的。

數字

Python 中內建的數字型別包括整數（integers）、浮點數（floating-point numbers）和複數（complex numbers）。標準程式庫還提供了十進位（decimal）的浮點數，會在第 578 頁的「decimal 模組」中介紹，以及分數（fractions），會在第 577 頁的「fractions 模組」中介紹。Python 中的所有數字都是不可變的物件；因此，在一個數字物件上進行運算時，會產生一個新的數字物件。我們會在第 75 頁的「數值運算」中介紹對數字的運算，也稱為算術運算（arithmetic operations）。

數值字面值不包括正負號（sign）：前導的 + 或 - 如果存在，就會是一個單獨的運算子，如第 76 頁「算術運算」中討論的那樣。

整數

整數字面值可以是十進位（decimal）、二進位（binary）、八進位（octal）或十六進位（hexadecimal）。一個十進位字面值是一個數字序列（a sequence of digits），其中第一個數位（digit）非零。二進位字面值是 0b 後面接著一串二進位數字（0 或 1）。一個八進位字面值是 0o 後面接著一串八進位數字（0 到 7）。十六進位字面值是 0x 後面接著一連串的十六進位數字（0 到 9 和 A 到 F，大小寫都行）。舉例來說：

```
1, 23, 3493                          # 十進位整數字面值
0b010101, 0b110010, 0B01             # 二進位整數字面值
0o1, 0o27, 0o6645, 0O777             # 八進位整數字面值
0x1, 0x17, 0xDA5, 0xda5, 0Xff        # 十六進位整數字面值
```

整數可以表示 ±2**sys.maxsize 範圍內的值，或者大約是 $\pm 10^{2.8e18}$。

表 3-1 列出 int 物件 *i* 支援的方法。

表 3-1　int 方法

as_integer_ratio	*i*.as_integer_ratio() **3.8+** 回傳由兩個 int 組成的一個元組，其確切的比值（exact ratio）是該原始整數值（由於 *i* 永遠是 int，該元組也永遠會是 (*i*, 1)；與 float.as_integer_ratio 做比較。
bit_count	*i*.bit_count() **3.10+** 回傳 abs(*i*) 的二進位表示值中 1 的數量。
bit_length	*i*.bit_length() 回傳表示 *i* 所需的最少位元數。相當於 abs(*i*) 的二進位表示值移除 'b' 和所有前導的零之後的長度。(0).bit_length() 回傳 0。
from_bytes	int.from_bytes(*bytes_value*, *byteorder*, *, *signed*=**False**) 按照 to_bytes 的引數用法，從 *bytes_value* 的位元組中回傳一個 int（注意，from_bytes 是 int 的一個類別方法）。

to_bytes	*i*.to_bytes(*length*, *byteorder*, *, *signed*=**False**) 回傳長度為 *length* 個位元組的一個 bytes 值，代表 *i* 的二進位值。*byteorder* 必須是 str 值 'big' 或 'little'，表示回傳值應該是 big-endian（大端序，最高有效位元組優先）還是 little-endian（小端序，最低有效位元組優先）。舉例來說，(258).to_bytes(2, 'big') 回傳 b'\x01\x02'，而 (258).to_bytes(2, 'little') 回傳 b'\x02\x01'。當 *i* < 0 且 *signed* 為 **True** 時，to_bytes 回傳以二補數（two's complement）表示的 *i* 之位元組。當 *i* < 0 且 *signed* 為 **False** 時，to_bytes 會提出 OverflowError。

浮點數

一個浮點數字面值是十進位數字（decimal digits）所成的一個序列，包括一個小數點（decimal point，.）、一個指數後綴（exponent suffix，e 或 E，後面可選擇性接上 + 或 -，再接著一或多個數字），或者兩者皆用。浮點數字面值的前導字元不能是 e 或 E；它可以是任何數字（digit）或句號（.），後面跟一個數字（digit）。比如說：

```
0., 0.0, .0, 1., 1.0, 1e0, 1.e0, 1.0E0  # 浮點數字面值
```

一個 Python 浮點數值對應 C 語言的一個 double，其範圍（range）和精確度（precision）的限制也相同：在現代平台上通常是 53 位元（大約 15 位數）的精確度（關於程式碼執行的平台上浮點數值的確切範圍和精確度，以及其他許多細節，請參閱 sys.float_info 的線上說明文件（*https://oreil.ly/kEa6H*））。

表 3-2 列出 float 物件 *f* 支援的方法。

表 3-2　float 的方法

as_integer_ratio	*f*.as_integer_ratio()
	回傳由兩個 int 組成的一個元組，一個分子（numerator）和一個分母（denominator），它們的確切比值是原始的浮點數 *f*。例如：
	`>>> f=2.5`
	`>>> f.as_integer_ratio()`
	`(5, 2)`

from_hex	float.from_hex(*s*) 從十六進位的 str 值 *s* 回傳一個 float 值。*s* 可以是 *f*.hex() 回傳的形式，或者單純是十六進位數字的一個字串。若為後者，from_hex 會回傳 float(int(*s*, 16))。

hex	*f*.hex() 回傳 *f* 的十六進位表示值，帶有前導的 0x，尾隨的 p 和指數。舉例來說，(99.0).hex() 會回傳 '0x1.8c00000000000p+6'。
is_integer	*f*.is_integer() 回傳一個 bool 值，指出 *f* 是否為一個整數值。相當於 int(*f*)==*f*。

複數

一個複數（complex number）是由兩個浮點數值所構成的，實部（real part）和虛部（imaginary part）各一個。你能夠透過唯讀屬性 *z*.real 和 *z*.imag 來存取複數物件 *z* 的各個部分。你可以指定一個虛數字面值（imaginary literal）為任何浮點數或整數的十進位字面值，後面接著一個 j 或 J：

```
0j, 0.j, 0.0j, .0j, 1j, 1.j, 1.0j, 1e0j, 1.e0j, 1.0e0j
```

字面值結尾的 j 表示 -1 的平方根（square root），如電機工程中經常使用的那樣（其他一些學科會為此目的使用 i，但 Python 使用 j）。沒有其他的複數字面值。要表示複數的任何常數（constant），需要相加或相減一個浮點數（或整數）字面值和一個虛數字面值。例如，要表示等於 1 的複數，就用 1+0j 或 1.0+0.0j 這樣的運算式。Python 會在編譯時期進行加法運算，所以不需要擔心額外負擔。

一個 complex 物件 *c* 支援單一個方法：

conjugate	*c*.conjugate() 回傳一個新的複數 complex(*c*.real, -*c*.imag)（即回傳值具有 *c* 的 imag 屬性，而正負號改變）。

參閱第 564 頁的「math 和 cmath 模組」，了解其他幾個使用浮點數和複數的函式。

數值字面值中的底線

為了幫忙直觀估算一個數字的大小（magnitude），數值字面值可以在數位之間或在任何基數指定符（base specifier）之後包括單個底線（_）字元。然而，不僅只有十進位數值常數可以從這種記號選擇的自由中受益，正如這些例子所示：

```
>>> 100_000.000_0001, 0x_FF_FF, 0o7_777, 0b_1010_1010
(100000.0000001, 65535, 4095, 170)
```

底線的位置沒有強制的要求（除了不能連續出現兩個），所以 123_456 和 12_34_56 都代表相同的 int 值 123456。

序列

一個*序列*（*sequence*）是有序（ordered）的一個項目容器（container of items），以整數為索引（index）。Python 有內建的序列型別（sequence types），稱為字串（bytes 或 str）、元組和串列。程式庫和擴充模組提供其他的序列型別，你也可以自行編寫其他的序列（如本節「序列」中所述）。你能以各種方式操作序列，如第 78 頁「序列運算」中所討論的那樣。

可迭代物件

一個抽象地捕捉序列迭代（iteration）行為的 Python 概念是**可迭代物件**（*iterables*），在第 103 頁的「for 述句」中有介紹。所有的序列都是可迭代（iterable）的：只要我們說你可以使用一個 iterable，你就能使用一個序列（例如一個串列）。

另外，當我們說你可以使用一個 iterable 時，通常是指一個**有界的**可迭代物件（*bounded* iterable）：一個最終會停止產出項目的可迭代物件。一般來說，序列是有界的。可迭代物件可以是無界的，但是如果你試圖在沒有特別預防措施的情況下使用無界的可迭代物件，你可能會產生一個永遠不會終止的程式，或者一個會耗盡所有可用記憶體的程式。

字串

Python 有兩個內建的字串型別 str 和 bytes[4]。str 物件是一個字元序列（sequence of characters），用於儲存和表示基於文字的資訊。bytes 物件儲存並表示任意的二進位位元組序列（sequence of binary bytes）。Python 中兩種型別的字串都是**不可變的**：對字串進行運算時，總是會產生一個相同型別的新字串物件，而不是變動一個現有的字串。字串物件提供許多方法，在第 329 頁的「字串物件的方法」中有詳細討論。

4 還有一個 bytearray 物件，很快就會談到，它是一種類似 bytes 的「字串」，而且是可變的。

字串字面值可以是帶引號（quoted）或三引號（triple-quoted）的。帶引號的字串是一個由零或多個字元所組成的序列，位在成對匹配的引號內，使用單（'）引號或雙（"）引號。比如說：

```
'This is a literal string'
"This is another string"
```

這兩種不同類型的引號功能完全相同；擁有這兩種引號可以讓你在其中一種引號所指定的字串中包含另一種引號，而不需要使用反斜線字元（\）來轉義引號字元：

```
'I\'m a Python fanatic'     # 你可以轉義一個引號
"I'm a Python fanatic"      # 這種方式可能更容易懂
```

對此議題表示意見的許多（但遠非全部）風格指南都建議，當選哪個都無所謂的時候，你應該使用單引號。流行的程式碼格式化工具 black 偏好雙引號；這種選擇具有足夠的爭議性，以致於成為 blue 專案被「fork」出來的主要靈感來源，它與 black 的主要區別是傾向於使用單引號，正如本書的大多數作者所做的那樣。

Python 語言

為了讓一個字串字面值跨越多個實體行，你可以使用一個 \ 作為一行的最後一個字元，以表示下一行是一個延續行：

```
'A not very long string \
that spans two lines'       # 前一行不允許有註解
```

你也可以在字串中嵌入一個 newline（換行符號），使其包含兩行而非只有一行：

```
'A not very long string\n\
that prints on two lines'   # 前一行不允許有註解
```

然而，更好的方法是使用三引號的字串，由匹配的三重引號字元（'''，或者更好的，如 PEP 8（*https://oreil.ly/ RmvLN*）所規範的 """）所圍住。在三引號字串字面值中，字面值中的換行符號（line breaks）在產生的字串物件中保持為 newline 字元：

```
"""An even bigger
string that spans
three lines"""              # 前幾行不允許有註解
```

你可以用一個轉義過的 newline 來起始一個三引號字面值，以避免字面值字串的第一行內容與其他內容處於不同的縮排層次。例如：

```
the_text = """\
First line
Second line
"""      # 與 "First line\nSecond line\n" 相同，但更容易閱讀
```

唯一不能成為三引號字串字面值一部分的字元是一個未轉義的反斜線（unescaped backslash），而單引號字串字面值不能包含未轉義的反斜線、不能包含行結尾（line ends），也不能包含外層包圍它的引號字元。反斜線字元起始一個轉義序列（*escape sequence*），它可以讓你在任何一種字串字面值中引入任何字元。參閱表 3-3，列出了所有的 Python 字串轉義序列。

表 3-3　字串轉義序列

序列	意義	ASCII/ISO 碼
`\`*<newline>*	忽略行結尾	無
`\\`	Backslash	`0x5c`
`\'`	單引號	`0x27`
`\"`	雙引號	`0x22`
`\a`	Bell	`0x07`
`\b`	Backspace	`0x08`
`\f`	Form feed	`0x0c`
`\n`	Newline	`0x0a`
`\r`	Carriage return	`0x0d`
`\t`	Tab	`0x09`
`\v`	Vertical tab	`0x0b`
`\`*DDD*	八進位值 *DDD*	如給定的
`\x` *XX*	十六進位值 *XX*	如給定的
`\N{`*name*`}`	Unicode 字元	如給定的
`\` *o*	任何其他的字元 *o*：一個雙字元字串	`0x5c` + 所給定的

字串字面值的一種變體是原始字串字面值（*raw string literal*）。其語法與帶引號或三引號的字串字面值相同，只是在前導引號前面加上了一個 `r` 或 `R`。在原始字串字面值中，轉義序列不會像表 3-3 中那樣被解讀，而是照字面原樣複製到字串中，包括反斜線和 newline 字元。原始字串字面值語法對於包含許多反斜線的字串來說很方便，特別是正規表達

式的模式（regular expression patterns，參閱第 356 頁的「模式字串語法」）和 Windows 絕對檔名（absolute filenames，使用反斜線作為目錄分隔符號）。原始字串字面值不能以數量為奇數的反斜線結尾：最後一個反斜線會被用來轉義結尾的引號。

原始和三引號的字串字面值並非不同型別的東西

原始和三引號的字串字面值並不是與其他字串不同的型別；它們只是一般的兩種字串型別 bytes 和 str 字面值的替代語法。

在 str 欄位中，你可以使用 \u 後面接著四個十六進位數字，或 \U 後面接著八個十六進位數字來表示 Unicode 字元；你也可以包括表 3-3 中列出的轉義序列。str 字面值也可以使用轉義序列 \N{*name*} 來包含 Unicode 字元，其中的 *name* 是一個標準 Unicode 名稱（*http://www.unicode.org/charts*）。舉例來說，\N{Copyright Sign} 表示一個 Unicode 版權符號字元（©）。

格式化的字串字面值（*formatted string literals*，通常稱為 *f-strings*）讓你將格式化運算式（formatted expressions）注入到你的字串「字面值」中，使得它們不再是常數，而會在執行時估算。格式化過程會在第 336 頁的「字串格式化」中描述。從純語法的角度來看，這些新的字面值可被視為另一種字串字面值。

任何類型的多個字串字面值，不管是帶引號的、三引號的、原始的、位元組的、格式化的，都可以彼此相鄰，之間可以有選擇性的空白（只要你不把包含文字和位元組的字串混在一起）。編譯器會將這些相鄰（adjacent）的字串字面值串接（concatenates）成單一個字串物件。以這種方式撰寫一個很長的字串字面值，能讓你跨越多個實體行以可讀的方式展示它，並讓你有機會插入對該字串某部分的註解。比如說：

```
marypop = ('supercali'        # '(' 起始邏輯行，
           'fragilistic'      # 縮排被忽略了
           'expialidocious') # 一直延續到關閉的 ')'
```

被指定給 marypop 的字串是有 34 個字元的一個單詞。

Python 語言

bytes 物件

一個 bytes 物件是範圍從 0 到 255 的 int 所構成的一個有序整數序列。bytes 物件通常會在讀寫二進位來源（例如，檔案、socket 或網路資源）的資料時遇到。

bytes 物件可以從一個 int 串列或一個字串初始化出來。bytes 字面值的語法與 str 字面值相同，前綴有 'b'：

```
b'abc'
bytes([97, 98, 99])          # 與前一行相同
rb'\ = solidus'              # 一個原始的 bytes 字面值，含有一個 '\'
```

要將 bytes 物件轉換為 str 物件，請使用 bytes.decode 方法。要將 str 物件轉換為 bytes 物件，請使用 str.encode 方法，如第 9 章所詳細描述的。

bytearray 物件

一個 bytearray 是範圍從 0 到 255 的 int 所構成的一個**可變的**有序的整數序列；如同 bytes 物件，你可以從整數或字元的序列建構出它。事實上，除了可變性之外，它就跟 bytes 物件沒兩樣。由於它們是可變的，bytearray 物件支援的方法和運算子能夠修改位元組值陣列（array of byte values）內的元素：

```
ba = bytearray([97, 98, 99])  # 和 bytes 一樣，可以接受一個 int 序列
ba[1] = 97                    # 不同於 bytes，其內容可被修改
print(ba.decode())            # 印出 'aac'
```

第 9 章有關於建立和使用 bytearray 物件的額外說明。

元組

一個**元組**（*tuple*）是由項目（items）構成的一個不可變的有序序列。元組的項目為任意的物件，可以是不同的型別。你可以使用可變物件（如串列）作為元組的項目，但最好的做法通常是避免這樣做。

要表示一個元組，就用一系列的運算式（作為元組的項目），以逗號（,）分隔[5]；如果每個項目都是一個字面值，那麼整個構造就會是一個**元組字面值**（*tuple literal*）。你可以選擇在最後一個項目後放置一個

5 這種語法有時被稱為「tuple display」。

多餘的逗號。你能將元組項目放在括弧（()，parentheses，或稱「圓括號」、「小括號」）內，但是括弧只有在不這樣做逗號會有其他含義的情況下（例如在函式呼叫中），才是必要的，或者用來表示空元組或巢狀元組（nested tuples）。正好有兩個項目的一個元組也被稱為一個**對組**（*pair*）。要創建只有一個項目的元組，就在運算式的結尾加一個逗號。要表示一個空的元組（empty tuple），就用一對空的括弧。這裡有一些元組字面值，其中第二個使用了選擇性的括弧：

```
100, 200, 300        # 有三個項目的元組
(3.14,)              # 有一個項目的元組，需要尾隨的逗號
()                   # 空元組（括弧不是可有可無的）
```

你也可以呼叫內建型別 `tuple` 來創建一個元組。比如說：

```
tuple('wow')
```

這會建立出一個與下列元組字面值相等的元組：

```
('w', 'o', 'w')
```

不帶引數的 `tuple()` 會創建並回傳一個空元組，就像 `()` 一樣。當 *x* 是可迭代的，`tuple(`*x*`)` 會回傳一個元組，其項目與 *x* 中的項目相同。

串列

一個**串列**（*list*）是一個可變的有序項目序列。串列中的項目為任意的物件，可以是不同的型別。要表示一個串列，就用一系列的運算式（串列中的項目），以逗號（,）隔開，並放在方括號（[]，brackets，或稱「中括號」）內[6]；如果每個項目都是一個字面值，整個構造就會是一個**串列字面值**（*list literal*）。你可以選擇在最後一個項目後放置一個多餘的逗號。要表示一個空的串列（empty list），就用一對空的方括號。下面是串列字面值的一些例子：

```
[42, 3.14, 'hello']  # 有三個項目的清單
[100]                # 有一個項目的清單
[]                   # 空串列
```

你也可以呼叫內建型別 `list` 來創建一個串列。比如說：

```
list('wow')
```

6　這種語法有時被稱為「list display」。

這會創建出與下列串列字面值相等的一個串列：

```
['w', 'o', 'w']
```

沒有引數的 `list()` 會建立並回傳一個空的串列，就像 `[]`。當 *x* 是可迭代的，`list(x)` 回傳一個串列，其項目與 *x* 中的項目相同。

你也可以用串列概括式（list comprehensions）建立串列，在第 108 頁的「串列概括式」中有介紹。

集合

Python 有兩個內建的集合（set）型別，即 `set` 和 `frozenset`，用來表示任意順序的唯一項目群集（arbitrarily ordered collections of unique items）。集合中的項目可以是不同的型別，但它們必須都是**可雜湊的**（*hashable*，參閱表 8-2 中的 `hash`）。`set` 型別的實體是可變的，因此不可雜湊；`frozenset` 型別的實體是不可變且可雜湊的。你不能有項目是集合的集合，但是你可以有項目是凍結集（frozensets）的 set（或者 frozenset）。集合和凍結集是*沒有*順序的。

要建立一個集合，你可以呼叫內建型別 `set`，不帶引數（這意味著一個空的集合）或使用可迭代的一個引數（這代表建立出來的集合之項目跟作為引數的可迭代物件相同）。同樣地，你可以透過呼叫 `frozenset` 來建立一個凍結集。

此外，要表示一個（非凍結的、非空的）集合，可以用一系列的運算式（集合的項目），放在大括號（`{}`，或稱「曲括號」）內以逗號（`,`）分隔[7]；如果每個項目都是字面值，整個集合就會是一個**集合字面值**（*set literal*）。你可以選擇在最後一個項目之後放置一個多餘的逗號。這裡是一些集合的例子（兩個字面值，一個不是）：

```
{42, 3.14, 'hello'}  # 有三個項目的集合字面值
{100}                # 有一個項目的集合字面值

set()                # 空集合 - 空集合沒有字面值
                     # {} 是一個空的 dict ！
```

你也可以用集合概括式（set comprehensions）建立非凍結集合，這在第 110 頁的「集合概括式」中會討論。

7 這種語法有時被稱為「set display」。

注意，兩個集合或凍結集（或者一個集合和一個凍結集）可以比較是否相等，但是由於它們是無序的，在它們上面進行迭代可能會以不同的順序回傳其內容。

字典

一個映射（*mapping*）是物件的一個任意群集（an arbitrary collection of objects），由幾乎[8]同樣任意的值進行索引，這些值被稱為**鍵值**（*keys*）。映射是可變的，而且就跟集合一樣但不同於序列，它們不（一定）是有序的。

Python 提供單一種內建的映射型別：字典型別 `dict`。程式庫和擴充模組提供其他的映射型別，你也可以自行編寫其他的映射型別（如第 177 頁「映射」中所討論的那樣）。字典中的鍵值可以是不同的型別，但它們必須是**可雜湊的**（*hashable*，參閱表 8-2 中的 `hash`）。字典中的值（values）為任意的物件，可以是任何型別。字典中的一個項目是一個鍵值與值對組（key/value pair）。你可以把字典看作是一個關聯式陣列（associative array，在其他一些語言中被稱為「map」、「hash table」，或「hash」）。

要表示一個字典，你可以使用一系列用冒號分隔的運算式對組（這些運算式對組是字典中的項目），這些運算式對組再以逗號（`,`）隔開，放在大括號（`{}`）內[9]；如果每個運算式都是字面值，那麼整個構造就會是一個**字典字面值**（*dictionary literal*）。你可以選擇在最後一個項目後面放上一個多餘的逗號。字典中的每個項目都寫成 *`key:value`*，其中 *`key`* 是一個運算式，給出項目的鍵值；*`value`* 也是一個運算式，給出項目的值。如果一個鍵值的值在字典運算式中多次出現，那麼在產生的字典物件中只會保留任意一個帶有那個鍵值的項目，也就是說，字典不支援重複的鍵值。比如說：

```
{1:2, 3:4, 1:5}  # 這個字典的值為 {1:5, 3:4}
```

要表示一個空的字典，就使用一對空的大括號。

這裡有一些字典字面值：

8 每個特定的映射型別都可能對它所接受的鍵值之型別有一些限制：特別是，字典只接受可雜湊的鍵值。

9 這種語法有時被稱為「dictionary display」。

```
{'x':42, 'y':3.14, 'z':7}     # 有三個項目的字典，str 鍵值
{1:2, 3:4}                    # 有兩個項目的字典，int 鍵值
{1:'za', 'br':23}             # 具有不同鍵值型別的字典
{}                            # 空字典
```

你也可以呼叫內建型別 dict 來建立一個字典，這種方式雖然不那麼簡潔，但有時會更容易閱讀。舉例來說，前面片段中的那些字典也可以寫成：

```
dict(x=42, y=3.14, z=7)       # 有三個項目的字典，str 鍵值
dict([(1, 2), (3, 4)])        # 有兩個項目的字典，int 鍵值
dict([(1,'za'), ('br',23)])   # 具有不同鍵值型別的字典
dict()                        # 空字典
```

沒有引數的 dict() 會創建並回傳一個空的字典，就像 {}。當 dict 的引數 *x* 是一個映射時，dict 會回傳一個新的字典物件，其鍵值與值與 *x* 相同。當 *x* 是可迭代的，*x* 中的項目必須是對組，而 dict(*x*) 會回傳一個字典，其項目（鍵值與值對組）與 *x* 中的項目相同。如果一個鍵值在 *x* 中出現不止一次，那只有 *x* 中帶有該鍵值的最後一個項目會被保留在結果字典中。

呼叫 dict 時，除了位置引數 *x* 之外，你還可以傳入**具名引數**（*named arguments*）或以具名引數取代它，每個具名引數的語法是 *name=value*，其中 *name* 是用作項目鍵值的識別字，*value* 是給出項目之值的運算式。當你呼叫 dict 並同時傳入一個位置引數和一或多個具名引數時，如果一個鍵值同時出現在位置引數和具名引數中，Python 會將具名引數的值與該鍵值相關聯（也就是說，具名引數「勝出」）。

你可以使用 ** 運算子將一個 dict 的內容解開（unpack）到另一個 dict 中。

```
d1 = {'a':1, 'x': 0}
d2 = {'c': 2, 'x': 5}
d3 = {**d1, **d2}  # 結果是 {'a':1, 'x': 5, 'c': 2}
```

3.9+ 從 Python 3.9 開始，同樣的運算可以用 | 運算子來完成。

```
d4 = d1 | d2  # 結果與 d3 相同
```

你也可以透過呼叫 dict.fromkeys 來創建一個字典。第一個引數是一個 iterable，其項目會成為字典的鍵值；第二個引數是對應於每個鍵值的值（所有鍵值最初都映射到同一個值）。如果你省略第二個引數，它預設為 **None**。比如說：

```
dict.fromkeys('hello', 2)    # 等同於 {'h':2, 'e':2, 'l':2, 'o':2}
dict.fromkeys([1, 2, 3])     # 等同於 {1:None, 2:None, 3:None}
```

你也可以使用字典概括式來建立一個 dict，正如第 110 頁的「字典概括式」中討論的那樣。

比較兩個 dict 是否相等時，如果它們有相同的鍵值和相應的值，即使鍵值的順序不同，它們也會被估算為相等。

None

內建的 **None** 表示一個空物件（null object）。**None** 沒有任何方法或其他屬性。當你需要一個參考（reference）但你不在意你參考的是什麼物件，或者當你需要表明那裡沒有物件時，你可以使用 **None** 作為一個佔位符（placeholder）。函式會回傳 **None** 作為其結果，除非它們有特定的 **return** 述句編寫成回傳其他值。**None** 是可雜湊的，能夠作為一個 dict 鍵值使用。

Ellipsis (...)

Ellipsis（省略號），寫成三個句號，其間沒有空格，即 ...，是 Python 中的一個特殊物件，用於數值應用[10]，或在 **None** 是一個有效條目（valid entry）時，作為 **None** 的替代品。舉例來說，要初始化一個可以把 **None** 作為合法值的 dict，你可以用 ... 來初始化它，作為「並未提供值，連 **None** 都沒有」的指示。Ellipsis 是可雜湊的，所以能用作 dict 的鍵值：

```
tally = dict.fromkeys(['A', 'B', None, ...], 0)
```

可呼叫物件

在 Python 中，可呼叫型別（callable types）是它們的實體（instances）支援函式呼叫（function call）運算的那些型別（參閱第 123 頁的「呼叫函式」）。函式是可呼叫物件（callable）。Python 提供大量的內建函式（參閱第 294 頁的「內建函式」）並支援使用者定義的函式（參閱第 114 頁的「定義函式：def 述句」）。產生器（generators）也是可呼叫物件（參閱第 132 頁的「產生器」）。

10 參閱第 586 頁的「形狀、索引和切片」。

型別（types）也是可呼叫物件，正如我們看到的那些 `dict`、`list`、`set` 和 `tuple` 內建型別（參閱第 290 頁的「內建型別」以獲取內建型別的完整清單）。正如我們會在第 140 頁的「Python 類別」中討論的，**`class`** 物件（使用者定義的型別）也是可呼叫物件。呼叫一個型別通常會創建並回傳該型別的一個新實體。

其他的可呼叫物件包括*方法*（*methods*），它們是繫結為類別屬性的函式，還有提供名為 `__call__` 這個特殊方法的類別實體。

Boolean 值

Python 中的任何[11]資料值都可以作為真假值（truth value）使用，代表真（true）或假（false）。任何非零數字或非空容器（例如字串、元組、串列、集合或字典）都為 true（真值）。零（任何數值型別的 `0`）、**`None`** 和空的容器都是 false（假值）。你可能會看到術語「truthy」和「falsy」被用來表示估算為真或假的值。

謹防將浮點數當作真值使用

使用浮點數作為真值（truth value）時要小心：那就像是將該數字與零進行確切相等性的比較，而浮點數幾乎永遠都不應該比較確切的相等性。

內建型別 `bool` 是 `int` 的一個子類別（subclass）。`bool` 型別僅有的兩個值是 **`True`** 和 **`False`**，它們有字串表示值 **`'True'`** 和 **`'False'`**，但也有分別為 `1` 和 `0` 的數值。有幾個內建函式會回傳 `bool` 的結果，比較運算子（comparison operators）也是如此。

你能用任意[12]的 *x* 作為引數（argument）來呼叫 `bool(`*x*`)`。當 *x* 為真時，結果會是 **`True`**；*x* 為假時，結果為 **`False`**。良好的 Python 風格是不要在這種呼叫是多餘之時使用，因為通常都是這樣：請總是寫為 **`if`** *x*`:`，永遠不要寫成 **`if`** `bool(`*x*`):`、**`if`** *x* **`is True`**`:`、**`if`** *x* `==` **`True`** 或 **`if`** `bool(`*x*`) ==` **`True`**`:` 中的任何一個。然而，你*可以*用 `bool(`*x*`)` 來計算一個序列中真值項目（true items）的數量。比如說：

---

11 嚴格說來，**幾乎**是任何的資料值都這樣：第 16 章所講述的 NumPy 陣列（arrays）是一種例外。

12 除了 NumPy 陣列這個相同的例外。

```python
def count_trues(seq):
    return sum(bool(x) for x in seq)
```

在這個例子中，bool 呼叫確保 *seq* 的每一個項目都被算作 0（若為假）或 1（若為真），所以 count_trues 比 sum(*seq*) 更通用。

當我們說「*expression* is true（運算式為真）」時，意思是 bool(*expression*) 會回傳 **True**。正如我們提過的，這也被稱為「*expression* being *truthy*（運算式是真值的）」（另一種可能性是「*expression* is *falsy*」）。

變數和其他參考

Python 程式透過參考（*references*）來存取資料值。一個參考是參考至（refers to，或稱「提及」、「指涉」）某個值（物件）的一個「名稱（name）」。參考有變數、屬性和項目的形式。在 Python 中，變數或其他的參考沒有固有的型別。一個參考在某一時刻所繫結（bound）的物件總是會有一個型別，但是在程式的執行過程中，一個給定的參考可能被繫結到各種不同型別的物件。

Python
語言

變數

Python 中並不存在「宣告（declarations）」。一個變數的存在是從繫結（*binds*）該變數的一個述句開始的（換句話說，設定一個名稱來存放對某個物件的參考）。你也可以解除（*unbind*）一個變數的繫結，重設其名稱，讓它不再持有一個參考。指定述句（assignment statements）是繫結變數和其他參考的一般方式。**del** 述句可以解除一個變數參考之繫結，儘管很少會這樣做。

繫結一個已繫結的參考也被稱為重新繫結（*rebinding*）它。每當提到繫結（binding），我們就隱含地包括重新繫結（除非我們明確地排除它）。一個參考的重新繫結或解除繫結（unbinding），對於該參考所繫結的物件沒有任何影響，只不過一個物件會在沒有任何參考指涉它的情況下消失。清理沒有參考的物件之動作被稱為垃圾回收（*garbage collection*）。

你可以用任何識別字（identifier）來命名一個變數，除了作為 Python 關鍵字而保留的 30 多個識別字（請參閱第 46 頁的「關鍵字」）。一個變數可以是全域性（global）的，也可以是區域性（local）的。一個**全域變數**（*global variable*）是模組物件的一個屬性（參閱第 7 章）。一個**區域變數**（*local variable*）則存活在一個函式的區域命名空間（local namespace）中（參閱第 128 頁的「命名空間」）。

物件的屬性和項目

物件的屬性和項目之間的主要差異在於你用來存取它們的語法。為了表示一個物件的**屬性**（*attribute*），就使用指涉該物件的一個參考，後面接著句號（`.`），然後再接著一個被稱為**屬性名稱**（*attribute name*）的識別字。舉例來說，`x.y` 指的是與名稱 `x` 繫結的物件的一個屬性，具體而言，就是名為 `'y'` 的那個屬性。

為了表示一個物件的**項目**（*item*），就使用對該物件的一個參考，後面接著方括號 `[]` 內的一個運算式。方括號（brackets）中的運算式被稱為項目的**索引**（*index*）或**鍵值**（*key*），而該物件則被稱為項目的**容器**（*container*）。舉例來說，`x[y]` 指的是與名稱 `y` 繫結的鍵值或索引上的項目，位在與名稱 `x` 繫結的容器物件中。

可呼叫（callable）的屬性也被稱為**方法**（*methods*）。Python 在可呼叫和不可呼叫的屬性之間並沒有明顯的區別，就像其他一些語言那樣。關於屬性的所有一般規則也適用於可呼叫的屬性（方法）。

存取不存在的參考

一種常見的程式設計錯誤是去存取（access）一個不存在的參考。舉例來說，一個變數可能沒有被繫結，或者一個屬性名稱或項目索引可能對套用它的物件無效。Python 編譯器在分析和編譯原始碼時，只會診斷語法錯誤（syntax errors）。編譯並不會診斷語意錯誤（semantic errors），例如試圖存取一個未繫結的屬性、項目或變數。Python 只會在錯誤的程式碼執行時，才診斷語意錯誤，也就是在**執行時期**（*runtime*）才那麼做。當一個運算有 Python 語意錯誤時，嘗試進行該運算會提出（raises）一個例外（參閱第 6 章）。試著存取一個不存在的變數、屬性或項目，就像其他語意錯誤一樣，都會提出一個例外。

指定述句

指定述句（assignment statements）可以是普通版（plain）的或擴增版（augmented）的。對一個變數的普通指定（如 `name = value`）是你創建一個新變數或將一個現有變數重新繫結到一個新值的方式。對一個物件屬性的普通指定（如 *x.attr = value*）是對物件 *x* 的請求，要它創建或重新繫結名為 '*attr*' 的屬性。對容器中一個項目的普通指定（如 *x[k] = value*）是對容器 *x* 的一個請求，要它創建或重新繫結索引或鍵值為 *k* 的項目。

擴增指定（如 *name += value*）本身無法創建新的參考。擴增指定可以重新繫結一個變數，要求一個物件重新繫結它現有的某個屬性或項目，或者要求目標物件修改自己。向一個物件提出任何類型的請求時，會由該物件決定是否以及如何履行該請求，以及是否提出例外。

普通指定

形式最簡單的普通指定述句之語法為：

```
target = expression
```

其中的目標（target）被稱為 LHS（lefthand side，左手邊），而運算式（expression）則是 RHS（righthand side，右手邊）。指定執行時，Python 會估算 RHS 運算式，然後將該運算式的值繫結到 LHS 目標上。繫結從不取決於值的型別。特別是，Python 在可呼叫物件和不可呼叫物件之間並沒有強烈的區別，就跟其他一些語言一樣，所以你可以把函式、方法、型別和其他可呼叫物件繫結到變數上，就像你可以對數字、字串、串列等等做的那樣。這是函式和其他可呼叫物件身為**一級物件**（*first-class objects*）的權能之一。

繫結的細節確實取決於目標的種類。指定中的目標可以是一個識別字、屬性參考、索引或切片，其中：

識別字（*identifier*）

　是一個變數名稱。對一個識別字進行指定，等同於用該名稱繫結變數。

屬性參考（*attribute reference*）

　具有 *obj.name* 這樣的語法。*obj* 是一個任意的運算式，*name* 是一個識別字，被稱為物件的一個**屬性名稱**。對一個屬性參考進行指定，等於要求物件 *obj* 繫結其名為 '*name*' 的屬性。

索引（*indexing*）

　語法為 *obj*[*expr*]。*obj* 和 *expr* 是任意的運算式。對一個索引進行指定，等於要求容器 *obj* 繫結它由 *expr* 之值所指示的項目，也稱為容器中項目的索引或鍵值。一個**索引動作**（*indexing*）就是一個索引（index）被**套用到**（*applied to*）容器之上的一種動作。

切片（*slicing*）

　具有 *obj*[*start*:*stop*] 或 *obj*[*start*:*stop*:*stride*] 的語法。*obj*、*start*、*stop* 和 *stride* 是任意的運算式。*start*、*stop* 和 *stride* 都是選擇性的（也就是說，*obj*[:*stop*:] 和 *obj*[:*stop*] 也是語法正確的切片，各自都等同於 *obj*[**None**:*stop*:**None**]）。指定給一個切片，等於要求容器 *obj* 繫結或解除繫結它的一些項目。指定給像 *obj*[*start*:*stop*:*stride*] 這樣的切片，等同於指定給索引 *obj*[slice(*start*,*stop*,*stride*)]。請參閱（表 8-1）中 Python 的內建型別 slice，它的實體代表切片（slices）。一個**切片動作**（*slicing*）就是將一個切片（slice）套用到（applied to）容器之上的一種動作。

當我們在本章第 81 頁「修改一個串列」中討論串列上的運算時，以及在第 88 頁「索引一個字典」中討論對字典的運算時，就會回到索引和切片的目標。

當指定的目標是一個識別字時，指定述句就具體指明了一個變數的繫結。這**永遠都不會**被駁回：你請求它時，它就會發生。在所有其他情況下，指定述句表示對一個物件的請求，以繫結它的一或多個屬性或項目。一個物件可能會拒絕創建或重新繫結某些（或全部）屬性或項目，如果你試圖進行不被允許的創建動作或重新繫結，就會有例外被提出（參閱表 4-1 中的 __setattr__ 和第 179 頁「容器方法」中的 __setitem__）。

一個普通的指定可以使用多個目標和等號（=）。比方說：

```
a = b = c = 0
```

這會把變數 a、b 和 c 繫結到同一個值，也就是 0。述句每次執行時，無論述句中有多少個目標，RHS 運算式都只會估算（evaluates）一次。每個目標，從左到右，都被繫結到該運算式所回傳的一個物件上，就像有幾個簡單的指定（assignments）一個接一個地執行一樣。

普通指定中的目標可以列出兩個或多個用逗號隔開的參考，可以選擇用括弧或方括號括起來。比如說：

```
a, b, c = x
```

這個述句要求 x 是正好有三個項目的一個可迭代物件（iterable），並且將 a 繫結到第一項，b 繫結到第二項，c 繫結到第三項。這種指定被稱為**拆分指定**（*unpacking assignment*）。RHS 運算式必須是一個可迭代物件，而且其項目數正好與目標中的參考數相同；否則，Python 會提出一個例外。Python 會將目標中的每個參考繫結到 RHS 中的對應項目。舉例來說，你可以使用拆分指定來對調（swap）參考：

```
a, b = b, a
```

這個指定述句將名稱 a 重新繫結到名稱 b 所繫結的東西，反之亦然。在一個拆分指定的多個目標中，只有一個目標可以在前面加上 *。如果存在的話，那個**帶星號**的目標（*starred* target）會被繫結到一個項目串列上，其中包含沒有被指定給其他目標的所有剩餘項目（如果有的話）。舉例來說，當 x 是一個串列時，這個動作：

```
first, *middle, last = x
```

就等於這樣做（但比之更簡明、清晰、普遍且快速）：

```
first, middle, last = x[0], x[1:-1], x[-1]
```

這些形式中的每一種都要求 x 至少有兩個項目。這種功能被稱為**延伸式拆分**（*extended unpacking*）。

擴增指定

擴增指定（*augmented assignment*，有時稱為「**就地指定**」，*in-place assignment*）與普通的指定不同，它在目標和運算式之間不使用等號（=），而是使用**擴增版運算子**（*augmented operator*），也就是 = 後面接著一個二元運算子（binary operator）。擴增版運算子有 +=、-=、*=、/=、//=、%=、**=、|=、>>=、<<=、&=、^= 與 @=。一個擴增指定在 LHS 上只能有一個目標，擴增指定不支援多重目標。

在一個擴增指定中，就像在普通指定中一樣，Python 首先會估算 RHS 的運算式。然後，當 LHS 所指涉的物件有一個特殊方法能用於該運算子合適的**就地**版本（*in-place* version）時，Python 就會以 RHS 的值為引數呼叫該方法（由此方法來適當地修改 LHS 物件並回傳修改後的物件；第 170 頁的「特殊方法」有提及特殊方法）。如果 LHS 物件沒有適用的就地版本特殊方法（in-place special method）時，Python 會在 LHS 和 RHS 物件上使用相應的二元運算子，然後將目標重新繫結到結果上。舉例來說，當 *x* 有「就地加法（in-place addition）」的特殊方法 `__iadd__` 時，*x* += *y* 就會像是 *x* = *x*.`__iadd__`(*y*)；否則，*x* += *y* 就會像 *x* = *x* + *y*。

擴增指定從不建立其目標參考；擴增指定執行時，目標必須已被繫結。增強指定可以將目標參考重新繫結到一個新的物件，或者修改目標參考已繫結的同一個物件。相較之下，普通指定可以創建或重新繫結 LHS 的目標參考，但它永遠不會修改目標參考之前所繫結的物件（如果有的話）。在此，物件（objects）和對物件的參考（references to objects）之間的區別是很重要的。舉例來說，*x* = *x* + *y* 不會修改 *x* 最初繫結的物件（如果有的話），而是重新繫結 *x* 以指涉到一個新物件。對比之下，*x* += *y* 會在該物件有特殊方法 `__iadd__` 的時候修改名稱 *x* 所繫結的物件；否則，*x* += *y* 會將 *x* 重新繫結到一個新的物件，就跟 *x* = *x* + *y* 一樣。

del 述句

儘管名稱是那樣，但 **del** 述句實際上所做的是解除參考的繫結（*unbinds references*），它本身並不會刪除（*delete*）物件。當一個物件不再有參考時，物件的刪除動作會透過垃圾回收（garbage collection）自動進行。

del 述句由關鍵字 **del** 構成，後面接著一或多個目標參考，用逗號（**,**）隔開。每個目標都可以是一個變數、屬性參考、索引或切片，就像指定述句一樣，而且在 **del** 執行時必須已經繫結。當一個 **del** 的目標是一個識別字時，**del** 述句意味著解除該變數的繫結。如果識別字已繫結，那麼解除它的繫結是永遠都不會被禁止的，被要求時，就會發生。

在所有其他情況下，**del** 述句具體指明了對一個物件的請求，以解除它一或多個屬性或項目的繫結。一個物件可能會拒絕解除一些（或全部）屬性或項目的繫結，如果你嘗試進行不被允許的繫結解除動作，就會有例外被提出（參閱第 171 頁「通用特殊方法」中的 `__delattr__` 和第 179 頁「容器方法」中的 `__delitem__`）。解除一個切片的繫結通常就跟為該切片指定一個空序列有相同的效果，但要由容器物件來實作這種等效關係。

容器也被允許讓 **del** 引發副作用（side effects）。舉例來說，假設 **del** *C*[2] 成功執行，那麼當 *C* 是一個字典時，這使得將來對 *C*[2] 的參考都無效（提出 KeyError），除非你再次指定給 *C*[2]；但是當 *C* 是一個串列時，**del** *C*[2] 意味著 *C* 後續接的每一項都會「向左移動一個位置」，因此，如果 *C* 夠長，將來對 *C*[2] 的參考仍然會有效，但代表的會是與進行 **del** 之前不同的項目（一般來說，會是在執行 **del** 述句之前，你用 *C*[3] 來指涉的東西）。

運算式和運算子

一個運算式（expression）是程式碼的一個「片語（phrase）」，Python 對其進行估算（evaluates）以產生一個值。最簡單的運算式是字面值（literals）和識別字（identifiers）。你會使用表 3-4 中列出的運算子（operators）和定界符（delimiters）來連接子運算式（subexpressions）以建立其他運算式。這張表按照遞減的優先序（precedence）列出運算子，優先序較高的運算子出現在較低優先序的運算子之前。列在一起的運算子具有相同的優先權。第三欄列出運算子的結合性（associativity）：L（left-to-right，從左到右）、R（right-to-left，從右到左）或 NA（非結合性）。

Python 語言

表 3-4 運算式中的運算子優先序

運算子	說明	結合性
{ *key* : *expr*, ... }	創建字典	NA
{ *expr*, ... }	創建集合	NA
[*expr*, ...]	創建串列	NA
(*expr*, ...)	創建元組（建議使用括弧，但並非必要；至少需要一個逗號），或者只有括弧	NA
f(*expr*, ...)	函式呼叫	L
x [*index*: *index*: *step*]	切片	L
x [*index*]	索引	L
x . *attr*	屬性參考	L
x ** y	指數運算（exponentiation，*x* 的 *y* 次方）	R
~ *x*, + *x*, - *x*	位元（bitwise）NOT、一元（unary）的加法或減法	NA

運算子	說明	結合性
x * *y*, *x* @ *y*, *x* / *y*, *x* // *y*, *x* % *y*	乘法、矩陣乘法、除法、floor 除法、取餘數	L
x + *y*, *x* - *y*	加法、減法	L
x << *y*, *x* >> *y*	左移、右移	L
x & *y*	位元 AND	L
x ^ *y*	位元 XOR	L
x	*y*	位元 OR	L
x < *y*, *x* <= *y*, *x* > *y*, *x* >= *y*, *x* != *y*, *x* == *y*	比較（小於、小於或等於、大於、大於或等於、不相等、相等）	NA
x **is** *y*, *x* **is not** *y*	同一性測試（identity tests）	NA
x **in** *y*, *x* **not in** *y*	成員資格測試（membership tests）	NA
not *x*	Boolean NOT	NA
x **and** *y*	Boolean AND	L
x **or** *y*	Boolean OR	L
x **if** *expr* **else** *y*	條件運算式（或三元運算子，ternary operator）	NA
lambda *arg*, ...: *expr*	匿名簡單函式	NA
(*ident* := *expr*)	指定運算式（建議使用括弧，但並非必要）	NA

在這個表中，*expr*、*key*、*f*、*index*、*x* 與 *y* 代表任何的運算式，而 *attr*、*arg* 與 *ident* 表示任何的識別字。符號 **, ...** 表示以逗號連接零或多個重複的東西；在這種情況下，尾部的逗號是選擇性且無害的。

比較的鏈串（Comparison Chaining）

你可以鏈串（chain）比較，暗示著邏輯上的 **and**。比如說：

```
a < b <= c < d
```

其中 *a*、*b*、*c* 和 *d* 是任意的運算式，（在沒有估算副作用的情況下）與此等效：

```
a < b and b <= c and c < d
```

鏈串的形式更易讀，而且每個子運算式最多估算一次。

短路運算子

and 和 **or** 運算子會「短路（*short-circuit*）」其運算元的估算：只有在需要其值才能獲得整個 **and** 和 **or** 運算的真值時，右邊的運算元（operand）才會進行估算。

換句話說，*x* **and** *y* 會先估算 *x*。當 *x* 為假時，結果就是 *x*；否則，結果會是 *y*。同樣地，*x* **or** *y* 會先估算 *x*，當 *x* 為真時，結果就是 *x*；否則，結果會是 *y*。

and 和 **or** 並不強制其結果為 **True** 或 **False**，而是回傳其運算元中的一個或另一個。這讓你可以更廣義地使用這些運算子，而不僅僅是在 Boolean 情境之下。**and** 和 **or**，由於它們的短路語意，會與其他運算子有所不同，後者在執行運算前會完全估算所有的運算元。**and** 和 **or** 讓左邊的運算元作為右邊運算元的守衛（*guard*）。

條件運算子（conditional operator）

另一種短路運算子是條件[13] 運算子 **if/else**：

```
when_true if condition else when_false
```

when_true、*when_false* 和 *condition* 中的每一個都是任意的運算式。*condition* 首先估算。當 *condition* 為真時，結果會是 *when_true*；否則，結果會是 *when_false*。取決於 *condition* 的真假值，*when_true* 和 *when_false* 這兩個子運算式中只有一個會被估算。

在這種條件運算中，子運算式的順序可能有點令人困惑。推薦的風格是始終在整個運算式周圍放置括弧。

指定運算式

3.8+ 你可以使用 **:=** 運算子來結合運算式的估算和其結果的指定。在某些常見的情況下，這很有用。

if/elif 述句中的 :=

指定一個值，然後進行檢查的程式碼可以用 **:=** 來縮短：

13 有時被稱為三元運算子（*ternary* operator），因為它在 C 語言（Python 最初的實作語言）中是這樣稱呼的。

```
re_match = re.match(r'Name: (\S)', input_string)
if re_match:
    print(re_match.groups(1))

# 使用 := 來縮短的版本
if (re_match := re.match(r'Name: (\S)', input_string)):
    print(re_match.groups(1))
```

這在編寫一系列的 **if/elif** 區塊時，特別有幫助（你會在第 10 章找到一個更詳細的例子）。

while 述句中的 :=

使用 := 來簡化使用一個變數作為其 **while** 條件的程式碼。請考慮這段程式碼，它會處理函式 get_next_value 回傳的一系列數值，當沒有更多的數值需要處理時，它會回傳 **None**：

```
current_value = get_next_value()
while current_value is not None:
    if not filter_condition(current_value):
        continue    # BUG ! current_value 沒有推進到下一個
    # ... 使用 current_value 做一些工作 ...
    current_value = get_next_value()
```

這段程式碼有幾個問題。首先是對 get_next_value 的重複呼叫，如果 get_next_value 發生變化，這就會帶來額外的維護成本。但更嚴重的是，添加了一個提前退出的過濾器後，出現了一個錯誤：**continue** 述句會直接跳回 **while** 述句，而沒有推進到下一個值，從而創造了一個無限迴圈。

使用 := 將指定納入 **while** 述句本身時，我們就解決了重複的問題，而且呼叫 **continue** 也不會導致無限迴圈：

```
while (current_value := get_next_value()) is not None:
    if not filter_condition(current_value):
        continue    # 沒有錯誤，current_value 有在 while 述句中推進
    # ... 對 current_value 做一些工作 ...
```

串列概括式過濾器（list comprehension filter）中的 :=

對輸入項目進行轉換，但必須根據轉換後的值過濾掉一些項目的串列概括式，使用 := 的話，可以只進行一次轉換就行了。在這個例子中，將 str 轉換為 int 的一個函式會對無效的值回傳 **None**。若不使用 :=，串列

概括式就必須為有效的值呼叫 safe_int 兩次，一次檢查 None，另一次將實際的 int 值新增到串列中：

```
def safe_int(s):
    try:
        return int(s)
    except Exception:
        return None

input_strings = ['1','2','a','11']

valid_int_strings = [safe_int(s) for s in input_strings
                     if safe_int(s) is not None]
```

如果我們在串列概括式的條件部分使用一個指定運算式，那麼對於 input_strings 中的每個值，safe_int 只會被呼叫一次：

```
valid_int_strings = [int_s for s in input_strings
                     if (int_s := safe_int(s)) is not None]
```

你可以在此功能原本的 PEP 中找到更多的例子，即 PEP 572（*https://oreil.ly/1YhRm*）。

數值運算

Python 提供一般的數值運算，正如我們剛才在表 3-4 中看到的那樣。數字（numbers）是不可變的物件：對數字物件進行運算時，總是會產生新的物件，永遠都不會修改到現有的物件。你能透過唯讀屬性 *z*.real 和 *z*.imag 存取複數物件 *z* 的各個部分。試圖重新繫結這些屬性會提出一個例外。

一個數字選擇性的「+」或「-」正負號，以及將浮點數字面值和虛數字面值連接起來形成複數的「+」或「-」符號，都不屬於字面值的語法。它們是普通的運算子（operators），受普通運算子優先序規則之約束（參閱表 3-4）。舉例來說，-2 ** 2 的值為 -4：指數運算的優先序高於一元減法（unary minus），所以整個運算式會剖析為 -(2 ** 2)，而非 (-2) ** 2（再次建議使用括號，以免混淆程式碼的讀者）。

數值轉換

你可以在任兩個 Python 內建型別的數字（整數、浮點數和複數）之間進行算術運算和比較。如果運算元的型別不同，Python 會將具有「較窄（narrower）」型別的運算元轉換為「較寬（wider）」的型別[14]。內建的數字型別，從最窄到最寬排序，依次是 `int`、`float` 和 `complex`。你可以傳入一個非複數數值引數（noncomplex numeric argument）給這些型別中的任一個，來請求明確的轉換。`int` 會去掉其引數的小數部分，如果有的話（例如 `int(9.8)` 會是 `9`）。你也可以用兩個數值引數來呼叫 `complex`，提供實部和虛部。你不能以這種方式將一個 `complex` 轉換為另一種數值型別，因為沒有一種無歧義的方法可以將一個複數轉換為（例如）一個 `float`。

你也可以用一個字串引數來呼叫每個內建的數字型別，其語法與適當的數值字面值相同，但有一些小型的擴充功能：引數字串可以有前導或尾隨的空白、能以正負號開頭，而對於複數，可以加減實部和虛部。`int` 也能用兩個引數來呼叫：第一個引數是要轉換的字串，第二個引數是基數（*radix*），一個介於 2 和 36 之間的整數，作為轉換的基底（base，例如 `int('101', 2)` 會回傳 `5`，即基底為 2 的 `'101'` 值）。對於大於 10 的基數，來自字母表（alphabet）開頭的 ASCII 字母子集（小寫或大寫）是額外需要的「數字（digits）」[15]。

算術運算

在 Python 中，算術運算的行為方式相當明顯，可能的例外是除法和指數運算。

除法運算

當 `/`、`//` 或 `%` 的右運算元為 `0` 時，Python 會在執行時期提出一個例外。否則，`/` 運算子會執行**真正**的除法運算，回傳兩個運算元的浮點數除法結果（若有任何一個運算元是複數，則回傳一個複數結果）。對比之下，`//` 運算子執行的是 *floor* 除法運算，這意味著它回傳的是一個整數結果（轉換為與較寬的運算元相同的型別），是小於或等於真正除法結果的最大整數（忽略餘數，如果有的話）；舉例來說，`5.0 // 2 = 2.0`（不是 `2`）。`%` 運算子回傳（floor）除法運算的餘數（remainder），即滿足 `(x // y) * y + (x % y) == x` 的整數。

14 嚴格來說，這並非你會在其他語言中觀察到的「強制轉型（coercion）」；然而，在內建的數字型別中，它產生了幾乎相同的效果。

15 因此，基數的上限為 36：10 個數字（numeric digits）加上 26 個字母字元。

-x // y 不等於 int(-x / y)

注意不要把 // 看成是截斷式（truncating）除法或整數除法；這只適用於正負號相同的運算元。運算元的正負號不同時，小於或等於真正除法結果的最大整數實際上將是比真正除法結果更負值的一個值（例如，-5 / 2 會回傳 -2.5，所以 -5 // 2 回傳的會是 -3，而非 -2）。

內建的 divmod 函式接受兩個數值引數，並回傳一個對組（pair），其項目是商數（quotient）和餘數（remainder），所以你不必同時使用 // 來得到商數並使用 % 得到餘數[16]。

指數運算

當 *a* 小於零，而 *b* 是具有非零小數部分（nonzero fractional part）的浮點數時，指數（乘方，raise to power）運算會回傳一個複數。內建的 pow(*a*, *b*) 函式回傳的結果與 *a* ** *b* 相同。若有三個引數，pow(*a*, *b*, *c*) 回傳的結果與 (*a* ** *b*) % c 相同，但速度有時可能更快。請注意，與其他算術運算不同，指數運算是從右向左計算的：換句話說，*a* ** *b* ** *c* 會估算為 *a* ** (*b* ** *c*)。

比較

所有的物件，包括數字，都可以進行相等性（equality，==）和不等性（inequality，!=）的比較。要求順序的比較（<、<=、>、>=）可以在任何兩個數字之間使用，除非任何一個運算元是複數，在那種情況下，它們會在執行時期提出例外。所有的這些運算子都會回傳 Boolean 值（**True** 或 **False**）。但是，在比較浮點數是否相等時要小心，這一點在第 16 章和浮點數算術的線上教程（*https://oreil.ly/TSWCX*）中有討論。

整數上的位元運算

int 可以被解讀為位元所成的字串（strings of bits），能與表 3-4 中所示的位元運算一起使用。位元運算子的優先序比算術運算子低。正值

16 divmod 結果的第二項，就像 % 的結果一樣，是 *remainder*（**餘數**），而非 *modulo*（**模數**），儘管這個函式的名稱有誤導性。當除數（divisor）為負數時，這種區別就很重要。在其他一些語言中，例如 C# 和 JavaScript，% 運算子的結果實際上是模數；在另外一些語言中，例如 C 和 C++，當任一個運算元為負數時，結果是模數還是餘數，則取決於所在的機器。在 Python 中，它是餘數。

（positive）的 `int` 在概念上是由左邊的無界位元字串所擴充的，每個位元都是 `0`。負值（negative）的 `int`，因為它們是用二補數表示法（two's complement representation）保存的，在概念上由左邊的無界位元字串所擴充，每個位元都是 `1`。

序列運算

Python 支援適用於所有序列的各種運算，包括字串、串列和元組。有些序列運算適用於所有的容器（包括集合和字典，它們不是序列）；某些運算適用於所有的可迭代物件（這代表「你可以在上面跑迴圈的任何物件」，所有的容器，無論是不是序列，都是可迭代的，許多不是容器的物件也是如此，比如會在第 377 頁「io 模組」中介紹的檔案，還有會在第 132 頁「產生器」中介紹的 generators）。在下文中，我們會以相當精確的方式使用*序列*（*sequence*）、*容器*（*container*）和*可迭代物件*（*iterable*）等術語，以確切指出哪些運算適用其中的哪一種。

一般的序列

序列是帶有項目的有序容器（ordered containers），可以透過索引和切片來存取。

內建的 `len` 函式接受任何容器作為引數，並回傳容器中的項目數量（number of items）。

內建的 `min` 和 `max` 函式接受一個引數，即一個可迭代物件，其項目是可比較的，並分別回傳最小和最大的項目。你也可以用多個引數呼叫 `min` 和 `max`，在那種情況下，它們分別回傳最小的和最大的引數。

`min` 和 `max` 也接受兩個僅限關鍵字（keyword-only）的選擇性引數：`key`，它是會套用於每個項目的可呼叫物件（比較動作會在可呼叫物件的結果上進行，而非在項目本身上）；還有 `default`，它是可迭代物件空了的時候要回傳的值（當可迭代物件是空的，而且你沒有提供預設引數時，函式會提出 `ValueError`）。舉例來說，`max('who', 'why', 'what', key=len)` 會回傳 `'what'`。

內建的 `sum` 函式接受一個引數，即其中項目為數字的一個迭代器，並回傳那些數字的總和（sum）。

序列轉換

不同的序列型別之間沒有隱含的轉換（implicit conversion）。你可以用一個引數（任何的 iterable）來呼叫內建的 tuple 和 list，來得到你所呼叫的型別的一個新實體，其項目和引數中項目相同，順序也一樣。

串接和重複

你可以用 + 運算子將相同型別的序列串接（concatenate）起來。你可以用 * 運算子將一個序列 *S* 乘以一個整數 *n*。*S***n* 是 *S* 的 *n* 個拷貝（copies）串接起來的結果。當 *n*<=0，*S***n* 會是一個與 *S* 相同型別的空序列。

成員資格測試

x **in** *S* 運算子會進行測試以檢查物件 *x* 是否等於序列（或其他型別的容器或 iterable）*S* 中的任何項目，如果有，則回傳 **True**；如果沒有，則回傳 **False**。*x* **not in** *S* 運算子等同於 **not** (*x* **in** *S*)。對於字典來說，*x* **in** *S* 會測試是否有 *x* 出現作為一個鍵值。在字串這種特例中，*x* **in** *S* 匹配（match）到的可能比預期還要多；在這種情況下，*x* **in** *S* 測試 *x* 是否等於 *S* 的任何子字串（*substring*），而不僅僅是任何單一字元（single character）。

Python 語言

索引一個序列

為了表示一個序列 *S* 的第 *n* 個項目，請使用索引（indexing）：*S*[*n*]。索引是從零起算的：*S* 的第一個項目是 *S*[0]。如果 *S* 有 *L* 個項目，索引 *n* 可以是 0, 1⋯直到並包括 *L*-1，但不會再更大。*n* 也可以是 -1, -2⋯直到並包括 -*L*，但不能再更小。負數 *n*（例如 -1）表示 *S* 中與 *L*+*n*（例如 *L*-1）相同的項目。換句話說，*S*[-1] 和 *S*[*L*-1] 一樣，是 *S* 的最後一個元素，*S*[-2] 是倒數第二個元素，以此類推。比如說：

```
x = [10, 20, 30, 40]
x[1]                    # 20
x[-1]                   # 40
```

使用一個 >=*L* 或 <-*L* 的索引會提出一個例外。指定給一個索引無效的項目也會提出一個例外。你可以新增元素到串列，但是要那樣做，你要指定給一個切片（slice），而非一個項目，如我們很快會討論的那樣。

切割一個序列

為了表示 *S* 的一個子序列（subsequence），你可以使用切片（slicing），其語法為 *S*[*i*:*j*]，其中 *i* 和 *j* 是整數。*S*[*i*:*j*] 是 *S* 的子序列，從（包括）第 *i* 項到（不包括）第 *j* 項（在 Python 中，範圍總是包括下限，不包括上限）。當 *j* 小於或等於 *i*，或者 *i* 大於或等於 *L*，即 *S* 的長度時，一個切片就是一個空的子序列。當 *i* 等於 0，你可以省略 *i*，這樣切片就是從 *S* 的開頭起始。當 *j* 大於或等於 *L*，你可以省略 *j*，這樣切片就一直延伸到 *S* 的結尾。你甚至可以這兩個索引都省略，以表示整個序列的淺層拷貝（shallow copy）：*S*[:]。其中任一個或兩個索引都可以小於零。這裡有一些例子：

```
x = [10, 20, 30, 40]
x[1:3]                  # [20, 30]
x[1:]                   # [20, 30, 40]
x[:2]                   # [10, 20]
```

切片中的負值索引 *n* 表示 *S* 中與 *L*+*n* 相同的位置，就像它在索引中的作用那樣。一個大於或等於 *L* 的索引意味著 *S* 的結尾，而一個小於或等於 -*L* 的負值索引則代表 *S* 的開頭。

切片可以使用延伸語法 *S*[*i*:*j*:*k*]。*k* 是切片的步幅（*stride*），意思是連續索引之間的距離。*S*[*i*:*j*] 等同於 *S*[*i*:*j*:*1*]，*S*[::2] 則是 *S* 的一個子序列，其中包括在 *S* 中具有偶數索引（even index）的所有項目，而 *S*[::-1] 是一個切片，也被戲稱為「火星人的笑臉（Martian smiley）」，其中項目與 *S* 相同，但順序相反。在負的 stride 之下，為了有一個非空的 slice，第二個索引（「stop」）必須小於第一個索引（「start」），這與 stride 為正值時必須維持的條件相反。如果 stride 為 0，則會提出一個例外。下面是一些例子：

```
>>> y = list(range(10))  # 從 0-9 的值
>>> y[-5:]               # 最後五項
[5, 6, 7, 8, 9]
>>> y[::2]               # 每隔一個項目
[0, 2, 4, 6, 8]
>>> y[10:0:-2]           # 反向的每隔一個項目
[9, 7, 5, 3, 1]
>>> y[:0:-2]             # 反向的每隔一個項目（簡化版）
[9, 7, 5, 3, 1]
>>> y[::-2]              #反向的每隔一個項目（最佳版）
[9, 7, 5, 3, 1]
```

字串

字串物件（包括 str 和 bytes）是不可變的（immutable）：試圖重新繫結或刪除字串的一個項目或切片會提出一個例外（Python 也有一個可變的內建型別，但在其他方面都與 bytes 相當：bytearray（參閱第 58 頁的「bytearray 物件」)。文字字串的項目（字串中的每個字元）本身就是文字字串，每個的長度都為 1，Python 沒有為「單個字元」提供特殊的資料型別（bytes 或 bytearray 物件的項目是 int）。一個字串的所有切片都是同一種的字串。字串物件有很多方法，在 329 頁的「字串物件的方法」中有介紹。

元組

元組物件是不可變的：因此，試圖重新繫結或刪除元組的一個項目或切片都會提出一個例外。元組的項目是任意的物件，可以是不同的型別；元組的項目可以是可變的，但我們建議不要加以變動，因為這樣做會引起混淆。元組的切片也是元組。元組沒有正常的（非特殊的）方法，除了 count 和 index 以外，其含義與串列的相同；不過它們有許多的特殊方法，在第 170 頁的「特殊方法」中有介紹。

串列

串列物件是可變的（mutable）：你可以重新繫結或刪除串列中的項目或切片。串列的項目是任意的物件，可以是不同的型別。串列的切片會是串列。

修改一個串列

你可以對一個索引（indexing）進行指定來修改（重新繫結）一個串列中的單個項目。比如說：

```
x = [1, 2, 3, 4]
x[1] = 42                    # x 現在是 [1, 42, 3, 4]
```

修改串列物件 *L* 的另一種方式是使用 *L* 的一個切片作為指定述句的目標（LHS）。指定式的 RHS 必須是一個可迭代的物件。當 LHS 的切片是延伸形式（即切片指定了 1 之外的步幅），那麼 RHS 的項目數就必須與 LHS 切片中的項目數一樣多。當 LHS 切片沒有指定 stride（步幅），或者明確指定 stride 為 1 時，LHS 切片和 RHS 可以各自有任何長度；對這樣的串列切片進行指定可能使串列變長或縮短。比如說：

```
x = [10, 20, 30, 40, 50]
# 取代項目 1 和 2
x[1:3] = [22, 33, 44]     # x 現在為 [10, 22, 33, 44, 40, 50]
# 取代項目 1-3
x[1:4] = [88, 99]         # x 現在為 [10, 88, 99, 40, 50]
```

對切片的指定動作有一些重要的特例：

- 使用空串列 [] 作為 RHS 運算式，會從 *L* 中移除目標切片。換句話說，*L*[*i*:*j*] = [] 與 **del** *L*[*i*:*j*]（或古怪的述句 *L*[*i*:*j*] *= *0*）有相同的效果。
- 使用 *L* 的一個空切片作為 LHS 目標，會在 *L* 的適當位置插入 RHS 的項目。舉例來說，*L*[*i*:*i*] = ['a', 'b'] 會將 'a' 和 'b' 插入到指定發生前 *L* 中索引 *i* 處的項目前面。
- 使用完全涵蓋整個串列物件的一個切片 *L*[:] 作為 LHS 的目標，會完全替換 *L* 的內容。

你可以用 **del** 從串列中刪除一個項目或一個切片。比如說：

```
x = [1, 2, 3, 4, 5]
del x[1]                  # x 現在為 [1, 3, 4, 5]
del x[::2]                # x 現在為 [3, 5]
```

串列上的就地運算

串列物件定義了 + 和 * 運算子的就地版本（in-place versions），你可以透過擴增版指定述句（augmented assignment statements）來使用它們。擴增版指定述句 *L* += *L1* 的效果是將可迭代的 *L1* 之項目新增到 *L* 的結尾，就像 *L*.extend(*L1*) 一樣。*L* *= *n* 的作用是將 *L* 的 *n*-*1* 份拷貝新增到 *L* 的結尾；如果 *n* <= 0，*L* *= *n* 會使 *L* 變空，就像 *L*[:] = [] 或 **del** *L*[:]。

串列方法

串列物件提供數個方法，如表 3-5 所示。非變動方法（nonmutating methods）會回傳一個結果而不更改套用它們的物件，而變動方法（mutating methods）就可能會改變套用它們的物件。串列的很多變動方法之行為就像對串列的適當切片進行指定。在這個表格中，*L* 表示任何串列物件，*i* 表示 *L* 中的任何有效索引，*s* 表示任何可迭代物件，而 *x* 代表任何物件。

表 3-5　串列物件的方法

非變動式	
count	*L*.count(*x*) 回傳 *L* 中等於 *x* 的項目之數量。
index	*L*.index(*x*) 回傳 *L* 中第一個與 *x* 相等的項目之索引，如果 *L* 中沒有這樣的項目，就提出一個例外。
變動式	
append	*L*.append(*x*) 將項目 *x* 附加到 *L* 的結尾；就像 *L*[len(*L*):] = [*x*]。
clear	*L*.clear() 移除 *L* 中的所有項目，使 *L* 變成空的。
extend	*L*.extend(*s*) 將可迭代物件 *s* 的所有項目附加到 *L* 的結尾；就像 *L*[len(*L*):] =*s* 或 *L* += *s*。
insert	*L*.insert(*i*, *x*) 在 *L* 中索引 *i* 處的項目之前插入項目 *x*，將 *L* 中後續的項目（如果有的話）「向右移動」以騰出空間（將 len(*L*) 遞增 1，不替換任何項目，不提出例外；行為與 *L*[*i*:*i*]=[*x*] 相同）。
pop	*L*.pop(*i*=-1) 回傳索引為 *i* 的項目之值，並將其從 *L* 中移除；若省略 *i*，就會移除並回傳最後一個項目；當 *L* 為空或 *i* 是 *L* 中的無效索引時，會提出一個例外。
remove	*L*.remove(*x*) 移除 *L* 中第一個等於 *x* 的項目，或在 *L* 中沒有這樣的項目時提出一個例外。
reverse	*L*.reverse() 將 *L* 中的項目就地反轉（reverse）。
sort	*L*.sort(key=**None**, reverse=**False**) 對 *L* 中的項目進行就地排序（預設為遞增順序；如果引數 reverse 為 **True**，則為遞減順序）。當引數 key 不是 **None** 的時候，每個項目 *x* 進行比較的是 key(*x*)，而非 *x* 本身。更多細節，請參閱下一節。

串列物件的所有變動方法，除了 pop，都會回傳 **None**。

排序一個串列

串列的 `sort` 方法會使串列以一種保證穩定的方式（比較起來相等的元素不會被交換）進行就地排序（重新調整項目的順序，使它們以遞增的順序排列）。在實務上，`sort` 是非常快速的，通常是**超乎尋常地**（*preternaturally*）快，因為它可以利用任何子串列中可能存在的任何順序或反向順序（`sort` 所使用的高階演算法，被稱為 *timsort*[17] 以表彰其發明者，即偉大的 Python 愛好者 Tim Peters（*https://oreil.ly/Cbu-F*），是一種「non-recursive adaptive stable natural mergesort/binary insertion sort hybrid（非遞迴適應性穩定自然合併排序法和二元插入排序法的混合體）」，這真是個讓人嘴巴忙碌的一個詞！）。

`sort` 方法接受兩個選擇性的引數，這些引數可以用位置（positional）或具名（named）引數語法傳遞。引數 `key`，如果不是 **`None`**，必須是可以用任何串列項目作為唯一引數呼叫的一個函式。在這種情況下，為了比較任何兩個項目 *`x`* 和 *`y`*，Python 會比較 `key(`*`x`*`)` 和 `key(`*`y`*`)` 而非 *`x`* 和 *`y`*（在內部，Python 會以與第 640 頁的「搜尋和排序」中介紹的 decorate-sort-undecorate 慣用語相同的方式實作這一點，但是它要快得多）。引數 `reverse`，若為 **`True`**，就會導致每次比較的結果被反轉（reversed）；這與排序後再反轉 *`L`* 並不完全一樣，因為無論引數 `reverse` 是 **`True`** 還是 **`False`**，排序都是穩定的（stable）（比較相等的元素永遠不會被交換）。換句話說，Python 預設以遞增順序（ascending order）對串列進行排序，如果 `reverse` 為 **`True`**，則以遞減順序（descending order）排序：

```
mylist = ['alpha', 'Beta', 'GAMMA']
mylist.sort()                  # ['Beta', 'GAMMA', 'alpha']
mylist.sort(key=str.lower)     # ['alpha', 'Beta', 'GAMMA']
```

Python 還提供內建的函式 `sorted`（涵蓋於表 8-2 中），可以從輸入的任何 iterable 產生一個排序好的串列。`sorted` 在第一個引數（即提供項目的 iterable）之後，接受與串列的 `sort` 方法相同的兩個選擇性引數。

標準程式庫模組 `operator`（涵蓋於第 571 頁的「operator 模組」）提供高階函式 `attrgetter`、`itemgetter` 和 `methodcaller`，它們產生的函式特別適用於串列的 `sort` 方法和內建函式 `sorted` 的選擇性 `key` 引數。對於內建函式 `min` 和 `max`，以及標準程式庫模組 `heapq` 中的函式 `nsmallest`、

17 Timsort 的獨特之處在於，它是唯一被美國最高法院（US Supreme Court）提及的排序演算法，具體而言是在 Oracle vs. Google 的訴訟案件中（*https://oreil.ly/m-2JQ*）。

nlargest 和 merge（在第 318 頁的「heapq 模組」中介紹）和標準程式庫模組 itertools 中的類別 groupby（在第 323 頁的「itertools 模組」中介紹），也存在這個選擇性的引數，其含義完全相同。

集合運算

Python 提供各種適用於集合（包括普通集合和凍結集）的運算。由於集合是容器，內建的 len 函式可以把一個集合當作它的單一引數，並回傳集合中的項目數。集合是可迭代的（iterable），所以你可以把它傳遞給任何需要可迭代引數的函式或方法。在這種情況下，迭代（iteration）會以某種任意的順序產出集合的項目。舉例來說，對於任何集合 *S*，min(*S*) 會回傳 *S* 中最小的項目，因為單一引數的 min 會對該引數進行迭代（順序並不重要，因為隱含的比較具有遞移性）。

集合成員資格（Membership）

k **in** *S* 運算子檢查物件 *k* 是否等於集合 *S* 中的某個項目。當集合包含 *k* 時，它會回傳 **True**；不包含時則回傳 **False**。*k* **not in** *S* 就像是 **not**(*k* **in** *S*)。

集合方法

集合物件提供幾個方法，如表 3-6 所示。非變動方法會回傳一個結果，而不改變套用它們的物件，並且也可以在 frozenset 的實體上呼叫；變動方法可能會更動套用它們的物件，並且只能在 set 的實體上呼叫。在這個表中，*s* 表示任何集合物件，*s1* 表示具有可雜湊項目（hashable items）的任何 iterable（通常是 set 或 frozenset，但不一定如此），*x* 表示任何的可雜湊物件（hashable object）。

表 3-6　設定物件方法

非變動式	
copy	*s*.copy() 回傳 *s* 的一個淺層拷貝（這個拷貝的項目與 *s* 所含物件相同，而非其副本）；就像 set(*s*) 一樣
difference	*s*.difference(*s1*) 回傳在 *s* 中但不在 *s1* 中的所有項目之集合；可以寫成 *s* - *s1*

intersection	*s*.intersection(*s1*) 回傳在 *s* 中而且也在 *s1* 中的所有項目之集合；可以寫成 *s* & *s1*
isdisjoint	*s*.isdisjoint(*s1*) 如果 *s* 和 *s1* 的交集（intersection）是空集合（它們沒有共同的項目），則回傳 **True**，否則回傳 **False**
issubset	*s*.issubset(*s1*) 當 *s* 的所有項目也都在 *s1* 之中時回傳 **True**，否則回傳 **False**；可以寫成 *s* <= *s1*
issuperset	*s*.issuperset(*s1*) 當 *s1* 的所有項目也都在 *s* 之中時回傳 **True**，否則回傳 **False**（就像 *s1*.issubset(*s*)）；可以寫成 *s* >= *s1*
symmetric_difference	*s*.symmetric_difference(*s1*) 回傳在 *s* 中或在 *s1* 中，但不同時存在於兩者之中的所有項目組成的一個集合；可以寫成 *s* ^ *s1*
union	*s*.union(*s1*) 回傳在 *s*、*s1* 或兩者中的所有項目之集合；可以寫成 *s* | *s1*
變動式	
add	*s*.add(*x*) 將 *x* 作為一個項目新增到 *s* 中；如果 *x* 已經是 *s* 中的一個項目，則沒有效果。
clear	*s*.clear() 移除 *s* 中的所有項目，使 *s* 為空
discard	*s*.discard(*x*) 移除 *x* 讓它不再是 *s* 的一個項目；若 *x* 本來就不是 *s* 的一個項目，則沒有作用
pop	*s*.pop() 移除並回傳 *s* 的一個任意項目
remove	*s*.remove(*x*) 移除作為 *s* 之項目的 *x*；如果 *x* 不是 *s* 的一個項目，則提出一個 KeyError 例外

除了 pop，集合物件的所有變動方法都回傳 **None**。

pop 方法可以用來對一個集合進行破壞性的迭代（destructive iteration），只會消耗少量的額外記憶體。當你想要做的是在迴圈過程中「消耗（consume）」集合，pop 的記憶體節省特色讓它可用於巨大集合的迴圈之上。除了節省記憶體，像這樣的破壞性迴圈還有一個潛在的優勢：

```
while S:
    item = S.pop()
    # ... 處理項目 ...
```

相較於這樣的非破壞性迴圈：

```
for item in S:
    # ... 處理項目 ...
```

破壞性迴圈的主體之中，你被允許修改 *S*（新增或移除項目），這在非破壞性迴圈之中是不被允許的。

集合也有名為 difference_update、intersection_update、symmetric_difference_update 和 update（對應於非變動方法 union）的變動方法。這樣的每個變動方法都會執行與相應的非變動方法相同的運算，但它是就地進行，會改變你在其上呼叫它們的集合，並會回傳 **None**。

那四個相應的非變動方法也能以運算子語法取用（其中 *S2* 是一個 set 或 frozenset，分別是 *S* - *S2*、*S* & *S2*、*S* ^ *S2* 和 *S* | *S2*），變動方法可以用擴增指定語法存取（分別是 *S* -= *S2*、*S* &= *S2*、*S* ^= *S2* 和 *S* |= *S2*）。此外，set 和 frozenset 也支援比較運算子：==（集合有相同的項目；也就是說，它們是「相等的」集合）、!=（== 的反義詞），>=（issuperset）、<=（issubset）、<（issubset 且不相等），以及 >（issuperset 且不相等）。

使用運算子或擴增指定語法時，兩個運算元都必須是 set 或 frozenset；然而，當你呼叫具名方法時，引數 *S1* 可以是具有可雜湊項目的任何 iterable，而且它運作起來就像你傳入的引數是 set(*S1*) 一樣。

字典運算

Python 提供各種適用於字典的運算。由於字典是容器，內建的 len 函式可以把一個字典當作它的引數，並回傳字典中的項目（鍵值與值對組，key/value pairs）的數量。字典是可迭代的，所以你可以把它傳入給需要可迭代引數的任何函式。在這種情況下，迭代只會按插入的順序產出字典中的鍵值（keys）。舉例來說，對於任何字典 *D*，min(*D*) 會回傳 *D* 中最小的鍵值（迭代中的鍵值順序在此並不重要）。

字典成員資格

k **in** *D* 運算子檢查物件 *k* 是否為字典 *D* 中的一個鍵值，如果該鍵值存在，它就會回傳 **True**，否則回傳 **False**。*k* **not in** *D* 就像是 **not** (*k* **in** *D*)。

索引一個字典

為了表示字典 *D* 中目前與鍵值 *k* 關聯的值，就使用一個索引：*D*[*k*]。用一個不存在於字典中的鍵值進行索引會提出一個例外。例如：

```
d = {'x':42, 'h':3.14, 'z':7}
d['x']                          # 42
d['z']                          # 7
d['a']                          # 提出 KeyError 例外
```

以尚未存在於字典中的鍵值為索引對字典進行普通指定（例如 *D*[*newkey*]=*value*）是一種有效的運算，它把該鍵值與值作為一個新項目加到字典中。例如：

```
d = {'x':42, 'h':3.14}
d['a'] = 16                     # d 現在是 {'x':42, 'h':3.14, 'a':16}
```

del *D*[*k*] 這種形式中的 **del** 述句會從字典中刪除其鍵值為 *k* 的項目。若 *k* 不是字典 *D* 中的鍵值，**del** *D*[*k*] 會提出 KeyError 例外。

字典方法

字典物件提供幾個方法，如表 3-7 所示。非變動方法回傳一個結果而不改變套用它們的物件，而變動方法可以改變套用它們的物件。在這個表中，*d* 和 *d1* 表示任何字典物件，*k* 為任何可雜湊物件，*x* 是任何物件。

表 3-7 字典物件的方法

非變動式	
copy	*d*.copy() 回傳一個字典的淺層拷貝（這個拷貝的項目與 *D* 所含物件相同，而非其副本，就跟 dict(*d*) 一樣）
get	*d*.get(*k*[, *x*]) 當 *k* 是 *d* 中的一個鍵值時，回傳 *d*[*k*]；否則，回傳 *x*（或 **None**，在你沒有傳入 *x* 之時）

items	*d*.items() 回傳一個可迭代的檢視物件（iterable view object），其項目是 *d* 中所有的當前項目（鍵值與值對組）
keys	*d*.keys() 回傳一個可迭代的檢視物件，其項目是 *d* 中目前所有的鍵值（keys）
values	*d*.values() 回傳一個可迭代的檢視物件，其項目是 *d* 中目前所有的值（values）
變動式	
clear	*d*.clear() 移除 *d* 中所有的項目，使 *d* 變為空的
pop	*d*.pop(*k*[, *x*]) 當 *k* 是 *d* 中的一個鍵值時，刪除並回傳 *d*[*k*]；否則，回傳 *x*（或在你沒有傳入 *x* 時提出一個 KeyError 例外）
popitem	*d*.popitem() 按照後進先出（last-in, first-out）的順序，從 *d* 中移除並回傳項目
setdefault	*d*.setdefault(*k*, *x*) 當 *k* 是 *d* 中的一個鍵值時，回傳 *d*[*k*]；否則，設定 *d*[*k*] 等於 *x*（或 **None**，在你沒有傳入 *x* 時），然後回傳 *d*[*k*]
update	*d*.update(*d1*) 對於映射 *d1* 中的每個 *k*，設定 *d*[*k*] 等於 *d1*[*k*]

items、keys 和 values 方法回傳稱為檢視物件（*view objects*）的值。如果底層的 dict 改變了，取回的檢視（view）也會改變；Python 不允許你在底層 dict 的任何檢視物件上使用 **for** 迴圈時，去更動那個底層字典的鍵值集合。

對任何一個檢視物件的迭代都會以插入順序產出它的那些值。要特別注意的是，當你呼叫這些方法中一個以上的方法，而過程中沒有對 dict 做出任何改變時，結果的順序對所有的這些方法來說都會是一樣的。

字典也支援類別方法 fromkeys(*seq*,*value*)，它會回傳一個字典，其中包含給定的可迭代物件 *seq* 的所有鍵值，每個鍵值都以 *value* 初始化。

永遠別在迭代過程中修改 *dict* 的鍵值

在迭代一個 dict 或由其方法回傳的任何可迭代檢視時，請不要修改那個 dict 中的鍵值集合（即新增或刪除鍵值）。如果需要在迭代過程中避開這種對於變動的限制，你可以在一個明確地從 dict 或其檢視建立出來的串列上進行迭代（即在 list(*D*) 上）。直接在一個字典 *D* 上進行迭代就像在 *D*.keys() 上進行迭代一樣。

items 和 keys 方法的回傳值也實作了集合的非變動方法，其行為很像 frozenset；而 values 方法的回傳值則不然，因為相較於其他方法（以及 set），它可能包含重複的內容。

popitem 方法可以用來對字典進行破壞性的迭代。items 和 popitem 都以 key/value 對組的形式回傳字典的項目。如果你想在迴圈過程中「消耗」字典，popitem 可用於一個巨大字典之上的迴圈。

D.setdefault(*k*,*x*) 回傳與 *D*.get(*k*,*x*) 相同的結果；但是，當 *k* 不是 *D* 中的鍵值時，setdefault 也有將 *D*[*k*] 繫結到值 *x* 的副作用。（在現代 Python 中，setdefault 已經不常使用，因為在第 312 頁的「defaultdict」介紹的 collections.defaultdict 型別往往可以提供類似、更快和更清晰的功能）。

pop 方法回傳與 get 相同的結果，但是當 *k* 是 *D* 中的一個鍵值時，pop 也有移除 *D*[*k*] 的副作用（如果沒有指定 *x*，而且 *k* 不是 *D* 中的一個鍵值，get 會回傳 **None**，但是 pop 則會提出一個例外）。*d*.pop(*key*, **None**) 是一個實用的捷徑，用來從 dict 中移除一個鍵值，而不必先檢查該鍵值是否存在，就很像 *s* 是一個集合時的 *s*.discard(*x*)（相對於 *s*.remove(*x*)）。

3.9+ update 方法可以用擴增指定語法來取用：當 *D2* 是一個 *dict* 時，*D* |= *D2* 與 *D*.update(*D2*) 相同。運算子語法 *D* | *D2* 兩個字典都不會變動，而是回傳一個新的字典結果，使得 *D3* = *D* | *D2* 等同於 *D3* = *D*.copy(); *D3*.update(*D2*)。

update 方法（但不包括 | 和 |= 運算子）也可以接受鍵值與值對組所成的一個可迭代物件（an iterable of key/value pairs）作為替代引數，而不是映射，並且可以接受具名的引數，來取代或補充其位置引數；其語意

與呼叫內建的 `dict` 型別時傳入這種引數的語意相同，在第 61 頁的「字典」中有所介紹。

流程控制述句

一個程式的流程控制（*control flow*）規定了程式碼的執行順序。Python 程式的流程控制主要取決於條件述句（conditional statements）、迴圈和函式呼叫（本節涵蓋 **if** 和 **match** 條件述句，以及 **for** 和 **while** 迴圈；我們會在下一節介紹函式）。例外的提出（raising）和處理（handling）也會影響流程控制（透過 **try** 和 **with** 述句）；我們將在第 6 章涵蓋例外。

if 述句

通常，你需要在某個條件（condition）成立時才執行某些述句，或者根據互斥（mutually exclusive）的條件來選擇要執行的述句。**if** 複合述句（compound statement），包括 **if**、**elif** 和 **else** 子句，能讓你有條件地執行述句區塊（blocks of statements）。**if** 述句的語法為：

```
if expression:
    statement(s)
elif expression:
    statement(s)
elif expression:
    statement(s)
...
else:
    statement(s)
```

elif 和 **else** 子句是選擇性的。在引入 **match** 結構之前（我們接下來會看到），使用 **if**、**elif** 和 **else** 是所有條件處理中最常見的做法（儘管有時使用帶有可呼叫物件（callables）作為其值的一個 `dict` 可能會提供一種很好的替代選擇）。

以下是帶有這三種子句的典型 **if** 述句：

```
if x < 0:
    print('x is negative')
elif x % 2:
    print('x is positive and odd')
else:
    print('x is even and nonnegative')
```

每個子句控制一或多個述句（稱為一個「區塊」，block）：將區塊的述句放在包含子句關鍵字的文字行（稱為子句的「標頭行」，*header line*）之後的獨立邏輯行上，內縮到標頭行之後的四個空格。當縮排回到子句標頭的層次或者從那裡再往左移時，該區塊就終止了（這是 PEP 8 規定的風格（*https://oreil.ly/O3SO-*））。

你可以在 **if** 或 **elif** 子句中使用任何 Python 運算式[18]作為條件。以這種方式使用一個運算式被稱為**在** *Boolean* **語境中**（*in a Boolean context*）使用它。在這種情境下，任何值都會被視為真或假。如前所述，任何非零數字或非空容器（字串、元組、串列、字典、集合等）都會被估算為真，而零（任何數字型別的 `0`）、**None** 和空的容器都被估算為假。要在 Boolean 語境中測試一個值 *x*，請使用以下編程風格（coding style）：

```
if x:
```

這是最清晰、最 Pythonic 的形式。

不要使用下列任何一種：

```
if x is True:
if x == True:
if bool(x):
```

說一個運算式**回傳**（*returns*）**True**（意思是該運算式回傳 `bool` 型別的值 `1`）、和說一個運算式**估算為**（*evaluates as*）「真（true）」（意思是該運算式回傳在 Boolean 情境中為「真」的任何結果）之間，存在著關鍵的區別。測試一個運算式時，例如在 **if** 子句之中時，你只關心它**估算為**什麼，而不是它確切地**回傳**什麼。正如我們之前提到的，「估算為真」通常被非正式地表達為「是真值的（is truthy）」，而「估算為假（evaluated as false）」則是「是假值的（is falsy）」。

當 **if** 子句的條件估算為真時，**if** 子句中的述句就會被執行，然後整個 **if** 述句結束。否則，Python 將依序估算每個 **elif** 子句的條件。這些 **elif** 子句中，其條件估算為真的第一個子句（如果有的話）之內的述句會被執行，然後整個 **if** 述句結束。否則，如果存在 **else** 子句，它就會被執行。在所有情況下，整個 **if** 構造之後在同一層次上述句會接著執行。

---

18 除了已經指出過的，帶有一個以上的元素的 NumPy 陣列。

match 述句

3.10+ **match** 述句為 Python 語言帶來了**結構化模式匹配**（*structural pattern matching*）的能力。你可以把這看作是為其他的 Python 型別進行類似於 re 模組（參閱第 355 頁的「正規表達式和 re 模組」）為字串所做的事情：它讓我們能夠輕易地測試 Python 物件的結構和內容[19]。除非有必要分析一個物件的結構（*structure*），否則請抵抗使用 **match** 的誘惑。

這種述句的整體語法結構是新的（軟）關鍵字 **match**，後面接著一個運算式，其值會成為**匹配對象**（*matching subject*）。這之後再接著一或多個縮排的 **case** 子句，每個子句都控制它所包含的內縮程式碼區塊之執行：

```
match expression:
    case pattern [if guard]:
        statement(s)
    # ...
```

在執行過程中，Python 首先估算 *expression*，然後依序在每個 **case** 中用 *pattern*（模式）去測試得到的對象值（subject value），從第一個到最後一個，直到有一個匹配為止：然後，在匹配的 **case** 子句中縮排的區塊會被估算。一個模式（pattern）可以做兩件事：

- 驗證對象是具有特定結構的一個物件。
- 將匹配的元件與名稱繫結，以便進一步使用（通常是在關聯的 **case** 子句中）。

當一個模式與對象相匹配時，**守衛條件**（*guard*）允許在選擇該案例（case）去執行之前進行最後的檢查。模式的所有名稱繫結已經發生，你可以在守衛條件中使用它們。若沒有守衛條件，或者守衛條件估算為真時，該案例的內縮程式碼區塊就會執行，在這之後，**match** 述句的執行就完成了，不會再檢查其他案例。

match 述句本身沒有提供預設動作。如果需要的話，最後一個 **case** 子句必須指定一個**通配模式**（*wildcard* pattern），其語法確保它能匹配任何對象值。在一個有通配模式的 **case** 子句後面再加上任何的 **case** 子句都會是 SyntaxError。

19 值得注意的是，**match** 述句特別排除了用**序列**模式（*sequence* patterns）匹配 str、bytes 和 bytearray 型別的值。

模式元素不能提前建立、與變數繫結，並（舉例來說）在多個地方重複使用。模式語法只在緊隨（軟）關鍵字 **case** 之後有效，所以沒有辦法進行這樣的指定。對於一個 **match** 述句的每一次執行，直譯器可以自由地快取在 **case** 內重複的模式運算式，但對於每次新的執行，快取一開始都會是空的。

我們會先描述各種類型的模式運算式（pattern expressions），然後討論守衛條件（guards），並提供一些更複雜的例子。

模式運算式有它們自己的語意

模式運算式的語法看起來可能很熟悉，但它們的解讀方式（*interpretation*）有時會與非模式運算式有很大的不同，這可能會誤導沒察覺這些差異的讀者。特定的語法形式被用在 **case** 子句中，以表示對特定結構的匹配。對這一語法的完整總結所需的符號比我們在本書中使用的簡化記號還要多[20]；因此我們更願意用通俗的語言和例子來解釋這項新功能。關於更詳細的例子，請參閱 Python 說明文件（*https://oreil.ly/UlgQF*）。

建構模式

儘管具有 **case** 子句限定的語法，模式還是一種運算式，所以即使某些功能的解讀方式不同，也仍然適用於熟悉的語法規則。它們可以被圍在括弧中，讓一個模式的元素被視為單一個運算式單元。像其他運算式一樣，模式也有一種遞迴語法（recursive syntax），可以組合成更複雜的模式。讓我們先從最簡單的模式開始。

字面值模式

大多數字面值（literal values）都是有效的模式。整數、浮點數、複數和字串（但不包括格式化字串字面值）都是允許的[21]，而且都能成功匹配相同型別和值的對象：

```
>>> for subject in (42, 42.0, 42.1, 1+1j, b'abc', 'abc'):
...     print(subject, end=': ')
...     match subject:
```

20 事實上，Python 線上說明文件中使用的語法符號需要更新，也得到了更新，以簡明地描述 Python 最近增加的一些語法。

21 儘管比較浮點數或複數的確切相等性往往是不可靠的做法。

```
...         case 42: print('integer')  # 注意到這也會匹配 42.0！
...         case 42.1: print('float')
...         case 1+1j: print('complex')
...         case b'abc': print('bytestring')
...         case 'abc': print('string')

42: integer
42.0: integer
42.1: float
(1+1j): complex
b'abc': bytestring
abc: string
```

對於大多數匹配，直譯器會檢查相等性（equality）而不進行型別檢查（type checking），這就是 42.0 會匹配整數 42 的原因。如果這種區別很重要，可以考慮使用類別匹配（class matching，參閱第 100 頁的「類別模式」）而非字面值匹配。**True**、**False** 和 **None** 是單體物件（singleton objects），每個都匹配自身。

通配模式

在模式語法中，底線（_）有著通配運算式（wildcard expression，或稱「萬用運算式」）的作用。作為最簡單的通配模式，_ 可以匹配所有的值：

```
>>> for subject in 42, 'string', ('tu', 'ple'), ['list'], object:
...     match subject:
...         case _: print('matched', subject)
...

matched 42
matched string
matched ('tu', 'ple')
matched ['list']
matched <class 'object'>
```

捕捉模式

未經資格修飾的名稱（unqualified names，即名稱中沒有點號）的使用在模式中是如此不同，以致於我們覺得有必要在本節開頭提出警告。

簡單名稱會繫結至模式內的匹配元素

未經資格修飾的名稱，即簡單的識別字（如 *color*）而非屬性參考（如 *name.attr*），在模式運算式中不一定有其通常的含義。有些名稱，不是被用來參考某些值，而是在模式匹配過程中被繫結到對象值的元素（elements）上。

未經資格修飾的名稱，除了 _ 之外，都是**捕捉模式**（*capture patterns*）。它們是通配的（wildcards），可以匹配任何東西，但有一個副作用：在當前的區域命名空間（local namespace）中，該名稱會被繫結到模式所匹配的物件上。匹配產生的繫結在述句執行後仍然存在，允許 **case** 子句中的述句和後續程式碼處理對象值被提取出來的部分。

下面的範例與前面的例子類似，只不過用來與對象匹配的是名稱 x，而非底線。沒有例外出現代表著，在每一種情況下，那個名稱都能捕捉到整個對象：

```
>>> for subject in 42, 'string', ('tu', 'ple'), ['list'], object:
...     match subject:
...         case x: assert x == subject
...
```

值模式

這一節的開頭也提醒讀者，簡單名稱不能用來將它們的繫結注入要匹配的模式值中。

在模式中用經過資格修飾的名稱（*Qualified Names*）表示變數值

因為簡單的名稱會在模式匹配過程中捕捉值，所以你必須使用屬性參考（經過資格修飾的名稱，如 *name.attr*）來表達可能會在同一個 **match** 述句的不同次執行之間改變的值。

儘管這個功能很有用，但它意味著你不能用簡單名稱直接去參考值。因此，在模式中，值必須用經過資格修飾的名稱（qualified names）來表示，這就是所謂的**值模式**（*value patterns*），它們**表示**（*represent*）值，而不是像簡單名稱那樣**捕捉**（*capturing*）它們。雖然有點不方便，但要使用經過資格修飾的名稱，你可以在一個空的類別上設定屬性值[22]，例如：

```
>>> class m: v1 = "one"; v2 = 2; v3 = 2.56
...
>>> match ('one', 2, 2.56):
...     case (m.v1, m.v2, m.v3):  print('matched')
...
matched
```

要讓自己存取當前模組的「全域（global）」命名空間很容易，就像這樣：

```
>>> import sys
>>> g = sys.modules[__name__]
>>> v1 = "one"; v2 = 2; v3 = 2.56
>>> match ('one', 2, 2.56):
...     case (g.v1, g.v2, g.v3):  print('matched')
...
matched
```

Python 語言

OR 模式

當 *P1* 和 *P2* 是模式時，運算式 *P1 | P2* 是一種 *OR* 模式（*OR pattern*），會匹配任何與 *P1* 或 *P2* 相匹配的東西，如下列範例所示。可以使用任何數量的替代模式（alternate patterns），並會從左到右嘗試匹配：

```
>>> for subject in range(5):
...     match subject:
...         case 1 | 3: print('odd')
...         case 0 | 2 | 4: print('even')
...
even
odd
even
odd
even
```

然而，在通配模式後面再加上其他替代模式是一種語法錯誤，因為它們永遠都不會生效。雖然我們最初的例子很簡單，但請記住，語法是遞迴的，所以任意複雜的模式都可以取代這些例子中的任何子模式（subpatterns）。

22 對於這種獨特的使用情況，通常會打破正常的風格慣例，即用大寫字母開頭的類別名稱和避免使用分號來在一行中儲藏多個任務；然而，作者們尚未找到有風格指南涵蓋這種相當新穎的奇特用法。

群組模式

如果 *P1* 是一個模式，那麼 (*P1*) 也會是匹配相同值的一個模式。當模式變得複雜時，添加這種「分組」括弧（"grouping" parentheses）是很有用的，就像在標準運算式中那樣。如同其他的運算式，要小心區分 (*P1*) 和 (*P1,*)，前者是匹配 *P1* 的簡單群組模式，後者是一個序列模式（sequence pattern，接下來會描述）匹配一個序列，其中帶有匹配 *P1* 的單一個元素。

序列模式

一個序列模式（*sequence pattern*）是由模式組成的一個串列或元組，選擇性附有單個帶星號的通配模式（*_）或帶星號的捕捉模式（**name*）。當帶星號的模式（starred pattern）不存在時，這種模式會匹配與該模式等長且長度固定的值序列。序列中的元素會一個接著一個匹配，直到所有元素都匹配（則匹配成功）、或有一個元素未能匹配（則匹配失敗）為止。

當序列模式包括一個帶星號模式時，該子模式匹配一個足夠長的元素序列，以使剩餘的非星號模式（unstarred patterns）能夠匹配該序列最後的那些元素。當帶星號模式的形式為 **name* 時，*name* 會被繫結到中間的元素（可能是空的）所成的串列，這些元素不對應於開頭或結束的個別模式。

你可以用看起來像元組或串列的模式來匹配一個序列，這對匹配程序來說沒有差別。下一個例子顯示了一種複雜到沒必要的方式來提取一個序列的第一個、中間和最後一個元素：

```
>>> for sequence in (["one", "two", "three"], range(2), range(6)):
...     match sequence:
...         case  (first, *vars, last): print(first, vars, last)
...
one ['two'] three
0 [] 1
0 [1, 2, 3, 4] 5
```

as 模式

你可以使用所謂的 ***as* 模式**來捕捉由更複雜的模式或一個模式的組成部分（components of a pattern）所匹配的值，這是簡單的捕捉模式（參閱第 95 頁的「捕捉模式」）無法做到的。

如果 *P1* 是一個模式，那麼 *P1* **as** *name* 也會是一個模式；當 *P1* 成功匹配時，Python 會將匹配的值與區域命名空間中的名稱 *name* 繫結。直譯器會試著確保，即使是複雜的模式，匹配產生時也總是會發生相同的繫結。因此，接下來的兩個例子都會提出 SyntaxError，因為這個約束無法保證：

```
>>> match subject:
...     case ((0 | 1) as x) | 2: print(x)
...
SyntaxError: alternative patterns bind different names
>>> match subject:
...     case (2 | x): print(x)
...
SyntaxError: alternative patterns bind different names
```

但這個是可行的：

```
>>> match 42:
...     case (1 | 2 | 42) as x: print(x)
...
42
```

映射模式

映射模式（*mapping patterns*）匹配映射物件，通常是將鍵值關聯至值的字典（dictionaries）。映射模式的語法使用 *key*: *pattern* 對組（pairs）。鍵值必須是字面值模式或值模式。

直譯器迭代映射模式中的鍵值，對每個鍵值進行以下處理：

- Python 在對象映射中查詢鍵值；查詢失敗會立即導致匹配失敗。
- 然後 Python 將提取出來的值與鍵值所關聯的模式進行比對；如果值與模式不匹配，則整個匹配就失敗。

當映射模式中的所有鍵值（和關聯的值）都匹配時，整個匹配就成功了：

```
>>> match {1: "two", "two": 1}:
...     case {1: v1, "two": v2}: print(v1, v2)
...
two 1
```

你也可以將映射模式與 **as** 子句一起使用：

```
>>> match {1: "two", "two": 1}:
...     case {1: v1} as v2: print(v1, v2)
...
two {1: 'two', 'two': 1}
```

第二個例子中的 **as** 模式會將 *v2* 繫結到整個對象字典，而不僅僅是匹配的鍵值。

這種模式的最後一個元素可以是一個選擇性的雙星號捕捉模式（double-starred capture pattern），例如 `**`*name*。如果是這種情況，Python 會將 *name* 繫結到一個可能為空的字典，其中的項目是對象映射裡面鍵值沒有在模式中出現的那些 (*key*, *value*) 對組：

```
>>> match {1: 'one', 2: 'two', 3: 'three'}:
...     case {2: middle, **others}: print(middle, others)
...
two {1: 'one', 3: 'three'}
```

類別模式

最後，也許是用途最多的一種模式，就是**類別模式**（*class pattern*），提供匹配特定類別之實體（instances）和它們的屬性（attributes）的能力。

類別模式的一般形式為：

```
name_or_attr(patterns)
```

其中 *name_or_attr* 是一個與類別繫結的簡單名稱、或經過資格修飾的名稱，具體而言，就是內建型別 `type`（或其子類別，但不需要套用超級花俏的元類別！）的一個實體，而 *patterns* 是（可能為空的）用逗號分隔的模式規格（pattern specifications）的一個串列。如果類別模式中沒有模式規格，那麼只要對象是給定類別的實體，匹配就會成功，因此，舉例來說，模式 `int()` 會匹配任何整數。

就跟函式的引數（arguments）和參數（parameters）一樣，模式規格可以是位置型的（如 *pattern*）或具名的（如 *name=pattern*）。如果一個類別模式有位置型的模式規格，它們必須全都出現在第一個具名的模式規格之前。如果沒設定類別的 *__match_args__* 屬性，使用者定義的類別就不能使用位置模式（請參閱第 102 頁的「為位置型匹配設定類別的組態」）。

內建型別 bool、bytearray、bytes、dict[23]、float、frozenset、int、list、set、str 與 tuple，以及任何 namedtuple 和任何的 dataclass，都被設定為接受單一個位置模式（positional pattern）來與實體值匹配。舉例來說，模式 str(*x*) 匹配任何字串，並透過匹配捕捉模式和字串的值，來將該值繫結到 *x* 上，就跟 str() **as** *x* 一樣。

你可能還記得我們之前介紹過的一個字面值模式的例子，顯示字面值的匹配無法區分整數 42 和浮點數 42.0，因為 42 == 42.0。你可以使用類別匹配來克服這個問題：

```
>>> for subject in 42, 42.0:
...     match subject:
...         case int(x): print('integer', x)
...         case float(x): print('float', x)
...
integer 42
float 42.0
```

一旦對象值的型別匹配了，那麼對於每個具名模式 *name=pattern*，Python 會在實體中檢索屬性名稱 *name*、並將其值與模式 *pattern* 比對。如果所有的命名模式都成功匹配，整個匹配就成功了。Python 處理位置模式的方式是把它們轉換為具名模式，正如你馬上要看到的。

守衛條件

當一個 **case** 子句的模式成功匹配，根據從匹配中取出的值來判斷是否應該執行那個 **case**，通常是很方便的。若有出現一個 guard（守衛條件），它會在匹配成功後執行。如果守衛運算式（guard expression）的估算結果為假，Python 就會放棄當前的 **case**，儘管已經成功匹配，並繼續考慮下一個案例（case）。這個例子使用一個守衛條件（guard），藉由檢查匹配過程中所繫結的值來排除奇數的整數：

```
>>> for subject in range(5):
...     match subject:
...         case int(i) if i % 2 == 0: print(i, "is even")
...
0 is even
2 is even
4 is even
```

23 以及它的子類別，例如 collections.defaultdict。

Python 語言

為位置型匹配設定類別的組態

若想讓你自己的類別在匹配過程中處理位置模式（positional patterns），你必須告訴直譯器每個位置模式對應於實體的哪個屬性（而非 `__init__` 的哪個引數）。你可以把類別的 `__match_args__` 屬性設定為一個名稱序列來做到這一點。如果你試圖使用比你定義的還要多的位置模式，直譯器會提出一個 `TypeError` 例外：

```
>>> class Color:
...     __match_args__ = ('red', 'green', 'blue')
...     def __init__(self, r, g, b, name='anonymous'):
...         self.name = name
...         self.red, self.green, self.blue = r, g, b
...
>>> color_red = Color(255, 0, 0, 'red')
>>> color_blue = Color(0, 0, 255)
>>> for subject in (42.0, color_red, color_blue):
...     match subject:
...         case float(x):
...             print('float', x)
...         case Color(red, green, blue, name='red'):
...             print(type(subject).__name__, subject.name,
...                   red, green, blue)
...         case Color(red, green, 255) as color:
...             print(type(subject).__name__, color.name,
...                   red, green, color.blue)
...         case _: print(type(subject), subject)
...
float 42.0
Color red 255 0 0
Color anonymous 0 0 255
>>> match color_red:
...     case Color(red, green, blue, name):
...         print("matched")
...
Traceback (most recent call last):
  File "<stdin>", line 2, in <module>
TypeError: Color() accepts 3 positional sub-patterns (4 given)
```

while 述句

只要條件運算式的估算結果為真，**while** 述句就會重複執行一個述句或述句區塊。這裡是 **while** 述句的語法：

```
while expression:
    statement(s)
```

while 述句還可以包括一個 **else** 子句以及 **break** 和 **continue** 述句，所有的這些我們在看完 **for** 述句後都會討論。

這裡是一個典型的 **while** 述句：

```
count = 0
while x > 0:
    x //= 2            # floor 除法
    count += 1
print('The approximate log2 is', count)
```

首先，Python 會在 Boolean 語境中估算 *expression*，也就是所謂的**迴圈條件**（*loop condition*）。當條件估算為假，**while** 述句就結束。當迴圈條件估算為真時，構成**迴圈主體**（*loop body*）的述句或述句區塊就會執行。一旦迴圈主體執行完畢，Python 會再次估算迴圈條件，以檢查是否應該執行另一次迭代。這個過程會持續進行，直到迴圈條件被估算為假為止，這時 **while** 述句就結束。

迴圈主體應該包含最終會使迴圈條件為假的程式碼，因為不這樣的話，迴圈永遠都不會結束（除非主體提出一個例外或執行一個 **break** 述句）。如果在函式主體中的一個迴圈執行了一個 **return** 述句，那麼該迴圈也會結束，因為在這種情況下，整個函式就結束了。

for 述句

for 述句重複執行由一個可迭代運算式（iterable expression）所控制的一個述句或述句區塊。語法是這樣的：

```
for target in iterable:
    statement(s)
```

in 關鍵字是 **for** 述句語法的一部分；它在此的用途與 **in** 運算子不同，後者會測試成員資格。

這裡有一個相當典型的 **for** 述句：

```
for letter in 'ciao':
    print(f'give me a {letter}...')
```

for 述句也可以包含 **else** 子句、**break** 述句和 **continue** 述句；我們很快就會討論所有的這些，首先是在第 112 頁的「迴圈述句中的 else 子句」。如前所述，*iterable* 可以是任何可迭代的 Python 運算式。特別是，任何序列（sequence）都是可迭代的。直譯器會隱含地在可迭代物件（iterable）上呼叫內建函式 `iter`，以產生一個**迭代器**（*iterator*，會在下一小節中討論），然後對其進行迭代。

`target`（目標）通常是指名迴圈**控制變數**（*control variable*）的識別字；**`for`** 述句會按順序將此變數重新繫結到迭代器的每個項目上。述句或述句組合構成的**迴圈主體**（*loop body*）會為 *`iterable`* 中的每個項目執行一次（除非迴圈因為例外或 **`break`** 或 **`return`** 述句而結束）。由於迴圈主體可能在迭代器耗盡之前終止，因此這是可以使用**無界**可迭代物件（*unbounded* iterable）的一種情況，也就是說，它本身永遠不會停止產出項目。

你也可以使用一個包含多個識別字的目標（target），例如在拆分指定（unpacking assignment）之中。在這種情況下，迭代器的項目本身必須是可迭代的，每個可迭代的項目中恰好有與目標中的識別字數量相同的項目。舉例來說，當 *`d`* 是一個字典，這是用迴圈遍歷 *`d`* 中項目（鍵值與值對組）的一種典型方式：

```
for key, value in d.items():
    if key and value:          # 只印出真值的鍵值和值
        print(key, value)
```

`items` 方法回傳另一種可迭代物件（一個 *view*），其中的項目是鍵值與值對組（key/value pairs）；因此，我們使用在目標中具有兩個識別字的 **`for`** 迴圈來拆分每個項目為 `key` 和 `value`。

確切地說，只有其中**一個**識別字前面能帶有一個星號，在那種情況下，那個帶星號識別字會被繫結到未被指定給其他目標的所有項目構成的一個串列中。儘管目標的組成部分通常是識別字，但是值可以被繫結到任何可接受的 LHS 運算式上，正如第 66 頁「指定述句」中所講述的那樣。因此，下面程式碼是正確的，雖然不是最易讀的風格：

```
prototype = [1, 'placeholder', 3]
for prototype[1] in 'xyz':
    print(prototype)
# 印出 [1, 'x', 3], 接著是 [1, 'y', 3], 然後 [1, 'z', 3]
```

迴圈執行過程中不要更動可變的物件

如果一個迭代器（iterator）的底層是一個可變的 iterable，那麼在那個可迭代物件（iterable）上執行 **for** 迴圈時，請不要改變底層的物件。舉例來說，前面印出 key/value 的範例不能修改 *d*。items 方法回傳一個「檢視（view）」可迭代物件，其底層物件是 *d*，所以迴圈主體不能變動 *d* 中的鍵值集合（例如執行 **del** *d*[*key*]）。為了確保 *d* 不是 iterable 的底層物件，你可以，舉例來說，迭代 list(*d*.items()) 以允許迴圈主體變動 *d*。具體而言：

- 在一個串列上跑迴圈時，不要插入、附加或刪除項目（在現有索引上重新繫結一個項目是可行的）。
- 在一個字典上跑迴圈時，不要新增或刪除項目（為一個現有的鍵值重新繫結值是可以的）。
- 在一個集合上跑迴圈時，不要新增或刪除項目（不允許任何更動）。

Python 語言

迴圈主體可以重新繫結目標的控制變數，但是迴圈的下一次迭代（iteration）總是會重新繫結它們。如果迭代器沒有產出任何項目，那麼迴圈主體根本就不會執行。在這種情況下，**for** 述句不會以任何方式繫結或重新繫結其控制變數。然而，如果迭代器至少有產出一個項目，那麼當迴圈述句結束時，控制變數仍然會繫結到迴圈述句為之繫結的最後一個值。因此，只有當 someseq 非空之時，下面的程式碼才是正確的：

```
for x in someseq:
    process(x)
# 如果 someseq 是空的，就會有潛在的 NameError
print(f'Last item processed was {x}')
```

迭代器

一個迭代器（*iterator*）是一個物件 *i*，讓你可以呼叫 next(*i*)，它會回傳迭代器 *i* 的下一個項目，或在耗盡之時，提出一個 StopIteration 例外。或者，你可以呼叫 next(*i*, *default*)，在這種情況下，當迭代器 *i* 沒有更多的項目時，該呼叫會回傳 *default*。

撰寫一個類別時（參閱第 139 頁的「類別和實體」），你可以透過定義一個特殊方法 __next__ 來讓該類別的實體成為迭代器，這個方法除了 self

之外，不需要其他引數，並回傳下一個項目或提出 StopIteration。大多數迭代器是透過隱含或明確地呼叫內建函式 iter 來建立的，在表 8-2 中有介紹。呼叫一個產生器（generator）也會回傳一個迭代器，正如我們會在第 132 頁「產生器」中討論的那樣。

正如前面所指出的，**for** 述句隱含地在其可迭代物件（iterable）上呼叫 iter 以獲得一個迭代器（iterator）。以下述句：

```
for x in c:
    statement(s)
```

完全等同於：

```
_temporary_iterator = iter(c)
while True:
    try:
        x = next(_temporary_iterator)
    except StopIteration:
        break
    statement(s)
```

其中 *_temporary_iterator* 是沒有在目前範疇中其他地方使用的一個任意名稱。

因此，當 iter(*c*) 回傳一個迭代器 *i*，使得 next(*i*) 從未提出 StopIteration（一個無界迭代器）時，除非迴圈主體包括合適的 **break** 或 **return** 述句，或者提出（raises）或傳播（propagates）例外，否則迴圈 **for** *x* **in** *c* 將無限期地繼續下去。iter(*c*) 會再呼叫特殊方法 *c*.__iter__() 來獲得並回傳 *c* 上的一個迭代器。我們將在接下來的小節和第 179 頁的「容器方法」中進一步討論 __iter__。

建置和操作迭代器的許多最佳方式都可以在標準程式庫模組 itertools 中找到，涵蓋於第 323 頁的「itertools 模組」。

可迭代物件 vs. 迭代器

Python 的內建序列，就跟所有的可迭代物件（iterables）一樣，都實作了一個 __iter__ 方法，直譯器會呼叫這個方法，以在可迭代物件之上產生一個迭代器（iterator）。因為每次呼叫內建的 __iter__ 方法都會產生一個新的迭代器，因此可以在同一個可迭代物件上巢狀內嵌多個迭代器：

```
>>> iterable = [1, 2]
>>> for i in iterable:
...     for j in iterable:
...         print(i, j)
...
1 1
1 2
2 1
2 2
```

迭代器（iterators）也實作了一個 __iter__ 方法，但它總是會回傳 self，所以一個迭代器上的巢狀迭代（nesting iterations）並不會像你所預期的那樣運作：

```
>>> iterator = iter([1, 2])
>>> for i in iterator:
...     for j in iterator:
...         print(i, j)
...
1 2
```

Python 語言

這裡，內層迴圈和外層迴圈都在對同一個迭代器進行迭代。當內層迴圈第一次獲得控制權時，迭代器的第一個值已經被消耗掉了。內層迴圈的第一次迭代就耗盡了迭代器，使得兩個迴圈都在嘗試下一次迭代時結束。

range

在一個整數序列上跑迴圈是一項常見的任務，所以 Python 提供內建的函式 range 來生成整數上的一個可迭代物件。在 Python 中跑迴圈 *n* 次的最簡單方法是：

```
for i in range(n):
    statement(s)
```

range(*x*) 產生從 0（包括）到 *x*（不包括）的連續整數。range(*x*,*y*) 產生一個串列，其項目是從 *x*（包括）到 *y*（不包括）的連續整數。range(*x*, *y*, *stride*) 生成從 *x*（包括）到 *y*（不包括）的一個整數串列，其中每兩個相鄰項目之間的差是 *stride*。如果 *stride* < 0，range 會從 *x* 開始倒數到 *y*。

如果 *x* >= *y* 且 *stride* > 0，或者 *x* <= *y* 且 *stride* < 0，range 都會產生一個空的迭代器。當 *stride* ==0，range 會提出一個例外。

`range` 回傳一個特殊用途的物件，目的只是為了在前面所示的 **for** 述句的迭代中使用。注意 `range` 回傳的是一個可迭代物件（iterable），而非一個迭代器（iterator）；如果你需要的話，你可以呼叫 `iter(range(...))` 來輕鬆獲得這樣的一個迭代器。`range` 回傳的專用物件比同等的 `list` 物件消耗更少的記憶體（對於很寬的範圍來說，耗用的記憶體會少很多）。如果你真的需要是 `int` 的算術級數（arithmetic progression）的一個 `list`，可以呼叫 `list(range(..))`。你多半會發現，事實上，你並不需要像這樣完全建立在記憶體中一個完整串列。

串列概括式

for 迴圈常見的用途之一是檢查一個可迭代物件中的每個項目，並計算出用到其中部分或所有項目的一個運算式之結果，再把這些結果逐一附加（append）起來，建置出一個新的串列。被稱為**串列概括式**（*list comprehension*）或 *listcomp* 的這種形式的運算式可以讓你簡潔而直接地編寫出這個常見的慣用語。由於串列概括式是一個運算式（而非一個述句區塊），你可以在任何需要運算式的地方使用它（例如，作為函式呼叫的一個引數、在 **return** 述句中，或者作為其他運算式的子運算式）。

串列概括式的語法如下：

```
[ expression for target in iterable lc-clauses ]
```

串列概括式的每個 **for** 子句中的 *target* 和 *iterable*，與常規的 **for** 述句有相同的語法和含義，串列概括式的每個 **if** 子句中的 *expression* 與常規 **if** 述句中的 *expression* 有相同的語法和含義。當 *expression* 表示一個元組時，你必須用括弧將其括起來。

lc-clauses 是一系列零或多個子句（clauses），每個子句都有這種形式：

```
for target in iterable
```

或這種形式：

```
if expression
```

串列概括式相當於一個 **for** 迴圈透過重複呼叫結果串列的 append 方法來建立相同的串列 [24]。舉例來說（為了清楚起見，將串列概括式的結果指定給一個變數），這段程式碼：

```
result = [x+1 for x in some_sequence]
```

24 只不過迴圈變數的範疇只在概括式之內，與 **for** 述句中範疇的作用方式不同。

等同於這個 **for** 迴圈：

```
result = []
for x in some_sequence:
    result.append(x+1)
```

除非必要，否則不要建立一個串列

如果你只是要用迴圈跑過項目一次，你並不需要一個實際的可索引串列（indexable list）：請使用一個產生器運算式（generator expression）來代替（在第 134 頁的「產生器運算式」中會介紹）。這樣可以避免建立串列，並且使用更少的記憶體。特別是，請抵抗使用串列概括式作為一個不是特別可讀的「單行迴圈」之誘惑，像這樣：

```
[fn(x) for x in seq]
```

然後忽略所產生的串列。你只需使用一個正常的 **for** 迴圈即可！

Python 語言

下面是一個使用 **if** 子句的串列概括式：

```
result = [x+1 for x in some_sequence if x>23]
```

這個串列概括式與包含 **if** 述句的 **for** 迴圈相同：

```
result = []
for x in some_sequence:
    if x>23:
        result.append(x+1)
```

這是一個使用巢狀 **for** 子句的串列概括式，將一個「串列構成的串列（list of lists）」攤平為單一個項目串列（a single list of items）：

```
result = [x for sublist in listoflists for x in sublist]
```

這相當於一個 **for** 迴圈裡面內嵌了另一個 **for** 迴圈：

```
result = []
for sublist in listoflists:
    for x in sublist:
        result.append(x)I
```

正如這些例子所顯示的，**for** 和 **if** 在串列概括式中的順序與等效迴圈中的順序相同，但是，在串列概括式中，巢狀內嵌仍然是隱含的。如果你記住了「排列 **for** 子句的方式跟在巢狀迴圈中相同」，那就可以幫助你正確掌握串列概括式中子句的排列順序。

串列概括式和變數範疇

一個串列概括運算式（list comprehension expression）會在它自己的範疇中進行估算（下面幾節介紹的集合和字典概括式，以及在本章結尾討論的產生器運算式也是如此）。當 **for** 述句中的 *target* 部分是一個名稱時，此名稱只在該運算式的範疇內有定義，在運算式之外是不可用的。

集合概括式

集合概括式（*set comprehension*）的語法和語意與串列概括式完全相同，只不過你是用大括號（{}，braces）而不是中括號（[]，brackets）將其括起來。其結果是一個 set，例如：

```
s = {n//2 for n in range(10)}
print(sorted(s))  # 印出： [0, 1, 2, 3, 4]
```

類似的串列概括式會使每個項目重複兩次，但建立一個集合會移除重複的項目。

字典概括式

字典概括式（*dictionary comprehension*）與集合概括式的語法相同，只是在 **for** 子句前不是單一個運算式，而是使用兩個運算式，中間有一個冒號（:）：*key*:*value*。其結果是一個 dict，保留插入的順序。比如說：

```
d = {s: i for (i, s) in enumerate(['zero', 'one', 'two'])}
print(d)          # 印出： {'zero': 0, 'one': 1, 'two': 2}
```

break 述句

你只能在一個迴圈主體中使用 **break** 述句。當 **break** 執行時，迴圈終止而不執行迴圈上的任何 *else* 子句。若有巢狀迴圈，**break** 只會終止最內層的迴圈。在實務上，**break** 通常會在迴圈主體中某個 **if**（或者偶爾是 **match**）述句的一個子句內，所以 **break** 是有條件地執行的。

break 的一個常見用途是實作一種迴圈，它只在每個迴圈迭代的中間決定是否應該繼續迴圈（Donald Knuth 在他 1974 年的偉大論文「Structured Programming with go to Statements」（*https://oreil.ly/8aebY*）[25] 中稱之為「loop and a half」結構）。比如說：

```
while True:             # 這個迴圈永遠不會「自然」終止
    x = get_next()
    y = preprocess(x)
    if not keep_looping(x, y):
        break
    process(x, y)
```

continue 述句

和 **break** 一樣，**continue** 述句只能存在於迴圈主體中。它使迴圈主體當前的迭代（current iteration）終止，並繼續執行迴圈的下一次迭代（next iteration）。在實務上，**continue** 通常是在迴圈主體中的 **if**（或者偶爾是 **match**）述句的一個子句中，所以 **continue** 的執行是有條件的。

有時，**continue** 述句可以代替迴圈中的巢狀 **if** 述句。舉例來說，在這裡，每個 x 在被完全處理之前都必須通過多個測試：

```
for x in some_container:
    if seems_ok(x):
        lowbound, highbound = bounds_to_test()
        if lowbound <= x < highbound:
            pre_process(x)
            if final_check(x):
                do_processing(x)
```

巢狀深度隨著條件數量的上升而增加。等效的程式碼用 **continue** 來將邏輯「扁平化」：

```
for x in some_container:
    if not seems_ok(x):
        continue
    lowbound, highbound = bounds_to_test()
    if x < lowbound or x >= highbound:
        continue
    pre_process(x)
    if final_check(x):
        do_processing(x)
```

25 在那篇論文中，Knuth 還首次提出使用「縮排而非分隔符號」來表達程式結構，就像 Python 所做的那樣！

Python 語言

扁平比巢狀更好

這兩個版本的運作方式都相同，所以你要使用哪一個是個人偏好和風格的問題。The Zen of Python（*https://oreil.ly/luTv7*）的原則之一（你可在任何時候透過在互動式 Python 直譯器提示符底下輸入 **import this** 來檢視）是「扁平的比巢狀的好（Flat is better than nested）」。當你選擇遵循這個提示時，**continue** 述句只是 Python 幫助你「在迴圈中減少巢狀結構」這目標的一種方式。

迴圈述句中的 else 子句

while 和 **for** 述句可以選擇性地擁有一個尾隨的 **else** 子句。這種子句下的述句或區塊會在迴圈**自然**終止時（抵達 **for** 迭代器結尾，或 **while** 迴圈條件變為 false 時）執行，但在迴圈**過早**終止時（透過 **break**、**return** 或例外）不會執行。如果一個迴圈包含一或多個 **break** 述句，你往往會想檢查它是自然終止還是過早終止。為此，你可以在迴圈中使用一個 **else** 子句：

```
for x in some_container:
    if is_ok(x):
        break  # 項目 x 令人滿意，終止迴圈
else:
    print('Beware: no satisfactory item was found in container')
    x = None
```

pass 述句

Python 複合述句（compound statement）的主體（body）不能是空的，它必定要包含至少一個述句。當一個述句在語法上是必需的，但你卻沒有事情要做，你就能使用一個不執行任何動作的 **pass** 述句，作為一個明確的佔位符。下面是一個在條件述句中使用 **pass** 的例子，它是一些相當複雜的邏輯的一部分，用來測試互斥條件（mutually exclusive conditions）：

```
if condition1(x):
    process1(x)
elif x>23 or (x<5 and condition2(x)):
    pass        # 這種情況下什麼都不需要做
elif condition3(x):
    process3(x)
```

```
else:
    process_default(x)
```

空的 def 或 class 述句請使用 docstring 而非 pass

你也可以使用 docstring（在第 120 頁的「Docstring」中有介紹）作為空的 **def** 或 **class** 述句之主體。當你這樣做時，你不需要同時加上一個 **pass** 述句（如果你願意，也可以這樣做，但這不是最佳的 Python 風格）。

try 和 raise 述句

Python 支援使用 **try** 述句的處理例外（exception handling），它包括 **try**、**except**、**finally** 和 **else** 子句。你的程式碼也可以用 **raise** 述句明確地提出（raise）一個例外。程式碼提出一個例外時，程式正常的控制流程會停止，而 Python 會尋找一個合適的例外處理器（exception handler）。我們會在第 240 頁的「例外傳播」中詳細討論這些內容。

with 述句

with 述句經常可以成為 **try/finally** 述句的一種更可讀、更有用的替代品。我們會在第 236 頁的「with 述句和情境管理器」中詳細討論它。對情境管理器（context managers）的良好掌握，往往可以幫助你在不影響效率的情況下更清晰地架構你的程式碼。

函式

在一個典型的 Python 程式中，大多數述句都是某個函式的一部分。正如第 640 頁的「避免 exec 和 from ... import *」中所介紹的那樣，函式主體中的程式碼可能比模組頂層（top level）的程式碼更快，所以有很好的實務理由將大部分程式碼放在函式中，而且沒有任何缺點：當你避免任何大區塊的模組層級程式碼時，清晰度、可讀性和程式碼重用性都會提升。

一個*函式*（*function*）是一組在請求時執行的述句。Python 提供許多內建函式，並允許程式設計師定義自己的函式。執行一個函式的請求被稱為一個*函式呼叫*（*function call*）。呼叫一個函式時，你可以傳入引數（arguments），以具體指明函式進行計算時所用的資料。在 Python 中，一個函式總是會回傳一個結果：要麼是 **None**，要麼就是一個值，即計算的結果。在 **class** 宣告中定義的函式也被稱為*方法*（*methods*）。我們在第 153 頁的「已繫結和無繫結方法」中會討論方法的特定議題；然而本節中關於函式的一般性介紹也適用於方法。

Python 在定義和呼叫函式方面給予程式設計師相當不同一般的靈活性。這種彈性也意味著有些限制無法僅透過語法充分表達。在 Python 中，函式是物件（值），處理方式就像其他物件一樣。因此，你可以把一個函式當作呼叫另一個函式的引數，而一個函式可以回傳另一個函式作為呼叫的結果。一個函式，就像其他物件一樣，可以被繫結到一個變數上、可以是容器中的一個項目，也可以是物件的一個屬性。函式也可以是一個字典中的鍵值。在 Python 中，「函式是普通的物件」的這一事實常常被表述為「函式是**一級**物件（*first-class* objects）」。

舉例來說，給定一個以函式為鍵值的 dict，其值是每個函式的反函式（inverse），你可以透過新增反函式值作為鍵值，並以其相應的鍵值作為值，使這個字典變成雙向的。這裡是此想法的一個小型範例，使用 math 模組中的一些函式（在第 564 頁的「math 和 cmath 模組」中有提及），它接受函式與其反函式所成對組的單向映射，然後新增每個條目的反函式來完成雙向映射：

```
def add_inverses(i_dict):
    for f in list(i_dict):  # 迭代鍵值的同時變動 i_dict
        i_dict[i_dict[f]] = f
math_map = {sin:asin, cos:acos, tan:atan, log:exp}
add_inverses(math_map)
```

注意在這種情況下，函式會變動它的引數（因此它需要使用 list 呼叫來進行迴圈）。在 Python 中，通常的慣例是這樣的函式不會回傳一個值（參閱第 122 頁的「return 述句」）。

定義函式：def 述句

def 述句是創建函式的一般方法。**def** 是一個單子句複合述句（single-clause compound statement），其語法如下：

```
def function_name(parameters):
    statement(s)
```

function_name 是一個識別字，而非空縮排的 *statement(s)* 是函式主體。當直譯器遇到 **def** 述句時，它會編譯函式主體，建立一個函式物件，並將 *function_name* 繫結（或者重新繫結，如果已有繫結的話）到外圍命名空間（通常是模組命名空間，或定義方法時的類別命名空間）中編譯好的函式物件。

parameters 是一個選擇性的串列，具體指明將被繫結到每個函式呼叫所提供的值的那些識別字。我們會把這些識別字和在呼叫中為它們提供的值區別開來，就像電腦科學中常說的那樣，將前者稱為**參數**（*parameters*），後者稱為**引數**（*arguments*）。

最簡單的情況下，一個函式沒有定義任何參數，這意味著呼叫它時，該函式不接受任何引數。在這種情況下，**def** 述句在 *function_name* 後面會有空的括弧，所有的呼叫也都必須如此。否則，*parameters* 將是由規格所成的一個串列（a list of specifications，參閱第 116 頁的「參數」）。當 **def** 述句執行時，函式主體並不會執行，取而代之，Python 會將它編譯成 bytecode，儲存為函式物件的 __code__ 屬性，並在之後每次呼叫該函式時執行它。函式主體可以包含零或多個 **return** 述句，我們很快會討論。

每次呼叫函式時，這個呼叫的動作都會提供與函式定義中的參數相對應的引數運算式（argument expressions）。直譯器會從左到右估算引數運算式，並創建一個新的命名空間，在其中它會將引數值與參數名稱繫結，作為函式呼叫的區域變數（正如我們會在第 123 頁「呼叫函式」中討論的那樣）。然後 Python 會執行函式主體，將函式呼叫的命名空間作為區域命名空間。

這裡有一個簡單的函式，每次呼叫時回傳的值是傳入給它的值的兩倍：

```
def twice(x):
    return x*2
```

引數可以是任何能夠乘以 2 的東西，所以你可以用數字、字串、串列或元組作為引數呼叫該函式。每次呼叫都會回傳一個型別與引數相同的新值：舉例來說，`twice('ciao')` 會回傳 `'ciaociao'`。

一個函式的參數數量，連同參數的名稱、必要參數的數量，以及未匹配的引數是否應該被收集起來，還有收集的位置等資訊，是一種被稱為**函式特徵式**（*signature*）的規格。特徵式定義了你如何呼叫該函式。

參數

參數（或者學究式的講法：「**形式參數**」，*formal parameters*）為傳入函式呼叫的值取了名字，並且可為它們指定預設值。每次呼叫函式時，呼叫會將每個參數名稱與新的區域命名空間中相應的引數值繫結，Python 會在函式退出時將此命名空間銷毀。

除了讓你命名個別引數外，Python 還讓你收集與個別參數不匹配的引數值，並允許你特別要求某些引數是位置型（positional）的，或具名（named）的。

位置參數

一個位置參數（positional parameter）是一個識別字 *name*，它命名了該參數。你在函式主體中使用這些名稱來存取該呼叫的引數值。呼叫者通常能用位置或具名引數為這些參數提供值（參閱第 126 頁的「將引數與參數相匹配」）。

具名參數

具名參數通常採用 *name=expression*（**3.8+** 或在通常只是 * 的一個位置引數收集器之後，稍後會討論）的形式。它們也經常被形容為（以傳統的 *name=expression* 形式撰寫時）**預設**（*default*）的、**選擇性**（*optional*）的，甚至是令人困惑地被稱為**關鍵字參數**（*keyword* parameters），儘管它們並不涉及任何 Python 關鍵字。執行 **def** 述句時，直譯器會對每個這樣的 *expression* 進行估算，並將結果得到的值（稱為該參數的預設值）儲存在函式物件的屬性中，跟其他屬性放在一起。因此，函式呼叫不需要為以傳統形式編寫的具名參數提供引數值：呼叫會使用作為 *expression* 給定的預設值。你可以為一些具名參數提供位置引數值（**3.8+** 除了出現在位置引數收集器之後，被視為具名參數的那些參數；也請參閱第 126 頁的「將引數與參數相匹配」）。

Python 會在 **def** 述句執行時計算每個預設值**剛好一次**，而**不是**在每次呼叫結果函式時都計算一次。特別是，這意味著，只要呼叫者沒有提供相應的引數，Python 就會將完全**相同**的物件，即預設值，繫結到具名參數上。

避免可變的預設值

一個函式有可能在每次你呼叫該函式，而且沒有提供與個別參數相應的引數時，改變一個可變的預設值，比如一個串列。這通常不是你想要的行為；詳情請參閱第 118 頁的「可變的預設參數值」。

僅限位置記號

3.8+ 函式的特徵式可以包含單一的**僅限位置記號**（/，*positional-only marker*）作為一個虛設參數（dummy parameter）。記號前面的參數被稱為**僅限位置參數**（*positional-only parameters*），在呼叫函式時**必須**作為位置引數提供，而**不能是**具名引數；為這些參數使用具名引數會提出一個 `TypeError` 例外。

舉例來說，內建的 `int` 型別具有下列特徵式：

```
int(x, /, base=10)
```

呼叫 `int` 時，你必須傳入一個值給 `x`，而且必須透過位置傳入。`base`（當 `x` 是一個要轉換為 `int` 的字串時使用）是選擇性的，你能透過位置或作為一個具名引數傳入（將 `x` 作為一個數字傳入，並且也傳入 `base` 會是一種錯誤，但這個記號無法捕捉到這種怪異之處）。

位置引數收集器

位置引數收集器（positional argument collector）可以有兩種形式，要麼是 `*name` 或是 3.8+ 中的 `*` 單一個星號。在前一種情況下，*name* 會在呼叫時期被繫結到未匹配的位置引數所構成的一個元組（當所有的位置引數都匹配時，該元組為空）。在後一種情況下（`*` 是一個虛設參數），帶有不匹配的位置引數的呼叫會提出一個 `TypeError` 例外。

當一個函式的特徵式有這任一種位置引數收集器時，任何呼叫都不能為收集器之後的具名參數提供位置引數：收集器禁止（以 `*` 形式）沒對應到在它之前的參數的位置引數，或為它們提供一個目的地（以 `*name` 形式）。

舉例來說，考慮 `random` 模組的這個函式：

```
def sample(population, k, *, counts=None):
```

呼叫 sample 時，population 和 k 的值是必需的，可以透過位置或名稱來傳遞。counts 是選擇性的；如果你有傳入它，就必須把它當作一個具名引數傳遞。

具名引數收集器

這個最後的、選擇性的參數規格具有 ***name* 的形式。當函式被呼叫時，*name* 會被繫結到一個字典，其項目是任何未匹配的具名引數的 (*key, value*) 對組，如果沒有這樣的引數，則會是一個空字典。

參數序列

一般來說，位置參數後面接著具名參數，而位置引數收集器和具名引數收集器（如果存在）最後出現。然而，僅限位置的記號可以出現在引數串列的任何位置。

可變的預設參數值

當一個具名參數的預設值是一個可變物件，而函式主體改變了該參數，事情就變得棘手了。比如說：

```
def f(x, y=[]):
    y.append(x)
    return id(y), y
print(f(23))              # 印出： (4302354376, [23])
print(f(42))              # 印出： (4302354376, [23, 42])
```

第二個 print 印出 [23, 42]，因為對 f 的第一次呼叫改變了 y 的預設值，它最初是一個空串列 []，該呼叫在它上面附加了 23。id 值（總是彼此相等，儘管在其他方面是任意的）證實兩個呼叫都回傳同一個物件。如果你想讓 y 是一個新的空串列物件，那麼每次你用單一引數呼叫 f 時（這是最常見的需求！），就用下面的慣用語代替：

```
def f(x, y=None):
    if y is None:
        y = []
    y.append(x)
    return id(y), y
print(f(23))              # 印出： (4302354376, [23])
print(f(42))              # 印出： (4302180040, [42])
```

在某些情況下，你可能明確地想要一個可變的預設引數值，並在多次函式呼叫之間保留其值，最常見的是出於快取（caching）的目的，如以下例子：

```
def cached_compute(x, _cache={}):
    if x not in _cache:
        _cache[x] = costly_computation(x)
    return _cache[x]
```

這樣的快取行為（也被稱為 *memoization*）通常最好是以 `functools.lru_cache`（這涵蓋於表 8-7，並會在第 17 章詳細討論）裝飾底層的 `costly_computation` 函式來達成。

引數收集器參數

引數收集器（特殊形式的 *、**name* 或 ***name*）出現在函式特徵式中，能讓函式禁止（*）或收集與任何參數都不匹配的位置（**name*）或具名（***name*）引數（參閱第 126 頁的「將引數與參數相匹配」）。並沒有強制要求非得使用特定的名稱，可以在每個特殊形式中使用你想要的任何識別字。`*args` 和 `**kwds` 或 `**kwargs`，以及 `*a` 和 `**k` 都是熱門的選擇。

特殊形式 * 的存在會導致具有不匹配的位置引數的呼叫產生一個 `TypeError` 例外。

`*args` 具體指出，一個呼叫的任何額外的位置引數（即在函式特徵式中不匹配位置參數的位置引數）都被收集到一個（可能為空的）元組中，在該呼叫的區域命名空間中與名稱 `args` 繫結。如果沒有位置引數收集器，不匹配的位置引數會提出一個 `TypeError` 例外。

舉例來說，這裡有一個函式，它接受任何數量的位置引數、並回傳其總和（並演示了 `*args` 之外的識別字用法）：

```
def sum_sequence(*numbers):
    return sum(numbers)
print(sum_sequence(23, 42))          # 印出： 65
```

同樣地，***kwds* 具體指明任何額外的具名引數（即沒有在特徵式中明確指定的那些具名引數）都會被收集到一個（可能為空的）字典中，其項目是那些引數的名稱和值，該字典會與函式呼叫命名空間中的 *kwds* 繫結。

舉例來說，下列函式接受一個字典，其鍵值為字串，而值為數字，並為特定的某些值加上給定的數量：

```
def inc_dict(d, **values):
    for key, value in values.items():
        if key in d:
            d[key] += value
        else:
            d[key] = value

my_dict = {'one': 1, 'two': 2}

inc_dict(my_dict, one=3, new=42)
print(my_dict)                # 印出： {'one': 4, 'two': 2, 'new':42}
```

如果沒有具名引數收集器，不匹配的具名引數會提出一個 `TypeError` 例外。

函式物件的屬性

def 述句設定了一個函式物件 *f* 的一些屬性（attributes）。字串屬性 *f*.`__name__` 是 **def** 用作函式名稱的識別字。你可以將 `__name__` 重新繫結到任何字串值，但是試圖解除它的繫結會提出一個 `TypeError` 例外。你可以自由地為它重新繫結或解除繫結的 *f*.`__defaults__`，是具名參數的預設值所構成的元組（如果函式沒有具名參數，則為空）。

Docstring

另一個函式屬性是**說明文件字串**（*documentation string*），或稱 *docstring*。你可以透過 *f*.`__doc__` 來使用或重新繫結一個函式 *f* 的 docstring 屬性。當函式主體中的第一條述句是一個字串字面值（string literal）時，編譯器會將該字串繫結為函式的 docstring 屬性。類似的規則也適用於類別和模組（參閱第 144 頁的「類別說明文件字串」和第 264 頁的「模組說明文件字串」）。說明文件字串可以跨越多個實體行，所以最好以三引號的字串字面值形式指定它們。比如說：

```
def sum_sequence(*numbers):
    """Return the sum of multiple numerical arguments.

       The arguments are zero or more numbers.
       The result is their sum.
    """
    return sum(numbers)
```

說明文件字串應該是你編寫的任何 Python 程式碼的一部分。它們的作用類似於註解（comments），但它們甚至更有用，因為它們在執行時期仍然可用（除非你用 **python -OO** 來執行你的程式，如第 27 頁的「命令列語法和選項」中所述）。Python 的 help 函式（參閱第 30 頁的「互動式工作階段」）、開發環境和其他工具可以使用函式、類別和模組物件的 docstrings 來提醒程式設計師如何使用這些物件。doctest 模組（在第 595 頁的「doctest 模組」中有介紹）讓我們很輕易就能檢查在說明文件字串中出現的範例程式碼（如果有的話）是否準確和正確，並且隨著程式碼和說明文件的編輯和維護過程依然保持如此。

為了使你的說明文件字串盡可能的有用，請遵守一些簡單的慣例，如 PEP 257（*https://oreil.ly/CVF7t*）中所詳細說明的。說明文件字串的第一行應該是對函式用途的簡明總結，以大寫字母開始，以句號結束。它不應該提到函式的名稱，除非這個名稱恰好是一個自然語言詞彙，適合用於函式作業方式的簡潔優良摘要的一部分，因此自然而然地出現。使用命令式（imperative）而非描述式（descriptive）口吻：舉例來說，你會說「Return xyz…」而非「Returns xyz…」。如果說明文件字串是多行的，第二行應該是空的，接下來的幾行應該形成一或多個段落，以空行隔開，描述函式的參數、先決條件、回傳值和副作用（如果有的話）。進一步的解說、參考文獻和用法範例（你應該總是用 doctest 來檢查它們），可以選擇性地（而且經常是非常有實用的！）包含在說明文件字串的結尾處。

函式物件的其他屬性

除了預先定義的屬性外，一個函式物件還可以有其他任意的屬性。要創建函式物件的一個屬性，就在 **def** 述句執行後的指定述句中，將一個值繫結到適當的屬性參考。舉例來說，一個函式可以計算它被呼叫了多少次：

```
def counter():
    counter.count += 1
    return counter.count
counter.count = 0
```

請注意，這**並不是**常見的用法。更常見的是，如果你想把一些狀態（資料）和一些行為（程式碼）組合在一起，你應該使用第 4 章中提及的物件導向（object-oriented）機制。然而，將任意的屬性與一個函式關聯起來的能力有時會很有用。

函式注釋

def 子句中的每個參數都可以用一個任意的運算式來**加以注釋**（*annotated*），也就是說，在 **def** 的參數列中，凡是可以使用識別字的地方，都可以改用 *identifier*:*expression* 這種形式，而該運算式的值會成為那個參數的**注釋**（*annotation*）。

你也可以注釋函式的回傳值，在 **def** 子句的) 和結束 **def** 子句的 : 之間使用 ->*expression* 的形式；該運算式的值會成為名稱 'return' 的注釋。例如：

```
>>> def f(a:'foo', b)->'bar': pass
...
>>> f.__annotations__
{'a': 'foo', 'return': 'bar'}
```

如本例所示，函式物件的 __annotations__ 屬性是將每個經過注釋的識別字（annotated identifier）映射到相應注釋的一個 dict。

理論上來說，目前你可以為你希望的任何目的使用注釋：除了建構 __annotations__ 屬性外，Python 本身並沒有拿它們來做什麼。用於型別提示（type hinting）的注釋，現在通常被認為是它們的主要用途，相關的詳細資訊，請參閱第 5 章。

return 述句

在 Python 中，你只能在一個函式主體（function body）內部使用 **return** 關鍵字，而且你可以選擇在它後面加上一個運算式。當 **return** 執行時，函式就終止了，而該運算式的值就會是函式的結果。當一個函式到達其主體的末端，或者執行沒有運算式的 **return** 述句（或者明確執行 **return None**）而終止時，它將回傳 **None**。

return **述句中的良好風格**

作為一種良好的風格，當一個函式中的某些 **return** 述句有一個運算式時，那麼該函式中的所有 **return** 述句都應該有一個運算式。**return None** 應該只為了滿足這一風格需求而被明確寫出。永遠不要在函式主體的結尾寫出一個沒有運算式的 **return** 述句。Python 並不強制施加這些風格上的慣例，但是遵循這些約定時，你的程式碼會更清晰、更易讀。

呼叫函式

一個函式呼叫（function call）是具有下列語法的一種運算式：

```
function_object(arguments)
```

function_object 可以是對一個函式（或其他可呼叫）物件的任何參考；大多數情況下，它單純是函式的名稱。括弧（parentheses）表示函式呼叫運算本身。*arguments*，在最簡單的情況下，是一系列由逗號（,）分隔的零或多個運算式，為函式參數給出相應的值。函式呼叫執行時，參數會在一個新的命名空間中被繫結到引數的值，然後函式主體執行，而函式呼叫運算式的值就是函式回傳的任何東西。除非呼叫者保留對它們的參考，否則在函式內部建立的或由函式回傳的物件都有可能被垃圾回收。

呼叫函式時不要忘記尾隨的 ()

僅僅只是提及（*mentioning*）一個函式（或其他可呼叫物件）本身並不能呼叫它。要不帶引數呼叫一個函式（或其他物件），你必須在函式的名稱（或對可呼叫物件的其他參考）後面使用 ()。

位置引數和具名引數

引數可以有兩種類型。位置引數（*positional* arguments）是簡單的運算式；具名（*named*，也被稱為「關鍵字」，*keyword* [26]）引數有下列形式：

```
identifier=expression
```

在一個函式呼叫中，把具名引數放在位置引數之前，是一種語法錯誤。零或多個位置引數後面可以接著零或多個具名引數。每個位置引數都為在函式定義中位置與之對應的參數提供值。並沒有要求位置引數（positional arguments）必須與位置參數（positional parameters）相匹配，反之亦然。如果位置引數比位置參數多，那麼對於特徵式（signature）中在引數收集器前面的所有參數，額外的那些引數都將藉由位置與具名參數繫結（如果有的話）。比如說：

26 這裡要說聲「唉」，因為它們與 Python 關鍵字無關，所以這種術語是令人困惑的；如果你用一個實際的 Python 關鍵字來命名一個具名引數，就會提出 SyntaxError。

```
def f(a, b, c=23, d=42, *x):
    print(a, b, c, d, x)
f(1,2,3,4,5,6)  # 印出：1 2 3 4 (5, 6)
```

請注意，引數收集器（argument collector）在函式特徵式中出現的位置很重要（所有的細節請參閱第 126 頁的「將引數與參數相匹配」）：

```
def f(a, b, *x, c=23, d=42):
    print(a, b, x, c, d)
f(1,2,3,4,5,6)  # 印出：1 2 (3, 4, 5, 6) 23 42
```

在沒有任何具名引數收集器（**name，named argument collector）參數的情況下，每個引數的名稱都必須是函式特徵式中使用的參數名稱之一[27]。expression 為該名稱的參數提供值。許多內建函式不接受具名引數：你必須只用位置引數來呼叫這些函式。然而，用 Python 編寫的函式通常接受具名引數，也接受位置引數，所以你能以不同方式呼叫它們。在沒有匹配的位置引數之情況下，位置參數可以被具名引數所匹配。

一個函式呼叫必須透過一個位置引數或具名引數，為每個強制性參數（mandatory parameter）提供剛好一個值，並為每個選擇性參數（optional parameter）[28] 提供零或一個值。舉例來說：

```
def divide(divisor, dividend=94):
    return dividend // divisor
print(divide(12))                            # 印出：7
print(divide(12, 94))                        # 印出：7
print(divide(dividend=94, divisor=12))       # 印出：7
print(divide(divisor=12))                    # 印出：7
```

正如你所看到的，這裡對 divide 的四個呼叫是等效的。如果你認為明確指出每個引數的角色和控制引數的順序可以提升程式碼的清晰度，你可以為了可讀性而傳入具名引數。

具名引數的一個常見用途是將某些選擇性參數繫結到特定的值上，同時讓其他選擇性參數接受預設值：

```
def f(middle, begin='init', end='finis'):
    return begin+middle+end
print(f('tini', end=''))                     # 印出：inittini
```

27 當 Python 開發人員意識到許多內建函式的參數就直譯器而言實際上並無有效的名稱時，他們就引入了僅限位置的引數（positional-only arguments）。

28 一個「選擇性參數（optional parameter）」是指函式特徵式中有提供預設值的參數。

透過具名引數 end=''，呼叫者為 f 的第三個參數 end 指定了一個值（空字串 ''），並且仍然讓 f 的第二個參數 begin 使用其預設值，即字串 'init'。即使在參數是具名的情況下，你也可以將引數作為位置型傳入；舉例來說，在前面的函式中：

```
print(f('a','c','t'))                    # 印出：cat
```

在一個函式呼叫中的引數結尾，你可以選擇使用 **seq* 和 ***dct* 這兩種特殊形式。如果這兩種形式都存在，帶兩個星號的形式必須放在最後。**seq* 會將可迭代物件 *seq* 的項目作為位置引數傳入給函式（在呼叫時用一般語法給出的正常位置引數之後，如果有的話）。*seq* 可以是任何可迭代物件（iterable）。***dct* 將 *dct* 的項目作為具名引數傳入給函式，其中 *dct* 必須是鍵值都為字串的一個映射（mapping）。每個項目的鍵值都是一個參數名稱，而項目的值就是引數的值。

當參數使用類似的形式時，你可能想傳入 **seq* 或 ***dct* 形式的引數，正如第 116 頁的「參數」中討論的那樣。舉例來說，使用那一節中定義的函式 sum_sequence（在此再次顯示），你可能想印出字典 *d* 中所有值的總和，這用 **seq* 很容易：

```
def sum_sequence(*numbers):
    return sum(numbers)

d = {'a': 1, 'b': 100, 'c': 1000}
print(sum_sequence(*d.values()))
```

（當然，print(sum(d.values())) 會更簡單、更直接）。

一個函式呼叫可以有零或多個 **seq* 或 ***dct* 出現，如 PEP 448（*https://oreil.ly/6lHq_*）中規定的那樣。你甚至可以在呼叫其特徵式中沒有使用相應形式的函式時傳入 **seq* 或 ***dct*。在那種情況下，你必須確保可迭代物件 *seq* 有正確的項目數，或者字典 *dct* 使用正確的識別字字串作為鍵值；否則，呼叫會提出例外。正如下一節所指出的，一個位置引數不能匹配一個「僅限關鍵字（keyword-only）」的參數；只有一個明確的具名引數，或透過 ***kwargs* 傳入的具名引數才能做到這一點。

「僅限關鍵字」參數

在函式特徵式中的位置引數收集器（**name* 或 **3.8+** 的 *，positional argument collector）之後的參數，被稱為**僅限關鍵字的參數**（*keyword-only parameters*）：相應的引數，如果有的話，必須是具名引數。在沒有任何名稱匹配的情況下，這樣的一個參數會被繫結到它的預設值（default value），就像在函式定義時期設定的那樣。

僅限關鍵字的參數可以是位置型的（positional），也可以是具名的（named）。然而，你**必須**把它們作為具名引數傳入，而非作為位置引數。如果有的話，將簡單的識別字放在僅限關鍵字參數規格的開頭，然後讓 *identifier=default* 形式（如果有的話）跟在後面，這更常見，也更容易閱讀，儘管 Python 語言沒有這樣要求。

要求僅限關鍵字參數規格而**不**收集「剩餘」位置引數的函式，以僅由單一星號（*）構成的一個虛設參數（dummy parameter）來表示僅限關鍵字參數規格（keyword-only parameter specifications）的開頭，它本身沒有任何引數與之對應。比如說：

```
def f(a, *, b, c=56):  # b 和 c 僅限關鍵字
    return a, b, c
f(12, b=34)  # 回傳 (12, 34, 56)，c 是選擇性的，它有一個預設值
f(12)        # 提出一個 TypeError 例外，因為你沒有傳入 b
# 錯誤訊息為：missing 1 required keyword-only argument: 'b'
```

如果你還指定了特殊形式的 ***kwds*，它必須位在參數列的最後（如果有的話，在僅限關鍵字參數規格之後）。比如說：

```
def g(x, *a, b=23, **k):  # b 僅限關鍵字
    return x, a, b, k
g(1, 2, 3, c=99)          # 回傳 (1, (2, 3), 23, {'c': 99})
```

將引數與參數相匹配

一個呼叫**必須**為所有的位置參數提供一個引數，對於非僅限關鍵字的具名參數**也可以**這樣做。

匹配（matching）的過程如下：

1. 形式為 **expression* 的引數會在內部被一序列的位置引數所取代，這些引數是透過迭代 *expression* 而獲得的。

2. 形式為 ***expression* 的引數會在內部被一序列的關鍵字引數所取代，這些引數的名稱和值是透過迭代 *expression* 的 `items()` 而獲得的。

3. 假設函式有 *N* 個位置參數，而呼叫有 *M* 個位置引數：

- 如果 $M \le N$，就把所有的位置引數與前 M 個位置參數名稱繫結起來；其餘的位置參數，如果有的話，**必須**由具名引數來匹配。
- 如果 $M > N$，就把剩餘的位置引數按照**它們在特徵式中出現的順序**與具名參數繫結。這個過程以三種方式中的一種終止：
    1. 所有的位置引數都已被繫結。
    2. 特徵式中的下一項是一個 `*` 引數收集器：直譯器會提出一個 `TypeError` 例外。
    3. 特徵式中的下一項是一個 `*`*`name`* 引數收集器：剩下的位置引數會被收集到一個元組中，然後它會被繫結到函式呼叫命名空間中的 *`name`*。

4. 然後，按照引數在呼叫中出現的順序，將具名引數與參數（包括位置型和具名的）進行名稱匹配。試圖重新繫結一個已經繫結的參數名稱會提出一個 `TypeError` 例外。
5. 如果在這個階段仍有未匹配的具名引數：
    - 當函式特徵式包括一個 `**`*`name`* 收集器，直譯器會用鍵值與值對組 (*`argument's_name, argument's_value`*) 創建一個字典，並將它與函式呼叫命名空間中的 *`name`* 繫結。
    - 在沒有這種引數收集器的情況下，Python 會提出一個 `TypeError` 例外。
6. 任何剩餘的未匹配的具名引數都會被繫結到它們的預設值。

此時，函式呼叫命名空間（function call namespace）已經完全充填，直譯器會使用這個「呼叫命名空間」作為函式的區域命名空間（local namespace）來執行函式的主體。

引數傳遞的語意

在傳統的術語中，Python 中所有的引數傳遞（argument passing）都是**透過值**（*by value*）進行的（儘管在現代術語中，說引數傳遞是**透過物件參考**進行的會更為精準；請參閱同義詞 *call by sharing*（*https://oreil.ly/kst2h*））。當你傳入一個變數作為引數時，Python 會將該變數當前所指涉的物件（值）傳入給函式（而非「該變數本身」！），並將這個物件與函式呼叫命名空間中的參數名稱繫結。因此，一個函式**不能**重新繫結呼叫者（caller）的變數。然而，傳入一個可變的物件作為引數，將允許函式對該物件進行變更，因為 Python 傳入的是對該物件本身的參考（reference），而不是一個拷貝（copy）。重新繫結（rebinding）一個變數和更動（mutating）一個物件是完全不相干的概念。比如說：

```
def f(x, y):
    x = 23
    y.append(42)
a = 77
b = [99]
f(a, b)
print(a, b)              # 印出：77 [99, 42]
```

`print` 顯示，`a` 仍然被繫結在 `77` 上。函式 `f` 將其參數 `x` 重新繫結到 `23`，對 `f` 的呼叫者沒有影響，特別是對呼叫者的變數之繫結也不會有影響，該變數只是恰好被用來傳入 `77` 作為參數的值。然而，`print` 也顯示 `b` 現在被繫結到 `[99, 42]`。`b` 仍然被繫結到與呼叫前相同的串列物件上，但是 `f` 將 `42` 附加到了該串列物件上，使其有了變動。在這兩種情況下，`f` 都沒有改變呼叫者的繫結，`f` 也不能改變數字 `77`，因為數字是不可變的（immutable），但是 `f` 可以修改串列物件，因為串列物件是可變的（mutable）。

命名空間

一個函式的參數，加上任何在函式主體中被繫結（透過指定或其他繫結述句，如 **def**）的名稱，構成了函式的**區域命名空間**（*local namespace*），也被稱為**區域範疇**（*local scope*）。這些變數中的每一個都被稱為該函式的**區域變數**（*local variable*）。

非區域性的變數被稱為**全域變數**（*global variables*，在沒有巢狀函式定義的情況下，我們很快會討論這個問題）。全域變數是模組物件（module object）的屬性（attributes），正如第 261 頁「模組物件的屬性」中所介紹的那樣。當函式的區域變數與全域變數的名稱相同時，在函式主體中，那個名稱指的會是區域變數，而非全域變數。我們可以這樣表達：區域變數在整個函式主體中**遮蔽**（*hides*）了同名的全域變數。

global 述句

預設情況下，在函式主體中繫結的任何變數都是該函式的區域變數。如果一個函式需要繫結或重新繫結某些全域變數（不是最佳做法！），函式主體的第一條述句必須是：

```
global identifiers
```

其中 *identifiers* 是一或多個由逗號（,）分隔的識別字。**global** 述句中列出的識別字是指函式需要繫結或重新繫結的全域變數（即模組物件的屬性）。舉例來說，我們在第 121 頁「函式物件的其他屬性」中看到的函式 counter 可以用 **global** 和一個全域變數來實作，而非使用函式物件的一個屬性：

```
_count = 0
def counter():
    global _count
    _count += 1
    return _count
```

如果沒有 **global** 述句，counter 函式在被呼叫時將提出 UnboundLocalError 例外，因為 _count 將是一個未初始化的（未繫結的）區域變數。雖然 **global** 述句可以實現這種程式設計，但這種風格並不優雅，也不明智。正如我們前面提到的，當你想把一些狀態和一些行為組合在一起時，第 4 章中提及的物件導向機制通常是最佳選擇。

避免 *global*

如果函式主體單純只是使用（*uses*）一個全域變數（包括變動與該變數繫結的物件，在該物件是可變的時候），請永遠不要使用 **global**。只在函式主體會重新繫結（*rebinds*）一個全域變數時才使用 **global** 述句（一般是透過對該變數的名稱進行指定）。就風格而言，除非有嚴格的必要，否則請不要使用 **global**，因為它的存在會使你程式的讀者認為該述句是為了某些實際的用途而出現。除了作為函式主體的第一條述句以外，請不要使用 **global**。

巢狀函式和巢狀範疇

函式主體中的 **def** 述句會定義一個**巢狀函式**（*nested function*，或稱「內嵌函式」），其主體包括那個 **def** 的函式被稱為該巢狀函式的**外層函式**（*outer function*）。巢狀函式主體中的程式碼可以存取（但不能重新繫結）外層函式的區域變數，也被稱為巢狀函式的**自由變數**（*free variables*）。

要讓一個巢狀函式存取一個值，最簡單的方式往往不是仰賴巢狀範疇（nested scopes），而是明確地把該值作為函式的一個引數傳入。如果需要的話，你可以在巢狀函式的 **def** 時期繫結引數的值：只要把該值作為一個選擇性引數的預設值就可以了。比如說：

```
def percent1(a, b, c):
    def pc(x, total=a+b+c):
        return (x*100.0) / total
    print('Percentages are:', pc(a), pc(b), pc(c))
```

這裡是使用巢狀範疇的相同功能：

```
def percent2(a, b, c):
    def pc(x):
        return (x*100.0) / (a+b+c)
    print('Percentages are:', pc(a), pc(b), pc(c))
```

在這個具體案例中，percent1 有一個微小的優勢：a+b+c 的計算只發生一次，而 percent2 的內層函式 pc 重複了該計算三次。然而，當外層函式在呼叫巢狀函式之間重新繫結區域變數時，重複計算可能是必要的：要注意有這兩種做法，並根據具體情況選擇合適的一種。

一個從「外層」（外圍）函式的區域變數存取值的巢狀函式也被稱為一個 *closure*（閉包）。下面的例子示範如何建立一個 closure：

```
def make_adder(augend):
    def add(addend):
        return addend+augend
    return add
add5 = make_adder(5)
add9 = make_adder(9)

print(add5(100))    # 印出：105
print(add9(100))    # 印出：109
```

閉包有時是下一章所講述的「物件導向機制是將資料和程式碼捆裝在一起的最佳方式」這個一般規則的例外。當你所需的就是建構可呼叫物件（callable objects）時，而且要在物件建構時期固定一些參數，閉包（closures）可以比類別（classes）更簡單、更直接。舉例來說，make_adder(7) 的結果是接受單一引數並回傳 7 加上該引數的一個函式。回傳一個 closure 的外層函式是生產由一些參數（例如前面例子中引數 augend 的值）區分的函式家族成員的一種「工廠（factory）」，這往往可能幫助你避免程式碼的重複。

nonlocal 關鍵字的作用與 **global** 相似，但它指的是語彙上的外圍函式（lexically surrounding function）之命名空間中的一個名稱。如果它出現在內嵌了幾層深的一個函式定義中（一種很少是必要的結構！），編譯器會先搜尋內嵌最深的外圍函式之命名空間，然後是包含那個函式的命名空間，以此類推，直到找到該名稱或者已經沒有其他外圍函式為止，在後者那種情況下，編譯器會提出一個錯誤（全域性名稱，如果有的話，也不會匹配）。

這裡是我們在前面的章節中使用一個函式屬性，然後再用一個全域變數來實作的「計數器（counter）」功能的巢狀函式做法：

```
def make_counter():
    count = 0
    def counter():
        nonlocal count
        count += 1
        return count
    return counter

c1 = make_counter()
c2 = make_counter()
print(c1(), c1(), c1())      # 印出：1 2 3
print(c2(), c2())            # 印出：1 2
print(c1(), c2(), c1())      # 印出：4 3 5
```

與之前的做法相比，這種做法的一個關鍵優勢是，這兩個巢狀函式，就像物件導向的做法一樣，會讓你製作出獨立的計數器，這裡是 `c1` 和 `c2`。每個 closure 都會保存自己的狀態，不會干擾到另一個閉包。

lambda 運算式

如果一個函式主體是單一的 **return** *expression* 述句，你就可以（非常選擇性的！）選用特殊的 **lambda** 運算式形式來替換那個函式：

```
lambda parameters: expression
```

lambda 運算式是普通函式的一種匿名等價物（anonymous equivalent），其主體是單一個 **return** 述句。**lambda** 語法不使用 **return** 關鍵字。你可以在任何能夠使用函式參考的地方使用 **lambda** 運算式。當你想使用一個極其簡單的函式作為引數或回傳值時，**lambda** 有時就很便利。

Python 語言

下面範例使用 **lambda** 運算式作為內建的 sorted 函式（在表 8-2 中提及）的一個引數：

```
a_list = [-2, -1, 0, 1, 2]
sorted(a_list, key=lambda x: x * x)  # 回傳： [0, -1, 1, -2, 2]
```

或者，你總是可以使用一個區域性的 **def** 述句賦予函式物件一個名稱，然後用那個名稱作為引數或回傳值。下面是使用區域性 **def** 述句的相同 sorted 例子：

```
a_list = [-2, -1, 0, 1, 2]
def square(value):
    return value * value
sorted(a_list, key=square)              # 回傳： [0, -1, 1, -2, 2]
```

雖然 **lambda** 有時很方便，但 **def** 通常是更好的選擇：它更為通用，並能幫助你的程式碼更容易閱讀，因為你可以為函式挑選一個清楚的名稱。

產生器

如果一個函式的主體出現一或多個關鍵字 **yield**，該函式就會被稱為*產生器*（*generator*），或者更準確地說，是*產生器函式*（*generator function*）。當你呼叫一個產生器時，函式主體並不會執行。取而代之，產生器函式會回傳一個特殊的迭代器物件（iterator object），被稱為*產生器物件*（*generator object*，有時，相當令人困惑的是，也單純被稱為「產生器」），包裹著函式主體、其區域變數（包括參數）和當前的執行位置（current point of execution，最初是函式的開頭）。

當你（隱含地或明確地）在一個產生器物件上呼叫 next，函式主體將從當前位置開始執行，直到下一個 **yield**，其形式為：

```
yield expression
```

沒有運算式的 **yield** 也是合法的，並且等同於 **yield None**。當 **yield** 執行時，函式的執行會被「凍結」，保留了當前的執行位置和區域變數，而接在 **yield** 後面的運算式則成為 next 的結果。當你再次呼叫 next 時，函式主體的執行會在它上次停止的地方繼續進行，同樣是到下一個 **yield**。當函式主體結束，或者執行到一個 **return** 述句時，迭代器會提出一個 StopIteration 例外，以表明迭代已經完成。**return** 後的運算式，如果有的話，就會是 StopIteration 例外的引數。

yield 是一個運算式（expression），而非一個述句（statement）。當你在一個產生器物件 *g* 上呼叫 *g*.send(*value*) 時，**yield** 的值會是 *value*；當你呼叫 next(*g*) 時，**yield** 的值會是 **None**。我們很快會進一步討論這項功能：它是在 Python 中實作 coroutines（協程，*https://oreil.ly/KI68p*）的一個基本構建組塊（building block）。

產生器函式通常是建立迭代器（iterator）的一種便利途徑。由於使用迭代器最常見的方式是用 **for** 述句對其進行迴圈處理，所以你經常會這樣呼叫產生器（**for** 述句中隱含了對 next 的呼叫）：

```
for avariable in somegenerator(arguments):
```

舉例來說，假設你想要一個從 1 往上數到 *N* 然後再降到 1 的數字序列。產生器就幫得上忙：

```
def updown(N):
    for x in range(1, N):
        yield x
    for x in range(N, 0, -1):
        yield x
for i in updown(3):
    print(i)                # 印出：1 2 3 2 1
```

這裡有一個產生器，它的運作原理有點像內建的 range，但它回傳的是浮點數值的迭代器，而非整數的迭代器：

```
def frange(start, stop, stride=1.0):
    start = float(start)  # 迫使所有產出的值都是浮點數
    while start < stop:
        yield start
        start += stride
```

這個例子只是**有點像** range，為了簡單起見，它使引數 start 和 stop 成為強制性的，並假設 stride 是正數。

產生器函式比回傳串列的函式更靈活。產生器函式可以回傳一個無界的迭代器（unbounded iterator），也就是說，能產出無限結果成為串流的一個迭代器（僅用於透過其他方式終止的迴圈，例如透過有條件執行的 **break** 述句）。此外，產生器物件迭代器進行的是**惰性估算**（*lazy evaluation*）：迭代器可以只在必要的時候「及時（just in time）」計算出每個連續的項目，而同等的函式會事先進行所有計算，而且可能需要大量的記憶體來存放結果串列。因此，如果你需要的只是在一個計算出來的序列（computed sequence）上進行迭代的能力，通常最好是在一個產生器物件中計算該序列，而不是在一個會回傳串列的函式中。如果呼叫者需要由 *g(arguments)* 建置出來的某個有界產生器物件所產生的所有項目構成的一個串列，呼叫者可以單純使用下面的程式碼，明確地要求 Python 建置一個串列：

```
resulting_list = list(g(arguments))
```

yield from

當多層的迭代都在產出值時，為了提高執行效率和清晰度，你可以使用 **yield from** *expression* 這種形式，其中 *expression* 是可迭代的。這樣就可以將 *expression* 中的值一個接一個產出到呼叫端環境中，避免了重複 **yield** 的需要。因此，可以像這樣簡化我們前面定義的 updown 產生器：

```
def updown(N):
    yield from range(1, N)
    yield from range(N, 0, -1)
for i in updown(3):
    print(i)              # 印出：1 2 3 2 1
```

此外，使用 **yield from** 可以讓你把產生器當作 *coroutines*（協程）來使用，接下來會討論。

產生器作為近似的協程

產生器經過進一步的增強，擁有了在每個 **yield** 執行過程中從呼叫者那裡接收一個值（或一個例外）的可能性。這讓產生器得以實作 coroutines（協程，*https://oreil.ly/KI68p*），正如 PEP 342（*https://oreil.ly/ih77Z*）中解釋的那樣。當一個產生器物件恢復執行（即你對它呼叫 next 的時候），相應的 **yield** 的值會是 **None**。要把一個值 *x* 傳入給某個產生器物件 *g*（以便 *g* 能接收 *x* 作為它暫停點上的 **yield** 值），不是呼叫 next(*g*)，而是呼叫 *g*.send(*x*)（*g*.send(**None**) 就像 next(*g*)）。

產生器的其他強化措施與例外有關：我們會在第 239 頁的「產生器和例外」中介紹它們。

產生器運算式

Python 提供一種更簡單的方式來編寫特別簡單的產生器：**產生器運算式**（*generator expressions*），通常被稱為 *genexps*。genexp 的語法和串列概括式（list comprehension）的語法一樣（在第 108 頁的「串列概括式」中有介紹），只不過 genexp 是放在在括弧（()）中，而不是在方括號（[]）內。genexp 的語意與相應的串列概括式相同，只不過一個 genexp 是產生會一次產出一個項目的一個迭代器，而串列概括式是在記憶體中產生所有結果構成的一個串列（因此，在適當的時候使用 genexp，可以節省記憶體）。舉例來說，要對所有的個位數整數（single-digit integers）進行求和（sum），你可以寫成 `sum([x*x for x in range(10)])`，但你可以用 `sum(x*x for x in range(10))` 來更好地表達（都一樣，只不過省去方括號）：你得到同樣的結果，但消耗的記憶體更少。表示函式呼叫的括弧發揮了「雙重作用」，同時也圍住了 genexp。然而，當 genexp 不是唯一的引數時，括弧就是必須的。額外的括弧並無害處，但為了清晰起見，通常最好省略。

警告：不要多次迭代一個產生器

產生器和產生器運算式的一個限制是，你只能對它們進行一次迭代。在一個已經被消耗完的產生器上呼叫 `next` 只會再次提出 `StopIteration`，大多數函式會認為這表示產生器沒有值傳回。如果你的程式碼沒注意而重複使用一個已耗盡的產生器，這可能會引入臭蟲：

```
# 建立一個產生器，並列出其項目和它們的總和
squares = (x*x for x in range(5))
print(list(squares))  # 印出 [0, 1, 4, 9, 16]
print(sum(squares))   # 有臭蟲！印出 0
```

編寫程式碼時，你可以使用一個類別來包裹產生器，以防止意外地在一個已耗盡的產生器上進行迭代，比如下面這樣：

```
class ConsumedGeneratorError(Exception):
    """ 如果產生器在耗盡之後被存取，
       則提出此例外。
    """


class StrictGenerator:
    """ 產生器的包裹器（wrapper），只會
       允許它被消耗一次。額外的存取將
       提出 ConsumedGeneratorError。
    """
```

```
    def __init__(self, gen):
        self._gen = gen
        self._gen_consumed = False
    def __iter__(self):
        return self
    def __next__(self):
        try:
            return next(self._gen)
        except StopIteration:
            if self._gen_consumed:
                raise ConsumedGeneratorError() from None
            self._gen_consumed = True
            raise
```

現在，錯誤地重複使用一個產生器將提出一個例外：

```
squares = StrictGenerator(x*x for x in range(5))
print(list(squares))  # 印出： [0, 1, 4, 9, 16]
print(sum(squares))   # 提出 ConsumedGeneratorError
```

遞迴

Python 支援遞迴（recursion，即一個 Python 函式可以直接或間接地呼叫自己），但是遞迴的深度是有限制的。預設情況下，Python 會在檢測到遞迴深度超過 1,000 層時中斷遞迴，並提出 RecursionLimitExceeded 例外（在第 243 頁的「標準例外類別」中有提及）。你可以呼叫 sys 模組中的 setrecursionlimit 函式來改變這個預設的遞迴限制，涵蓋於表 8-3。

請注意改變遞迴限制並不能為你帶來無限的遞迴。絕對的最大限制取決於你程式所執行的平台，特別是底層作業系統和 C 語言執行階段程式庫（runtime library），但通常是幾千層。如果遞迴呼叫的層次太深，你的程式就會崩潰。在 setrecursionlimit 呼叫的設定超過平台的能力之後，這種失控的遞迴是少數可能導致 Python 程式崩潰的事情之一，是真的當掉那種，很嚴重，沒有往常的 Python 例外機制的安全網可用。因此，不要透過 setrecursionlimit 提高遞迴限制來「修復」一個得到 RecursionLimitExceeded 例外的程式。雖然這是一種有效的技巧，但大多數情況下，除非你確信已經能夠限制程式所需的遞迴深度，否則你最好尋求去除遞迴的方式。

熟悉 Lisp、Scheme 或函式型程式設計語言（functional programming languages）的讀者必須特別注意，Python 並沒有實作 *tail-call elimination*（尾端呼叫消除）的最佳化，這在那些語言中是非常關鍵的。在 Python 中，任何呼叫，無論是否遞迴，在時間和記憶體空間方面都有相同的「成本」，只取決於引數的數量：無論呼叫是否為「尾端呼叫」（意味著它是呼叫者所執行的最後一個運算），其成本都不會改變。這使得去除遞迴變得更加重要。

舉例來說，考慮遞迴的一個經典用途：走訪二元樹（binary tree）。假設你把二元樹結構表示為節點（nodes），每個節點都是三項目的一個元組 `(payload, left, right)`，`left` 和 `right` 是類似的元組或 `None`，代表左邊和右邊的後代。一個簡單的例子可能是 `(23, (42, (5, None, None), (55, None, None)), (94, None, None))` 來表示圖 3-1 中所示的樹狀結構。

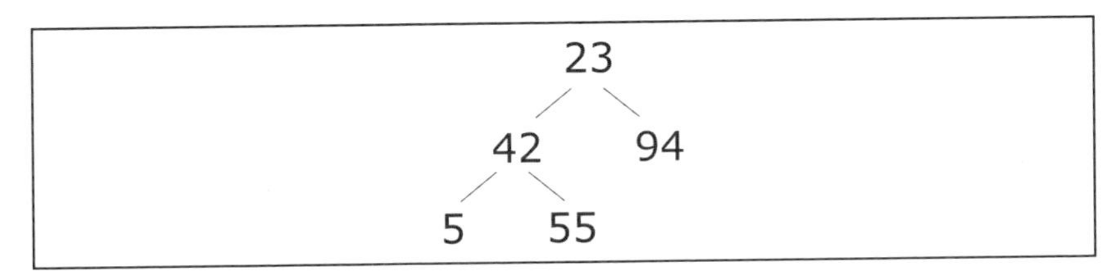

圖 3-1　二元樹的一個例子

要編寫一個產生器函式，能在給定這種樹的根部（root）後，「走訪（walks）」該樹，依照由上而下（top-down）的順序產出（yielding）每個承載（payload），最簡單的做法就是遞迴：

```
def rec(t):
    yield t[0]
    for i in (1, 2):
        if t[i] is not None:
            yield from rec(t[i])
```

但是如果一棵樹非常深，遞迴就會成為一種問題。為了消除遞迴，我們可以處理自己的堆疊（stack）：一種以後進先出（last-in, first-out，LIFO）方式使用的串列，這要感謝它的 append 和 pop 方法。也就是說：

```
def norec(t):
    stack = [t]
    while stack:
        t = stack.pop()
        yield t[0]
        for i in (2, 1):
```

```
            if t[i] is not None:
                stack.append(t[i])
```

為了保持與 rec 完全相同的 **yield** 順序，唯一需要注意的小問題是，要將檢查後代的 (1, 2) 索引順序改為 (2, 1)，以適應 stack 的「反向」（後進先出）行為。

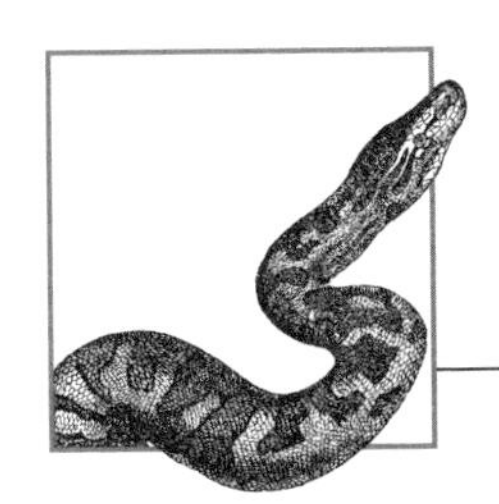

4 物件導向的 Python

Python 是一種物件導向（OO）程式語言。然而，與其他一些物件導向語言不同，Python 並不強迫你完全使用物件導向典範（object-oriented paradigm）：它也支援程序性程式設計（procedural programming），有模組和函式，因此你可以為程式的每一部分選擇最佳典範。物件導向典範能幫助你把狀態（資料）和行為（程式碼）組合在一起，形成方便的功能單元。此外，它還提供本章所講述的一些有用的專門機制，如**繼承**（*inheritance*）和**特殊方法**（*special methods*）。不需要物件導向程式設計的優點[1]時，基於模組和函式的更簡單的程序型做法可能更為合適。使用 Python，你可以混合搭配各種典範。

除了核心的 OO 概念外，本章也涵蓋**抽象基礎類別**（*abstract base classes*）、**裝飾器**（*decorators*）和**元類別**（*metaclasses*）。

類別和實體

如果你熟悉其他 OO 語言（如 C++ 或 Java）中的物件導向程式設計，你可能對類別和實體有很好的掌握：**類別**（*class*）是使用者定義的型別（user-defined type），你透過**實體化**（*instantiate*）來建立**實體**（*instances*），即該型別的物件（objects）。Python 透過其類別和實體物件來支援這一點。

1 或者根據一名評論家的說法，是「缺點」。一位開發人員的蜜糖是另一位開發人員的毒藥。

Python 類別

一個類別是具有以下特徵的一個 Python 物件：

- 你可以像呼叫一個函式那般呼叫一個類別物件（class object）。這種呼叫被稱為**實體化**（*instantiation*），回傳一個被稱為該類別之**實體**（*instance*）的物件；該類別也被稱為實體的**型別**（*type*）。
- 一個類別有任意命名的屬性（attributes），你可以繫結和參考它們。
- 類別屬性的值可以是**描述器**（*descriptors*，包括函式），在第 144 頁的「描述器」中提及，也可以是普通的資料物件。
- 與函式繫結的類別屬性也被稱為類別的**方法**（*methods*）。
- 一個方法可以有 Python 定義的、帶有兩個前導和兩個尾隨底線的許多名稱中的任何一個（被稱為 *dunder names*，是「double-underscore names」的縮寫，例如 `__init__` 這個名稱就讀作「dunder init」）。若一個類別有提供這種方法，那麼當各種運算發生在該類別或其實體之上時，Python 就會隱含地呼叫這些特殊方法。
- 一個類別可以**繼承**（*inherit*）一或多個類別，這意味著它會將一些不在該類別本身中的屬性（包括常規方法和 dunder 方法）的查找（lookup）工作委託給其他類別物件。

一個類別的實體是具有任意命名屬性的一個 Python 物件，你可以繫結（bind）和參考（reference）那些屬性。實體物件會將屬性查找（attribute lookup）工作委託給它的類別，以查詢在實體本身中找不到的任何屬性。該類別可以轉而將查找工作委託給它所繼承的類別（如果有的話）。

在 Python 中，類別是物件（值），處理方式就像其他物件一樣。你可以在呼叫函式時將一個類別作為引數傳入給它，而函式也可以將一個類別作為呼叫的結果回傳。你可以將一個類別繫結到一個變數、容器中的某個項目或物件的某個屬性。類別也能作為一個字典的鍵值。由於類別在 Python 中是完全普通的物件，我們經常說類別是**一級物件**（*first-class objects*）。

class 述句

class 述句是你創建類別物件最常用的方式。**class** 是一種單子句的複合述句（single-clause compound statement），語法如下：

```
class Classname(base-classes, *, **kw):
    statement(s)
```

Classname 是一個識別字：類別述句完成時，會與剛剛建立的類別物件繫結（或重新繫結）的一個變數。Python 命名慣例（*https://oreil.ly/orJJ1*）建議類別名稱使用標題大小寫（title case，或稱「首字母大寫」、「字首大寫」），如 Item、PrivilegedUser、MultiUseFacility 等。

base-classes 是以逗號分隔的一系列運算式，那些運算式的值都是類別物件。各式各樣的程式語言對這些類別物件使用不同的名稱：你可以稱它們為類別的**基礎類別**（*bases*）、**超類別**（*superclasses*）或**父類別**（*parents*）。你可以說類別的建立方式是**繼承**（*inherits*）、**衍生**（*derives*）自、**擴充**（*extends*）或**子類別化**（*subclasses*）其基礎類別；在本書中，我們一般使用**擴充**。這個類別是它基礎類別的**直接子類別**（*direct subclass*）或**後裔**（*descendant*）。***kw* 可以包括一個具名引數 metaclass= 來確立該類別的**元類別**（*metaclass*）[2]，正如在第 190 頁「Python 如何判斷一個類別的元類別」中所介紹的。

從語法上講，*base-classes* 是選擇性的：要表示你正在建立一個沒有基礎類別的類別，只需省略 *base-classes*（也可以選擇省略它周圍的括弧，讓冒號緊接在類別名稱後面）。每個類別都繼承自 object，無論你是否有明確指定基礎類別。

類別之間的子類別關係是遞移性的（transitive）：如果 *C1* 擴充 *C2*，而 *C2* 擴充 *C3*，那麼 *C1* 就擴充 *C3*。內建函式 issubclass(*C1*, *C2*) 接受兩個類別物件：當 *C1* 擴充 *C2* 時，它會回傳 **True**，否則回傳 **False**。任何類別都是自身的子類別；因此，對於任何類別 *C*，issubclass(*C*, *C*) 都回傳 **True**。我們在第 156 頁的「繼承」中介紹基礎類別如何影響一個類別的功能。

class 述句後面的非空縮排述句序列是**類別主體**（*class body*）。一個類別的主體會作為 **class** 述句執行的一部分立即執行。在主體執行完畢之

2 在那種情況下，在 metaclass= 後面有其他具名引數也是可以的。那些引數，如果有的話，將被傳入給元類別。

物件導向的 Python

前，新的類別物件尚不存在，而且 *Classname* 識別字還沒有被繫結（或重新繫結）。第 191 頁的「元類別如何建立一個類別」提供更多 **class** 述句執行時發生的相關細節。請注意，**class** 述句並不會立即創建新類別的任何實體，而是定義所有實體都具備的屬性集，你之後則會呼叫類別來建立那些實體。

類別主體

類別的主體是你一般指定類別屬性（class attributes）的地方；這些屬性可以是描述器物件（包括函式）或任何型別的普通資料物件。類別的屬性可以是另一個類別，因此，舉例來說，你可以讓一個 **class** 述句「巢狀內嵌（nested）」在另一個 **class** 述句中。

類別物件的屬性

你通常會透過將一個值繫結到類別主體中的某個識別字來指定一個類別物件的屬性。比如說：

```
class C1:
    x = 23
print(C1.x)                           # 印出：23
```

在此，類別物件 `C1` 有一個名為 `x` 的屬性，與值 `23` 繫結，`C1.x` 指涉該屬性。這種屬性也可以透過實體存取：`c = C1(); print(c.x)`。然而，這在實務上並不總是可靠的。舉例來說，當類別的實體 `c` 有一個 `x` 屬性時，`c.x` 存取的就是那個屬性，而非類別層級的屬性。因此，要在一個實體中存取一個類別層級屬性（class-level attribute），使用像 `print(c.__class__.x)` 這樣的方式可能是最好的。

你也可以在類別的主體外部繫結類別的屬性，或解除其繫結。比如說：

```
class C2:
    pass
C2.x = 23
print(C2.x)                           # 印出：23
```

如果只在類別的主體內用述句繫結類別的屬性，你的程式通常會更易讀。然而，如果你想在類別層級而非實體層級上攜帶狀態資訊，那麼在其他地方重新繫結它們可能是必要的；想要的話，Python 允許你這麼做。在類別主體中繫結的類別屬性和在主體之外藉由指定而繫結或重新繫結的類別屬性之間沒有區別。

正如我們即將討論的那樣，所有的類別實體都共享該類別的所有屬性。

class 述句隱含地設定了一些類別屬性。屬性 __name__ 是在 **class** 述句中使用的 *Classname* 識別字字串。屬性 __bases__ 是在 **class** 述句中作為基礎類別給出（或推論出來）的類別物件所構成的元組。舉例來說，使用我們剛剛建立的 C1 類別：

```
print(C1.__name__, C1.__bases__)  # 印出：C1 (<class 'object'>,)
```

一個類別也有名為 __dict__ 的屬性，它是該類別用來存放其他屬性的唯讀映射（也被非正式地稱為該類別的 *namespace*，即「命名空間」）。

對於直接位在類別主體中的述句，參考類別屬性必須使用一個簡單的名稱，而不是一個經過完整資格修飾的名稱（fully qualified name）。比如說：

```
class C3:
    x = 23
    y = x + 22                    # 必須僅使用 x 而非 C3.x
```

然而，在類別主體中定義的方法（*methods*）的述句中，對類別屬性的參考必須使用經過完整資格修飾的名稱，而非簡單名稱。比如說：

```
class C4:
    x = 23
    def amethod(self):
        print(C4.x)               # 必須使用 C4.x 或 self.x，不能只用 x！
```

物件導向的 Python

屬性參考（也就是像 C.x 這樣的運算式）具有比屬性繫結更豐富的語意。我們會在第 150 頁的「屬性參考基礎知識」中詳細介紹這種參考。

類別主體中的函式定義

大多數類別主體都包括一些 **def** 述句，因為函式（在此情境之下被稱為*方法*）是大多數類別實體的重要屬性。類別主體中的 **def** 述句遵循第 113 頁「函式」中提及的規則。此外，在類別主體中定義的方法有一個強制性的第一參數，慣例上總是命名為 self，它指涉你在其上呼叫該方法的那個實體。self 參數在方法呼叫中有特殊的作用，正如第 153 頁「已繫結和無繫結方法」中所介紹的。

下面是包含方法定義的類別的一個例子：

```
class C5:
    def hello(self):
        print('Hello')
```

一個類別可以定義與在它實體上進行的特定運算有關的各種特殊 dunder 方法。我們會在第 170 頁的「特殊方法」中詳細討論那些方法。

類別私有的變數

當類別主體中（或在主體內的方法中）的述句使用以兩個底線開頭（但不是結尾）的識別字，例如 *__ident*，Python 會隱含地將此識別字改為 *_Classname__ident*，其中 *Classname* 是類別的名稱。這種隱含的變更讓一個類別可以為屬性、方法、全域變數和其他目的使用「私有（private）」的名稱，減少意外地重複在其他地方（尤其是在子類別中）用過的名稱之風險。

依照慣例，以單一底線開頭的識別字對於繫結它們的範疇來說是私有的，不管該範疇是否為一個類別。Python 編譯器並不強制施加這個隱私慣例：要由程式設計師自行決定是否遵循它。

類別說明文件字串

如果類別主體中的第一條述句是一個字串字面值（string literal），編譯器會將該字串繫結為該類別的**說明文件字串**（*documentation string*，或稱 *docstring*）。類別的說明文件字串可在 `__doc__` 屬性中取用；如果類別主體中的第一條述句不是一個字串字面值，它的值就會是 **None**。關於說明文件字串的更多資訊，請參閱第 120 頁的「說明文件字串」。

描述器

描述器（*descriptor*）是一種物件，其類別提供一或多個名為 `__get__`、`__set__`、或 `__delete__` 的特殊方法。作為類別屬性的描述器控制著對該類別的實體屬性進行存取和設定的語意。粗略地說，當你存取一個實體屬性（instance attribute）時，Python 會透過在相應的描述器（如果有的話）上呼叫 `__get__` 來獲取該屬性的值。比如說：

```
class Const:  # 帶有一個覆寫描述器的類別，參閱後文
    def __init__(self, value):
        self.__dict__['value'] = value
    def __set__(self, *_):
        # 默默地無視任何設定的嘗試
```

```
            # (一種更好的設計抉擇可能是提出 AttributeError)
            pass
        def __get__(self, *_):
            # 總是回傳常數值
            return self.__dict__['value']
        def __delete__(self, *_):
            # 默默地忽略任何試圖刪除的行為
            # (一種更好的設計抉擇可能是提出 AttributeError)
            pass

    class X:
        c = Const(23)

    x = X()
    print(x.c)  # 印出:23
    x.c = 42    # 默默地忽略(除非你提出 AttributeError)
    print(x.c)  # 印出:23
    del x.c     # 再次默默地忽略(同上)
    print(x.c)  # 印出:23
```

更多細節,請參閱第 150 頁的「屬性參考基礎知識」。

覆寫和非覆寫描述器

當一個描述器的類別提供名為 `__set__` 的特殊方法時,該描述器被稱為一個**覆寫描述器**(*overriding descriptor*,或者,使用老舊又令人困惑的術語:一個**資料描述器**,*data descriptor*);當描述器的類別提供 `__get__` 而沒有 `__set__`,該描述器被稱為一個**非覆寫描述器**(*nonoverriding descriptor*)。

舉例來說,函式物件的類別提供 `__get__`,但沒有提供 `__set__`;因此,函式物件是非覆寫描述器。粗略地說,當你指定一個值給一個實體屬性,而該屬性帶有相應的一個覆寫描述器,Python 就會在該描述器上呼叫 `__set__` 來設定那個屬性值。關於更多的細節,請參閱第 147 頁的「實體物件的屬性」。

描述器協定的第三個 dunder 方法是 `__delete__`,如果你在描述器實體上使用 **del** 述句,它就會被呼叫。如果 **del** 不被支援,實作 `__delete__` 並讓它提出一個適當的 `AttributeError` 例外,依然會是好主意;否則,呼叫者將得到一個神祕的 `AttributeError: __delete__` 例外。

線上說明文件(*https://oreil.ly/0yGz3*)包括描述器及其相關方法的更多例子。

實體

要建立類別的一個實體（instance），可以像呼叫函式一樣呼叫該類別物件。每次呼叫都會回傳一個新的實體，其型別為該類別：

```
an_instance = C5()
```

內建函式 `isinstance(i, C)`，以一個類別作為引數 *C*，當 *i* 是 *C* 類別或 *C* 的任何子類別的實體時，回傳 **True**，否則 isinstance 回傳 **False**。如果 *C* 是型別構成的一個元組（**3.10+** 或使用 | 運算子連接的多個型別），那麼若是 *i* 為任何給定型別的一個實體或子類別實體，isinstance 就會回傳 **True**，否則回傳 **False**。

__init__

當一個類別定義或繼承了一個名為 `__init__` 的方法時，呼叫該類別物件會在新的實體上執行 `__init__` 來進行每個實體的初始化（initialization）工作。在呼叫中傳入的引數必須與 `__init__` 的參數相對應，除了參數 self 以外。舉例來說，考慮下面的類別定義：

```
class C6:
    def __init__(self, n):
        self.x = n
```

這裡是你創建 C6 類別一個實體的方式：

```
another_instance = C6(42)
```

正如 C6 類別定義中所示，`__init__` 方法通常包含繫結實體屬性的述句。一個 `__init__` 方法不能回傳除 **None** 以外的值；如果它那樣做，Python 將提出一個 TypeError 例外。

`__init__` 的主要用途是繫結並藉此為一個新創建的實體建立屬性。你也可以在 `__init__` 之外繫結、重新繫結或解除繫結實體屬性。然而，如果你一開始就在 `__init__` 方法中繫結類別的所有實體屬性，你的程式碼會更容易閱讀。

當 `__init__` 不存在（並且沒有繼承自任何基礎類別）時，你必須不帶引數呼叫類別，而新的實體不會有實體限定的屬性。

實體物件的屬性

一旦你建立了一個實體，你可以使用點號（.）運算子來存取它的屬性（資料和方法）。比如說：

```
an_instance.hello()                    # 印出：Hello
print(another_instance.x)              # 印出：42
```

像這樣的屬性參考在 Python 中有相當豐富的語意；我們會在第 150 頁的「屬性參考基礎知識」中詳細介紹它們。

你可以透過將一個值繫結到一個屬性參考來賦予實體物件一個屬性。比方說：

```
class C7:
    pass
z = C7()
z.x = 23
print(z.x)                             # 印出：23
```

實體物件 z 現在有一個名為 x 的屬性，被繫結到值 23，而且 z.x 指涉該屬性。__setattr__ 特殊方法，如果存在的話，會攔截繫結屬性的每一次嘗試（我們會在表 4-1 中介紹 __setattr__）。

如果你試圖繫結名稱與類別中的某個覆寫描述器相對應的一個實體屬性，該描述器的 __set__ 方法會攔截那次嘗試：如果 C7.x 是一個覆寫描述器，z.x=23 會執行 type(z).x.__set__(z, 23)。

創建一個實體會設定兩個實體屬性。對於任何一個實體 *z*，*z*.__class__ 是 *z* 所屬的類別物件，而 *z*.__dict__ 是 *z* 用來存放它其他屬性的映射。舉例來說，對於我們剛剛建立的實體 z：

```
print(z.__class__.__name__, z.__dict__)  # 印出：C7 {'x':23}
```

你可以重新繫結（但不能解除繫結）這些屬性中的任何一個或兩個，但這很少有必要。

對於任何實體 *z*、任何物件 *x*，和任何識別字 *S*（除了 __class__ 和 __dict__），*z*.*S*=*x* 等同於 *z*.__dict__['*S*']=*x*（除非 __setattr__ 特殊方法，或覆寫描述器的 __set__ 特殊方法，攔截了繫結的嘗試）。舉例來說，再次參考我們剛剛建立的 z：

```
z.y = 45
z.__dict__['z'] = 67
print(z.x, z.y, z.z)                   # 印出：23 45 67
```

物件導向的 Python

透過對於屬性的指定所創建的實體屬性和藉由明確繫結 *z*.__dict__ 中的條目所創建的實體屬性之間沒有區別。

工廠函式慣用語

我們經常需要根據一些條件來建立不同類別的實體，或在現有的實體可以重複使用的情況下，避免創建一個新實體。一個常見的誤解是，透過讓 __init__ 回傳一個特定的物件就可以滿足這樣的需求。然而，這種做法是不可行的：如果 __init__ 回傳除 **None** 以外的任何值，Python 就會提出一個例外。要實作有彈性的物件建立方式，最好的辦法就是使用一個函式，而不是直接呼叫類別物件。以這種方式使用的函式被稱為**工廠函式**（*factory function*）。

呼叫工廠函式是一種靈活的做法：函式可以回傳一個現有的可重用實體，也可以透過呼叫任何合適的類別來建立一個新的實體。假設你有兩個幾乎可以互換的類別 SpecialCase 和 NormalCase，並且想根據一個引數有彈性地產生其中一個類別的實體。下面作為一個「玩具」範例的 appropriate_case 工廠函式，就允許你那樣做（我們將在第 153 頁的「已繫結和無繫結方法」中進一步討論 self 參數）：

```
class SpecialCase:
    def amethod(self):
        print('special')
class NormalCase:
    def amethod(self):
        print('normal')
def appropriate_case(isnormal=True):
    if isnormal:
        return NormalCase()
    else:
        return SpecialCase()
aninstance = appropriate_case(isnormal=False)
aninstance.amethod()                  # 印出：special
```

__new__

每個類別都擁有（或繼承）一個名為 __new__ 的類別方法（我們會在第 163 頁的「類別方法」中討論類別方法）。當你呼叫 *C*(**args*, ***kwds*) 來建立 *C* 類別的一個新實體時，Python 會先呼叫 *C*.__new__(*C*, **args*, ***kwds*)，並使用 __new__ 的回傳值 *x* 作為新創建的實體。然後 Python

會呼叫 C.__init__(x, *args, **kwds)，但只有當 x 確實是 C 或其任何子類別的實體時才會這樣做（否則，x 的狀態仍然會是離開 __new__ 時的狀態）。因此，舉例來說，述句 x=C(23) 會等同於：

```
x = C.__new__(C, 23)
if isinstance(x, C):
    type(x).__init__(x, 23)
```

object.__new__ 會建立一個新的、未初始化的類別實體，它收到作為第一個引數的就是該類別。當那個類別有一個 __init__ 方法時，它會忽略其他引數，但是當它收到第一個引數之外的其他引數，而作為第一引數的類別沒有 __init__ 方法時，它則會提出一個例外。如果你在一個類別的主體中覆寫了 __new__，你不需要加入 __new__=classmethod(__new__)，也不需要像通常那樣使用一個 @classmethod 裝飾器：Python 認得 __new__ 這個名稱，並在這種情境之下將其視為特殊的。在某些零星的情況下，例如之後在類別 C 的主體之外重新繫結 C.__new__ 的時候，你確實需要使用 C.__new__=classmethod(*whatever*)。

__new__ 具有工廠函式的大部分彈性，正如在上一節中所介紹的。__new__ 可以選擇回傳一個既有的實體，或者創建一個新的，視情況而定。當 __new__ 確實有建立一個新實體時，它通常會把創建工作委託給 object.__new__ 或 C 的另一個超類別的 __new__ 方法。

下面的例子展示如何覆寫類別方法 __new__，以實作一種版本的 Singleton（單體）設計模式：

```
class Singleton:
    _singletons = {}
    def __new__(cls, *args, **kwds):
        if cls not in cls._singletons:
            cls._singletons[cls] = obj = super().__new__(cls)
            obj._initialized = False
        return cls._singletons[cls]
```

（我們在第 159 頁「合作式超類別方法呼叫」中介紹內建的 super。）

Singleton 的任何子類別（沒有進一步覆寫 __new__ 的那些）都剛好只會有一個實體。子類別定義 __init__ 時，必須確保 __init__ 可以在子類別的唯一實體上重複呼叫（在子類別的每次呼叫中）[3]。在這個

3 這種需求之所以會出現，是因為在定義有這個特殊方法的任何 Singleton 子類別上，每次你實體化那個子類別時，__init__ 都會在 Singleton 每個子類別的唯一實體上重複執行。

例子中，我們在 `__new__` 實際創建一個新實體時，插入 `_initialized` 屬性，並將之設定為 **False**。子類別的 `__init__` 方法可以測試 `self._initialized` 是否為 **False**，如果是的話，將其設定為 **True** 並繼續執行 `__init__` 方法的其餘部分。當後續的單體實體（singleton instance）創建工作再次呼叫 `__init__` 時，`self._initialized` 將為 **True**，表明該實體已被初始化，而 `__init__` 通常可以直接回傳，避免一些重複的工作。

屬性參考基礎知識

屬性參考（*attribute reference*）是形式為 *x.name* 的一種運算式，其中 *x* 是任何運算式，而 *name* 則是一個叫作*屬性名稱*（*attribute name*）的識別字。許多 Python 物件都有屬性，但是當 *x* 參考的是一個類別或實體時，屬性參考具有特殊、豐富的語意。方法也是屬性，所以我們所說的關於一般屬性的一切也都適用於可呼叫的屬性（callable attributes，即「方法」）。

假設 *x* 是類別 C 的一個實體，它繼承自基礎類別 B。這兩個類別和實體都有數個屬性（資料和方法），如下所示：

```
class B:
    a = 23
    b = 45
    def f(self):
        print('method f in class B')
    def g(self):
        print('method g in class B')
class C(B):
    b = 67
    c = 89
    d = 123
    def g(self):
        print('method g in class C')
    def h(self):
        print('method h in class C')
x = C()
x.d = 77
x.e = 88
```

屬性有幾個 dunder 名稱是特殊的。`C.__name__` 是字串 `'C'`，即類別的名稱。`C.__bases__` 是一個元組 `(B,)`，代表 C 的基礎類別所構成的元組。`x.__class__` 是 x 所屬的類別 C。當你用這些特殊的名稱來參考一個屬性時，屬性參考會直接檢視類別或實體物件中的一個專用插槽（dedicated slot），並擷取它在那裡找到的值。你不能解除這些屬性的繫結。你可以視需要即時重新繫結它們、改變一個類別的名稱或基礎類別，或者一個實體的類別，但這種進階技術很少需要。

類別 C 和實體 x 各有另一個特殊屬性：一個名為 `__dict__` 的映射（對 x 來說通常是可變的，但對 C 來說不是）。一個類別或實體[4]的所有其他屬性，除了少數幾個特殊的，都是存放為該類別或實體的 `__dict__` 屬性中的項目。

從類別取得一個屬性

當你使用語法 `C.name` 來參考類別物件 C 上的一個屬性時，查找（lookup）過程分兩步驟進行：

1. 當 `'name'` 是 `C.__dict__` 中的一個鍵值時，`C.name` 會從 `C.__dict__['name']` 擷取值 v。然後，當 v 是一個描述器（即 `type(v)` 提供一個名為 `__get__` 的方法）時，`C.name` 的值會是呼叫 `type(v).__get__(v, None, C)` 的結果。如果 v 不是一個描述器，`C.name` 的值就會是 v。
2. 當 `'name'` 不是 `C.__dict__` 中的一個鍵值時，`C.name` 會將查找工作委託給 C 的基礎類別，也就是說，它會在 C 的祖類別（ancestor classes）上跑迴圈，並嘗試在每個祖類別上進行 *name* 的查找工作（依照方法解析順序進行，正如第 156 頁「繼承」中所介紹的那樣）。

從實體取得一個屬性

當你使用語法 `x.name` 來指涉類別 C 的實體 x 的一個屬性時，查找過程分三步驟進行：

1. 當 `'name'` 在 C（或 C 的祖類別之一）中作為一個覆寫描述器 v（即 `type(v)` 提供 `__get__` 和 `__set__` 方法）的名稱出現，`x.name` 的值會是 `type(v).__get__(v, x, C)` 的結果。

4 除了有定義 `__slots__` 的類別之實體，在第 168 頁的「`__slots__`」中提及。

2. 否則，當 '*name*' 是 *x*.__dict__ 中的一個鍵值時，*x*.*name* 將擷取並回傳 *x*.__dict__['*name*'] 的值。

3. 再不然，*x*.*name* 會將查找工作委託給 *x* 的類別（根據剛才詳述的用於 *C*.*name* 的兩步查找過程）：

   - 當這找到一個描述器 *v* 時，屬性查找的整體結果依然是 type(*v*).__get__(*v*, *x*, *C*)。

   - 當這找到一個非描述器值 *v* 時，屬性查找的整體結果就單純會是 *v*。

如果這些查找步驟沒有找到一個屬性，Python 會提出一個 AttributeError 例外。然而，對於 *x*.*name* 的查找工作，當 *C* 有定義或繼承了特殊方法 __getattr__ 時，Python 會呼叫 *C*.__getattr__(*x*, '*name*') 而非提出例外。然後由 __getattr__ 回傳一個合適的值或提出適當的例外，通常是 AttributeError。

考慮到之前定義的下列屬性參考：

```
print(x.e, x.d, x.c, x.b, x.a)                # 印出：88 77 89 67 23
```

x.e 和 x.d 在實體查找過程的第二步中成功，因為並不涉及描述器，而且 'e' 和 'd' 都是 x.__dict__ 中的鍵值。因此，查找工作沒有更進一步，而是回傳 88 和 77。其他三個參考都必須前進到實體查找過程的第三步，在 x.__class__（即 C）中查找。x.c 和 x.b 在類別查找過程的第一步成功，因為 'c' 和 'b' 都是 C.__dict__ 中的鍵值。因此，查找工作沒有繼續，而是回傳 89 和 67。x.a 一直前進到了類別查找過程的第二步，在 C.__bases__[0]（即 B）中查找。'a' 是 B.__dict__ 中的一個鍵值；因此，x.a 最終成功了，並回傳 23。

設定一個屬性

注意，只有當你參考（*refer* to）一個屬性時，才會發生剛才描述的屬性查找步驟，而不是在你繫結（*bind*）一個屬性的時候。當你繫結到一個名稱不特殊的類別或實體屬性時（除非 __setattr__ 方法，或是覆寫描述器的 __set__ 方法，攔截了實體屬性的繫結），你只會影響到該屬性的 __dict__ 條目（分別在類別或實體中）。換句話說，對於屬性繫結，除了對覆寫描述器的檢查外，並不涉及任何查找程序。

已繫結和無繫結方法

一個函式物件的方法 `__get__` 可以回傳函式物件本身，也可以回傳包裹該函式的**已繫結方法物件**（*bound method object*）；一個已繫結的方法（bound method）會與從之獲取它的特定實體關聯。

在上一節的程式碼中，屬性 `f`、`g` 與 `h` 是函式；因此，對其中任何一個的屬性參考都會回傳包裹相應函式的一個方法物件。請考慮以下情況：

```
print(x.h, x.g, x.f, C.h, C.g, C.f)
```

這條述句輸出三個已繫結的方法，以字串表示，就像：

```
<bound method C.h of <__main__.C object at 0x8156d5c>>
```

然後是三個函式物件，以字串表示，如：

```
<function C.h at 0x102cabae8>
```

已繫結的方法 *vs.* 函式物件

當屬性參考是在實體 *x* 上時，我們會得到已繫結的方法，而當屬性參考是在類別 *C* 上時，我們會得到函式物件。

因為一個已繫結方法已經與一個特定的實體相關聯，你能夠按照下列方式呼叫該方法：

```
x.h()                     # 印出： method h in class C
```

這裡需要注意的關鍵是，你並沒有使用一般的引數傳遞語法來傳入方法的第一個引數 `self`。取而代之，一個實體 *x* 的已繫結方法會隱含地將 `self` 參數與物件 *x* 繫結。因此，方法的主體就可以把實體的屬性當作 `self` 的屬性來存取，儘管我們沒有為方法傳入一個明確的引數。

讓我們仔細看一下已繫結方法。當一個實體上的屬性參考，在查找的過程中，發現一個函式物件是該實體的類別中的一個屬性，查找程序就會呼叫該函式的 `__get__` 方法來取得該屬性的值。在這種情況下，此呼叫會建立並回傳包裹該函式的一個**已繫結方法**（*bound method*）。

注意，當屬性參考的查找過程在 *x*.`__dict__` 中直接找到一個函式物件時，屬性參考運算並不會建立一個已繫結方法。在這種情況下，Python 不把該函式當作描述器看待，不會呼叫函式的 `__get__` 方法；取而代之，該函式物件本身就是屬性的值。同樣地，Python 不會為並非普通函式的可呼叫物件（callables）建立已繫結方法，例如內建的（相對於用 Python 編寫的）函式，因為這種可呼叫物件不是描述器。

一個已繫結方法除了它所包裹的函式物件之屬性外，還有三個唯讀屬性：im_class 是提供該方法的類別物件、im_func 是被包裹的函式，而 im_self 則指涉 *x*，也就是你從之得到該方法的那個實體。

你使用一個已繫結方法的方式就跟它的 im_func 函式一樣，但是對一個已繫結方法的呼叫並不會明確地提供一個與第一參數（慣例上稱為 self）相對應的引數。當你呼叫一個已繫結方法時，那個已繫結方法會將 im_self 作為第一個引數傳給 im_func，然後才是在呼叫時給出的其他引數（如果有的話）。

讓我們以極其低階的細節來追蹤一個正常語法 *x.name(arg)* 的方法呼叫所涉及的概念性步驟。在下列情境中：

```
def f(a, b): ...                # 帶有兩個引數的一個函式 f

class C:
    name = f
x = C()
```

x 是 C 類別的一個實體物件，name 是一個識別字，它命名了 x 的一個方法（C 的一個屬性，其值是一個函式，在此即為函式 f），*arg* 是任何運算式。Python 首先檢查 'name' 是否為一個覆寫描述器在 C 中的屬性名稱，但它不是：函式是描述器，因為它們的型別定義有方法 __get__，但不是覆寫式（overriding）的，因為它們的型別沒有定義方法 __set__。Python 接下來會檢查 'name' 是否為 x._dict__ 中的一個鍵值，但它不是。所以，Python 會在 C 中尋找 name（如果透過繼承，在 C 的 __bases__ 之一中找到了 name，那麼一切的運作方式也都會相同）。Python 注意到該屬性的值，即函式物件 f，是一個描述器。因此，Python 會呼叫 f.__get__(x, C)，它回傳一個已繫結方法物件，其中 im_func 設定為 f、im_class 設定為 C，而 im_self 設定為 x。然後 Python 呼叫這個已繫結方法物件，以 *arg* 作為唯一的引數。已繫結方法插入 im_self（即 x）作為第一個引數，而 *arg* 成為呼叫已繫結方法的 im_func（即函式 f）的第二個引數。整體效果就像是呼叫：

```
x.__class__.__dict__['name'](x, arg)
```

當一個已繫結方法的函式主體執行時，它跟它的 self 物件或任何類別都沒有特殊的命名空間關係。被參考的變數是區域性或全域性的，就像任何其他函式一樣，正如第 128 頁的「命名空間」中所講述的。變數並不隱含地代表 self 中的屬性，也不代表任何類別物件中的屬性。當方法需要參考、繫結或解除繫結其 self 物件的某個屬性時，它會透過標準的屬性參考語法來完成（例如 self.*name*）[5]。缺乏隱含範疇（implicit scoping）可能需要一些時間來適應（僅僅是因為 Python 在這方面與許多其他物件導向語言有所不同，儘管遠非所有），但是這帶來了清晰性、簡單性，並消除了潛在歧義。

已繫結方法物件是一級物件（first-class objects）：你能在可以使用可呼叫物件的任何地方使用它們。由於一個已繫結方法同時持有對它所包裹的函式和它在其上執行的 self 物件之參考，所以它是 closure（閉包，在第 129 頁的「巢狀函式和巢狀範疇」中提及）強大而靈活的一種替代方案。一個實體物件，若其類別有提供特殊方法 __call__（會在表 4-1 中提及），也會是另一種可行的替代選擇。這些構造能讓你把一些行為（程式碼）和一些狀態（資料）捆裝在單一個可呼叫物件中。closures（閉包）是最簡單的，但它們的適用性有些侷限。以下是來自於巢狀函式和巢狀範疇章節的閉包：

```
def make_adder_as_closure(augend):
    def add(addend, _augend=augend):
        return addend + _augend
    return add
```

比起閉包，已繫結方法和可呼叫的實體功能更豐富、更為靈活。下面是如何用已繫結方法實作同樣的功能：

```
def make_adder_as_bound_method(augend):
    class Adder:
        def __init__(self, augend):
            self.augend = augend
        def add(self, addend):
            return addend+self.augend
    return Adder(augend).add
```

而這裡是用一個可呼叫的實體（其類別提供特殊方法 __call__ 的實體）來實作它的方式：

5 其他一些 OO 語言，如 Modula-3（*https://en.wikipedia.org/wiki/Modula-3*），也同樣需要明確使用 self。

```
def make_adder_as_callable_instance(augend):
    class Adder:
        def __init__(self, augend):
            self.augend = augend
        def __call__(self, addend):
            return addend+self.augend
    return Adder(augend)
```

從呼叫這些函式的程式碼之角度來看，所有的這些工廠函式都是可以互換的，因為它們都回傳多型（polymorphic）的可呼叫物件（也就是說，能以相同的方式使用）。就實作而言，閉包（closure）是最簡單的；物件導向的做法，即已繫結方法和可呼叫實體，使用更靈活、更通用、更強大的機制，但在這個簡單的例子中並不需要額外的能力（因為除了 augend 之外不需要其他狀態，而它在閉包中和在物件導向的任一種做法中同樣容易攜帶）。

繼承

當你在一個類別物件 *C* 上使用屬性參考 *C.name*，而 '*name*' 並不是 *C*.__dict__ 中的一個鍵值，查找程序會隱含地以某種特定的順序在 *C*.__bases__ 中的每個類別物件上繼續進行（由於歷史因素，這被稱為**方法解析順序**，*method resolution order*，或簡稱 MRO，但事實上適用於所有屬性，不僅僅是方法）。*C* 的基礎類別又可能有它們自己的基礎類別。查找程序會以 MRO 逐一檢查直接和間接的祖先，並在找到 '*name*' 時停止。

方法解析順序

類別中屬性名稱的查找基本上是透過從左到右（left-to-right）、深度優先（depth-first）的順序訪問祖類別來實作的。然而，在有多重繼承的情況下（這使得繼承圖成為一般的**有向無環圖**，*directed acyclic graph*，或簡稱 DAG，而非特定的樹狀結構），這種簡單的做法可能會導致一些祖類別被訪問兩次。在那種情況下，解析順序在查找序列中只會留下任何給定類別**最右邊**的那次出現。

每個類別和內建型別都有一個特殊的唯讀類別屬性，叫作 __mro__，它是用於方法解析的型別所構成的一個元組，依序列出。你只能在類別上參考 __mro__，不能在實體上，而且，由於 __mro__ 是一個唯讀屬性，你不能重新繫結或解除它的繫結。要找 Python 的 MRO 所有面向的詳細且高度技術性的解說，你可能會想研讀 Michele Simionato 的文章「The Python 2.3 Method Resolution Order」（*https://oreil.ly/pf6RF*）[6] 和 Guido van Rossum 的文章「The History of Python」（*https://oreil.ly/hetjd*）。特別要注意的是，**很有可能** Python 無法為某個類別確定**任何**無歧義的 MRO：在那種情況下，Python 會在執行那個 **class** 述句時提出一個 TypeError 例外。

覆寫屬性

正如我們剛才所看到的，對一個屬性的搜尋是依據 MRO 進行的（通常是在繼承樹中往上找），一旦找到該屬性就會停止。後裔類別總是會在它們的祖先之前被檢視，所以當一個子類別定義的屬性與超類別中的某個屬性有相同的名稱時，搜尋程序會在子類別中找尋定義，並且停在那裡。這就是所謂的子類別*覆寫*（*overriding*）超類別中的定義。請考慮下列程式碼：

```
class B:
    a = 23
    b = 45
    def f(self):
        print('method f in class B')
    def g(self):
        print('method g in class B')
class C(B):
    b = 67
    c = 89
    d = 123
    def g(self):
        print('method g in class C')
    def h(self):
        print('method h in class C')
```

這裡，類別 C 覆寫了它超類別 B 的屬性 b 和 g。注意，與其他一些語言不同，在 Python 中，你可以像覆寫可呼叫屬性（方法）一樣，輕易地覆寫資料屬性。

委派給超類別方法

當子類別 *C* 覆寫其超類別 *B* 的方法 *f* 時，*C.f* 的主體經常會想要把其運算的某些部分委派給超類別對該方法的實作。這有時可以使用一個函式物件來完成，如下所示：

6 在經歷許多 Python 發行版之後，Michele 的文章仍然適用！

```
class Base:
    def greet(self, name):
        print('Welcome', name)
class Sub(Base):
    def greet(self, name):
        print('Well Met and', end=' ')
        Base.greet(self, name)
x = Sub()
x.greet('Alex')
```

在 Sub.greet 的主體中，對超類別的委派使用在超類別上的屬性參考 Base.greet 所獲得的一個函式物件，因此可以正常傳入所有引數，包括 self（如果明確使用基礎類別看起來有點醜陋，請忍耐一下；你很快就會在這一節中看到一種更好的做法）。委派給超類別的實作是這種函式物件常見的用法。

委派的一個常見用途出現在特殊方法 __init__ 上。當 Python 創建一個實體時，它不會自動呼叫任何基礎類別的 __init__ 方法，不同於其他一些物件導向語言。要由一個子類別來初始化它的超類別，並在必要時使用委派。比如說：

```
class Base:
    def __init__(self):
        self.anattribute = 23
class Derived(Base):
    def __init__(self):
        Base.__init__(self)
        self.anotherattribute = 45
```

如果 Derived 類別的 __init__ 方法沒有明確地呼叫 Base 類別的方法，Derived 的實體將錯過它們初始化的那一部分。因此，這樣的實體將違反 Liskov substitution principle（LSP，LSP 替換原則，*https://oreil.ly/ 0jxrp*），因為它們缺少屬性 anattribute。如果一個子類別沒有定義 __init__，這種問題就不會出現，因為在那種情況下，它會從超類別那裡繼承。所以，從來都沒有任何理由需要去編寫：

```
class Derived(Base):
    def __init__(self):
        Base.__init__(self)
```

不要寫出單純只是委派給超類別的方法

你永遠都不應該定義一個語意空洞的 `__init__`（也就是一個僅僅對超類別進行委派的 `__init__`）。取而代之，應該從超類別繼承 `__init__`。這個建議適用於所有方法，無論特殊與否，但出於某些原因，編寫這種語意空洞的方法的壞習慣，似乎最常出現在 `__init__` 身上。

前面的程式碼說明了委派給一個物件之超類別的概念，但實際上，在今日的 Python 中，明確地用名稱來編寫這些超類別是一種很糟糕的實務做法。如果基礎類別被重新命名，對它的所有呼叫地點就都必須更新。或者，更糟糕的是，如果對於類別階層架構（class hierarchy）的重構工作，在 `Derived` 類別和 `Base` 類別之間引入了新的一層，那麼新插入的類別之方法將被默默地跳過。

推薦的做法是使用 `super` 內建型別來呼叫超類別中定義的方法。要調用在繼承鏈（inheritance chain）上方的方法，只需呼叫 `super()`，不需要引數：

```
class Derived(Base):
    def __init__(self):
        super().__init__()
        self.anotherattribute = 45
```

合作式超類別方法呼叫

在具有所謂「菱形（diamond-shaped）」圖的多重繼承（multiple inheritance）之情況下，使用超類別的名稱明確地呼叫超類別版本的方法，也是相當有問題的。請考慮下列程式碼：

```
class A:
    def met(self):
        print('A.met')
class B(A):
    def met(self):
        print('B.met')
        A.met(self)
class C(A):
    def met(self):
        print('C.met')
        A.met(self)
class D(B,C):
    def met(self):
        print('D.met')
```

```
        B.met(self)
        C.met(self)
```

當我們呼叫 D().met() 時，A.met 最終會被呼叫兩次。我們怎樣才能確保每個祖先的方法之實作剛好只被呼叫一次呢？解決辦法是使用 super：

```
class A:
    def met(self):
        print('A.met')
class B(A):
    def met(self):
        print('B.met')
        super().met()
class C(A):
    def met(self):
        print('C.met')
        super().met()
class D(B,C):
    def met(self):
        print('D.met')
        super().met()
```

現在，D().met() 的結果是對每個類別的 met 版本剛好進行一次呼叫。如果你養成了總是用 super 來編寫超類別呼叫的好習慣，那麼即使在複雜的繼承結構中，你的類別也能順利地適應，而且即使繼承結構最終是簡單的，也不會有什麼不良影響。

你可能更願意使用「透過明確語法呼叫超類別方法」這種粗糙做法的唯一情況是，當不同的類別對同一個方法有不同的、不相容的特徵式時。這種情況在很多方面都是令人不悅的；如果你非得處理這種情況，明確的語法有時可能會有最小的弊端。多重繼承的正確使用受到了嚴重阻礙；但是，當你在超類別及其子類別中賦予同名方法不同的特徵式時，即使是 OOP 最基本的特性，如基礎類別和子類別實體之間的多型（polymorphism），也會受到影響。

使用 type 內建函式的動態類別定義

除了 type(*obj*) 的使用之外，你還可以用三個引數呼叫 type 來定義一個新的類別：

```
NewClass = type(name, bases, class_attributes, **kwargs)
```

其中 *name* 是新類別的名稱（應該與目標變數相匹配），*bases* 是直接超類別構成的一個元組，*class_attributes* 是要在新類別中定義的類別層級方法和屬性的一個 dict，而 ***kwargs* 是選擇性的具名引數，用來傳入給基礎類別之一的元類別。

舉例來說，透過一個簡單的 Vehicle 類別的階層架構（如 LandVehicle、WaterVehicle、AirVehicle、SpaceVehicle 等），你可以在執行時期動態地建立混合類別，例如：

```
AmphibiousVehicle = type('AmphibiousVehicle',
                         (LandVehicle, WaterVehicle), {})
```

這就相當於定義一個多重繼承的類別：

```
class AmphibiousVehicle(LandVehicle, WaterVehicle): pass
```

當你在執行時期呼叫 type 來建立類別，你不需要手動定義 Vehicle 子類別的所有擴充組合，添加新的子類別也不需要對所定義的混合類別進行大規模擴充[7]。更多的說明和範例，請參閱線上說明文件（*https://oreil.ly/aNrSu*）。

「刪除」類別屬性

繼承和覆寫提供一種簡單有效的方式，透過在子類別中新增或覆寫屬性，可以非侵入性地新增或修改（覆寫）類別的屬性（如方法），也就是說，不需要修改定義那些屬性的基礎類別。然而，繼承並沒有提供非侵入性地刪除（隱藏）基礎類別之屬性的方式。如果子類別只是未能定義（覆寫）一個屬性，Python 就會找到基礎類別的定義。如果你需要執行這種刪除，可能性包括：

- 覆寫該方法並在該方法的主體中提出一個例外。
- 摒棄繼承，在其他地方而不是在子類別的 __dict__ 中儲存屬性，並定義 __getattr__ 來進行選擇性的委派。
- 覆寫 __getattribute__ 以達到類似的效果。

這些技巧中的最後一個會在第 169 頁的「__getattribute__」中演示。

7 其中一位作者用這種技術動態地組合小型的 mixin 測試類別，以建立複雜的測試案例類別，來測試多個獨立的產品功能。

考慮使用聚合而非繼承

繼承的一種替代做法是使用聚合（*aggregation*）：不從基礎類別繼承，而是把該基礎類別的一個實體當成一個私有屬性持有。然後，透過在外圍類別（containing class）中提供會對所包含的屬性（contained attribute）進行委派的公開方法（也就在該屬性上呼叫同等的方法），你可以完全控制該屬性的生命週期和公開介面。如此一來，外圍類別對屬性的創建和刪除就會有更多的控制權；同時，對於屬性的類別所提供的任何不需要的方法，你單純就不要在外圍類別中寫出進行委派的方法就好了。

內建的 object 型別

內建的 `object` 型別是所有內建型別和類別的祖先。`object` 型別定義了一些特殊方法（在第 170 頁的「特殊方法」中有記錄），實作物件的預設語意：

`__new__`、`__init__`

你可以不帶任何引數呼叫 `object()` 來創建 `object` 的一個直接實體。這種呼叫使用 `object.__new__` 和 `object.__init__` 來製作並回傳一個沒有屬性的實體物件（甚至沒有用來存放屬性的 `__dict__`）。這樣的實體物件可能是有用的「哨符值（sentinels）」，保證與任何其他不同的物件比較起來不相等。

`__delattr__`、`__getattr__`、`__getattribute__`、`__setattr__`

預設情況下，任何物件都會使用 `object` 的這些方法來處理屬性參考（如第 150 頁的「屬性參考基礎知識」中所述）。

`__hash__`、`__repr__`、`__str__`

將一個物件傳入給 `hash`、`repr` 或 `str`，就會呼叫該物件對應的這些 dunder 方法。

`object` 的子類別（即任何類別）都可以（而且往往也會！）覆寫這些方法中的任何一個或新增其他方法。

類別層級的方法

Python 提供兩種內建的非覆寫描述器型別，它們賦予一個類別兩種不同的「類別層級方法（class-level methods）」：**靜態方法**和**類別方法**。

靜態方法

靜態方法（*static methods*）是你可以在一個類別或類別的任何實體上呼叫的一種方法，它沒有普通方法關於第一參數的特殊行為和約束。一個靜態方法可以有任何特徵式（signature）；它可以沒有參數，而第一個參數（如果有的話）也不扮演任何特殊角色。你可以把靜態方法看作是你能夠正常呼叫的普通函式，儘管它碰巧被繫結到一個類別屬性上。

雖然永遠都沒有**必要**定義靜態方法（你總是可以選擇在類別之外定義一個普通的函式），但有些程式設計師認為，當一個函式的用途與某個特定的類別緊密結合時，靜態方法會是一種優雅的語法替代選擇。

要建立一個靜態方法，就呼叫內建型別 staticmethod，並將其結果與一個類別屬性繫結。就跟所有類別屬性的繫結一樣，這通常是在類別的主體中完成的，但你也可以選擇在其他地方進行。staticmethod 的唯一引數是 Python 呼叫該靜態方法時要呼叫的函式。下面的例子展示了定義和呼叫靜態方法的一種方式：

```
class AClass:
    def astatic():
        print('a static method')
    astatic = staticmethod(astatic)

an_instance = AClass()
print(AClass.astatic())             # 印出：a static method
print(an_instance.astatic())        # 印出：a static method
```

這個例子對傳入給 staticmethod 的函式和繫結到 staticmethod 結果的屬性使用相同的名稱。這種命名慣例並非強制性的，但它是一個好主意，我們建議你總是這樣做。Python 提供一種特殊的簡化語法來支援這種風格，在第 187 頁的「裝飾器」中有介紹。

類別方法

類別方法（*class methods*）是你可以在一個類別或該類別的任何實體上呼叫的方法。Python 將這種方法的第一個參數繫結到你在其上呼叫該方法的那個類別，或者你在其上呼叫該方法的實體之類別，而不是像普

物件導向的 Python

通的已繫結方法那樣，將其繫結在實體上。一個類別方法的第一個參數慣例上被命名為 `cls`。

和靜態方法一樣，雖然永遠都不會有**必要**定義類別方法（你總是可以選擇定義一個普通的函式，在類別之外，接受類別物件作為它的第一個參數），但類別方法是這種函式的一種優雅的替代品（特別是因為它們可以在子類別中有效地被覆寫，當那是必要之時）。

要建立一個類別方法，就呼叫內建的型別 `classmethod` 並將其結果繫結到一個類別屬性上。就像所有類別屬性的繫結一樣，這通常是在類別的主體中完成的，但是你可以選擇在其他地方進行。`classmethod` 的唯一引數是 Python 呼叫該類別方法時要呼叫的函式。這裡是你定義和呼叫類別方法的一種方式：

```
class ABase:
    def aclassmet(cls):
        print('a class method for', cls.__name__)
    aclassmet = classmethod(aclassmet)
class ADeriv(ABase):
    pass

b_instance = ABase()
d_instance = ADeriv()
print(ABase.aclassmet())        # 印出：a class method for ABase
print(b_instance.aclassmet())   # 印出：a class method for ABase
print(ADeriv.aclassmet())       # 印出：a class method for ADeriv
print(d_instance.aclassmet())   # 印出：a class method for ADeriv
```

這個例子為傳入給 `classmethod` 的函式和繫結在 `classmethod` 結果上的屬性使用相同的名稱。同樣地，這種命名慣例也不是強制性的，但這是一種好主意，我們建議你總是使用它。Python 支援這種風格的簡化語法在第 187 頁的「裝飾器」中有介紹。

特性

Python 提供一種內建的覆寫描述器型別（overriding descriptor type），可以用來為一個類別的實體提供**特性**。特性（property）是具有特殊功能的實體屬性（instance attribute）。你可以用正常的語法來參考、繫結或解除對這種屬性的繫結（例如 `print(`*`x.prop`*`)`、*`x.prop`*`=23`、`del` *`x.prop`*）。然而，這些存取並不遵循屬性參考、繫結和解除繫結的一般語意，這些存取動作會在實體 *x* 上呼叫你作為引數指定給內建型別 `property` 的方法。這裡是定義一個唯讀屬性的一種方式：

```
class Rectangle:
    def __init__(self, width, height):
        self.width = width
        self.height = height
    def area(self):
        return self.width * self.height
    area = property(area, doc='area of the rectangle')
```

Rectangle 類別的每個實體 *r* 都有一個合成的唯讀屬性 *r*.area，方法 *r*.area() 會透過相乘邊長來即時計算出它來。說明文件字串 Rectangle.area.__doc__ 是 'area of the rectangle'。*r*.area 屬性是唯讀的（試圖重新繫結或解除繫結都會失敗），因為我們在呼叫 property 時只指定了一個 get 方法，而沒有 set 或 del 方法。

特性進行的任務類似於特殊方法 __getattr__、__setattr__ 與 __delattr__（在第 171 頁的「通用特殊方法」中有提及），但是特性更快速、更簡單。要建立一個特性，需要呼叫內建型別 property 並將其結果繫結到一個類別屬性上。就像所有的類別屬性繫結一樣，這通常是在類別的主體中完成的，但你也可以選擇在其他地方進行。在一個類別 *C* 的主體中，你可以使用下列語法：

```
attrib = property(fget=None, fset=None, fdel=None, doc=None)
```

當 *x* 是 *C* 的一個實體，而且你參考 *x.attrib* 時，Python 會在 *x* 上呼叫你作為引數 fget 傳給特性建構器（property constructor）的方法，不帶引數。當你指定 *x.attrib* = *value* 時，Python 會呼叫你作為引數 fset 傳入的方法，並以 *value* 作為唯一的引數。當你執行 **del** *x.attrib* 時，Python 會呼叫你作為引數 fdel 傳入的方法，不帶引數。Python 使用你作為 doc 傳入的引數作為該屬性的 docstring。property 的所有參數都是選擇性的。若缺少某個引數，Python 會在一些程式碼試圖進行該運算時提出一個例外。舉例來說，在 Rectangle 的例子中，我們使特性 area 成為唯讀的，因為我們只為參數 fget 傳入了一個引數，而沒有為參數 fset 和 fdel 傳入引數。

在類別中建立特性的一種優雅語法是使用 property 作為裝飾器（*decorator*，請參閱第 187 頁的「裝飾器」）：

```
class Rectangle:
    def __init__(self, width, height):
        self.width = width
        self.height = height
    @property
```

```
    def area(self):
        """area of the rectangle"""
        return self.width * self.height
```

要使用這種語法，你**必須**為 getter（取值器）方法取一個與你想要擁有的特性相同的名稱；該方法的 docstring 會成為該特性的 docstring。如果你也想新增一個 setter（設值器）和 deleter（刪除器），（在本例中）請使用名為 `area.setter` 和 `area.deleter` 的裝飾器，並讓如此裝飾的方法之名稱也與特性的名稱相同。比如說：

```
import math
class Rectangle:
    def __init__(self, width, height):
        self.width = width
        self.height = height
    @property
    def area(self):
        """area of the rectangle"""
        return self.width * self.height
    @area.setter
    def area(self, value):
        scale = math.sqrt(value/self.area)
        self.width *= scale
        self.height *= scale
```

為何特性很重要？

特性的關鍵重要性在於，如果你想將公開的資料屬性作為你類別公開介面的一部分對外開放，特性會使這過程完全安全（而且確實也建議這樣做）。在你類別或其他需要對其多型的類別的未來版本中，若有必要在屬性被參考、重新繫結或解除繫結時，執行一些程式碼，你將能夠把普通屬性改為特性，並獲得所需的效果，而且不會對使用你類別的任何程式碼（又稱「客戶端程式碼」）產生任何影響。這可以讓你避免愚蠢的慣用語，如缺乏特性的 OO 語言所要求的**存取器**（*accessor*）和**變動器**（*mutator*）方法。舉例來說，客戶端程式碼可以使用像這樣的自然慣用語：

```
some_instance.widget_count += 1
```

而不是像這樣被迫進入存取器和變動器交錯曲折的巢穴：

```
some_instance.set_widget_count(some_instance.get_widget_count() + 1)
```

如果你想編寫出名稱很自然就是 get_*this* 或 set_*that* 的方法，為了清晰起見，請改為將這些方法包裹成特性。

特性和繼承

特性的繼承與其他屬性的運作原理相同。然而，對於不謹慎的人來說有一個小陷阱存在：**存取一個特性時所呼叫的方法是在該特性本身定義之處的那個類別中所定義的那些方法**，本質上不會用到子類別中可能發生的覆寫。考慮一下這個例子：

```
class B:
    def f(self):
        return 23
    g = property(f)
class C(B):
    def f(self):
        return 42

c = C()
print(c.g)                # 印出 23，而非 42
```

存取特性 c.g 會呼叫 B.f，而不是你所期望的 C.f。原因很簡單：特性建構器接受（直接或經由裝飾器語法）**函式物件** f（而這發生在 B 的 **class** 述句執行之時，所以目標函式物件會是也被稱為 B.f 的那個）。因此，子類別 C 後來重新定義名稱 f 的事實是無關緊要的，因為特性不會查找那個名稱，而是使用它在建立時收到的函式物件。如果你需要繞過這種問題，你可以透過自行新增額外的一層查找來達成：

```
class B:
    def f(self):
        return 23
    def _f_getter(self):
        return self.f()
    g = property(_f_getter)
class C(B):
    def f(self):
        return 42

c = C()
print(c.g)                # 印出 42，正如預期
```

在此，特性所持有的函式物件是 B._f_getter，而 B._f_getter 確實對 f 這個名稱進行了查找（因為它呼叫了 self.f()）；因此，對 f 的覆寫有了預期的效果。正如 David Wheeler 的名言：「All problems in computer science can be solved by another level of indirection（電腦科學中的所有問題都可以透過引入間接的另一層來解決）」[8]。

__slots__

一般來說，任何類別 *C* 的每個實體物件 *x* 都會有一個字典 *x*.__dict__，Python 用它來讓你在 *x* 上繫結任意的屬性。為了節省一點記憶體（代價是讓 *x* 只有一組預先定義好的屬性名稱），你可以在類別 *C* 中定義一個名為 __slots__ 的類別屬性，它是字串（通常是識別字）所構成的一個序列（通常是元組）。如果類別 *C* 有 __slots__，類別 *C* 的實體 *x* 就不會有 __dict__：試圖在 *x* 上繫結一個名稱不在 *C*.__slots__ 中的屬性會提出一個例外。

使用 __slots__ 可以讓你減少小型實體物件的記憶體消耗量，這些實體物件可以容忍沒有強大而方便的能力來擁有任意命名的屬性。__slots__ 只值得新增到實體會有很多個，以致於每個實體節省幾十個位元組都很重要的那些類別中，通常是可以有數百萬個，而不僅僅是數千個實體同時存在的那種類別。然而，與大多數其他的類別屬性不同，__slots__ 只有在類別主體中的某個指定（assignment）將其作為一個類別屬性繫結時，才能像我們剛才描述的那樣運作。任何後來對 __slots__ 的變動、重新繫結或解除繫結都不會有效果，從基礎類別繼承 __slots__ 也是如此。這裡是如何將 __slots__ 新增到先前定義的 Rectangle 類別中，以獲得較小型（雖然較不彈性）的實體：

```
class OptimizedRectangle(Rectangle):
    __slots__ = 'width', 'height'
```

沒有必要為 area 特性定義一個插槽（slot）：__slots__ 不會限制特性，只會限制普通的實體屬性，就是在沒有定義 __slots__ 時，會位於實體的 __dict__ 之中的那些屬性。

3.8+ __slots__ 屬性也可以用一個 dict 來定義，用屬性名稱作為鍵值，並用 docstrings 作為值。OptimizedRectangle 可以被更完整地宣告為：

```
class OptimizedRectangle(Rectangle):
    __slots__ = {'width': 'rectangle width in pixels',
                 'height': 'rectangle height in pixels'}
```

8 為了讓通常都會被截斷的名言更加完整：「當然，除了太多間接層所帶來的問題」。

__getattribute__

對實體屬性的所有參考都會通過特殊方法 __getattribute__。這個方法來自 object，它實作了屬性參考的語意（如第 150 頁「屬性參考基礎知識」中所記載的那樣）。你可以覆寫 __getattribute__ 來實現為子類別的實體隱藏繼承而來的類別屬性等之類的目的。舉例來說，下面的例子展示了實作沒有 append 的串列的一種方式：

```
class listNoAppend(list):
    def __getattribute__(self, name):
        if name == 'append':
            raise AttributeError(name)
        return list.__getattribute__(self, name)
```

listNoAppend 類別的實體 *x* 與內建的串列物件（list objec）幾乎沒有區別，只是它執行時的效能大大降低，而且對 *x*.append 的任何參考都會提出一個例外。

實作 __getattribute__ 可能很棘手；使用內建函式 getattr 和 setattr 以及實體的 __dict__（如果有的話），或者重新實作 __getattr__ 和 __setattr__ 通常更加容易。當然，在某些情況下（比如前面的例子），你別無選擇。

實體專屬的方法

一個實體可以對所有的屬性進行實體限定的繫結（instance-specific bindings），包括可呼叫的屬性（方法）。對於一個方法來說，就像其他任何屬性一樣（除了那些與覆寫描述器繫結的屬性），一個實體限定的繫結會遮蔽一個類別層級的繫結（class-level binding）：屬性查找程序在實體中直接找到一個繫結之後，就不會去考慮類別。對可呼叫屬性的實體限定繫結不會進行第 153 頁「已繫結和無繫結方法」中詳述的任何轉換：屬性參考回傳的就是先前直接繫結到實體屬性的可呼叫物件。

然而，對於 Python 因各種運算而隱含地呼叫的特殊方法（如第 170 頁「特殊方法」中所介紹的）之實體專屬繫結（per instance bindings）來說，這並不會像你所期望的那般運作。對特殊方法的這種隱含使用總是仰賴於特殊方法的**類別層級**繫結（*class-level* binding），如果有的話。例如：

```
def fake_get_item(idx):
    return idx
```

```
class MyClass:
    pass
n = MyClass()
n.__getitem__ = fake_get_item
print(n[23])                      # 結果會是：
# Traceback (most recent call last):
#   File "<stdin>", line 1, in ?
# TypeError: unindexable object
```

繼承自內建型別

一個類別可以繼承內建型別（built-in type）。然而，只有在那些型別是被明確設計為允許這種程度的相互兼容之情況下，類別才可以直接或間接地擴充多個內建型別。Python 不支援從多個任意的內建型別進行無約束的繼承。一般來說，一個新式類別（new-style class）最多只能擴充一個實質的內建型別。舉例來說，這樣做：

```
class noway(dict, list):
    pass
```

會提出一個 `TypeError` 例外，並附有詳細的說明：「multiple bases have instance lay-out conflict（多個基礎類別造成實體佈局衝突）」。看到這樣的錯誤訊息時，就表示你正試圖直接或間接地繼承多個內建型別，而且那些型別並沒有被專門設計為能在如此深的層次上合作。

特殊方法

一個類別可以定義或繼承特殊的方法，通常被稱為「dunder」方法，因為如前所述，它們的名稱有前導和尾隨的雙底線（double underscores）。每個特殊方法都與一個特定的運算有關。每當你在一個實體物件上執行相關的運算時，Python 就會隱含地呼叫某個特殊方法。在大多數情況下，這種方法的回傳值會是運算的結果，而在相關的方法不存在時嘗試運算會提出一個例外。

在本節中各處，我們會指出這些一般規則不適用的案例。在下面的討論中，*x* 是你在其上進行運算的類別 *C* 實體，而 *y* 是其他運算元（operand），如果有的話。每個方法的參數 `self` 指的也是實體物件 *x*。每當我們提到對 *`x.__whatever__(...)`* 的呼叫時，請記住，確切發生的呼叫，根據學究式的嚴謹說法，會是 *`x.__class__.__whatever__(x, ...)`*。

通用特殊方法

一些 dunder 方法與通用的運算（general-purpose operations）有關。一個定義或繼承了這些方法的類別允許其實體控制這些運算。這些運算可以被分成幾類：

初始化與最終化（*Initialization and finalization*）

　一個類別可以透過特殊方法 `__new__` 和 `__init__` 來控制其實體的初始化（一種非常普遍的需求），或透過 `__del__` 來控制其最終化（一種罕見的需求）。

字串表示值（*String representation*）

　一個類別可以透過特殊方法 `__repr__`、`__str__`、`__format__` 與 `__bytes__` 控制 Python 如何將其實體表示為字串。

比較、雜湊（*hashing*）和在 *Boolean* 語境中的使用

　一個類別可以控制它的實體如何與其他物件進行比較（透過特殊方法 `__lt__`、`__le__`、`__gt__`、`__ge__`、`__eq__` 與 `__ne__`）、字典如何使用它們作為鍵值和集合如何使用它們作為成員（透過 `__hash__`），以及它們在 Boolean 語境中是估算為真值（truthy）的還是假值（falsy）的（透過 `__bool__`）。

屬性參考、繫結和解除繫結

　一個類別可以透過特殊方法 `__getattribute__`、`__getattr__`、`__setattr__` 與 `__delattr__` 控制對其實體屬性的存取（參考、繫結、解除繫結）。

可呼叫的實體

　一個類別可以透過特殊方法 `__call__` 使它的實體可被呼叫，就像函式物件一樣。

表 4-1 記載了這些通用的特殊方法。

表 4-1　通用的特殊方法

`__bool__`	`__bool__(self)` 當估算 *x* 為真或假時（參閱第 64 頁的「Boolean 值」）。舉例來說，呼叫 `bool(x)` 時，Python 會呼叫 `x.__bool__()`，它應該回傳 **True** 或 **False**。如果 `__bool__` 不存在，Python 會呼叫 `__len__`，並在 `x.__len__()` 回傳 `0` 時，將 x 視為假值的（要檢查一個容器是否為非空，避免編寫 **if** `len(container)>0:`，請使用 **if** *container*: 代替）。當 `__bool__` 和 `__len__` 都不存在時，Python 會把 *x* 視為真值的。
`__bytes__`	`__bytes__(self)` 呼叫 `bytes(x)` 會呼叫 `x.__bytes__()`，如果存在的話。若是一個類別同時提供特殊方法 `__bytes__` 和 `__str__`，它們應該分別回傳 `bytes` 和 `str` 型別的「等價」字串。
`__call__`	`__call__(self[, args...])` 當你呼叫 `x([args...])` 時，Python 會把這個運算轉譯為對 `x.__call__([args...])` 的呼叫。呼叫運算的引數對應於 `__call__` 方法的參數，減去第一個。第一個參數，慣例上稱為 `self`，指涉的是 *x*：Python 會隱含地提供它，就像對已繫結方法的任何其他呼叫一樣。
`__del__`	`__del__(self)` 就在 *x* 經由垃圾回收消失之前，Python 會呼叫 `x.__del__()` 來讓 *x* 最終化自身。如果 `__del__` 不存在，Python 就不會對垃圾回收的 *x* 進行特殊的最終處理（這是最常見的情況：很少有類別需要定義 `__del__`）。Python 忽略 `__del__` 的回傳值，而且不會隱含地呼叫類別 *C* 的超類別的 `__del__` 方法。`C.__del__` 必須明確地執行任何需要的最終化，包括，如果需要的話，透過委派進行。當類別 *C* 有基礎類別需要進行最終化，`C.__del__` 必須呼叫 `super().__del__()`。 `__del__` 方法與 **del** 述句（涵蓋於第 70 頁的「del 述句」）沒有具體的關聯。 當你需要及時和有保證的最終處理時，`__del__` 通常不是最好的途徑。對於這樣的需求，請使用在第 233 頁的「try/finally」中介紹的 **try/finally** 述句（或者，甚至更好的，使用在第 113 頁「with 述句」中介紹的 **with** 述句）。定義了 `__del__` 的類別之實體不參與環狀垃圾回收（cyclic garbage collection），這在第 504 頁的「垃圾回收」中有提及。要多加留意，避免涉及這些實體的參考迴圈（reference loops）：只有在沒有可行的替代方案時才定義 `__del__`。

`__delattr__`	`__delattr__(self, name)` 在每次請求解除對屬性 *x.y* 的繫結時（通常是 **del** *x.y*），Python 就會呼叫 *x*.`__delattr__('y')`。所有在後面討論的 `__setattr__` 注意事項也適用於 `__delattr__`。Python 忽略 `__delattr__` 的回傳值。如果 `__delattr__` 不存在，Python 會將 **del** *x.y* 轉換為 **del** *x*.`__dict__['y']`。
`__dir__`	`__dir__(self)` 當你呼叫 dir(*x*) 時，Python 會將該運算轉譯為對 *x*.`__dir__()` 的呼叫，它必須回傳 *x* 的屬性排序好的一個串列。當 *x* 的類別沒有 `__dir__` 時，dir(*x*) 會進行內省（introspection）以回傳 *x* 的屬性排序好的一個串列，致力於產生相關但非完整的資訊。
`__eq__`, `__ge__`, `__gt__`, `__le__`, `__lt__`, `__ne__`	`__eq__(self, other)`, `__ge__(self, other)`, `__gt__(self, other)`, `__le__(self, other)`, `__lt__(self, other)`, `__ne__(self, other)` *x* == *y*、*x* >= *y*、*x* > *y*、*x* <= *y*、*x* < *y* 和 *x* != *y* 這些比較，分別會呼叫這裡列出的特殊方法，應該回傳 **False** 或 **True**。每個方法都可以回傳 NotImplemented 來告訴 Python 以替代方式處理比較（例如 Python 能夠試著以 *y* > *x* 來代替 *x* < *y*）。 最佳實務做法是只定義一個不等性比較（inequality comparison）方法（通常是 `__lt__`）加上 `__eq__`，並用 functools.total_ordering（在表 8-7 中提及）來裝飾類別，以避免樣板程式碼（boilerplate）和在你的比較中出現任何邏輯矛盾的風險。
`__format__`	`__format__(self, format_string='')` 呼叫 format(*x*) 會呼叫 *x*.`__format__('')`，而呼叫 format(*x*,*format_string*) 會呼叫 *x*.`__format__(format_string)`。類別負責解讀格式字串（每個類別都可以定義它自己的格式規格小型「語言」，靈感來自於由內建型別實作的那些格式規格，正如在第 336 頁「字串格式化」中所講述的）。如果 `__format__` 是繼承自 object，它會委派給 `__str__` 並且不接受一個非空的格式字串。
`__getattr__`	`__getattr__(self, name)` 如果 *x.y* 無法透過一般的步驟找到（也就是通常會提出 AttributeError 的情況），Python 就會呼叫 *x*.`__getattr__('y')`。對於正常方式找得到的屬性（作為 *x*.`__dict__` 中的鍵值，或經由 *x*.`__class__`），Python 不會呼叫 `__getattr__`。如果你想讓 Python 為*每個*屬性都呼叫 `__getattr__`，請把那些屬性放在其他地方（例如在由私有名稱的某個屬性所參考的另一個 dict 中），或者改為覆寫 `__getattribute__`。如果 `__getattr__` 找不到 *y*，它應該提出 AttributeError。

物件導向的 Python

`__getattribute__`	`__getattribute_(self, name)` 在每個存取屬性 *x.y* 的請求中，Python 都會呼叫 `x.__getattribute__('y')`，它必須取得並回傳屬性值，否則會提出 `AttributeError`。屬性存取的一般語意（`x.__dict__`、`C.__slots__`、*C* 的類別屬性、`x.__getattr__`）都歸功於 `object.__getattribute__`。 當類別 *C* 覆寫 `__getattribute__` 時，它必須實作它想提供的所有屬性語意。實作屬性存取的典型方式是透過委派（例如，呼叫 `object.__getattribute__(self, ...)` 作為你覆寫 `__getattribute__` 的一部分）。  ***覆寫 __getattribute__ 會減慢屬性存取速度*** 當一個類別覆寫 `__getattribute__`，該類別的實體上的所有屬性存取都會變得緩慢，因為覆寫的程式碼會在每次屬性存取時執行。
`__hash__`	`__hash__(self)` 呼叫 `hash(x)` 會呼叫 `x.__hash__()`（其他需要知道 *x* 雜湊值的情境也是如此，也就是使用 *x* 作為字典的鍵值，例如 `D[x]`，其中 *D* 是一個字典，或是使用 *x* 作為一個集合的成員）。`__hash__` 必須回傳一個 `int` 使得 `x==y` 就意味著 `hash(x)==hash(y)`，而且對於一個給定的物件必須總是回傳相同的值。 當 `__hash__` 不存在時，只要 `__eq__` 也不存在，呼叫 `hash(x)` 就會改為呼叫 `id(x)`。其他需要知道 *x* 雜湊值的情境之行為也是如此。 對於任何的 *x*，如果 `hash(x)` 會回傳一個結果，而非提出一個例外，它就被稱為**可雜湊物件**（*hashable object*）。當 `__hash__` 不存在，但 `__eq__` 存在時，呼叫 `hash(x)` 會提出一個例外（其他需要知道 *x* 雜湊值的情境也是如此）。在這種情況下，*x* 不是可雜湊的，因此不能成為一個字典的鍵值或集合的成員。 通常你只為不可變而且也定義了 `__eq__` 的物件定義 `__hash__`。注意，如果存在任何 *y*，使得 `x==y`，那麼即使 *y* 的型別不同，而且 *x* 和 *y* 都是可雜湊的，你都必須確保 `hash(x)==hash(y)`（在 Python 的內建功能中，有少數情況下 `x==y` 在不同型別的物件之間可以成立。最重要的是不同數字型別之間的相等性：一個 `int` 可以等於一個 `bool`、一個 `float`、一個 `fractions.Fraction` 實體，或一個 `decimal.Decimal` 實體）。

`__init__`	`__init__(self[, *args...*])` 當一個 *C*([*args...*]) 呼叫創建 *C* 類別的實體 *x* 時，Python 會呼叫 *x*.`__init__`([*args...*]) 來讓 *x* 初始化自己。如果 `__init__` 不存在（也就是說，它是從 object 繼承而來的），你必須呼叫不帶引數的 *C*，即 *C*()，而且剛建立出來的 *x* 也不會有實體限定的屬性。Python 不會對類別 *C* 之超類別的 `__init__` 方法進行隱含呼叫。*C*.`__init__` 必須明確地進行任何初始化工作，包括，需要的話，透過委派進行。舉例來說，當類別 *C* 有一個基礎類別 *B* 要進行無引數初始化時，*C*.`__init__` 中的程式碼必須明確地呼叫 `super().__init__()`。 `__init__` 的繼承運作起來就像其他方法或屬性一樣：如果 *C* 本身沒有覆寫 `__init__`，就會從它 `__mro__` 中第一個有覆寫 `__init__` 的超類別那裡繼承，就像其他屬性一樣。 `__init__` 必須回傳 None；否則，呼叫該類別將提出 TypeError。
`__new__`	`__new__(cls[, *args...*])` 當你呼叫 *C*([*args...*]) 時，Python 會調用 *C*.`__new__`(*C*[,*args...*]) 來得到你正在建立的新實體 *x*。每個類別都有類別方法 `__new__`（通常，它單純從 object 繼承而來），它可以回傳任何值 *x*。換句話說，`__new__` 不需要回傳 *C* 的一個新實體，儘管它被預期這樣做。如果 `__new__` 回傳的值 *x* 是 *C* 或 *C* 的任何子類別的一個實體（不管是新的還是先前就存在的），Python 接著會在 *x* 上呼叫 `__init__`（用最初傳入給 `__new__` 的相同 [*args...*]）。  *在 `__new__` 中初始化不可變的值，其他所有東西都在 `__init__` 中初始化* 你可以在 `__init__` 或 `__new__` 中進行新實體大多數的初始化工作，所以你可能想知道把它們放在哪裡最好。最佳實務做法是只把初始化工作放在 `__init__` 中，除非你有特別的理由把它放在 `__new__` 中（當一個型別是不可變的，`__init__` 無法改變它的實體：在這種情況下，`__new__` 必須進行所有的初始化）。
`__repr__`	`__repr__(self)` 呼叫 repr(*x*)（當 *x* 是運算式述句的結果時，會在互動式直譯器中隱含地發生）會呼叫 *x*.`__repr__`() 來獲得並回傳 *x* 的一個完整的字串表示值（string representation）。`__repr__` 應該回傳帶有關於 *x* 明確資訊的一個字串。在可行的情況下，盡量使 eval(repr(*x*))==*x*（但是，不要為了達到這個目標而瘋狂！）。

`__setattr__`	`__setattr__(self, name, value)` 在繫結屬性 *x.y* 的任何請求中（通常是一個指定述句 *x.y=value*，但也包括，例如 setattr(*x*, '*y*', *value*)），Python 都會呼叫 *x*.__setattr__('*y*', *value*)。對於 *x* 上的任何屬性繫結，Python 總是會呼叫 __setattr__，這與 __getattr__ 有很大的區別（在這方面，__setattr__ 更接近於 __getattribute__）。為了避免遞迴，當 *x*.__setattr__ 繫結 *x* 的屬性時，它必須直接修改 *x*.__dict__（例如透過 *x*.__dict__[*name*]=*value*）；或者更好的，__setattr__ 可以委派給超類別（呼叫 super().__setattr__('*y*', *value*)）。Python 忽略 __setattr__ 的回傳值。如果 __setattr__ 不存在（即繼承自 object），而且 *C.y* 不是一個覆寫描述器，Python 通常會將 *x.y=z* 轉譯成 *x*.__dict__['*y*']=*z*（然而，__setattr__ 在使用 __slots__ 時也能正常運作）。
`__str__`	`__str__(self)` 跟 print(*x*) 一樣，str(*x*) 呼叫 *x*.__str__() 來得到 x 非正式的簡潔字串表示值。__str__ 應該回傳一個方便人類閱讀的字串，即使那涉及一些近似值的計算。

容器的特殊方法

一個實體可以是一個容器（*container*，序列、映射，或集合這些互斥的概念[9]）。為了達到最大的效用，容器應該提供特殊的方法 `__getitem__`、`__contains__` 與 `__iter__`（如果是可變的，還包括 `__setitem__` 和 `__delitem__`），加上在接下來幾節討論的非特殊方法。在許多情況下，你可以透過擴充 `collections.abc` 模組中適當的抽象基礎類別（abstract base class）來獲得非特殊方法的合適實作，例如 `Sequence`、`MutableSequence` 等，正如第 180 頁「抽象基礎類別」中所介紹的。

序列

在存取項目（item-access）的每個特殊方法中，有 *L* 個項目的一個序列（sequence）應該接受任何整數 *key*，使得 -*L*<=*key*<*L* 成立[10]。為了與內建的序列相容，一個負的索引 *key*（0>*key*>=-*L*），應該等同於 *key*+*L*。當 *key* 有一個無效的型別時，索引動作（indexing）應該提出一個 `TypeError` 例外。當 *key* 是一個有效型別的值，但是超出了範圍，索引動作應該提出一個 `IndexError` 例外。對於沒有定義 `__iter__` 的序列

9 第三方擴充功能也可以定義非序列、非映射和非集合的容器型別。
10 包括下界，不包括上界，這一直是 Python 的準則。

類別，**for** 述句仰賴於這些要求，接受可迭代引數的那些內建函式也一樣。如果實務上可行的話，序列存取項目的每個特殊方法也應該接受一個內建型別 slice 的實體作為其索引引數，該實體的 start、step 與 stop 屬性是 int 或 None；**切片**（*slicing*）語法仰賴於這一需求，如同第 178 頁「容器切片」中所介紹的。

一個序列也應該允許透過 + 來進行串接（concatenation，與相同型別的另一個序列），以及透過 * 的重複（與一個整數相乘）。因此，一個序列應該有特殊方法 __add__、__mul__、__radd__ 與 __rmul__，在第 185 頁的「數值物件的特殊方法」中有介紹；此外，**可變的**序列應該有等效的就地（in-place）方法 __iadd__ 和 __imul__。一個序列應該能與相同型別的另一個序列進行有意義的比較，實作**辭典順序**比較（*lexicographic* comparison，*https://oreil.ly/byfuT*），就像串列和元組那樣（繼承 Sequence 或 MutableSequence 抽象基礎類別並不夠滿足所有的這些需求；繼承 MutableSequence，最多只能提供 __iadd__）。

每個序列都應該有第 82 頁「串列方法」中提及的非特殊方法：在任何情況下都要有 count 和 index，如果是可變的，那麼還要有 append、insert、extend、pop、remove、reverse 與 sort，其特徵式和語意都與串列的相應方法相同（繼承自 Sequence 或 MutableSequence 抽象基礎類別就能滿足這些需求，除了 sort 以外）。

一個不可變的序列應該是可雜湊的（hashable），只要它的所有項目都是可雜湊的。一個序列型別能以某些方式限制它的項目（例如，只接受字串項目），但這並非強制性的。

映射

當映射（mapping）存取項目的特殊方法收到有效型別的一個無效 *key* 引數值時，應該提出 KeyError 例外，而不是 IndexError。任何映射都應該定義第 88 頁「字典方法」中提及的非特殊方法：copy、get、items、keys 與 values。一個可變映射還應該定義 clear、pop、popitem、setdefault 與 update 等方法（從 Mapping 或 MutableMapping 抽象基礎類別繼承可以滿足這些需求，除了 copy 以外）。

如果一個不可變的映射的所有項目都是可雜湊的，那麼它也應該是可雜湊的。一個映射型別能以某些方式限制它的鍵值，例如只接受可雜湊的鍵值，或者（甚至更具體地）只接受字串鍵值，但這不是強制性的。任何映射都應該能與同一型別的另一個映射進行有意義的比較（至少對相等性和不等性來說是如此，儘管不一定要有順序的比較）。

集合

集合是一種特殊的容器（container）：它們既非序列，也不是映射，不能被索引，但它們確實有一個長度（元素的數量），並且是可迭代的。集合也支援許多運算子（&、|、^ 與 -，以及成員資格測試和比較）和等效的非特殊方法（intersection、union 等等）。如果你實作了一種類似集合的容器，它應該與 Python 內建的集合（第 60 頁的「集合」中有介紹）是多型（polymorphic）的（繼承自 Set 或 MutableSet 抽象基礎類別可以滿足這些需求）。

如果一個不可變的類集合型別（set-like type）的所有元素都是可雜湊的，它就應該是可雜湊的。一個類集合型別能以某些方式限制它的元素，例如只接受可雜湊元素，或者（更具體地說）只接受整數元素，但這並不是強制性的。

容器切片

當你在一個容器 *x* 上參考、繫結或解除繫結一個切片（slicing），如 *x*[*i*:*j*] 或 *x*[*i*:*j*:*k*]（實務上，這只用於序列），Python 會呼叫 *x* 適用的項目存取特殊方法，傳入一個叫作**切片物件**（*slice object*）的內建型別物件作為 *key*。一個切片物件具有屬性 start、stop 和 step。如果你在切片語法中省略了相應的值，其屬性就會是 **None**。舉例來說，**del** *x*[:3] 會呼叫 *x*.__delitem__(*y*)，其中 *y* 是一個切片物件，使得 *y*.stop 是 3、*y*.start 是 **None** 而 *y*.step 是 **None**。由容器物件 *x* 來決定如何適當地解讀傳入給 *x* 特殊方法的切片物件引數。切片物件的 indices 方法可以提供幫助：用你容器的長度作為唯一引數來呼叫它，它將回傳由三個非負索引構成的一個元組，適合作為 start、stop 與 step，在迴圈中索引切片中的每個項目。舉例來說，在序列類別的 __getitem__ 特殊方法中，完整支援切片動作的一個常見慣用語是：

```
def __getitem__(self, index):
    # 遞迴式的特例切片（Recursively special-case slicing）
    if isinstance(index, slice):
        return self.__class__(self[x]
                              for x in range(*index.
indices(len(self))))
    # 檢查索引，並處理負值或超出範圍的索引
```

```
        index = operator.index(index)
        if index < 0:
            index += len(self)
        if not (0 <= index < len(self)):
            raise IndexError
        # 索引現在是一個正確的 int，在 range(len(self)) 範圍內。
        # ...__getitem__ 的剩餘部分，處理單項目的存取 ...
```

這個慣用語使用產生器運算式（generator expression，簡稱「genexp」）語法，並假設你類別的 __init__ 方法可以用一個可迭代引數來呼叫，以建立該類別一個合適的新實體。

容器方法

特殊的方法 __getitem__、__setitem__、__delitem__、__iter__、__len__ 與 __contains__ 對外提供了容器功能（參閱表 4-2）。

表 4-2 容器方法

__contains__	__contains__(self, *item*)
	Boolean 測試 *y* **in** *x* 會呼叫 *x*.__contains__(*y*)。當 *x* 是一個序列，或類集合時，如果 *y* 等於 *x* 中的某個項目之值，__contains__ 應回傳 **True**；當 *x* 是一個映射時，如果 *y* 等於 *x* 中的一個鍵值，__contains__ 應回傳 **True**；否則，__contains__ 應回傳 **False**。當 __contains__ 不存在，而且 *x* 是可迭代的，Python 會以下列方式執行 y **in** x，所耗時間與 len(*x*) 成正比：
	`for z in x:`
	`    if y==z:`
	`        return True`
	`return False`

__delitem__	__delitem__(self, *key*) 對於解除 *x* 的一個項目或切片之繫結的請求（通常是 **del** *x*[*key*]），Python 會呼叫 *x*.__delitem__(*key*)。如果 *x* 是可變的，而且項目（可能還有切片）可以被移除，那麼容器 *x* 應該有 __delitem__。
__getitem__	__getitem__(self, *key*) 當你存取 *x*[*key*] 時（也就是你對容器 *x* 進行索引或切片時），Python 會呼叫 *x*.__getitem__(*key*)。所有（非類集合）容器都應該有 __getitem__。

物件導向的 Python

`__iter__`	`__iter__(self)` 對於在 *x* 的所有項目上跑迴圈的請求（通常是 **for***item* **in** *x*），Python 會呼叫 *x*.`__iter__()` 來獲得 *x* 上的一個迭代器（iterator）。如果 `__iter__` 不存在，iter(*x*) 會合成並回傳一個迭代器物件，它包裹 *x* 並產出 *x*[0]、*x*[1] 等，以此類推，直到其中一個索引動作提出 IndexError 例外，表示容器的結束。然而，最好是確保你編寫的所有容器類別都有 `__iter__`。
`__len__`	`__len__(self)` 呼叫 len(*x*) 會呼叫 *x*.`__len__()`（其他需要知道容器 *x* 中有多少個項目的內建函式也是如此）。`__len__` 應該回傳一個 int，即 *x* 中的項目數（number of items）。當 `__bool__` 不存在時，Python 也會呼叫 *x*.`_len__()` 以在 Boolean 情境中估算 *x*；在這種情況下，唯有當容器是空的（即容器的長度為 0）時，容器才會是假值的。所有的容器都應該有 `__len__`，除非對該容器來說，要確定它包含多少個項目的代價太高。
`__setitem__`	`__setitem__(self, key, value)` 對於繫結 *x* 的一個項目或切片之請求（通常是 *x*[*key*]=*value* 這種指定），Python 會呼叫 *x*.`__setitem__(key, value)`。如果 *x* 是可變的，一個容器 *x* 應該要有 `__setitem__`，如此項目，也許還有切片，才可以被新增或重新繫結。

抽象基礎類別

抽象基礎類別（Abstract Base Classes，簡稱「ABC」）是物件導向設計中的一個重要模式：它們是不能直接實體化的類別，存在的目的是要讓具體類別（concrete classes，更常見的那種類別、可以實體化的類別）加以擴充。

一種推薦的 OO 設計做法（歸功於 Arthur J. Riel）是永遠不要擴充一個具體類別[11]。如果兩個具體的類別有足夠的共同之處，誘使你想讓它們中的一個繼承另一個，那麼可以改為建立一個**抽象**（*abstract*）的基礎類別來納入它們所有的共通點，然後讓每個具體類別擴充那個 ABC。這種方法避開了繼承的許多微妙的陷阱和問題。

Python 為 ABC 提供豐富的支援，足以使它們成為 Python 物件模型的一等公民[12]。

---

11 舉例來說，請參閱 Bill Harlan 的「Avoid Extending Classes」(*https://oreil.ly/5B4nm*)。

12 要找以型別檢查為焦點的相關概念，請參閱第 211 頁「協定」中提及的 typing.Protocols。

abc 模組

標準程式庫模組 abc 提供元類別 ABCMeta 和類別 ABC（從 abc.ABC 衍生子類別會使 abc.ABCMeta 成為元類別，但沒有其他影響）。

當你使用 abc.ABCMeta 作為任何類別 *C* 的元類別（metaclass）時，會使得 *C* 成為一個 ABC，並提供能以單一引數呼叫的類別方法 *C*.register：那個單一引數可以是任何現有的類別（或內建型別）*X*。

呼叫 *C*.register(*X*) 使得 *X* 成為 *C* 的一個虛擬子類別（*virtual* subclass），這意味著 issubclass(*X*, *C*) 會回傳 **True**，但是 *C* 不會出現在 *X*.__mro__ 中，*X* 也不會繼承 *C* 的任何方法或其他屬性。

當然，也可以讓一個新的類別 *Y* 以正常的方式繼承自 *C*，在那種情況下，*C* 確實會出現在 *Y*.__mro__ 中，而且 *Y* 會繼承 *C* 的所有方法，就像一般子類別那樣。

一個 ABC *C* 也可以選擇性地覆寫類別方法 __subclasshook__，issubclass(*X*, *C*) 會用單一引數 *X*（*X* 是任何類別或型別）來呼叫它。當 *C*.__subclasshook__(*X*) 回傳 **True** 時，issubclass(*X*, *C*) 也如此回傳；當 *C*.__subclasshook__(*X*) 回傳 **False** 時，issubclass(*X*, *C*) 也如此回傳。當 *C*.__subclasshook__(*X*) 回傳 NotImplemented 時，issubclass(*X*, *C*) 將以常規方式進行。

abc 模組還提供裝飾器 abstractmethod 來標示必須在繼承類別中實作的方法。你能以 property 和 abstractmethod 這種順序使用這兩個裝飾器，來將一個特性定義為抽象的[13]。抽象方法和特性可以有實作（子類別可以透過內建的 super 取用），但是抽象化方法和特性的意義在於，只有當 *X* 覆寫了 *C* 的每個抽象特性和方法時，你才能實體化 *C* 這個 ABC 的非虛擬子類別 *X*。

collections 模組中的 ABC

collections 提供許多 ABC，在 collections.abc 中[14]。其中一些 ABC 接受定義或繼承特定抽象方法的任何類別作為虛擬子類別，如表 4-3 中所列。

13 abc 模組確實包括了 abstractproperty 裝飾器，它結合了這兩者，但 abstractproperty 已被棄用，新的程式碼應該使用所述的那兩個裝飾器。

14 為了回溯相容性，這些 ABC 在 Python 3.9 之前也能在 collections 模組中存取，但在 Python 3.10 中移除了這種相容性匯入。新的程式碼應該從 collections.abc 中匯入這些 ABC。

物件導向的 Python

表 4-3　單一方法的 ABC

ABC	抽象方法
Callable	__call__
Container	__contains__
Hashable	__hash__
Iterable	__iter__
Sized	__len__

collections.abc 中的其他 ABC 擴充了這其中的一或多個，添加了更多的抽象方法或以抽象方法實作的 *mixin* 方法（當你在一個具體類別中擴充任何 ABC 時，你**必須**覆寫抽象方法；你也可以覆寫部分或全部的 mixin 方法，如果那有助於提升效能的話，但你不必那樣做，你可以直接繼承它們，只要這所產生的效能足以滿足你的目的即可）。

表 4-4 詳細列出 collections.abc 中直接擴充前者的 ABC。

表 4-4　有額外方法的 ABC

ABC	擴充	抽象方法	Mixin 方法
Iterator	Iterable	__next__	__iter__
Mapping	Container Iterable Sized	__getitem__ __iter__ __len__	__contains__ __eq__ __ne__ getitems keys values
MappingView	Sized		__len__
Sequence	Container Iterable Sized	__getitem__ __len__	__contains__ __iter__ __reversed__ count index

ABC	擴充	抽象方法	Mixin 方法
Set	Container Iterable Sized	__contains__ __iter __len__	__and__[a] __eq__ __ge__[b] __gt__ __le__ __lt__ __ne__ __or__ __sub__ __xor__ isdisjoint

[a] 對於集合和可變集合，許多 dunder 方法等同於具體類別 set 中的非特殊方法；舉例來說，__add__ 就像 intersection，而 __iadd__ 就像是 intersection_update。

[b] 對於集合，排序方法反映了子集（*subset*）的概念：*s1* <= *s2* 意味著「*s1* 是 *s2* 的子集或等於 *s2*」。

表 4-5 詳細介紹這個模組中的 ABC，它們進一步擴充了前面的 ABC。

表 4-5　collections.abc 中其他的 ABC

ABC	擴充	抽象方法	Mixin 方法
ItemsView	MappingView Set		__contains__ __iter__
KeysView	MappingView Set		__contains__ __iter__
MutableMapping	Mapping	__delitem__ __getitem__ __iter__ __len_ __setitem__	映射的方法，加上： clear pop popitem setdefault update
MutableSequence	Sequence	__delitem__ __getitem__ __len__ __setitem__ insert	序列的方法，加上： __iadd__ append extend pop remove reverse

ABC	擴充	抽象方法	Mixin 方法

MutableSet	Set	`__contains__`
		`__iter__`
		`__len__`
		add
		discard
			集合的方法，加上：
			`__iand__`
			`__ior__`
			`__isub__`
			`__ixor__`
			clear
			pop
			remove

ValuesView	MappingView		`__contains__` `__iter__`

更多的細節和用法範例，請參閱線上說明文件（*https://oreil.ly/AVoUU*）。

numbers 模組中的 ABC

numbers 模組提供 ABC 的一種階層架構（hierarchy，也稱為塔，tower），代表各種數字。表 4-6 列出 numbers 模組中的 ABC。

表 4-6　numbers 模組提供的 ABC

ABC	說明
Number	階層架構的根。包括任何種類的數字；不需要支援任何特定的運算。
Complex	擴充 Number。必須支援（透過特殊方法）轉換為 complex 和 bool、+、-、*、/、==、!= 與 abs，以及直接的方法 conjugate 和特性 real 和 imag。
Real	擴充 Complex[a]。額外地，還必須支援（透過特殊方法）轉換為 float、math.trunc、round、math.floor、math.ceil、divmod、//、%、<、<=、> 與 >=。
Rational	擴充 Real。此外，還必須支援特性 numerator 和 denominator。
Integral	擴充 Rational[b]。此外，還必須支援（透過特殊方法）轉換為 int、** 以及位元運算 <<、>>、&、^、| 與 ~。

[a] 因此，每個 int 或 float 都有一個等於其值的特性 real，和一個等於 0 的特性 imag。

[b] 所以，每個 int 都有等於其值的特性 numerator，以及等於 1 的特性 denominator。

關於實作你自己的數值型別的注意事項，請參閱線上說明文件（*https://oreil.ly/ViRw9*）。

數值物件的特殊方法

一個實體可以透過許多特殊方法來支援數值運算（numeric operations）。有些不是數字的類別也支援表 4-7 中的一些特殊方法，以便重載運算子，如 + 和 *。特別是，序列應該要有特殊方法 __add__、__mul__、__radd__ 與 __rmul__，正如在第 54 頁「序列」中所提到的。當二元方法（binary methods，如 __add__、__sub__ 等）之一被呼叫時，其運算元是該方法不支援的型別，該方法應該回傳內建的單體 NotImplemented。

表 4-7　數值物件的特殊方法

__abs__, __invert__, __neg__, __pos__	__abs_(self), __invert__(self), __neg__(self), __pos__(self) 單元運算子 abs(*x*)、~*x*、-*x* 與 +*x*，分別會呼叫這些方法。
__add__, __mod__, __mul__, __sub__	__add__ (self, *other*), __mod__(self, *other*), __mul__(self, *other*), __sub__(self, *other*) 運算子 *x* + *y*、*x* % *y*、*x* * *y* 和 *x* - *y*，分別會呼叫這些方法，通常用於算術計算。
__and__, __lshift__, __or__, __rshift__, __xor__	__and__(self, *other*), __lshift__(self, *other*), __or__(self, *other*), __rshift_(self, *other*), __xor__(self, *other*) 運算子 *x* & *y*、*x* << *y*、*x* | *y*、*x* >> *y* 和 *x* ^ *y* 分別會呼叫這些方法，通常用於位元運算（bitwise operations）。
__complex__, __float__, __int__	__complex__(self), __float__(self), __int__(self) 內建型別 complex(*x*)、float(*x*) 和 int(*x*)，分別會呼叫這些方法。
__divmod__	__divmod__(self, *other*) 內建函式 divmod(*x*, *y*) 會呼叫 *x*.__divmod__(*y*)。__divmod__ 應該回傳一個對組 (*quotient*, *remainder*) 等同於 (*x* // *y*, *x* % *y*)。
__floordiv__, __truediv__	__floordiv__(self, *other*), __truediv__(self, *other*) 運算子 *x* // *y* 和 *x* / *y* 分別會呼叫這些方法，通常用於算術除法。

__iadd__, __ifloordiv__, __imod__, __imul__, __isub__, __itruediv__, __imatmul__	__iadd__(self, *other*), __ifloordiv__(self, *other*), __imod__(self, *other*), __imul__(self, *other*), __isub__(self, *other*), __itruediv__(self, *other*), __imatmul__(self, *other*) 擴增指定 *x* += *y*、*x* //= *y*、*x* %= *y*、*x* *= *y*、*x* -= *y*、*x* /= *y* 與 *x* @= *y*，分別會呼叫這些方法。每個方法都應該就地修改 *x* 並回傳 self。當 *x* 是可變的（即 *x* 可以就地改變時），就定義這些方法。
__iand__, __ilshift__, __ior__, __irshift__, __ixor__	__iand_(self, *other*), __ilshift_(self, *other*), __ior__(self, *other*), __irshift__(self, *other*), __ixor__(self, *other*) 擴增指定 *x* &= *y*、*x* <<= *y*、*x* \= *y*、*x* >>= *y* 與 *x* ^= *y* 分別會呼叫這些方法。每個方法都應該在原地修改 *x* 並回傳 self。當 *x* 是可變的（即 *x* 可以就地改變時），就定義這些方法。
__index__	__index__(self) 就跟 __int__ 一樣，但只適用於是整數的替代實作的那些型別（換句話說，該型別的所有實體都可以精確地映射為整數）。舉例來說，在所有的內建型別中，只有 int 提供 __index__；float 和 str 都沒有，儘管它們有提供 __int__。序列的索引和切片動作在內部使用 __index__ 來獲得所需的整數索引。
__ipow__	__ipow__(self,*other*) 擴增指定 *x* **= *y* 會呼叫 *x*.__ipow__(*y*)。__ipow__ 應該在原地修改 *x* 並回傳 self。
__matmul__	__matmul__(self, *other*) 運算子 *x* @ *y* 會呼叫此方法，通常用於矩陣乘法（matrix multiplication）。
__pow__	__pow__(self,*other*[, *modulo*]) *x* ** *y* 和 pow(*x*, *y*) 都會呼叫 *x*.__pow__(*y*)，而 pow(*x*, *y*, *z*) 則呼叫 *x*.__pow__(*y*, *z*)。*x*.__pow__(*y*, *z*) 應該回傳一個等於運算式 *x*.__pow__(*y*) % *z* 的值。
__radd__, __rfloordiv__, __rmod__, __rmul__, __rsub__, __rtruediv__, __rmatmul__	__radd__(self, other), __rfloordiv__(self, other), __rmod__(self, other), __rmul__(self, other), __rsub__(self, other), __rtruediv__(self, other), __rmatmul__(self, other) 運算子 *y* + *x*、*y* // *x*、*y* % *x*、*y* * *x*、*y* - *x*、*y* / *x*、*y* @ *x* 分別會在 *y* 沒有需要的方法 __add__、__truediv__ 等，或者該方法回傳 NotImplemented 時，呼叫 *x* 上的這些方法。

__rand__, __rlshift__, __ror__, __rrshift__, __rxor__	__rand__(self, *other*), __rlshift__(self, *other*), __ror__(self, *other*), __rrshift__(self, *other*), __rxor__(self, *other*) 運算子 *y* & *x*、*y* << *x*、*y* | *x*、*y* >> *x* 和 *x* ^ *y* 分別會在 *y* 沒有所需的 __and__、__lshift__ 等方法，或者該方法回傳 NotImplemented 時，在 *x* 上呼叫這些方法。
__rdivmod__	__rdivmod_(self, *other*) 內建函式 divmod(*y*,*x*) 會在 *y* 沒有 __divmod__ 時，或當該方法回傳 NotImplemented 時，呼叫 *x*.__rdivmod__(*y*)。__rdivmod__ 應該回傳一個對組 (*remainder*, *quotient*)。
__rpow__	__rpow__(self,*other*) *y* ** *x* 和 pow(*y*, *x*) 會在 *y* 沒有 __pow__ 時，或者在該方法回傳 NotImplemented 的時候，呼叫 *x*.__rpow__(*y*)。在這種情況下，沒有三引數的形式。

裝飾器

在 Python 中，你經常會使用高階函式（*higher-order functions*）：接受一個函式作為引數並回傳一個函式作為其結果的可呼叫物件（callables）。舉例來說，描述器型別（descriptor types），如 staticmethod 和 classmethod（在第 163 頁的「類別層級的方法」中有介紹過）就可以在類別的主體中使用，如下所示：

```
def f(cls, ...):
    # ...f 的定義省略 ...
f = classmethod(f)
```

然而，直接把對 classmethod 的呼叫放在 **def** 述句之後，會損害程式碼的可讀性：在閱讀 *f* 的定義時，程式碼的讀者還沒有意識到 *f* 將成為一個類別方法而非一個實體方法。如果是在 **def** 之前就提及 classmethod，程式碼的可讀性會更高。為此，請使用被稱為裝飾（*decoration*）的語法形式：

```
@classmethod
def f(cls, ...):
    # ...f 的定義省略 ...
```

裝飾器，也就是這裡的 `@classmethod`，後面必須緊接著 **def** 述句，意味著 *f = classmethod(f)* 會緊接著 **def** 述句之後執行（對於 **def** 定義的任何名稱 *f*）。更廣義地說，*@expression* 會估算運算式 *expression*（它必須是一個名稱，可能經過資格修飾，或者是一個呼叫），並將結果繫結到一個內部的臨時名稱（比如 *__aux*）；任何裝飾器的後面都必須緊接著 **def**（或 **class**）述句，並且代表著 *f = __aux(f)* 會在 **def** 或 **class** 述句之後立即執行（無論 **def** 或 **class** 為 *f* 定義了什麼名稱）。與 *__aux* 繫結的物件被稱為**裝飾器**（*decorator*），我們說它**裝飾**（*decorate*）了函式或類別 *f*。

裝飾器是一些高階函式便利的簡寫方式。你可以對任何 **def** 或 **class** 述句套用裝飾器，而不僅僅是在類別主體中。你可以編寫自訂的裝飾器，它單純就是接受一個函式或類別物件作為引數、並回傳一個函式或類別物件作為結果的高階函式。舉例來說，這裡有一個簡單的範例裝飾器，它不會修改它所裝飾的函式，而是在函式定義時期將函式的說明文件字串印出到標準輸出：

```
def showdoc(f):
    if f.__doc__:
        print(f'{f.__name__}: {f.__doc__}')
    else:
        print(f'{f.__name__}: No docstring!')
    return f

@showdoc
def f1():
    """a docstring"""  # 印出：f1: a docstring

@showdoc
def f2():
    pass               # 印出：f2: No docstring!
```

標準程式庫中的 `functools` 模組提供一個方便的裝飾器 `wraps`，用來增強由常見的「包裹（wrapping）」慣用語所建置的裝飾器：

```
import functools

def announce(f):
    @functools.wraps(f)
    def wrap(*a, **k):
        print(f'Calling {f.__name__}')
        return f(*a, **k)
    return wrap
```

用 @announce 來裝飾一個函式 *f*，會在每次呼叫 *f* 之前印出一行文字，公告要進行呼叫。由於 functools.wraps(*f*) 裝飾器的作用，包裹器（wrapper）採用了被包裹者（wrappee）的名稱和 docstring：舉例來說，在這樣一個裝飾過的函式之上呼叫內建的 help 時會很有用。

元類別

任何物件，甚至是類別物件，都有一個型別（type）。在 Python 中，型別和類別也是一級物件（first-class objects）。一個類別物件的型別也被稱為該類別的**元類別**（*metaclass*）[15]。一個物件的行為主要由該物件的型別決定。這也適用於類別：一個類別的行為主要由該類別的元類別決定。元類別是一個進階的主題，你可能想跳過這一節的其餘部分。然而，完全掌握元類別可以使你對 Python 有更深的理解；偶爾，自行定義你自訂的元類別也會很有用。

用於簡單類別客製化的自訂元類別替代方式

雖然自訂元類別能讓你以任何想要的方式調整類別的行為，但你通常可以透過比編寫自訂元類別更簡單的方式來實現一些客製化工作。

如果一個類別 *C* 擁有或繼承了類別方法 __init_subclass__，Python 在對 *C* 進行子類別化時，都會呼叫這個方法，並將新建立的子類別作為唯一的位置引數傳入。__init_subclass__ 也可以有具名參數，在那種情況下，Python 會傳入在進行子類別化的類別述句中找到的相應的具名引數。作為一個純粹說明性例子：

```
>>> class C:
...     def __init_subclass__(cls, foo=None, **kw):
...         print(cls, kw)
...         cls.say_foo = staticmethod(lambda: f'*{foo}*')
...         super().__init_subclass__(**kw)
...
>>> class D(C, foo='bar'):
...     pass
...
<class '__main__.D'> {}
>>> D.say_foo()
'*bar*'
```

15 嚴格來說，一個類別 *C* 的型別可以說只是 *C* 的**實體**的元類別，而不是 *C* 本身的元類別，但是這種微妙的語意區別在實務上很少被觀察到，如果有的話。

物件導向的 Python

在 `__init_subclass__` 中的程式碼能以任何適用的、類別創建後的方式更動 `cls`；本質上，它就像一個 Python 會自動套用在 `C` 的任何子類別上的類別裝飾器。

另一個用於客製化的特殊方法是 `__set_name__`，它讓你確保作為類別屬性新增的描述器實體知道你要把它們新增到哪個類別，以及在哪個名稱之下。在將 *ca* 以名稱 *n* 新增到類別 *C* 的 **`class`** 述句的結尾，如果 *ca* 的型別有 `__set_name__` 方法，Python 就會呼叫 *`ca.__set_name__(C, n)`*。比如說：

```
>>> class Attrib:
...     def __set_name__(self, cls, name):
...         print(f'Attribute {name!r} added to {cls}')
...
>>> class AClass:
...     some_name = Attrib()
...
Attribute 'some_name' added to <class '__main__.AClass'>
>>>
```

Python 如何判斷一個類別的元類別

`class` 述句接受選擇性的具名引數（在基礎類別之後，如果有的話）。最重要的具名引數是 `metaclass`，如果有的話，它識別出新類別的元類別。其他的具名引數只在有非 `type` 的元類別出現時才被允許，在那種情況下，它們會被傳入給元類別選擇性的 `__prepare__` 方法（是否使用這些具名引數完全取決於 `__prepare__` 方法）[16]。當具名引數 `metaclass` 不存在時，Python 會透過繼承來決定元類別；對於沒有明確指定基礎類別的類別，元類別預設會是 `type`。

如果存在的話，Python 會在確定了元類別之後，立即呼叫 `__prepare__` 方法，如下所示：

```
class M:
    def __prepare__(classname, *classbases, **kwargs):
        return {}
    # ...M 的其餘部分省略...
class X(onebase, another, metaclass=M, foo='bar'):
    # ...X 的主體省略...
```

16 或者當一個基礎類別有 `__init_subclass__` 時，在這種情況下，具名的引數會被傳入給那個方法，正如第 189 頁的「用於簡單類別客製化的自訂元類別替代方式」中所講述的那樣。

在這個情況下，該呼叫相當於 M.__prepare__('X', onebase, another, foo='bar')。__prepare__ 如果存在，必須回傳一個映射（通常只是一個字典），Python 使用它作為執行類別主體的 *d* 映射。如果 __prepare__ 不存在，Python 會使用一個最初為空的新 dict 作為 *d*。

元類別如何建立一個類別

在確定了元類別 *M* 之後，Python 會用三個引數呼叫 *M*：類別名稱（一個字串）、基礎類別的元組 *t* 和字典（或者由 __prepare__ 產生的其他映射）*d*，類別主體剛在這個字典中執行完畢[17]。這個呼叫會回傳類別物件 *C*，接著 Python 會將其與類別名稱繫結，完成了 **class** 述句的執行。注意，這實際上是型別 *M* 的一次實體化，所以對 *M* 的呼叫會執行 *M*.__init__(*C*, *namestring*, *t*, *d*)，其中 *C* 是 *M*.__new__(*M*, *namestring*, *t*, *d*) 的回傳值，就像在任何其他實體化程序中一樣。

在 Python 建立了類別物件 *C* 之後，類別 *C* 和它型別（type(*C*)，通常是 *M*）之間的關係就跟任何物件與其型別之間的關係是一樣的。舉例來說，當你呼叫類別物件 *C*（以創建 *C* 的實體）時，*M*.__call__ 會執行，以類別物件 *C* 作為第一個引數。

注意在這種情況下，在第 169 頁「實體專屬的方法」中描述的做法所帶來的好處，即特殊方法只會在類別上查找，而不會在實體上查找。呼叫 *C* 來實體化它必定會執行元類別的 *M*.__call__，無論 *C* 是否有一個實體限定的屬性（方法）__call__（也就是說，跟 *C* 的實體是否可呼叫無關）。這樣一來，Python 物件模型就避免了使一個類別和它的元類別之間的關係成為一種特例。避免這種視個案而定的特殊處理是 Python 強大的一個關鍵：Python 只有少數幾個簡單的通用規則，而且一致地應用它們。

定義並使用你自己的元類別

定義自訂的元類別是很容易的：從 type 繼承並覆寫它的一些方法。你也可以用 __new__、__init__、__getattribute__ 等來執行你可能考慮建立元類別去處理的大多數任務，而不涉及到元類別。然而，一個自訂的元類別可能更快，因為特殊的處理只會在類別的創建時期進行，而那是一種罕見的運算。自訂元類別可以讓你在一個框架中定義一整個系列的

17 這類似於以三個引數呼叫 type，如第 160 頁的「使用 type 內建函式的動態類別定義」中所述。

類別，這些類別會神奇地獲得你所編寫的任何有趣的行為，而不用去考慮那些類別本身可能選擇定義的特殊方法。

要以明確的方式改變一個特定的類別，一個良好的替代方式通常是使用一個類別裝飾器（class decorator），正如第 187 頁「裝飾器」中所提到的。然而，裝飾器是不能繼承的，所以裝飾器必須明確地套用到每個感興趣的類別[18]。另一方面，元類別是**可以**繼承的；事實上，當你定義一個自訂的元類別 *M* 時，通常也會定義元類別為 *M* 的一個除此之外皆為空的類別 *C*，這樣其他需要 *M* 的類別就可以直接繼承自 *C*。

類別物件的一些行為只能在元類別中自訂。下面的例子展示如何使用元類別來改變類別物件的字串格式：

```
class MyMeta(type):
    def __str__(cls):
        return f'Beautiful class {cls.__name__!r}'
class MyClass(metaclass=MyMeta):
    pass
x = MyClass()
print(type(x))      # 印出：Beautiful class 'MyClass'
```

一個實質的自訂元類別範例

假設在 Python 進行程式設計時，我們很懷念 C 的 `struct` 型別：單純由一些資料屬性所構成的一種物件，而那些屬性按順序排列、有固定的名稱（會在下一節中提及的資料類別，完全解決了這個需求，這使得此例變成一個純粹說明性的例子）。Python 能讓我們輕易地定義一個泛用的 `Bunch` 類別，除了固定的順序和名稱以外，都是類似的：

```
class Bunch:
    def __init__(self, **fields):
        self.__dict__ = fields
p = Bunch(x=2.3, y=4.5)
print(p)       # 印出：<_main__.Bunch object at 0x00AE8B10>
```

一個自訂的元類別可以利用「屬性名稱在類別建立時就固定了」的這一事實。範例 4-1 所示的程式碼定義了一個元類別，`MetaBunch`，和一個類別 `Bunch`，讓我們寫出像這樣的程式碼：

18 在第 189 頁「用於簡單類別客製化的自訂元類別替代方式」中提到的 `__init_subclass__`，它的工作方式就很像一個「繼承而來的裝飾器（inherited decorator）」，所以它經常是自訂元類別的一個替代品。

```
class Point(Bunch):
    """ 一個 Point 有 x 和 y 座標，預設為 to 0.0，
        以及一個顏色（color），預設為 'gray'，然後就沒有了，
        除了 Python 和元類別共謀添加的內容以外，
        例如 __init__ 和 __repr__。
    """
    x = 0.0
    y = 0.0
    color = 'gray'
# 類別 Point 的例用法
q = Point()
print(q)                       # 印出：Point()
p = Point(x=1.2, y=3.4)
print(p)                       # 印出：Point(x=1.2, y=3.4)
```

在這段程式碼中，print 呼叫發出了我們 Point 實體的可讀字串表示值。Point 的實體是相當節省記憶體的，它們的效能與前面例子中的簡單類別 Bunch 的實體基本相同（沒有隱含呼叫特殊方法而產生的額外開銷）。範例 4-1 的內容相當充實，要跟得上它所有的細節，需要掌握本書後面討論的 Python 的各個面向，比如字串（在第 9 章中講述）和模組 warnings（在第 619 頁的「warnings 模組」中講述）。範例 4-1 中使用的識別字 mcl 代表「metaclass（元類別）」，在這個特殊的進階案例中，會比習慣上用 cls 代表「class（類別）」還要來得更清晰。

範例 4-1　MetaBunch 元類別

```
import warnings
class MetaBunch(type):
    """
    改良過的新「Bunch」的元類別：從類別範疇內繫結的變數
    隱含地定義 __slots__、__init__ 和 __repr__。
    一個 MetaBunch 實體的 class 述句
    （即元類別為 MetaBunch 的一個類別）
    必須只定義類別範疇的資料屬性
    （可能還有特殊方法，但不是 __init__ 和 __repr__）。
    MetaBunch 將資料屬性從類別的範疇中移除，
    而讓它們依偎在一個名為 __dflts__ 的類別範疇 dict 中，
    並在類別中放入一個帶有這些屬性名稱的 __slots__、
    將每個屬性作為選擇性具名引數的一個 __init__
    （使用 __dflts__ 中的值作為缺少的屬性之預設值）、
    和一個 __repr__，顯示每個與預設值不同的屬性的
    repr （__repr__ 的輸出可被傳入給 __eval__
    來製造一個相等的實體，
    如同這方面往常的慣例一樣，
    如果每個非預設值的屬性也尊重這種慣例的話）。
    資料屬性的順序與類別主體中的順序相同。
    """
```

物件導向的 Python

```
    def __new__(mcl, classname, bases, classdict):
        """ 一切都需要在 __new__ 中完成，
           因為 type.__new__ 是考慮到 __slots__ 的地方。
        """
        # 將我們會在新類別中使用的 __init__ 和 __repr__
        # 定義為區域函式
        def __init__(self, **kw):
            """__init__ 很簡單：首先，將沒有明確值的屬性設定為預設值；
               然後，設定那些在 kw 中明確傳入的屬性。
            """
            for k in self.__dflts__:
                if not k in kw:
                    setattr(self, k, self.__dflts__[k])
            for k in kw:
                setattr(self, k, kw[k])
        def __repr__(self):
            """__repr__ 是最精簡的：只顯示與預設值不同的屬性，
               以達到簡潔緊湊的效果。
            """
            rep = [f'{k}={getattr(self, k)!r}'
                    for k in self.__dflts__
                    if getattr(self, k) != self.__dflts__[k]
                  ]
            return f'{classname}({', '.join(rep)})'
        # 建立我們將把它作為新類別的 dict
        # 來使用的 newdict
        newdict = {'__slots__': [], '__dflts__': {},
                   '__init__': __init__, '__repr__' :__repr__,}
        for k in classdict:
            if k.startswith('__') and k.endswith('__'):
                # Dunder 方法：拷貝到 newdict，
                # 或對衝突發出警告
                if k in newdict:
                    warnings.warn(f'Cannot set attr {k!r}'
                                  f' in bunch-class {classname!r}')
                else:
                    newdict[k] = classdict[k]
            else:
                # 類別變數：在 __slots__ 中儲存名稱，
                # 在 __dflts__ 中儲存名稱和值作為一個項目。
                newdict['__slots__'].append(k)
                newdict['__dflts__'][k] = classdict[k]
        # 最後，將其餘的工作委派給 type.__new__
        return super().__new__(mcl, classname, bases, newdict)

class Bunch(metaclass=MetaBunch):
    """ 為了方便：繼承 Bunch 可以用來獲得
       新的元類別（等同於自行定義 metaclass= yourself）。
    """
    pass
```

資料類別

正如前面的 Bunch 類別所示範的那樣，其實體只是一組具名資料項目的類別是很方便的東西。Python 的標準程式庫透過 dataclasses 模組涵蓋了這種需求。

dataclasses 模組你將使用的主要功能是 dataclass 函式：它是一個裝飾器，你能將它套用到你希望其實體只是一組具名資料項目的任何類別。作為一個典型的例子，考慮下面的程式碼：

```
import dataclasses
@dataclasses.dataclass
class Point:
    x: float
    y: float
```

現在你可以呼叫，比如說，pt = Point(0.5, 0.5) 並得到帶有屬性 pt.x 和 pt.y 的一個變數，每個屬性都等於 0.5。預設情況下，dataclass 裝飾器已經使 Point 類別擁有了一個 __init__ 方法，接受屬性 x 和 y 的初始浮點數值，還有一個 __repr__ 方法，準備適當地顯示該類別的任何實體：

```
>>> pt
Point(x=0.5, y=0.5)
```

dataclass 函式接受許多選擇性的具名參數來讓你調整它所裝飾之類別的細節。表 4-8 中列出你可能最常明確使用的引數。

表 4-8　常用的 dataclass 函式參數

參數名稱	預設值和所產生的行為
eq	**True** 若為 **True**，就產生一個 __eq__ 方法（除非類別已定義了一個）。
frozen	**False** 若為 **True**，就使類別的每個實體變成唯讀的（不允許屬性的重新繫結或刪除）。
init	**True** 若為 **True**，就產生一個 __init__ 方法（除非類別已定義了一個）。
kw_only	**False** 3.10+ 若為 **True**，強迫 __init__ 的引數是具名的，而不是位置型的。
order	**False** 若為 **True**，就產生順序比較的特殊方法（__le__、__lt__ 等等），除非該類別已定義了它們。

參數名稱	預設值和所產生的行為
repr	**True** 若為 **True**，就產生一個 `__repr__` 方法（除非類別已定義了一個）。
slots	**False** **3.10+** 若為 **True**，就為類別新增適當的 `__slots__` 屬性（為每個實體節省一些記憶體，但不允許為類別實體新增其他任意的屬性）。

如果安全（通常是在你設定 `frozen` 為 **True** 時），此裝飾器也會為類別新增 `__hash__` 方法（允許實體成為字典中的鍵值和集合的成員）。即使是在不一定安全的情況下，你也可以強制新增 `__hash__`，但我們真誠地建議你不要這樣做；如果你堅持，請先查閱線上說明文件（*https://oreil.ly/rOJTW*）了解如何做。

如果你需要在自動生成的 `__init__` 方法完成指定每個實體屬性的核心工作後，對 `dataclass` 的每個實體進行調整，可以定義一個名為 `__post_init__` 的方法，此裝飾器會確保它在 `__init__` 完成後被呼叫。

假設你想為 `Point` 新增一個屬性，以捕捉該點（point）創建的時間。這可以作為在 `__post_init__` 中被指定的一個屬性來新增。將 `create_time` 屬性新增到為 `Point` 定義的成員中，型別為 `float`，預設值為 `0`，然後為 `__post_init__` 添加一個實作：

```
def __post_init__(self):
    self.create_time = time.time()
```

現在，如果你建立變數 `pt = Point(0.5, 0.5)`，列印它就會顯示建立時間的時戳（timestamp），類似於下面的情況：

```
>>> pt
Point(x=0.5, y=0.5, create_time=1645122864.3553088)
```

像普通的類別一樣，`dataclass` 也可以支援額外的方法和特性，比如這個方法可以計算兩個點之間的距離，而這個特性回傳一個 `Point` 與原點（origin）的距離：

```
def distance_from(self, other):
    dx, dy = self.x - other.x, self.y - other.y
    return math.hypot(dx, dy)

@property
def distance_from_origin(self):
    return self.distance_from(Point(0, 0))
```

舉例來說：

```
>>> pt.distance_from(Point(-1, -1))
2.1213203435596424
>>> pt.distance_from_origin
0.7071067811865476
```

dataclasses 模組還提供 asdict 和 astuple 函式，每個函式都以一個 dataclass 實體作為第一引數，並分別回傳帶有該類別之欄位（fields）的一個 dict 和一個 tuple。此外，該模組還提供一個 field 函式，你可以用它來自訂 dataclass 欄位（即實體屬性）的處理工作，以及其他幾個專門的函式和類別，只有在非常進階、深奧的情況下才需要；要了解它們的全部，請參閱線上說明文件（*https://oreil.ly/rOJTW*）。

列舉型別（Enums）

進行程式設計時，你經常會想建立一組相關的值，為某個特性或程式設定進行分類編目（catalog）或列舉（*enumerate*）可能的值[19]，不管它們到底是什麼：終端機顏色、記錄等級、行程狀態、撲克牌花色、衣服尺寸，或者你能想到的任何其他東西。**列舉型別**（*enumerated type*，簡稱 *enum*）就是定義了這樣的一組值的一種型別，其符號名稱（symbolic names）可以作為具型的全域常數（typed global constants）使用。Python 在 enum 模組中提供 Enum 類別和相關的子類別來定義列舉。

定義一個 enum 為你的程式碼提供一組符號化的常數，代表列舉中的那些值。在沒有列舉的情況下，常數可以被定義為 int，如同這段程式碼：

```
# 顏色
RED = 1
GREEN = 2
BLUE = 3

# 尺寸
XS = 1
S = 2
M = 3
L = 4
XL = 5
```

19 不要把這個概念和不相關的 enumerate 內建函式混為一談，在第 8 章中有提到，它可以從一個可迭代物件生成 (*number*, *item*) 對組。

物件導向的 Python

然而，在這種設計中，沒有任何機制來警示像 RED > XL 或 L * BLUE 這樣無意義的運算式，因為它們全都只是 int。也沒有對顏色或尺寸進行邏輯分組。

取而代之，你可以使用一個 Enum 子類別來定義這些值：

```
from enum import Enum, auto

class Color(Enum):
    RED = 1
    GREEN = 2
    BLUE = 3

class Size(Enum):
    XS = auto()
    S = auto()
    M = auto()
    L = auto()
    XL = auto()
```

現在，像 Color.RED > Size.S 這樣的程式碼在視覺上就能看出不正確，並且會在執行時期提出一個 Python 的 TypeError。使用 auto() 會自動指定從 1 開始的遞增的 int 值（在大多數情況下，指定給 enum 成員的實際值是沒有意義的）。

呼叫 *Enum* 會建立一個類別，而非一個實體

令人驚訝的是，呼叫 enum.Enum() 時，它並不會回傳一個新創建的實體（*instance*），而是一個新創建的子類別（*subclass*）。因此，前面的程式碼片段等同於：

```
from enum import Enum
Color = Enum('Color', ('RED', 'GREEN', 'BLUE'))
Size = Enum('Size', 'XS S M L XL')
```

當你呼叫 Enum 時（而不是在一個類別述句中明確地將其子類別化），第一個引數會是你要建立的子類別之名稱；第二個引數給出該子類別所有成員的名稱，可以是一個字串序列，也可以是用單一空格隔開（或用逗號分隔）的一個字串。

我們建議你使用類別的繼承語法來定義 Enum 子類別，而非這種簡略的形式。**class** 的形式在視覺上更為明確，所以更容易看出是否缺少某個成員、拼寫錯誤或是後來新增的。

一個 enum 中的值被稱為其成員（*members*）。慣例上的做法是使用全大寫字母來命名 enum 的成員，把它們當作明顯的常數來對待。列舉成員的典型用途是指定和身分檢查：

```
while process_state is ProcessState.RUNNING:
    # 要執行的行程程式碼放在這裡
    if processing_completed():
        process_state = ProcessState.IDLE
```

你可以透過迭代 `Enum` 類別本身，或者從該類別的 `__members__` 屬性獲得一個 `Enum` 的所有成員。`Enum` 成員都是全域性的單體（global singletons），所以用 **`is`** 和 **`is not`** 進行比較會比用 `==` 或 `!=` 更加合適。

`enum` 模組包含數個類別[20]，以支援不同形式的列舉，列於表 4-9。

表 4-9 `enum` 類別

類別	說明
`Enum`	基本的列舉類別；成員值可以是任何 Python 物件，通常是 `int` 或 `str`，但不支援 `int` 或 `str` 方法。對於定義成員為一個無序群組（unordered group）的列舉型別很有用。
`Flag`	用來定義可以與運算子 |、&、^, 和 ~ 組合的列舉；成員值必須定義為 `int`，以支援這些位元運算（然而，Python 不會假設它們之間有順序）。值為 `0` 的 `Flag` 成員是假值的；其他成員是真值的。當你用位元運算建立或檢查值（例如檔案權限）時會很有用。為了支援位元運算，你通常使用 2 的乘冪（powers of 2，如 1、2、4、8 等）作為成員值。
`IntEnum`	等同於 **`class`** `IntEnum(`*`int`*`, `*`Enum`*`)`；成員值是 `int`，支援所有 `int` 運算，包括排序。當值之間的順序很重要，例如定義記錄等級（logging levels）時，會很有用。
`IntFlag`	等同於類別 **`class`** `IntFlag(`*`int`*`, `*`Flag`*`)`；成員值是 `int`（通常是 2 的乘冪），支援所有的 `int` 運算，包括比較。
`StrEnum`	**3.11+** 等同於 **`class`** `StrEnum(`*`str`*`, `*`Enum`*`)`；成員值是 `str`，支援所有 `str` 運算。

`enum` 模組還定義了一些支援函式，列於表 4-10。

20 `enum` 的特化元類別之行為與一般的 `type` 元類別是如此的不同，以致於值得指出 `enum.Enum` 和普通類別之間的所有差異。你可以在 Python 線上說明文件的「How are Enums different?」章節（*https://oreil.ly/xpp5N*）閱讀這方面的內容。

表 4-10 enum 的支援函式

支援函式	說明
auto	在你定義成員值時自動遞增。值通常從 1 開始，以 1 遞增；對於 Flag，遞增量是 2 的乘冪。
unique	類別裝飾器，以確保成員的值彼此不同。

下面的例子顯示如何定義一個 Flag 子類別來處理呼叫 os.stat 或 Path.stat 所回傳的 st_mode 屬性中的檔案權限（關於 stat 函式的描述，請參閱第 11 章）：

```
import enum
import stat

class Permission(enum.Flag):
    EXEC_OTH = stat.S_IXOTH
    WRITE_OTH = stat.S_IWOTH
    READ_OTH = stat.S_IROTH
    EXEC_GRP = stat.S_IXGRP
    WRITE_GRP = stat.S_IWGRP
    READ_GRP = stat.S_IRGRP
    EXEC_USR = stat.S_IXUSR
    WRITE_USR = stat.S_IWUSR
    READ_USR = stat.S_IRUSR

    @classmethod
    def from_stat(cls, stat_result):
        return cls(stat_result.st_mode & 0o777)

from pathlib import Path

cur_dir = Path.cwd()
dir_perm = Permission.from_stat(cur_dir.stat())
if dir_perm & Permission.READ_OTH:
    print(f'{cur_dir} is readable by users outside the owner group')

# 下面會提出 TypeError: Flag 列舉不支援
# 順序的比較
print(Permission.READ_USR > Permission.READ_OTH)
```

使用列舉來代替任意的 int 或 str 可以為你的程式碼增添可讀性和型別完整性。你可以在 Python 說明文件（*https://oreil.ly/d57vE*）中找到 enum 模組的類別和方法的更多相關細節。

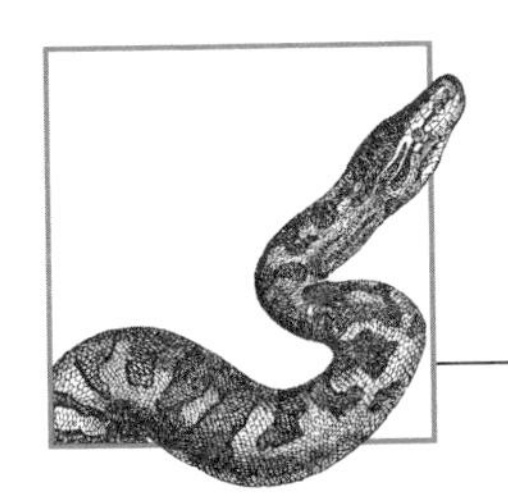

5 型別注釋

用型別資訊來注釋（annotating）你的 Python 程式碼是一個選擇性的步驟，在開發和維護一個大型專案或一個程式庫的過程中可能會非常有幫助。靜態型別檢查器（static type checkers）和 lint 工具有助於識別和定位函式引數和回傳值中的資料型別不匹配。IDE 可以使用這些**型別注釋**（*type annotations*，也稱為**型別提示**，*type hints*）來改善自動完成，並提供彈出式說明文件。第三方套件和框架可以使用型別注釋來量身打造執行時期的行為，或者根據方法和變數的型別注釋來自動生成程式碼。

Python 中的型別注釋和檢查仍在持續發展中，並且觸及許多複雜的議題。本章涵蓋型別注釋的一些最常見的用例；你可以在本章結尾列出的資源中找到更全面的學習素材。

型別注釋支援因 *Python* 版本而異

Python 支援型別注釋的功能隨著版本的推進而不斷發展，其中有一些重要的添補和刪除。本章的其餘部分將描述 Python 最新版本（3.10 及之後的版本）中的型別注釋支援，並以註記的方式指出在其他版本中可能存在或不存在的功能。

歷史

Python 本質上是一種**動態定型**（*dynamically typed*）的語言。這讓你得以透過命名和使用變數來快速開發程式碼，而不需要宣告（declare）它們。動態定型允許靈活的編程慣用語、泛用容器（generic containers）和多型（polymorphic）的資料處理，而不需要明確定義介面型別或類別階層架構。缺點是，在開發過程中，這種語言不會提供任何幫助來標示被傳入到函式或從函式回傳的型別不相容的變數。不像一些語言利用開發時的編譯步驟來檢測和回報資料型別問題，Python 仰賴開發人員維護全面的單元測試，特別是（雖然遠非唯一！[1]）透過在一系列測試案例中重現執行環境來發現資料型別錯誤。

型別注釋不強制施加

型別注釋在執行時期不會強制施加。Python 不會基於它們執行任何型別驗證或資料轉換；可執行的 Python 程式碼仍然要負責正確使用變數和函式引數。然而，型別注釋必須在語法上是正確的。一個後期匯入或動態匯入的模組若包含無效的型別注釋，就會在你執行的 Python 程式中提出一個 `SyntaxError` 例外，就像任何無效的 Python 述句一樣。

從歷史上看，沒有任何型別檢查常常被看作是 Python 的一個缺點，一些程式設計師把這當成選擇其他程式語言的理由。然而，社群希望 Python 保持其執行時期的型別自由，所以合乎邏輯的辦法是增加對靜態型別檢查的支援，這種檢查會在開發時期由類似 lint 的工具（會在下一節進一步描述）和 IDE 進行。有些人在基於剖析函式特徵式或說明文件字串的型別檢查方面進行了一些嘗試。Guido van Rossum 在 Python Developers 郵件列表（*https://oreil.ly/GFMBC*）中引用了幾個案例，表明型別注釋可能是有幫助的，例如在維護大型舊有源碼庫之時。透過注釋語法，開發工具可以進行靜態型別檢查，以強調與預期型別相衝突的變數和函式用法。

型別注釋的第一個正式版本使用特殊格式的註解（comments）來表示變數型別和回傳碼，如 PEP 484（*https://oreil.ly/61GSZ*）中所定義的，這是 Python 3.5 的一個臨時提案 PEP[2]。使用註解可以快速實作和試驗新的型別語法，而不需要修改 Python 編譯器本身[3]。第三方套件 `mypy`（*http://mypy-lang.org*）使用這些註解進行靜態型別檢查，獲得了廣泛

1 強大而廣泛的單元測試也將防止許多業務邏輯問題，那些問題是任何型別檢查都無法捕捉到的。因此，型別提示不是用來**取代**單元測試的，而是用來**補充**它們。

2 型別注釋的**語法**（*syntax*）在 Python 3.0 中就被引入，但後來才對其**語意**（*semantics*）做出規定。

3 這種做法也與當時仍在廣泛使用的 Python 2.7 程式碼相容。

的認可。隨著 Python 3.6 中 PEP 526（*https://oreil.ly/S8kI3*）被採納，型別注釋完全整合到 Python 語言本身，並在標準程式庫中加入了支援的 `typing` 模組。

型別檢查工具

隨著型別注釋成為 Python 既定的一個部分，型別檢查工具（type-checking utilities）和 IDE 外掛（plug-ins）也成為 Python 生態系統的一部分。

mypy

獨立的 `mypy`（*https://oreil.ly/6fMPM*）工具仍然是靜態型別檢查主要支柱，它總是與不斷發展的 Python 型別注釋形式保持同步（頂多差一個 Python 版本！）。`mypy` 也可以作為包括 Vim、Emacs 和 SublimeText 在內的編輯器以及 Atom、PyCharm 和 VS Code 等 IDE 的外掛使用（PyCharm、VS Code 和 Wing IDE 也在 `mypy` 之外加入了自己的型別檢查功能）。執行 `mypy` 最常用的命令單純是 **`mypy my_python_script.py`**。

你可以在 `mypy` 線上說明文件（*https://oreil.ly/rQPK0*）中找到更詳細的用法範例和命令列選項，以及一份速查表（cheat sheet，*https://oreil.ly/CT6FE*）作為方便的參考資訊。本節後面的程式碼範例將包括 `mypy` 錯誤訊息的例子，以說明使用型別檢查可以捕捉到的 Python 錯誤種類。

其他的型別檢查器

可以考慮使用的其他型別檢查器包括：

MonkeyType

Instagram 的 MonkeyType（*https://oreil.ly/RHqNo*）使用 `sys.setprofile` 掛接器（hook）在執行時期動態偵測型別；就跟 `pytype`（見下文）一樣，它也可以生成一個 *.pyi*（殘根）檔案，代替或補充在 Python 程式碼檔案本身中插入的型別注釋。

型別注釋

`pydantic`

: `pydantic`（*https://oreil.ly/-zNQj*）也在執行時期工作，但是它不會產生殘根（stubs）或插入型別注釋；取而代之，它的主要目標是剖析輸入並確保 Python 程式碼收到乾淨的資料。正如線上說明文件（*https://oreil.ly/0Ucvm*）中所述，它還允許你為自己的環境擴充其驗證功能。請參閱第 696 頁的「FastAPI」，以了解一個簡單的例子。

Pylance

: Pylance（*https://oreil.ly/uB5XN*）是一個型別檢查模組，主要是為了將 Pyright（見下文）內嵌到 VS Code 中。

Pyre

: Facebook 的 Pyre（*https://oreil.ly/HJ-qQ*）也可以生成 *.pyi* 檔案。它目前不能在 Windows 上執行，除非你安裝了 Windows Subsystem for Linux（WSL，*https://oreil.ly/DwB82*）。

Pyright

: Pyright（*https://oreil.ly/wwuA8*）是 Microsoft 的靜態型別檢查工具，可作為一個命令列工具或 VS Code 的擴充功能。

`pytype`

: 來自 Google 的 `pytype`（*https://oreil.ly/QuhCB*）是一個靜態型別檢查器，除了型別注釋之外，它還專注於**型別推論**（*type inferencing*，甚至在沒有型別提示的情況下也能提供建議）。型別推論提供了強大的能力來檢測型別錯誤，即使在沒有注釋的程式碼中也是如此。`pytype` 也可以生成 *.pyi* 檔案，並把殘根檔（stub files）合併到 *.py* 原始碼中（最新版的 `mypy` 在這方面也跟進了）。目前，除非你先安裝 WSL（*https://oreil.ly/7G_j-*），否則 `pytype` 無法在 Windows 上執行。

來自多個主要軟體組織的型別檢查應用程式的湧現，證明了 Python 開發人員社群對使用型別注釋的廣泛興趣。

型別注釋語法

在 Python 中，一個**型別注釋**（*type annotation*）是用下列形式指定的：

```
identifier: type_specification
```

type_specification 可以是任何 Python 運算式，但通常涉及一或多個內建型別（舉例來說，僅僅只提到一個 Python 型別，就可以算是一個完全有效的運算式了）、或從 `typing` 模組匯入的屬性（會在下一節討論）。典型的形式為：

```
type_specifier[type_parameter, ...]
```

下面是用作變數型別注釋的型別運算式的一些例子：

```
import typing

# 一個 int
count: int

# 一個串列的 int，帶有一個預設值
counts: list[int] = []

# 一個有 str 鍵值的 dict，其值是包含 2 個 int 和一個 str 的元組
employee_data: dict[str, tuple[int, int, str]]

# 一個可呼叫物件，接受一個 str 或 byte 引數，並回傳一個 bool 值
str_predicate_function: typing.Callable[[str | bytes], bool]

# 一個帶有 str 鍵值的 dict，其值是接受和回傳
# 一個 int 的函式
str_function_map: dict[str, typing.Callable[[int], int]] = {
    'square': lambda x: x * x,
    'cube': lambda x: x * x * x,
}
```

請注意，**`lambda`** 並不接受型別注釋。

Python 3.9 和 3.10 中的型別語法變化

在本書所講述的 Python 版本中，型別注釋最重要的變化之一是在 Python 3.9 中新增了使用內建 Python 型別的支援，如這些例子中所示。

-3.9 在 Python 3.9 之前，這些注釋需要使用從 `typing` 模組匯入的型別名稱，如 `Dict`、`List`、`Tuple` 等。

3.10+ Python 3.10 新增了使用 | 表示替代型別（alternative types）的支援，以作為 Union[*atype*,*btype*, ...] 記號更可讀、更簡潔的替代方式。| 運算子也能用來以 *atype* | None 替換 Optional[*atype*]。

舉例來說，前面的 str_predicate_function 定義會接受以下形式之一，取決於你的 Python 版本：

```
# 在 3.10 之前，指定替代型別
# 需要使用 Union 型別
from typing import Callable, Union
str_predicate_function: Callable[Union[str, bytes], bool]

# 在 3.9 之前，諸如 list、tuple、dict、set 等
# 內建型別需要從 typing 模組
# 匯入型別
from typing import Dict, Tuple, Callable, Union
employee_data: Dict[str, Tuple[int, int, str]]
str_predicate_function: Callable[Union[str, bytes], bool]
```

要用回傳型別來注釋一個函式，請使用以下形式：

```
def identifier(argument, ...) -> type_specification :
```

其中每個 *argument* 都接受這種形式：

```
identifier[: type_specification[ = default_value]]
```

這裡有經過注釋的一個函式的例子：

```
def pad(a: list[str], min_len: int = 1, padstr: str = ' ') ->
list[str]:
    """ 給定一個字串串列和一個最小長度，
       回傳一個用「padding」字串延伸的串列複本，
       使其至少達到那個最小長度。
    """
    return a + ([padstr] * (min_len - len(a)))
```

注意，如果一個經過注釋的參數有一個預設值，PEP 8 建議在等號周圍使用空格。

尚未完全定義的前向參考型別（*Forward-Referencing Types*）

有時，一個函式或變數定義需要參考一個尚未定義的型別。這在類別方法或必須定義當前類別的引數或回傳值的方法中很常見。這些函式的特徵式是在編譯時期被剖析的，而那時型別還沒有被定義。舉例來說，這個 classmethod 會編譯失敗：

```
class A:
    @classmethod
    def factory_method(cls) -> A:
        # ... 方法主體在此 ...
```

由於 Python 在編譯 factory_method 時還沒有定義類別 A，所以程式碼會提出 NameError。

將回傳型別 A 用引號（quotes）圍起來可以解決這個問題：

```
class A:
    @classmethod
    def factory_method(cls) -> 'A':
        # ... 方法主體在此 ...
```

未來的 Python 版本可能會將型別注釋的估算推遲到執行時期，從而沒必要使用外圍的引號（Python 的 Steering Committee 正在評估各種可能性）。你可以使用 **from** __future__ **import** annotations 來預覽這種行為。

typing 模組

typing 模組支援型別提示。它包含在建立型別注釋時有用的定義，包括：

- 用於定義型別的類別和函式
- 用於修改型別運算式的類別和函式
- 抽象基礎類別（ABC）
- 協定（Protocols）
- 工具和裝飾器
- 用於定義自訂型別的類別

型別

typing 模組的最初實作包括與 Python 內建容器和其他型別、以及來自標準程式庫模組的型別相對應的型別定義。這些型別中有許多後來都被棄用了（見下文），但是有些仍然有用，因為它們並不直接對應於任何 Python 內建型別。表 5-1 列出在 Python 3.9 及之後版本中仍然有用的型別。

表 5-1　typing 模組中的實用定義

型別	說明
Any	匹配任何型別。
AnyStr	相當於 str | bytes。AnyStr 是用來注釋函式引數和回傳型別的，其中任一種字串型別都是可以接受的，但是在多個引數之間，或在引數和回傳型別之間都不應該混合使用。
BinaryIO	匹配具有二進位（bytes）內容的串流（streams），如那些從 mode='b' 的 open，或 io.BytesIO 回傳的串流。
Callable	Callable[[*argument_type*, ...], *return_type*] 為一個可呼叫物件定義型別特徵式。接受與可呼叫物件的引數相對應的型別構成的一個串列，以及函式回傳值的型別。如果可呼叫物件沒有引數，就用一個空串列 [] 表示。如果可呼叫物件沒有回傳值，則使用 **None** 作為 *return_type*。
IO	等同於 BinaryIO | TextIO。
Literal [*expression*,...]	**3.8+** 指定一個變數可以接受的有效值所成的一個串列。
LiteralString	**3.11+** 指定必須實作為字面引號值（literal quoted value）的一個 str。用於防止程式碼遭受注入（injection）攻擊。
NoReturn	用作「永遠執行」的函式之回傳型別，例如那些不會回傳的 http.serve_forever 或 event_loop.run_forever 呼叫。這不是為那些單純回傳而沒有明確值的函式所準備的；對於那些函式，請使用 -> **None**。關於回傳型別的更多討論，可以在第 226 頁的「為現有程式碼新增型別注釋（逐步定型）」中找到。
Self	**3.11+** 作為 **return** self 的實體函式之回傳型別（以及其他一些情況，如 PEP 673（*https://oreil.ly/NMMaw*）中的例子所示）。
TextIO	匹配有文字（str）內容的串列，比如那些從 mode='t' 的 open，或 io.StringIO 回傳的串流。

-3.9 在 3.9 之前，typing 模組中的定義被用來建立代表內建型別的型別，例如 List[int] 代表 int 的一個串列（list）。從 3.9 開始，那些名稱被棄用了，因為它們相應的內建或標準程式庫型別現在都支援 [] 語法了：一個 int 的串列現在可以單純使用 list[int] 來定型。表 5-2 列出在 Python 3.9 之前，對使用內建型別的型別注釋來說是必要的 typing 模組定義。

表 5-2　Python 內建型別和它們在 typing 模組中 3.9 之前的定義

內建型別	3.9 之前的 typing 模組等價物
dict	Dict
frozenset	FrozenSet
list	List
set	Set
str	Text
tuple	Tuple
type	Type
collections.ChainMap	ChainMap
collections.Counter	Counter
collections.defaultdict	DefaultDict
collections.deque	Deque
collections.OrderedDict	OrderedDict
re.Match	Match
re.Pattern	Pattern

型別運算式參數

在 typing 模組中定義的一些型別會修飾其他的型別運算式。表 5-3 中列出的型別會為 *type_expression* 中的經過修飾的型別提供額外的型別資訊或限制。

表 5-3　型別運算式參數

參數	用法和說明
Annotated	Annotated[*type_expression*, *expression*, ...] 3.9+ 用額外的詮釋資料（metadata）擴充了 *type_expression*。函式 *fn* 額外的詮釋資料值可以在執行時期使用 get_type_hints(*fn*, include_extras=**True**) 取得。
ClassVar	ClassVar[*type_expression*] 表示該變數是一個類別變數（class variable），不應該被指定為實體變數。
Final	Final[*type_expression*] 3.8+ 表示該變數不應該在子類別中被寫入或覆寫。
Optional	Optional[*type_expression*] 等同於 *type_expression* | **None**。通常用於預設值為 **None** 的具名引數（Optional 不會自動將 **None** 定義為預設值，所以你仍然必須在函式特徵式中用 =**None** 跟隨它）。3.10+ 隨著指定替代型別屬性的 | 運算子的出現，人們越來越傾向於選用 *type_expression* | **None**，而非使用 Optional[*type_expression*]。

抽象基礎類別

就像內建型別一樣，最初的 typing 模組實作包括與 collections.abc 模組中的抽象基礎類別（abstract base classes）相對應的型別定義。這些型別中有許多後來都被棄用了（見下文），但是有兩個定義仍然作為 ABC 的別名（aliases）被保留在 collections.abc 中（參閱表 5-4）。

表 5-4　抽象基礎類別的別名

型別	子類別必須實作的方法
Hashable	__hash__
Sized	__len__

-3.9 在 Python 3.9 之前，在 typing 模組中的下列定義代表了在 collections.abc 模組中定義的抽象基礎類別，例如 Sequence[int] 表示 int 的一個序列（sequence）。從 3.9 開始，typing 模組中的這些名稱被棄用了，因為它們在 collections.abc 中的相應型別現在支援 [] 語法了：

```
AbstractSet            Container        Mapping
AsyncContextManager    ContextManager   MappingView
AsyncGenerator         Coroutine        MutableMapping
AsyncIterable          Generator        MutableSequence
```

```
AsyncIterator        ItemsView       MutableSet
Awaitable            Iterable        Reversible
ByteString           Iterator        Sequence
Collection           KeysView        ValuesView
```

協定

typing 模組定義了幾個協定（*protocols*），這類似於其他一些語言所說的「介面（interfaces）」。協定是抽象基礎類別，主要用途是簡潔地表達對一個型別的限制，確保它包含特定的某些方法。目前在 typing 模組中定義的每個協定都與一個特殊方法有關，其名稱以 Supports 開頭，後面接著方法的名稱（然而，其他程式庫，如定義在 typeshed（*https://oreil.ly/adB9Z*）中的那些，不需要遵循同樣的約束）。協定可被用來當作判斷一個類別對於該協定能力支援情況的一個最簡抽象類別：類別想要遵從一個協定，需要做的就只是實作該協定的特殊方法。

表 5-5 列出 typing 模組中定義的協定。

表 5-5　typing 模組中的協定及其必要方法

協定	擁有方法
SupportsAbs	__abs__
SupportsBytes	__bytes__
SupportsComplex	__complex__
SupportsFloat	__float__
SupportsIndex 3.8+	__index__
SupportsInt	__int__
SupportsRound	__round__

一個類別若希望滿足 issubclass(*cls, protocol_type*)，或者讓它的實體滿足 isinstance(*obj, protocol_type*)，並不需要明確地繼承一個協定。該類別只需要實作協定中定義的方法就行了。舉例來說，想像一下，實作羅馬數字（Roman numerals）的一個類別：

```
class RomanNumeral:
    """代表羅馬數字和它們
       int 值的類別
    """
    int_values = {'I': 1, 'II': 2, 'III': 3, 'IV': 4, 'V': 5}
```

```
    def __init__(self, label: str):
        self.label = label

    def __int__(self) -> int:
        return RomanNumeral.int_values[self.label]
```

要建立這個類別的一個實體（例如為了表示一部電影的續集）並獲得其值，你可以使用下列程式碼：

```
>>> movie_sequel = RomanNumeral('II')
>>> print(int(movie_sequel))
2
```

RomanNumeral 滿足 issubclass 以及 isinstance 與 SupportsInt 的檢查，因為它實作了 __int__，儘管它沒有明確繼承自協定類別 SupportsInt[4]：

```
>>> issubclass(RomanNumeral, typing.SupportsInt)
True
>>> isinstance(movie_sequel, typing.SupportsInt)
True
```

工具與裝飾器

表 5-6 列出在 typing 模組中定義的常用函式和裝飾器；後面接著幾個例子。

表 5-6　在 typing 模組中定義的常用函式和裝飾器

函式 / 裝飾器	用法與說明
cast	cast(*type*, *var*) 向靜態型別檢查器發出訊號，指出 *var* 應該被視為型別 *type*。回傳 *var*；在執行時期，*var* 不會有任何變化、轉換或驗證。參閱表後的例子。
final	@final **3.8+** 用來在類別定義中裝飾一個方法，以在該方法於子類別中被覆寫時發出警告。也可以作為一個類別裝飾器，在類別本身被子類別化時發出警告。
get_args	get_args(*custom_type*) 回傳用於建構一個自訂型別（custom type）的引數。
get_origin	get_origin(*custom_type*) **3.8+** 回傳用於建構自訂型別的基礎型別（base type）。

4　而 SupportsInt 使用 runtime_checkable 裝飾器。

函式 / 裝飾器	用法與說明
get_type_hints	get_type_hints(*obj*) 回傳結果，就像存取 *obj.__annotations__* 一樣。能以選擇性的 globalns 和 localns 命名空間引數來解析以字串形式給定的前向型別參考（forward type references），或用選擇性的 Boolean include_extras 引數來包含任何使用 Annotations 新增的非定型注釋（nontyping annotations）。
NewType	NewType(*type_name*, *type*) 定義一個從 *type* 衍生出來的自訂型別。*type_name* 是一個字串，應該與 NewType 被指定的區域變數相匹配。對於區分常見型別的不同用途很有用，舉例來說，用於雇員姓名的 str 和用於部門名稱的 str。關於這個函式的更多資訊，請參閱第 223 頁的「NewType」。
no_type_check	@no_type_check 用來表示注釋不打算作為型別資訊使用。可應用於類別或函式。
no_type_check_decorator	@no_type_check_decorator 用來為另一個裝飾器新增 no_type_check 行為。
overload	@overload 用來允許定義出具有相同名稱、但在特徵式中具有不同型別的多個方法。參閱表後的例子。
runtime_checkable	@runtime_checkable **3.8+** 用來為自訂協定類別新增 isinstance 和 issubclass 支援。關於這個裝飾器的更多資訊，請參閱第 224 頁的「執行時期使用型別注釋」。
TypeAlias	*name*: TypeAlias = *type_expression* **3.10+** 用來區分型別別名（type alias）的定義和簡單的指定（simple assignment）。在 *type_expression* 是一個簡單的類別名稱，或指向尚未定義的類別的一個字串值的情況下最有用，那看起來可能像是一個指定。TypeAlias 只能在模組範疇（module scope）使用。一種常見的用法是讓我們更容易一致地重複使用一個冗長的型別運算式，例如：Number: TypeAlias = int | float | Fraction。關於這個注釋的更多資訊，請參閱第 222 頁的「TypeAlias」。
type_check_only	@type_check_only 用於表示該類別或函式僅在型別檢查時使用，在執行時期無法取用。
TYPE_CHECKING	一個特殊的常數，靜態型別檢查器估算為 **True**，但在執行時期被設定為 **False**。使用這個常數來跳過匯入緩慢、而且單純只用來支援型別檢查的大型模組之匯入（這樣在執行時期就不需要匯入）。

函式 / 裝飾器	用法與說明
TypeVar	TypeVar(*type_name*, **types*) 定義一個型別運算式元素，用於使用 Generic 的複雜泛用型別（generic types）。*type_name* 是一個字串，應該與 TypeVar 被指定的區域變數相匹配。如果沒有給出 *types*，那麼所關聯的 Generic 將接受任何型別。如果有給定 *types*，那麼 Generic 將只接受所提供的任何型別或其子類別的實體。也接受具名的 Boolean 引數 covariant 和 contravariant（兩者都預設為 False），以及引數 bound。這些在第 216 頁的「泛型和 TypeVar」以及 typing 模組的說明文件（*https://oreil.ly/069u4*）中會有更詳細的描述。

在型別檢查時期使用 overload 來標示必須以特定組合使用的具名引數。在這種情況下，必須用 str 鍵值和 int 值的一個對組來呼叫 fn，或者用單一的 bool 值：

```
@typing.overload
def fn(*, key: str, value: int):
    ...

@typing.overload
def fn(*, strict: bool):
    ...

def fn(**kwargs):
    # 實作放在這裡，包括不同具名引數
    # 的處理工作
    pass

# 有效呼叫
fn(key='abc', value=100)
fn(strict=True)

# 無效呼叫
fn(1)
fn('abc')
fn('abc', 100)
fn(key='abc')
fn(True)
fn(strict=True, value=100)
```

注意，overload 裝飾器純粹是用於靜態型別檢查。要想在執行時期根據參數型別實際分派（dispatch）到不同的方法，請使用 functools.singledispatch。

使用 cast 函式迫使型別檢查器在 cast 的範疇內將一個變數視為某個特定型別：

```
def func(x: list[int] | list[str]):
    try:
        return sum(x)
    except TypeError:
        x = cast(list[str], x)
        return ','.join(x)
```

謹慎使用 *cast*

cast（強制轉型）是覆寫任何推論或先前注釋的一種方式，這些推論或注釋可能存在於你程式碼中的特定位置。這可能會隱藏你程式碼中的實際型別錯誤，使型別檢查的過程不完整或不準確。前面例子中的 func 本身沒有引起任何 mypy 警告，但是如果被傳入混合了 int 和 str 的一個串列，則會在執行時期失敗。

定義自訂型別

正如 Python 的 **class** 語法允許創建新的執行時期型別和行為一樣，本節中討論的 typing 模組構造可以為高階型別檢查建立專門的型別運算式。

typing 模組包括三個類別，你的類別可以繼承這些類別，以獲得型別定義和其他預設功能，這些類別列於表 5-7。

表 5-7 用於定義自訂型別的基礎類別

Generic	Generic[*type_var*, ...] 定義出一個用於型別檢查的抽象基礎類別（type-checking abstract base class），適用於其方法會參考一或多個由 TypeVar 所定義的型別的那些類別。泛型在後面的章節中會有更詳細的描述。
NamedTuple	NamedTuple collections.namedtuple 的一個具型實作（typed implementation）。更多的細節和例子見第 218 頁的「NamedTuple」。
TypedDict	TypedDict **3.8+** 定義了一個型別檢查用的 dict，它有特定的鍵值和每個鍵值的值型別。細節請參閱第 219 頁的「TypedDict」。

型別注釋

泛型和 TypeVar

泛型（*generics*）是為類別定義樣板（template）的型別，它可以根據一或多個型別參數（type parameters）來調整其方法特徵式的型別注釋。舉例來說，dict 這個泛型接受兩個型別參數：字典鍵值的型別和字典值的型別。下面是 dict 如何被用來定義一個將顏色名稱映射到 RGB 三元組（triples）的字典：

```
color_lookup: dict[str, tuple[int, int, int]] = {}
```

變數 color_lookup 會支援像這樣的述句：

```
color_lookup['red'] = (255, 0, 0)
color_lookup['red'][2]
```

然而，由於鍵值或值型別不匹配，以下述句產生了 mypy 錯誤：

```
color_lookup[0]

error: Invalid index type "int" for "dict[str, tuple[int, int, int]]";
expected type "str"

color_lookup['red'] = (255, 0, 0, 0)

error: Incompatible types in assignment (expression has type
"tuple[int, int, int, int]", target has type "tuple[int, int, int]")
```

泛型允許在一個類別中定義行為，而且獨立於該類別所處理之物件的具體型別。泛型通常用來定義容器型別（container types），如 dict、list、set 等。藉由定義泛用型別（generic type），我們避免了為 DictOfStrInt、DictOfIntEmployee 等詳盡定義出型別的必要性。取而代之，一個泛用的 dict 被定義為 dict[*KT*, *VT*]，其中 *KT* 和 *VT* 是 dict 的鍵值型別和值型別的佔位符，任何特定 dict 的具體型別都可以在 dict 實體化時定義。

作為一個例子，讓我們定義一個假想的泛型類別（generic class）：一個可以用值更新的累加器（accumulator），但它也支援一個 undo 方法。由於累加器是一種泛型容器（generic container），我們宣告一個 TypeVar 來表示所含物件的型別：

```
import typing
T = typing.TypeVar('T')
```

Accumulator 類別被定義為 Generic 的一個子類別，T 是一個型別參數。這裡是該類別的宣告和它的 __init__ 方法，它建立了一個內含的 T 型別物件串列，最初為空：

```
class Accumulator(typing.Generic[T]):
    def __init__(self):
        self._contents: list[T] = []
```

為了添加 update 和 undo 方法，我們定義了會參考所含物件的引數為 T 型別：

```
    def update(self, *args: T) -> None:
        self._contents.extend(args)

    def undo(self) -> None:
        # 移除最後新增的價值
        if self._contents:
            self._contents.pop()
```

最後，我們添加了 __len__ 和 __iter__ 方法，以便 Accumulator 實體可以被迭代：

```
    def __len__(self) -> int:
        return len(self._contents)

    def __iter__(self) -> typing.Iterator[T]:
        return iter(self._contents)
```

現在這個類別可以用來編寫程式碼，使用 Accumulator[int] 來收集一些 int 值：

```
acc: Accumulator[int] = Accumulator()
acc.update(1, 2, 3)
print(sum(acc))  # 印出 6
acc.undo()
print(sum(acc))  # 印出 3
```

因為 acc 是包含 int 的一個 Accumulator，以下述句會產生 mypy 錯誤訊息：

```
acc.update('A')

error: Argument 1 to "update" of "Accumulator" has incompatible type
"str"; expected "int"

print(''.join(acc))

error: Argument 1 to "join" of "str" has incompatible type
"Accumulator[int]"; expected "Iterable[str]"
```

型別注釋

將 TypeVar 限制為特定型別

在 Accumulator 類別中，我們沒有在任何地方直接對所包含的 T 物件本身呼叫方法。就這個例子而言，T 這個 TypeVar 純粹是未具型的（untyped），所以像 mypy 這樣的型別檢查器無法推論出 T 物件的任何屬性或方法之存在。如果泛型需要存取它所包含的 T 物件之屬性，那就應該使用 TypeVar 一種修改過的形式來定義 T。

下面是 TypeVar 定義的一些例子：

```
# T 必須是所列型別之一（int、float、complex 或 str）
T = typing.TypeVar('T', int, float, complex, str)
# T 必須是 MyClass 類別或 MyClass 類別的一個子類別
T = typing.TypeVar('T', bound=MyClass)
# T 必須實作 __len__ 才能成為 Sized 協定的一個有效子類別
T = typing.TypeVar('T', bound=collections.abc.Sized)
```

這些形式的 T 可讓定義於 T 的泛型使用 T 的 TypeVar 定義中這些型別的方法。

NamedTuple

collections.namedtuple 函式簡化了類似類別的元組（class-like tuple）型別之定義，它支援對元組元素的具名存取（named access）。NamedTuple 提供這種功能的具型版本，這種類別具備了跟 dataclasses 類似的屬性語法（在第 195 頁的「資料類別」中有提及）。下面是有四個元素的一個 NamedTuple，具有名稱、型別和選擇性的預設值：

```
class HouseListingTuple(typing.NamedTuple):
    address: str
    list_price: int
    square_footage: int = 0
    condition: str = 'Good'
```

NamedTuple 類別會產生一個預設的建構器（constructor），為每個具名欄位接受位置引數或具名引數：

```
listing1 = HouseListingTuple(
    address='123 Main',
    list_price=100_000,
    square_footage=2400,
    condition='Good',
)
```

```
print(listing1.address)  # 印出： 123 Main
print(type(listing1))    # 印出： <class 'HouseListingTuple'>
```

試圖建立一個元素太少的元組會引起一個執行時期錯誤：

```
listing2 = HouseListingTuple(
    '123 Main',
)
# 提出一個執行時期錯誤：TypeError: HouseListingTuple.__new__()
# missing 1 required positional argument: 'list_price'
```

TypedDict

3.8+ Python 的 dict 變數在舊有的源碼庫中經常難以解讀，因為 dict 有兩種使用方式：作為鍵值與值對組的群集（collections of key/value pairs，比如從使用者 ID 到使用者名稱的映射），以及將已知欄位名映射到值的記錄（records）。通常很容易看出，一個函式引數要以 dict 的形式傳入，但實際的鍵值和值之型別取決於可能呼叫該函式的程式碼。除了簡單地定義一個 dict 可以是 str 值到 int 值的一個映射（mapping），如 dict[str, int]，一個 TypedDict 還定義了預期的鍵值和每個對應值的型別。下面的例子定義前面房屋清單（house listing）型別的 TypedDict 版本（注意 TypedDict 並不接受預設值的定義）：

```
class HouseListingDict(typing.TypedDict):
    address: str
    list_price: int
    square_footage: int
    condition: str
```

TypedDict 類別產生一個預設的建構器，為定義的每個鍵值接受具名的引數：

```
listing1 = HouseListingDict(
    address='123 Main',
    list_price=100_000,
    square_footage=2400,
    condition='Good',
)

print(listing1['address'])  # 印出 123 Main
print(type(listing1))  # 印出 <class 'dict'>

listing2 = HouseListingDict(
    address='124 Main',
    list_price=110_000,
)
```

與 NamedTuple 的例子不同，listing2 不會提出執行時期錯誤，單純用給定的鍵值來建立一個 dict。然而，mypy 會將 listing2 標示為一種型別錯誤，並給出訊息：

```
error: Missing keys ("square_footage", "condition") for TypedDict
"HouseListing"
```

為了向型別檢查器表明一些鍵值可以被省略（但仍要驗證那些被給定的鍵值），請為類別宣告加上 total=False：

```
class HouseListing(typing.TypedDict, total=False):
    # ...
```

3.11+ 個別欄位也可以使用 Required 或 NotRequired 型別注釋來明確地將它們標示為必要或選擇性的：

```
class HouseListing(typing.TypedDict):
    address: typing.Required[str]
    list_price: int
    square_footage: typing.NotRequired[int]
    condition: str
```

TypedDict 也可以用來定義一個泛用型別：

```
T = typing.TypeVar('T')

class Node(typing.TypedDict, typing.Generic[T]):
    label: T
    neighbors: list[T]

n = Node(label='Acme', neighbors=['anvil', 'magnet', 'bird seed'])
```

*不要使用舊有的 TypedDict(name, **fields) 格式*

為了支援對於舊版 Python 的後向移植（backporting），TypedDict 的最初版本也讓你使用類似於 namedtuple 的語法，比如：

```
HouseListing = TypedDict('HouseListing',
                         address=str,
                         list_price=int,
                         square_footage=int,
                         condition=str)
```

或

```
HouseListing = TypedDict('HouseListing',
                         {'address': str,
                          'list_price': int,
                          'square_footage': int,
                          'condition': str})
```

這些形式在 Python 3.11 被棄用，並計畫在 Python 3.13 移除。

請注意，TypedDict 實際上並沒有定義一個新的型別。透過繼承 TypedDict 所建立的類別實際上是作為 dict 的工廠，因此從它們建立出來的實體會是 dict。重複使用之前定義 Node 類別的程式碼片段，我們可以使用 type 內建函式看到這一點：

```
n = Node(label='Acme', neighbors=['anvil', 'magnet', 'bird seed'])
print(type(n))           # 印出： <class 'dict'>
print(type(n) is dict)   # 印出： True
```

使用 TypedDict 時，沒有特殊的執行時期轉換或初始化；TypedDict 的好處是靜態型別檢查和自我說明（self documentation），這些都是使用型別注釋自然產生的。

型別注釋

你應該使用哪一種，NamedTuple 還是 TypedDict？

這兩種資料型別就其支援的功能方面似乎相似，但還是有顯著的差異存在，應有助於你判斷要使用哪一種。

NamedTuple 是不可變的，所以它們可以被用作字典的鍵值或儲存在集合中，並且在本質上可以安全地跨執行緒（threads）共用。由於一個 NamedTuple 物件是一個元組，你可以單純透過迭代依序獲得其特性值。然而，為了獲得屬性名稱，你需要使用特殊的 __annotations__ 屬性。

由於用 TypedDict 建立的類別實際上是 dict 的工廠，從它們建立出來的實體是 dict，具有 dict 的所有行為和屬性。它們是可變的，所以它們的值可以在不創建新容器實體的情況下被更新，而且它們支援所有的 dict 方法，比如 keys、values 和 items。它們也很容易用 JSON 或 pickle 進行序列化（serialized）。然而，由於是可變的，它們不能被用作另一個 dict 的鍵值，也不能被儲存在一個 set 中。

與 NamedTuple 相比，TypedDict 對於缺少的鍵值更為寬容。如果建構一個 TypedDict 時遺漏了一個鍵值，不會有錯誤產生（儘管你會從靜態型別檢查器得到一個型別檢查警告）。另一方面，如果在建構 NamedTuple 時省略了一個屬性，就會提出一個執行時期的 TypeError。

簡而言之，對於何時使用 NamedTuple 或 TypedDict，並沒有普遍適用的規則。在判斷要使用 NamedTuple 或是 TypedDict 時，請考慮這些替代行為、以及它們與你程式和這些資料物件的使用之間的關係，而且也別忘記另一種通常更可取的替代方式，即使用一個 dataclass（在第 195 頁的「資料類別」中提及）！

TypeAlias

3.10+ 定義一個簡單的型別別名（type alias）可能會被誤解為將一個類別指定給一個變數。舉例來說，這裡我們為資料庫中的記錄識別碼（record identifiers）定義了一個型別：

```
Identifier = int
```

為了清楚表明這個述句是要定義一個自訂的型別名稱，以便進行型別檢查，請使用 TypeAlias：

```
Identifier: TypeAlias = int
```

要為一個尚未定義，所以需要作為一個字串值來參考的型別定義一個別名時，TypeAlias 也很有用：

```
# Python 會像對待一個標準的 str 指定一樣對待它
TBDType = 'ClassNotDefinedYet'

# 指出這實際上是對一個類別的前向參考
TBDType: TypeAlias = 'ClassNotDefinedYet'
```

TypeAlias 型別只能在模組範疇（module scope）定義。使用 TypeAlias 定義的自訂型別能與目標型別互換使用。請對比 TypeAlias（它不會創建一個新型別，只是為一個現有型別提供一個新名稱）和 NewType（會在下一節中提及），後者確實會創建一個新的型別。

NewType

NewType 允許你定義應用程式限定的子型別，以避免為不同變數使用同一型別可能導致的混亂。舉例來說，如果你的程式對不同型別的資料都使用 str 值，就很容易意外地互換其值。假設你有一個為部門（departments）中的雇員（employees）建立模型的程式。下面的型別宣告就沒有充分的說明，到底哪個是鍵值，哪個是值？

```
employee_department_map: dict[str, str] = {}
```

為雇員和部門 ID 定義型別使這種宣告更加清晰：

```
EmpId = typing.NewType('EmpId', str)
DeptId = typing.NewType('DeptId', str)
employee_department_map: dict[EmpId, DeptId] = {}
```

這些型別定義也將允許型別檢查器標示出這種不正確的用法：

```
def transfer_employee(empid: EmpId, to_dept: DeptId):
    # 為雇員更新部門
     employee_department_map[to_dept] = empid
```

執行 mypy 時，對於 employee_department_map[to_dept] = empid 這一行會回報這些錯誤：

```
error: Invalid index type "DeptId" for "Dict[EmpId, DeptId]"; expected
type "EmpId"
error: Incompatible types in assignment (expression has type "EmpId",
target has type "DeptId")
```

使用 NewType 時，往往也需要使用 typing.cast；舉例來說，要建立一個 EmpId，你需要將一個 str 強制轉型（cast）為 EmpId 型別。

你也可以使用 NewType 來指出應用程式限定型別所需的實作型別。舉例來說，美國基本的郵遞區號是五位數字。常會見到這使用 int 來實作，但這對於有前導 0 的郵遞區號來說是有問題的。為了表明郵遞區號應該使用 str 來實作，你的程式碼可以定義這種型別檢查用的型別：

```
ZipCode = typing.NewType("ZipCode", str)
```

使用 ZipCode 對變數和函式引數進行注釋，將有助於標示出為郵遞區號值使用 int 的錯誤。

執行時期使用型別注釋

函式和類別的變數注釋可以透過存取函式或類別的 __annotations__ 屬性來進行檢視（儘管更好的實務做法（*https://oreil.ly/r-YsZ*）是呼叫 inspect.get_annotations()）：

```
>>> def f(a:list[str], b) -> int:
...     pass
...
>>> f.__annotations__
{'a': list[str], 'return': <class 'int'>}
>>> class Customer:
...     name: str
...     reward_points: int = 0
...
>>> Customer.__annotations__
{'name': <class 'str'>, 'reward_points': <class 'int'>}
```

pydantic 和 FastAPI 等第三方套件使用這一功能來提供額外的程式碼生成和驗證能力。

3.8+ 要定義你自己的支援執行時期 issubclass 和 isinstance 檢查的自訂協定類別，請將該類別定義為 typing.Protocol 的子類別，為必要的協定方法提供空的方法定義，並以 @runtime_checkable 來裝飾該類別（在表 5-6 中提及）。如果你沒有用 @runtime_checkable 來裝飾它，你仍然是在定義一個對靜態型別檢查相當有用的協定，但它不能用 issubclass 和 isinstance 來進行執行時期的檢查。

舉例來說，我們可以定義一個協定，指出一個類別有實作 update 和 undo 方法（Python 的 Ellipsis，即 ...，是表示一個空方法定義的便利語法），像這樣：

```
T = typing.TypeVar('T')

@typing.runtime_checkable
class SupportsUpdateUndo(typing.Protocol):
    def update(self, *args: T) -> None:
        ...
    def undo(self) -> None:
        ...
```

在不對 Accumulator（定義於第 216 頁的「泛型和 TypeVar」）的繼承路徑做任何改變的情況下，它現在可以滿足執行時期對於 SupportsUpdateUndo 的型別檢查：

```
>>> issubclass(Accumulator, SupportsUpdateUndo)
True

>>> isinstance(acc, SupportsUpdateUndo)
True
```

此外，實作 update 和 undo 方法的任何其他類別，現在都有資格成為 SupportsUpdateUndo「子類別」。

如何在你的程式碼中新增型別注釋

在看到使用型別注釋所提供的一些能力後，你可能想知道起步的最佳方式。本節描述添加型別注釋的一些場景和做法。

為新程式碼添加型別注釋

當你開始撰寫一個簡短的 Python 指令稿時，添加型別注釋看起來可能是一種非必要的額外負擔。作為「Two Pizza Rule」（*https://oreil.ly/SWLnG*）的衍生品，我們建議採用「Two Function Rule」：一旦你的指令稿包含兩個函式或方法，就回頭為方法特徵式和任何共用的變數或型別添加型別注釋，如果有必要的話。使用 TypedDict 來注釋用來代替類別的任何 dict 結構，如此 dict 的鍵值一開始就會清楚地定義，或是在過程中被記錄下來；使用 NamedTuples（或者 dataclass：本書作者中有些人強烈偏好後一種選擇）來定義這些資料「捆包（bundles）」所需的具體屬性。

如果你正在開始進行一個有許多模組和類別的大型專案，那麼你絕對應該從一開始就使用型別注釋。它們可以輕易讓你的工作效率提高，因為有助於避免常見的命名和型別錯誤，並確保你在 IDE 中工作時，能得到更全面的自動完成（autocompletion）支援。這在有多位開發人員的專案中甚至更為重要：有說明文件記錄的型別有助於告訴團隊中的每個人，我們對於整個專案中所使用的型別和值有何期望。在程式碼本身之中捕捉這些型別，能使它們在開發過程中可以立即被取用和看見，這比單獨的說明文件或規格要好得多。

如果你正在開發會跨專案共用的程式庫，那麼你也應該從一開始就使用型別注釋，而且它們很可能與你 API 設計中的函式特徵式相仿。在一個程式庫中擁有型別注釋將使你客戶端開發人員的工作更輕鬆，因為所有現代 IDE 都包括型別注釋外掛，以支援靜態型別檢查和函式自動完成和說明文件。編寫單元測試（unit tests）時，它們也能幫助你，因為你會從同樣豐富的 IDE 支援功能中受益。

對於所有的這些專案，在提交前的掛接器（pre-commit hooks）上新增一個型別檢查工具，這樣你就可以搶先一步找出可能悄悄溜進你新源碼庫的任何型別違規行為。如此一來，你就能在它們發生之時修復它們，而非等到你做了一個大型的提交（commit）時，才發現你在多個地方犯了一些基本的型別錯誤。

為現有程式碼新增型別注釋（逐步定型）

有幾家公司執行過將型別注釋套用於大型現有源碼庫（codebases）的專案，他們推薦一種漸進的方法，被稱為**逐步定型**（*gradual typing*）。透過逐步定型，你能以循序漸進的方式處理你的源碼庫，逐次新增和驗證幾個類別或模組的型別注釋。

有些工具，像是 `mypy`，能讓你逐個函式新增型別注釋。`mypy`，在預設情況下，會跳過沒有型別特徵式的函式，所以你可以有條不紊地在你的源碼庫中一次完成幾個函式。這種漸進的過程允許你把精力集中在程式碼的各個部分，而不是到處新增型別注釋，然後試圖排除型別檢查器所產生的雪崩式錯誤。

一些推薦的做法是：

- 識別出你最常用的模組，並開始為它們新增型別，一次一個方法（那些可能是核心應用程式類別模組，或廣泛共用的工具模組）。
- 一次注釋幾個方法，如此型別檢查發現的問題就能逐步提出和解決。

- 使用 pytype 或 pyre 推論來生成最初的 *.pyi* 殘根檔案（會在下一節討論）。然後，從 *.pyi* 檔案穩步遷移型別，可以手動進行，也可以使用自動化工具，例如 pytype 的 merge_pyi 工具。
- 開始在寬鬆的預設模式下使用型別檢查器，如此大多數的程式碼就會被跳過，你可以把注意力集中在特定的檔案上。然後隨著工作的進展，轉換為更嚴格的模式，這樣剩餘的項目就會變得更加突出，而且已被注釋的檔案不會因為接受新的未注釋程式碼而退化。

使用 .pyi 殘根檔案

有時你無法存取 Python 的型別注釋。舉例來說，你可能正在使用沒有型別注釋的一個程式庫，或者使用其函式以 C 語言實作的一個模組。

在這些情況下，你可以使用單獨的 *.pyi* 殘根檔案（stub files），只包含相關的型別注釋。在本章開頭提到的幾個型別檢查器可以生成這些殘根檔案。你可以從 typeshed 儲存庫（*https://oreil.ly/jKhNR*）下載熱門 Python 程式庫以及 Python 標準程式庫本身的殘根檔案。你可以從 Python 原始碼維護殘根檔案，或者使用一些型別檢查器中的合併工具，將它們整合回原本的 Python 源碼中。

型別注釋會妨礙程式設計嗎？

型別注釋帶有一些不光彩的名聲，特別是對於那些已經使用 Python 多年並且習慣於充分利用 Python 適應性特質的人來說。像內建函式 max 很有彈性的方法特徵式，讓它可以接受包含一個值序列的單一引數，或要在其中找出最大值的多個引數，就被認為對型別注釋特別具有挑戰性（*https://oreil.ly/gE_Kx*）。這是程式碼的錯嗎？型別的問題？還是 Python 本身的問題？這些解釋中的每一個都有可能。

一般來說，定型（typing）助長了一定程度的形式主義和紀律，這比歷史上 Python 的哲學「coding by and for consenting adults（由懂事的成年人所編寫，給懂事的成年人使用）」更有侷限性。展望未來，我們可能會發現老式 Python 程式碼中的靈活風格並不完全有利於那些非原本程式碼作者的長期使用、重複使用和維護。

正如最近 PyCon 的一位演講者所說（*https://oreil.ly/iMCNG*）的：「醜陋的型別注釋暗示著醜陋的程式碼（Ugly type annotations hint at ugly code）」（然而，有時情況可能是，比如對於 `max` 來說，是型別系統的表達能力不夠強）。

你可以把定型的困難程度作為你方法設計的一個指標。如果你的方法需要多個 `Union` 定義，或者使用不同的引數型別對同一個方法進行多次覆寫，也許你的設計對於多種呼叫風格來說太過靈活了。你可能因為 Python 允許而過度追求你 API 的靈活性，但從長遠來看，這不一定是個好主意。畢竟，正如 Zen of Python（*https://oreil.ly/isBLG*）所說的：「There should be one——and preferably only one——obvious way to do it（理應有一種，而且最好只有一種，顯而易見的做法）」。也許那應該包括「只有一種顯而易見的方式（only one obvious way）」來呼叫你的 API！

總結

作為一個強大的語言和程式設計生態系統，Python 已經穩步崛起，支援重要的企業應用。曾經只是指令稿撰寫和任務自動化的工具語言，已經成為重要且複雜應用程式的平台，影響著數百萬名使用者，用於關鍵任務甚至是超越地球界限的系統（extraterrestrial systems）[5]。新增型別注釋是開發和維護這些系統的一個重要步驟。

隨著注釋型別的語法和實務做法不斷發展，型別注釋的線上說明文件（*https://oreil.ly/Zg_NX*）提供最新的描述、範例和最佳實務做法（*https://oreil.ly/xhq5g*）。作者群也推薦 Luciano Ramalho（O'Reilly）的《*Fluent Python, 2nd edition*》，特別是第 8 章和第 15 章，這兩章專門討論 Python 型別注釋。繁體中文版《流暢的 Python｜清晰、簡潔、高效的程式設計 第二版》由碁峰資訊出版。

5 NASA 的 Jet Propulsion Lab（噴射推進實驗室）將 Python 用於 Persistence Mars Rover 和 Ingenuity Mars Helicopter；負責探索重力波（gravitational waves）的團隊使用 Python 協調儀器裝置並分析由此產生的大量資料。

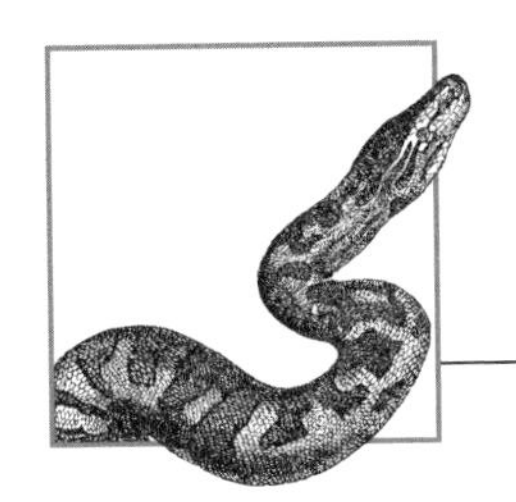

6 例外

Python 使用例外（*exceptions*）來表示錯誤和異常現象。當 Python 檢測到一個錯誤時，它會**提出**（*raises*）一個例外，也就是說，Python 透過向例外傳播（exception propagation）機制發出一個例外物件來示意有異常狀況發生。你的程式碼可以透過執行 **raise** 述句明確地提出一個例外。

處理（*handling*）例外是指從傳播機制捕捉例外物件，並視需要採取行動來處理異常情況。如果一個程式沒有處理一個例外，程式會以錯誤訊息（error message）和回溯追蹤訊息（traceback message）終止。然而，透過使用帶有 **except** 子句的 **try** 述句，程式就可以處理例外並繼續執行，儘管有錯誤或其他異常狀況發生。

Python 還使用例外來表示一些不是錯誤，甚至並非異常的情況。舉例來說，正如第 105 頁「迭代器」中所介紹的，當迭代器沒有更多的項目時，在迭代器上呼叫 `next` 內建函式會提出 `StopIteration`。這不是一個錯誤；它甚至不是一種反常的現象，因為大多數迭代器最終都會用完項目。因此，Python 中檢查和處理錯誤及其他特殊情況的最佳策略與其他語言不同；我們會在第 251 頁的「錯誤檢查策略」中介紹它們。

本章展示如何使用例外進行錯誤和特殊情況的處理。本章還涵蓋標準程式庫的 `logging` 模組（參閱第 255 頁的「記錄錯誤」）和 **`assert`** 述句（參閱第 257 頁的「assert 述句」）。

try 述句

`try` 述句是 Python 核心的例外處理（exception handling）機制。它是帶有三種選擇性子句的複合述句：

1. 它可以有零或多個 **`except`** 子句，定義如何處理特定類別的例外。
2. 如果它有 **`except`** 子句，那麼緊接在後也可以有一個 **`else`** 子句，只在 **`try`** 沒有提出例外時才執行。
3. 無論它是否有 **`except`** 子句，它都可以有單一個無條件執行的 **`finally`** 子句，其行為會在第 234 頁的「try/except/finally」中提及。

Python 的語法要求至少有一個 **`except`** 子句或 **`finally`** 子句，這兩個子句也可能出現在同一個述句中；**`else`** 只在一或多個 **`except`** 之後有效。

try/except

下面是 **`try`**/**`except`** 形式的 **`try`** 述句之語法：

```
try:
    statement(s)
except [expression [as target]]:
    statement(s)
[else:
    statement(s)]
[finally:
    statement(s)]
```

這種形式的 **`try`** 述句有一或多個 **`except`** 子句，以及一個選擇性的 **`else`** 子句（還有一個選擇性的 **`finally`** 子句，其含義不取決於 **`except`** 和 **`else`** 子句是否存在：我們將在下一節介紹）。

每個 **except** 子句的主體被稱為***例外處理器***（*exception handler*）。當 **except** 子句中的 *expression* 與從 **try** 子句中傳播出來的例外物件相匹配時，程式碼就會執行。*expression* 是一個類別或類別的元組，放在括弧中，與這些類別或其子類別中的任何一個實體匹配。選擇性的 *target* 是一個識別字，它指名一個變數，Python 會在例外處理器執行之前將其繫結到例外物件上。處理器（handler）也可以透過呼叫 sys 模組的 exc_info 函式（**3.11+** 或 exception 函式）來獲得當前的例外物件（在表 9-3 中提及）。

下面是 try 述句之 try/except 形式的一個例子：

```
try:
    1/0
    print('not executed')
except ZeroDivisionError:
    print('caught divide-by-0 attempt')
```

一個例外被提出時，**try** 的執行會立即停止。如果一個 **try** 述句有數個 **except** 子句，例外傳播機制會按順序檢查這些 **except** 子句；其運算式與例外物件第一個相匹配的 **except** 子句會作為處理器執行，在那之後例外傳播機制不會再檢查其他的 **except** 子句。

先特定後一般

將特定情況的處理器放在更一般情況的處理器之前：如果你把一般情況放在前面，後面更具體的 **except** 子句就不會執行。

最後一個 **except** 子句不需要指定一個運算式。一個沒有任何運算式的 **except** 子句會處理在傳播過程中到達它的任何例外。這樣的無條件處理是很少見的，但確實還是有，通常發生在「包裹器（wrapper）」函式中，這些函式必須在重新提出例外之前執行一些額外的任務（參閱第 235 頁的「raise 述句」）。

避免不會再重新提出的「最低限度 *except*」

小心使用「最低限度」的 **except**（沒有運算式的 **except** 子句），除非你在其中重新提出（re-raising）例外：這種草率的風格會使錯誤很難被發現，因為最低限度的 **except** 過於寬泛，很容易掩蓋編程錯誤和其他種類的臭蟲，因為它允許在未預料到的例外之後繼續執行。

那些「只想讓程式跑起來」的新程式設計師甚至可能寫出這樣的程式碼：

```
try:
    # ... 有問題的程式碼 ...
except:
    pass
```

這是一種危險的做法，因為它捕捉了會使行程退出的重要例外，如 `KeyboardInterrupt` 或 `SystemExit`，帶有這種例外處理器的迴圈無法用 Ctrl-C 退出，甚至可能不能以系統的 **kill** 命令終止。這樣的程式碼最少也應該使用 **except** `Exception:`，這仍然過於寬泛，但至少不會捕捉會使行程退出的例外。

例外傳播會在找到其運算式與例外物件相匹配的一個處理器時終止。當一個 **try** 述句巢狀內嵌在另一個 **try** 述句的 **try** 子句中（在原始碼的語彙上，或是動態地在函式呼叫中）時，內層 **try** 建立的處理器會在傳播時首先到達，所以當它與例外匹配時就會進行處理。這可能不是你想要的。考慮一下這個例子：

```
try:
    try:
        1/0
    except:
        print('caught an exception')
except ZeroDivisionError:
    print('caught divide-by-0 attempt')
# 印出： caught an exception
```

在此例中，外層 **try** 子句中 **except** `ZeroDivisionError:` 所建立的處理器，比內層 **try** 子句中捕捉全部的 **except:** 更特定，但這無關緊要。外層的 **try** 並沒有進入畫面：例外並沒有從內層的 **try** 中傳播出去。關於例外傳播的更多資訊，請參閱第 240 頁的「例外傳播」。

try/except 選擇性的 **else** 子句只會在 **try** 子句正常終止時執行。換句話說，若有例外從 **try** 子句傳播出來，或者當 **try** 子句以 **break**、**continue** 或 **return** 述句退出時，**else** 子句都不會執行。由 **try/except** 建立的處理器只涵蓋 **try** 子句，不涵蓋 **else** 子句。**else** 子句對於避免意外地處理未預期例外非常有用。比如說：

```
print(repr(value), 'is ', end=' ')
try:
    value + 0
except TypeError:
    # 不是一個數字，或許是一個字串 ... ?
    try:
        value + ''
    except TypeError:
        print('neither a number nor a string')
    else:
        print('some kind of string')
else:
    print('some kind of number')
```

try/finally

這裡是 **try** 述句之 **try/finally** 形式的語法：

```
try:
    statement(s)
finally:
    statement(s)
```

這種形式有一個 **finally** 子句，而且沒有 else 子句（除非它還有一或多個 **except** 子句，如下節所述）。

finally 子句建立了一個所謂的**清理處理器**（*cleanup handler*）。這段程式碼總是會在 **try** 子句以任何方式終止後執行。當一個例外從 **try** 子句傳播出來時，**try** 子句會終止，清理處理器執行，而例外則繼續傳播。若沒有例外發生，無論如何都會執行清理處理器，不管 **try** 子句是否到達終點，還是透過執行 **break**、**continue** 或 **return** 述句退出。

用 **try/finally** 建立的清理處理器提供一種強大而明確的方式來指定無論如何都必須執行的最終程式碼，以確保程式狀態或外部實體（例如，檔案、資料庫、網路連線）的一致性。現在，這種有保證的最終處理在今日通常最好透過 **with** 述句中使用的情境管理器（*context manager*）來表達（參閱第 236 頁的「with 述句和情境管理器」）。下面是 **try/finally** 形式的 **try** 述句的一個例子：

```
f = open(some_file, 'w')
try:
    do_something_with_file(f)
finally:
    f.close()
```

而這裡是一個更簡明易讀、使用 **with** 的相應例子，目的完全相同：

```
with open(some_file, 'w') as f:
    do_something_with_file(f)
```

避免在 finally 子句中使用 break 和 return 述句

finally 子句可以包含一或多個 **continue**、**3.8+** **break** 或 **return** 述句。然而，這樣的用法可能會使你的程式不那麼清晰：這種述句執行時，例外傳播就會停止，而大多數程式設計師不會預期例外在 **finally** 子句中停止傳播。這種用法可能會使閱讀你程式碼的人感到困惑，所以我們建議你避免這樣做。

try/except/finally

一個 **try/except/finally** 述句，例如：

```
try:
    ...guarded clause...
except ...expression...:
    ...exception handler code...
finally:
    ...cleanup code...
```

等同於下列巢狀述句：

```
try:
    try:
        ...guarded clause...
    except ...expression...:
        ...exception handler code...
```

```
finally:
    ...cleanup code...
```

一個 **try** 述句可以有多個 **except** 子句，也可以有一個選擇性的 **else** 子句，然後是一個終止用的 **finally** 子句。在所有的變化中，其效果總是如剛才所示，也就是說，它就像巢狀內嵌一個 **try/except** 述句，帶著所有的那些 **except** 子句和 **else** 子句（如果有的話），到一個外圍的 **try/finally** 述句中。

raise 述句

你可以使用 **raise** 述句來明確提出一個例外。**raise** 是一種簡單述句，語法如下：

```
raise [expression [from exception]]
```

只有一個例外處理器（或者處理器直接或間接呼叫的函式）可以使用 **raise**，而不需要任何運算式。一個單純的 **raise** 述句會重新提出處理器收到的同一個例外物件。處理器會終止，而例外傳播機制繼續在呼叫堆疊中進行，尋找其他適用的處理器。當處理器發現自己無法處理收到的例外，或者只能部分地處理例外時，使用不含任何運算式的 **raise** 是非常有用的，如此例外會繼續傳播，以便讓呼叫堆疊上層的處理器進行它們自己的處理和清理工作。

如果 *expression* 有出現，它必須是繼承自內建類別 `BaseException` 的一個實體，而 Python 會提出那個實體。

若有包含 **from** *exception*（這只能發生在接收 *exception* 的 **except** 區塊中），Python 會將接收到的運算式「巢狀內嵌」到新提出的例外運算式中。在第 245 頁的「『包裹』其他例外或回溯追蹤軌跡的例外」中會更詳細地描述這一點。

下面是 **raise** 述句典型用法的一個例子：

```
def cross_product(seq1, seq2):
    if not seq1 or not seq2:
        raise ValueError('Sequence arguments must be non-empty')  ❶
    return [(x1, x2) for x1 in seq1 for x2 in seq2]
```

例外

❶ 有些人認為在這裡提出一個標準的例外是不恰當的，他們更願意提出自訂例外的一個實體，正如本章後面所講述的；本書的作者不同意這種觀點。

這個 `cross_product` 範例函式回傳一個串列，其中包含來自那兩個序列引數的項目所構成的所有對組，但是首先，它會測試兩個引數。若有任何一個引數是空的，該函式就會提出 `ValueError`，而不是像一般的串列概括式那樣回傳一個空串列。

只檢查你需要的東西

`cross_product` 不需要檢查 `seq1` 和 `seq2` 是否可迭代：如果其中一個不是，串列概括式本身會提出適當的例外，大概會是 `TypeError`。

只要一個例外被提出，不管是由 Python 本身或在你程式碼中以明確的 **`raise`** 述句提出，就會由呼叫者來決定要處理它（用一個合適的 **`try`**/**`except`** 述句）、或讓它在呼叫堆疊中進一步傳播。

不要為多餘的錯誤檢查使用 *raise*

僅僅使用 `raise` 述句來提出額外的例外，這些例外一般來說是 OK 的，但你的規格將其定義為錯誤。不要使用 `raise` 來重複 Python 已經（隱含地）代表你去進行的錯誤檢查。

with 述句和情境管理器

`with` 述句是一種複合述句，其語法如下：

```
with expression [as varname] [, ...]:
    statement(s)

# 3.10+ 一個 with 述句的多個情境管理器
# 可以用括弧圍起來
with (expression [as varname], ...):
    statement(s)
```

`with` 的語意等同於：

```
_normal_exit = True
_manager = expression
```

```
varname = _manager.__enter__()
try:
    statement(s)
except:
    _normal_exit = False
    if not _manager.__exit_(*sys.exc_info()):
        raise
    # 注意，如果 __exit__ 回傳一個真值，
    # 例外就不會傳播。
finally:
    if _normal_exit:
        _manager.__exit__(None, None, None)
```

其中 _manager 和 _normal_exit 是任意的內部名稱，沒有在當前範疇中的其他地方使用。如果你省略了 **with** 子句中選擇性的 **as** *varname* 部分，Python 仍然會呼叫 _manager.__enter__，但是不把結果繫結到任何名稱上，並且仍然會在區塊終止時呼叫 _manager.__exit__。由 *expression* 回傳的、具有 __enter__ 和 __exit__ 方法的物件被稱為**情境管理器**（*context manager*）。

with 述句是著名的 C++ 慣用語「resource acquisition is initialization（資源獲取即初始化）」（RAII，*https://oreil.ly/vROml*）的 Python 化身：你只需要編寫情境管理器類別，也就是具有兩個特殊方法 __enter__ 和 __exit__ 的類別。__enter__ 必須可以不帶引數呼叫。__exit__ 必須是可呼叫的，有三個引數：當主體完成後沒有傳播例外時，全部皆為 **None**，否則會是例外的型別、值和回溯追蹤軌跡（traceback）。這提供與 C++ 中 auto 變數典型的 ctor/dtor 對組、和 Python 或 Java 中的 **try**/**finally** 述句一樣的有保證的最終處理行為。此外，它們可以根據傳播的例外（如果有的話）進行不同的最終處理，並且可以選擇性地從 __exit__ 回傳一個真值來阻斷正在傳播的例外。

舉例來說，這裡有一個簡單的、純粹說明性的方式，用以確保 <name> 和 </name> 標記被列印在其他一些輸出的周圍（注意，情境管理器類別通常會有小寫的名稱，而非遵循正常類別名稱的標題大小寫慣例）：

```
class enclosing_tag:
    def __init__(self, tagname):
        self.tagname = tagname
    def __enter__(self):
        print(f'<{self.tagname}>', end='')
    def __exit__(self, etyp, einst, etb):
        print(f'</{self.tagname}>')
```

```
# 使用方式為：
with enclosing_tag('sometag'):
    # ... 這裡的述句列印出應包含在一對
    # 匹配的開放 / 關閉的 `sometag` 中的輸出 ...
```

建置情境管理器的一種更簡單的方式是使用 Python 標準程式庫中 contextlib 模組的 contextmanager 裝飾器。這個裝飾器會把一個產生器函式（generator function）變成情境管理器物件的一個工廠。

在前面匯入了 contextlib 之後，用 contextlib 的方式來實作 enclosing_tag 情境管理器，也就是：

```
@contextlib.contextmanager
def enclosing_tag(tagname):
    print(f'<{tagname}>', end='')
    try:
        yield
    finally:
        print(f'</{tagname}>')
# 用法與以前相同
```

除其他外，contextlib 還提供表 6-1 中所列的類別和函式。

表 6-1　contextlib 模組中常用的類別和函式

AbstractContextManager	AbstractContextManager 一個抽象基礎類別，有兩個可覆寫的方法：__enter__，預設 **return** self，以及 __exit__，預設 **return** None。
chdir	chdir(*dir_path*) **3.11+** 一個情境管理器，其 __enter__ 方法儲存當前工作目錄路徑並執行 os.chdir(*dir_path*)，其 __exit__ 方法執行 os.chdir(*said_path*)。
closing	closing(*something*) 一個情境管理器，其 __enter__ 方法是 **return** *something*，其 __exit__ 方法呼叫 *something*.close()。
contextmanager	contextmanager 一個裝飾器，你能把它套用於產生器，使其成為一個情境管理器。
nullcontext	nullcontext(*something*) 一個情境管理器，它的 __enter__ 方法 **return** *something*，而它的 __exit__ 方法什麼都不做。

redirect_stderr	redirect_stderr(*destination*) 一個情境管理器，在 **with** 述句的主體中，會暫時將 sys.stderr 重導到檔案或類檔案物件 *destination*。
redirect_stdout	redirect_stdout(*destination*) 一個情境管理器，在 **with** 述句的主體中，會暫時將 sys.stdout 重導到檔案或類檔案物件 *destination*。

suppress	suppress(**exception_classes*)
	一個情境管理器，它可以默默地抑制在 **with** 述句主體內發生的 *exception_classes* 中所列出的任何類別的例外。舉例來說，這個刪除檔案的函式就會忽略 FileNotFoundError：
	`def delete_file(filename):`
	`    with contextlib.suppress(FileNotFoundError):`
	`        os.remove(filename)`
	盡量少用，因為沉默地壓制例外往往是不好的做法。

關於更多的細節、例子、「現成訣竅（recipes）」，甚至更多的（有點深奧的）類別，請參閱 Python 的線上說明文件（*https://oreil.ly/Jwr_w*）。

產生器和例外

為了幫助產生器（generators）與例外合作，在 **try**/**finally** 述句中使用 **yield** 述句是被允許的。此外，產生器物件還有兩個相關的方法，即 throw 和 close。給定一個透過呼叫產生器函式所建立的產生器物件 *g*，throw 方法的特徵式是：

```
g.throw(exc_value)
```

當產生器的呼叫者呼叫 *g*.throw 時，其效果就像一個具有相同引數的 **raise** 述句在產生器 *g* 暫停之處的 **yield** 上執行一樣。

產生器方法 close 沒有引數；當產生器的呼叫者呼叫 *g*.close() 時，其效果就像呼叫 *g*.throw(GeneratorExit())[1]。GeneratorExit 是一個內建的例外類別，直接繼承自 BaseException。產生器也有一個終結器（finalizer，即特殊方法 __del__），當產生器物件被垃圾回收時，它會隱含地呼叫 close。

例外

1 只不過對 close 的多次呼叫是被允許的，而且是無害的：除了第一個呼叫之外，其他的都不執行任何運算。

如果一個產生器提出或傳播了一個 `StopIteration` 例外，Python 會將該例外的型別變成 `RuntimeError`。

例外傳播

當一個例外被提出時，例外傳播機制就會進行控制。程式的正常流程控制將停止，Python 會尋找一個合適的例外處理器。Python 的 **`try`** 述句透過它的 **`except`** 子句來確立例外處理器。這些處理器會處理在 **`try`** 子句的主體中提出的例外，以及直接或間接地從該程式碼所呼叫的函式中傳播出來的例外。如果在一個有適用的 **`except`** 處理器的 **`try`** 子句中提出了例外，那麼 **`try`** 子句就會終止，而處理器開始執行。當處理器完成後，會繼續執行 **`try`** 述句之後的述句（在沒有明確改變控制流程的情況下，如一個 **`raise`** 或 **`return`** 述句）。

如果提出例外的述句不在有適用處理器的 **`try`** 子句中，那麼包含該述句的函式就會終止，而例外會沿著函式呼叫堆疊「向上」傳播到呼叫該函式的述句。如果對被終止的函式之呼叫是在一個有適用處理器的 **`try`** 子句中，那個 **`try`** 子句就會終止，而執行處理器。否則，包含該呼叫的函式就會終止，傳播過程就會如此重複，展開（*unwinding*）函式呼叫的堆疊，直到找到一個適用的處理器為止。

如果 Python 找不到任何適用的處理器，預設情況下，程式會向標準錯誤串流（standard error stream，`sys.stderr`）印出一個錯誤訊息。這個錯誤訊息包括一個回溯追蹤軌跡（traceback），給出在傳播過程中終止的函式之細節。你可以透過設定 `sys.excepthook`（在表 8-3 中提及）來改變 Python 預設的錯誤回報行為。報錯之後，如果有的話，Python 會回到互動式工作階段（interactive session）；若非互動式執行，則會終止。當例外型別是 `SystemExit` 時，終止是靜默進行的，並且會結束互動式工作階段，如果有的話。

這裡有一些函式來展示例外傳播的運作方式：

```
def f():
    print('in f, before 1/0')
    1/0    # 提出一個 ZeroDivisionError 例外
    print('in f, after 1/0')
def g():
    print('in g, before f()')
    f()
    print('in g, after f()')
```

```
def h():
    print('in h, before g()')
    try:
        g()
        print('in h, after g()')
    except ZeroDivisionError:
        print('ZD exception caught')
    print('function h ends')
```

呼叫 h 函式會列印出以下內容：

```
in h, before g()
in g, before f()
in f, before 1/0
ZD exception caught
function h ends
```

也就是說，沒有任何一個「after」列印述句執行，因為例外傳播的過程切除了它們。

函式 h 建立了一個 **try** 述句，並在 **try** 子句中呼叫函式 g。g 接著呼叫 f，f 會進行除以 0 的運算，而提出一個 ZeroDivisionError 型別的例外。該例外會一路傳播回 h 中的 **except** 子句。函式 f 和 g 在例外傳播階段終止，這就是為什麼它們的「after」訊息都沒有被印出來。h 的 **try** 子句的執行也是在例外傳播階段終止的，所以它的「after」訊息也沒有被列印。執行流程會在處理器之後，於 h 的 **try**/**except** 區塊結尾繼續進行。

例外物件

例外是 BaseException 的實體（更確切地說，是它的某個子類別的實體）。表 6-2 列出 BaseException 的屬性和方法。

表 6-2　BaseException 類別的屬性和方法

__cause__	*exc*.__cause__ 回傳使用 **raise from** 提出的一個例外的父例外（parent exception）。
__notes__	*exc*.__notes__ 3.11+ 回傳用 add_note 新增到例外中的 str 所構成的一個串列。這個屬性只在 add_note 至少被呼叫過一次時才存在，所以存取這個串列的安全方式是使用 getattr(*exc*, '__notes__', [])。

例外

add_note	*exc*.add_note(*note*) 3.11+ 將 *note* 這個 str 新增到這個例外上的備註（notes）中。在顯示例外的時候，這些備註會顯示在回溯追蹤軌跡的後面。
args	*exc*.args 回傳用來建構該例外的引數所成的一個元組。這項錯誤限定的資訊對於診斷或復原是很有用的。有些例外類別會解讀 args，並在類別的實體上設定方便的具名屬性。
with_traceback	*exc*.with_traceback(*tb*) 回傳一個新的例外，用新的回溯追蹤軌跡 *tb* 替換原例外的回溯追蹤軌跡；如果 *tb* 為 **None**，則沒有回溯追蹤軌跡。可以用來修剪原本的回溯追蹤軌跡，以移除內部程式庫函式的呼叫框架（call frames）。

標準例外的階層架構

如前所述，例外是 BaseException 的子類別之實體。例外類別的繼承結構很重要，因為它決定了哪些 **except** 子句可以處理哪些例外。大多數例外類別都擴充 Exception 類別；但是 KeyboardInterrupt、GeneratorExit 與 SystemExit 類別則直接繼承 BaseException，不是 Exception 的子類別。因此，一個處理子句 **except** Exception **as** e 不會捕捉 KeyboardInterrupt、GeneratorExit 或 SystemExit（我們在第 230 頁的「try/except」中介紹過例外處理器；並在第 239 頁的「產生器和例外」中介紹過 GeneratorExit）。SystemExit 的實體通常透過 sys 模組中的 exit 函式提出（在表 8-3 中提及）。當使用者按下 Ctrl-C、Ctrl-Break 或鍵盤上的其他中斷鍵（interrupting keys）時，就會提出 KeyboardInterrupt。

內建例外類別的階層架構大致為：

```
BaseException
  Exception
    AssertionError, AttributeError, BufferError, EOFError,
    MemoryError, ReferenceError, OsError, StopAsyncIteration,
    StopIteration, SystemError, TypeError
    ArithmeticError (abstract)
      OverflowError, ZeroDivisionError
    ImportError
      ModuleNotFoundError, ZipImportError
    LookupError (abstract)
      IndexError, KeyError
    NameError
      UnboundLocalError
```

```
    OSError
      ...
    RuntimeError
      RecursionError
      NotImplementedError
    SyntaxError
      IndentationError
        TabError
    ValueError
      UnsupportedOperation
      UnicodeError
        UnicodeDecodeError, UnicodeEncodeError,
        UnicodeTranslateError
    Warning
      ...
  GeneratorExit
  KeyboardInterrupt
  SystemExit
```

還有其他的例外子類別（特別是 `Warning` 和 `OSError` 有很多，這裡用省略號表達），但主要的重點就是這樣。完整的清單可以在 Python 的線上說明文件（*https://oreil.ly/pLihr*）中找到。

標示為「`(abstract)`」的類別從不直接實體化；它們的用途是讓你更容易指定能夠處理一系列相關錯誤的 **`except`** 子句。

標準例外類別

表 6-3 列出由常見的執行時期錯誤（runtime errors）所提出的例外類別。

表 6-3　標準例外類別

例外類別	提出的時機
`AssertionError`	一個 **`assert`** 述句失敗時。
`AttributeError`	一個屬性參考或指定失敗時。
`ImportError`	**`import`** 或 **`from...import`** 述句（涵蓋於第 260 頁的「import 述句」中）找不到要匯入的模組（在這種情況下，Python 所提出的實際上是 `ImportError` 的子類別 `ModuleNotFoundError` 的實體），或者找不到要從模組中匯入的名稱時。
`IndentationError`	剖析器（parser）由於不正確的縮排（indentation）而遭遇語法錯誤。衍生自 `SyntaxError`。

例外

例外類別	提出的時機
IndexError	用於索引序列的一個整數超出了範圍（使用非整數作為序列索引則會提出 TypeError）。衍生自 LookupError。
KeyboardInterrupt	使用者按下了中斷按鍵組合（Ctrl-C、Ctrl-Break、Delete 或其他，取決於平台對鍵盤的處理方式）。
KeyError	用來索引映射的一個鍵值不在映射中。衍生自 LookupError。
MemoryError	一個運算耗盡了記憶體。
NameError	一個名稱被參考了，但是它在目前範疇中沒有被繫結到任何變數上。
NotImplementedError	由抽象基礎類別提出，表示具體子類別必須覆寫某個方法。
OSError	由模組 os（在第 402 頁的「os 模組」和第 553 頁的「使用 os 模組執行其他程式」中提及）中的函式提出，表示與平台有關的錯誤。OSError 有許多子類別，會在接下來的小節中介紹。
RecursionError	Python 偵測到已超出遞迴深度。衍生自 RuntimeError。
RuntimeError	為任何未分類的錯誤或異常狀況而提出。
SyntaxError	Python 的剖析器遇到了一個語法錯誤。
SystemError	Python 在自己的程式碼或某個擴充模組中檢測到了一個錯誤。請向你 Python 版本的維護者或有問題的擴充模組的維護者回報，包括錯誤訊息、確切的 Python 版本（sys.version），如果可能的話，還有你程式的原始碼。
TypeError	一個運算或函式被套用到型別不適當的一個物件。
UnboundLocalError	對一個區域變數進行了參考，但目前沒有任何值與該區域變數繫結。衍生自 NameError。
UnicodeError	在將 Unicode（即 str）轉換為位元組字串（byte string），或者進行反向動作時發生錯誤。衍生自 ValueError。
ValueError	一個運算或函式被套用到具有正確型別、但其值不適當的一個物件，而且沒有更特定的東西（例如，KeyError）適用之時。
ZeroDivisionError	除數（/、// 或 % 運算子的右運算元，或內建函式 divmod 的第二個引數）為 0。衍生自 ArithmeticError。

OSError 的子類別

OSError 代表由作業系統（operating system）偵測到的錯誤。為了更優雅地處理這種錯誤，OSError 有許多子類別，被實際提出的就是它們的實體；完整的清單，請參閱 Python 的線上說明文件（*https://oreil.ly/3vJ3W*）。

舉例來說，考慮這項任務：嘗試讀取並回傳某個檔案的內容，如果該檔案不存在，則回傳一個預設字串，並傳播任何其他使檔案無法讀取的例外（除了檔案不存在之外）。使用一個現有的 OSError 子類別，你可以很簡單地完成這項任務：

```
def read_or_default(filepath, default):
    try:
        with open(filepath) as f:
            return f.read()
    except FileNotFoundError:
        return default
```

OSError 的 FileNotFoundError 子類別使這種常見的任務能夠簡單而直接地在程式碼中表達。

「包裹」其他例外或回溯追蹤軌跡的例外

有時，你會在試圖處理一個例外時引起了另一個例外。為了讓你清楚地診斷這種問題，每個例外實體都持有它自己的回溯追蹤物件（traceback object）；你可以用 with_traceback 方法製造另一個具有不同 traceback 的例外實體。

此外，Python 會自動將它正在處理的例外作為處理過程中提出的任何其他例外的 __context__ 屬性儲存起來（除非你用 **raise...from** 述句把例外的 __suppress_context__ 屬性設為 **True**，我們很快會介紹）。如果新的例外開始傳播，Python 的錯誤訊息會使用那個例外的 __context__ 屬性來顯示問題的細節。舉例來說，以（刻意的！）損壞的程式碼為例：

```
try:
    1/0
except ZeroDivisionError:
    1+'x'
```

所顯示的錯誤為：

```
Traceback (most recent call last):
  File "<stdin>", line 1, in <module>
ZeroDivisionError: division by zero

During handling of the above exception, another exception occurred:

Traceback (most recent call last):
  File "<stdin>", line 3, in <module>
TypeError: unsupported operand type(s) for +: 'int' and 'str'
```

如此，Python 清楚地顯示了兩個例外，原始的和中間發生的例外。

為了獲得對錯誤顯示的更多控制權，如果你想要，你可以使用 **raise...from** 述句。當你執行 **raise** *e* **from** *ex* 時，*e* 和 *ex* 都是例外物件：*e* 是傳播的那一個，而 *ex* 是它的「起因（cause）」。Python 將 *ex* 記錄為 *e.__cause__* 的值，並將 *e.*__suppress_context__ 設定為真（或者，*ex* 可以是 **None**：那麼，Python 會將 *e.__cause__* 設定為 **None**，但仍然將 *e.*__suppress_context__ 設定為真，從而使 *e.*__context__ 保持不變）。

作為另一個例子，這裡有使用 Python dict 實作一個虛擬檔案系統目錄（mock filesystem directory）的類別，其中檔案名稱是鍵值，而檔案內容是值：

```
class FileSystemDirectory:
    def __init__(self):
        self._files = {}

    def write_file(self, filename, contents):
        self._files[filename] = contents

    def read_file(self, filename):
        try:
            return self._files[filename]
        except KeyError:
            raise FileNotFoundError(filename)
```

當 read_file 被呼叫時，若是使用一個不存在的檔案名稱，對 self._files 這個 dict 的存取會提出 KeyError。由於這段程式碼旨在模擬一個檔案系統目錄，read_file 會捕捉 KeyError 並提出 FileNotFoundError。

正如現在，存取一個名為 'data.txt' 的不存在的檔案，將輸出類似這樣的例外訊息：

```
Traceback (most recent call last):
  File "C:\dev\python\faux_fs.py", line 11, in read_file
    return self._files[filename]
KeyError: 'data.txt'

During handling of the above exception, another exception occurred:

Traceback (most recent call last):
  File "C:\dev\python\faux_fs.py", line 20, in <module>
    print(fs.read_file("data.txt"))
  File "C:\dev\python\faux_fs.py", line 13, in read_file
    raise FileNotFoundError(filename)
FileNotFoundError: data.txt
```

這個例外報告同時顯示了 KeyError 和 FileNotFoundError。為了抑制內部的 KeyError 例外（以隱藏 FileSystemDirectory 的實作細節），我們將 read_file 中的 **raise** 述句改為：

```
raise FileNotFoundError(filename) from None
```

現在，該例外只會顯示 FileNotFoundError 的資訊：

```
Traceback (most recent call last):
  File "C:\dev\python\faux_fs.py", line 20, in <module>
    print(fs.read_file("data.txt"))
  File "C:\dev\python\faux_fs.py", line 13, in read_file
    raise FileNotFoundError(filename) from None
FileNotFoundError: data.txt
```

關於例外鏈串（chaining）和內嵌（embedding）的細節和動機，請參閱 PEP 3134（*https://oreil.ly/wE9rL*）。

自訂的例外類別

你可以擴充任何一個標準例外類別，以便定義你自己的例外類別。這種子類別經常只會新增一個說明文件字串而已：

```
class InvalidAttributeError(AttributeError):
    """ 用來表示永遠不可能有效的屬性。"""
```

例外

一個空的類別或函式應該有一個說明文件字串

正如第 112 頁的「pass 述句」中所講述的，你不需要一個 **pass** 述句來構成類別的主體。說明文件字串（docstring，你應該總是撰寫它，就算沒有其他事情要說，還是可以記錄類別的用途！）就足以讓 Python 滿意。對於所有的「空」類別（不管它們是否為例外類別），就像對於所有的「空」函式一樣，最好的實務做法通常是讓它們有一個 docstring 而且沒有 **pass** 述句。

考慮到 **try/except** 的語意，提出自訂例外類別的一個實體，如 InvalidAttributeError，與提出其標準例外超類別 AttributeError 的實體幾乎相同，但有一些優勢。任何能夠處理 AttributeError 的 **except** 子句都能同樣處理 InvalidAttributeError。此外，知道你的 InvalidAttributeError 自訂例外類別的客戶端程式碼可以專門處理它，而不必在沒有準備好的情況下處理所有其他的 AttributeError 例外。舉例來說，假設你寫了下面這樣的程式碼：

```
class SomeFunkyClass:
    """ 許多假想的功能被略過了 """
    def __getattr__(self, name):
        """ 只澄清了屬性錯誤的種類 """
        if name.startswith('_'):
            raise InvalidAttributeError(
                f'Unknown private attribute {name!r}'
            )
        else:
            raise AttributeError(f'Unknown attribute {name!r}')
```

現在，客戶端程式碼可以，如果它如此選擇的話，在其處理器中更有選擇性地進行。比如說：

```
s = SomeFunkyClass()
try:
    value = getattr(s, thename)
except InvalidAttributeError as err:
    warnings.warn(str(err), stacklevel=2)
    value = None
# AttributeError 其他類別單純繼續傳播，因為它們是未預期的。
```

使用自訂例外類別

在你的模組中定義和提出自訂例外類別的實體，而不是普通的標準例外，是一個很好的主意。透過使用擴充標準例外的自訂例外類別，你可以讓你模組程式碼的呼叫者更容易處理來自你模組的例外，如果他們選擇這樣做的話，就可以把這些例外與其他例外分開處理。

自訂例外和多重繼承

使用自訂例外的一個有效途徑是，從你模組的特殊自訂例外類別和標準例外類別多重繼承例外類別，如下面的程式碼片段：

```
class CustomAttributeError(CustomException, AttributeError):
    """一個 AttributeError，也是一個 CustomException。"""
```

現在，`CustomAttributeError` 的實體只能明確且刻意地提出，顯示與你程式碼特別相關的錯誤，而且恰好**也是**一個 `AttributeError`。當你的程式碼提出 `CustomAttributeError` 的一個實體時，那個例外可以呼叫旨在捕捉所有 `AttributeError` 情況的程式碼來捕捉，也可以呼叫專門只捕捉由你模組提出的所有例外的程式碼來捕捉。

為自訂例外使用多重繼承法

每當你必須決定要提出特定的標準例外的一個實體，比如 `AttributeError`，還是提出你在模組中定義的自訂例外類別的一個實體時，請考慮這種多重繼承的做法，在本書作者看來[2]，在這種情況下，它能為你帶來雙方面的好處。請確保你有清楚地記載你模組的這一面向，因為這個技巧雖然很方便，但並沒有被廣泛使用。除非你清楚明確地記錄你正在做什麼，否則你模組的使用者可能不會如此預期。

標準程式庫中使用的其他例外

Python 標準程式庫中的許多模組都定義了它們自己的例外類別，這相當於你自己的模組可以定義的自訂例外類別。一般情況下，除了第 243 頁「標準例外類別」裡所講述的標準階層架構中的例外以外，這種標準

2 這一點是有爭議的：雖然本書的作者同意這是「最佳實務做法」，但其他一些人強烈堅持，認為應該始終避免多重繼承，包括在這種特定情況之下。

程式庫模組中的所有函式都可以提出這種類別的例外。在本書其餘的部分，我們會涵蓋這種例外類別的主要用例，在介紹提供並可能提出這種例外的標準程式庫模組的相關章節中。

ExceptionGroup 和 except*

3.11+ 在某些情況下，例如根據多個標準對一些輸入資料進行驗證時，能夠一次提出多個例外是非常有用的。Python 3.11 引入了一種機制，可以使用 ExceptionGroup 實體一次提出多個例外，並使用 **except*** 形式代替 **except** 來處理一個以上的例外。

為了提出 ExceptionGroup，驗證程式碼會將多個 Exception 捕捉到一個串列中，然後提出使用該串列建構的一個 ExceptionGroup。下面的程式碼會搜尋拼寫錯誤和無效單詞，並提出包含所發現的全部錯誤的一個 ExceptionGroup：

```
class GrammarError(Exception):
    """ 文法檢查的基礎例外 """
    def __init__(self, found, suggestion):
        self.found = found
        self.suggestion = suggestion

class InvalidWordError(GrammarError):
    """ 誤用或不存在的單詞 """

class MisspelledWordError(GrammarError):
    """ 拼寫錯誤 """

invalid_words = {
    'irregardless': 'regardless',
    "ain't": "isn't",
}
misspelled_words = {
    'tacco': 'taco',
}

def check_grammar(s):
    exceptions = []
    for word in s.lower().split():
        if (suggestion := invalid_words.get(word)) is not None:
            exceptions.append(InvalidWordError(word, suggestion))
        elif (suggestion := misspelled_words.get(word)) is not None:
            exceptions.append(MisspelledWordError(word, suggestion))
    if exceptions:
        raise ExceptionGroup('Found grammar errors', exceptions)
```

下面的程式碼驗證一個範例文字字串，並列出所有發現的錯誤：

```
text = "Irregardless a hot dog ain't a tacco"
try:
    check_grammar(text)
except* InvalidWordError as iwe:
    print('\n'.join(f'{e.found!r} is not a word, use {e.suggestion!r}'
                    for e in iwe.exceptions))
except* MisspelledWordError as mwe:
    print('\n'.join(f'Found {e.found!r}, perhaps you meant'
                    f' {e.suggestion!r}?'
                    for e in mwe.exceptions))
else:
    print('No errors!')
```

給出這樣的輸出：

```
'irregardless' is not a word, use 'regardless'
"ain't" is not a word, use "isn't"
Found 'tacco', perhaps you meant 'taco'?
```

與 **except** 不同的是，在找到最初的匹配後，**except*** 會繼續尋找與所提出的 ExceptionGroup 中的例外型別匹配的其他例外處理器。

錯誤檢查策略

支援例外的大多數程式語言只在極少數情況下提出例外。Python 強調的重點則不同。只要例外能使程式更簡單、更強健，Python 就認為它們是合適的，即使這將使得例外相當頻繁。

LBYL vs. EAFP

在其他語言中，有一種常見的慣用語，有時被稱為「look before you leap（先看再跳）」（LBYL），就是要在嘗試運算之前，事先檢查是否有任何可能使運算無效的東西。這種做法並不理想，原因有幾個：

- 這些檢查可能會降低常見的、主流的、一切正常的案例之可讀性和清晰度。
- 為檢查目的所需的工作可能會與運算本身所做的工作有很大一部分重複。
- 程式設計師可能很容易因為省略了一個必要的檢查而犯錯。

- 從你進行檢查的那一刻起，到後來你嘗試執行運算的那一刻，情況可能會發生變化（哪怕是極為短暫的幾分之一秒！）。

在 Python 中，首選的慣用語是在一個 **try** 子句中嘗試運算，並在一或多個 **except** 子句中處理可能出現的例外。這個慣用語被稱為「It's easier to ask forgiveness than permission（請求原諒比徵求許可更容易）」（EAFP，*https://oreil.ly/rGXC9*），這是一句經常被引用的格言，廣泛認為是 COBOL 的共同發明人、海軍少將 Grace Murray Hopper 的作品。EAFP 沒有 LBYL 的那些缺陷。下面是使用 LBYL 慣用語的一個函式：

```
def safe_divide_1(x, y):
    if y==0:
        print('Divide-by-0 attempt detected')
        return None
    else:
        return x/y
```

使用 LBYL 時，會先進行檢查，而主流的案例看起來好像隱藏在函式的結尾。

下面是使用 EAFP 慣用語的等效函式：

```
def safe_divide_2(x, y):
    try:
        return x/y
    except ZeroDivisionError:
        print('Divide-by-0 attempt detected')
        return None
```

使用 EAFP 時，主流案例在前面的 **try** 子句中出現，而異常狀況在後面的 **except** 子句中處理，使整個函式更容易閱讀和理解。

EAFP 是一種很好的錯誤處理策略，但它並非萬能。特別是，你必須注意不要把網撒得太廣，捕捉到你沒有預料到，因此也不是有意要捕捉的錯誤。下面是這種風險的一個典型案例（我們會在表 8-2 中提及內建函式 getattr）：

```
def trycalling(obj, attrib, default, *args, **kwds):
    try:
        return getattr(obj, attrib)(*args, **kwds)
    except AttributeError:
        return default
```

`trycalling` 函式的目的是嘗試在物件 *`obj`* 上呼叫一個名為 *`attrib`* 的方法，但如果 *`obj`* 沒有那樣命名的方法，則回傳 *`default`*。然而，如此編寫的這個函式並不僅只是那樣做：它還意外地隱藏了在所尋求的方法內提出 `AttributeError` 的任何錯誤情況，在那些情況下都會默默地回傳 *`default`*。這很容易隱藏其他程式碼中的臭蟲。為了達到預期的效果，這個函式必須更加謹慎：

```
def trycalling(obj, attrib, default, *args, **kwds):
    try:
        method = getattr(obj, attrib)
    except AttributeError:
        return default
    else:
        return method(*args, **kwds)
```

`trycalling` 的這個實作將 `getattr` 呼叫（放在 **`try`** 子句中，因此由 **`except`** 子句中的處理器保護）和方法的呼叫（放在 **`else`** 子句中，因此可以自由傳播任何例外）分開。EAFP 的正確做法是在 **`try`**/**`except`** 述句中頻繁使用 **`else`** 子句（這比單純將無防護的程式碼放在整個 **`try`**/**`except`** 述句之後更加明確，因此也是更好的 Python 風格）。

處理大型程式中的錯誤

在大型程式中，讓你的 **`try`**/**`except`** 述句過於寬泛是特別容易出錯的，尤其是在你確信 EAFP 作為一般錯誤檢查策略的力量之時。當一個 **`try`**/**`except`** 組合捕捉到太多不同的錯誤，或者一個錯誤可能在太多不同地方發生時，它就太廣泛了。如果你需要區分到底是什麼地方出了問題，而回溯追蹤軌跡中的資訊不足以鎖定這些細節（或者你丟棄了回溯追蹤軌跡中的部分或全部資訊），後者就會是一個問題。為了有效地處理錯誤，你必須明確區分你預期的錯誤和異常狀況（從而知道如何處理），以及可能表明你程式中存在臭蟲的意外錯誤和異常情況。

有些錯誤和異常狀況並不是真正的錯誤，甚至可能並不那麼異常：它們只是特殊的「邊緣」情況（“edge” cases），也許有些罕見，但還算是預期之中，你選擇透過 EAFP 而不是透過 LBYL 來處理它們，以避免 LBYL 本質上的許多缺陷。在這種情況下，你應該單純處理它們，通常甚至不需要記錄或回報。

讓你的「*try/except*」構造保持狹隘

要非常小心地讓 **try/except** 構造所關注的範圍盡可能的狹窄。使用一個小型的 **try** 子句，包含少量的程式碼，不要呼叫太多其他函式，並在 **except** 子句中使用非常特定的例外類別元組。如果需要，就在你的處理器程式碼中進一步分析例外的細節，一旦你知道那不是這個處理器可以處理的情況，就立即再次進行 **raise**。

取決於使用者輸入或其他不受你控制之外部條件的錯誤和異常狀況，總是可以預期的，正是因為你無法控制其潛在原因。在這種情況下，你應該把精力集中在優雅地處理異常狀況，回報和記錄其確切的性質和細節，並讓你的程式維持在內部和續存狀態皆未損壞的情況下繼續執行。你的 **try/except** 子句仍然應該是相當狹窄的，儘管這並不如你使用 EAFP 來架構你對並非真正錯誤的特殊或邊緣情況之處理方式時那樣關鍵。

最後，完全出乎意料的錯誤和異常狀況表明你程式的設計或程式碼中存在錯誤。在大多數情況下，對於這種錯誤的最佳策略是避免使用 **try/except**，而只是讓程式帶著錯誤和回溯追蹤訊息而終止（你可能會想記錄這些資訊，或用 sys.excepthook 中應用程式限定的掛接器（application-specific hook）以更適當的方式顯示這些資訊，我們很快就會討論）。在你的程式必須不惜一切代價繼續執行的這種不太可能的情況下，或是在危急情況下，相當寬泛的 **try/except** 述句可能是合適的，帶有的 **try** 子句可以保護行使大量程式功能的函式呼叫，還有寬泛的 **except** 子句。

如果是一個長期執行的程式（long-running program），請確保有將異常狀況或錯誤的所有細節記錄在某個續存的地方，以便之後研究（同時也向自己回報問題的一些跡象，如此你才知道這種後續研究是必要的）。關鍵是要確保你能將程式的續存狀態（persistent state）恢復到某個未被破壞的、內部一致的時間點。使得長期執行的程式能夠在其自身的一些臭蟲以及環境的逆境中生存下來的技巧被稱為檢查點（checkpointing，*https://oreil.ly/GX4hz*，基本上就是定期儲存程式狀態，而且編寫程式的方式使其能夠重新載入儲存的狀態並從那裡繼續執行）和交易處理（transaction processing，*https://oreil.ly/0MaWS*）；我們在本書中不會進一步介紹它們。

記錄錯誤

當 Python 將一個例外一直傳播到堆疊頂端都沒有找到一個適用的處理器時，直譯器通常會在終止程式之前向行程的標準錯誤串流（`sys.stderr`）印出一個錯誤回溯追蹤軌跡（error traceback）。你可以將 `sys.stderr` 重新繫結到任何適合用於輸出的類檔案物件（file-like object）上，以便將這些資訊轉移到一個更適合你目的之處。

當你想在這種場合改變輸出資訊的數量和種類時，重新繫結 `sys.stderr` 是不夠的。在這種情況下，你可以為 `sys.excepthook` 指定自己的函式：當程式由於一個未處理的例外而終止時，Python 就會呼叫它。在你的例外回報函式（exception-reporting function）中，請輸出任何有助於你診斷和除錯問題的資訊，並將這些資訊導向你所希望的任何目的地。舉例來說，你可以使用 `traceback` 模組（在第 613 頁的「traceback 模組」中有介紹）來格式化堆疊追蹤軌跡（stack traces）。當你的例外回報函式終止時，你的程式也終止了。

logging 模組

Python 標準程式庫提供功能豐富而強大的 `logging` 模組，讓你以系統化且靈活的方式來組織你應用程式的訊息記錄（logging of messages）工作。如果把事情做到極致，你可能會撰寫出 `Logger` 類別和子類別的一整個階層架構；你可以把記錄器（loggers）與 `Handler`（及其子類別）的實體結合起來，或者插入 `Filter` 類別的實體來微調用以判斷哪些訊息以何種方式記錄的標準。

訊息由 `Formatter` 類別的實體進行格式化，訊息（messages）本身是 `LogRecord` 類別的實體。`logging` 模組甚至還包含一種動態配置機能（dynamic configuration facility），讓你可以藉由讀取磁碟檔案，或甚至用一個特化的執行緒在專用的 socket 上接收它們，以動態設定記錄組態檔（logging configuration files）。

雖然 `logging` 模組的架構複雜得嚇人，而且功能強大，適合用來實作在龐大且複雜的軟體系統中可能會需要的高度精密的記錄策略和政策，但在大多數應用程式中，你可能只需要使用此套件的一個微小的子集就行了。首先，**`import`** `logging`。然後，將你的訊息以字串的形式傳入給模組的任何一個函式 `debug`、`info`、`warning`、`error` 或 `critical`，按嚴重程度依次遞增。如果你傳入的字串包含格式指定符（format specifiers），

例外

例如 %s（正如第 347 頁「用 % 進行傳統的字串格式化」中所述），那麼，在字串之後，作為進一步的引數，請傳入該字串中要被格式化的所有的值。舉例來說，請不要呼叫：

```
logging.debug('foo is %r' % foo)
```

因為無論是否需要，它都會執行格式化運算；所以請改為呼叫：

```
logging.debug('foo is %r', foo)
```

它只在必要時執行格式化（也就是說，根據目前的門檻記錄等級，只有在呼叫 debug 會導致記錄輸出時）。如果 foo 只用於記錄，而且建立過程特別耗費計算時間或 I/O，你可以使用 isEnabledFor 來為創建 foo 的昂貴程式碼附加條件：

```
if logging.getLogger().isEnabledFor(logging.DEBUG):
    foo = cpu_intensive_function()
    logging.debug('foo is %r', foo)
```

設定記錄

遺憾的是，logging 模組不支援第 336 頁「字串格式化」中所講述的更可讀的格式化做法，而只支援上一小節中提到的傳統做法。幸運的是，除了 %s（呼叫 __str__）和 %r（呼叫 __repr__）以外，很少需要任何格式化指定符。

預設情況下，門檻等級（threshold level）為 WARNING：函式 warning、error 或 critical 中任何一個都會導致記錄輸出，但函式 debug 和 info 不會。任何時候想變更門檻等級，請呼叫 logging.getLogger().setLevel，將 logging 模組提供的相應常數之一作為唯一引數：DEBUG、INFO、WARNING、ERROR 或 CRITICAL。舉例來說，一旦你呼叫：

```
logging.getLogger().setLevel(logging.DEBUG)
```

所有從 debug 到 critical 的記錄函式都會產生記錄輸出，直到你再次改變等級為止。如果後來你呼叫：

```
logging.getLogger().setLevel(logging.ERROR)
```

那麼只有 error 和 critical 這兩個函式會產生記錄輸出（debug、info 和 warning 都不會產生記錄輸出）；這個條件也會持續到你再次改變等級為止，以此類推。

預設情況下，記錄輸出會跑到你行程的標準錯誤串流（sys.stderr，如表 8-3 所述），並使用一種相當簡單的格式（例如，它不會在輸出的每一行都包括時戳）。你可以透過實體化一個適當的處理器（handler）實體來控制這些設定，搭配一個適當的格式器（formatter）實體，並創建和設定一個新的記錄器（logger）實體來容納它。在常見的簡單情況下，你只想一次性設定這些記錄參數，之後它們會在你程式執行過程中持續存在，最簡單的做法就是呼叫 logging.basicConfig 函式，它可以讓你透過具名參數輕易地設定東西。只有對 logging.basicConfig 的第一次呼叫才有效果，而且只有在你於任何記錄函式（debug、info 等）之前呼叫它時才是這樣。因此，最常見的用法是在你程式一開始啟動時就呼叫 logging.basicConfig。舉例來說，在程式開頭的地方，一個常見的慣用語是這樣的：

```
import logging
logging.basicConfig(
    format='%(asctime)s %(levelname)8s %(message)s',
    filename='/tmp/logfile.txt', filemode='w')
```

此設定會將記錄訊息寫到一個檔案中，具備美觀的格式，有一個人類可讀的精確時戳，後面接著嚴重等級（severity level），在一個八字元寬的欄位中向右對齊，後面再接著訊息本身。

關於 logging 模組更多更詳細的資訊，以及你能用它達成的所有奇蹟，請務必查閱 Python 豐富的線上說明文件（*https://oreil.ly/AO1Xa*）。

assert 述句

assert 述句允許你在程式中引入「合理性檢查（sanity checks）」。**assert** 是一種簡單述句，語法如下：

```
assert condition[, expression]
```

當你用最佳化旗標（**-O**，在第 27 頁的「命令列語法和選項」中有介紹）執行 Python 時，**assert** 會是一個空運算（null operation）：編譯器沒有為它生成程式碼。否則，**assert** 會估算 *condition*。當 *condition* 得到滿足時，**assert** 不做任何事情。當 *condition* 不滿足時，**assert** 會實體化 AssertionError，以 *expression* 作為引數（如果沒有 *expression*，則沒有引數），並提出所產生的實體[3]。

3 有些第三方框架，如 pytest（*http://docs.pytest.org/en/latest*），大幅提升了 **assert** 述句的實用性。

assert 述句可以是為你程式進行說明的有效方式。當你想描述一個重要但不明顯的條件 *C* 在程式執行的某一個時間點上是成立的（被稱為程式的不變式，*invariant*），**assert** *C* 往往比僅僅描述 *C* 會成立的註解要好。

不要過度使用 *assert*

除了對程式的不變式進行合理性檢查之外，千萬不要將 **assert** 用於其他目的。一個嚴重但非常普遍的錯誤是對輸入或引數的值使用 **assert**。引數或輸入的錯誤檢查最好更明確地進行，特別是必定不能使用 **assert**，因為它可能透過 Python 命令列旗標變成一個空運算。

assert 的優點在於，當 *C* 事實上不成立時，如果程式不是在 **-O** 旗標的情況下執行，**assert** 會立即透過提出 AssertionError 來提醒你注意這個問題。一旦程式碼徹底除完錯，就用 **-O** 執行，把 **assert** 變成一個空運算，不產生任何額外負擔（**assert** 仍然留在你原始碼中以記載不變式）。

__debug__ 內建變數

當你在不帶選項 **-O** 的情況下執行 Python 時，__debug__ 內建變數會是 **True**。當你用選項 **-O** 執行 Python 時，__debug__ 會是 **False**。而且，在後一種情況中，編譯器不會為唯一的守衛條件是 __debug__ 的任何 **if** 述句產生程式碼。

為了善用這種最佳化，請於你只會在 **assert** 述句中呼叫的函式之定義周圍加上 **if __debug__:**。這種技巧使編譯後的程式碼在 Python 以 **-O** 執行時會更小更快，並且透過展示這些函式的存在只是為了執行合理性檢查而提高了程式的清晰度。

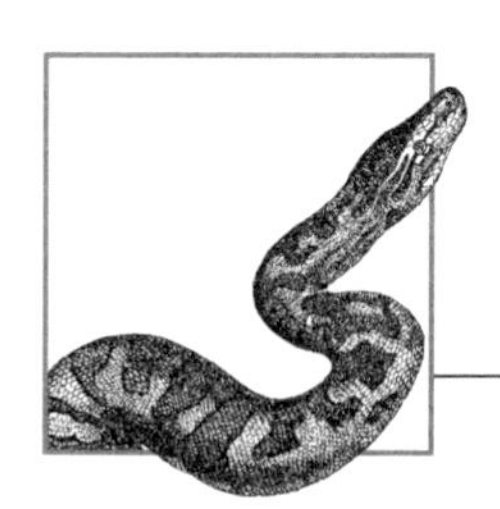

7 模組和套件

一個典型的 Python 程式是由幾個原始碼檔案（source files）組成的。每個原始碼檔案都是一個**模組**（*module*），將程式碼和資料包裝分組以便重複使用。模組通常彼此獨立，因此其他程式可以重複使用他們需要的特定模組。有時，為了管理複雜性，開發人員會將相關的模組包裝成一個**套件**（*package*），也就是由相關模組和子套件構成的一個階層架構式的樹狀結構。

一個模組藉由使用 `import` 或 `from` 述句明確地建立對其他模組的依存關係（dependencies）。在某些程式語言中，全域變數（global variables）為模組間的耦合提供一個隱藏的管道。在 Python 中，全域變數不是對所有模組都是全域性的，而是單個模組物件（module object）的屬性（attributes）。因此，Python 模組總是會以明確且可維護的方式溝通，透過明確性來使它們之間的耦合關係更為清晰。

Python 也支援**擴充模組**（*extension modules*），也就是用其他語言編寫的模組，如 C、C++、Java、C# 或 Rust。對於匯入一個模組的 Python 程式碼來說，該模組是純 Python 還是擴充模組並不重要。你總是可以先用 Python 編寫一個模組。如果你之後需要更多的速度，你可以用低階語言重構和重新編寫你模組的某些部分，而無須修改使用該模組的客戶端程式碼。第 25 章（可線上取得：*https://oreil.ly/python-nutshell-25*）展示如何用 C 和 Cython 編寫擴充功能。

本章討論模組的建立和載入。它還包括如何將模組包裝成套件，使用 `setuptools`（*https://oreil.ly/c4JWE*）安裝套件，以及如何在發行前準備好套件；後一個主題在第 24 章（也可線上取得：*https://oreil.ly/python-nutshell-24*）中有更詳盡的介紹。在本章的最後，我們將討論如何以最佳的方式管理你的 Python 環境（environment）。

模組物件

在 Python 中，一個模組是具有任意命名的屬性的一個物件，你可以繫結和參考那些屬性。Python 中模組的處理方式就像其他物件一樣。因此，你可以在呼叫函式時將一個模組作為引數傳入給它。同樣地，函式可以將一個模組作為呼叫的結果回傳。一個模組，就像任何其他物件一樣，可以被繫結到一個變數、容器中的一個項目或物件的一個屬性。模組可以是字典中的鍵值或值，也可以是集合的成員。舉例來說，在第 267 頁「模組載入」中討論的 `sys.modules` 字典，就是持有模組物件作為其值。在 Python 中，模組可以像其他值一樣被對待，這一事實常常被表述為「模組是一級（*first-class*）物件」。

import 述句

一個名為 *aname* 的模組的 Python 程式碼通常存在於一個名為 *aname.py* 的檔案中，正如第 267 頁「在檔案系統中搜尋模組」中所介紹的。透過在另一個 Python 原始碼檔案中執行 **import** 述句，你可以將任何 Python 原始碼檔案[1]作為一個模組使用。**import** 的語法如下：

```
import modname [as varname][,...]
```

在 **import** 關鍵字之後的是一或多個用逗號分隔的模組指定符（module specifiers）。在最簡單、最常見的情況下，模組指定符就只是一個識別字 *modname*，也就是在 **import** 述句結束時，Python 會將其繫結到模組物件上的一個變數。在這種情況下，Python 會尋找同名的模組來滿足 **import** 請求。舉例來說，這個述句：

```
import mymodule
```

會尋找名為 `mymodule` 的模組，並將當前範疇中名為 `mymodule` 的變數繫結到那個模組物件上。*modname* 也可以是一串用點號（`.`）分隔的識別字，用來指名包含在某個套件中的一個模組，如第 274 頁的「套件」中所述。

1 我們的一位技術審閱者指出，Windows 上的 *.pyw* 檔案是這個規則的例外。

當 **as** *varname* 是模組指定符的一部分時，Python 會尋找一個名為 *modname* 的模組，並將模組物件繫結到變數 *varname* 上。舉例來說，這個：

```
import mymodule as alias
```

會尋找名為 mymodule 的模組，並將模組物件繫結到當前範疇內的變數 alias 上。*varname* 永遠都必須是一個簡單的識別字。

模組主體

一個模組的**主體**（*body*）是模組原始碼檔案中的述句序列（sequence of statements）。不需要用特殊的語法來表明一個原始碼檔案是一個模組；如前所述，你可以使用任何有效的 Python 原始碼檔案作為一個模組。一個模組的主體會在匯入它的程式第一次進行匯入時立即執行。主體開始執行時，模組物件已經建立好了，sys.modules 中會有一個條目已經與該模組物件繫結。隨著模組主體的執行，模組的（全域性）命名空間也會逐漸被充填。

模組物件的屬性

一個 **import** 述句會建立一個新的命名空間，其中包含模組的所有屬性。要存取這個命名空間中的一個屬性，請使用模組的名稱或別名（alias）作為前綴：

```
import mymodule
a = mymodule.f()
```

或是：

```
import mymodule as alias
a = alias.f()
```

這減少了模組匯入所需的時間，並確保只有那些用到該模組的應用程式才會產生建立該模組所需的額外負擔。

一般來說，是模組主體中的述句繫結模組物件的屬性。當模組主體中的某個述句繫結了一個（全域性）變數時，被繫結的就是模組物件的一個屬性。

存在一個模組主體來繫結模組的屬性

模組主體的正常用途是建立模組的屬性：**def** 述句創建並繫結函式，**class** 述句創建並繫結類別，而指定述句（assignment statements）可以繫結任何型別的屬性。為了使你的程式碼簡潔清晰，除了繫結模組的屬性以外，在模組主體最頂端的邏輯層做任何其他事情都要特別小心。

一個在模組範疇（module scope）定義的 `__getattr__` 函式可以動態地建立新的模組屬性。這樣做的一個可能原因是要惰性（lazily）定義那些建立起來很費時的屬性；在模組層級的 `__getattr__` 函式中定義它們，會將屬性的創建推遲到它們實際被參考之時，如果有被參考的話。舉例來說，這段程式碼可以被新增到 *mymodule.py* 中，以推遲建立一個包含前一百萬個質數的串列，那可能需要一些時間來計算：

```
def __getattr__(name):
    if name == 'first_million_primes':
        def generate_n_primes(n):
            # ... 產生 'n' 個質數的程式碼 ...

        import sys
        # 在 sys.modules 中查找 __name__，以獲得當前模組。
        this_module = sys.modules[__name__]
        this_module.first_million_primes = generate_n_primes(1_000_000)
        return this_module.first_million_primes

    raise AttributeError(f'module {__name__!r}
                         f' has no attribute {name!r}')
```

使用模組層級的 `__getattr__` 函式對匯入 *mymodule.py* 的時間只有很小的影響，唯有那些真正使用 `mymodule.first_million_primes` 的應用程式會有創建它所需的額外負擔。

你也可以在主體之外的程式碼中繫結模組屬性（也就是在其他模組中）；只要指定一個值給屬性參考語法 *M.name* 就行了（其中 *M* 是任何運算式，其值是模組，而識別字 *name* 是屬性名稱）。然而，為了清晰起見，最好只在模組本身的主體中繫結模組屬性。

`import` 述句會在建立模組物件時，在模組的主體執行之前，就立即繫結一些模組屬性。`__dict__` 屬性是模組作為其屬性的命名空間使用的 `dict` 物件。與模組的其他屬性不同，`__dict__` 不能作為全域變數被模組中的程式碼使用。模組中的所有其他屬性都是 `__dict__` 中的項目，並作為全域變數供模組中的程式碼使用。`__name__` 屬性是模組的名稱，而 `__file__` 是從之載入模組的檔案名稱；其他的 dunder-named 屬性則儲存了其他的模組詮釋資料（module metadata，也請參閱第 275 頁的「套件物件的特殊屬性」，以了解關於屬性 `__path__` 的詳細資訊，僅限套件中）。

對於任何模組物件 *M*、任何物件 *x*，以及任何識別字串 *S*（除了 `__dict__`），繫結 *M.S* = *x* 等同於繫結 *M*.`__dict__`['*S*'] = *x*。一個像是 *M.S* 的屬性參考基本上也等同於 *M*.`__dict__`['*S*']。唯一的差異在於，當 *S* 不是 *M*.`__dict__` 中的一個鍵值時，存取 *M*.`__dict__`['*S*'] 會提出 `KeyError`，而存取 *M.S* 則會提出 `AttributeError`。模組屬性也可以作為全域變數提供給模組主體中的所有程式碼取用。換句話說，在模組主體內，作為全域變數使用的 *S* 在繫結和參考方面（當 *S* 不是 *M*.`__dict__` 中的一個鍵值時，作為全域變數參考 *S* 會提出 `NameError`）都等同於 *M.S*（即 *M*.`__dict__`['*S*']）。

Python 內建值（built-ins）

Python 提供許多內建的物件（在第 8 章中有介紹）。所有的內建物件都是一個名為 `builtins` 的預先載入的模組之屬性。當 Python 載入一個模組時，該模組會自動得到一個額外的屬性，名為 `__builtins__`，它要不是指涉模組 `builtins` 就是指涉其字典。Python 可能選擇其中之一，所以不要仰賴 `__builtins__`。如果你需要直接存取 `builtins` 模組（很少有這種需要），請使用 **`import`** `builtins` 述句。當你存取一個既不在區域命名空間，也不在當前模組的全域命名空間中的變數時，Python 會在提出 `NameError` 之前，於當前模組的 `__builtins__` 中尋找該識別字。

這種查找是 Python 用來讓你的程式碼存取內建值（builtins）的唯一機制。你自己的程式碼可以直接使用這種存取機制（不過要適度，否則你的程式的清晰性和簡單性會受到影響）。內建值的名稱並沒有保留，在 Python 中也不是寫定的，也就是說，你可以新增你自己的內建值，或者用你的函式替換正常的內建函式，在這種情況下，所有的模組都會看到新增或替換上去的函式。由於 Python 只會在無法解析區域或模組命名空間中的名稱時，才會存取內建值，所以通常在那些命名空間中定義一個來替換就夠了。下面的玩具範例展示如何用你自己的函式來包裹一個內建函式，讓 `abs` 能夠接受一個字串引數（並回傳該字串任意加工過的結果）：

```
# abs 接受一個數值引數；我們讓它也接受一個字串。
import builtins
_abs = builtins.abs                               # 儲存原始的內建值
def abs(str_or_num):
    if isinstance(str_or_num, str):               # 如果引數是一個字串
        return ''.join(sorted(set(str_or_num)))  # 就改為獲得這個
    return _abs(str_or_num)                       # 呼叫真正的內建值
builtins.abs = abs                                # 以包裹器覆寫內建的函式
```

模組說明文件字串

如果模組主體中的第一個述句是一個字串字面值（string literal），Python 會將那個字串繫結為模組的說明文件字串（documentation string）屬性，名為 __doc__。關於說明文件字串的更多資訊，參閱第 120 頁的「Docstring」。

模組私有的變數

沒有一個模組的變數是真正私有（private）的。然而，按照慣例，每一個以單底線（_）開頭的識別字，如 _secret，都意味著是私有的。換句話說，前導的底線向客戶端程式碼的程式設計師傳達了「他們不應該直接存取這個識別字」。

開發環境和其他工具仰賴這種前導底線（leading underscore）命名慣例來辨別模組的哪些屬性是公開的（即模組介面的一部分），哪些是私有的（即只在模組內使用）。

請尊重「前導底線代表私有」的慣例

遵循「前導底線代表私有」這個慣例是很重要的，特別是當你寫的客戶端程式碼會用到別人寫的模組時。避免使用在這些模組中名稱以 _ 開頭的任何屬性。這些模組的未來版本將努力維持它們的公開介面，但很可能會改變私有的實作細節：私有屬性正是用於這些細節。

from 述句

Python 的 **from** 述句可以讓你從一個模組匯入特定的屬性到當前的命名空間。**from** 有兩種語法變體：

```
from modname import attrname [as varname][,...]
from modname import *
```

一個 **from** 述句指定一個模組名稱，後面接著一或多個用逗號隔開的屬性指定符（attribute specifiers）。在最簡單和最常見的情況下，一個屬性指定符只是一個識別字 *attrname*，它是一個變數，Python 會將其繫結到名為 *modname* 的模組中的同名屬性上。例如：

```
from mymodule import f
```

modname 也可以是一連串用點（.）隔開的識別字，用來指名一個套件內的模組，如第 274 頁的「套件」中所述。

當 **as** *varname* 是屬性指定符的一部分時，Python 會從模組中獲取屬性 *attrname* 的值、並將其繫結到變數 *varname* 上。例如：

```
from mymodule import f as foo
```

attrname 和 *varname* 永遠都是簡單的識別字。

你可以選擇在 **from** 述句中用括弧圍住所有跟在關鍵字 **import** 之後的屬性指定符。當你有許多屬性指定符時，這可能會很有用，以比使用反斜線（\）更優雅的方式將 **from** 述句的單一邏輯行拆分成多個邏輯行：

```
from some_module_with_a_long_name import (
    another_name, and_another as x, one_more, and_yet_another as y)
```

from...import *

直接位在模組主體內的程式碼（不是在函式或類別的主體內）可以在 **from** 述句中使用星號（*）：

```
from mymodule import *
```

這個 * 要求模組 *modname* 的「所有」屬性在進行匯入的模組中被繫結為全域變數。當模組 *modname* 有一個名為 `__all__` 的屬性時，該屬性的值就是這種 **from** 述句所繫結的屬性名稱之串列。否則，這種類型的 **from** 述句會繫結 *modname* 的所有屬性，除了以底線開頭的屬性。

在你的程式碼中謹慎使用「*from M import **」

由於 **from** *M* **import** * 可能會繫結一組任意的全域變數，它可能會產生非預期的不良副作用，例如隱藏內建值和重新繫結你仍然需要的變數。如果真的要用，請盡量少用 * 形式的 **from**，並且只用於匯入那些說明文件有明確記載支援這種用法的模組。你的程式碼最好*永遠不要*使用這種形式，它主要是為了方便在互動式 Python 工作階段中偶爾使用而存在。

from vs. import

import 述句往往是比 **from** 述句更好的選擇。當你總是以 **import** *M* 述句來存取模組 *M*，並且總是用明確的語法 *M.A* 來存取 *M* 的屬性時，你的程式碼雖然會稍微沒那麼簡潔，但卻更清晰、更易讀。**from** 的一個好用途是從套件中匯入特定的模組，正如我們會在第 274 頁「套件」中討論的那樣。在大多數其他情況下，**import** 會是比 **from** 更好的風格。

處理匯入失敗的問題

如果你正在匯入的模組不是標準 Python 的一部分，並且希望處理匯入失敗，你可以透過捕捉 ImportError 例外來達成。舉例來說，如果你的程式碼使用第三方的 rich 模組進行選擇性的輸出格式化，但如果該模組沒有安裝，就會退回到常規的輸出，你可以用下列方式匯入該模組：

```
try:
    import rich
except ImportError:
    rich = None
```

然後，在你的程式的輸出部分，你會寫：

```
if rich is not None:
        ... 使用 rich 模組的功能進行輸出 ...
else:
        ... 使用一般的 print() 述句進行輸出 ...
```

模組載入

模組載入運算仰賴內建的 sys 模組的屬性（會在第 303 頁的「sys 模組」中介紹），並由內建函式 __import__ 實作。你的程式碼可以直接呼叫 __import__，但在現代 Python 中強烈不鼓勵這樣做；取而代之，使用 **import** importlib 並呼叫 importlib.import_module，將模組名稱字串作為引數。import_module 回傳模組物件，或者，如果匯入失敗，則提出 ImportError。然而，最好對 __import__ 的語意有一個清楚的了解，因為 import_module 和 **import** 述句都依存於它。

要匯入一個名為 *M* 的模組，__import__ 會先檢查字典 sys.modules，使用字串 *M* 作為鍵值。如果鍵值 *M* 有在該字典中，__import__ 會回傳相應的值作為所請求的模組物件。否則，__import__ 會將 sys.modules[*M*] 繫結到一個空的新模組物件，其 __name__ 為 *M*，然後尋找正確的方式來初始化（載入）這個模組，正如稍後講述在檔案系統中搜尋模組的章節所介紹的那樣。

多虧了這個機制，相對緩慢的載入運算只會發生在程式執行過程中第一次匯入模組時。當一個模組再次被匯入，該模組不會被重新載入，因為 __import__ 會迅速找到並回傳該模組在 sys.modules 中的條目（entry）。因此，第一次載入一個模組之後對它的所有匯入都非常快速：因為只是字典的查找動作（要**強制**重新載入，請參閱第 270 頁的「重新載入模組」）。

內建模組

當一個模組被載入時，__import__ 會先檢查該模組是否為內建模組。sys.builtin_module_names 這個元組指名了所有的內建模組，但是重新繫結該元組並不會影響模組的載入。載入一個內建模組時，就像載入任何其他擴充功能一樣，Python 會呼叫模組的初始化函式（initialization function）。對內建模組的搜尋也會在特定於平台的位置尋找模組，例如 Windows 的 Registry（登錄資料庫）。

在檔案系統中搜尋模組

如果模組 *M* 不是內建的，__import__ 會在檔案系統（filesystem）中尋找 *M* 作為一個檔案的程式碼。__import__ 會依序檢視串列 sys.path 中的項目，那些項目都是字串。每一項都是目錄的路徑，或者是熱門 ZIP 格式的封存檔（archive file）的路徑（*https://oreil.ly/QrFfL*）。`sys.path` 會在程式啟動時初始化，使用環境變數 `PYTHONPATH`（在第 26 頁的「環境變數」中有提及），如果存在的話。`sys.path` 中的第一個項目始終都是從之載入主程式的目錄。`sys.path` 中的一個空字串表示當前目錄（current directory）。

你的程式碼可以變動或重新繫結 `sys.path`，這樣的改變會影響 `__import__` 在載入模組時搜尋的方向和 ZIP 封存檔。改變 `sys.path` 並不會影響已經載入（因此已經記錄在 `sys.modules` 中）的模組。

如果啟動時在 `PYTHONHOME` 目錄下有一個延伸檔名為 *.pth* 的文字檔案，Python 會把該檔案的內容新增到 `sys.path` 中，每行一個項目。*.pth* 檔案可以包含空行和以字元 `#` 開頭的註解行；Python 會忽略任何的這種文字行。*.pth* 檔案還可以包含 **`import`** 述句（Python 在你的程式開始執行之前會執行這些述句），但不能有其他種述句。

沿著 `sys.path` 在每個目錄和 ZIP 封存檔中尋找模組 `M` 的檔案時，Python 會按照這個順序考慮下列延伸檔名：

1. *.pyd* 和 *.dll*（Windows）或 *.so*（大多數的類 Unix 平台），它們代表 Python 的擴充模組（extension modules）（有些 Unix 方言使用不同的延伸檔名，例如 HP-UX 上的 *.sl*）。在大多數平台上，擴充功能不能從 ZIP 封存檔載入，只有原始碼或編譯為 bytecode 的 Python 模組可以。

2. *.py*，表示 Python 原始碼模組（source modules）。

3. *.pyc*，表示編譯為 bytecode 的 Python 模組。

4. 當它找到一個 *.py* 檔案時，Python 也會尋找一個叫作 *__pycache__* 的目錄。如果找到這樣的目錄，Python 會在該目錄中尋找延伸檔名 *.<tag>.pyc*，其中 *<tag>* 是與正在尋找模組的 Python 版本有關的特定字串。

Python 尋找模組 `M` 之檔案的最後一個路徑是 *M/__init__.py*：在名為 *M* 的目錄底下名為 *__init__.py* 的檔案，正如第 274 頁「套件」中所講述的。

找到原始碼檔案 *M.py* 後，Python 會將其編譯為 *M.<tag>.pyc*，除非該 bytecode 檔案已經存在，比 *M.py* 還要新，而且是由同一版本的 Python 所編譯的。如果 *M.py* 是在一個可寫入的目錄中編譯的，Python 會在

必要時建立一個 *__pycache__* 子目錄，並將 bytecode 檔案儲存在檔案系統的那個子目錄中，這樣之後的執行就不需要無謂地重新編譯它。當 bytecode 檔案比原始碼檔案還要新時（基於 bytecode 檔案中的內部時戳，而非信任檔案系統中記錄的日期），Python 就不會重新編譯該模組。

一旦 Python 得到 bytecode，不管是透過編譯重新建置的，還是從檔案系統讀取的，Python 都會執行模組主體來初始化模組物件。如果該模組是一個擴充功能，Python 將呼叫模組的初始化函式。

謹慎地命名你專案的 *.py* 檔案

對於初學者來說，一個常見的問題是，程式設計師在編寫他們的第一個專案時，不小心將他們的一個 *.py* 檔案命名為與一個匯入的套件，或標準程式庫（stdlib）中的某個模組相同的名稱。舉例來說，在學習 `turtle` 模組時，一個容易犯的錯誤就是將你的程式命名為 *turtle.py*。然後當 Python 試圖從 stdlib 匯入 `turtle` 模組時，它會改為載入區域模組，而且通常在不久之後會提出一些非預期的 `AttributeError`（因為該區域模組不包括 stdlib 的模組中定義的所有類別、函式和變數）。不要將你專案的 *.py* 檔案命名為與匯入的或 stdlib 的模組相同的名稱！

你可以使用 **`python -m testname`** 這種形式的命令來檢查模組名稱是否已經存在。如果顯示的是 `'no module testname'` 訊息，那麼你應該就能安全地將你的模組命名為 *testname.py*。

一般來說，當你熟悉了 stdlib 中的模組和常見的套件名稱後，你就會知道哪些名稱應該避免。

主程式

一個 Python 應用程式的執行會從一個頂層指令稿（top-level script，稱為**主程式**，*main program*）開始，如第 25 頁「python 程式」中所解釋的。主程式的執行和其他被載入的模組一樣，只是 Python 會將 bytecode 保留在記憶體中，而非儲存在磁碟上。主程式的模組名稱是 `'__main__'`，既是 `__name__` 變數（模組屬性），也是 `sys.modules` 中的鍵值。

不要匯入你作為主程式使用的 *.py* 檔案

你不應該匯入是主程式本身的同一個 *.py* 檔案。如果你那樣做，Python 會再次載入該模組，而且主體會在帶有不同 `__name__` 的另一個模組物件中再次執行。

Python 模組中的程式碼可以透過檢查全域變數 `__name__` 是否有 `'__main__'` 的值來測試該模組是否被當作主程式使用。這個慣用語：

```
if __name__ == '__main__':
```

經常被用來保護一些程式碼，使其只在模組作為主程式使用時執行。如果一個模組只是要被匯入使用，它通常應該在作為主程式執行時進行單元測試（unit tests），如第 592 頁的「單元測試和系統測試」中所述。

重新載入模組

Python 只在程式執行過程中第一次匯入（import）一個模組時才載入（load）該模組。進行互動式開發時，你需要在編輯模組後**重新載入**（*reload*）模組（有些開發環境提供自動重載功能）。

要重新載入一個模組，就把其模組物件（而非模組名稱）作為唯一的引數傳入給 `importlib` 模組的函式 `reload`。`importlib.reload(M)` 確保 *M* 重載後的版本會被仰賴 `import` *M* 並以 *M.A* 語法存取屬性的客戶端程式碼所使用。然而，`importlib.reload(M)` 對繫結到 *M* 的屬性先前的值的現有參考（例如，透過 **`from`** 述句）沒有影響。換句話說，已經繫結的變數仍然保持原來的繫結狀態，不受 `reload` 的影響。`reload` 無法重新繫結這些變數，這進一步鼓勵我們使用 **`import`** 而非 **`from`**。

`reload` 不是遞迴（recursive）的：當你重新載入模組 *M*，並不意味著由 *M* 所匯入的其他模組也會接著被重新載入。你必須透過 `reload` 的明確呼叫來重新載入你修改過的每一個模組。請一定要考慮到模組參考的任何依存關係，如此才能以適當的順序進行重載。

循環匯入

Python 允許你指定循環匯入（circular imports）。舉例來說，你可以寫一個包含 **`import`** b 的模組 *a.py*，同時模組 *b.py* 包含 **`import`** a。

如果你出於某種原因決定使用循環匯入，你需要了解循環匯入是如何運作的，以避免程式碼中出現錯誤。

避免循環匯入

在實務上，你最好永遠都避免循環匯入，因為迴圈依存關係（circular dependencies）是脆弱且難以管理的。

假設主指令稿執行了 **import** a，正如前面所討論的，這個 **import** 述句創建了一個新的空模組物件為 sys.modules['a']，然後模組 a 的主體開始執行。當 a 執行 **import** b 時，會建立一個新的空模組物件為 sys.modules['b']，然後模組 b 的主體開始執行。在 b 的模組主體完成之前，a 的模組主體都不能繼續執行。

現在，當 b 執行 **import** a 時，**import** 述句發現 sys.modules['a'] 已經繫結，因此會將模組 b 中的全域變數 a 繫結到模組 a 的模組物件上。由於 a 的模組主體的執行目前被阻斷了，模組 a 在這個時候通常只有部分被充填。萬一 b 的模組主體中的程式碼試圖存取模組 a 中尚未繫結的某個屬性，就會出現錯誤。

如果你保留了循環匯入，就必須仔細管理每個模組繫結自己的 globals（全域值）、匯入其他模組和存取其他模組的 globals 之順序。你可以藉由將你的述句組合成函式，並以受控的順序呼叫這些函式，而非僅僅依靠模組主體中頂層述句的循序執行，從而獲得對事情發生順序的更大控制權。消除循環依存關係（例如，透過將匯入從模組範疇移到進行參考的函式中）會比確保處理循環依存關係的安全順序要更容易。

***sys.modules* 的條目**

__import__ 從不將模組物件以外的任何東西繫結為 sys.modules 中的一個值。然而，如果 __import__ 發現有一個條目（entry）已經存在於 sys.modules 中，它會回傳那個值，不管它是什麼型別。**import** 和 **from** 述句依存於 __import__，所以它們也可以使用不是模組的物件。

自訂的匯入器

Python 提供的另一種高階且很少需要的功能是改變部分或全部 **import** 和 **from** 述句之語意（semantics）的能力。

重新繫結 __import__

你可以將 builtin 模組的 __import__ 屬性重新繫結到你自訂的匯入器函式（importer function）上，例如使用第 263 頁「Python 內建值（built-ins）」中展示的泛用內建值包裹（generic built-in-wrapping）技巧。這樣的重新繫結會影響在重新繫結後執行的所有 **import** 和 **from** 述句，因此可能產生不想要的全域性影響。透過重新繫結 __import__ 所建置的自訂匯入器必須實作與內建的 __import__ 相同的介面和語意，特別是，它得負責支援對 sys.modules 的正確使用。

避免重新繫結內建的 __import__

雖然重新繫結 __import__ 最初看起來是一種誘人的做法，但在大多數情況下，如果自訂匯入器是必要的，你最好透過匯入掛接器（*import hooks*）來實作它們（接下來會討論）。

匯入掛接器

Python 提供豐富的支援，可以選擇性地改變匯入行為的細節。自訂匯入器是一種高階且鮮少需要的技巧，然而有些應用程式可能需要它們，例如用來從 ZIP 檔案以外的封存檔（archives）、資料庫、網路伺服器等匯入程式碼。

對於這種高度進階的需求，最合適的做法是將**匯入器工廠**（*importer factory*）的可呼叫物件記錄為模組 sys 的 meta_path 或 path_hooks 屬性中的項目，如 PEP 451（*https://oreil.ly/9Wd9A*）中詳細說明的。這就是 Python 如何與標準程式庫模組 zipimport 掛接，以允許從 ZIP 檔案流暢地匯入模組，如同前面所述。全面研究 PEP 451 的細節對於 sys.path_hooks 與其相關功能的任何實質性使用來說，都是不可或缺的，但是這裡有一個玩具範例來幫助理解這些可能性，以防你需要用到它們。

假設在開發某個程式的初步雛形時，我們希望能夠對我們尚未編寫的模組使用 **import** 述句，並且單純得到訊息（和空的模組）作為結果。我們可以透過編寫一個自訂的匯入器模組來獲得這樣的功能（拋開與套件相關的複雜問題，只處理簡單的模組），如下所示：

```
import sys, types
class ImporterAndLoader:
     """ 匯入器（importer）與載入器（loader）可以是單一個類別 """
     fake_path = '!dummy!'
     def __init__(self, path):
         # 只處理我們自己的 fake-path 標記
         if path != self.fake_path:
             raise ImportError
     def find_module(self, fullname):
         # 甚至不嘗試處理任何經過資格修飾的模組名稱
         if '.' in fullname:
             return None
         return self
     def create_module(self, spec):
         # 回傳 None 將使 Python 退回一步
         # 並以「預設方式」建立模組
         return None
     def exec_module(self, mod):
         # 充填已經初始化的模組，在這個玩具範例中
         # 只需列印出一則訊息即可
         print(f'NOTE: module {mod!r} not yet written')
sys.path_hooks.append(ImporterAndLoader)
sys.path.append(ImporterAndLoader.fake_path)
if __name__ == '__main__':         # 作為主指令稿執行時的自我測試
    import missing_module          # 匯入一個簡單的 *missing* 模組
    print(missing_module)          # ... 應該成功
    print(sys.modules.get('missing_module'))  # ... 也應該成功
```

我們剛寫出了 create_module（在此例中單純回傳 None，要求系統以「預設方式」建立模組物件）和 exec_module（接收已經用 dunder 屬性初始化的模組物件，其任務通常是適當地充填它）最簡單的版本。

我們也可以使用強大的新概念 *module spec*，如同 PEP 451 詳述的。然而，那需要標準程式庫模組 importlib；對於這個玩具範例，我們不需要所有的那些額外能力。因此，我們選擇改為實作 find_module 方法，雖然現在已被棄用，但為了回溯相容性，它仍然可以正常工作。

套件

正如本章開頭提到的，**套件**（*package*）是包含其他模組的模組。一個套件中部分或全部的模組都可能是**子套件**（*subpackages*），從而形成一種階層架構式的類樹狀結構（hierarchical tree-like structure）。一個名為 *P* 的套件通常駐留在 `sys.path` 中某個目錄的一個子目錄中，也叫 *P*。套件也可以存在於 ZIP 檔案中；在這一節中，我們會說明套件存在於檔案系統中的情況，但套件存在於 ZIP 封存檔中的情況也是類似的，仰賴 ZIP 檔案中類似檔案系統的分層結構。

P 的模組主體在檔案 *P/__init__.py* 中。這個檔案**必定要**存在（除了命名空間套件的情況，在 PEP 420（*https://oreil.ly/cVzGw*）中有描述），即使它是空的（代表一個空的模組主體）也一樣，以便告知 Python 說目錄 *P* 確實是一個套件。當你初次匯入一個套件（或該套件的任何模組）時，Python 會載入該套件的模組主體，就像對待任何其他 Python 模組一樣。目錄 *P* 中的其他 *.py* 檔案是套件 *P* 的模組。*P* 中包含 *__init__.py* 檔案的子目錄是 *P* 的子套件（subpackages）。巢狀內嵌可以進行到任何深度。

你可以將套件 *P* 中名為 *M* 的一個模組匯入為 *P.M*。更多的點號能讓你瀏覽一個階層式的套件結構（一個套件的模組主體總是會在該套件的任何模組之前載入）。如果使用 **import** *P.M* 的語法，變數 *P* 會被繫結到套件 *P* 的模組物件上，而物件 *P* 的屬性 *M* 則會被繫結到模組 *P.M* 上。如果使用 **import** *P.M* **as** *V* 的語法，變數 *V* 就會直接被繫結到模組 *P.M* 上。

使用 **from** *P* **import** *M* 從套件 *P* 匯入一個特定的模組 *M* 是完全可以接受的，而且確實也是高度推薦的實務做法：在這種情況下，**from** 述句是特別 OK 的。**from** *P* **import** *M* **as** *V* 也很好，而且完全等同於 **import** *P.M* **as** *V*。你也可以使用相對路徑（*relative* paths）：也就是說，套件 *P* 中的模組 *M* 可以用 **from . import** *X* 匯入其「手足（sibling）」模組 *X*（也在套件 *P* 中）。

在一個套件中的模組之間共用物件

在套件 *P* 中的模組之間共用物件（例如，函式或常數）最簡單、最乾淨的方式，是將共享物件歸入一個慣例上取名為 *common.py* 的模組。這樣一來，你可以在套件中需要存取一些共有物件（common objects）的模組中使用 **from . import** common，然後將這些物件稱為 common.*f*、common.*K* 等等。

套件物件的特殊屬性

一個套件 *P* 的 `__file__` 屬性是一個字串，它是 *P* 的模組主體的路徑，也就是檔案 *P/__init__.py* 的路徑。*P* 的 `__package__` 屬性是 *P* 的套件之名稱。

一個套件 *P* 的模組主體，也就是檔案 *P/__init__.py* 中的 Python 原始碼，可以選擇性地設定一個名為 `__all__` 的全域變數（就像任何其他模組一樣），以控制其他 Python 程式碼執行述句 **from** *P* **import** * 時會發生的事。特別是，如果 `__all__` 沒有被設定，**from** *P* **import** * 就不會匯入 *P* 的模組，而只匯入在 *P* 的模組主體中設定的、沒有前導 _ 的名稱。在任何情況下，這都是不推薦的用法。

一個套件 *P* 的 `__path__` 屬性是一個字串串列，那些字串指向 *P* 的模組和子套件從之被載入的目錄之路徑。最初，Python 會把 `__path__` 設定為只有單一個元素的一個串列：包含檔案 *__init__.py* 的目錄之路徑，該檔案是套件的模組主體。你的程式碼可以修改這個串列，以影響將來對這個套件的模組和子套件的搜尋動作。這種進階技巧很少需要，但當你想把一個套件的模組放在多個目錄中時，這可能會很有用（不過，命名空間套件是實作此一目標的慣用方式）。

絕對匯入 vs. 相對匯入

如前所述，**import** 述句通常預期在 `sys.path` 的某個地方找到它的目標，這種行為被稱為絕對匯入（*absolute* import）。另外，你也可以明確地使用相對匯入（*relative* import），即從當前套件內匯入一個物件。使用相對匯入可以使你更容易重構或重組你套件內的子套件。相對匯入使用以一或多個點號開頭的模組或套件名，並且只在 **from** 述句中可用。**from** . **import** *X* 會在當前套件中尋找名為 *X* 的模組或物件；**from** .*X* **import** *y* 會在當前套件中的模組或子套件 *X* 內尋找名為 *y* 的模組或物件。如果你的套件有子套件，它們的程式碼可以透過在你放置於 **from** 和 **import** 之間的模組或子套件名稱的開頭使用多個點號來存取套件中更高層的物件。每增加一個點號，就會在目錄階層架構中上升一層。以太過花俏的方式使用這一功能，很容易破壞你程式碼的清晰度，所以請小心使用，而且只在必要時使用。

發佈工具（distutils）和 setuptools

Python 模組、擴充功能和應用程式能以幾種形式封裝和發佈：

經過壓縮的封存檔（*archive files*）

一般是 *.zip*、*.tar.gz*（也稱為 *.tgz*）、*.tar.bz2* 或 *.tar.xz* 檔案，所有的這些形式都是可移植的（portable），而檔案和目錄的樹狀結構經過壓縮的封存檔還有許多其他形式存在。

會自行解開或自我安裝的可執行檔案（*executables*）

通常是 Windows 的 *.exe*。

自成一體、可隨時執行且無須安裝的可執行檔

例如 Windows 的 *.exe*、Unix 上前綴有簡短指令稿的 ZIP 封存檔、Mac 的 *.app* 等等。

特定平台的安裝程式

例如許多 Linux 發行版上的 *.rpm* 和 *.srpm*；Debian GNU/Linux 和 Ubuntu 的 *.deb*，以及 macOS 的 *.pkg*。

Python wheels

熱門的第三方擴充功能，涵蓋於下面的備註中。

Python Wheels

一個 Python *wheel* 是一個封存檔（archive file），其中包含結構化的詮釋資料（metadata）和 Python 程式碼。wheels 為封裝和發佈你 Python 套件提供一種很好的途徑，而 `setuptools`（具備 `wheel` 擴充功能的，能以 **`pip install wheel`** 輕鬆安裝）可以與它們流暢地合作。請在 PythonWheels.com（*http://pythonwheels.com*）和本書的第 24 章（可線上取得：*https://oreil.ly/python-nutshell-24*）閱讀關於它們的所有資訊。

當你把一個套件當作會自我安裝的可執行檔或特定平台的安裝器釋出時，使用者只需執行這種安裝程式就行了。如何執行這樣的程式取決於平台，但程式是用哪種語言編寫的並不重要。我們在本書第 24 章

（*https://oreil.ly/python-nutshell-24*）中介紹如何為各種平台建置自成一體的可執行檔。

當你把一個套件作為可以解開但不會自行安裝的封存檔或可執行檔釋出時，套件是否以 Python 編寫的，就確實很重要了。在這種情況下，使用者必須先將封存檔解壓縮到某個適當的目錄中，比如 Windows 機器上的 *C:\Temp\MyPack*，或類 Unix 機器上的 *~/MyPack*。在解出的檔案中，應該會有一個指令稿，慣例上取名為 *setup.py*，使用被稱為 *distribution utilities*（發行工具）的 Python 機能（現在已被棄用，但仍有功能的標準程式庫套件 `distutils`[2]），或者，更好的是更流行、更現代、更強大的第三方套件 setuptools（*https://oreil.ly/MHZby*）。這樣一來，所發佈的套件安裝起來幾乎就和會自我安裝的可執行檔一樣容易；使用者只需開啟一個命令提示列視窗，切換到解壓縮後的目錄，然後執行，例如：

```
C:\Temp\MyPack> python setup.py install
```

（另一個通常更可取的選擇是使用 `pip`；我們稍後會介紹）。以這個 **`install`** 命令執行的 *setup.py* 指令稿會根據套件作者在設定指令稿（setup script）中指定的選項將套件安裝為使用者 Python 安裝（installation）的一部分。當然，使用者需要適當的權限來寫入 Python 安裝的目錄，所以可能還需要提高權限的命令，如 `sudo`；或者，更好的是，你可以安裝到一個虛擬環境（*virtual environment*）中，如下一節所述。預設情況下，`distutils` 和 `setuptools` 會在使用者執行 *setup.py* 時印出一些資訊。在 **`install`** 命令前加入選項 **`--quiet`** 可以隱藏大部分細節（使用者仍然會看到錯誤訊息，如果有的話）。下面的命令給出關於 `distutils` 或 `setuptools` 的詳細幫助資訊，這取決於套件作者在他們的 *setup.py* 中用了什麼工具集：

```
C:\Temp\MyPack> python setup.py --help
```

這種程序的另一個選擇，也是今日安裝套件的首選方式，是使用 Python 自帶的優良安裝程式 `pip`。`pip` 是「pip installs packages（pip 安裝套件）」的遞迴縮寫（recursive acronym），它在線上有大量的說明文件（*https://oreil.ly/G7zMK*），但在大多數情況下使用起來非常簡單。**`pip install`** ***`package`*** 套件會找到線上版本的 *`package`*（通常是在巨大的 PyPI（*https://oreil.ly/PGIim*）儲存庫中，在寫這篇文章的時候託管了超過 40

2 `distutils` 計畫在 Python 3.12 中刪除。

萬個套件）、下載它，並為你安裝它（在虛擬環境中，如果有啟用的虛擬環境的話；細節請參閱下一節）。本書的作者一直都在使用這種簡單而強大的做法，從現在往回算起來，有相當長的一段時間，他們有超過90% 的安裝都是這樣進行的。

即使你是在本地下載了套件（比如下載到 */tmp/mypack*），不管是出於什麼原因（也許它不在 PyPI 上，或者你正在嘗試一個還沒有放上去的實驗性版本），`pip` 仍然可以為你安裝它：只要執行 **`pip install --no-index --find-links=/tmp/mypack`**，`pip` 就會完成剩下的工作。

Python 環境

一位典型的 Python 程式設計師會同時在幾個專案上工作，每個專案都有自己的依存關係清單（list of dependencies，通常是第三方程式庫和資料檔案）。當所有專案的依存關係都被安裝到同一個 Python 直譯器中時，就很難判斷哪些專案使用哪些依存關係，也不可能處理特定依存關係有版本衝突的專案。

早期的 Python 直譯器是建立在這樣的假設之上的：每個電腦系統上都安裝有「一個 Python 直譯器」，用來執行該系統上的任何 Python 程式。不久之後，作業系統的發行版（distributions）就開始在其基本安裝中包含 Python，但是，由於 Python 一直處於積極的開發之中，使用者經常抱怨說他們希望使用比作業系統提供的版本更先進的語言版本。

後來出現了允許在一個系統上安裝多個語言版本的技巧，但第三方軟體的安裝仍然是非標準的和侵入式的。這個問題透過引入 *site-packages* 目錄作為新增到一個 Python 安裝中的模組之儲存庫（repository）而得到緩解，但仍然不可能使用同一個直譯器來維護需求衝突的多個專案。

習慣於命令列作業的程式設計師對 *shell 環境*（*shell environment*）的概念很熟悉。在一個行程（process）中執行的 shell 程式有一個當前目錄（current directory）、可以用 shell 命令設定的變數（與 Python 命名空間非常相似），以及其他各種行程特定的狀態資料。Python 程式可以透過 `os.environ` 存取這個 shell 環境。

正如第 26 頁「環境變數」中提到的，shell 環境的各個面向都會影響 Python 的運算。舉例來說，PATH 環境變數決定了在回應 **python** 和其他命令時，究竟要執行哪個程式。你可以把 shell 環境中影響 Python 運算的那些面向看作是你的 *Python 環境*（*Python environment*）。藉由修改它，你可以決定哪個 Python 直譯器會在回應 **python** 命令時執行、哪些套件和模組可在特定名稱底下取用…等。

把系統的 Python 留給系統

我們建議控制好你的 Python 環境。特別是，不要在系統內附的 Python 上建置應用程式。取而代之，獨立安裝另一個 Python 發行版，並調整你的 shell 環境，使 **python** 命令執行你區域性安裝的 Python，而不是系統的 Python。

進入虛擬環境

pip 工具的引入創造了一種在 Python 環境中安裝（以及初次出現的功能：解除安裝）套件和模組的簡單辦法。修改系統 Python 的 *site-packages* 仍然需要管理權限，因此 pip 也需要（儘管它可以選擇安裝在 *site-packages* 之外的地方）。安裝在集中式 *site-packages* 中的模組對所有程式而言都是可見的。

缺少的部分是對 Python 環境進行受控變更的能力，用以指示使用某個特定的直譯器和一組特定的 Python 程式庫。這種功能正是*虛擬環境*（*virtual environments*，簡稱 *virtualenvs*）所提供的。基於一個特定的 Python 直譯器建立一個 virtualenv，會從該直譯器的安裝中複製或連結其元件。但關鍵在於，每個虛擬環境都有它自己的 *site-packages* 目錄，你可以在其中安裝你所選的 Python 資源。

建立一個 virtualenv 比安裝 Python 要簡單很多，而且需要的系統資源也少得多（一個新創建的典型 virtualenv 佔用不到 20 MB 的空間）。你可以根據需要輕鬆地建立和啟用 virtualenvs，並同樣輕鬆地停用和銷毀它們。你可以在 virtualenv 的生命週期內隨意啟用（activate）和停用（deactivate）它，若有必要，也可以使用 pip 來更新所安裝的資源。使用完畢時，刪除它的目錄樹就可以回收所有被 virtualenv 佔用的儲存空間。一個 virtualenv 的生命週期可以是幾分鐘或是幾個月。

什麼是虛擬環境？

一個 virtualenv 本質上就是你 Python 環境的一個獨立子集，你可以根據需要切換進去或出來。對於 Python 3.*x* 直譯器來說，它包括一個含有 Python 3.*x* 直譯器的 *bin* 目錄，以及一個 *lib/python3.x/site-packages* 目錄，其中含有預先安裝版的 `easy-install`、`pip`、`pkg_resources` 和 `setuptools`。維護這些與發行版相關的重要資源的單獨複本，可以讓你在必要時更新它們，而非強迫你仰賴基礎的 Python 發行版。

一個 virtualenv 有它自己的 Python 發行版檔案複本（在 Windows 上）或符號連結（在其他平台上）。它會調整 `sys.prefix` 和 `sys.exec_prefix` 的值，直譯器和各種安裝工具都根據這些值來判斷一些程式庫的位置。這意味著 `pip` 可以在與其他環境隔離的情況下，於 virtualenv 的 *site-packages* 目錄中安裝依存關係。在效果上，virtualenv 等同於重新定義了你執行 **`python`** 命令時會執行的直譯器和它可取用的程式庫，但對你 Python 環境的大多數面向（如 `PYTHONPATH` 和 `PYTHONHOME` 變數）不加理會。由於它的變化會影響你的 shell（殼層）環境，它們也會影響你在其中執行命令的任何 subshells（子殼層）。

透過獨立的 virtualenvs，舉例來說，你就能用一個專案來測試同一程式庫的兩個不同版本，或者用多個版本的 Python 來測試你的專案。你也可以為你的 Python 專案新增依存關係，而不需要任何特殊權限，因為你通常會在你有寫入權限的地方建立你的 virtualenvs。

處理 virtualenvs 的現代方式是使用標準程式庫的 `venv` 模組：只要執行 **`python -m venv`** *`envpath`* 即可。

創建和刪除虛擬環境

命令 **`python -m venv`** *`envpath`* 根據執行該命令時使用的 Python 直譯器來創建一個虛擬環境（放在 *envpath* 目錄底下，若有必要，它也會創建該目錄）。你可以給出多個目錄引數，用單一命令創建多個虛擬環境（執行相同的 Python 直譯器）；然後你就可以在每個 virtualenv 中安裝不同的依存關係。`venv` 可以接受數個選項，如表 7-1 所示。

表 7-1　venv 的選項

選項	用途
`--clear`	在安裝虛擬環境之前，刪除現有的任何目錄內容
`--copies`	在預設使用符號連結（symbolic links）的類 Unix 平台上，藉由拷貝（copying）來安裝檔案
`--h` 或 `--help`	印出一個命令列摘要和可用選項的一個清單
`--symlinks`	在拷貝是系統預設值的平台上，透過使用符號連結來安裝檔案
`--systemsite-packages`	在環境的搜尋路徑中新增標準的系統 *site-packages* 目錄，讓已經安裝在基礎 Python 中的模組在該環境中也可使用
`--upgrade`	在虛擬環境中安裝正在執行的 Python，取代最初創建該環境的那個版本
`--without-pip`	抑制呼叫 `ensurepip` 來把 `pip` 安裝工具引導到環境中的正常行為

知道你在執行哪個 Python

當你在命令列輸入 **`python`** 命令時，你的 shell 會有一些規則（在 Windows、Linux 和 macOS 中各有不同）來決定你執行哪個程式。如果清楚這些規則，你就總是知道你正在使用哪個直譯器。

使用 **`python -m venv`** *`directory_path`* 來建立一個虛擬環境可以保證它是基於與創建它的直譯器相同的 Python 版本。同樣地，使用 **`python -m pip`** *`package_name`* 將安裝與 **`python`** 命令相關聯的直譯器之套件。啟用一個虛擬環境會改變與 **`python`** 命令的關聯：這是確保套件有被安裝到虛擬環境中最簡單的方式。

下面的 Unix 終端機工作階段顯示了一個 virtualenv 的創建過程和所建立的目錄樹結構。*bin* 子目錄的列表顯示，這個特定的使用者，預設會使用安裝在 */usr/local/bin* 中的直譯器 [3]。

```
$ python3 -m venv /tmp/tempenv
$ tree -dL 4 /tmp/tempenv
/tmp/tempenv
|--- bin
|--- include
```

3　在體積精簡的輕量化 Linux 發行版上執行這些命令時，你可能需要先單獨安裝 venv 或其他支援套件。

```
    |___ lib
         |___ python3.5
              |___ site-packages
                   |--- __pycache__
                   |--- pip
                   |--- pip-8.1.1.dist-info
                   |--- pkg_resources
                   |--- setuptools
                   |___ setuptools-20.10.1.dist-info

11 directories
$ ls -l /tmp/tempenv/bin/
total 80
-rw-r--r-- 1 sh wheel 2134 Oct 24 15:26 activate
-rw-r--r-- 1 sh wheel 1250 Oct 24 15:26 activate.csh
-rw-r--r-- 1 sh wheel 2388 Oct 24 15:26 activate.fish
-rwxr-xr-x 1 sh wheel  249 Oct 24 15:26 easy_install
-rwxr-xr-x 1 sh wheel  249 Oct 24 15:26 easy_install-3.5
-rwxr-xr-x 1 sh wheel  221 Oct 24 15:26 pip
-rwxr-xr-x 1 sh wheel  221 Oct 24 15:26 pip3
-rwxr-xr-x 1 sh wheel  221 Oct 24 15:26 pip3.5
lrwxr-xr-x 1 sh wheel    7 Oct 24 15:26 python->python3
lrwxr-xr-x 1 sh wheel   22 Oct 24 15:26 python3->/usr/local/bin/python3
```

刪除一個 virtualenv 就像刪除它所在的目錄一樣簡單（以及樹狀結構上的所有子目錄和檔案：在類 Unix 系統中，就是 **rm -rf** *envpath*）。易於刪除是使用 virtualenvs 的好處之一。

venv 模組包含了協助你以程式化的方式創建訂製環境的功能（例如，在環境中預先安裝某些模組或進行其他創建後的步驟）。它在線上有全面的說明（*https://oreil.ly/DVwfT*）；我們在本書中不會進一步介紹這個 API。

使用虛擬環境來工作

要使用一個 virtualenv，你要從你正常的 shell 環境中啟用（*activate*）它。一次只能啟用一個 virtualenv，啟用不會像函式呼叫那樣「堆疊」起來。啟用告訴你的 Python 環境使用 virtualenv 的 Python 直譯器和 *site-packages*（以及該直譯器完整的標準程式庫）。想停止使用這些依存關係時，就停用（deactivate）虛擬環境，然後你的標準 Python 環境就再次可用了。virtualenv 的目錄樹持續存在，直到被刪除為止，所以你可以隨意啟用和停用它。

在基於 Unix 的環境中啟用一個 virtualenv 需要使用 **source** 這個 shell 命令，這樣啟用指令稿（activation script）中的命令才會對當前的 shell 環境進行修改。單純執行那個指令稿意味著它的命令是在一個 subshell 中執行的，而當 subshell 終止時，所做的修改就會遺失。對於 bash、zsh 和類似的 shell，你會以下列命令啟用位於路徑 *envpath* 的一個環境：

```
$ source envpath/bin/activate
```

或是：

```
$ . envpath/bin/activate
```

位於同一目錄下的指令稿 *activate.csh* 和 *activate.fish* 支援其他 shell 的使用者。在 Windows 系統上，請使用 *activate.bat*（若是使用 Powershell，則為 *Activate.ps1*）：

```
C:\> envpath/Scripts/activate.bat
```

啟用過程做了很多事情。最重要的是，它會：

- 將 virtualenv 的 *bin* 目錄新增到 shell 的 PATH 環境變數的開頭，如此它的命令才會比已經在 PATH 上的任何同名命令更優先執行。
- 定義了一個 deactivate 命令，以消除啟用的所有效果，並將 Python 環境恢復到之前的狀態。
- 修改 shell 提示符號（shell prompt），使其在啟動時包括 virtualenv 的名稱。
- 定義一個 VIRTUAL_ENV 環境變數作為 virtualenv 根目錄的路徑（指令稿可以用它來檢視 virtualenv）。

作為這些動作的結果，只要一個 virtualenv 被啟用，**python** 命令就會執行與那個 virtualenv 關聯的直譯器。直譯器會看到安裝在該環境中的程式庫（模組和套件），以及 pip，現在變成來自 virtualenv 的那個，因為安裝該模組的同時也會在那個 virtualenv 的 *bin* 目錄安裝該命令，預設情況下會在該環境的 *site-packages* 目錄下安裝新的套件和模組。

那些剛接觸 virtualenvs 的人應該明白，一個 virtualenv 並沒有被綁定到任何專案目錄。你完全可以在幾個專案上工作，讓每個專案都有自己的原始碼樹（source tree），但使用同一個 virtualenv。啟用它，然後視需要在你的檔案系統中移動，以達成你的程式設計任務，使用可取得的相同程式庫（因為 virtualenv 決定了 Python 環境）。

當你想停用 virtualenv 並停止使用那組資源時，只需發出 **deactivate** 命令。這就撤銷了啟用時所做的改變，從 PATH 中刪除了 virtualenv 的 *bin* 目錄，因此 **python** 命令就會再次執行你通常使用的直譯器。只要你不刪除它，virtualenv 仍然可以在將來使用：只要重複這個命令來啟用它。

不要在 Windows 上的 Virtualenv 中使用 py –3.x

Windows 的 py 啟動器（launcher）提供對 virtualenv 的混合支援。它讓我們能輕易使用特定的 Python 版本定義一個 virtualenv，使用像下列的命令：

```
C:\> py -3.7 -m venv C:\path\to\new_virtualenv
```

這將建立一個新的 virtualenv，執行已安裝的 Python 3.7。

一旦啟用，你就可以在 virtualenv 中使用 **python** 命令或不指定版本的單純 **py** 命令執行 Python 直譯器。然而，如果你使用版本選項（version option）指定 **py** 命令，即使那是用於建構 virtualenv 的同一個版本，你也*無法*執行那個 *virtualenv* Python。取而代之，你會執行*系統安裝*（*system-installed*）的相應 Python 版本。

管理依存關係需求

由於 virtualenvs 的設計是為了補足使用 pip 的安裝，所以 pip 是維護 virtualenv 中的依存關係（dependencies）的首選方式，應該不令人意外。因為 pip 已有大量的說明文件，我們在這裡只提及足以展示它在虛擬環境中優勢的部分。在建立了一個 virtualenv，啟動了它，並安裝了依存關係之後，你可以使用 **pip freeze** 命令來了解這些依存關係的確切版本：

```
(tempenv) $ pip freeze
appnope==0.1.0
decorator==4.0.10
ipython==5.1.0
ipython-genutils==0.1.0
pexpect==4.2.1
pickleshare==0.7.4
prompt-toolkit==1.0.8
ptyprocess==0.5.1
Pygments==2.1.3
requests==2.11.1
```

```
simplegeneric==0.8.1
six==1.10.0
traitlets==4.3.1
wcwidth==0.1.7
```

如果你把這個命令的輸出重導（redirect）到一個叫作 *filename* 的檔案，你就能以 **pip install -r** *filename* 的命令在不同的 virtualenv 中重新建立相同的依存關係。

釋出程式碼供他人使用時，Python 開發人員通常會包括一個 *requirements.txt* 檔案，其中列出必要的依存關係。當你從 PyPI 安裝軟體時，pip 會連同你所要求的套件一起安裝指明的任何依存關係。開發軟體時，有一個需求檔案（requirements file）也很方便，因為你可以用它把必要的依存關係新增到啟用的 virtualenv 中（除非它們已經安裝了），只需用簡單的 **pip install -r requirements.txt** 即可。

要在幾個虛擬環境中維護相同的一組依存關係，可以使用相同的需求檔案將依存關係新增到每個虛擬環境中。這是開發出能在多個 Python 版本上執行的專案的便利做法：根據你所需要的每個版本建立虛擬環境，然後在每個虛擬環境中使用相同的需求檔案進行安裝。雖然前面的例子使用的剛好是由 **pip freeze** 所產生的帶有版本的依存關係規格，但實際上你可以用相當複雜的方式來指定依存和版本需求；詳情請參閱說明文件（*https://oreil.ly/wB9LB*）。

其他的環境管理解決方案

Python 虛擬環境的重點是提供一個獨立的 Python 直譯器，你可以在其中安裝一或多個 Python 應用程式的依存關係。virtualenv（*https://oreil.ly/bUfe0*）套件是建立和管理 virtualenvs 的原始方式。它有廣泛的機能，包括從任何可用的 Python 直譯器創建出環境的能力。現在由 Python Packaging Authority 團隊維護，其功能的一個子集已經被提取出來，作為前面所講述的標準程式庫 venv 模組，但如果你需要更多的控制權，virtualenv 是值得學習的。

pipenv（*https://oreil.ly/vfi9I*）套件是 Python 環境的另一個依存關係管理器（dependency manager）。它維護其內容記錄在一個名為 *Pipfile* 的檔案中的虛擬環境。與類似的 JavaScript 工具一樣，它透過一個 *Pipfile.lock* 檔案的使用來提供確定性的環境，允許部署與原始安裝完全相同的依存關係。

在第 9 頁「Anaconda 和 Miniconda」中提過的 conda，有更為廣泛的範疇，可以為任何語言提供套件、環境和依存關係的管理。conda 是用 Python 編寫的，會在基礎環境中安裝自己的 Python 直譯器。而標準的 Python virtualenv 通常使用創建它的 Python 直譯器；在 conda 中，Python 本身（當它被包含在環境中時）單純就只是另一個依存關係。如果需要的話，這使得更新環境中使用的 Python 版本成為可能。如果你想要，也可以使用 pip 在基於 Python 的 conda 環境中安裝套件。conda 可以將環境的內容轉儲為一個 YAML 檔案，你可以用那個檔案在其他地方複製同樣的環境。

由於其額外的靈活性，再加上其創始機構 Anaconda, Inc.（原為 Continuum）領導的全面開源支援，conda 被廣泛用於學術環境，特別是在資料科學和工程、人工智慧和金融分析領域。它從它稱之為**頻道**（*channels*）的來源安裝軟體。Anaconda 所維護的預設頻道包含了廣泛的套件，而第三方則維護著專門化的頻道（比如用於生物資訊學軟體的 *bioconda* 頻道）。還有一個基於社群的 *conda-forge* 頻道（*https://oreil.ly/fEBZo*），對任何想加入和新增軟體的人開放。在 Anaconda.org（*https://anaconda.org*）上註冊一個帳號，就能讓你建立自己的頻道，並透過 *conda-forge* 頻道釋出軟體。

Virtualenvs 的最佳實務做法

關於如何最好地運用 virtualenvs 來管理你工作的建議非常少，儘管有幾個不錯的教程：任何優良的搜尋引擎都能讓你獲得最新的教程。然而，我們可以提供適量的建議，希望能幫助你從虛擬環境中獲得最大的效益。

當你在多個 Python 版本中使用相同的依存關係時，在環境名稱中指明版本並使用一個共通的前綴（prefix）是很有用的。因此，對於專案 *mutex*，你可能會維護名為 *mutex_39* 和 *mutex_310* 的環境，以便在兩個不同版本的 Python 下進行開發。如果能明顯看出所涉及的 Python 版本（別忘記你會在 shell 提示列中看到環境名稱），使用錯誤版本進行測試的風險就會降低。你可以使用共通的需求來維護依存關係，以控制兩者中的資源安裝。

把需求檔案放在原始碼控制之下，而非整個環境。只要給定需求檔案，我們很容易就能重新建立出一個 virtualenv，它只依存於 Python 版本和相關需求。發佈你的專案，讓你的使用者來決定要在哪個版本的 Python 上執行它，並建立適當的虛擬環境。

把你的 virtualenvs 放在你的專案目錄之外，這樣就不用明確地強迫原始碼控制系統忽略它們。你把它們存放在其他什麼地方，真的不是很重要。

你的 Python 環境與你的專案在檔案系統中的位置無關。你可以啟用一個虛擬環境，然後切換分支，在變更受控的原始碼樹上到處移動，在任何方便的地方使用它。

要研究一個新的模組或套件，就創建並啟動一個新的 virtualenv，然後用 **pip install** 安裝你感興趣的資源。你可以盡情地把玩這個新的環境，知道不用去擔心會在其他專案中安裝不必要的依存關係。

你可能會發現在 virtualenv 中的實驗需要安裝目前不是專案需求的資源。與其「污染」你的開發環境，不如 fork 它：從相同的需求加上測試功能創建出一個新的 virtualenv。之後，為了使這些變更永久化，使用變更控制將你的原始碼和需求變化從 fork 出去的分支合併回來。

如果你想要，還可以在 Python 的除錯建置版（debug builds）之基礎上建立虛擬環境，讓你獲得關於 Python 程式碼效能的大量資訊（當然還有直譯器本身的資訊）。

開發一個虛擬環境也需要變更控制（change control），創建 virtualenv 簡易性在這裡也有幫助。假設你最近釋出了一個模組的 4.3 版本，而你想用它兩個依存關係的新版本測試你的程式碼。如果你有足夠的技能，你確實*可以*說服 `pip` 替換現有虛擬環境中的依存關係。不過，使用原始碼控制工具來分支你的專案、更新需求，並根據更新後的需求建立一個全新的虛擬環境要容易得多。原有的 virtualenv 保持不變，你可以在 virtualenvs 之間切換，以調查可能出現的任何遷移問題的特定面向。一旦你調整了你的程式碼，使所有的測試都能在更新過的依存關係中通過，你就可以 check in 你的程式碼*以及*需求的變更，並合併到版本 4.4 中來完成更新，通知你的同事，說你的程式碼現在已經準備好用於依存關係的更新版本了。

虛擬環境無法解決 Python 程式設計師的所有問題：工具總是可以變得更加精密，或者更加通用。但是，虛擬環境確實是有效的，我們應該盡可能地利用它們的優勢。

8 核心內建功能和標準程式庫模組

built-in 這個術語在 Python 中有多個含義。在許多情境下，*built-in* 代表可以直接被 Python 程式碼存取，而不需要 **import** 述句的一個物件。第 263 頁的「Python 內建值（built-ins）」一節展示了 Python 允許這種直接存取的機制。Python 中的內建型別（built-in types）包括數字、序列、字典、集合、函式（在第 3 章中都有介紹）、類別（在第 140 頁的「Python 類別」中介紹）、標準例外類別（在第 241 頁的「例外物件」中介紹），以及模組（在第 260 頁的「模組物件」中介紹）。第 377 頁的「io 模組」涵蓋 `file` 型別，而第 503 頁的「內部型別」涵蓋 Python 內部作業固有的其他一些內建型別。本章在開頭的章節提供內建核心型別的額外說明，並在第 294 頁的「內建函式」中提及模組 `builtins` 中可用的內建函式。

一些模組被稱為「內建功能（built-in）」，是因為它們位在 Python 標準程式庫中（儘管要透過 **import** 述句來使用它們），相對於也被稱為 Python *擴充功能*（*extensions*）的附加模組（add-on modules）。

本章涵蓋幾個內建的核心模組：即標準程式庫模組 `sys`、`copy`、`collections`、`functools`、`heapq`、`argparse` 和 `itertools`。你會在相應的「*x* 模組」小節中找到對於每個模組 *x* 的討論。

第 9 章涵蓋一些與字串相關的內建核心模組（`string`、`codecs` 和 `unicodedata`），章節名稱的命名慣例也相同。第 10 章在第 355 頁的「正規表達式和 re 模組」中提及 `re`。

內建型別

表 8-1 簡要介紹 Python 的核心內建型別。關於這些型別的更多細節，以及對其實體的運算，可以在第 3 章中找到。在本節中，我們所說的「任何數字（any number）」具體而言是指「任何非複數（any noncomplex number）」。此外，許多內建功能至少都會以僅限位置的方式接受它們的一些參數；我們使用 **3.8+** 的僅限位置記號 /（在第 117 頁的「僅限位置記號」中有提及）來表示這一點。

表 8-1 Python 的核心內建型別

`bool`	`bool(`*x*`=`**`False`**`, /)` 當 *x* 被估算為 falsy 時，回傳 **`False`**；當 *x* 被估算為 truthy 時，回傳 **`True`**（參閱第 64 頁的「Boolean 值」）。`bool` 擴充 `int`：內建名稱 **`False`** 和 **`True`** 指涉 `bool` 唯有的兩個實體。這些實體也是分別等於 `0` 和 `1` 的 `int`，但 `str(`**`True`**`)` 是 `'True'`，而 `str(`**`False`**`)` 為 `'False'`。
`bytearray`	`bytearray(`*x*`=b'', /[, codec[, errors]])` 回傳一個可變的位元組（值從 `0` 到 `255` 的 `int`）序列，支援可變序列的常規方法，加上 `str` 的方法。當 *x* 是 `str` 時，你必須同時傳入 `codec`，並可以傳入 `errors`；其結果就像呼叫 `bytearray(`*x*`.encode(codec, errors))`。當 *x* 是一個 `int` 時，它必須 `>=0`：所產生的實體會有長度 *x*，而且每個項目被初始化為 `0`。當 *x* 符合緩衝區協定（buffer protocol，*https://oreil.ly/HlOmv*）時，來自 *x* 的位元組唯讀緩衝區會初始化實體。否則，*x* 必須是一個可迭代物件，產出 `>=0` 而且 `<256` 的 `int`；舉例來說，`bytearray([1,2,3,4]) == bytearray(b'\x01\x02\x03\x04')`。
`bytes`	`bytes(`*x*`=b'', /[, codec[, errors]])` 回傳一個不可變的位元組序列，具有與 `bytearray` 相同的非變動方法和相同的初始化行為。
`complex`	`complex(real=0, imag=0)` 將任何數字或合適的字串轉換為複數（complex number）。`imag` 只有在 `real` 是一個數字時才可能出現，而在那種情況下 `imag` 也會是一個數字：所產生的複數之虛部（imaginary part）。也請參閱第 53 頁的「複數」。

`dict`	`dict(x={}, /)`
	回傳一個新的字典（dictionary），其項目與 *x* 相同（我們在第 61 頁的「字典」中介紹過字典）。當 *x* 是一個 `dict` 時，`dict(x)` 會回傳 *x* 的一個淺層拷貝（shallow copy），就跟 `x.copy()` 一樣。此外，*x* 也可以是一個可迭代物件，其項目是對組（pair，每個都帶有成對項目的可迭代物件）。在這種情況下，`dict(x)` 會回傳一個字典，其鍵值是 *x* 中每一對的第一個項目，其值是相應的第二個項目。當一個鍵值在 *x* 中出現不只一次時，Python 會使用對應於該鍵值最後出現處的值。換句話說，如果 *x* 是會產出對組的任何可迭代物件，c = `dict(x)` 就完全等同於：
	`c = {}`
	`for key, value in x:`
	`    c[key] = value`
	除了位置引數 *x* 之外，你也可以額外使用具名引數來呼叫 `dict`，或者用以代替它。每個具名的引數都會成為字典中的一個項目，名稱作為其鍵值：每個這樣的額外項目都可能「覆寫」*x* 中的某個項目。

`float`	`float(x=0.0, /)` 將任何數字或合適的字串轉換為浮點數（floating-point number）。參閱第 52 頁的「浮點數」。
`frozenset`	`frozenset(seq=(), /)` 回傳一個新的凍結（frozen）的（即不可變的）集合物件，其項目與可迭代的 *seq* 相同。當 *seq* 是一個 `frozenset` 時，`frozenset(seq)` 會回傳 *seq* 本身，就像 `seq.copy()` 那樣。參閱第 85 頁的「集合運算」。
`int`	`int(x=0, /, base=10)` 將任何數字或合適的字串轉換為一個 `int`。當 *x* 是一個數字時，`int` 會以朝向 `0` 的方向截斷，「捨棄」任何小數部分。只有當 *x* 是一個字串時，`base` 才能出現：然後，`base` 就是轉換的基數，在 `2` 和 `36` 之間，預設為 `10`。你可以明確地傳入 `base` 為 `0`：那麼基數就是 2、`8`、`10` 或 `16`，取決於字串 *x* 的形式，就像整數字面值一樣，如同第 51 頁「整數」中提及的那樣。
`list`	`list(seq=(), /)` 回傳一個新的串列（list）物件，其項目與可迭代的 *seq* 相同，順序也一樣。當 *seq* 是一個串列時，`list(seq)` 會回傳 *seq* 的淺層拷貝，就像 `seq[:]`。參閱第 59 頁的「串列」。

核心內建功能和標準程式庫模組

`memoryview`

`memoryview(x, /)`

回傳一個「看得到」與 *x* 完全相同的底層記憶體的物件 *m*，*x* 必須是支援緩衝區協定（*https://oreil.ly/HlOmv*）的物件（例如，bytes、bytearray 或 array.array 的實體），其中每個項目的大小都為 *m*.itemsize 位元組。在 *m* 是「一維（one-dimensional）」的正常情況下（我們在本書中不涵蓋「多維」memoryview 實體的複雜情況），len(*m*) 就會是項目的數量。你可以對 *m* 進行索引（回傳 int）或者對它進行切片（回傳一個 memoryview 實體來「檢視」相同底層記憶體的適當子集）。當 *x* 是可變的時候，*m* 就是可變的（但是你不能改變 *m* 的大小，所以，當你指定給一個切片的時候，它必須來自某個可迭代物件的長度相同的切片）。*m* 是一個序列，因此是可迭代的，當 *x* 是可雜湊的，而且 *m*.itemsize 是一個位元組時，也是可雜湊的。

m 提供幾個唯讀屬性和方法；詳情請參閱線上說明文件（*https://oreil.ly/SIsvF*）。有兩個特別有用的方法是 *m*.tobytes（將 *m* 的資料作為 bytes 的實體回傳）和 *m*.tolist（將 *m* 的資料作為 int 的一個串列回傳）。

`object`

`object()`

回傳 object 的一個新實體，這是 Python 中最基本的型別。object 型別的實體沒有任何功能：這種實體的唯一用途是作為「哨符值（sentinels）」，也就是與任何不同物件都不相等的物件。舉例來說，如果一個函式接受一個選擇性的引數，而 **None** 是一個合法值，你可以使用一個哨符值作為該引數的預設值，來表示該引數被省略了：

```
MISSING = object()
def check_for_none(obj=MISSING):
    if obj is MISSING:
        return -1
    return 0 if obj is None else 1
```

`set`

`set(seq=(), /)`

回傳一個可變的新集合物件，其項目與可迭代的 *seq* 相同。當 *seq* 是一個集合時，set(*seq*) 會回傳 *seq* 的一個淺層拷貝，就像 *seq*.copy()。參閱第 60 頁的「集合」。

`slice`

`slice([start, ]stop[, step], /)`

回傳一個切片（slice）物件，其唯讀屬性 start、stop 和 step 會與各自的引數值繫結，缺少時每個都預設為 **None**。對於正值索引，這樣的切片代表著與 range(start, stop, step) 相同的索引。切片語法 *obj*[start:stop:step] 會將一個切片物件作為引數傳入給物件 *obj* 的 __getitem__、__setitem__ 或 __delitem__ 方法。由 *obj* 的類別來解讀它的方法所收到的切片。參閱第 178 頁的「容器切片」。

`str`

`str(obj='', /)`

回傳 *obj* 的一個簡潔、可讀的字串表示值（string representation）。如果 *obj* 是一個字串，str 就會回傳 *obj*。參閱表 8-2 中的 repr 和表 4-1 中的 __str__。

`super`	`super(), super(cls, obj, /)` 回傳物件 *obj*（必須是 *cls* 類別或 *cls* 的任何子類別之實體）的超物件（superobject），適合用來呼叫超類別（superclass）的方法。請只在方法的程式碼中實體化這個內建型別。`super(cls,obj)` 語法來自 Python 2 的舊有形式，為了相容而被保留。在新的程式碼中，你通常是在一個方法中不帶引數地呼叫 `super()`，Python 透過內省（introspection）來確定 *cls* 和 *obj*（分別作為 `type(self)` 和 `self`）。參閱第 159 頁的「合作式超類別方法呼叫」。
`tuple`	`tuple(seq=(), /)` 回傳一個元組，其項目與可迭代的 *seq* 相同，順序也相同。當 *seq* 是一個元組時，`tuple` 會回傳 *seq* 本身，就像 *seq*`[:]`。參閱第 58 頁的「元組」。
`type`	`type(obj, /)` 回傳作為 *obj* 型別的型別物件（即 *obj* 是其一個實體的最衍型別（most-derived type），又稱**最葉**（*leafmost*）型別）。對於任何的 *x*，`type(x)` 都與 *x*`.__class__` 相同。請避免檢查型別的相等性或同一性（詳見下面的警告）。這個函式通常用於除錯；舉例來說，當值 *x* 的行為不符合預期時，插入 `print(type(x), x)`。它也可以用來在執行時期動態地建立類別，如第 4 章所述。

型別的相等性檢查：請加以避免！

使用 `isinstance`（在表 8-2 中提及），而不是型別的相等性比較，來檢查一個實體是否屬於某個特定的類別，以便正確支援繼承[1]。使用 `type(x)` 來檢查與其他型別物件的相等性（equality）或同一性（identity）被稱為**型別相等性檢查**（*type equality checking*）。型別相等性檢查在生產用的 Python 程式碼中是不合適的，因為它會干擾多型（polymorphism）。一般情況下，你單純只會嘗試使用 *x*，**彷彿**它是你所期望的型別一樣，並用 **try/except** 述句來處理任何問題，正如第 251 頁「錯誤檢查策略」中所討論的那樣；這被稱為**鴨子定型法**（*duck typing*，*https://oreil.ly/ez2v9*，本書的作者之一經常被認為是早期採用這個生動詞彙的人）。

1 依據 Liskov 替換原則（*https://oreil.ly/3jMaN*），這是物件導向程式設計的一個核心概念。

當你必須進行型別檢查時，通常是為了除錯的目的，可以使用 `isinstance` 來代替。更廣義來說，`isinstance(`*x*`,` *atype*`)` 也是型別檢查的一種形式，但比起 `type(`*x*`) is` *atype*，它的邪惡程度較低。`isinstance` 接受是 *atype* 的任何子類別實體的一個 *x*，或者是實作了 *atype* 協定的一個物件，並不僅限於 *atype* 本身的**直接**實體（*direct* instance）。特別是，如果你要檢查的是抽象基礎類別（參閱第 180 頁的「抽象基礎類別」）或協定（protocol，參閱第 211 頁的「協定」），`isinstance` 也完全沒有問題；這種較新的慣用語有時也被稱為**鵝定型法**（*goose typing*，*https://oreil.ly/P5Hym*）（同樣地，這個短語也歸功於本書的一位作者）。

內建函式

表 8-2 涵蓋模組 `builtins` 中的 Python 函式（和一些在實務上只被當作函式來使用的型別），按字母順序排列。這些內建值（built-ins）的名稱**不是**關鍵字。這意味著你**可以**在區域或全域範疇內繫結是內建名稱的一個識別字，儘管我們建議避免這樣做（參閱下面的警告！）。在區域或全域範疇內繫結的名稱會覆寫在內建範疇（built-in scope）中繫結的名稱，所以區域和全域名稱會**遮蔽**（*hide*）內建名稱。你也可以重新繫結內建範疇中的名稱，正如第 263 頁「Python 內建值（built-ins）」中所介紹的。

不要遮蔽內建名稱

請避免意外地遮蔽內建值：你的程式碼之後可能會需要它們。為你自己的變數使用諸如 `input`、`list` 或 `filter` 這樣自然的名稱經常是很吸引人的，但請**不要那樣做**：它們是 Python 內建型別或函式的名稱，而為你自己的目的重複使用它們會使得這些內建型別和函式無法取用。除非你養成了從不用自己的名稱遮蔽內建名稱的習慣，否則你的程式碼中遲早會出現神祕的臭蟲，而這些臭蟲正是由於意外發生的遮蔽而造成的。

許多內建函式不能以具名引數來呼叫，只能用位置引數來呼叫。在表 8-2 中，我們提到了這種限制不成立的情況；當它成立時，我們也會使用 **3.8+** 的僅限位置記號 / 標示（涵蓋於第 117 頁的「僅限位置記號」中）。

表 8-2 Python 的核心內建函式

`__import__`	`__import__(module_name[, globals[, locals[, fromlist]]], /)` 在現代 Python 中已被棄用；請使用 `importlib.import_module`，詳情請見第 267 頁的「模組載入」。
`abs`	`abs(x, /)` 回傳數字 *x* 的絕對值（absolute value）。當 *x* 是複數時，`abs` 回傳 `x.imag ** 2 + x.real ** 2` 的平方根（也稱為複數的 magnitude）。否則，當 `x < 0` 時，`abs` 會回傳 `-x`，或在 `x >= 0` 時回傳 *x*。參閱表 4-4 中的 `__abs__`、`__invert__`、`__neg__` 和 `__pos__`。

`all`	`all(seq, /)`
	seq 是一個可迭代物件。當 *seq* 的任何項目是 falsy 的，`all` 就會回傳 **`False`**；否則，`all` 回傳 **`True`**。就像第 73 頁「短路運算子」中提及的運算子 **`and`** 和 **`or`** 一樣，`all` 一旦知道答案就會立刻停止估算並回傳結果；就 `all` 而言，這意味著只要到達一個 falsy 的項目就會馬上停止，但如果 *seq* 的所有項目都是 truthy 的，就會處理完整個 *seq*。下面是一個使用 `all` 的一個典型玩具範例：
	`if all(x>0 for x in the_numbers):`
	`    print('all of the numbers are positive')`
	`else:`
	`    print('some of the numbers are not positive')`
	當 *seq* 為空時，`all` 會回傳 **`True`**。

`any`	`any(seq, /)`
	seq 是一個可迭代物件。如果 *seq* 有任何一個項目是 truthy 的，`any` 就會回傳 **`True`**；否則，`any` 就回傳 **`False`**。就像在第 73 頁「短路運算子」中介紹的運算子 **`and`** 和 **`or`** 一樣，`any` 會在知道答案後就立即停止估算並回傳結果；就 `any` 而言，這意味著只要到達一個 truthy 項目，就會馬上停止，但如果 *seq* 的所有項目都是 falsy 的，就會處理完整個 *seq*。下面是使用 `any` 的一個典型玩具範例：
	`if any(x<0 for x in the_numbers):`
	`    print('some of the numbers are negative')`
	`else:`
	`    print('none of the numbers are negative')`
	當 *seq* 為空時，`any` 會回傳 **`False`**。

`ascii`	`ascii(x, /)` 就像 `repr`，但會在其回傳的字串中轉義（escapes）非 ASCII 字元；結果通常與 `repr` 所產生的結果類似。

`bin`	`bin(x, /)` 回傳整數 *x* 的二進位字串表示值（binary string representation）。舉例來說，`bin(23)=='0b10111'`。
`breakpoint`	`breakpoint()` 調用 Python 除錯器 `pdb`。如果你想讓 `breakpoint` 呼叫另一種除錯器（debugger），請將 `sys.breakpointhook` 設定為一個可呼叫的函式。
`callable`	`callable(obj, /)` 當 *obj* 可以被呼叫時，回傳 **True**；否則，回傳 **False**。如果一個物件是函式、方法、類別或型別，或者帶有 `__call__` 方法的某個類別的一個實體，那麼它就可以被呼叫。參閱表 4-1 中的 `__call__`。
`chr`	`chr(code, /)` 回傳長度為 1 的一個字串，即對應於 Unicode 中的整數 *code* 的單一個字元。也請參閱本表後面的 `ord`。
`compile`	`compile(source, filename, mode)` 編譯（compiles）一個字串，並回傳一個可由 `exec` 或 `eval` 使用的程式碼物件（code object）。當 *source* 不是語法上有效的 Python 程式碼時，會提出 `SyntaxError`。當 *source* 是一個多行復合述句時，最後一個字元必須是 `'\n'`。當 *source* 是一個運算式，而且結果要用於 `eval` 時，*mode* 必須是 `'eval'`；否則，當字串要用於 `exec` 時，*mode* 必須是 `'exec'`（對於單個或多個述句的字串）或 `'single'`（對於包含單個述句的字串）。*filename* 必須是一個字串，只用於錯誤訊息（若有錯誤發生）。也請參閱本表後面的 `eval`，以及第 500 頁的「compile 和程式碼物件」（`compile` 還接受選擇性的引數 `flags`、`dont_inherit`、`optimize` 和 **3.11+** `_feature_version`，儘管這些引數很少使用；關於這些引數的更多資訊，請參閱線上說明文件（*https://oreil.ly/oYj2U*））。
`delattr`	`delattr(obj, name, /)` 從 *obj* 中刪除屬性 *name*。`delattr(obj, 'ident')` 就跟 `del obj.ident` 一樣。如果 *obj* 之所以會有一個名為 *name* 的屬性，只是因為它的類別有那個屬性（例如那是 *obj* 的方法的常見情況），你就無法從 *obj* 本身刪除那個屬性。如果元類別允許的話，你或許可以從該類別刪除那個屬性。如果你可以刪除該類別的屬性，*obj* 就不會再有那個屬性，該類別的其他實體也是如此。
`dir`	`dir([obj, ]/)` 在沒有引數的情況下呼叫，`dir` 會回傳在當前範疇中被繫結的所有變數名稱構成的一個排序好的串列。`dir(obj)` 會回傳 *obj* 的屬性名稱所構成的一個排序好的串列，包括來自 *obj* 的型別的屬性或繼承而來的屬性。參閱本表後面的 `vars`。
`divmod`	`divmod(dividend, divisor, /)` 將兩個數相除，並回傳其項目為商（quotient）和餘數（remainder）的一個對組。參閱表 4-4 中的 `__divmod__`。

enumerate

`enumerate(iterable, start=0)`

回傳一個新的迭代器，其項目是對組（pairs）。對於這樣的每個對組，第二項目會是 `iterable` 中的相應項目，而第一個項目是一個整數：`start`、`start+1`、`start+2...`。舉例來說，下面的程式碼片段會在一個整數串列 `L` 上跑迴圈，透過將每個偶數值減半來就地變更 `L`：

```
for i, num in enumerate(L):
    if num % 2 == 0:
        L[i] = num // 2
```

`enumerate` 是為數不多的帶有具名引數的內建可呼叫物件之一。

eval

`eval(`*`expr`*`[, `*`globals`*`[, `*`locals`*`]], /)`

回傳一個運算式的結果。*expr* 可以是一個準備好進行估算（evaluation）的程式碼物件，也可以是一個字串；若為字串，`eval` 會透過在內部呼叫 `compile(`*`expr`*`, '<string>', 'eval')` 來獲得一個程式碼物件。`eval` 將程式碼物件作為運算式進行估算，使用 *globals* 和 *locals* 字典作為命名空間（若缺少它們，`eval` 會使用當前命名空間）。`eval` 不會執行述句：它只對運算式進行估算。儘管如此，`eval` 仍然是危險的；除非你知道並相信 *expr* 來自一個你確定是安全的來源，否則要避免使用它。也請參閱 `ast.literal_eval`（在第 432 頁的「標準輸入」中提及），以及第 499 頁的「動態執行和 exec」。

exec

`exec(`*`statement`*`[, `*`globals`*`[, `*`locals`*`]], /)`

就像 `eval`，但適用於任何述句（statement），並回傳 **None**。`exec` 非常危險，除非你知道並信任 *statement* 的來源是安全的。也請參閱第 49 頁的「述句」和第 499 頁的「動態執行和 exec」。

filter

`filter(`*`func`*`, `*`seq`*`, /)`

回傳一個迭代器，產出 *seq* 中使得 *func* 為真的那些項目。*func* 可以是接受單一引數的任何可呼叫物件，也可以是 **None**。當 *func* 是可呼叫的，`filter` 會在 *seq* 中的每個項目之上呼叫 *func*，就像下列的產生器運算式：

```
(item for item in seq if func(item))
```

如果 *func* 為 **None**，`filter` 則會測試 truthy 的項目，就像：

```
(item for item in seq if item)
```

format

`format(`*`x`*`, `*`format_spec`*`='', /)`

回傳 *x*`.__format__(`*`format_spec`*`)`。參閱表 4-1。

getattr

`getattr(`*`obj`*`, `*`name`*`[, `*`default`*`], /)`

回傳以字串 *name* 所命名的 *obj* 的屬性。`getattr(`*`obj`*`, '`*`ident`*`')` 就如同 *obj*`.`*`ident`*。當 *default* 有出現並且在 *obj* 中找不到 *name* 時，`getattr` 會回傳 *default* 而非提出 `AttributeError`。參閱第 66 頁的「物件的屬性和項目」和第 150 頁的「屬性參考基礎知識」。

`globals`	`globals()` 回傳呼叫端模組的 `__dict__`（也就是在呼叫時作為全域命名空間的字典）。參閱本表後面的 `locals`（與 `locals()` 不同，由 `globals()` 回傳的 `dict` 是可讀可寫的，對那個 `dict` 的更新等同於普通的名稱定義）。
`hasattr`	`hasattr(`*obj*`, `*name*`, /)` 當 *obj* 沒有屬性 *name* 時，回傳 **False**（也就是當 `getattr(`*obj*`, `*name*`)` 會提出 `AttributeError` 的時候）；否則，回傳 **True**。請參閱第 150 頁的「屬性參考基礎知識」。
`hash`	`hash(`*obj*`, /)` 回傳 *obj* 的雜湊值（hash value）。*obj* 可以是一個字典鍵值，或者是一個集合中的項目，只要 *obj* 可以 hash 就行。所有會比較相等的物件都必須有相同的雜湊值，即使它們的型別不同。如果 *obj* 的型別沒有定義相等性比較，`hash(`*obj*`)` 通常會回傳 `id(`*obj*`)`（參閱本表中的 `id` 和表 4-1 中的 `__hash__`）。
`help`	`help([`*obj*`, /])` 不帶 *obj* 引數呼叫時，會起始一個互動式說明工作階段（interactive help session），你可以輸入 **quit** 來退出。若有給出 *obj*，help 會印出 *obj* 及其屬性的說明文件，並回傳 **None**。help 在互動式 Python 工作階段中很有用，可以快速獲得物件的功能說明。
`hex`	`hex(`*x*`, /)` 回傳 *x* 這個 `int` 的十六進位字串表示值（hex string representation），也請參閱表 4-4 中的 `__hex__`。
`id`	`id(`*obj*`, /)` 回傳作為 *obj* 身分識別（identity）的整數值。*obj* 的 `id` 在 *obj* 的生命週期內是唯一的（unique）和恆定的（constant）[a]（但在 *obj* 被垃圾回收後的任何時間點都可能被重新使用，所以不要仰賴 `id` 值的儲存或檢查）。如果一個型別或類別沒有定義相等性比較，Python 會使用 `id` 來比較和雜湊實體。對於任何的物件 *x* 和 *y*，同一性檢查 *x* **is** *y* 等同於 `id(`*x*`)==id(`*y*`)`，但更易讀且效能更好。
`input`	`input(`*prompt*`='', /)` 將 *prompt* 寫到標準輸出，從標準輸入讀取一行，並將該行（不含 `\n`）作為一個 `str` 回傳。遇到檔案結尾（end-of-file）時，`input` 會提出 `EOFError`。
`isinstance`	`isinstance(`*obj*`, `*cls*`, /)` 當 *obj* 是 *cls* 類別（或 *cls* 的任何子類別，或實作了協定或 ABC *cls*）的實體時，回傳 **True**；否則，回傳 **False**。*cls* 可以是其項目為類別的一個元組（或者 **3.10+** 使用 `|` 運算子連接的多個型別）：在這種情況下，當 *obj* 是 *cls* 中任何一個項目的實體時，`isinstance` 就會回傳 **True**；否則，它回傳 **False**。也請參閱第 180 頁的「抽象基礎類別」和第 211 頁的「協定」。

issubclass issubclass(*cls1*, *cls2*, /)

當 *cls1* 是 *cls2* 的直接或間接子類別，或者它定義了協定或 ABC *cls2* 的所有元素時，回傳 **True**；否則，回傳 **False**。*cls1* 和 *cls2* 必須是類別。*cls2* 也可以是其項目是類別的一個元組。在這種情況下，當 *cls1* 是 *cls2* 中任何項目的直接或間接子類別時，issubclass 回傳 **True**；否則，它回傳 **False**。對於任何類別 *C*，issubclass(*C*, *C*) 都會回傳 **True**。

iter iter(*obj*, /),

iter(*func*, *sentinel*, /)

創建並回傳一個迭代器（一個你可以重複傳入給 next 內建函式，以便一次獲得一個項目的物件；參閱第 105 頁的「迭代器」）。以一個引數呼叫時，iter(*obj*) 通常會回傳 *obj*.__iter__()。當 *obj* 是一個沒有特殊方法 __iter__ 的序列時，iter(*obj*) 等同於這個產生器：

```
def iter_sequence(obj):
    i = 0
    while True:
        try:
            yield obj[i]
        except IndexError:
            raise StopIteration
        i += 1
```

也請參閱第 54 頁的「序列」和表 4-2 中的 __iter__。

用兩個引數呼叫時，第一個引數必須是沒有引數的可呼叫物件，而 iter(*func*, *sentinel*) 等同於這個產生器：

```
def iter_sentinel(func, sentinel):
    while True:
        item = func()
        if item == sentinel:
            raise StopIteration
        yield item
```

不要在 for 子句中呼叫 iter

正如在第 103 頁「for 述句」中所討論的，述句 **for** *x* **in** *obj* 完全等同於 **for** *x* **in** iter(*obj*)；所以，請不要在這樣的 **for** 述句中明確地呼叫 iter。那會是多餘的，因此也是糟糕的 Python 風格，比較慢，也更難讀。

iter 是冪等的（*idempotent*）。換句話說，當 *x* 是一個迭代器時，iter(*x*) 就是 *x*，只要 *x* 的類別有提供一個 __iter__ 方法，其主體單純 **return** self，就像一個迭代器的類別應該做的那樣。

len	len(*container*, /) 回傳 *container* 中項目的數量，*container* 可以是一個序列、一個映射，或者一個集合。參閱第 179 頁「容器方法」中的 __len__。
locals	locals() 回傳一個代表當前區域命名空間（current local namespace）的字典。會將回傳的字典視為唯讀的；試圖修改它有可能會影響區域變數的值，並且可能提出一個例外。也請參閱本表中的 globals 和 vars。

map	map(*func*, *seq*, /),
	map(*func*, /, **seqs*)
	map 會在可迭代物件 *seq* 的每一個項目上呼叫 *func*，並回傳結果構成的一個迭代器。當你用多個 *seqs* 可迭代物件呼叫 map 時，*func* 必須是接受 *n* 個引數的一個可呼叫物件（其中 *n* 是 *seqs* 引數的數量）。map 用 *n* 個引數重複呼叫 *func*，每個可迭代物件一個對應的項目。
	舉例來說，map(*func*, *seq*) 就像產生器運算式：
	`(func(item) for item in seq).map(func, seq1, seq2)`
	就像這個產生器運算式：
	`(func(a, b) for a, b in zip(seq1, seq2))`
	當 map 的可迭代引數有不同的長度時，map 的行為就會像是較長的被截斷了一樣（就像 zip 本身所做的那樣）。

max	max(*seq*, /, *, key=**None**[, default=...]), max(**args*, key=**None**[, default=...]) 回傳可迭代引數 *seq* 中最大的一個項目，或者多個位置引數 *args* 中最大的一個項目。你可以傳入一個 key 引數，其語意與第 84 頁「排序一個串列」中提及的相同。你也可以傳入一個 default 引數，即 *seq* 為空時要回傳的值；如果你沒有傳入 default，而且 *seq* 為空，max 會提出 ValueError（若要傳入 key 或 default，你必須將其中任一個或兩者都作為具名引數傳入）。
min	min(*seq*, /, *, key=**None**[, default=...]), min(**args*, key=**None**[, default=...]) 回傳可迭代引數 *seq* 中最小的一個項目，或者多個位置引數 *args* 中最小的一個。你可以傳入一個 key 引數，其語意與第 84 頁「排序一個串列」中所講述的相同。你也可以傳入一個 default 引數，即 *seq* 為空時要回傳的值；若沒有傳入 default 引數，而 *seq* 為空時，min 會提出 ValueError（若要傳入 key 或 default，你必須將其中任一個或兩者皆作為具名引數傳入）。
next	next(*it*[, *default*], /) 從迭代器 *it* 回傳下一個項目，該迭代器會推進到下一個項目。當 *it* 沒有更多的項目時，next 會回傳 *default*，或者，若你沒有傳入 *default*，提出 StopIteration。

oct	oct(*x*, /) 將 *x* 這個 int 轉換為八進位字串（octal string）。參閱表 4-4 中的 __oct__。
open	open(file, mode='r', buffering=-1) 開啟或創建一個檔案，並回傳一個新的檔案物件（file object）。open 接受非常多的選擇性參數；詳情見第 377 頁的「io 模組」。open 是少數幾個有具名引數的內建可呼叫物件之一。
ord	ord(*ch*, /) 回傳介於 0 和 sys.maxunicode（包括）之間的一個 int，對應於單字元的 str 引數 *ch*。也請參閱本表前面的 *chr*。
pow	pow(*x*, *y*[, *z*], /) 如果 *z* 有出現，pow(*x*, *y*, *z*) 會回傳 (*x* ** *y*) % *z*；缺少 *z* 的時候，pow(*x*, *y*) 會回傳 *x* ** *y*。參閱表 4-4 中的 __pow__。當 *x* 是一個 int，而且 *y* 是一個非負的 int 時，pow 會回傳一個 int，並使用 Python 對於 int 的全部取值範圍（儘管為大型的 *x* 和 *y* 整數值估算 pow 可能需要一些時間）。當 *x* 或 *y* 中有任一個是 float，或者 *y* < 0 時，pow 會回傳一個 float（或者一個 complex，當 *x* < 0 且 *y* != int(*y*) 時）；在這種情況下，如果 *x* 或 *y* 太大，pow 會提出 OverflowError。
print	print(/, **args*, sep=' ', end='\n', file=sys.stdout, flush=**False**) 把 *args* 中的每一個項目（如果有的話）用 str 進行格式化，並發出到串流 file，用 sep 分隔，並在它們之後放上 end，然後，如果 flush 是 truthy 的，print 就會排清（flushes）串流。
range	range([start=0,]stop[, step=1], /) 以算術數列（arithmetic progression）形式回傳 int 的一個迭代器： `start, start+step, start+(2*step), ...` 缺少 start 時，預設為 0；缺少 step 時，預設為 1；如果 step 為 0，range 會提出 ValueError。當 step > 0 時，最後一個項目是嚴格小於 stop 的最大 start+(*i**step)；當 step < 0 時，最後一項是嚴格大於 stop 的最小 start+(*i**step)。當 start 大於或等於 stop 且 step 大於 0 時，或者 start 小於或等於 stop 且 step 小於 0 時，迭代器為空。否則，迭代器的第一項目總會是 start。 當你需要的是算術數列形式的一個整數串列時，就呼叫 list(range(...))。
repr	repr(*obj*, /) 回傳 *obj* 完整且無歧義的字串表示值。可行的話，repr 會回傳一個字串，你可以將其傳入給 eval，以建立一個值與 *obj* 相同的新物件。參閱表 8-1 中的 str 和表 4-1 中的 __repr__。

reversed	reversed(*seq*, /) 回傳一個新的迭代器物件，該迭代器以相反順序產出 *seq*（必須是具體的序列，而非任何的可迭代物件）的項目。
round	round(number, ndigits=0) 回傳一個 float，其值是 int 或 float 的 number 捨入到（rounded to）小數點後第 ndigits 位的數值（即最接近 number 的 10**-ndigits 之倍數）。若有兩個這樣的倍數同樣接近 number 時，round 會回傳偶數倍數（*even* multiple）。由於今日的電腦是用二進位（binary），而非十進位（decimal）來表示浮點數（floating-point numbers），所以 round 的大部分結果並不精確，這一點在說明文件中的教程（*https://oreil.ly/qHMNz*）裡有詳細解釋。也可以參考第 578 頁的「decimal 模組」和 David Goldberg 關於浮點算術且獨立於語言的著名文章（*https://oreil.ly/TVFMb*）。
setattr	setattr(*obj*, *name*, *value*, /) 將 *obj* 的屬性 *name* 繫結到 *value* 上。setattr(*obj*, '*ident*',*val*) 就像 *obj*.*ident*=*val* 一樣。也請參閱本表前面的 getattr、第 66 頁的「物件的屬性和項目」，以及第 152 頁的「設定一個屬性」。

sorted	sorted(*seq*, /, *, key=**None**, reverse=**False**)
	回傳一個與可迭代物件 *seq* 有相同項目的串列，並有排列好的順序。等同於：
	`def sorted(seq, /, *, key=None, reverse=False):`
	`    result = list(seq)`
	`    result.sort(key, reverse)`
	`    return result`
	引數的含義請參閱第 84 頁的「排序一個串列」。如果你想傳入 key 或 reverse，你必須用名稱來傳入它們。

sum	sum(*seq*, /, start=0) 回傳可迭代物件 *seq*（應該是一串數字，特別是不能是字串）之項目的總和，加上 start 的值。當 *seq* 為空時，回傳 start。要「加總（sum）」（串接）字串的一個可迭代物件，可以使用 ''.join(*iterofstrs*)），如表 8-1 和第 638 頁的「從片段建立出字串」所介紹的。
vars	vars([*obj*,]/) 不帶引數呼叫時，vars 回傳包含在當前範疇中被繫結的所有變數的一個字典（就像本表前面涵蓋的 locals 一樣）。將這個字典視為唯讀的。vars(*obj*) 回傳包含當前繫結在 *obj* 中的所有屬性的一個字典，類似於本表前面介紹的 dir。這個字典可能是可修改的，也可能不是，這取決於 *obj* 的型別。

zip	zip(*seq*, /, *seqs, strict=**False**) 回傳元組的一個迭代器，其中第 *n* 個元組包含每個可迭代引數中的第 *n* 個項目。你必須用至少一個（位置）引數呼叫 **zip**，而所有的位置引數都必須是可迭代的。**zip** 回傳一個迭代器（iterator），其項目數與最短的可迭代物件（iterable）相同，忽略在其他可迭代物件中的剩餘項目。**3.10+** 當那些可迭代物件有不同的長度，而且 strict 為 **True** 時，一旦抵達最短可迭代物件的結尾，**zip** 會提出 ValueError。參閱本表前面的 map 和表 8-10 的 zip_longest。

[a] 此外都是任意的；通常是一種實作細節，*obj* 在記憶體中的位址。

sys 模組

sys 模組的屬性與提供 Python 直譯器狀態資訊、或直接影響直譯器的資料和函式相繫結。表 8-3 涵蓋 sys 最常用的屬性。我們沒有提及的大多數 sys 屬性是專門用於除錯器（debuggers）、效能評測器（profilers）和整合式開發環境的；更多資訊請參閱線上說明文件（*https://oreil.ly/2KBRg*）。

特定平台的資訊最好使用 platform 模組來存取，我們在本書中並沒有提及它；關於這個模組的細節，請參閱線上說明文件（*https://oreil.ly/YJKQD*）。

表 8-3　sys 模組的函式和屬性

argv	傳入給主指令稿（main script）的命令列引數串列（list of command-line arguments）。argv[0] 是主指令稿的名稱 [a]，或者 '-c'（如果命令列使用 **-c** 選項）。關於使用 sys.argv 的一個良好途徑，請參閱第 321 頁的「argparse 模組」。
audit	audit(*event*, /, **args*) 提出一個名稱為字串 *event* 而引數為 *args* 的稽核事件（*audit event*）。Python 的稽核系統的理念在 PEP 578（*https://oreil.ly/pMcEY*）有詳盡的闡述；Python 本身也會提出線上說明文件（*https://oreil.ly/SjLW1*）中所列出的各種事件。要聆聽（*listen*）事件，請呼叫 sys.addaudithook(*hook*)，其中 *hook* 是一個可呼叫物件，其引數是一個 str，即事件的名稱，後面接著任意的位置引數。更多細節，請參閱說明文件（*https://oreil.ly/4os3i*）。
builtin_module_names	字串的一個元組：編譯到這個 Python 直譯器中的所有模組的名稱。

displayhook	displayhook(*value*, /)
	在互動式工作階段中，Python 直譯器會呼叫 displayhook，將你輸入的每個運算式述句的結果傳入給它。當 *value* 為 **None** 時，預設的 displayhook 不做任何事情；否則，它會將 *value* 儲存在名稱為 _（底線）的內建變數中，並透過 repr 顯示它：
	`def _default_sys_displayhook(value, /):`
	`    if value is not None:`
	`        __builtins__._ = value`
	`        print(repr(value))`
	你可以重新繫結 sys.displayhook，以改變互動行為。其原始值可透過 sys.__displayhook__ 取用。

dont_write_bytecode	若為 **True**，Python 在匯入原始碼檔案（延伸檔名為 *.py*）時，不會將 bytecode 檔案（延伸檔名為 *.pyc*）寫到磁碟。
excepthook	excepthook(*type*, *value*, *traceback*, /) 當一個例外沒有被任何處理器捕捉，在呼叫堆疊中一路往上傳播時，Python 會呼叫 excepthook，將例外類別、物件和回溯追蹤軌跡（traceback）傳入給它，正如第 240 頁「例外傳播」中所介紹的那樣。預設的 excepthook 顯示錯誤和回溯追蹤軌跡。你可以重新繫結 sys.excepthook 來改變未被捕捉的例外（就在 Python 回傳到互動式迴圈或終止之前）的顯示和記錄方式。其原始值可以透過 sys.__excepthook__ 取用。
exception	exception() **3.11+** 在一個 **except** 子句中呼叫它時，會回傳當前的例外實體（等同於 sys.exc_info()[1]）。

exc_info	`exc_info()` 如果目前的執行緒正在處理一個例外，`exc_info` 會回傳一個包含三個項目的元組：例外的類別、物件和回溯追蹤軌跡。若執行緒沒有在處理一個例外，`exc_info` 會回傳 **`(None, None, None)`**。要顯示來自回溯追蹤軌跡的資訊，參閱第 613 頁的「traceback 模組」。  **一直持有一個 *Traceback* 物件會使一些垃圾無法被回收** 一個 traceback（回溯追蹤軌跡）物件間接地持有對呼叫堆疊上所有變數的參考；如果你持有對 traceback 的參考（例如間接地，透過將一個變數繫結到 `exc_info` 回傳的元組上），Python 就必須在記憶體中保留原本可被垃圾回收的資料。請確保任何與 traceback 物件的繫結都是短暫的，例如使用 **`try`**/**`finally`** 述句（在第 233 頁的「try/finally」中有討論）。如果你必須持有對例外 *e* 的參考，就清除 *e* 的 traceback：`e.__traceback__=`**`None`**[b]。
exit	`exit(arg=0, /)` 提出 `SystemExit` 例外，通常會在執行完 **`try`**/**`finally`** 述句、**`with`** 述句和 `atexit` 模組所安裝的清理處理器（cleanup handlers）後終止執行。當 *`arg`* 是一個 `int` 時，Python 會使用 *`arg`* 作為程式的退出碼（exit code）：`0` 表示成功終止；任何其他值都表示程式不成功的終止。大多數平台要求退出碼在 `0` 到 `127` 之間。如果 *`arg`* 不是 `int`，Python 會將 *`arg`* 列印到 `sys.stderr`，而程式的退出碼會是 `1`（一個泛用的「不成功終止」碼）。
float_info	一個唯讀物件，其屬性包含了這個 Python 直譯器中 `float` 型別實作的相關低階細節。詳情請參閱線上說明文件（*https://oreil.ly/9vMpw*）。
getrecursionlimit	`getrecursionlimit()` 回傳當前對 Python 呼叫堆疊深度的限制。參閱第 136 頁的「遞迴」和本表後面的 `setrecursionlimit`。
getrefcount	`getrefcount(obj, /)` 回傳 *`obj`* 的參考計數（reference count）。參考計數在第 504 頁的「垃圾回收」中提及。

getsizeof	getsizeof(*obj*[, *default*], /) 回傳 *obj* 的大小，以位元組為單位（不包括 *obj* 可能參考的任何項目或屬性），如果 *obj* 沒有提供檢索其大小的方式，則回傳 *default*（在後一種情況下，若 *default* 沒有出現，getsizeof 就會提出 TypeError）。
maxsize	在這個版本的 Python 中，一個物件最大有多少個位元組（至少是 2 ** 31 - 1，即 2147483647）。
maxunicode	在這個版本的 Python 中，Unicode 字元最大的 codepoint（編碼位置）；目前永遠都 1114111(0x10FFFF)。Python 使用的 Unicode 資料庫的版本在 unicodedata.unidata_version 中。
modules	一個字典，其項目是所有載入的模組的名稱和模組物件。關於 sys.modules 的更多資訊，請參閱第 267 頁的「模組載入」。
path	一個字串串列，指出 Python 在尋找要載入的模組時會搜尋的目錄和 ZIP 檔案。關於 sys.path 的更多資訊，請參閱第 267 頁的「在檔案系統中搜尋模組」。
platform	一個字串，指名該程式執行的平台（platform）。典型的值是簡短的作業系統名稱，如 'darwin'、'linux2' 與 'win32'。對於 Linux，請查閱 sys.platform.startswith('linux') 以了解 Linux 版本之間的可移植性。也可參閱模組 platform 的線上說明文件（*https://oreil.ly/LH4IP*），我們在本書中並不涵蓋這些。

<table>
<tr><td><code>ps1, ps2</code></td><td><code>ps1</code> 和 <code>ps2</code> 分別指定了主要和次要的直譯器提示字串（prompt strings），最初是 <code>>>></code> 和 <code>...</code>。這些 <code>sys</code> 屬性只存在於互動式直譯器工作階段中。如果你將這兩個屬性繫結到一個非 <code>str</code> 物件 x 上，Python 在每次輸出提示時都會在該物件上呼叫 <code>str(x)</code> 以進行提示。此功能允許動態提示：編寫一個定義了 <code>__str__</code> 的類別，然後將該類別的一個實體指定給 <code>sys.ps1</code> 或 <code>sys.ps2</code>。舉例來說，要獲得有編號的提示：
<pre>
>>> import sys
>>> class Ps1(object):
...   def __init__(self):
...   self.p = 0
...   def __str__(self):
...   self.p += 1
...   return f'[{self.p}]>>> '
...
>>> class Ps2(object):
...   def __str__(self):
...   return f'[{sys.ps1.p}]... '
...
>>> sys.ps1, sys.ps2 = Ps1(), Ps2()
[1]>>> (2 +
[1]... 2)
4
[2]>>>
</pre></td></tr>
<tr><td><code>setrecursion
limit</code></td><td><code>setrecursionlimit(limit, /)</code>
設定 Python 呼叫堆疊（call stack）的深度限制（預設為 <code>1000</code>）。這個限制可以防止失控的遞迴使 Python 崩潰。對於仰賴深度遞迴的程式來說，提高這個限制可能是必要的，但是大多數平台都無法支援非常大的呼叫堆疊深度限制。更實用的是降低這個限制，這樣你就可以在測試和除錯期間檢查你程式是否能夠優雅地降級，而不是在幾乎失控的遞迴出現時突然崩潰並引發 <code>RecursionError</code>。也請參閱第 136 頁的「遞迴」和本表前面的 <code>getrecursionlimit</code>。</td></tr>
<tr><td><code>stdin,
stdout,
stderr</code></td><td><code>stdin</code>、<code>stdout</code> 和 <code>stderr</code> 是預先定義的類檔案物件（file-like objects），對應到 Python 的標準輸入、輸出和錯誤串流。你可以重新繫結 <code>stdout</code> 和 <code>stderr</code> 到以寫入模式開啟的類檔案物件（提供接受一個字串引數的 <code>write</code> 方法的物件），以重導輸出和錯誤訊息的目的地。你可以重新繫結 <code>stdin</code> 到以讀取模式開啟的類檔案物件（提供會回傳一個字串的 <code>readline</code> 方法的物件），以重導內建函式 <code>input</code> 讀取的來源。其原始值可使用 <code>__stdin__</code>、<code>__stdout__</code> 和 <code>__stderr__</code> 取得。我們在第 377 頁的「io 模組」中介紹檔案物件。</td></tr>
<tr><td><code>tracebacklimit</code></td><td>對於未處理的例外所顯示的最大回溯追蹤層數（levels of traceback）。預設情況下，這個屬性沒有定義（也就是說，沒有限制）。當 <code>sys.tracebacklimit <= 0</code> 時，Python 只會印出例外的型別和值，而沒有回溯資訊。</td></tr>
</table>

核心內建功能和標準程式庫模組

version	描述 Python 版本、建置版號（build number）、日期和使用 C 編譯器的一個字串。僅在記錄或互動式輸出時使用 sys.version；要進行版本比較，請使用 sys.version_info。
version_info	由執行中的 Python 版本的 major、minor、micro、releaselevel 和 serial 欄位組成的一個 namedtuple。舉例來說，在 Python 3.10 的第一個 beta 版本中，sys.version_info 是 sys.version_info(major=3, minor=10, micro=0, releaselevel='final', serial=0)，等同於元組 (3, 10, 0, 'final', 0)。這種形式被定義為可以在不同版本之間直接比較；要看看當前執行的版本是否大於或等於，比如說 3.8，你可以測試 sys.version_info[:3] >= (3, 8, 0)（不要對字串 sys.version 進行字串比較，因為字串 "3.10" 會比 "3.9" 小！）。

[a] 當然，它也可以是指令稿的路徑，或它的符號連結，如果你提供給 Python 的是那樣。

[b] 本書的一位作者在對 pyparsing 中的回傳值和例外進行 memoizing 時就遇到了這樣的問題：快取的例外回溯追蹤軌跡持有很多物件參考，干擾了垃圾回收。解決的辦法是在把例外放進快取之前，先清除例外的回溯資訊。

copy 模組

正如在第 66 頁「指定述句」中所討論的，Python 中的指定（assignments）並不會拷貝（*copy*）被指定的右手邊（righthand-side）物件。取而代之，指定會新增對那個 RHS 物件的參考（*references*）。當你想要物件 *x* 的一個拷貝時，就要求 *x* 複製自己，或者要求 *x* 的型別製作一個從 *x* 複製出來的新實體。如果 *x* 是一個串列，list(*x*) 會回傳 *x* 的一個拷貝，就像 *x*[:] 一樣；如果 *x* 是一個字典，dict(*x*) 和 *x*.copy() 都會回傳 *x* 的一個拷貝；如果 *x* 是一個集合，set(*x*) 和 *x*.copy() 會回傳 *x* 的一個拷貝。在這每種情況下，本書的作者都偏好統一且易讀的型別呼叫慣用語，但在 Python 社群中，對這個風格議題並沒有達成共識。

copy 模組提供一個 copy 函式來建立和回傳許多型別的物件的拷貝。普通的拷貝，如 list(*x*) 為串列 *x* 所回傳的，和 copy.copy(*x*) 為任何 *x* 所回傳的，被稱為**淺層**拷貝（*shallow* copies）：當 *x* 擁有對其他物件的參考（無論是作為項目還是屬性），*x* 的普通（淺層）拷貝會持有對**相同**物件的不同參考。然而，有時你需要一個**深層**拷貝（*deep* copy），其中被參考的物件會進行遞迴的深層拷貝（幸運的是，這種需求很少出現，因為深層拷貝會耗費大量的記憶體和時間）；對於這些情況，copy 模組也提供了一個 deepcopy 函式。這些函式會在表 8-4 中進一步討論。

表 8-4　copy 模組的函式

copy	copy(*x*) 建立並回傳 *x* 的淺層拷貝，適用於許多型別的 *x*（但不支援模組、檔案、框架和其他內部型別）。當 *x* 是不可變的，copy.copy(*x*) 可能會回傳 *x* 本身作為一種最佳化方式。一個類別可以透過一個特殊方法 __copy__(self) 來自訂 copy.copy 複製其實體的方式，該方法會回傳一個新的物件，即 self 的一個淺層拷貝。

deepcopy	deepcopy(*x*,[memo])
	製作 *x* 的一個深層拷貝並回傳它。深層拷貝意味著在一個有向（但不一定是無環的（*https://oreil.ly/RivIZ*））的參考圖（graph of references）上進行遞迴走訪（recursive walk，*https://oreil.ly/8Sf4q*）。請注意，為了再現圖的確切形狀，當走訪過程中不只一次遇到對同一物件的參考時，你必定不能製作出不同的拷貝；取而代之，你必須使用對同一個被複製物件的參考。考慮以下簡單的例子：
	`sublist = [1,2]`
	`original = [sublist, sublist]`
	`thecopy = copy.deepcopy(original)`
	original[0] **is** original[1] 為 **True**（即 original 的兩個項目指涉同一個物件）。這是 original 的一個重要特性，任何宣稱是其「拷貝」的東西都必須保留這點。copy.deepcopy 的語意確保 thecopy[0] **is** thecopy[1] 也為 **True**：original 和 thecopy 的參考圖具有相同的形狀。避免重複的拷貝有一個重要且有益的副作用：它可以防止無限迴圈，否則當參考圖有循環（cycles）時就會發生。copy.deepcopy 接受第二個選擇性的引數：memo，它是一個 dict，會將每個已經拷貝過的物件 id 映射到作為其拷貝的新物件。memo 會被 deepcopy 對自己的所有遞迴呼叫所傳遞；如果你還需要獲得原物件和其拷貝的身分識別之間的對應映射（memo 的最終狀態將是這樣的一個映射），你也可以明確地傳入它（通常是作為一個最初為空的 dict）。一個類別可以透過一個特殊方法 __deepcopy__(self, memo) 來自訂 copy.deepcopy 複製它實體的方式，該方法回傳一個新的物件，即 self 的一個深層拷貝。當 __deepcopy__ 需要深層拷貝某個被參考的物件 *subobject* 時，它必須透過呼叫 copy.deepcopy(*subobject*, memo) 來那麼做。如果一個類別沒有特殊的 __deepcopy__ 方法，在那個類別之實體上的 copy.deepcopy 也會嘗試呼叫特殊方法 __getinitargs__、__getnewargs__、__getstate__ 和 __setstate__，在第 458 頁的「實體的 pickling」中有介紹。

collections 模組

collections 模組提供作為群集（collections，即「容器」，containers）的有用型別，以及第 180 頁「抽象基礎類別」中提及的 ABC。從 Python 3.4 開始，ABC 就一直都在 collections.abc 中；為了回溯相容性，在 Python 3.9 之前，它們仍然可以直接在 collections 本身中被存取，但是這個功能在 3.10 中被刪除了。

ChainMap

ChainMap 會將多個映射「鏈串（chains）」在一起；給定一個 ChainMap 實體 *c*，存取 c[*key*] 會回傳在那些映射中第一個具有該鍵值的映射中對應的值，而對 *c* 的所有變更都只會影響 *c* 中的第一個映射。為了進一步解釋，你可以將其近似為：

```
class ChainMap(collections.abc.MutableMapping):
    def __init__(self, *maps):
        self.maps = list(maps)
        self._keys = set()
        for m in self.maps:
            self._keys.update(m)
    def __len__(self): return len(self._keys)
    def __iter__(self): return iter(self._keys)
    def __getitem__(self, key):
        if key not in self._keys: raise KeyError(key)
        for m in self.maps:
            try: return m[key]
            except KeyError: pass
    def __setitem__(self, key, value):
        self.maps[0][key] = value
        self._keys.add(key)
    def __delitem__(self, key):
        del self.maps[0][key]
        self._keys = set()
        for m in self.maps:
            self._keys.update(m)
```

為了提高效率，還可以定義其他的方法，但這是一個 MutableMapping 所需的最小集合。更多的細節以及關於如何使用 ChainMap 的訣竅集請參閱線上說明文件（*https://oreil.ly/WgfFo*）。

Counter

Counter 是 dict 的一個子類別，它帶有的 int 值用以計數（*count*）看到了一個鍵值多少次（儘管值允許 <= 0）；它大致等同於其他語言稱之為「bag（袋子）」或「multiset（多集）」的型別。一個 Counter 實體通常是從一個可迭代物件（iterable）建立出來的，而其項目是可雜湊的：*c* = collections.Counter(*iterable*)。然後，你可以用 *iterable* 的

任何一個項目來索引 *c*，以獲得該項目出現的次數。當你用任何缺少的鍵值對 *c* 進行索引時，結果會是 0（要移除 *c* 中的一個條目，就用 **del** *c*[*entry*]；設定 *c*[*entry*]=0，會使條目留在 *c* 中，帶有 0 的值）。

c 支援 dict 的所有方法；特別是 *c*.update(*otheriterable*) 會更新所有的計數，根據在 *otheriterable* 中出現的次數遞增它們。因此，舉例來說：

```
>>> c = collections.Counter('moo')
>>> c.update('foo')
```

的結果是 *c*['o'] 給出 4，而 *c*['f'] 和 *c*['m'] 各給出 1。請注意，從 c 中移除一個條目（使用 **del**）可能不會使計數器遞減，但 subtract（在下表中描述）會：

```
>>> del c['foo']
>>> c['o']
4
>>> c.subtract('foo')
>>> c['o']
2
```

除了 dict 的方法外，*c* 還支援表 8-5 中詳述的額外方法。

表 8-5 一個 Counter 實體 c 的方法

elements	*c*.elements() 按任意順序產出 *c* 中 *c*[*key*] > 0 的鍵值，每個鍵值產出的次數與它的計數相同。
most_common	*c*.most_common([*n*, /]) 回傳 *c* 中計數最高的 *n* 個鍵值的一個對組串列（如果省略 *n*，則為全部），按照計數遞減的順序（計數相同的鍵值之間的「平手」將以任意方式解決）；每個對組的形式都是 (*k*, *c*[*k*])，其中 *k* 是 *c* 中最常見的 *n* 個鍵值之一。
subtract	*c*.subtract(*iterable*=**None**, /, ***kwds*) 就像 *c*.update(*iterable*) 的「反向」動作，即減去計數而非增加計數。*c* 中的結果計數可能 <= 0。
total	*c*.total() **3.10+** 回傳所有個別計數的總和。相當於 sum(*c*.values())。

Counter 物件支援常見的算術運算子，例如 +、-、& 和 |，用於加、減、聯集和交集。請參閱線上說明文件（*https://oreil.ly/MyIAp*）以了解更多的細節和關於如何使用 Counter 的實用訣竅集。

OrderedDict

OrderedDict 是 dict 的一個子類別，它有額外的方法根據插入順序（insertion order）來存取和操作其項目。*o*.popitem() 刪除並回傳位於最新近插入的鍵值的項目；*o*.move_to_end(*key*, last=**True**) 將帶有鍵值 *key* 的項目移動到尾端（當 last 為 **True** 時，即預設值）或開頭（當 last 為 **False** 時）。兩個 OrderedDict 實體之間的相等性測試會受到順序的影響；OrderedDict 實體和 dict 或其他映射之間的相等性測試則不會。從 Python 3.7 開始，dict 的插入順序保證會維持：許多以前需要 OrderedDict 的用法現在可以直接使用普通的 Python 字典了。兩者之間剩下的一個重要區別是，OrderedDict 對與其他 OrderedDict 的相等性測試是對順序敏感的，而 dict 的相等性測試則否。更多細節和關於如何使用 OrderedDict 的訣竅集，請參閱線上說明文件（*https://oreil.ly/JSvPS*）。

defaultdict

defaultdict 擴充了 dict，並新增了一個實體專屬的屬性（per instance attribute），名為 default_factory。當 defaultdict 的一個實體 *d* 有 **None** 作為 *d*.default_factory 的值時，*d* 的行為就跟 dict 完全一樣。否則，*d*.default_factory 必須是可呼叫的，沒有引數，而 *d* 的行為就像一個 dict，除了當你用一個不在 *d* 中的鍵值 *k* 存取 *d* 的時候。在那種特殊情況下，索引動作 *d*[*k*] 會呼叫 *d*.default_factory()，將其結果指定為 *d*[*k*] 的值，並回傳該結果。換句話說，defaultdict 這個型別的行為很像下列這個用 Python 編寫的類別：

```
class defaultdict(dict):
    def __init__(self, default_factory=None, *a, **k):
        super().__init__(*a, **k)
        self.default_factory = default_factory
    def __getitem__(self, key):
        if key not in self and self.default_factory is not None:
            self[key] = self.default_factory()
        return dict.__getitem__(self, key)
```

正如這段等效的 Python 程式碼所暗示的，為了實體化 defaultdict，你通常會為它傳入一個額外的第一引數（在任何其他引數之前，無論是位置型或是具名的，如果有的話，這些都將傳遞給一般的 dict）。這個額外的第一引數會成為 default_factory 的初始值；你也可以在之後存取和重新繫結 default_factory，儘管在正常的 Python 程式碼中不常這樣做。

defaultdict 的所有行為基本上與這段 Python 等效程式碼所暗示的一樣（除了 str 和 repr，它們回傳的字串與 dict 所回傳的不同）。具名方法，如 get 和 pop，不受影響。所有與鍵值有關的行為（方法 keys、迭代、透過運算子 in 的成員資格測試等）都準確地反映了當前在容器中的鍵值（無論你是明確地把它們放在那裡，還是隱含地透過呼叫 default_factory 的索引動作）。

defaultdict 的一個典型用法是，舉例來說，將 default_factory 設定為 list，以製作一個從鍵值到值串列的映射：

```
def make_multi_dict(items):
    d = collections.defaultdict(list)
    for key, value in items:
        d[key].append(value)
    return d
```

以項目為 (*key*, *value*) 這種形式的對組的任何可迭代物件來呼叫，而且所有的鍵值都可雜湊的時候，這個 make_multi_dict 函式會回傳一個映射，將每個鍵值與可迭代物件中伴隨它的有一或多個值的串列關聯起來（如果你想要一個純粹的 dict 結果，請將最後一個述句改為 return dict(d)，這很少會需要就是了）。

如果你不希望在結果中出現重複，而且每個 *value* 都是可雜湊的，就使用 collections.defaultdict(set)，並且在迴圈中使用 add 而非 append[2]。

keydefaultdict

defaultdict 在 collections 模組中找不到的一種變體是其 default_factory 接受鍵值作為一個初始化引數的 defaultdict。這個例子展示了你如何為自己實作這種變體：

```
class keydefaultdict(dict):
    def __init__(self, default_factory=None, *a, **k):
        super().__init__(*a, **k)
        self.default_factory = default_factory
```

2 初次引入時，defaultdict(int) 通常用來維護項目的計數。由於 Counter 現在是 collections 模組的一部分了，請使用 Counter 而非 defaultdict(int) 來完成計數項目的特定任務。

```python
    def __missing__(self, key):
        if self.default_factory is None:
            raise KeyError(key)
        self[key] = self.default_factory(key)
        return self[key]
```

dict 類別支援 __missing__ 方法，以便子類別實作自訂行為來處理「所存取的鍵值尚未存在於 dict 中」的情況。在這個例子中，我們實作了 __missing__，用新的鍵值呼叫預設的工廠方法（default factory method），並將其新增到 dict 中。當 default_factory 需要一個引數時，你就可以使用 keydefaultdict 而不是 defaultdict（最常見的情況是，當預設工廠是接受一個識別字建構器引數的一個類別時，就會發生這種情況）。

deque

deque 是一種序列型別（sequence type），其實體是「雙端佇列（double-ended queues）」（在兩端的新增和刪除都是快速且具備執行緒安全性的）。一個 deque 實體 *d* 是一個可變的序列，有一個選擇性的最大長度，並且可以被索引和迭代（然而，*d* 不能被切片；它一次只能被索引一個項目，無論是存取、重新繫結還是刪除）。如果一個 deque 實體 *d* 有一個最大長度，那麼當項目被新增到 *d* 的任何一邊，使 *d* 的長度超過這個最大值時，項目就會悄悄地從另一邊被丟棄。

deque 特別適合用來實作先進先出（first-in, first-out，FIFO）的佇列[3]。deque 也很適合用來維護「最近看到的 *N* 個東西」，在其他一些語言中也被稱為**環狀緩衝區**（*ring buffer*）。

表 8-6 列出 deque 型別提供的方法。

3 對於後進先出（last-in, first-out，LIFO）的佇列，又稱「堆疊（stacks）」，一個 list 及其 append 和 pop 方法，就完全足夠了。

表 8-6 deque 的方法

deque	deque(*seq*=(), /, maxlen=**None**) *d* 的初始項目就是 *seq* 所擁有的那些，順序相同。*d*.maxlen 是一個唯讀屬性：當其值為 **None** 時，*d* 沒有最大長度；若為一個 int，它必須 >=0。*d* 的最大長度（maximum length）是 *d*.maxlen。
append	*d*.append(*item*, /) 在 *d* 的右邊（結尾）附加 *item*。
appendleft	*d*.appendleft(*item*, /) 在 *d* 的左邊（開頭）附加 *item*。
clear	*d*.clear() 刪除 *d* 中的所有項目，使其為空。
extend	*d*.extend(*iterable*, /) 在 *d* 的右邊（結尾）附加 *iterable* 的所有項目。
extendleft	*d*.extendleft(*iterable*, /) 在 *d* 的左邊（開頭）附加 *iterable* 的所有項目，順序相反。
pop	*d*.pop() 移除並回傳 *d* 中的最後一個（最右邊的）項目，如果 *d* 為空，則提出 IndexError。
popleft	*d*.popleft() 移除並回傳 *d* 中的第一個（最左邊的）項目，如果 *d* 為空，則提出 IndexError。
rotate	*d*.rotate(*n*=1, /) 將 *d* 向右旋轉 *n* 步（如果 *n*<0，則向左旋轉）。

避免對 deque 進行索引或切片

deque 主要用於從 deque 的開頭或結尾存取、新增和移除項目的情況。雖然對 deque 進行索引或切片是可能的，但使用 deque[i] 形式存取一個內部的值時，可能只會有 O(n) 的效能（相較於 list 的 O(1)）。如果你必須存取內部的值，可以考慮使用一個 list 來代替。

functools 模組

functools 模組提供支援 Python 函式型程式設計（functional programming）的函式和型別，在表 8-7 中列出。

表 8-7　functools 模組的函式和屬性

cached_ property	cached_property(func) 3.8+ property 裝飾器的快取版本（caching version）。第一次估算該特性會快取其回傳值，如此後續的呼叫就能回傳快取的值，而不是重複該特性的計算。cached_property 使用一個執行緒鎖（threading lock）來確保特性計算只進行一次，即使是在多執行緒的環境之下[a]。
lru_cache, cache	lru_cache(max_size=128, typed=**False**), cache() 適合裝飾其引數都是可雜湊物件（hashable）的函式的一個 *memoizing*（記憶化）裝飾器，為函式新增儲存最後 max_size 個結果的一個快取（max_size 應該是 2 的乘方，或為 **None** 來讓快取保留所有之前的結果）；當你以快取中的引數再次呼叫經過裝飾的函式時，它會立即回傳之前快取的結果，繞過底層函式的主體程式碼。當 typed 為 **True** 時，比較相等但有不同型別的引數，如 23 和 23.0，會被分別快取。3.9+ 如果將 max_size 設定為 **None**，則使用 cache 代替。更多細節和例子，請參閱線上說明文件（*https://oreil.ly/hLRYd*）。3.8+ lru_cache 也可以作為一個裝飾器不帶 () 使用。

partial	partial(*func*, /, **a*, ***k*)
	回傳一個可呼叫的 *p*，它就像 *func*（它是任何的可呼叫物件），但有一些位置或具名引數已經繫結到 *a* 和 *k* 中給出的值。換句話說，*p* 是 *func* 的一個部分應用（*partial application*），通常也被稱為是 *func* 對於給定引數的一個 *currying*（正確性有待商榷，但頗富有色彩，為了紀念數學家 Haskell Curry）。舉例來說，假設我們有一個數字串列 L，想把負數截為 0。有一種方式為：
	`L = map(functools.partial(max, 0), L)`
	作為這個使用 **lambda** 程式碼片段的替代方式：
	`L = map(lambda x: max(0, x), L)`
	以及最簡明的做法，即串列概括式：
	`L = [max(0, x) for x in L]`
	functools.partial 在需要回呼（callbacks）的情況下發揮了作用，比如一些 GUI 和 Web 應用程式的事件驅動程式設計（event-driven programming）。
	partial 回傳具有屬性 *func*（被包裹的函式）、*args*（預先繫結的位置引數的 tuple）和 keywords（預先繫結的具名引數的 dict，或 **None**）的一個可呼叫物件。

reduce	reduce(*func*, *seq*[, *init*], /)
	將 *func* 套用於 *seq* 的項目，從左到右，將那個可迭代物件的項目縮簡（reduce）為單一個值。*func* 必須可以用兩個引數呼叫。reduce 會對 *seq* 的前兩個項目呼叫 *func*，然後對第一次呼叫的結果和第三個項目進行呼叫，以此類推，並回傳這樣的最後一次呼叫之結果。若 *init* 有出現，reduce 會在 *seq* 的第一個項目之前使用它。若缺少 *init*，*seq* 必須是非空的。當 *init* 缺少且 *seq* 只有一個項目時，reduce 會回傳 *seq*[0]。同樣地，當 *init* 存在且 *seq* 為空時，reduce 會回傳 *init*。因此，reduce 大致相當於：
	<pre>def reduce_equiv(func, seq, init=None):
	    seq = iter(seq)
	    if init is None:
	        init = next(seq)
	    for item in seq:
	        init = func(init, item)
	    return init</pre>使用 reduce 的一個例子是計算一個數字序列的乘積：
	<pre>prod=reduce(operator.mul, seq, 1)</pre>

singledispatch, singledispatch method	函式裝飾器，支援一個方法的多個實作，差異在於它們第一個引數的型別不同。詳細說明請參閱線上說明文件（*https://oreil.ly/1nle3*）。
total_ordering	一個適合用來裝飾類別的裝飾器，該類別至少提供一個不等性比較方法（inequality comparison method），如 __lt__，並且最好也提供 __eq__。基於該類別現有的方法，類別裝飾器 total_ordering 會將所有其他沒有在該類別本身或其任何超類別中實作的不等性比較方法新增到該類別中，讓你無須為它們新增樣板程式碼。
wraps	wraps(wrapped) 一個裝飾器，適合裝飾包裹另一個函式的函式 wrapped（通常是另一個裝飾器中的巢狀函式）。wraps 會把 wrapped 的 __name__、__doc__ 和 __module__ 屬性複製到被裝飾的函式上，從而改善內建函式 help 以及 doctests 的行為，在第 595 頁的「doctest 模組」中有所介紹。

[a] 在 Python 3.8 到 3.11 版本中，cached_property 是使用類別層級的鎖（class-level lock）來實作的。因此，它會為類別或任何子類別的所有實體同步，而不僅僅是當前實體。所以，cached_property 在多執行緒環境中可能會降低效能，所以不推薦使用。

heapq 模組

heapq 模組使用 *min-heap*（*https://oreil.ly/RU6F_*）演算法來保持串列在插入和提取項目時的「近似排序好（nearly sorted）」的順序。heapq 的運算比每次插入後呼叫串列的 sort 方法要快，而且比 bisect（線上說明文件（*https://oreil.ly/nZ_9m*）中有提及）快很多。對於許多用途而言，例如實作「優先序佇列（priority queues）」，heapq 支援的近似排序好的順序和完全排序好的順序一樣好，而且建立和維護起來更快。heapq 模組提供表 8-8 中列出的函式。

表 8-8　heapq 模組的函式

heapify	heapify(*alist*, /) 根據需要對串列 *alist* 進行排列，使其滿足（最小）堆積（heap）條件： 對於任何的 *i* >= 0： alist[*i*] <= alist[2 * *i* + 1] 而且 alist[*i*] <= alist[2 * *i* + 2] 只要所有的目標索引都 <len(*alist*)。 如果一個 list 滿足（最小）堆積條件，那麼該串列的第一項目就會是最小的（或同樣最小的）一項。一個經過排序的 list 滿足堆積條件，但是一個串列的許多其他排列方式（permutations）也滿足堆積條件，而不需要對串列進行完全的排序。heapify 在 O(len(*alist*)) 時間內執行。
heappop	heappop(*alist*, /) 移除並回傳 *alist* 中最小的（第一個）項目，*alist* 是一個滿足堆積條件的串列，並會對 *alist* 中剩餘的一些項目進行排列，以確保刪除後仍然滿足堆積條件。heappop 執行時間為 O(log(len(*alist*)))。
heappush	heappush(*alist*, *item*, /) 在 *alist*（一個滿足堆積條件的串列）中插入項目，並對 *alist* 中的一些項目進行排列，以確保插入後仍然滿足堆積條件。heappush 的執行時間為 O(log(len(*alist*)))。

heappushpop	heappushpop(*alist*, *item*, /)
	邏輯上等同於 heappush 後面再接著 heappop，類似於：
	`def heappushpop(alist, item):`
	`    heappush(alist, item)`
	`    return heappop(alist)`
	heappushpop 的執行時間為 O(log(len(*alist*)))，通常會比剛才顯示的邏輯等效函式還要快。heappushpop 可以在一個空的 *alist* 上呼叫：在這種情況下，它會回傳 *item* 引數，正如它在 *item* 小於 *alist* 的任何現有項目時一樣。

heapreplace	heapreplace(*alist*, *item*, /)
	邏輯上等同於 heappop 後跟著 heappush，類似於：
	`def heapreplace(alist, item):`
	`    try: return heappop(alist)`
	`    finally: heappush(alist, item)`
	heapreplace 的執行時間為 O(log(len(*alist*)))，通常會比剛才顯示的邏輯等效函式快。heapreplace 不能在一個空的 *alist* 上呼叫：heapreplace 總是會回傳一個已經在 *alist* 中的項目，永遠不會是剛被推入的 *item*。

merge	merge(**iterables*) 回傳一個迭代器，按照排序好的順序（從最小到最大）產出 *iterables* 的項目，這些可迭代物件（iterables）每個都必須從小到大排序好。
nlargest	nlargest(*n*, *seq*, /, key=**None**) 回傳一個反向排序好的 list，其中包括可迭代物件 *seq* 中最大的 *n* 個項目（如果 *seq* 有少於 *n* 個項目，則小於 *n*）；就像 sorted(*seq*, reverse=**True**)[:*n*]，但是當 *n* 與 len(*seq*) 相比「足夠小」[a] 時，會比較快。你也可以指定一個（具名或位置型）key= 引數，就像你可以為 sorted 指定的那樣。
nsmallest	nsmallest(*n*, *seq*, /, key=**None**) 回傳一個排序好的 list，其中有可迭代物件 *seq* 中最小的 *n* 個項目（如果 *seq* 有少於 *n* 個項目，則小於 *n*）；就像 sorted(*seq*)[:*n*]，但與 len(*seq*) 相較之下 *n*「足夠小」時，速度會更快。你也可以指定一個（具名或位置型）key= 引數，就像你可以為 sorted 做的那樣。

[a] 要想知道 *n* 和 len(*seq*) 具體的值如何影響 nlargest、nsmallest 和 sorted 在你特定 Python 版本和機器上的執行時間，可以使用 timeit，在第 635 頁的「timeit 模組」中有提及。

Decorate–Sort–Undecorate 慣用語

heapq 模組中的幾個函式，儘管它們會進行比較，但不接受 key= 引數來自訂比較。這是不可避免的，因為這些函式是在一個普通的項目 `list` 上就地（in place）運算的：它們沒有地方「存儲」一次性計算出來的自訂比較鍵值。

當你既需要堆積的功能又需要自訂比較時，你可以套用古老但有效的 *decorate-sort-undecorate*（*DSU*）慣用語（*https://oreil.ly/7iR8O*）[4]（在古老的 Python 版本中，在引入 key= 功能之前，這對於最佳化排序至關重要）。

應用於 heapq 的 DSU 慣用語，有以下幾個組成部分：

Decorate（裝飾）

建立一個輔助串列 *A*，其中每個項目是一個元組，以排序鍵值（sort key）開頭，並以原始串列 *L* 的項目結尾。

Sort（排序）

在 *A* 上呼叫 heapq 函式，通常以 heapq.heapify(*A*) 開始[5]。

Undecorate（解除裝飾）

當你從 *A* 中提取一個項目時，通常是透過呼叫 heapq.heappop(A)，只回傳所得元組的最後一個項目（那是原始串列 *L* 的一個項目）。

當你透過呼叫 heapq.heappush(*A*, /,*item*) 向 *A* 新增一個項目時，把你要插入的實際項目裝飾成一個以排序鍵值開頭的元組。

這一連串的運算可以被包裝在一個類別中，就像這個例子中一樣：

```
import heapq

class KeyHeap(object):
    def __init__(self, alist, /, key):
        self.heap = [(key(o), i, o) for i, o in enumerate(alist)]
        heapq.heapify(self.heap)
        self.key = key
        if alist:
```

4 也被稱為 *Schwartzian transform*（*https://oreil.ly/FHlZB*）。

5 這一步並不太算是完整「排序」，但看起來足夠接近，至少在你瞇起眼睛看的時候可以稱之為排序。

```
            self.nexti = self.heap[-1][1] + 1
        else:
            self.nexti = 0

    def __len__(self):
        return len(self.heap)

    def push(self, o, /):
        heapq.heappush(self.heap, (self.key(o), self.nexti, o))
        self.nexti += 1

    def pop(self):
        return heapq.heappop(self.heap)[-1]
```


在這個例子中，我們在裝飾過的元組中間使用一個遞增的數字（在排序鍵值之後，但在實際項目之前），以確保實際的項目**永遠都不會**被直接比較，即使它們的排序鍵值是相等的（這種語意上的保證是 key 引數在 sort 和類似運算中功能的一個重要面向）。

argparse 模組

當你在寫一個要從命令列執行的 Python 程式時（或從類 Unix 系統的 shell 指令稿，或 Windows 的批次檔），你經常想讓使用者在命令列上或指令稿中向程式傳入**命令列引數**（*command-line arguments*，包括「**命令列選項**（*command-line options*）」，按照慣例，這些引數以一個或兩個連接號開頭）。在 Python 中，你能以 sys.argv 的形式存取引數，這是 sys 模組的一個屬性，以字串串列的形式儲存那些引數（sys.argv[0] 是使用者藉以啟動程式的名稱或路徑；引數則在子串列 sys.argv[1:] 中）。Python 標準程式庫提供三個模組來處理這些引數；我們只涵蓋最新和最強大的模組 argparse，而且我們只涵蓋 argparse 豐富功能中的一個小型的**核心**子集。更多內容請參閱線上參考（*https://oreil.ly/v_ml0*）和教程（*https://oreil.ly/QWg01*）。argparse 提供一個類別，其特徵式如下：

Argument Parser	ArgumentParser(***kwargs*) ArgumentParser 是其實體會進行引數剖析（argument parsing）的一個類別。它接受許多具名引數，主要是為了改善你程式在命令列引數有包括 -h 或 --help 時顯示的說明訊息（help message）。你應該總是傳入的一個具名引數是 description=，即總結你程式用途的一個字串。

給定 ArgumentParser 的一個實體 *ap*，用一或多個對 *ap*.add_argument 的呼叫來準備它，然後透過不帶引數呼叫 *ap*.parse_args() 來使用它（如此它才會剖析 sys.argv）。該呼叫回傳 argparse.Namespace 的一個實體，並將你的程式的引數和選項作為屬性。

add_argument 有一個強制性的第一引數：對於位置型的命令列引數是一個識別字串（identifier string），對於命令列選項是一個旗標名稱（flag name）。在後一種情況下，傳入一或多個旗標名稱；一個選項可以有一個短名稱（連接號，然後是一個字元）和一個長名稱（兩個連接號，然後是一個識別字）。

在位置引數之後，傳入給 add_argument 零或多個具名引數來控制它的行為。表 8-9 列出最常用的引數。

表 8-9　add_argument 常見的具名引數

action	剖析器（parser）要對這個引數做什麼。預設：'store'，會將引數的值儲存在命名空間中（在 dest 給出的名稱處，在本表後面會描述）。同樣有用的還有：'store_true' 和 'store_false'，將一個選項變成一個 bool（如果選項不存在，則預設為相反的 bool 值），以及 'append'，將引數值附加到一個串列（從而允許一個選項被重複）。
choices	引數允許的一組值（如果該值不在其中，剖析該引數會提出一個例外）。預設：無限制。
default	引數不存在時要用的值。預設：**None**。
dest	要為這個引數使用的屬性名稱。預設：與第一個位置引數相同，如果有的話，去掉前面的連接號（dashes）。
help	描述引數的一個 str，用於說明訊息（help messages）。
nargs	這個邏輯引數所使用的命令列引數的數量。預設：1，儲存在命名空間。可以是 > 0 的一個 int（使用那麼多個引數，以串列形式儲存）；'?'（1 或沒有，在這種情況下它會使用 default）；'*'（0 或更多個，以串列形式儲存）；'+'（1 或更多個，以串列形式儲存），或者 argparse.REMAINDER（所有剩餘引數，以串列形式儲存）。
type	接受一個字串的可呼叫物件，通常是 int 這樣的型別；用來將字串的值轉換為其他東西。可以是 argparse.FileType 的一個實體，以將字串作為檔案名稱開啟（若為 FileType('r')，用於讀取；若為 FileType('w')，用於寫入，以此類推）。

這裡有一個簡單的 argparse 範例，將這段程式碼儲存在一個叫 *greet.py* 的檔案中：

```python
import argparse
ap = argparse.ArgumentParser(description='Just an example')
ap.add_argument('who', nargs='?', default='World')
ap.add_argument('--formal', action='store_true')
ns = ap.parse_args()
if ns.formal:
    greet = 'Most felicitous salutations, o {}.'
else:
    greet = 'Hello, {}!'
print(greet.format(ns.who))
```

現在，**python greet.py** 會印出 Hello, World!，而 **python greet.py --formal Cornelia** 則會印出 Most felicitous salutations, o Cornelia。

itertools 模組

itertools 模組提供高效能的構建組塊（building blocks）來建置和操作迭代器（iterators）。要處理一長串的項目，迭代器通常比串列更好，這要歸功於迭代器固有的「惰性估算（lazy evaluation）」做法：迭代器根據需要一次產生一個項目，而串列（或其他序列）的所有項目都必須在同一時間進入記憶體。這種做法甚至使建立和使用無界迭代器（unbounded iterators）變得可行，而串列的項目數必須總是有限的（因為任何機器都只有有限的記憶體）。

表 8-10 涵蓋 itertools 最常用的屬性；每個都是一個迭代器型別（iterator type），你會呼叫它來獲得目標型別的一個實體，或者是行為類似的一個工廠函式。更多的 itertools 屬性請參閱線上說明文件（*https://oreil.ly/d5Eew*），包括用於排列、組合以及笛卡兒積（Cartesian products）的組合式產生器（*combinatorial* generators），以及 itertools 屬性實用的分類法。

線上說明文件還提供描述如何組合和使用 itertools 屬性的訣竅集。這些訣竅假定你模組的頂端有 **from** itertools **import** *；這不是推薦的用法，只是為了使訣竅的程式碼更為精簡的假設。最好是 **import** itertools **as** it，然後使用 it.*something* 這樣的參考，而非囉嗦的 itertools.something[6]。

6 有些專家建議 **from** itertools **import** *,，但本書作者不同意。

表 8-10　itertools 模組的函式和屬性

accumulate	accumulate(*seq*, *func*, /[, initial=*init*]) 類似於 functools.reduce(*func*, *seq*)，但會回傳含有中間計算出來的所有值的一個迭代器，而非僅僅是最終值。3.8+ 你也可以傳入一個初始值 *init*，其運作方式與 functools.reduce 中相同（參閱表 8-7）。
chain	chain(**iterables*) 從第一個引數產出項目，然後是第二個引數的項目，以此類推，直到最後一個引數的結尾。這就類似這個產生器運算式： `(it for iterable in iterables for it in iterable)`
chain.from_iterable	chain.from_iterable(*iterables*, /) 從引數中的可迭代物件產出項目，按順序排列，就像這個 genexp： `(it for iterable in iterables for it in iterable)`
compress	compress(*data*, *conditions*, /) 從 *data* 產出對應於 *conditions* 中的一個 true 項目的每個項目，就像這個 genexp： `(it for it, cond in zip(data, conditions) if cond)`

count	count(start=0, step=1)
	產出從 *start* 開始的連續整數，就像這個產生器：
	`def count(start=0, step=1):`
	`    while True:`
	`        yield start`
	`        start += step`
	count 回傳一個無止境的迭代器，所以要小心使用它，一定要確保你有明確地終止它的任何迴圈。

cycle	cycle(*iterable*, /)
	產出 *iterable* 的每一個項目，每次到達結尾都會無休止地從頭開始重複產出項目，就像這個產生器：
	`def cycle(iterable):`
	`    saved = []`
	`    for item in iterable:`
	`        yield item`
	`        saved.append(item)`
	`    while saved:`
	`        for item in saved:`
	`            yield item`
	cycle 會回傳一個無止境的迭代器，所以請小心使用它，始終確保你有明確終止它的任何迴圈。

dropwhile

dropwhile(*func*, *iterable*, /)

丟棄 *iterable* 使得 *func* 為 true 的 0+ 個前導項目，然後產出每個剩餘項目，就像這個產生器：

```
def dropwhile(func, iterable):
    iterator = iter(iterable)
    for item in iterator:
        if not func(item):
            yield item
            break
    for item in iterator:
        yield item
```

filterfalse

filterfalse(*func*, *iterable*, /)

產出 *iterable* 使得 *func* 為 false 的那些項目，就像這個 genexp：

```
(it for it in iterable if not func(it))
```

func 可以是接受單一引數的任何可呼叫物件，或者是 **None**。當 *func* 為 **None** 時，filterfalse 會產出 false 的項目，就像這個 genexp：

```
(it for it in iterable if not it)
```

groupby

groupby(*iterable*, /, key=**None**)

iterable 通常需要已經依據 key（**None**，像往常一樣，代表同一函式 **lambda** x: x）排序過了。groupby 會產出對組 (*k*, *g*)，每一個對組都代表 *iterable* 中具有相同的 *key*(*item*) 值 *k* 的相鄰項目的一個*群組*（*group*）；每個 *g* 都是一個迭代器，會產出該群組中的項目。當 groupby 物件推進時，之前的迭代器 *g* 會變得無效（所以，如果一個群組中的項目需要在之後進行處理，你最好在某個地方儲存它的一個 list「快照」，即 list(*g*)）。

另一種看待 groupby 所產出的群組的方式是，只要 *key*(*item*) 發生變化，每個群組就會終止（這就是為什麼你通常只在已經按 *key* 排序的 *iterable* 上呼叫 groupby）。

舉例來說，假設給定小寫單詞的一個 set，我們想要一個 dict，將每個首字母映射到具有該首字母的最長的單詞（「平手」的狀況任意選一個）。我們可以這樣寫：

```
import itertools as it
import operator
def set2dict(aset):
    first = operator.itemgetter(0)
    words = sorted(aset, key=first)
    adict = {}
    for init, group in it.groupby(words, key=first):
        adict[init] = max(group, key=len)
    return adict
```

islice

islice(*iterable*[, *start*], *stop*[, *step*], /)

產出 *iterable* 的項目（跳過前 *start* 個項目，預設為 0），直到但不包括 *stop*，每次按 *step*（預設為 1）的步幅前進。所有引數必須是非負整數（或 **None**），而 *step* 必須 > 0。除了檢查和選擇性引數外，它就和這個產生器一樣：

```
def islice(iterable, start, stop, step=1):
    en = enumerate(iterable)
    n = stop
    for n, item in en:
        if n>=start:
            break
    while n<stop:
        yield item
        for x in range(step):
            n, item = next(en)
```

pairwise

pairwise(*seq*, /)

3.10+ 產出 *seq* 中的項目對組（pairs of items），並有重疊（例如，pairwise('ABCD') 將產出 'AB'、'BC' 和 'CD'）。相當於從 zip(*seq*, *seq*[1:]) 回傳的迭代器。

repeat

repeat(*item*, /[, times])

重複地產出項目，就像這個 genexp：

```
(item for _ in range(times))
```

如果 times 沒有出現，迭代器就是無界的，產出數量可能無限的項目，每個都是物件 *item*，就像產生器：

```
def repeat_unbounded(item):
    while True:
        yield item
```

starmap

starmap(*func*, *iterable*, /)

對於 *iterable* 中的每個 *item*（每個這種 *item* 都必須是一個可迭代物件，通常是一個元組），產出 *func*(**item*) 的結果，就像這個產生器：

```
def starmap(func, iterable):
    for item in iterable:
        yield func(*item)
```

takewhile	takewhile(*func*, *iterable*, /)
	只要 *func*(*item*) 的結果為 truthy 的，就會從 *iterable* 中產出項目，然後結束，就像這個產生器：
	`def takewhile(func, iterable):`
	`    for item in iterable:`
	`        if func(item):`
	`            yield item`
	`        else:`
	`            break`

tee	tee(*iterable*, *n*=2, /) 回傳包含 *n* 個獨立迭代器的一個元組，每個迭代器都會產生與 *iterable* 相同的項目。回傳的那些迭代器彼此獨立，但並不獨立於 *iterable* 本身；在仍然使用任何回傳的迭代器時，應避免對 *iterable* 進行任何修改。
zip_longest	zip_longest(**iterables*, /, fillvalue=**None**) 逐一從 *iterables* 中每個可迭代物件中提取出一個對應的項目，並產出一個元組；在 *iterables* 中最長的可迭代物件用完時停止，其行為就像是其他可迭代物件以填充值 fillvalue「填補（padded）」至相同長度一樣。如果 **None** 是在其中一或多個可迭代物件中可能有效的一個值（以致於可能與用於填充的 **None** 值混淆），你可以使用 Python 中的 Ellipsis（...）或一個哨符物件 FILL=object() 作為 fillvalue。

我們已經展示了 itertools 許多屬性等效的產生器和 genexps，但重要的是要考慮到 itertools 純粹的速度。作為一個簡單的例子，考慮重複某個動作 10 次：

```
for _ in itertools.repeat(None, 10): pass
```

取決於 Python 版本和平台的不同，這比下列直接的替代方式要快 10% 到 20%：

```
for _ in range(10): pass
```

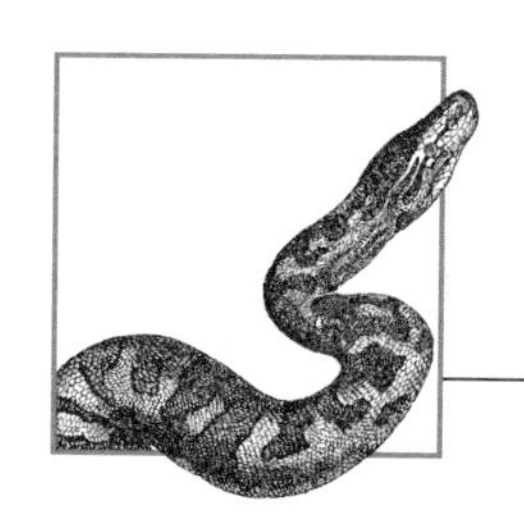

9 字串（Strings）與相關功能

Python 的 `str` 型別以運算子、內建函式、方法和專用模組實作 Unicode 文字字串（text strings）。有點類似的 `bytes` 型別將任意的二進位資料表示為一個位元組序列（sequence of bytes），也被稱為 *bytestring* 或 *byte string*。許多文字運算在這兩種型別的物件上都是可能的：因為這些型別是不可變的，方法大多是建立和回傳一個新的字串，除非是回傳未經改變的原字串。一個可變的位元組序列可以表示為一個 `bytearray`，在第 58 頁的「bytearray 物件」中有簡要介紹過。

本章首先介紹這三種型別的可用方法，然後討論 string 模組和字串格式化（包括經過格式化的字串字面值），接著是 `textwrap`、`print` 和 `reprlib` 模組。與 Unicode 有關的議題將在本章結尾介紹。

字串物件的方法

`str`、`bytes` 和 `bytearray` 物件是序列（sequences），正如第 54 頁「字串」中所介紹的；其中，只有 `bytearray` 物件是可變的。所有不可變的序列運算（重複、串接、索引和切片）都適用於所有的這三種型別的實體，會回傳相同型別的新物件。除非在表 9-1 中另有說明，否則那些方法是所有的三種型別的物件上都有的。`str`、`bytes` 和 `bytearray` 物件的大多數方法都回傳相同型別的值，或者專門用於轉換不同的表示法。

諸如「letters（字母）」、「whitespace（空白）」等術語是指 `string` 模組的相應屬性，會在下一節中介紹。儘管 `bytearray` 物件是可變的，但其回傳 bytearray 結果的方法並不會修改該物件，而是回傳一個新建立的 bytearray，即使結果與目標字串相同。

為了簡潔起見，下表中的 bytes 同時指涉 bytes 和 bytearray 這兩種物件。然而，混合這兩種型別時要注意：雖然它們通常是可以交互運算的，但結果的型別通常取決於運算元的順序。

在表 9-1 中，由於 Python 中的整數值可以任意大，為了簡潔起見，我們用 sys.maxsize 來表示實務上是指「無限大整數」的整數預設值。

表 9-1 重要的 str 和 bytes 方法

capitalize	*s*.capitalize() 回傳 *s* 的一個複本，其中第一個字元（若為字母）會是大寫，所有其他字母（如果有的話）為小寫。
casefold	*s*.casefold() **僅限 str**。回傳一個由 Unicode 標準（*https://oreil.ly/PjWUT*）第 3.13 節中描述的演算法所處理的字串。這與 *s*.lower（會在本表後面描述）類似，但也考慮到了諸如德語 'ß' 和 'ss' 之間的等價關係，因此在處理可能包含不只是基本 ASCII 字元的文字時，更適合用於不區分大小寫的匹配（case-insensitive matching）。
center	*s*.center(*n*, *fillchar*=' ', /) 回傳一個長度為 max(len(*s*), *n*) 的字串，中心部分是 *s* 的一個複本，兩邊是字元 *fillchar* 數量相等的複本。預設的 *fillchar* 是一個空格（space）。舉例來說，'ciao'.center(2) 是 'ciao'，'x'.center(4, '_') 則是 '_x__'。
count	*s*.count(*sub*, *start*=0, *end*=sys.maxsize, /) 回傳子字串 *sub* 在 *s*[*start*:*end*] 中不重疊出現的次數。
decode	*s*.decode(encoding='utf-8', errors='strict') **僅限 bytes**。回傳一個根據給定的編碼（encoding）從 bytes*s* 解碼出來的一個 str 物件。errors 指定如何處理解碼錯誤：'strict' 會使錯誤提出 UnicodeError 例外；'ignore' 忽略格式不良的值，而 'replace' 會用問號替換它們（詳見第 351 頁的「Unicode」）。其他值可以透過 codecs.register_error 註冊，在表 9-10 中有提及。
encode	*s*.encode(encoding='utf-8', errors='strict') **僅限 str**。回傳一個從 str *s* 獲得的 bytes 物件，該物件具有給定的編碼和錯誤處理方式。更多細節見第 351 頁的「Unicode」。
endswith	*s*.endswith(*suffix*, *start*=0, *end*=sys.maxsize, /) 當 *s*[*start*:*end*] 是以字串 *suffix* 結束時，回傳 **True**；否則，回傳 **False**。*suffix* 可以是字串的一個元組，在那種情況下，當 *s*[*start*:*end*] 以其中任何一個結尾時，endswith 會回傳 **True**。

expandtabs	`s.expandtabs(tabsize=8)` 回傳 *s* 的一個複本，其中每個 tab 字元都被改為一或多個空格，每隔 *tabsize* 個字元就設置一個 tab 停止點。
find	`s.find(sub, start=0, end=sys.maxsize, /)` 回傳 *s* 中找到子字串 *sub* 的最低索引，使得 *sub* 完全包含在 `s[start:end]` 中。舉例來說，`'banana'.find('na')` 回傳 2，`'banana'.find('na', 1)` 也是如此；而 `'banana'.find('na', 3)` 回傳 4，`'banana'.find('na', -2)` 也是如此。如果沒有找到 *sub*，`find` 會回傳 `-1`。
format	`s.format(*args, **kwargs)` **僅限 str**。根據包含在字串 *s* 中的格式化指令對位置引數和具名引數進行格式化，更多細節請參閱第 336 頁的「字串格式化」。
format_map	`s.format_map(mapping)` **僅限 str**。根據字串 *s* 中包含的格式化指令對映射引數（mapping argument）進行格式化。等同於 `s.format(**mapping)`，但直接使用映射。關於格式化的細節，請參閱第 336 頁的「字串格式化」。
index	`s.index(sub, start=0, end=sys.maxsize, /)` 和 `find` 一樣，但是沒有找到 *sub* 時，會提出 `ValueError`。
isalnum	`s.isalnum()` 當 `len(s)` 大於 `0`、而且 *s* 中的所有字元都是 Unicode 字母或數字時，回傳 **True**。當 *s* 為空，或者 *s* 中至少有一個字元既不是字母也不是數字時，`isalnum` 回傳 **False**。
isalpha	`s.isalpha()` 當 `len(s)` 大於 `0`、而且 *s* 中的所有字元都是字母時，回傳 **True**。當 s 為空時，或者當 *s* 中至少有一個字元不是字母時，`isalpha` 會回傳 **False**。
isascii	`s.isascii()` 當字串為空或字串中的所有字元都為 ASCII 時，回傳 **True**，否則回傳 **False**。ASCII 字元的編碼位置（codepoints）範圍為 U+0000–U+007F。
isdecimal	`s.isdecimal()` **僅限 str**。當 `len(s)` 大於 `0`，而且 *s* 中的所有字元都可以用來組成十進制數字（decimal-radix numbers）時，回傳 **True**。這包括定義為阿拉伯數字（Arabic digits）的 Unicode 字元 [a]。
isdigit	`s.isdigit()` 當 `len(s)` 大於 `0` 而且 *s* 中的所有字元都是 Unicode 數字（digits）時，回傳 **True**。當 *s* 為空，或者 *s* 中至少有一個字元不是 Unicode 數字時，`isdigit` 會回傳 **False**。

isidentifier	*s*.isidentifier() **僅限 str**。根據 Python 語言的定義，當 *s* 是一個有效的識別字（identifier）時回傳 **True**；關鍵字也滿足該定義，所以，舉例來說，'class'.isidentifier() 會回傳 **True**。
islower	*s*.islower() 當 *s* 中的所有字母都是小寫（lowercase）時，回傳 **True**。當 *s* 不包含任何字母，或者 *s* 中至少有一個字母是大寫的，islower 會回傳 **False**。
isnumeric	*s*.isnumeric() **僅限 str**。類似於 *s*.isdigit()，但使用更廣泛的數值字元（numeric characters）定義，包括 Unicode 標準中定義為數值的所有字元（如分數）。
isprintable	*s*.isprintable() **僅限 str**。當 *s* 中的所有字元都是空格（'\x20'）或在 Unicode 標準中被定義為可列印字元時，就回傳 **True**。因為空字串不包含不可列印的字元，所以 ''.isprintable() 會回傳 **True**。
isspace	*s*.isspace() 當 len(*s*) 大於 0 而且 *s* 中的所有字元都是空白（whitespace）時，回傳 **True**。當 *s* 為空，或者 *s* 中至少有一個字元不是空白時，isspace 會回傳 **False**。
istitle	*s*.istitle() 當字串 *s* 是標題大小寫（*titlecased*）的時候回傳 **True**：也就是說，在每一個連續的字母序列的開頭都有一個大寫字母，而其他字母都是小寫的（例如，'King Lear'.istitle() 回傳 **True**）。當 *s* 不包含任何字母，或者當 *s* 中至少有一個字母違反了標題大小寫的條件時，istitle 會回傳 **False**（例如，'1900'.istitle() 和 'Troilus and Cressida'.istitle() 都回傳 **False**）。
isupper	*s*.isupper() 當 *s* 中的所有字母都是大寫（uppercase）時，回傳 **True**。當 *s* 不包含任何字母，或者 *s* 中至少有一個字母是小寫的，isupper 會回傳 **False**。
join	*s*.join(*seq*, /) 回傳藉由將 *seq* 中的項目以 *s* 的複本分隔之後，串接起來所得到的字串（例如，''.join(str(*x*) **for** x **in** range(7)) 回傳 '0123456'，'x'.join('aeiou') 回傳 'axexixoxu'）。
ljust	*s*.ljust(*n*, *fillchar*=' ', /) 回傳一個長度為 max(len(*s*),*n*) 的字串，開頭是 *s* 的一個複本，後面接著零或多個尾隨的 *fillchar* 字元複本。
lower	*s*.lower() 回傳 *s* 的一個複本，如果有的話，所有字母都轉換為小寫。

lstrip	*s*.lstrip(*x*=string.whitespace, /) 刪除可在字串 *x* 中找到的任何前導字元後，回傳 *s* 的一個複本。舉例來說，'banana'.lstrip('ab') 回傳 'nana'。
removeprefix	*s*.removeprefix(*prefix*, /) **3.9+** 當 *s* 以 *prefix* 開頭時，回傳 *s* 的剩餘部分；否則，回傳 *s*。
removesuffix	*s*.removesuffix(*suffix*, /) **3.9+** 當 *s* 以 *suffix* 結尾時，回傳 *s* 的其餘部分；否則，回傳 *s*。
replace	*s*.replace(*old*, *new*, *count*=sys.maxsize, /) 回傳 *s* 的一個複本，其中子字串 *old* 的前 *count* 個（或更少，若是數量較少）非重疊出現處被字串 *new* 替換（例如，'banana'.replace('a', 'e', 2) 回傳 'benena'）。
rfind	*s*.rfind(*sub*, *start*=0, *end*=sys.maxsize, /) 回傳 *s* 中找到子字串 *sub* 的最高索引，使得 *sub* 完全包含在 *s*[*start*:*end*] 中。如果沒有找到 *sub*，rfind 回傳 -1。
rindex	*s*.rindex(*sub*, *start*=0, *end*=sys.maxsize, /) 和 rfind 一樣，但是如果沒有找到 *sub*，會提出 ValueError。
rjust	*s*.rjust(*n*, *fillchar*=' ', /) 回傳一個長度為 max(len(*s*),*n*) 的字串，結尾有 *s* 的一個複本，而前面是零或多個字元 *fillchar* 的前導複本。
rstrip	*s*.rstrip(*x*=string.whitespace, /) 回傳 *s* 的一個複本，刪除字串 *x* 中的尾隨字元。舉例來說，'banana'.rstrip('ab') 回傳 'banan'。

split	*s*.split(sep=None, maxsplit=sys.maxsize)
	回傳一個最多有 maxsplit+1 個字串的串列 *L*。*L* 的每一項都是 *s* 中的一個「字詞（word）」，其中詞與詞之間用字串 sep 分隔。當 *s* 有超過 maxsplit 個字詞時，*L* 的最後一項是接在前 maxsplit 個字詞後的 *s* 的子字串。當 *sep* 為 **None** 時，任何的空白字串都會分隔字詞（例如，'four score and seven years'.split(**None**, 3) 回傳 ['four', 'score', 'and', 'seven years']）。
	請注意以「**None**」上進行分割（任何連續的空白字元都是分隔符號）和以 ' ' 進行分割（其中的分隔符號是每個單一空格字元，而非其他空白字元，如 tab 和 newline，也不是空格所成字串）的區別。比如說：
	`>>> x = 'a  bB'  # a 與 bB 之間有兩個空格`
	`>>> x.split()    # 或者 x.split(None)`
	`['a', 'bB']`
	`>>> x.split(' ')`
	`['a', '', 'bB']`
	在第一種情況下，中間的雙空格字串是單一個分隔符號；在第二種情況下，每個單一空格都是一個分隔符號，因此在兩個空格之間會有一個空字串。

splitlines	*s*.splitlines(keepends=**False**) 就像 *s*.split('\n')。然而，當 keepends 為 **True** 時，尾隨的 '\n' 會被包含在結果串列的每一項中（除了最後一項，如果 *s* 沒有以 '\n' 結束的話）。
startswith	*s*.startswith(*prefix*, *start*=0, *end*=sys.maxsize, /) 當 *s*[*start*:*end*] 以字串 *prefix* 開頭時，回傳 **True**；否則，回傳 **False**。*prefix* 可以是字串的一個元組，在那種情況下，當 *s*[*start*:*end*] 以其中任何一個字串開頭時，startswith 都會回傳 **True**。
strip	*s*.strip(*x*=string.whitespace, /) 回傳 *s* 的一個複本，刪除字串 *x* 中可以找到的前導和尾隨字元。舉例來說，'banana'.strip('ab') 回傳 'nan'。
swapcase	*s*.swapcase() 回傳 *s* 的一個複本，其中所有大寫字母都被轉換為小寫，反之亦然。
title	*s*.title() 回傳 *s* 的一個複本，該複本被轉換為標題大小寫：在每個連續的字母序列的開頭是一個大寫字母，所有其他字母（如果有的話）都是小寫。

<table>
<tr><td>translate</td><td><code>s.translate(table, /, delete=b'')</code>
回傳 s 的一個複本，其中在 table 中找到的字元會被轉譯（translated）或刪除（deleted）。當 s 是 str 時，你不能傳入引數 delete；table 是一個 dict，其鍵值是 Unicode 序數（ordinals），其值是 Unicode 序數、Unicode 字串或 None（用以刪除相應的字元）。比如說：
<pre>tbl = {ord('a'):None, ord('n'):'ze'}
print('banana'.translate(tbl)) # 印出：'bzeze'</pre>
當 s 是一個 bytes 時，table 是一個長度為 256 的 bytes 物件；s.translate(t, b) 的結果是一個 bytes 物件，其中 s 的每個項目 b 會在 b 是 delete 的項目之一時被省略，否則就改為 t[ord(b)]。
bytes 和 str 都有一個名為 maketrans 的類別方法，你可以用它來建立適合各自 translate 方法的表格（tables）。</td></tr>
<tr><td>upper</td><td><code>s.upper()</code>
回傳 s 的一個複本，如果有的話，所有的字母都轉換為大寫。</td></tr>
</table>

[a] 這不包括作為基數（radix）的標點符號，如點（.）或逗號（,）。

string 模組

string 模組提供幾個有用的字串屬性，在表 9-2 中列出。

表 9-2 string 模組中預先定義的常數

<table>
<tr><td>ascii_letters</td><td>字串 ascii_lowercase+ascii_uppercase（下列兩個常數，串接起來）</td></tr>
<tr><td>ascii_lowercase</td><td>字串 'abcdefghijklmnopqrstuvwxyz'</td></tr>
<tr><td>ascii_uppercase</td><td>字串 'ABCDEFGHIJKLMNOPQRSTUVWXYZ'</td></tr>
<tr><td>digits</td><td>字串 '0123456789'</td></tr>
<tr><td>hexdigits</td><td>字串 '0123456789abcdefABCDEF'</td></tr>
<tr><td>octdigits</td><td>字串 '01234567'</td></tr>
<tr><td>punctuation</td><td>字串 '!"#$%&\'()*+,-./:;<=>?@[\]^_'{|}~'（即所有在 C 語言中被認為是標點符號的 ASCII 字元；不取決於哪種地區設定處於啟用狀態）</td></tr>
<tr><td>printable</td><td>那些被認為是可列印的 ASCII 字元的字串（也就是，數字、字母、標點符號和空白）</td></tr>
<tr><td>whitespace</td><td>包含所有被認為是空白（whitespace）的 ASCII 字元的一個字串：至少有空格（space）、tab、linefeed 和 carriage return，但可能有更多的字元（例如，某些控制字元），這取決於所啟用的地區設定（locale）</td></tr>
</table>

你不應該重新繫結這些屬性；那樣做的效果是未定義的，因為 Python 程式庫的其他部分可能依存於它們。

模組 `string` 還提供 `Formatter` 類別，在下一節中介紹。

字串格式化

Python 為字串格式化提供了一種靈活的機制（但不包括位元組字串：關於這點，請參閱第 347 頁的「用 % 進行傳統的字串格式化」）。一個**格式字串**（*format string*）只是包含替換欄位（*replacement fields*），以大括號（`{}`）圍起的一個字串，由一個**值部分**（*value part*）、一個選擇性的**轉換部分**（*conversion part*）和一個選擇性的**格式指定符**（*format specifier*）所構成：

```
{value-part[!conversion-part][:format-specifier]}
```

值的部分隨著字串型別的不同而變：

- 對於格式化的字串字面值（formatted string literals），或 *f-strings*，其值部分被作為 Python 運算式進行估算（詳情見下一節）；運算式不能以一個驚嘆號結尾。
- 對於其他字串，值部分會選擇一個引數，或一個引數的某個元素，給 `format` 方法。

選擇性的轉換部分是一個驚嘆號（`!`），後面跟字母 `s`、`r` 或 `a` 之一（在第 339 頁的「值轉換」中描述）。

選擇性的格式指定符以冒號（`:`）開始，並決定轉換後的值如何呈現，以便在格式字串中取代原始的替換欄位進行內插（interpolation）。

格式化字串字面值（F-Strings）

這個功能允許你在行內置入要內插的值，以大括號圍起。要建立一個格式化字串字面值，就在你字串的開頭引號前加上一個 `f`（這就是它們被稱為 *f-strings* 的原因），例如 `f'{value}'`：

```
>>> name = 'Dawn'
>>> print(f'{name!r} is {len(name)} characters long')
'Dawn' is 4 characters long
```

你可以使用巢狀大括號（nested braces）來指定格式化運算式的組成部分：

```
>>> for width in 8, 11:
...     for precision in 2, 3, 4, 5:
...         print(f'{2.7182818284:{width}.{precision}}')
...
     2.7
    2.72
   2.718
  2.7183
        2.7
       2.72
      2.718
     2.7183
```

我們已經試著更新書中的大多數例子，以使用 f-strings，因為它們是在 Python 中格式化字串的最精簡的方式。但是請記住，這些字串字面值並非常數，它們在每次執行包含它們的述句時都會進行估算，這涉及了執行時期的額外負擔。

在格式化字串字面值內要格式化的值已經位在引號內了：因此，在使用本身包含字串引號的值部分運算式（value-part expressions）時，要注意避免語法錯誤。有了四種不同的字串引號（string quotes），再加上使用轉義序列（escape sequences）的能力，大多數事情都是可能的，儘管不得不承認可讀性會受到影響。

F-Strings 對國際化沒有幫助

如果一個格式的內容必須應付多種語言，那麼使用 `format` 方法會好得多，因為在提交以進行格式化之前，要內插的數值可以獨立計算出來。

用 f-strings 進行除錯列印

3.8+ 為了方便除錯（debugging），在一個格式化字串字面值中，值運算式的最後一個非空白字元後面可以接著一個等號（`=`），可以選擇用空格包圍。在這種情況下，運算式本身的文字和等號，包括任何前導和尾隨的空格，都會在值之前輸出。在有等號的情況下，如果沒有指定格式，Python 會使用值的 `repr()` 作為輸出；否則，Python 會使用值的 `str()`，除非有指定 `!r` 值轉換：

```
>>> a = '*-'
>>> s = 12
>>> f'{a*s=}'
"a*s='*-*-*-*-*-*-*-*-*-*-*-*-'"
>>> f'{a*s = :30}'
'a*s = *-*-*-*-*-*-*-*-*-*-*-*-      '
```

注意，這種形式只適用於格式化字串字面值。

下面是一個簡單的 f-string 例子。請注意，圍繞著替換欄位的所有的文字，包括任何的空白，都照字面複製到了結果中：

```
>>> n = 10
>>> s = ('zero', 'one', 'two', 'three')
>>> i = 2
>>> f'start {"-"*n} : {s[i]} end'
'start ---------- : two end'
```

使用 format 呼叫進行格式化

格式化字串字面值中可用的相同格式化運算也可以透過呼叫字串的 format 方法來執行。在這些情況下，不是值出現在行內，而是以值部分開頭的替換欄位選擇那個呼叫的一個引數。你可以同時指定位置引數和具名引數。下面是一個簡單的 format 方法呼叫範例：

```
>>> name = 'Dawn'
>>> print('{name} is {n} characters long'
... .format(name=name, n=len(name)))
'Dawn' is 4 characters long
>>> "This is a {1}, {0}, type of {type}".format("green", "large",
...                                               type="vase")
'This is a large, green, type of vase'
```

為了簡單起見，本例中的替換欄位都不包含轉換部分或格式指定符。

如前所述，使用 format 方法時的引數選擇機制可以處理位置引數和具名引數。最簡單的替換欄位是一對空的大括號（{}），代表一個**自動**位置引數指定符（*automatic* positional argument specifier）。每個這樣的替換欄位都會自動指向 format 下一個位置引數的值：

```
>>> 'First: {} second: {}'.format(1, 'two')
'First: 1 second: two'
```

要重複選擇一個引數，或者不按順序使用它，可以使用帶有編號的替換欄位來指出引數在引數串列中的位置（從零開始計算）：

```
>>> 'Second: {1}, first: {0}'.format(42, 'two')
'Second: two, first: 42'
```

你不能混合使用自動和帶有編號的替換欄位：這是一種非此即彼的選擇。

對於具名引數，請使用引數名稱。如果想要，你可以將它們與（自動或帶有編號的）位置引數混合：

```
>>> 'a: {a}, 1st: {}, 2nd: {}, a again: {a}'.format(1, 'two', a=3)
'a: 3, 1st: 1, 2nd: two, a again: 3'
>>> 'a: {a} first:{0} second: {1} first: {0}'.format(1, 'two', a=3)
'a: 3 first:1 second: two first: 1'
```

如果一個引數是一個序列，你可以使用數值索引來選擇引數中的一個特定元素作為要格式化的值。這適用於位置型引數（自動或帶有編號的）以及具名引數：

```
>>> 'p0[1]: {[1]} p1[0]: {[0]}'.format(('zero', 'one'),
...                                     ('two', 'three'))
'p0[1]: one p1[0]: two'
>>> 'p1[0]: {1[0]} p0[1]: {0[1]}'.format(('zero', 'one'),
...                                       ('two', 'three'))
'p1[0]: two p0[1]: one'
>>> '{} {} {a[2]}'.format(1, 2, a=(5, 4, 3))
'1 2 3'
```

如果一個引數是一個複合物件（composite object），你可以透過對引數選擇器（argument selector）套用屬性存取點符號（attribute-access dot notation）來選擇它的個別屬性作為要被格式化的值。下面是一個使用複數的例子，複數有 real 和 imag 屬性，分別儲存實部和虛部：

```
>>> 'First r: {.real} Second i: {a.imag}'.format(1+2j, a=3+4j)
'First r: 1.0 Second i: 4.0'
```

如果需要，索引和屬性選擇運算可以被多次使用。

值轉換

你可以透過其方法之一對該值套用一個預設的轉換。你可以在任何選擇器後面加上 !s 來套用物件的 __str__ 方法，!r 代表它的 __repr__ 方法，或者 !a 代表內建的 ascii：

```
>>> "String: {0!s} Repr: {0!r} ASCII: {0!a}".format("banana 😀")
"String: banana 😀 Repr: 'banana 😀' ASCII: 'banana\\U0001f600'"
```

若有轉換出現，在對其進行格式化之前，該轉換會被套用於該值。由於同一個值需要多次使用，在這個例子中，`format` 呼叫比格式化字串字面值更合理，因為後者需要重複三次。

值的格式化：格式指定符

替換欄位的最後（選擇性）部分被稱為**格式指定符**（*format specifier*），由一個冒號（`:`）引入，提供值（可能經過轉換）任何進一步的必要格式化。替換欄位中若沒有冒號，意味著轉換後的值（如果不是以字串形式表示，則會在表示為字串後）會直接使用，沒有進一步的格式化。若有出現，則應該提供一個符合下列語法的格式指定符：

```
[[fill]align][sign][z][#][0][width][grouping_option][.precision][type]
```

詳情請參閱以下各小節。

填滿與對齊

預設的充填字元（fill character）是空格。要使用其他充填字元（不能是左大括號或右大括號），請在格式指定符中以充填字元開頭。充填字元（如果有的話）後面應該接著一個**對齊指示器**（*alignment indicator*，參閱表 9-3）。

表 9-3　對齊指示器

字元	作為對齊指示器之意義
`'<'`	值向欄位左方對齊
`'>'`	值向欄位右方對齊
`'^'`	值在欄位內置中對齊
`'='`	僅適用於數值型別：在正負號和數值的第一個數位之間新增充填字元

如果第一個和第二個字元**都是**有效的對齊指示器，那麼第一個字元會被用作充填字元，第二個字元則用來設定對齊。

若沒有指定對齊方式，數字以外的值都是向左對齊的。除非後來在格式指定符中指定了欄位寬度（參閱第 342 頁的「欄位寬度」），否則不會新增充填字元，無論充填和對齊方式為何：

```
>>> s = 'a string'
>>> f'{s:>12s}'
'    a string'
```

```
>>> f'{s:>>12s}'
'>>>>a string'
>>> f'{s:><12s}'
'a string>>>>'
```

正負號指示

僅限於數值，你可以包括一個正負號指示器（sign indicator）來表明如何區分正數和負數（參閱表 9-4）。

表 9-4　正負號指示器

字元	作為正負號指示器之意義
'+'	在正數中插入 + 作為正負號；在負數中插入 - 作為正負號。
'-'	對負數插入 - 作為正負號；對正數不插入任何符號（不包括正負號指示器時的預設行為）。
' '	插入一個空格字元作為正數的正負號；- 作為負數的正負號。

空格是預設的正負號指示。若有指定充填字元，它將出現在正負號（如果有）和數值之間；將正負號指示器放在 = 後面，以避免它被用作充填字元：

```
>>> n = -1234
>>> f'{n:12}'     # 數字前有 12 個空格
'       -1234'
>>> f'{-n:+12}'  # - 翻轉 n 的正負號，+ 作為正負號指示器
'       +1234'
>>> f'{n:+=12}'  # + 作為正負號和數字之間的充填字元
'-+++++++1234'
# + 作為正負號指示器，正負號和數字之間充填空格
>>> f'{n:=+12}'
'-       1234'
# * 作為正負號和數字之間的充填，+ 作為正負號指示器
>>> f'{n:*=+12}'
'-*******1234'
```

零的正規化（z）

3.11+ 有些數值格式能夠表示負零（negative zero），這通常是一種令人驚訝和不受歡迎的結果。當 z 字元出現在格式指定符的這個位置時，這種負零將被正規化（normalized）為正零（positive zeros）：

```
>>> x = -0.001
>>> f'{x:.1f}'
```

```
'-0.0'
>>> f'{x:z.1f}'
'0.0'
>>> f'{x:+z.1f}'
'+0.0'
```

基數指示器（#）

僅限於數值整數（*integer*）格式，你可以包括一個基數指示器（radix indicator），即 # 字元。若有出現，這表明二進位（binary）格式的數字前面應該有 '0b'；八進位（octal）格式的數字前面應該有 '0o'；而十六進位（hexadecimal）格式的數字前面應該有 '0x'。舉例來說，'{23:x}' 是 '17'，而 '{23:#x}' 則是 '0x17'，明確指出該值為十六進位。

前導零指示器（0）

僅限於數值型別，當欄位寬度以 0 開頭時，數值將用前導的零（leading zeros）而不是前導空格充填：

```
>>> f"{-3.1314:12.2f}"
'       -3.13'
>>> f"{-3.1314:012.2f}"
'-00000003.13'
```

欄位寬度

你可以指定要列印的欄位（field）之寬度（width）。如果指定的寬度小於值的長度，則使用值的長度（但對於字串值，請參閱即將到來的「精確度規格」小節）。如果沒有指定對齊方式，值將被向左對齊（數字除外，它們是向右對齊的）：

```
>>> s = 'a string'
>>> f'{s:^12s}'
'  a string  '
>>> f'{s:.>12s}'
'....a string'
```

使用內嵌的大括號，在呼叫 format 方法時，欄位寬度也可以是一個格式引數：

```
>>> '{:.>{}s}'.format(s, 20)
'............a string'
```

關於這個技巧更全面的討論，請參閱第 345 頁的「巢狀格式規格」。

分組選項

對於十進位（預設）格式的數值，你可以插入逗號（,）或底線（_）來要求結果的整數部分中的每三位數一組（*digit group*）用該字元來分隔。例如：

```
>>> f'{12345678.9:,}'
'12,345,678.9'
```

這種行為會忽略系統的地區設定（locale）；關於數位分組（digit grouping）和小數點字元（decimal point character）的地區用法，參閱表 9-5 中的格式型別 `n`。

精確度規格

精確度（precision，如 `.2`）對不同的格式型別有不同的含義（詳見下面的小節），大多數數值格式的預設值是 `.6`。對於 `f` 和 `F` 格式型別，它指定了小數點後的位數，在格式化時，該值應據此進行捨入（rounded）；對於 `g` 和 `G` 格式型別，它指定了該值應被捨入的有效位數（number of *significant* digits）；對於非數數值，它指定了在格式化前將該值截斷（*truncation*）到其最左邊的幾個字元。例如：

```
>>> x = 1.12345
>>> f'as f: {x:.4f}'  # 捨入到小數點後 4 位數
'as f: 1.1235'
>>> f'as g: {x:.4g}'  # 捨入到 4 位有效數字
'as g: 1.123'
>>> f'as s: {"1234567890":.6s}'  # 字串被截斷為 6 個字元
'as s: 123456'
```

格式型別

格式規格（format specification）以選擇性的**格式型別**（*format type*）結尾，它決定了值如何在給定的寬度和給定的精確度下被表示。在沒有明確的格式型別的情況下，被格式化的值決定了預設的格式型別。

`s` 格式型別總是被用來格式化 Unicode 字串。

整數有一系列可接受的格式型別，在表 9-5 中列出。

表 9-5　整數格式型別

格式型別	格式化描述
b	二進位格式，即一系列的 1 和 0
c	Unicode 字元，其序數值（ordinal value）為要格式化的值
d	十進位（預設的格式型別）
n	十進位格式，若有設定地區，使用當地特有的分隔符號（在英國和美國用逗號）
o	八進位格式，即一系列的八進位數字
x 或 X	十六進位格式，即一系列的十六進位數字，字母分別為小寫或大寫

浮點數有一組不同的格式型別，如表 9-6 所示。

表 9-6　浮點格式型別

格式型別	格式化描述
e 或 E	指數格式，即科學記號法（scientific notation），整數部分在 1 和 9 之間，緊接在指數前使用 e 或 E
f 或 F	定點（fixed-point）格式，有小寫或大寫的無限（inf）和非數字（nan）
g 或 G	一般格式（預設格式型別），可能時使用定點格式，否則使用指數格式；根據格式型別的大小寫，對 e、inf 和 nan 使用小寫或大寫表示
n	與一般格式相同，但在系統有設定地區時，對三位一組的數字和小數點使用當地特定的分隔符號
%	百分比格式，將數值乘以 100，並將其格式化為定點，後面加上 %

若沒有指定格式型別，float 使用 g 格式，小數點後至少有一位數字，預設精確度為 12。

下面的程式碼接收一個數字串列，並在九個字元的欄位寬度內顯示向右對齊的每個數字；它指定每個數字的正負號將始終顯示，在每組三位數之間新增一個逗號，並將每個數字捨入到小數點後剛好兩位數，視需要將 int 轉換為 float：

```
>>> for num in [3.1415, -42, 1024.0]:
...     f'{num:>+9,.2f}'
...
'    +3.14'
'   -42.00'
'+1,024.00'
```

巢狀格式規格

在某些情況下，你想使用運算式的值來幫忙判斷所使用的確切格式：你可以使用巢狀格式化（nested formatting）來達成這一點。舉例來說，要在一個比字串本身寬四個字元的欄位中格式化一個字串，你可以傳入 format 一個寬度值，如：

```
>>> s = 'a string'
>>> '{0:>{1}s}'.format(s, len(s)+4)
'    a string'
>>> '{0:_^{1}s}'.format(s, len(s)+4)
'__a string__'
```

只要稍加注意，你可以使用寬度規格和巢狀格式化，將一連串的元組列印成排列整齊的欄（columns）。比如說：

```
def columnar_strings(str_seq, widths):
    for cols in str_seq:
        row = [f'{c:{w}.{w}s}'
               for c, w in zip(cols, widths)]
        print(' '.join(row))
```

給定這個函式，下列程式碼：

```
c = [
        'four score and'.split(),
        'seven years ago'.split(),
        'our forefathers brought'.split(),
        'forth on this'.split(),
    ]

columnar_strings(c, (8, 8, 8))
```

會印出：

```
four     score    and
seven    years    ago
our      forefath brought
forth    on       this
```

使用者所編寫的類別之格式化

值最終是透過呼叫它們的 __format__ 方法，並以格式指定符作為引數來進行格式化的。內建型別要麼實作他們自己的方法，要麼繼承自 object，但 object 相當沒有幫助的 format 方法只接受一個空字串作為引數：

```
>>> object().__format__('')
'<object object at 0x110045070>'
>>> import math
>>> math.pi.__format__('18.6')
'           3.14159'
```

你可以利用這些知識來實作你自己完全不同的格式化迷你語言，如果你那樣選擇的話。下面這個簡單的例子演示了格式規格的傳遞和一個（常數的）經過格式化的字串結果的回傳。對格式規格的解讀方式由你控制，你可以選擇實作你所選擇的任何格式化符號：

```
>>> class S:
...     def __init__(self, value):
...         self.value = value
...     def __format__(self, fstr):
...         match fstr:
...             case 'U':
...                 return self.value.upper()
...             case 'L':
...                 return self.value.lower()
...             case 'T':
...                 return self.value.title()
...             case _:
...                 return ValueError(f'Unrecognized format code'
...                                   f' {fstr!r}')
>>> my_s = S('random string')
>>> f'{my_s:L}, {my_s:U}, {my_s:T}'
'random string, RANDOM STRING, Random String'
```

`__format__` 方法的回傳值被替換為格式化輸出中的替換欄位，允許對格式字串進行任何想要的解讀。

這種技術被用在 `datetime` 模組中，允許使用 `strftime` 風格的格式字串。因此，下列程式碼都會給出相同的結果：

```
>>> import datetime
>>> d = datetime.datetime.now()
>>> d.__format__('%d/%m/%y')
'10/04/22'
>>> '{:%d/%m/%y}'.format(d)
'10/04/22'
>>> f'{d:%d/%m/%y}'
'10/04/22'
```

為了幫助你更輕易地格式化你的物件，string 模組提供一個 Formatter 類別，其中有許多處理格式化任務的實用方法。詳情請見線上說明文件（*https://oreil.ly/aUmUs*）。

用 % 進行傳統的字串格式化

在 Python 中，傳統形式的字串格式化運算式之語法為：

```
format % values
```

其中 *format* 是一個包含格式指定符的 str、bytes 或 bytearray 物件，而 *values* 是要格式化的值，通常是一個元組 [1]。與 Python 較新的格式化功能不同，你也可以對 bytes 和 bytearray 物件使用 % 格式化，而非僅限於 str 物件。

舉例來說，在 logging 中的等效用法是：

```
logging.info(format, *values)
```

其中 *values* 在 *format* 之後作為位置引數。

傳統的字串格式化做法與 C 語言的 printf 有大致相同的功能，而且運作方式也相似。每個格式指定符都是 *format* 的一個子字串，以百分號（%）開頭，並以表 9-7 中所示的一個轉換字元（conversion characters）結尾。

表 9-7 字串格式化的轉換字元

字元	輸出格式	備註
d, i	有號的十進位整數	值必須是一個數字
u	無號的十進位整數	值必須是一個數字
o	無號的八進位整數	值必須是一個數字
x	無號的十六進位整數（小寫字母）	值必須是一個數字
X	無號的十六進位整數（大寫字母）	值必須是一個數字
e	指數形式的浮點數值（小寫 e 表示指數）	值必須是一個數字
E	指數形式的浮點數值（大寫 E 表示指數）	值必須是一個數字
f, F	十進位形式的浮點數值	值必須是一個數字

1 在本書中，我們只介紹這個舊有功能的一個子集，即格式指定符，你必須了解它才能正確使用 logging 模組（參閱第 255 頁的「logging 模組」）。

字元	輸出格式	備註
g, G	當 *exp* >= 4 或小於精確度時，就像 e 或 E；否則，會像是 f 或 F	*exp* 是被轉換的數字之指數
a	字串	用 ascii 轉換任何值
r	字串	用 repr 轉換任何值
s	字串	用 str 轉換任何值
%	字面的 % 字元	不消耗任何值

a、r 和 s 轉換字元是 logging 模組中最常使用的字元。在 % 和轉換字元之間，你可以指定一些選擇性的修飾詞（modifiers），我們很快就會討論。

用格式化運算式記錄的是 *format*，其中每個格式指定符都被 *values* 根據指定符轉換為字串的相應項目所取代。下面是一些簡單的例子：

```
import logging
logging.getLogger().setLevel(logging.INFO)
x = 42
y = 3.14
z = 'george'
logging.info('result = %d', x)        # 記錄：result = 42
logging.info('answers: %d %f', x, y)  # 記錄：answers: 42 3.140000
logging.info('hello %s', z)           # 記錄：hello george
```

格式指定符語法

每個格式指定符都按位置對應於 *values* 中的一個項目。一個格式指定符可以包括修飾詞（modifiers）來控制 *values* 中的相應項目如何被轉換為字串。格式指定符的組成部分依次為：

- 必要的前導字元 % 標示指定符的開頭
- 零或多個選擇性的轉換旗標（conversion flags）：

  '#'
  : 轉換會使用一種替代形式（如果該型別有的話）。

  '0'
  : 轉換會以零填補。

  '-'
  : 轉換是向左對齊的。

' '

負數是有號（signed）的，正數前則會放置一個空格。

'+'

一個數值符號（+ 或 -）放在任何的數值轉換之前。

- 轉換的一個選擇性的最小寬度：一或多個位數，或一個星號（*），代表寬度取自 *values* 中的下一個項目。
- 用於轉換的一個選擇性的精確度（precision）：一個點號（.）後面接著零或多個數字，或者一個 *，代表精確度取自 *values* 中的下一個項目。
- 表 9-7 中的一個強制性轉換型別

values 中值的數量必須與 *format* 中的指定符一樣多（加上由 * 給出的每個寬度或精確度的一個額外的值）。如果有 * 給出的寬度或精確度，那個 * 會消耗 *values* 中的一項目，它必須是一個整數，並被認為是用作該轉換的寬度或精確度的字元數。

始終使用 %r（或 %a）來記錄可能出現錯誤的字串

大多數情況下，你的 *format* 字串中的格式指定符都會是 %s；偶爾，你會想確保輸出的水平對齊（例如，在一個可能被截斷的、恰好要有六個字元的右對齊空間中，這種情況下你會使用 %6.6s）。然而，對於 %r 或 %a 有一個重要的特殊情況。

當你記錄一個可能有錯誤的字串值時（例如，找不到的檔案名稱），不要使用 %s：當錯誤是字串有多餘的前導或尾隨空格，或者包含一些非列印字元，如 \b，%s 會使你很難透過研究日誌記錄發現這一點。請使用 %r 或 %a 來代替，這樣所有的字元都能清楚地顯示出來，可能透過轉義序列（對於 f-strings，相應的語法會是 {variable!r} 或 {variable!a}）。

文字的折行與填滿

textwrap 模組提供一個類別和幾個函式，透過將一個字串拆成有某個給定的最大長度的幾個文字行來進行格式化。為了微調填滿和包裹動作，你可以實體化 textwrap 所提供的 TextWrapper 類別，並套用詳細的控制。然而，大多數時候，textwrap 對外開放的函式之一就足夠了；表 9-8 中提及最常用的函式。

表 9-8　textwrap 模組的實用函式

dedent	dedent(text) 接收一個多行字串（multiline string），並回傳一個複本，其中所有的文字行都被移除了相同數量的前導空白，因此有些行沒有前導空白。
fill	fill(text, width=70) 回傳等同於 '\n'.join(wrap(text, width)) 的單一個多行字串。
wrap	wrap(text, width=70) 回傳一個字串的串列（沒有結束的 newlines），其中每個字串的長度不超過 width 個字元。wrap 也支援其他具名的引數（相當於 TextWrapper 類別實體的屬性）；關於這種進階用途，請參閱線上說明文件（*https://oreil.ly/TjsSm*）。

pprint 模組

pprint 模組對資料結構進行美觀的列印（pretty-print），其格式化比內建函式 repr（在表 8-2 中提及）所提供的更容易閱讀。為了微調格式化動作，你可以實體化 pprint 所提供的 PrettyPrinter 類別，並在 pprint 提供的輔助函式之協助下套用詳細的控制。然而，大多數時候，pprint 對外開放的函式之一就足夠了（參閱表 9-9）。

表 9-9　pprint 模組的實用函式

pformat	pformat(object) 回傳一個字串，代表 object 的美觀列印（pretty-printing）。

pp, pprint	pp(object, stream=*sys.stdout*),
	pprint(object, stream=*sys.stdout*)
	將 object 的美觀列印輸出到開啟來寫入的檔案物件 stream 中，並加上一個結束的 newline。
	下面的述句做的是完全相同的事情：
	`print(pprint.pformat(x))`
	`pprint.pprint(x)`
	這些構造中的任何一個在許多情況下都與 print(*x*) 大致相同，例如對於一個可以在單行中顯示的容器。然而，對於像 *x*=list(range(30)) 這樣的東西，print(*x*) 會將 *x* 分兩行顯示，在一個任意的點上斷行，然而使用 pprint 模組則會將 *x* 分 30 行顯示，每個項目一行。如果你比較喜歡此模組的特定顯示效果，而非普通字串表示的效果時，就使用 pprint。pprint 和 pp 支援額外的格式化引數；詳情請查閱線上說明文件（*https://oreil.ly/xwrN8*）。

reprlib 模組

reprlib 模組提供內建函式 repr（在表 8-2 中提及）的一個替代品，對表示值字串（representation string）的長度進行了限制。為了微調長度限制，你可以實體化或子類別化由 reprlib 模組所提供的 Repr 類別並套用詳細的控制。然而，在大多數情況下，該模組對外開放的唯一函式就足夠了：repr(*obj*)，它回傳一個代表 *obj* 的字串，並對長度進行合理的限制。

Unicode

要將位元組字串（bytestrings）轉換成 Unicode 字串，請使用位元組字串的 decode 方法（參閱表 9-1）。這種轉換必須始終是明確的，並使用一個被稱為 *codec*（*coder-decoder* 的簡寫，代表「**編解碼器**」）的輔助物件來進行。一個 codec 也可以使用字串的 encode 方法將 Unicode 字串轉換為位元組字串。為了識別一個 codec，可以傳入編解碼器的名稱給 decode 或 encode。如果你沒有傳入編解碼器的名稱，Python 會使用一個預設的編碼，通常是 'utf-8'。

每個轉換都有一個參數 errors，即指定如何處理轉換錯誤的一個字串。很合理地，預設值為 'strict'，意味著任何錯誤都會提出一個例外。當 errors 為 'replace' 時，轉換會將導致錯誤的每個字元替換為位元組字串結果中的 '?'，或 Unicode 結果中的 u'\ufffd'。當 errors 為 'ignore' 時，轉換會默默地跳過導致錯誤的字元。當 errors 為 'xmlcharrefreplace' 時，轉換會將導致錯誤的每個字元替換為結果中該字元的 XML 字元參考（XML character reference）表示值。你可以編寫自己的函式來實作轉換錯誤處理策略，並透過呼叫 codecs.register_error 將其註冊在一個適當的名稱下，在下一節的表格中有提及。

codecs 模組

編解碼器名稱（codec names）到編解碼器物件（codec objects）的映射是由 codecs 器模組處理的。這個模組還可以讓你開發你自己的編解碼器物件，並註冊它們，這樣它們就能以名稱查找，就像內建的編解碼器。它也提供一個函式，可以讓你明確地查詢任何編解碼器，獲得該編解碼器用於編碼和解碼的函式，以及用於包裹類檔案物件的工廠函式。這樣的進階機能很少被使用，我們在本書中不涵蓋它們。

codecs 模組連同標準 Python 程式庫的 encodings 套件，為處理國際化問題的 Python 開發人員提供實用的內建編解碼器。Python 有超過 100 個編解碼器；你可以在線上說明文件（*https://oreil.ly/3iAbC*）中找到完整的清單，以及對每個編解碼器的簡要說明。在 sitecustomize 模組中安裝一個編解碼器作為全站的預設值並不是好的做法；取而代之，首選的用法是在位元組和 Unicode 字串之間進行轉換時，總是透過名稱來指定編解碼器。Python 的預設 Unicode 編碼是 'utf-8'。

codecs 模組為大多數 ISO 8859 編碼提供以 Python 實作的編解碼器，帶有從 'iso8859-1' 到 'iso8859-15' 的編解碼器名稱。西歐（Western Europe）流行的編解碼器之一是 'latin-1'，它是 ISO 8859-1 編碼的一個快速的內建實作，為西歐語言中的特殊字元提供每個字元一個位元組（one-byte-per-character）的一種編碼（然而，要注意的是，它缺乏歐元貨幣字元 '€'；如果你需要它，請使用 'iso8859-15'）。僅在 Windows 系統上，名為 'mbcs' 的編解碼器包裹了該平台的多位元組字元集轉換程序（multibyte character set conversion procedures）。codecs 模組還提供帶有名稱從 'cp037' 到 'cp1258' 的各種字碼頁（code pages），以及 Unicode 標準編碼 'utf-8'（可能是最常見的最佳選擇，因此推薦使用，也是預設值）和 'utf-16'（它有特定的大端序和小端序變體：'utf-16-be' 和 'utf-16-le'）。對於 UTF-16 的使用，codecs 還提供屬性 BOM_BE 和 BOM_LE，分別是大端序（big-endian）和小端序（little-endian）機器的位元組序記號（byte-order marks），以及 BOM，當前平台的位元組序記號。

除了前面提到的用於更進階用途的各種函式外，codecs 模組還提供一個函式，讓你註冊自己的轉換錯誤處理函式（conversion error handling functions）：

register_error	register_error(*name*, *func*, /) *name* 必須是一個字串。*func* 必須能以一個引數 *e* 來呼叫，它是 UnicodeDecodeError 的實體，並且必須回傳包含兩個項目的一個元組：在轉換後的字串結果中要插入的 Unicode 字串，以及要從之繼續轉換的索引（後者通常為 *e*.end）。該函式可以使用 *e*.encoding，即本次轉換的編解碼器之名稱，以及 *e*.object[*e*.start:*e*.end]，即導致轉換錯誤的子字串。

unicodedata 模組

unicodedata 模組提供對 Unicode Character Database 的簡單存取。給定任何的 Unicode 字元，你都可以使用 unicodedata 提供的函式來獲得該字元的 Unicode 分類（category）、官方名稱（official name，如果有的話），以及其他相關資訊。你還可以查找與給定的官方名稱相對應的 Unicode 字元（如果有的話）：

```
>>> import unicodedata
>>> unicodedata.name('⚀')
'DIE FACE-1'
>>> unicodedata.name('Ⅵ')
'ROMAN NUMERAL SIX'
>>> int('Ⅵ')
ValueError: invalid literal for int() with base 10: 'Ⅵ'
>>> unicodedata.numeric('Ⅵ')  # 使用 unicodedata 來獲得數值
6.0
>>> unicodedata.lookup('RECYCLING SYMBOL FOR TYPE-1 PLASTICS')
'♳'
```

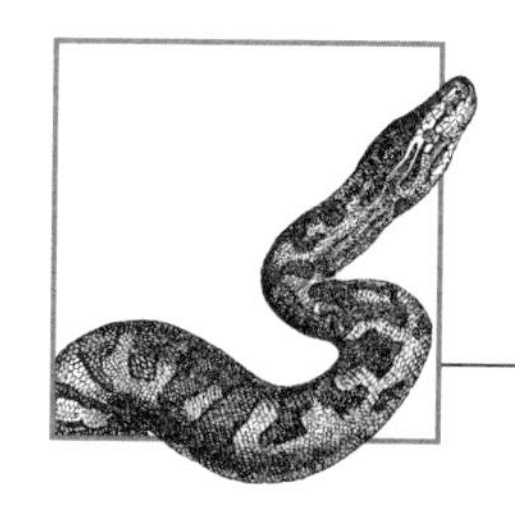

10 正規表達式

正規表達式（Regular Expression，簡稱 RE，又稱 regexp）讓程式設計師指定模式字串（pattern strings）並進行搜尋（searches）和替換（substitutions）。正規表達式並不容易精通，但它們可以成為處理文字的強大工具。Python 透過內建的 `re` 模組提供豐富的正規表達式功能。在這一章中，我們將詳盡介紹關於 Python RE 的所有資訊。

正規表達式和 re 模組

正規表達式是從代表模式（pattern）的一個字串建置出來的。利用 RE 功能，你可以檢視任何字串，並檢查該字串的哪些部分（如果有的話）與模式相匹配（match）。

`re` 模組提供 Python 的 RE 功能。`compile` 函式從一個模式字串和選擇性的旗標建置出一個 RE 物件。一個 RE 物件的方法會在字串中尋找與 RE 匹配的內容，或者進行替換。`re` 模組還提供與 RE 物件的方法相當的函式，不過將 RE 的模式字串作為第一個引數。

本章涵蓋 RE 在 Python 中的使用方式；它並沒有教授關於如何建立 RE 模式的每一個細節。對於 RE 的一般介紹，我們推薦 Jeffrey Friedl 所著的《*Mastering Regular Expressions*》（O'Reilly）一書，該書在入門教程和進階層面上都對 RE 進行了全面的介紹。關於 RE 的許多教程和參考資料也可以在線上找到，包括 Python 線上說明文件（*https://oreil.ly/tj7jh*）中的一個出色、詳細的入門教程。Pythex（*http://pythex.org*）和 regex101（*https://regex101.com*）等網站能讓你以互動方式測試你的 RE。

另外，你可以啟動 IDLE、Python REPL 或任何其他互動式直譯器，然後 `import re`，並直接進行實驗。

RE 和 bytes vs. str

Python 中的 RE 以兩種方式運作，取決於被匹配物件的型別：套用於 `str` 實體時，RE 據此進行匹配（例如，如果 `'LETTER' in unicodedata.name(c)` 為真，則 Unicode 字元 *c* 就被認為是「一個字母」）；套用於 `bytes` 實體時，RE 以 ASCII 方式進行匹配（例如，如果 `c in string.ascii_letters` 為真，則位元組 *c* 就被認為是「一個字母」）。比如說：

```
import re
print(re.findall(r'\w+', 'città'))            # 印出：['città']
print(re.findall(rb'\w+', 'città'.encode()))  # 印出：[b'citt']
```

模式字串語法

代表正規表達式的模式字串（pattern string）遵循一種特定的語法：

- 字母和數字字元（alphabetic and numeric characters）代表自己。模式是一個字母和數字字串的一個 RE，所匹配的是同一個字串。
- 如果它們前面有反斜線（\），或被轉義（*escaped*），許多英數字元（alphanumeric characters）會在模式中獲得特殊的意義。
- 標點符號字元（punctuation characters）的作用正好相反：它們經過轉義後代表自己，但在未轉義時具有特殊意義。
- 反斜線字元（backslash character）是由重複的反斜線（\\）所匹配的。

一個 RE 模式（pattern）是由一或多個模式元素（pattern elements）連接而成的一個字串；每個元素本身就是一個 RE 模式。舉例來說，`r'a'` 是一個匹配字母 `a` 的單元素 RE 模式，而 `r'ax'` 是匹配 `a` 後緊跟 `x` 的雙元素 RE 模式。

由於 RE 模式經常包含反斜線（backslashes），最好總是以原始字串字面值（raw string literal，在第 54 頁的「字串」中提及）形式指定 RE 模式。模式元素（如 `r'\t'`，等同於字串字面值 `'\\t'`）確實可以匹配相應的特殊字元（在此例中，即為 tab 字元 `\t`），所以即使你需要這種特殊字元的字面值匹配，你也可以使用原始字串字面值。

表 10-1 列出 RE 模式語法中的特殊元素。當你使用選擇性的旗標（optional flags）和模式字串一起建置 RE 物件時，有些模式元素的確切含義會發生變化。選擇性旗標會在第 362 頁的「選擇性旗標」中介紹。

表 10-1　RE 模式語法

元素	意義
`.`	匹配除 `\n` 之外的任何單個字元（若為 `DOTALL`，也會匹配 `\n`）
`^`	匹配字串的開頭（若為 `MULTILINE`，也會匹配緊接 `\n` 之後的位置）
`$`	匹配字串的結尾（若為 `MULTILINE`，也會匹配緊接 `\n` 之前的位置）
`*`	匹配前面接的 RE 的零或更多次；貪進式的（盡可能多地匹配）
`+`	匹配前面接的 RE 的一或更多次；貪進式的（盡可能多地匹配）
`?`	匹配前面接的 RE 的零或一次；貪進式的（如果可能的話，匹配一次）
`*?, +?, ??`	分別是 `*`、`+` 和 `?` 的非貪進式（nongreedy）版本（盡可能少地匹配）
`{m}`	匹配前面接的 RE *m* 次
`{m, n}`	匹配前面接 RE 的 *m* 到 *n* 次；*m* 或 *n*（或兩者）可以省略，預設為 *m*=0，*n*=infinity（貪進式的）
`{m, n}?`	匹配前面接的 RE *m* 到 *n* 次（非貪進式）
`[...]`	匹配方括號所含的字元集合中的任何一個字元
`[^...]`	匹配不包含在方括號內 `^` 之後字元集合中的任一字元
`|`	匹配前面接的 RE 或後面跟的 RE
`(...)`	匹配括弧內的 RE 並代表一個*群組*（*group*）
`(?aiLmsux)`	設定選擇性旗標的替代方式[a]
`(?:...)`	就像 `(...)`，但不會捕捉匹配的字元到一個群組
`(?P<id>...)`	就像 `(...)`，但群組還會得到 `<id>` 這個名稱
`(?P=<id>)`	匹配之前被名為 `<id>` 的群組所匹配的任何東西
`(?#...)`	括弧中的內容只是一個註解；對匹配沒有影響
`(?=...)`	*預看斷言*（*lookahead assertion*）：如果 RE ... 與接下來的內容相匹配，那就匹配，但不消耗字串的任何部分
`(?!...)`	*否定式預看斷言*（*negative lookahead assertion*）：如果 RE ... 不匹配接下來的內容，那就匹配，並且不消耗字串的任何部分

元素	意義
(?<=...)	回顧斷言（*lookbehind assertion*）：如果 RE ... 有一個匹配結束於目前的位置，那就匹配（... 必須匹配一個固定長度）
(?<!...)	否定式回顧斷言（*negative lookbehind assertion*）：如果 RE ... 沒有匹配結束於目前的位置，那就匹配（... 必須匹配一個固定長度）
\ *number*	匹配之前由編號為 *number* 的群組所匹配的任何東西（群組會自動從左到右編號，從 1 到 99）
\A	匹配一個空字串（empty string），但只在整個字串的開頭處匹配
\b	匹配一個空字串，但只在一個字詞（*word*，英數字元的一個最大序列，也請參閱 \w）的開頭或結尾處匹配
\B	匹配一個空字串，但不能在一個字詞的開頭或結尾
\d	匹配一個數字（digit），就像集合 [0-9]（在 Unicode 模式中，有許多其他的 Unicode 字元對 \d 來說也算是「數字」，但不匹配 [0-9]）
\D	匹配一個非數字（nondigit）字元，就像集合 [^0-9]（在 Unicode 模式中，有許多其他的 Unicode 字元對 \D 來說也算是「數字」，但對 [^0-9] 則否）
\N{*name*}	**3.8+** 匹配 *name* 對應的 Unicode 字元
\s	匹配一個空白字元（whitespace character），就像集合 [\t\n\r\f\v]
\S	匹配一個非空白（nonwhitespace）字元，就像集合 [^\t\n\r\f\v]
\w	匹配一個英數字元（alphanumeric character），除非使用 Unicode 模式，或設定了 LOCALE 或 UNICODE，\w 就像是 [a-zA-Z0-9_]
\W	匹配一個非英數（nonalphanumeric）字元，\w 的相反
\Z	匹配一個空字串，但只在整個字串的結尾
\\	匹配一個反斜線字元（backslash character）

[a] 為了便於閱讀，總是將用於設定旗標的 (?...) 結構放在模式的開頭；把它放在其他地方會提出 DeprecationWarning。

使用一個 \ 字元後面跟著一個沒有在這裡或表 3-4 中列出的字母字元（alphabetic character），會提出一個 re.error 例外。

常見的正規表達式慣用語

永遠都為 RE 模式字面值使用 r'...'

為所有的 RE 模式字面值（pattern literals）使用原始字串字面值（raw string literals），並只為它們而用：這能夠確保你永遠都不會忘記轉義（escape）一個反斜線（\），並增進程式碼的可讀性，因為這會使你的 RE 模式字面值變得突出。

作為正規表達式模式字串一個子字串的 `.*` 代表「重複任意次數（零或多次）的任何字元」。換句話說，`.*` 匹配目標字串的任何子字串，包括空字串。`.+` 也類似，但只匹配一個非空的子字串。舉例來說：

```
r'pre.*post'
```

匹配含有一個子字串 `'pre'` 再接著後續子字串 `'post'` 的一個字串，即使後者與前者相鄰也是如此（也就是說，`'prepost'` 與 `'pre23post'` 兩者它都匹配）。另一方面：

```
r'pre.+post'
```

只有在 `'pre'` 與 `'post'` 並不相鄰的時候匹配（也就是說，它匹配 `'pre23post'` 但不匹配 `'prepost'`）。這兩個模式也都匹配 `'post'` 後面還有東西的字串。要限制一個模式只匹配以 `'post'` 結尾的字串，就在模式的尾端加上 `\Z`。舉例來說：

```
r'pre.*post\Z'
```

匹配 `'prepost'` 但不匹配 `'preposterous'`。

這些範例全都是**貪進式**（*greedy*）的，意味著它們匹配以第一個出現的 `'pre'` 開頭，一直到**最後一個**出現的 `'post'` 的子字串。若是在意你所匹配的是字串的哪個部分，你可能會想要指定**非貪進式**（*nongreedy*）的匹配，在我們的例子中，這代表匹配的子字串是以第一個出現的 `'pre'` 開頭，但只到後續**第一個**出現的 `'post'` 為止。

舉例來說，當字串是 `'preposterous and post facto'`，貪進式的 RE 模式 `r'pre.*post'` 會匹配子字串 `'preposterous and post'`，而非貪進式的變體 `r'pre.*?post'` 則只匹配子字串 `'prepost'`。

另一個經常在 RE 模式中用到的元素是 `\b`，它匹配一個字詞邊界（word boundary）。要匹配只作為整個字詞存在的 'his'，而非作為在 'this' 或 'history' 之類字詞中出現的子字串，那就用這個 RE 模式：

```
r'\bhis\b'
```

讓前後都帶有一個字詞邊界。要匹配以 'her' 開頭的任何字詞之開端，例如 'her' 本身和 'hermetic'，但不匹配只是在他處含有 'her' 的字詞，例如 'ether' 或 'there'，就用：

```
r'\bher'
```

讓相關字串的前面帶有一個字詞邊界，而後面沒有。要匹配以 'its' 結尾的任何字詞之尾端，例如 'its' 本身和 'fits'，但不匹配在他處含有 'its' 的字詞，例如 'itsy' 或 'jujitsu'，就用：

```
r'its\b'
```

讓相關字串後面帶有一個字詞邊界，但前面沒有。要匹配符合這種限制的整個字詞，而非只是它們的開端或結尾，就新增一個模式元素 `\w*` 來匹配零或更多個字詞字元（word characters）。要匹配以 'her' 起始的完整字詞，就用：

```
r'\bher\w*'
```

若單純只是要匹配以 'her' 開頭的任何字詞的前三個字母，而不包括 'her' 字詞本身，就用否定式的字詞邊界（negative word boundary）`\B`：

```
r'\bher\B'
```

要匹配以 'its' 結尾的完整字詞，包括 'its' 本身，就用：

```
r'\w*its\b'
```

字元的集合

在一個模式中表示字元集合（sets of characters）的方式是在方括號（`[]`）中列出那些字元。除了逐一列出字元外，你也可以指定一個範圍（range），方法是給定該範圍的第一個字元與最後一個字元，並以一個連字號（`-`）分隔它們。範圍的最後一個字元也會包含在集合內，這跟 Python 中的其他範圍不同。在一個集合中，特殊字元代表它們自身，除了 `\`、`]` 與 `-` 以外，你必須轉義（escape）它們（也就是在它們前面放上一個反斜線），如果不這麼做的話，取決於所在位置，它們可能會被解讀為這種集合語法中的一部分。在集合內，你也可以用轉義過的字母記號，例如 `\d` 或 `\S`，來表示一個字元類別（class of characters）。在一個集合中，`\b` 代表一個退格字元（backspace character，`chr(8)`），而非一個字詞邊界。如果集合的模式中，緊接在 `[` 之後的第一個字元是一個插入號（caret，`^`），那麼該集合就是補集（*complemented set*）：這種集合匹配任何的字元，除了集合模式記號中接在 `^` 之後的那些字元。

字元集常見的一個用途是以不同於 `\w` 預設的字詞組成字元（字母與數字）定義來匹配一個「字詞（word）」。要匹配由一或多個字元組成的一個字詞，其中每個字元可以是一個字母、一個撇號（apostrophe）或一個連字號（hyphen），但不能是一個數字（例如 `"Finnegan-O'Hara"`），就用：

```
r"[a-zA-Z'\-]+"
```

永遠都轉義字元集合中的連字號

在這個例子中，你並不一定要用反斜線轉義連字號，因為它的位置是在集合尾端，不會有語法上的歧義。然而，我們還是建議放上反斜線，這能讓模式更容易閱讀，因為這在視覺上凸顯了你想要把那個連字號當作集合中的一個字元，而非用來表示範圍（當然，如果你想在字元集中加入反斜線，你可以透過轉義反斜線本身來表示：寫成 `\\`）。

替代選擇

正規表達式模式中的一個垂直線（vertical bar，`|`）用來表示替代選擇（alternatives），它有較低的語法優先序。除非括弧改變了分組方式，不然 `|` 會套用到它任一邊的整個模式，直到該模式的開頭或結尾，或到另一個 `|` 為止。一個模式可由以 `|` 連接的任意數目個子模式（subpatterns）所構成。值得注意的是，由 `|` 連接的子模式的 RE 將匹配第一個匹配的子模式，而不是最長的。像 `r'ab|abc'` 這樣的模式永遠都不會匹配 `'abc'`，因為 `'ab'` 的匹配會先被估算。

給定由字詞組成的一個串列 *L*，匹配其中任何一個字詞的 RE 模式為：

```
'|'.join(rf'\b{word}\b' for word in L)
```

轉義字串

如果 *L* 的項目可能是更廣義的字串，而不只是字詞，你就需要用函式 re.escape（涵蓋於表 10-6）轉義其中的每一個字串，而你可能不想要兩邊的 \b 字詞邊界記號。在這種情況中，你可以使用下列的 RE 模式（根據長度對串列進行反向排序，以避免意外地用一個較短的字詞來「遮蔽」住一個較長的字詞）：

```
'|'.join(re.escape(s) for s in sorted(
        L, key=len, reverse=True))
```

群組

一個正規表達式可以含有任意數目的*群組*（*groups*），從無到 99 個（或甚至更多個，但只有前 99 個群組受到完整的支援）。一個模式字串中的括弧（parentheses）表示一個群組。元素 (?P<id>...) 也表示一個群組，並且賦予了該群組一個名稱 *id*，它可以是任何的 Python 識別字。所有的群組，不管具名或不具名，都會從左到右被編上號碼，1 到 99；「群組 0（group 0）」代表整個 RE 所匹配的字串。

對於 RE 與一個字串的任何匹配，其中每個群組都會匹配一個子字串（有可能是空的）。若 RE 使用 |，某些群組可能不會匹配任何子字串，儘管整個 RE 確實匹配該字串。如果一個群組沒有匹配任何子字串，我們就說那個群組沒有*參與*（*participate*）該匹配。一個空字串（''）會被用作沒有參與一個匹配的任何群組所匹配的子字串，除了本章後面特別指出並非如此的地方。舉例來說：

```
r'(.+)\1+\Z'
```

匹配由任何非空子字串（nonempty substring）重複兩次或更多次所構成的一個字串。模式的 (.+) 部分匹配任何的非空子字串（出現一或更多次的任何字元），並以括弧定義了一個群組。模式的 \1+ 部分匹配該群組的一或多次重複，而 \Z 則將匹配定錨至字串的結尾。

選擇性旗標

函式 compile 的選擇性 flags 引數是一個整數代碼，透過對模組 re 的以下一或多個屬性進行位元的 OR 運算（用 Python 的位元 OR 運算子，|）所建立出來。每個屬性都有一個短名稱（一個大寫字母），以方便使

用，還有一個長名稱（一個大寫的多字母識別字），這更容易閱讀，因此通常更受歡迎：

A 或 ASCII

對 \w、\W、\b、\B、\d 和 \D 使用僅限 ASCII 的字元；覆寫預設的 UNICODE 旗標

I 或 IGNORECASE

進行不在意大小寫（case-insensitive）的匹配

L 或 LOCALE

使用 Python 的 LOCALE 設定來確定 \w、\W、\b、\B、\d 和 \D 記號的字元；你只能對 bytes 模式使用這個選項

M 或 MULTILINE

讓特殊字元 ^ 與 $ 匹配每行的開頭與結尾（緊接一個 newline 的前與後），以及整個字串的開頭與結尾（\A 與 \Z 永遠都只匹配整個字串的開頭與結尾）

S 或 DOTALL

使特殊字元 . 匹配任何字元，包括一個 newline

U 或 UNICODE

使用完整的 Unicode 來判斷 \w、\W、\b、\B、\d 和 \D 記號的字元；雖然為了回溯相容性而保留，但這個旗標現在是預設的

X 或 VERBOSE

使模式中的空白被忽略，除了被轉義的或在字元集中的以外，並使模式中的一個未轉義的 # 字元起始延續到文字行結尾的一個註解（comment）

旗標也可以透過在 (? 和) 之間插入帶有 aiLmsux 中一或多個字母的模式元素來指定，而不是透過 re 模組 compile 函式的 flags 引數來指定（這些字母對應於前面清單中給出的大寫旗標）。選項應該總是放在模式的開頭；不這樣做會產生一個棄用警告（deprecation warning）。特別是，如果 x（用於詳細的 RE 剖析的行內旗標字元）是選項之一，則必須放在開頭，因為 x 會改變 Python 剖析模式的方式。選項套用於整個 RE，但 aLu 選項可以在一個群組內區域性套用。

使用明確的 flags 引數比在模式中放置一個選項元素更容易閱讀。舉例來說，這裡有三種用 compile 函式定義等價 RE 的方式。這些 RE 中的每一個都會與任何大寫和小寫字母混合的字詞「hello」相匹配：

```
import re
r1 = re.compile(r'(?i)hello')
r2 = re.compile(r'hello', re.I)
r3 = re.compile(r'hello', re.IGNORECASE)
```

第三種做法顯然更易讀，因此也是最容易維護的，即使它稍微囉嗦了一點。那個原始字串的形式在此並非必要，因為該模式並不包含反斜線。然而，使用原始字串字面值仍然是無害的，而我們建議你永遠都為 RE 模式這麼做，以增進清晰度與可讀性。

re.VERBOSE（或 re.X）選項透過空白與註解的適當使用讓模式更容易閱讀與理解。複雜且冗長的 RE 模式一般最好以跨越多行的字串來表示，因此你通常會想要為這種模式字串使用三引號的原始字串（triple-quoted raw string）字面值。舉例來說，為了匹配代表整數的一個可能是八進位、十六進位或十進位格式的字串，你可以使用以下兩種方法：

```
repat_num1 = r'(0o[0-7]*|0x[\da-fA-F]+|[1-9]\d*)\Z'
repat_num2 = r'''(?x)   # (re.VERBOSE) 模式匹配 int 字面值
             (  0o [0-7]*       # 八進位：前導的 0o，0+ 個八進位數字
              | 0x [\da-fA-F]+ # hex：0x，然後接著 1+ 個十六進位數字
              | [1-9] \d*       # decimal：前導的非 0，然後接著 0+ 個數字
             )\Z                # end of string
             '''
```

這個例子中定義的兩個模式是等效的，但第二個模式透過註解和自由使用的空白，在視覺上將模式的各部分以邏輯方式分組，使其更易閱讀和理解。

匹配 vs. 搜尋

到目前為止，我們都是使用正規表達式來**匹配**（*match*）字串。舉例來說，帶有模式 r'box' 的 RE 匹配像是 'box' 與 'boxes' 之類的字串，但不匹配 'inbox'。換句話說，一個 RE 的**匹配**隱含地定錨（anchored）在目標字串的開頭，就好像 RE 的模式是以 \A 開頭一般。

通常，你感興趣的是在字串中的任何位置找出一個 RE 可能的匹配，而不使用定錨（例如找出 r'box' 在 'inbox' 中的匹配，也找出在 'box' 和

'boxes' 中的匹配）。在這種情況中，形容這種運算的 Python 術語是搜尋（*search*），相對於匹配。要進行這種搜尋，就用 RE 物件的 search 方法，而非 match 方法，後者只處理從頭開始的匹配動作。舉例來說：

```
import re
r1 = re.compile(r'box')
if r1.match('inbox'):
    print('match succeeds')
else:
    print('match fails')          # 印出：match fails

if r1.search('inbox'):
    print('search succeeds')      # 印出：search succeeds
else:
    print('search fails')
```

如果你想檢查**整個**字串是否匹配，而不僅僅是其開頭，你可以改用 fullmatch 方法。所有這些方法都在表 10-3 中介紹。

定錨於字串開頭或結尾

確保正規表達式的搜尋（或匹配）**定錨**於字串開頭和字串結尾的模式元素分別是 \A 與 \Z。用於開頭的 ^ 元素和用於結尾的 $ 元素也扮演類似的角色。對於並非以旗標 MULTILINE 標示的 RE 物件，^ 就等同於 \A，而 $ 等同於 \Z。然而，對於多行（multiline）的 RE，^ 可能定錨於字串的開頭**或是**任何文字行的開頭（其中的「文字行」是基於 \n 分隔字元來判斷的）。同樣地，在一個多行的 RE 中，$ 可能定錨於字串結尾**或是**任何文字行的尾端。\A 和 \Z 則永遠定錨在字串的開頭和尾端，不管 RE 物件是否為多行的。

舉例來說，這裡有檢查一個檔案是否有任何文字行是以數字（digits）結尾的一種方式：

```
import re
digatend = re.compile(r'\d$', re.MULTILINE)
with open('afile.txt') as f:
    if digatend.search(f.read()):
        print('some lines end with digits')
    else:
        print('no line ends with digits')
```

r'\d\n' 模式幾乎是等效的，但在那種情況中，如果檔案的最後一個字元是一個數字，但後面沒有跟著一個行結尾（end-of-line）字元，搜尋就會失敗。在前面的範例中，如果檔案內容的最尾端處是一個數字，搜尋依然會成功，就如同一個數字後面跟著一個行結尾字元那種更常見的情況。

正規表達式物件

表 10-2 涵蓋正規表達式物件 *r* 的唯讀屬性，詳細說明了 *r* 是如何建立的（透過模組 re 的函式 compile，在表 10-6 中提及）。

表 10-2　RE 物件的屬性

flags	傳入給 compile 的 flags 引數，或者在 flags 被省略時，re.UNICODE；也包括在模式本身中使用前導的 (?...) 元素所指定的任何旗標。
groupindex	一個字典，其鍵值是由元素 (?P<*id*>...) 定義的群組名稱；相應的值是具名群組的編號。
pattern	*r* 從之編譯出來的模式字串

這些屬性使你很容易從編譯出來的 RE 物件檢索到它原本的模式字串和旗標，所以你永遠不需要單獨儲存那些。

RE 物件 *r* 也提供在字串中尋找與 *r* 之匹配的方法，以及對這些匹配進行替換的方法（參閱表 10-3）。匹配是由特殊的物件來表示的，在接下來的章節中會介紹。

表 10-3　RE 物件的方法

findall	*r*.findall(*s*)
	如果 *r* 沒有群組，findall 就會回傳由字串組成的一個串列，其中每一個都是 *s* 中與 *r* 不重疊匹配（nonoverlapping match）的一個子字串。舉例來說，要印出一個檔案中所有的字詞（words），每行一個，就用：
	`import re`
	`reword = re.compile(r'\w+')`
	`with open('afile.txt') as f:`
	`    for aword in reword.findall(f.read()):`
	`        print(aword)`

`findall`（續）

如果 *r* 恰有一個群組，`findall` 也是會回傳一個字串串列，但其中的每個字串都是 *s* 中匹配 *r* 的群組的子字串。舉例來說，若只要印出後面跟著空白的字詞（而非後面跟著標點符號或位於字串結尾的那些字詞），你只需要變更前述範例中的一行述句：

```
reword = re.compile('(\w+)\s')
```

如果 *r* 有 *n* 個群組（而 *n* > 1），`findall` 會回傳由元組（tuples）構成的一個串列，與 *r* 的每個不重疊匹配都會有一個元組。每個元組有 *n* 個項目，*r* 的每個群組都對應一個項目，也就是 *s* 中匹配該群組的子字串。舉例來說，要印出至少含有兩個字詞的每個文字行的第一個與最後一個字詞：

```
import re
first_last = re.compile(r'^\W*(\w+)\b.*\b(\w+)\W*$',
                        re.MULTILINE)
with open('afile.txt') as f:
    for first, last in first_last.findall(f.read()):
        print(first, last)
```

`finditer`

r`.finditer(`*s*`)`

`finditer` 就像 `findall`，只不過它回傳的不是一個字串串列（或元組串列），而是回傳一個迭代器（iterator），其項目為匹配物件（會在接下來的章節中討論）。因此，在大多數情況中，`finditer` 會比 `findall` 更有彈性而且通常效能更好。

`fullmatch`

r`.fullmatch(`*s*`, start=0, end=sys.maxsize)`

如果起始於索引 `start` 並緊接在索引 `end` 之前結束的完整子字串 *s* 與 *r* 相匹配，則回傳一個匹配物件，否則，`fullmatch` 回傳 **`None`**。

`match`

r`.match(`*s*`, start=0, end=sys.maxsize)`

當 *s* 從索引 `start` 開始，而且尚未到達索引 `end` 的一個子字串匹配 *r*，就回傳一個適當的匹配物件。否則的話，`match` 會回傳 **`None`**。`match` 隱含地定錨在 *s* 中的起始位置 `start`。要在 *s* 中從 `start` 開始的任何位置搜尋與 *r* 的一個匹配，就呼叫 *r*`.search`，而非 *r*`.match`。舉例來說，下列程式碼可以印出一個檔案中以數字（digits）開頭的所有文字行：

```
import re
digs = re.compile(r'\d')
with open('afile.txt') as f:
    for line in f:
        if digs.match(line):
            print(line, end='')
```

search	*r*.search(*s*, start=0, end=sys.maxsize) 為 *s* 中起點不在索引 start 之前，而尾端尚未到達索引 end 並且匹配 *r* 的最左邊子字串回傳一個適當的匹配物件。如果不存在這種子字串，search 就會回傳 **None**。舉例來說，要印出含有數字的所有文字行，一種簡單的做法如下：

```
import re
digs = re.compile(r'\d')
with open('afile.txt') as f:
    for line in f:
        if digs.search(line):
            print(line, end='')
```

split	*r*.split(*s*, maxsplit=0) 回傳 *s* 以 *r* 分割而成的片段（即 *s* 以與 *r* 的不重疊且非空匹配所分隔出來的子字串）所組成的一個串列 *L*。舉例來說，這裡有從一個字串消除子字串 'hello'（任何的大小寫混合形式）所有出現處的一種方式：

```
import re
rehello = re.compile(r'hello', re.IGNORECASE)
astring = ''.join(rehello.split(astring))
```

如果 *r* 有 *n* 個群組，就會多出 *n* 個項目穿插在 *L* 的每對片段之間。這多的 *n* 個項目中的每個項目都是該次匹配中，*s* 匹配 *r* 中對應群組的子字串；如果那個群組沒有參與匹配，那就會是 **None**。舉例來說，如果你只想要移除出現在一個冒號（colon）與一個數字（digit）之間的空白，那就：

```
import re
re_col_ws_dig = re.compile(r'(:)\s+(\d)')
astring = ''.join(re_col_ws_dig.split(astring))
```

如果 maxsplit 大於 0，那麼 *L* 中最多會有 maxsplit 個分割出來的片段，每個後面都跟著上述的 *n* 個項目，而 maxsplit 次 *r* 的匹配後 *s* 尾端的子字串，如果有的話，就會是 *L* 的最後一個項目。舉例來說，若只要移除子字串 'hello' 的第一次出現處，而非所有出現處，就把前一個範例的最後一個述句改成：

```
astring=''.join(rehello.split(astring, 1))
```

sub *r*.sub(*repl*, *s*, count=0)

回傳 *s* 的一個拷貝，其中與 *r* 的非重疊匹配都被 *repl* 所取代，*repl* 可以是一個字串或一個可呼叫物件（callable object），例如一個函式。一個空的匹配（empty match）只在不與前一個匹配相鄰時才會被取代。當 count 大於 0，*s* 中只有前 count 個與 *r* 的匹配會被取代。當 count 等於 0，*s* 中與 *r* 的所有匹配都會被取代。舉例來說，這裡有移除子字串 'hello'（大小寫任意混合）第一次出現處的另一種更自然的方式：

```
import re
rehello = re.compile(r'hello', re.IGNORECASE)
astring = rehello.sub('', astring, 1)
```

如果沒有 sub 最後的引數 1，這個範例就會移除所有出現的 'hello'。

當 *repl* 是一個可呼叫物件，*repl* 必須接受一個引數（一個匹配物件）並回傳一個字串（或 **None**，這等同於回傳空字串 ''）作為要替換掉匹配處的字串。在這種情況中，對於 sub 要取代的 *r* 的每個匹配，sub 會以一個合適的匹配物件作為引數呼叫 *repl*。舉例來說，以 'h' 開頭並以 'o' 結尾，而且其中大小寫混合的字詞所有出現之處，都可以像這樣將它們全都變為大寫：

```
import re
h_word = re.compile(r'\bh\w*o\b', re.IGNORECASE)
def up(mo):
    return mo.group(0).upper()
astring = h_word.sub(up, astring)
```

當 *repl* 是一個字串，sub 會用 *repl* 本身作為要替換上去字串，除了它含有回溯參考的時候。一個**回溯參考**（*backreference*）是 *repl* 的一個子字串，它具有 \g<*id*> 這種形式，其中 *id* 是 *r* 中一個群組的名稱（由 *r* 的模式字串中 (?P<*id*>...) 語法所建立的），或 *dd*，其中 *dd* 是被接受作為群組編號的一或兩位數。每個回溯參考，無論是具名或帶有編號的，都會被 *s* 匹配 *r* 對應群組（回溯參考所指示的那個）的子字串所取代。舉例來說，下列程式碼會將每個字詞包在大括號中：

```
import re
grouped_word = re.compile('(\w+)')
astring = grouped_word.sub(r'{\1}', astring)
```

subn *r*.subn(*repl*, *s*, count=0)

subn 與 sub 相同，只不過 subn 會回傳一個對組 (*new_string*, *n*)，其中 *n* 是 subn 所進行的替換次數（number of substitutions）。舉例來說，這裡有計數大小寫混合的 'hello' 子字串出現次數的一種方式：

```
import re
rehello = re.compile(r'hello', re.IGNORECASE)
_, count = rehello.subn('', astring)
print(f'Found {count} occurrences of "hello"')
```

正規表達式

匹配物件

匹配物件（*match object*）是由正規表達式物件的 `fullmatch`、`match` 和 `search` 方法所建立並回傳的，並且是方法 `finditer` 所回傳的迭代器之項目。當引數 *repl* 是可呼叫的，它們也會由方法 `sub` 與 `subn` 隱含地創建，因為在那種情況中，合適的匹配物件會被傳入到 *repl* 的每個呼叫作為唯一的引數。一個匹配物件 *m* 提供下列的唯讀屬性，詳細描述 `search` 或 `match` 是如何創建 *m* 的，列於表 10-4 中。

表 10-4　匹配物件的屬性

`pos`	傳入 `search` 或 `match` 的 *start* 引數（也就是從之開始搜尋匹配的 *s* 中的索引位置）
`endpos`	傳入 `search` 或 `match` 的 *end* 引數（也就是在那之前 *s* 匹配的子字串必須結束的 *s* 索引位置）
`lastgroup`	最後一個匹配群組（last-matched group）的名稱（如果最後匹配的群組沒有名稱，或是沒有群組參與該匹配，就會是 **`None`**）
`lastindex`	最後匹配的群組之整數索引（從 `1` 開始算，如果沒有群組參與匹配，就為 **`None`**）
`re`	其方法創建了 *m* 的 RE 物件 *r*
`string`	傳入 `finditer`、`fullmatch`、`match`、`search`、`sub` 或 `subn` 的字串 *s*

此外，匹配物件也提供表 10-5 中詳述的方法。

表 10-5　匹配物件的方法

`end`, `span`, `start`	*m*`.end(groupid=0)`, *m*`.span(groupid=0)`, *m*`.start(groupid=0)` 這些方法回傳 *m*`.string` 中，匹配 *groupid*（一個群組編號或名稱，`groupid` 的預設值 `0` 代表「整個 RE」）所識別的群組之子字串的索引。當匹配的子字串是 *m*`.string[`*i*`:`*j*`]`，*m*`.start` 回傳 *i*；*m*`.end` 回傳 *j*，而 *m*`.span` 回傳 `(`*i*`, `*j*`)`。如果群組沒參與匹配，*i* 與 *j* 都會是 -1。
`expand`	*m*`.expand(`*s*`)` 回傳 *s* 的一個拷貝，其中轉義序列（escape sequences）和回溯參考（backreferences）都以與方法 *r*`.sub`（涵蓋於表 10-3）相同的方式被取代了。

group	*m*.group(groupid=0, **groupids*) 以單一引數 groupid（群組編號或名稱）呼叫時，*m*.group 會回傳匹配 groupid 所識別的群組之子字串，或在該群組沒有參與匹配時回傳 **None**。*m*.group() 或是 *m*.group(0) 會回傳整個匹配的子字串（群組 0 意味著整個 RE）。群組也可以使用 *m*[*index*] 記號來存取，就彷彿使用 *m*.group(*index*) 來呼叫一樣（在這兩種情況下，*index* 可以是一個 int 或者一個 str）。 當 group 以多個引數被呼叫時，每個引數都必須是一個群組號碼或名稱。然後 group 就會回傳一個元組，其中每個引數都有一個項目，也就是匹配對應群組的子字串，或是群組沒參與匹配時的 **None**。
groupdict	*m*.groupdict(default=**None**) 回傳一個字典，其鍵值為 *r* 中所有具名群組的名稱。每個名稱的值都是匹配對應群組的子字串，或群組沒參與匹配時的 default。
groups	*m*.groups(default=**None**) 回傳一個元組，其中 *r* 中的每個群組都有一個項目。每個項目都是匹配對應群組的子字串；群組沒有參與匹配時則為 default。該元組不包括代表完整模式匹配的 0 群組。

re 模組的函式

除了第 362 頁「選擇性旗標」中列出的屬性外，re 模組為正規表達式物件的每個方法（findall、finditer、fullmatch、match、search、split、sub 和 subn，在表 10-3 中描述）都提供一個函式，每個都帶有額外的第一引數，也就是函式會隱含地將之編譯為一個 RE 物件的一個模式字串。通常最好是明確地將模式字串編譯為 RE 物件，然後呼叫 RE 物件的方法，但有的時候，對於只要使用一次的 RE 模式，呼叫模組 re 的函式可能會比較方便。舉例來說，要計數大小寫混合的 'hello' 出現的次數，一種基於函式的簡潔方式是：

```
import re
_, count = re.subn(r'hello', '', astring, flags=re.I)
print(f'Found {count} occurrences of "hello"')
```

re 模組在內部快取了它從傳入給函式的模式所建立出來的 RE 物件；要清除（purge）快取並回收一些記憶體，請呼叫 re.purge。

re 模組還提供 error，即在出現錯誤（通常是模式字串的語法錯誤）時提出的例外類別，以及表 10-6 中列出的另外兩個函式。

表 10-6　額外的 re 函式

compile	compile(*pattern*, flags=0) 建立並回傳一個 RE 物件，依據第 356 頁「模式字串語法」中提及的語法剖析字串 *pattern*，並使用整數 flags，如第 362 頁「選擇性旗標」中所講述的。
escape	escape(*s*) 回傳字串 *s* 的一個拷貝，其中每個非英數字元（nonalphanumeric character）都經過轉義（也就是在前面加上一個反斜線 \）；適合作為 RE 模式字串的一部分從字面上匹配字串 *s*。

RE 和 := 運算子

在 Python 3.8 中引入的 := 運算子在 Python 中確立了對一種連續匹配慣用語的支援，類似於 Perl 中常見的那種。在這種慣用語中，一系列的 **if/elsif** 分支針對不同的正規表達式測試一個字串。在 Perl 中，**if** ($var =~ /regExpr/) 述句既估算了正規表達式，又將成功匹配的結果儲存在變數 var 中[1]：

```
if    ($statement =~ /I love (\w+)/) {
  print "He loves $1\n";
}
elsif ($statement =~ /Ich liebe (\w+)/) {
  print "Er liebt $1\n";
}
elsif ($statement =~ /Je t\'aime (\w+)/) {
  print "Il aime $1\n";
}
```

在 Python 3.8 之前，這種 evaluate-and-store（估算並儲存）行為在單一個 **if/elif** 述句中是不可能的；開發人員必須使用繁瑣的層疊式巢狀 **if/else** 述句：

```
m = re.match('I love (\w+)', statement)
if m:
    print(f'He loves {m.group(1)}')
else:
    m = re.match('Ich liebe (\w+)', statement)
    if m:
        print(f'Er liebt {m.group(1)}')
    else:
```

1　這個例子取自 regex；參閱 Stack Overflow 上的「Match groups in Python」（*https://oreil.ly/czLsu*）。

```
        m = re.match('J'aime (\w+)', statement)
        if m:
            print(f'Il aime {m.group(1)}')
```

使用 := 運算子，這段程式碼可以簡化為：

```
if m := re.match(r'I love (\w+)', statement):
    print(f'He loves {m.group(1)}')

elif m := re.match(r'Ich liebe (\w+)', statement):
    print(f'Er liebt {m.group(1)}')

elif m := re.match(r'J'aime (\w+)', statement):
    print(f'Il aime {m.group(1)}')
```

第三方的 regex 模組

作為 Python 標準程式庫 re 模組的替代品，有個流行的正規表達式套件是第三方的 regex 模組（*https://oreil.ly/2wV-d*），由 Matthew Barnett 所開發。regex 有一個與 re 模組相容的 API，並增加了一些擴充功能，包括：

- 遞迴運算式（recursive expressions）
- 藉由 Unicode 的 property/value 來定義字元集
- 重疊的匹配（overlapping matches）
- 模糊匹配（fuzzy matching）
- 多執行緒支援（在匹配過程中釋放 GIL）
- 匹配逾時（matching timeout）
- 不區分大小寫的匹配中的 Unicode 大小寫摺疊（case folding）
- 巢狀集合（nested sets）

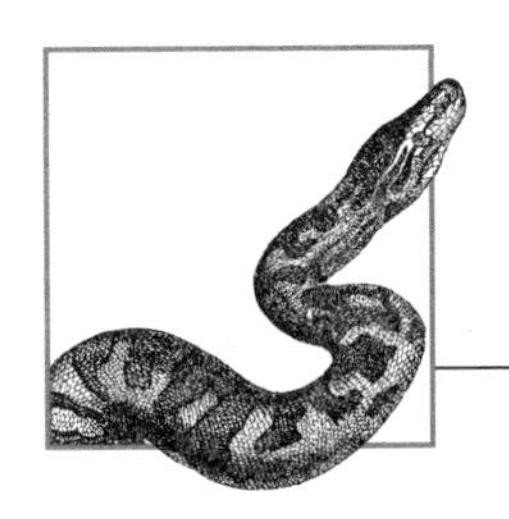

11
檔案和文字運算

本章涵蓋與 Python 中的檔案和檔案系統有關的議題。一個檔案（*file*）是程式可以讀取或寫入的文字或位元組串流（stream）；一個檔案系統（*filesystem*）是電腦系統上由檔案構成的一個階層架構式的儲存庫（hierarchical repository of files）。

也涉及檔案的其他章節

檔案是程式設計中的一個重要概念：因此，儘管這章是本書中最大型的一章，但其他章節也有與處理特定類型檔案有關的說明。特別是，第 12 章涵蓋與續存（persistence）和資料庫（database）功能有關的多種檔案（第 12 章的 CSV 檔案、第 451 頁的「json 模組」中的 JSON 檔案、第 454 頁「pickle 模組」中的 pickle 檔案、第 460 頁「shelve 模組」中的 shelve 檔案、第 463 頁「dbm 套件」中的 DBM 和類 DBM 檔案，以及第 472 頁「SQLite」的 SQLite 資料庫檔案），第 22 章涵蓋 HTML 格式的檔案，而第 23 章涵蓋 XML 格式的檔案。

檔案和串流有許多種形式。它們的內容可以是任意的位元組，或是文字。它們可能適合於讀取、寫入或兩者皆可，而且它們可能是**有緩衝**（*buffered*）的，因此資料在進入或離開檔案的途中會被暫時儲存在記憶體中。檔案也可以允許**隨機存取**（*random access*），在檔案內向前和向後移動，或跳到檔案中的特定位置讀取或寫入。本章包括這些主題中的每一個。

此外，本章還包括類檔案物件（file-like objects，實際上不是檔案但在某種程度上表現得像檔案的物件）的多型（polymorphic）概念、處理暫存檔案（temporary files）和類檔案物件的模組，以及幫助你存取文字和二進位檔案的內容並支援壓縮檔案（compressed files）和其他資料封存檔（data archives）的模組。Python 的標準程式庫支援幾種無失真壓縮（lossless compression，*https://oreil.ly/iwsUw*），包括（按照文字檔案的典型壓縮比排序，從高到低）：

- LZMA（*https://oreil.ly/DuCbU*）（例如，由 `xz`（*https://tukaani.org/xz*）程式使用），參閱模組 `lzma`（*https://oreil.ly/Kw54K*）。
- bzip2（*https://oreil.ly/9rUEj*）（例如，由 `bzip2`（*http://www.bzip.org*）程式使用），參閱模組 `bz2`（*https://oreil.ly/LXyg_*）。
- deflate（*https://oreil.ly/k_iKs*）（例如，被 `gzip`（*https://oreil.ly/kCtWx*）和 `zip`（*https://oreil.ly/an46l*）程式使用），參閱模組 `zlib`（*https://oreil.ly/-lWQP*）、`gzip`（*https://oreil.ly/WyFJf*），和 `zipfile`（*https://oreil.ly/c7VxO*）。

`tarfile` 模組（*https://oreil.ly/ZJlzh*）可以讓你讀寫以這些演算法中任何一種進行壓縮的 TAR 檔案。`zipfile` 模組讓你讀寫 ZIP 檔案，也可以處理 bzip2 和 LZMA 壓縮。兩個模組都會在本章中介紹。我們在本書中不涵蓋壓縮的細節，詳情請見線上說明文件（*https://oreil.ly/U0-Zx*）。

在本章的其餘部分，我們將把所有的檔案和類檔案物件都稱為檔案。

在現代 Python 中，輸入 / 輸出（input/output，I/O）由標準程式庫的 `io` 模組處理。`os` 模組提供許多作用在檔案系統之上的函式，所以本章也介紹該模組。然後，它涵蓋對檔案系統的運算（目錄和檔案的比較、拷貝和刪除、處理檔案路徑，以及存取低階檔案描述器），這些運算由 `os` 模組、`os.path` 模組和更受歡迎的新 `pathlib` 模組提供，它為檔案系統路徑提供一種物件導向的處理方式。關於被稱為**記憶體映射檔案**（*memory-mapped files*）的跨平台行程間通訊（interprocess communication，IPC）機制，請參閱第 15 章中提及的模組 `mmap`。

雖然大多數現代程式都仰賴圖形使用者介面（graphical user interface，GUI），通常是透過瀏覽器或智慧型手機的 app，但基於文字的非圖形「命令列（command-line）」使用者介面因其方便性、使用速度和指令稿操控能力（scriptability）而仍然非常受歡迎。本章結尾第 431 頁「文字輸入和輸出」中會討論 Python 中的非 GUI 文字輸入和輸出；在第

433 頁的「更豐富的文字 I/O」中討論終端文字 I/O；最後在第 437 頁的「國際化」中討論如何建置軟體，顯示跨越語言和文化的不同使用者都能理解的文字。

io 模組

正如本章簡介中提到的，`io` 是 Python 的標準程式庫模組，它為你的 Python 程式提供讀寫檔案最常見的方式。在現代 Python 中，內建函式 `open` 是函式 `io.open` 的一個別名（alias）。使用 `io.open`（或其內建的別名 `open`）來製作一個 Python 檔案物件，以便對底層作業系統看到的檔案進行讀取或寫入。你傳入給 `open` 的參數決定了回傳何種型別的物件。如果是文字的，這個物件可能是 `io.TextIOWrapper` 的一個實體，若為二進位的，則可能是 `io.BufferedReader`、`io.BufferedWriter` 或 `io.BufferedRandom` 中的一個，取決於它是唯讀（read-only）、唯寫（write-only），還是可讀可寫（read/write）。本節涵蓋各種型別的檔案物件，以及製作和使用*暫存*（*temporary*）檔案（在磁碟上，甚至是在記憶體中）的重要議題。

I/O 錯誤會提出 OSError

Python 對任何與檔案物件有關的 I/O 錯誤的反應都是提出內建例外類別 `OSError` 的一個實體（存在許多有用的子類別，在第 245 頁的「OSError 的子類別」中有介紹過）。導致這種例外的錯誤包括失敗的 `open` 呼叫、在一個檔案上呼叫某個方法，而該方法並不適用（例如，一個唯讀檔案上的 `write`，或一個不可搜尋的檔案上的 `seek`），以及由檔案物件的方法診斷出來的實際 I/O 錯誤。

`io` 模組還提供底層的類別，包括抽象的和具體的，透過繼承和合成（composition，也稱為*包裹*，*wrapping*），構成了你的程式一般會使用的檔案物件。我們在本書中不涵蓋這些進階主題。如果你有機會接觸到不同一般的資料管道，或者非檔案系統的資料儲存區，並且想為這些管道或儲存區提供一個檔案介面，你可以使用 `io` 模組中的其他類別來減輕你的工作負擔（透過適當的子類別化和包裹）。要想獲得這類別進階任務的說明，請查閱線上說明文件（*https://docs.python.org/3/library/io.html*）。

用 open 建立一個檔案物件

要建立一個 Python 檔案物件，就用以下語法呼叫 open：

```
open(file, mode='r', buffering=-1, encoding=None, errors='strict',
     newline=None, closefd=True, opener=os.open)
```

file 可以是一個字串或 pathlib.Path 的實體（底層 OS 所看到的任何檔案路徑），或一個 int（由 os.open 回傳的 OS 層級檔案描述器，或由你作為 opener 引數傳入的任何函式）。當 file 是一個路徑（一個字串或 pathlib.Path 實體）時，open 會開啟這樣指名的檔案（可能會創建它，取決於 mode 引數；儘管名稱如此，open 不僅僅是用來開啟現有的檔案，它也可以創建新的檔案）。當 file 是一個整數時，底層 OS 的檔案必須已經開啟（透過 os.open）。

以 Python 風格開啟一個檔案

open 是一個情境管理器（context manager）：請使用 **with** open(...) **as** *f*:，而非 *f* = open(...)，以確保檔案 *f* 在 **with** 述句的主體完成後立即被關閉。

open 根據模式（mode）和緩衝（buffering）設定，建立並回傳適當 io 模組類別的一個實體 *f*。我們把所有的這些實體稱為檔案物件（file objects）；它們彼此之間是多型（polymorphic）的。

mode

mode 是一個選擇性的字串，指出如何開啟（或建立）檔案。mode 的可能值在表 11-1 中列出。

表 11-1　mode 設定

模式	意義
'a'	檔案以唯寫模式開啟。如果已經存在，檔案會保持不變，而你所寫入的資料會被附加（append）到檔案中已經存在的內容後面。如果尚不存在，就會創建該檔案。在該檔案上呼叫 *f*.seek 會改變方法 *f*.tell 的結果，但不會改變以這種 mode 開啟的檔案中的寫入位置：寫入位置始終保持在檔案的結尾。

模式	意義
'a+'	檔案被開啟為可讀可寫，*f* 的所有方法都可以呼叫。如果檔案已經存在，就會維持不變，而你所寫入的資料會被附加到原有檔案內容之後。如果檔案尚不存在，就會創建它。在該檔案上呼叫 *f*.seek，取決於底層的作業系統，在對 *f* 的下一個 I/O 作業是寫入資料時，可能不會有任何影響，但在對 *f* 的下一個 I/O 作業是讀取資料時，就會如常運作。
'r'	檔案必須已經存在，而它以唯讀模式（read-only mode）被開啟（這是預設值）。
'r+'	檔案必須已經存在，並被開啟為可讀且可寫，所以 *f* 的所有方法都可以呼叫。
'w'	檔案以唯寫模式（write-only mode）開啟。如果已經存在，檔案會被截斷為零長度並覆寫；如果尚不存在，就會創建它。
'w+'	檔案被開啟為可讀可寫，所以 *f* 的所有方法都可以呼叫。如果已經存在，檔案會被截斷為零長度並覆寫，或在尚不存在時創建它。

二進位和文字模式

mode 字串可以包括表 11-1 中的任何值，後面接著一個 b 或 t。b 表示檔案應該以二進位（binary）模式開啟（或創建），而 t 表示文字（text）模式。若 b 和 t 皆不包含，預設為文字（即，'r' 就像 'rt'；'w+' 就像 'w+t'，以此類推），但是根據 The Zen of Python（*https://oreil.ly/QO8-Y*）所述：「explicit is better than implicit（明確的會比隱含的要好）」。

二進位檔案讓你讀取或寫入 bytes 型別的字串，而文字檔案讓你讀取或寫入 str 型別的 Unicode 文字字串。對於文字檔案，當底層管道或儲存系統以位元組為單位進行處理時（像大多數時候那樣），encoding（Python 已知的編碼名稱）和 errors（錯誤處理器的名稱，如 'strict'、'replace'…等，如表 9-1 中 decode 底下所述）很重要，因為它們指定了如何在文字和位元組之間進行轉譯，以及遇到編碼和解碼錯誤時該做什麼。

緩衝

buffering 是一個整數值，表示你為檔案請求的緩衝政策（buffering policy）。當 buffering 為 0 時，檔案（必須是二進位模式）是沒有緩衝（unbuffered）的；其效果就像你每次向檔案寫入東西時，檔案的緩衝區都會被排清（flushed）一樣。當 buffering 為 1 時，檔案（必須以文字模式開啟）是行緩衝（line buffered）的，這意味著每次你向檔案寫入 `\n` 時，檔案的緩衝區就會被排清。當 `buffering` 大於 `1` 時，檔案會使用一個大約有 `buffering` 個位元組的緩衝區，通常會捨入到驅動程式軟體方便處理的某個值。當 `buffering < 0` 時，就會根據檔案串流的型別使用一個預設值。一般情況下，對於對應於互動式串流（interactive streams）的檔案，這個預設值是行緩衝，而對於其他檔案則是 `io.DEFAULT_BUFFER_SIZE` 個位元組的一個緩衝區。

循序的與非循序（「隨機」）的存取

一個檔案物件 *f* 的本質是循序的（sequential，位元組或文字的一個串流）。你讀取時，會以它們出現的順序取得位元組或文字。你寫入時，所寫的位元組或文字會以你寫的順序被加進去。

要讓一個檔案物件 *f* 支援非循序的存取（nonsequential access，也叫做「隨機存取」，random access），它必須追蹤記錄其當前位置（儲存區中下一個讀或寫運算開始傳輸資料的位置），而且檔案的底層儲存區必須支援當前位置的設定。當 *f* 支援非循序存取時，*f*`.seekable` 會回傳 **`True`**。

開啟一個檔案時，預設的初始讀寫位置就在檔案的開頭。以 `'a'` 或 `'a+'` 的 `mode` 開啟 *f* 會在寫入資料到 *f* 之前，將 *f* 的讀寫位置設定到檔案的結尾。當你寫入或讀取檔案物件 *f* 的 *n* 個位元組，*f* 的位置就會推進 *n*。你可以呼叫 *f*`.tell` 來查詢目前的位置，並呼叫 *f*`.seek` 來變更位置，兩者皆涵蓋於下一節。

對一個文字模式的 *f* 呼叫 *f*`.seek` 時，你傳入的位移量（offset）必須是 `0`（將 *f* 定位在開頭或結尾，取決於 *f*`.seek` 的第二個引數），或者是先前呼叫 *f*`.tell` 所回傳的不透明結果（opaque result）[1]，來將 *f* 定位回你之前如此「標記（bookmarked）」的一個位置。

檔案物件的屬性和方法

一個檔案物件 *f* 提供表 11-2 中記載的屬性和方法。

1 `tell` 的值對於文字檔案來說是不透明（opaque）的，因為它們包含可變長度的字元。對於二進位檔案，它就只是單純的位元組計數。

表 11-2　檔案物件的屬性和方法

close	close() 關閉（close）檔案。在 *f*.close 之後，你就無法呼叫 *f* 上的其他方法。對 *f*.close 的多次呼叫是被允許且無害的。
closed	*f*.closed 是一個唯讀的屬性，若 *f*.close() 已經被呼叫過，它就會是 **True**，否則的話為 **False**。
encoding	*f*.encoding 是一個唯讀屬性，為指出編碼名稱的一個字串（如第 351 頁「Unicode」中所講述的）。在二進位檔案上，此屬性不存在。
fileno	fileno() 回傳 *f* 的檔案在作業系統層級上的檔案描述器（一個整數）。檔案描述器在第 404 頁的「os 模組的檔案和目錄函式」中提及。
flush	flush() 請求 *f* 的緩衝區（buffer）被寫出到作業系統，如此系統所見的檔案才會有與 Python 的程式碼所寫入的完全相同的內容。取決於平台和 *f* 底層檔案的本質，*f*.flush 有可能無法確保想要的效果。
isatty	isatty() 當 *f* 的底層檔案是一個互動式串流時，回傳 **True**，例如進入或來自一個終端（terminal）的那種；否則，回傳 **False**。
mode	*f*.mode 是一個唯讀屬性，為創建 *f* 的 io.open 呼叫中使用的 mode 字串之值。
name	*f*.name 是一個唯讀屬性，為創建 *f* 的 io.open 呼叫中使用的檔案（str 或 bytes）或 int 的值。當 io.open 是用 pathlib.Path 的實體 *p* 呼叫時，*f*.name 會是 str(*p*)。
read	read(*size*=-1, /) 當 *f* 以二進位模式開啟時，從 *f* 的檔案讀出最多 *size* 個位元組，並以位元組字串的形式回傳。如果檔案在讀入 *size* 個位元組之前就結束，read 就會讀入並回傳小於 *size* 個位元組的資料。當 *size* 小於 0 時，read 會讀取並回傳所有位元組，直到檔案結束。若檔案的當前位置是在檔案的結尾，或當 *size* 等於 0 時，read 會回傳一個空字串。當 *f* 是以文字模式開啟時，*size* 是字元數，而非位元組數，而 read 會回傳一個文字字串。
readline	readline(*size*=-1, /) 從 *f* 的檔案讀取並回傳一行，直到行結尾（\n），並包括它在內。當 *size* 大於或等於 0 時，讀取的位元組數不超過 *size* 個。在那種情況下，回傳的字串可能不會以 \n 結尾。當 readline 讀到檔案的結尾而沒有找到 \n 時，也可能不會有 \n。當檔案的當前位置在檔案的結尾或 size 等於 0 時，readline 會回傳一個空字串。

檔案和文字運算

`readlines`	`readlines(size=-1, /)` 讀取並回傳 *f* 的檔案中所有行所成的一個串列，每一行都是以 `\n` 結尾的一個字串。如果 *size* > 0，`readlines` 在收集了大約 *size* 個位元組的資料後會停止並回傳該串列，而不是一直讀到檔案的結尾；在那種情況下，串列中的最後一個字串可能不是以 `\n` 結尾。
`seek`	`seek(pos, how=io.SEEK_SET, /)` 將 *f* 的當前位置設定為距離一個參考點（reference point）整數位元組位移量 *pos* 的地方。*how* 指出參考點。`io` 模組有名為 `SEEK_SET`、`SEEK_CUR` 和 `SEEK_END` 的屬性，分別用於指定參考點是檔案的開始、當前位置或結束。 當 *f* 是以文字模式開啟時，*f*.`seek` 必須有 `0` 的 *pos*，或者，僅限於 `io.SEEK_SET`，是先前呼叫 *f*.`tell` 之結果的一個位置。 當 *f* 以 `'a'` 或 `'a+'` 模式開啟時，在一些但並非所有的平台上，寫入 *f* 的資料會被附加到已經在 *f* 中的資料後，不去管對 *f*.`seek` 的呼叫為何。
`tell`	`tell()` 回傳 *f* 的當前位置：對於二進位檔案來說，這是一個從檔案開頭起算的整數位移量；對於文字檔案來說，這是一個不透明的值（opaque value），可以在之後呼叫 *f*.`seek` 時使用，以使 *f* 回到現在的位置。
`truncate`	`truncate(size=None, /)` 截斷 *f* 的檔案，該檔案必須是開啟來寫入的。當 *size* 存在時，將檔案截斷到最多 *size* 個位元組。當 *size* 不存在時，使用 *f*.`tell()` 作為檔案的新大小。*size* 可能大於目前檔案的大小；在那種情況下，所產生的行為取決於平台。
`write`	`write(s, /)` 將字串 *s*（二進位或文字，取決於 *f* 的模式）的位元組寫到檔案。

`writelines`	`writelines(lst, /)`
	就像：
	`for line in lst: f.write(line)`
	可迭代物件 *lst* 中的字串是否為行（lines）並不重要：儘管它的名稱如此，`writelines` 方法只是把每個字串一個接一個寫到檔案中。特別是，`writelines` 不會新增行結尾記號（line-ending markers）：如果需要的話，這種記號必須已經存在於 *lst* 的項目中。

檔案物件的迭代

開啟來讀取的一個檔案物件 *f* 也會是一個迭代器（iterator），其項目是該檔案的資料行。因此，這個迴圈：

```
for line in f:
```

會迭代該檔案的每一行。因為緩衝的關係，提早中斷這種迴圈（例如藉由 **break**），或呼叫 next(*f*) 而非 *f*.readline()，會使檔案的位置被設定為一個任意的值。如果你想要從使用 *f* 作為一個迭代器，改為呼叫 *f* 上其他的讀取方法，請確定你有適當地呼叫 *f*.seek 來把該檔案的位置設為一個已知的值。從好的方面來說，*f* 上的直接迴圈有非常好的效能，因為這些規格允許迴圈使用內部的緩衝機制，以最小化 I/O，而且即使是大型檔案，也不會佔去過量的記憶體。

類檔案物件與多型（Polymorphism）

一個物件 *x* 的行為如果與 io.open 所回傳的一個檔案物件是**多型**的，那它就是類檔案的（file-like），這表示我們可以把 *x* 當成一個檔案來用，就「彷彿」它是一個檔案一般。使用這種物件的程式碼（稱為該物件的**客戶端程式碼**，*client code*），通常會以引數的形式取得該物件，或呼叫會回傳該物件作為結果的一個工廠函式（factory function）。舉例來說，如果客戶端程式碼會在 *x* 上呼叫的唯一方法是不帶引數的 *x*.read，那麼 *x* 為了成為那段程式碼眼中夠格的類檔案物件，所需要做的就只是提供可以不帶引數呼叫並回傳一個字串的一個 read 方法。其他的客戶端程式碼可能會需要 *x* 實作檔案方法的一個較大的子集。類檔案物件與多型並非絕對的概念：它們相對於某些特定的客戶端程式碼施加在一個物件上的需求。

多型（polymorphism）是物件導向程式設計的一個強大的面向，而類檔案物件則是多型的一個好例子。寫入或讀取檔案的客戶端程式碼模組可自動為存於他處的資料而重複使用，只要該模組沒有用型別檢查來打破多型。在表 8-1 中討論到內建的 type 和 isinstance 時，我們提到最好避免型別檢查（type checking），因為它會妨礙 Python 一般所提供的多型機制。通常，要在你的客戶端程式碼中支援多型，你所要做的只是避免型別檢查。

你可以編寫你自己的類別（如第 4 章中所講述的）並定義客戶端程式碼所需的特定方法（例如 read），藉此實作一種類檔案物件。一個類檔案

物件 *fl* 並不需要實作真正檔案物件 *f* 的所有屬性與方法。如果你能夠判斷客戶端程式碼會在 *fl* 上呼叫哪些方法，你就可以選擇只實作那個子集。舉例來說，當 *fl* 只會被寫入，*fl* 就不需要「讀取」方法，例如 `read`、`readline` 與 `readlines`。

如果你想要類檔案物件而非真正的檔案物件之主要原因是希望把資料保存在記憶體中而非磁碟上，那就用 `io` 模組的類別 `StringIO` 與 `BytesIO`，涵蓋於第 391 頁的「記憶體內的檔案：io.StringIO 和 io.BytesIO」。這些類別提供將資料保存在記憶體中的檔案物件，而且它們大部分的行為都與其他的檔案物件是多型的。如果你正在執行多個行程（processes），而你想透過類檔案物件進行通訊，可以考慮第 15 章中提及的 `mmap`。

tempfile 模組

`tempfile` 模組能讓你以平台所能提供的最安全的方式建立暫存（temporary）的檔案與目錄。當你處理的資料量無法輕易放入記憶體，或你的程式必須寫入資料以便另一個行程後續使用，那麼暫存檔通常就是很好的主意。

這個模組中函式的參數順序有點令人困惑：要讓你的程式碼更容易閱讀，請永遠都以具名引數語法來呼叫這些函式。`tempfile` 模組對外提供的函式與類別描述於表 11-3 中。

表 11-3　`tempfile` 模組的函式和類別

<table>
<tr><td>mkdtemp</td><td>mkdtemp(suffix=None, prefix=None, dir=None)
安全地建立只有目前的使用者能夠讀取、寫入與搜尋的一個新的暫存目錄，並回傳該暫存目錄的絕對路徑（absolute path）。你可以選擇傳入引數，指定字串作為暫存檔之檔案名稱的開頭（prefix）和結尾（suffix），以及要在其中建立暫存檔案的目錄之路徑（dir）。使用完畢後確保暫存目錄有被移除是你程式的責任。
這裡有一個典型的用法範例，它創建了一個暫存目錄，將其路徑傳給另一個函式，最後確保該目錄（以及所有的內容）有被移除：

```
import tempfile, shutil
path = tempfile.mkdtemp()
try:
    use_dirpath(path)
finally:
    shutil.rmtree(path)
```
</td></tr>
</table>

mkstemp	`mkstemp(suffix=None, prefix=None, dir=None, text=False)`
	安全地建立一個新的暫存檔案，只有目前的使用者可讀寫，但不可執行，也不會由子行程（subprocesses）所繼承；回傳一個對組 (*fd*, *path*)，其中 *fd* 是該暫存檔的檔案描述器（如 os.open 所回傳的，涵蓋於表 11-18），而字串 *path* 則是該暫存檔的絕對路徑。選擇性引數 suffix、prefix 和 dir 與函式 mkdtemp 的相同。如果你希望該暫存檔是個文字檔，那就明確地傳入引數 text=**True**。
	使用完之後暫存檔的移除動作要由你來進行：mkstemp 不是一個情境管理器（context manager），所以你不能使用 **with** 述句；最好改用 **try/finally**。這裡有一個典型用法的範例，它創建了一個暫存的文字檔，關閉它，將其路徑傳給另一個函式，最後確保檔案有被移除：
	`import tempfile, os`
	`fd, path = tempfile.mkstemp(suffix='.txt', text=True)`
	`try:`
	`    os.close(fd)`
	`    use_filepath(path)`
	`finally:`
	`    os.unlink(path)`

Named Temporary File	`NamedTemporaryFile(mode='w+b', bufsize=-1, suffix=None, prefix=None, dir=None)` 就像 TemporaryFile（在本表後面涵蓋），只不過暫存檔在檔案系統上確實有名稱。使用檔案物件的 name 屬性來存取那個名稱。某些平台（主要是 Windows）並不允許檔案再次被開啟，因此，如果你想要確保你的程式能夠跨平台運作，那麼這個名稱的用處就很有限。如果你需要將暫存檔的名稱傳給會開啟該檔案的另一個程式，你可以使用 mkstemp 函式，而非 NamedTemporaryFile 以保證正確的跨平台行為。當然，如果你選擇使用 mkstemp，你就得確保使用完之後，該檔案有被移除。從 NamedTemporaryFile 回傳的檔案物件是情境管理器，所以你能用 **with** 述句。
Spooled Temporary File	`SpooledTemporaryFile(mode='w+b', bufsize=-1, suffix=None, prefix=None, dir=None)` 就像接下來涵蓋的 TemporaryFile，只不過 SpooledTemporaryFile 回傳的檔案物件可以留在記憶體中（如果空間允許的話），直到你呼叫它的 fileno 方法（或 rollover 方法，它會確保檔案被寫入到磁碟，無論其大小為何）為止，結果就是，SpooledTemporaryFile 的效能可能會比較好，只要你有足夠的剩餘記憶體。

TemporaryDirectory	TemporaryDirectory(suffix=**None**, prefix=**None**, dir=**None**, ignore_cleanup_errors=**False**) 建立一個暫存目錄，就跟 mkdtemp 一樣（傳入選擇性的引數 suffix、prefix 和 dir）。回傳的目錄物件是一個情境管理器，所以你能使用 **with** 述句來確保它在你用完之後立即被刪除。又或者，如果你不把它當作一個情境管理器來用，就使用它內建的類別方法 cleanup（不是 shutil.rmtree）來明確地移除和清理目錄。將 ignore_cleanup_errors 設定為 **True**，以便在清理過程中忽略未處理的例外。只要目錄物件一被關閉，暫存目錄及其內容就會立即被刪除（無論是隱含的垃圾回收還是明確的 cleanup 呼叫）。
TemporaryFile	TemporaryFile(mode='w+b', bufsize=-1, suffix=**None**, prefix=**None**, dir=**None**) 以 mkstemp 建立一個暫存檔（傳給 mkstemp 選擇性的引數 suffix、prefix 與 dir），以表 11-18 中提及的 os.fdopen（傳給 fdopen 選擇性的引數 mode 和 bufsize）從之製作出一個檔案物件，並回傳那個檔案物件。那個暫封存檔會在檔案物件關閉（隱含地或明確地）時，立即被移除。為了更高的安全性，那個暫存檔在檔案系統上沒有名稱，如果你的平台允許那樣做的話（類 Unix 平台允許；Windows 則否）。TemporaryFile 所回傳的檔案物件是一個情境管理器，所以你能夠使用 **with** 述句來確保你使用完畢後它會立即被關閉。

用於檔案 I/O 的輔助模組

檔案物件提供檔案 I/O 所需的功能。然而，其他的 Python 程式庫模組提供便利的補充功能，在一些重要的情況下使 I/O 更加容易和方便。我們將在這裡看一下其中的兩個模組。

fileinput 模組

fileinput 模組讓你以迴圈跑過文字檔案所成的一個串列（list of text files）中的所有文字行。效能良好，堪比在每個檔案上直接迭代的效能，因為用了緩衝來最少化 I/O。因此，只要你覺得該模組豐富的功能性很方便，你就能將此模組用於行導向（line-oriented）的輸入，而不用擔心效能。input 函式是該模組關鍵函式；fileinput 模組也提供一個 FileInput 類別，其方法提供相同的功能性。兩者都在表 11-4 中描述。

表 11-4 fileinput 模組的關鍵類別和函式

FileInput	**class** FileInput(files=**None**, inplace=**False**, backup='', mode='r', openhook=**None**, encoding=**None**, errors=**None**) 創建並回傳類別 FileInput 的一個實體 *f*。引數與 fileinput.input 的相同，而 *f* 的方法與模組 fileinput 的其他函式有相同的名稱、引數和語意（參閱表 11-5）。*f* 也提供方法 readline，它會讀取並回傳下一行。使用類別 FileInput 來內嵌或混合會從多個檔案序列讀取資料行的迴圈。
input	input(files=None, inplace=**False**, backup='', mode='r', openhook=**None**, encoding=**None**, errors=**None**) 回傳 FileInput 的一個實體，它是一個會產出 files 中資料行的一個可迭代物件；該實體是全域狀態，因此 fileinput 模組的所有其他函式（參閱表 11-5）都在同一個共有狀態上進行運算。fileinput 模組的每個函式都直接對應於 FileInput 類別的一個方法。 files 是檔案名稱所成的一個序列，它們會一個接一個依序被開啟並讀取。當 files 是一個字串，它就是要開啟並讀取的單一檔名。當 files 為 **None**，input 會使用 sys.argv[1:] 作為檔名串列。檔名 '-' 代表標準輸入（sys.stdin）。如果檔名序列是空的，input 就會改為讀取 sys.stdin。 當 inplace 為 **False**（預設值），input 只會讀取那些檔案。如果 inplace 為 **True**，input 就會將每個被讀取的檔案（除了標準輸入外）移到一個備份檔案，然後將標準輸出（sys.stdout）重導以寫入至一個新的檔案，這個檔案的路徑與原本被讀取的檔案相同。如此一來，你就能模擬就地（in place）覆寫檔案。如果 backup 是以點號開頭的一個字串，input 就會使用 backup 作為備份檔的延伸檔名，並且不會移除備份檔。如果 backup 是一個空字串（預設值），input 就會使用 *.bak*，並在輸入檔關閉時刪除每個備份檔。關鍵字引數 mode 可以是預設的 'r'，或 'rb'。 你可以選擇性地傳入一個 openhook 函式用作 io.open 的替代品。舉例來說，openhook=fileinput.hook_compressed 可以解壓任何延伸檔名為 *.gz* 或 *.bz2* 的輸入檔案（與 inplace=**True** 不相容）。你可以撰寫自己的 openhook 函式來解壓其他類型的檔案，例如對 *.xz* 檔案使用 LZMA 解壓[a]；使用 fileinput.hook_compressed 的 Python 原始碼（*https://oreil.ly/qXxx1*）作為範本。**3.10+** 你也可以傳入 encoding 和 errors，它們將作為關鍵字引數傳入給掛接器（hook）。

[a] LZMA 的支援可能需要用選擇性的額外程式庫來建置 Python。

表 11-5 中列出的 fileinput 模組函式會在 fileinput.input 所創建的全域狀態上工作（如果有的話）；否則它們會提出 RuntimeError。

表 11-5　fileinput 模組的額外函式

close	close() 關閉整個序列，使迭代停止，沒有檔案保持開放。
filelineno	filelineno() 回傳目前正在讀取的檔案中已經讀取的行數。舉例來說，如果剛剛從當前檔案中讀到第一行，則回傳 1。
filename	filename() 回傳現在正在讀取的檔案的名稱，如果還沒有讀取任何一行，則回傳 **None**。
isfirstline	isfirstline() 回傳 **True** 或 **False**，就像 filelineno() == 1 一樣。
isstdin	isstdin() 當前被讀取的檔案是 sys.stdin 時回傳 **True**；否則，回傳 **False**。
lineno	lineno() 回傳自呼叫 input 以來讀到的總行數。
nextfile	nextfile() 關閉正在讀取的檔案：接下來要讀取的行是下一個檔案的第一行。

下面是一個使用 fileinput 進行「多檔案搜尋和替換」的典型例子，將多個檔案中的一個字串替換成另一個字串，這些檔案的名稱被作為命令列引數傳入給指令稿：

```
import fileinput
for line in fileinput.input(inplace=True):
    print(line.replace('foo', 'bar'), end='')
```

在這種情況下，在 print 中加入 end='' 引數是很重要的，因為每一個 line 的尾端都有它的行結尾字元 \n，你需要確保 print 不會再加上另一個（否則每個檔案最後都會變成「雙行距」）。

你也可以使用 fileinput.input 回傳的 FileInput 實體作為一個情境管理器。就像 io.open 一樣，這將在退出 **with** 述句時關閉所有由 FileInput 所開啟的檔案，即使有例外發生：

```
with fileinput.input('file1.txt', 'file2.txt') as infile:
    dostuff(infile)
```

struct 模組

`struct` 模組能讓你將二進位資料包裝為一個 bytestring（位元組字串），並將這樣的一個 bytestring 解開回它們所代表的 Python 資料。這樣的作業適用於許多種類的低階程式設計。通常，你會使用 `struct` 來解讀帶有某種指定格式的二進位檔中的資料記錄，或準備資料記錄以寫入這種二進位檔案。這個模組的名稱源自於 C 語言的關鍵字 `struct`，它也常用於相關的用途。遇到任何錯誤時，模組 `struct` 的函式所提出的例外會是例外類別 `struct.error` 的實體。

`struct` 模組仰賴遵循一種特定語法的 *struct* **格式字串**（*struct format strings*）。這種格式字串的第一個字元給出位元組順序（byte order，*https://oreil.ly/rqogV*）、大小，以及所包裝資料的對齊（alignment）方式；這些選項列於表 11-6。

表 11-6　`struct` 格式字串中可能的第一個字元

字元	意義
`@`	原生（native）的位元組序，原生的資料大小，以及目前平台原生的對齊方式，如果第一個字元不是列於此的字元，這就會是預設值（請注意，表 11-7 中的格式 `P` 只適用於這種 `struct` 格式字串）。如果需要檢查你系統的位元組序，就查看字串 `sys.byteorder`；今日大多數的 CPU 都使用 `'little'`，但 `'big'` 是網際網路的核心協定 TCP/IP 的「網路標準」。
`=`	目前平台原生的位元組序，但使用標準的大小與對齊方式。
`<`	小端序（little-endian）的位元組序；標準的大小與對齊方式。
`>, !`	大端序（big-endian）或網路標準的位元組序；標準的大小和對齊方式。

標準大小列於表 11-7 中。標準的對齊方式代表不強制對齊，有需要的話必須使用明確的填補位元組（padding bytes）。原生的大小與對齊方式就是平台的 C 編譯器所用的那種。原生的位元組序可能會將最高有效位元組（most significant byte）放在最低位址（big-endian）或最高位址（little-endian），視平台而定。

在選擇性的第一個字元後，一個格式字串由一或多個格式字元所構成，每個的前面可以選擇性地加上一個計數（count，由十進位數字表示的一個整數）。常見的格式字元顯示於表 11-7；完整的清單請參閱線上說明文件（*https://oreil.ly/yz7bI*）。對於大多數的格式字元，這個計數代表重複次數（例如 '3h' 等同於 'hhh'）。當格式字元是 s 或 p，也就是一個位元組字串（bytestring）時，這個計數就不是重複了：它是該字串中的位元組總數。空白可自由用於格式之間，但不能放在一個計數和其格式字元之間。格式 s 代表一個長度固定的 bytestring，跟它的計數一樣長（如果需要，Python 字串會被截斷，或以 null byte 的 b'\0' 填補）。格式 p 代表一個「類 Pascal（Pascal-like）」位元組字串：第一個位元組代表後續接的有效位元組數，而實際的內容從第二個位元組開始。計數是總位元組數，包括那個長度位元組。

表 11-7 struct 的常見格式字元

字元	C 型別	Python 型別	標準大小
B	unsigned char	int	1 個位元組
b	signed char	int	1 個位元組
c	char	bytes（長度 1）	1 個位元組
d	double	float	8 個位元組
f	float	float	4 個位元組
H	unsigned short	int	2 個位元組
h	signed short	int	2 個位元組
I	unsigned int	long	4 個位元組
i	signed int	int	4 個位元組
L	unsigned long	long	4 個位元組
l	signed long	int	4 個位元組
P	void*	int	N/A
p	char[]	bytes	N/A
s	char[]	bytes	N/A
x	填補位元組	沒有值	1 個位元組

struct 模組提供表 11-8 中的函式。

表 11-8 struct 模組的函式

calcsize	calcsize(*fmt*, /) 回傳對應格式字串 *fmt* 的大小，單位是位元組。

iter_unpack	iter_unpack(*fmt*, *buffer*, /) 根據格式字串 *fmt* 從 *buffer* 迭代地解開。回傳一個迭代器，該迭代器將從 *buffer* 中讀取同等大小的區塊，直到其所有內容被消耗為止；每次迭代產出一個由 *fmt* 指定的元組。*buffer* 的大小必須是格式要求的大小之倍數，如 struct.calcsize(*fmt*) 中所反映的。
pack	pack(*fmt*, **values*, /) 依據格式字串 *fmt* 來包裝傳入的那些值，回傳所產生的 bytestring。*values* 在值的數目與型別上必須與 *fmt* 所要求的相符。
pack_into	pack_into(*fmt*, *buffer*, *offset*, **values*, /) 從索引 *offset* 開始，根據格式字串 *fmt* 將值封裝到可寫入的 *buffer*（通常是 bytearray 的實體）。*values* 必須在數量和型別上與 *fmt* 要求的值一致。len(buffer[offset:]) 必須 >= struct.calcsize(*fmt*)。
unpack	unpack(*fmt*, *s*, /) 依據格式字串 *fmt* 解開位元組字串 *s*，回傳由值構成的一個元組（如果只有一個值，就是一個單項目的元組）。len(*s*) 必等於 struct.calcsize(*fmt*)。
unpack_from	unpack_from(*fmt*, /, buffer, offset=0) 依據格式字串 *fmt* 解開位元組字串（或其他可讀的緩衝區）buffer，從 offset 開始，回傳由值構成的一個元組（若只有一個值，就會是一個單項目的元組）。len(buffer[offset:]) 必須 >=struct.calcsize(*fmt*)。

struct 模組還提供一個 Struct 類別，它是以一個格式字串作為引數進行實體化的。這個類別的實體實作了與上表所描述的函式相對應的 pack、pack_into、unpack、unpack_from 和 iter_unpack 方法；它們接受的引數與相應的模組函式相同，但省略了 *fmt* 引數，它會在實體過程中提供。這使得該類別可以只編譯一次格式字串，然後重複使用它。Struct 物件也有一個 format 屬性，用於儲存物件的格式字串，還有一個 size 屬性，用於儲存結構計算出來的大小。

記憶體內的檔案：io.StringIO 和 io.BytesIO

你可以撰寫提供你所需方法的 Python 類別來實作類檔案物件（file-like objects）。如果你所想要的只是讓資料留存在記憶體中，而非在作業系統所見的檔案上，就用 io 模組的類別 StringIO 或 BytesIO。它們之間的差異在於，StringIO 的實體是文字模式的檔案，所以讀取或寫入會消耗或產生文字字串，而 BytesIO 的實體是二進位檔案，所以讀或寫會消耗或產生位元組字串。這些類別在測試和某些應用程式中特別有用，在那些應用程式中，程式輸出應該被重導以進行緩衝或作為日誌記錄；第 431 頁的「print 函式」包括一個實用的情境管理器例子 redirect，它演示了這一點。

當你實體化這兩個類別中任一個時，你可以選擇傳入一個字串引數，分別是 str 或 bytes，作為檔案的初始內容。此外，你可以向 StringIO（但不是 BytesIO）傳遞引數 newline='\n'，以控制如何處理行結尾（就像在 TextIoWrapper（*https://oreil.ly/-cD05*）中）；如果 newline 為 None，在所有平台上新行（newlines）都寫成 \n。除了表 11-2 中描述的方法外，任一個類別的實體 *f* 都提供一個額外的方法：

getvalue	getvalue() 將 *f* 當前的資料內容作為一個字串（文字或位元組）回傳。你不能在呼叫 *f*.close 之後再呼叫 *f*.getvalue：close 會釋放 *f* 內部保存的緩衝區（buffer），而 getvalue 需要回傳該緩衝區作為其結果。

封存和壓縮的檔案

儲存空間和傳輸頻寬越來越便宜和充裕，但在許多情況下，你可以透過使用壓縮（compression）來節省這些資源，但要付出一些額外的計算時間。計算能力的增長甚至比其他一些資源（如頻寬）更便宜、更充沛，所以壓縮的受歡迎程度不斷提高。Python 使得你的程式可以很容易地支援壓縮。我們在本書中不涵蓋壓縮的細節，但你可以在線上說明文件（*https://oreil.ly/QJzCW*）中找到相關標準程式庫模組的細節。

本節的其餘部分涵蓋「封存（archive）」檔案（它在單一個檔案中收集了一系列的檔案，可能還有目錄），這些檔案可能有經過壓縮，也可能沒有壓縮。Python 的 stdlib 提供兩個模組來處理兩種非常流行的封存格式：tarfile（預設情況下，它不會壓縮它所封裝的檔案），和 zipfile（預設情況下，它會壓縮它所封裝的檔案）。

tarfile 模組

tarfile 模組可以讓你讀寫 TAR 檔案（*https://oreil.ly/TvKqN*）（與那些流行的封存程式如 tar 所處理的封存檔案相容），可以選擇以 gzip、 bzip2 或 LZMA 壓縮。TAR 檔案通常以 *.tar* 或 *.tar.(compression type)* 為延伸檔名。**3.8+** 新封存檔的預設格式是 POSIX.1-2001（pax）。**python -m tarfile** 為該模組的功能提供一個有用的命令列介面：不帶引數執行它就可以得到一個簡短的說明訊息。

tarfile 模組提供表 11-9 中列出的函式。處理到無效的 TAR 檔案時，tarfile 的函式會提出 tarfile.TarError 的實體。

表 11-9　tarfile 模組的類別和函式

is_tarfile	is_tarfile(*filename*) 當由 *filename* 所指名的檔案（可以是 str，**3.9+** 或一個檔案或類檔案物件）從頭幾個位元組來判斷，看起來是一個有效的 TAR 檔案（可能有壓縮），就回傳 **True**；否則，回傳 **False**。
open	open(name=**None**, mode='r', fileobj=**None**, bufsize=10240, ***kwargs*) 建立並回傳一個 TarFile 實體 *f*，透過類檔案物件 fileobj 讀取或創建一個 TAR 檔案。當 fileobj 為 **None** 時，name 可以是指名檔案的一個字串或一個類路徑物件（path-like object）；open 以給定的模式（預設為 'r'）開啟檔案，而 *f* 包裹所產生的檔案物件。open 可以作為一個情境管理器使用（例如，使用 **with** tarfile.open(...) **as** *f*）。  ***f.close* 可能不會關閉 *fileobj*** 當 *f* 是以一個非 **None** 的 fileobj 開啟時，呼叫 *f*.close 不會關閉 fileobj。當 fileobj 是 io.BytesIO 的一個實體時，*f*.close 的這種行為就很重要：你可以在 *f*.close 之後呼叫 fileobj.getvalue，以獲得經過封存而且可能壓縮過的資料，作為一個字串。這種行為也意味著你必須在呼叫 *f*.close 後明確地呼叫 fileobj.close。 模式可以是 'r'，以讀取一個現有的 TAR 檔案，不管它用的是什麼壓縮（如果有的話）；'w' 以寫入一個新的 TAR 檔案，或者截斷並覆寫一個現有的，沒有壓縮；或者 'a'，附加到一個現有的 TAR 檔案，沒有壓縮。不支援對經過壓縮的 TAR 檔案進行附加。要寫入一個有壓縮的新 TAR 檔案，mode 可以是用於 gzip 壓縮的 'w:gz'；用於 bzip2 壓縮的 'w:bz2'，或者用於 LZMA 壓縮的 'w:xz'。你可以使用模式字串 'r:' 或 'w:' 來讀取或寫入未壓縮的、不可搜尋的 TAR 檔案，使用 bufsize 個位元組的緩衝區；要讀取 TAR 檔案，請使用普通的 'r'，因為這將在必要時自動解壓縮。 在指定壓縮的模式字串中，你可以使用垂直線（|）而非冒號（:）來強制進行循序處理和固定大小的區塊；這在你發現自己需要處理磁帶裝置（tape device）時（我們承認這不太可能）是非常有用的！

TarFile 類別

TarFile（*https://oreil.ly/RwYNA*）是大多數 tarfile 方法底層的類別，但不會直接使用。使用 tarfile.open 建立的 TarFile 實體 *f* 提供表 11-10 中詳述的方法。

表 11-10　TarFile 實體 f 的方法

add	*f*.add(*name*, arcname=**None**, recursive=**True**, *, filter=**None**) 將 *name* 所指名的檔案（可以是任何類型的檔案、目錄或符號連結）新增到封存檔 *f* 中。當 arcname 不是 **None** 時，它會被用作封存檔成員的名稱，取代 *name*。當 *name* 是一個目錄，而且 recursive 為 **True** 時，add 會遞迴地新增根植於該目錄的整個檔案系統子樹，以排序好的順序進行。選擇性的（僅限具名的）引數 filter 是一個函式，會在每個要新增的物件上被呼叫。它接受一個 TarInfo 物件引數，並回傳那個 TarInfo 物件（可能經過修改），或者是 **None**。在後一種情況下，add 方法會將此 TarInfo 物件從封存檔中排除。
addfile	*f*.addfile(*tarinfo*, fileobj=**None**) 在封存檔 *f* 中新增一個 TarInfo 物件 *tarinfo*。如果 fileobj 不是 **None**，則會新增二進位類檔案物件 fileobj 的前個 *tarinfo*.size 個位元組。
close	*f*.close() 關閉封存檔 *f*。你必須呼叫 close，否則可能會在磁碟上留下一個不完整的、無法使用的 TAR 檔案。這種強制性的最終處理最好以一個 **try/finally** 來進行，如第 233 頁的「try/finally」所述，或者更好的，使用一個 **with** 述句，如第 236 頁的「with 述句和情境管理器」。如果 *f* 是用一個非 **None** 的 fileobj 所建立的，呼叫 *f*.close 不會關閉 fileobj。當 fileobj 是 io.BytesIO 的一個實體時，這一點尤其重要：你可以在 *f*.close 之後呼叫 fileobj.getvalue 來獲得經過壓縮的資料字串。所以，你總是要在 *f*.close 之後呼叫 fileobj.close（明確的，或者透過使用 **with** 述句隱含進行）。
extract	*f*.extract(*member*, path='', set_attrs=**True**, numeric_owner=**False**) 將由 *member*（一個名稱或 TarInfo 實體）所識別的封存檔成員提取到由 path（預設為當前目錄）所指名的目錄（或類路徑的物件）中的相應檔案。如果 set_attrs 為 **True**，所有者（owner）和時戳（timestamps）將按照它們在 TAR 檔案中的儲存方式設定；否則，提取出來的檔案之所有者和時戳將使用目前的使用者和時間值來設定。如果 numeric_owner 為 **True**，來自 TAR 檔案的 UID 和 GID 數字將被用來設定被提取檔案的所有者和群組（group）；否則，將使用來自 TAR 檔案的具名值（線上說明文件（*https://oreil.ly/Ugj8v*）推薦使用 extractall 而非直接呼叫 extract，因為 extractall 在內部做了額外的錯誤處理）。

extractall	*f*.extractall(path='.', members=**None**, numeric_owner=**False**) 類似於在 TAR 檔案 *f* 的每個成員上呼叫 extract，或者僅僅是那些在 members 引數中列出的成員，並對寫入被提取成員時發生的 chown、chmod 和 utime 錯誤進行額外的錯誤檢查。

不要對來源不可信任的 *Tar* 檔案使用 *extractall*

extractall 不會檢查被提取檔案的路徑，因此存在這樣的風險：被提取的檔案有一個絕對路徑（或包括一或多個 .. 組成部分），從而覆寫了一個潛在的敏感檔案[a]。最好是個別讀取每個成員，並且只在它有一個安全的路徑（即沒有絕對路徑或帶有任何 .. 路徑組成部分的相對路徑）時才提取它。

extractfile	*f*.extractfile(*member*) 提取由 *member*（一個名稱或 TarInfo 實體）識別的封存檔成員，並回傳一個 io.BufferedReader 物件，該物件具有 read、readline、readlines、seek 和 tell 方法。
getmember	*f*.getmember(*name*) 回傳一個 TarInfo 實體，包含由字串 *name* 所指名的封存檔成員的資訊。
getmembers	*f*.getmembers() 回傳 TarInfo 實體的一個串列，封存檔 *f* 中的每個成員都有一個，其順序與封存檔本身中的條目相同。
getnames	*f*.getnames() 回傳一個字串串列，即封存檔 *f* 中每個成員的名稱，其順序與封存檔本身中的條目相同。
gettarinfo	*f*.gettarinfo(name=**None**, arcname=**None**, fileobj=**None**) 回傳一個 TarInfo 實體，其中包含關於開啟的檔案物件 fileobj 的資訊，如果不是 **None** 的話；否則回傳其路徑是字串 name 的現有檔案。name 可以是一個類路徑物件。當 arcname 不是 **None** 時，它被用作回傳的 TarInfo 實體的 name 屬性。
list	*f*.list(verbose=**True**, *, members=**None**) 向 sys.stdout 輸出封存檔 *f* 的一個目錄。如果選擇性的引數 verbose 為 **False**，則只輸出封存檔的成員名稱。如果給出選擇性的引數 members，它必須是 getmembers 回傳的串列的一個子集。
next	*f*.next() 回傳下一個可用的封存檔成員作為一個 TarInfo 實體；如果沒有可用的，則回傳 **None**。

[a] 在 CVE-2007-4559（*https://oreil.ly/7hJ89*）中有進一步的描述。

檔案和文字運算

TarInfo 類別

`TarFile` 實體的 `getmember` 和 `getmembers` 方法會回傳 `TarInfo` 的實體，提供關於封存檔成員的資訊。你也可以用 `TarFile` 實體的方法 `gettarinfo` 來建立 `TarInfo` 實體。*name* 引數可以是一個類路徑物件。表 11-11 中列出由 `TarInfo` 實體 *t* 所提供的最有用的屬性和方法。

表 11-11　TarInfo 實體 t 的實用屬性

`isdir()`	如果檔案是一個目錄，則回傳 **True**
`isfile()`	如果該檔案是一個普通檔案，則回傳 **True**
`issym()`	如果該檔案是一個符號連結（symbolic link），則回傳 **True**
`linkname`	當 *t*.type 為 LNKTYPE 或 SYMTYPE 時，目標檔案的名稱（一個字串）
`mode`	由 *t* 所識別的檔案之權限（permission）和其他模式位元（mode bits）
`mtime`	由 *t* 所識別的檔案之最後修改時間（time of last modification）
`name`	檔案中由 *t* 所識別的檔案之名稱
`size`	由 *t* 所識別的檔案之大小，單位是位元組（未壓縮）
`type`	檔案類型，為許多常數中的一個，那些常數是 `tarfile` 模組的屬性（SYMTYPE 用於符號連結；REGTYPE 用於普通檔案；DIRTYPE 用於目錄…等；完整的清單請參閱線上說明文件（*https://oreil.ly/RwYNA*）

zipfile 模組

`zipfile` 模組可以讀寫 ZIP 檔案（即與流行的壓縮程式如 `zip` 和 `unzip`、`pkzip` 和 `pkunzip`、`WinZip` 等處理的封存檔相容的檔案，通常以 *.zip* 為延伸檔名）。**`python -m zipfile`** 提供一個實用的命令列介面來提供該模組的功能：執行它而不帶更多的引數會獲得一個簡短的說明訊息。

關於 ZIP 檔案的詳細資訊可以在 PKWARE（*https://oreil.ly/fVfmV*）和 Info-ZIP（*https://oreil.ly/rMHiL*）網站上找到。你需要研究這些詳細資訊來用 `zipfile` 執行進階的 ZIP 檔案處理工作。如果你不特別需要與其他使用 ZIP 檔案標準的程式交互作業，`lzma`、`gzip` 和 `bz2` 模組通常會是處理壓縮的更好途徑，就像用 `tarfile` 建立（選擇性地壓縮）封存檔那樣。

zipfile 模組無法處理多磁碟的 ZIP 檔案，也無法建立加密過的封存檔（可以解密，但比較慢）。該模組也無法處理除了一般的壓縮類型之外的封存檔成員，一般的類型被稱為 *stored*（未經壓縮拷貝到封存檔中的檔案）和 *deflated*（使用 ZIP 格式的預設壓縮演算法壓縮的檔案）。zipfile 還可以處理 bzip2 和 LZMA 壓縮類型，但要注意：不是所有的工具都能處理這些，所以如果你使用它們，你等於犧牲一些可移植性（portability）來獲得更好的壓縮。

zipfile 模組提供函式 is_zipfile 和類別 Path，如表 11-12 中所列。此外，它還提供 ZipFile 和 ZipInfo 類別，會在後面描述。對於與無效的 ZIP 檔案有關的錯誤，zipfile 的函式會提出例外，那些例外都例外類別 zipfile.error 的實體。

表 11-12　zipfile 模組的輔助函式和類別

is_zipfile	is_zipfile(*file*) 當用字串、類路徑物件或類檔案物件 *file* 所指名的檔案，從檔案的前幾個位元組和最後幾個位元組判斷，似乎是一個有效的 ZIP 檔案時，就回傳 **True**；否則，回傳 **False**。
Path	class Path(*root*, at='') 3.8+ 一個相容 pathlib 的 ZIP 檔案包裹器（wrapper）。從 *root* 回傳 pathlib.Path 物件 *p*，它是一個 ZIP 檔案（可以是一個 ZipFile 實體或適合傳入給 ZipFile 建構器的檔案）。字串引數 at 是指定 *p* 在 ZIP 檔案中位置的路徑，預設為 *root*。*p* 對外開放了幾個 pathlib.Path 方法：詳情請參閱線上說明文件（*https://oreil.ly/sMeC_*）。

ZipFile 類別

zipfile 提供的主類別是 ZipFile。它的建構器有如下特徵式：

ZipFile

```
class ZipFile(file, mode='r', compression=zipfile.ZIP_STORED, allowZip64=True, compresslevel=None, *, strict_timestamps=True)
```

開啟 *file*（一個字串、類檔案物件或類路徑物件）所指名的一個 ZIP 檔案。mode 可以是讀取既存 ZIP 檔案用的 'r'；用來寫入一個新的 ZIP 檔案或截斷並覆寫一個現有 ZIP 檔案的 'w'；或是附加至一個既存檔案的 'a'。它也可以是 'x'，效果就像是 'w' 但會在那個 ZIP 檔案已經存在時提出一個例外，在此，'x' 代表「exclusive（獨占式）」。

當 mode 是 'a'，*file* 可以指名一個現有的 ZIP 檔案（在這種情況中，新的成員會被加到那個現有的封存檔中）、或一個現有的非 ZIP 檔案。在後面的那種情況中，會有一個新的 ZIP 類檔案封存檔被創建，並附加到那個現有的檔案後。這種情況的主要用途是讓你建置一個執行時會自我解壓縮的可執行檔（executable file）。因此那個現有的檔案必須是自我解壓縮可執行檔前綴（self-unpacking executable prefix）的一個乾淨拷貝，如 *www.info-zip.org* 或其他壓縮工具的供應商所提供的那種。

compression 是在寫入封存檔時使用的 ZIP 壓縮方法：ZIP_STORED（預設）要求封存檔不使用壓縮；ZIP_DEFLATED 要求封存檔使用壓縮的 *deflation* 模式（ZIP 檔案中最常用且有效的壓縮方式）。它也可以是 ZIP_BZIP2 或 ZIP_LZMA（為了更高的壓縮比而犧牲了可移植性；這分別需要 bz2 或 lzma 模組）。無法識別的值將提出 NotImplementedError。

當 allowZip64 為 **True**（預設值）時，允許 ZipFile 實體使用 ZIP64 擴充功能來生成大於 4 GB 的封存檔；否則，任何試圖產生這種大型封存檔的行為都會提出 LargeZipFile 例外。

compresslevel 是一個整數（使用 ZIP_STORED 或 ZIP_LZMA 時忽略），從代表 ZIP_DEFLATED 的 0（1 代表 ZIP_BZIP2），要求適度壓縮但快速運算，到代表要求最佳壓縮的 9，但要付出更多的計算成本。

3.8+ 將 strict_timestamps 設定為 **False**，以儲存比 1980-01-01（設定時戳為 1980-01-01）更久遠，或超過 2107-12-31（設定時戳為 2107-12-31）的檔案。

ZipFile 是一個情境管理器；因此，你可以在 **with** 述句中使用它來確保底層檔案在你處理完後被關閉。比如說：

```
with zipfile.ZipFile('archive.zip') as z:
    data = z.read('data.txt')
```

除了它實體化時所用的引數，ZipFile 實體 *z* 還有屬性 fp 和 filename，它們是 *z* 所處理的類檔案物件及其檔案名稱（如果知道的話）；comment，可能是空字串，是封存檔的註解；以及 filelist，封存檔中的 ZipInfo 實體串列。此外，*z* 有一個名為 debug 的可寫屬性，是從 0 到 3

的一個 `int`，你可以指定它來控制要向 `sys.stdout` 發出多少除錯輸出[2]：從 *z*.`debug` 為 `0` 時的什麼都沒有，到 *z*.`debug` 為 `3` 時的最大資訊量。

一個 `ZipFile` 實體 *z* 提供表 11-13 中列出的方法。

表 11-13　由 `ZipFile` 的實體 *z* 提供的方法

`close`	`close()` 關閉封存檔 *z*。請確保有呼叫 *z*.`close()`，否則可能會在磁碟上留下一個不完整且無法使用的 ZIP 檔案。這種強制性的最終處理通常最好用 **`try/finally`** 述句來執行，如第 233 頁的「try/finally」中所述，或者更好的，使用 **`with`** 述句，如第 236 頁「with 述句和情境管理器」所講述的。
`extract`	`extract(`*member*`, path=`**`None`**`, pwd=`**`None`**`)` 將一個封存檔成員提取至磁碟、到目錄或類路徑物件 `path`，或預設情況下，提取到當前工作目錄（current working directory）；*member* 是成員的全名，或識別該成員的一個 `ZipInfo` 實體。`extract` 會將 *member* 中的路徑資訊正規化（normalize），將絕對路徑變成相對路徑、移除任何的 `..` 組成部分，而在 Windows 上，還會將檔案名稱中的非法字元變為底線（`_`）。`pwd`，如果存在，是用於解密一個加密成員的密碼。 `extract` 回傳它所建立的檔案之路徑（如果它已經存在，則覆寫），或者它所建立的目錄之路徑（如果已經存在，則不去動它）。在一個已關閉的 `ZipFile` 上呼叫 `extract` 會提出 `ValueError`。
`extractall`	`extractall(path=`**`None`**`, members=`**`None`**`, pwd=`**`None`**`)` 將封存成員（archive members，預設是全部）擷取到目錄或類路徑物件 `path`，或預設的當前工作目錄；`members` 選擇性地限制了要擷取哪些成員，而且必須是 *z*.`namelist` 所回傳的字串串列的一個子集。`extractall` 會正規化它所擷取的成員之路徑資訊，將絕對路徑轉為相對的，移除是 `..` 的任何組成部分，而在 Windows 上，它還會將檔名中無效的字元轉為底線（`_`）。`pwd`，若有出現，就是用來解密一個加密過的成員的密碼。
`getinfo`	`getinfo(`*name*`)` 回傳一個 `ZipInfo` 實體，提供字串 *name* 所指名的封存成員之相關資訊。
`infolist`	`infolist()` 回傳由 `ZipInfo` 的實體所構成的一個串列，封存檔 *z* 中的每個成員都對應一個，順序與封存檔中的條目相同。

2 唉，沒錯，並不是 `sys.stderr`，正如通常的做法和邏輯會指定的那樣！

namelist	namelist() 回傳字串所成的一個串列，它們是封存檔 *z* 中每個成員的名稱，順序與封存檔中的條目相同。
open	open(*name*, mode='r', pwd=**None**, *, force_zip64=**False**) 提取並回傳由 *name*（成員名稱字串或 ZipInfo 實體）所識別的封存成員，作為一個（可能是唯讀的）類檔案物件。*mode* 可以是 'r' 或 'w'。pwd，如果存在，是用於解密一個加密成員的密碼。當未知檔案的大小可能超過 2 GiB 時，傳入 force_zip64=**True**，以確保標頭格式（header format）能夠支援大檔案。當你事先知道大型檔案的大小時，就使用 ZipInfo 實體作為 *name*，並適當地設定 file_size。
printdir	printdir() 輸出封存檔 z 的一個文字目錄（textual directory）到 sys.stdout。
read	read(*name*, *pwd*) 擷取出 *name*（一個成員名稱字串或 ZipInfo 實體）所識別的封存成員，並回傳其內容所成的位元組字串。*pwd*，若有出現，就是用來解密一個加密過的成員之密碼。
setpassword	setpassword(*pwd*) 設定字串 *pwd* 作為用來解密加密檔案的預設密碼。
testzip	testzip() 讀取並檢查封存檔 *z* 中的檔案。回傳一個字串，包含第一個毀損的封存成員之名稱，如果壓縮檔完好無損，則回傳 **None**。
write	write(filename, arcname=**None**, compress_type=**None**, compresslevel=**None**) 將字串 *filename* 指名的檔案寫入封存檔 *z*，帶有封存成員名稱 arcname。當 arcname 為 **None**，write 會使用 *filename* 作為封存成員的名稱。當 compress_type 或 compresslevel 是 **None**（預設值），write 會使用 *z* 的壓縮類型和層級（level）；否則，compress_type 和 compresslevel 指示該如何壓縮該檔案。*z* 必須是以 'w'、'x' 或 'a' 開啟的；否則會提出 ValueError。

writestr	writestr(*zinfo_arc*, *data*, compress_type=**None**, compresslevel=**None**)
	使用 *zinfo_arc* 指定的詮釋資料（metadata）和 *data* 中的資料為封存檔 *z* 新增一個成員。*zinfo_arc* 必須是一個 ZipInfo 實體，至少指定 *filename* 和 *date_time*，或者是一個字串，用作封存檔成員名稱，而日期和時間則設定為當前時刻。*data* 是 bytes 或 str 的實體。當 compress_type 或 compresslevel 為 **None**（預設）時，writestr 使用 *z* 的壓縮類型和層級；否則，compress_type 和 compresslevel 指定如何壓縮檔案。*z* 必須以模式 'w'、'x' 或 'a' 開啟；否則會提出 ValueError。
	當你在記憶體中有資料，並需要將資料寫入 ZIP 封存檔 *z*，使用 *z*.writestr 會比 *z*.write 更簡單、更快速。後者需要你先把資料寫到磁碟上，然後再刪除無用的磁碟檔案；用前者，你可以直接編寫：
	`import zipfile`
	`with zipfile.ZipFile('z.zip', 'w') as zz:`
	`    data = 'four score\nand seven\nyears ago\n'`
	`    zz.writestr('saying.txt', data)`
	下列程式碼印出前面例子建立的 ZIP 封存檔中包含的所有檔案的一個串列，後面接著每個檔案的名稱和內容：
	`with zipfile.ZipFile('z.zip') as zz:`
	`    zz.printdir()`
	`    for name in zz.namelist():`
	`        print(f'{name}: {zz.read(name)!r}')`

ZipInfo 類別

ZipFile 實體的 getinfo 和 infolist 方法回傳 ZipInfo 類別的實體，以提供關於封存檔成員的資訊。表 11-14 列出由 ZipInfo 實體 *z* 所提供的最有用的屬性。

表 11-14 ZipInfo 實體 z 的實用屬性

comment	一個字串，是對封存檔成員的註解
compress_size	封存檔成員壓縮資料的大小，以位元組為單位
compress_type	一個記錄封存檔成員壓縮類型的整數代碼
date_time	由六個整數構成的一個元組，代表最後一次修改檔案的時間：項目是年（>=1980）、月、日（1+）、小時、分鐘、秒（0+）
file_size	封存檔成員未壓縮資料的大小，單位是位元組
filename	封存檔中的檔案名稱

os 模組

os 是一個總括性的模組，為各種作業系統的功能提供幾乎統一的跨平台介面。它提供建立和處理檔案和目錄，以及建立、管理和銷毀行程的低階方式。本節涵蓋 os 的檔案系統相關功能；第 553 頁的「使用 os 模組執行其他程式」涵蓋行程（process）相關功能。大多數時候，你可以在更高的抽象層次上使用其他模組，並獲得更高生產力，但了解低階 os 模組的「底層」是什麼，仍然是相當有用的（因此我們加以介紹）。

os 模組提供一個 name 屬性，這是一個字串，用來識別執行 Python 的平台種類。name 常見的值有 'posix'（所有的類 Unix 平台，包括 Linux 和 macOS）和 'nt'（各種 Windows 平台）；'java' 用於古老但仍然被思念的 Jython。你可以透過 os 提供的函式來運用平台獨特的能力。然而，本書的重點是跨平台程式設計，而非特定平台的功能，所以我們既不包括 os 中只存在於一個平台的部分，也不包括特定平台的模組：本書所講述的功能至少在 'posix' 和 'nt' 平台上都是可用的。不過，我們確實涵蓋在不同平台上提供特定功能的方式之間的一些差異。

檔案系統作業

使用 os 模組，你能以各種方式操作檔案系統：建立、複製和刪除檔案和目錄；比較檔案，以及檢查關於檔案和目錄的檔案系統資訊。本節記錄了你用於這些目的的 os 模組之屬性和方法，並包括一些對檔案系統進行運算的相關模組。

os 模組的路徑字串屬性

一個檔案或目錄由一個字串所識別，稱為它的**路徑**（*path*），其語法取決於平台。在類 Unix 和 Windows 平台上，Python 都接受 Unix 語法的路徑，用斜線（/）作為目錄分隔符號（directory separator）。在非類 Unix 平台上，Python 也接受平台特定的路徑語法。特別是，在 Windows 上，你可以使用反斜線（\）作為分隔符號。然而，在字串字面值中，你也需要加倍每個反斜線為 \\，或者使用原始字串字面值語法（如第 54 頁的「字串」中所述）；你同時也毫無必要地喪失了可移植性。Unix 的路徑語法更方便，而且在任何地方都可以使用，所以我們強烈建議你**總是**使用它。在本章的其餘部分，我們在說明和範例中都使用 Unix 路徑語法。

os 模組對外開放的屬性提供關於當前平台上路徑字串的詳細資訊，詳見表 11-15。你通常應該使用第 413 頁「os.path 模組」[3] 中提及的進階路徑運算，而不是基於這些屬性的低階字串運算。然而，這些屬性有時可能是有用的。

表 11-15　os 模組提供的屬性

curdir	表示當前目錄的字串（在 Unix 和 Windows 中為 '.'）
defpath	程式的預設搜尋路徑，在環境缺少 PATH 環境變數時使用
extsep	將檔案名稱的延伸（extension）檔名部分與其他部分隔開的字串（在 Unix 和 Windows 中為 '.'）
linesep	終止文字行的字串（Unix 上為 '\n'；Windows 上為 '\r\n'）
pardir	表示父目錄（parent directory）的字串（在 Unix 和 Windows 中為 '..'）
pathsep	在路徑串列中的路徑之間的分隔符號，以字串表示；例如用於環境變數 PATH 的分隔符號（Unix 中為 ':'；Windows 中為 ';'）
sep	路徑組成部分的分隔符號（Unix 上為 '/'；Windows 上為 '\\'）。

權限

類 Unix 平台將九個位元與每個檔案或目錄相關聯：檔案的所有者（owner）、群組（group）和其他人（everybody，又稱「others」或「the world」）各佔三個位元，表明該檔案或目錄是否可以被指定的主體讀取、寫入和執行。這九個位元被稱為檔案的**權限位元**（*permission bits*），是檔案**模式**（*mode*，包括描述檔案用的其他位元的一個位元字串）的一部分。你通常用八進位符號來顯示這些位元，每個位數將三個位元歸為一組。舉例來說，模式 0o664 表示一個檔案可以由其所有者和群組來讀寫，而其他任何人都可以讀取，但不能寫入。當類 Unix 系統上的任何行程建立一個檔案或目錄時，作業系統會對指定的模式套用一個稱為行程 *umask* 的位元遮罩（bit mask），它可以移除一些權限位元。

非類 Unix 平台處理檔案和目錄權限的方式非常不同。然而，處理檔案權限的 os 函式根據上一段描述的類 Unix 做法接受一個 *mode* 引數。每個平台都以適合自己的方式來映射這九個權限位元。舉例來說，在 Windows 上，它只區分唯讀和可讀寫檔案，不記錄檔案的所有權，一個檔案的權限位元會顯示為 0o666（可讀寫）或 0o444（唯讀）。在這樣

3　或者，更好的是，在本章後面涵蓋的更高階的 pathlib 模組。

的平台上，建立一個檔案時，實作只會查看位元 `0o200`，當該位元為 `1` 時，使檔案成為可讀寫，當它為 `0` 時，就是唯讀。

os 模組的檔案和目錄函式

`os` 模組提供幾個函式（在表 11-16 中列出）來查詢和設定檔案和目錄的狀態。在所有的版本和平台中，這些函式的引數 *path* 都可以是一個字串，給出相關檔案或目錄的路徑，也可以是一個類路徑物件（特別是，`pathlib.Path` 的實體，在本章後面會提到）。某些 Unix 平台上也有一些特殊性存在：

- 有些函式也支援**檔案描述器**（*file descriptor*，*fd*）作為**路徑**引數，它是表示檔案的一個 `int`，例如由 `os.open` 所回傳的檔案。模組屬性 `os.supports_fd` 是 `os` 模組中支援這種行為的函式集（在缺乏這種支援的平台上，就不會有該模組屬性）。
- 有些函式支援選擇性的僅限關鍵字引數 `follow_symlinks`，預設為 **`True`**。當這個引數為 **`True`** 時，如果 *path* 指示了一個符號連結，函式會跟隨它到達一個實際的檔案或目錄；當它為 **`False`** 時，函式會對符號連結本身進行運算。模組屬性 `os.supports_follow_symlinks`，如果存在的話，就是 `os` 模組中支援這個引數的函式集。
- 有些函式支援選擇性的僅限具名引數 `dir_fd`，預設為 **`None`**。當 `dir_fd` 存在時，*path*（若為相對的）會被認為是相對於在該檔案描述器開啟的目錄；若缺少，*path*（如果是相對的）會被認為是相對於當前工作目錄。如果 *path* 是絕對的，`dir_fd` 會被忽略。模組屬性 `os.supports_dir_fd`，如果存在的話，就是支援這個引數的 `os` 模組函式集。

此外，在一些平台上，僅限具名引數 `effective_ids`，預設為 **`False`**，讓你選擇使用有效（effective）的而非真實（real）的使用者和群組識別碼。用 `os.supports_effective_ids` 檢查它在你的平台上是否可用。

表 11-16 os 模組的函式

access	`access(path, mode, *, dir_fd=None, effective_ids=False, follow_symlinks=True)` 如果檔案或類路徑物件 *path* 具備以整數 *mode* 編碼的所有權限，就回傳 **True**；否則，回傳 **False**。*mode* 可以是 os.F_OK 來測試檔案是否存在，或者是 os.R_OK、os.W_OK 和 os.X_OK 中的一或多個（如果多於一個，則用位元 OR 運算子 | 連接）來測試讀取、寫入和執行檔案的權限。如果 dir_fd 不是 **None**，access 會作用在相對於所提供的目錄的 *path*（如果 *path* 是絕對的，dir_fd 就會被忽略）。傳入僅限關鍵字引數 effective_ids=**True**（預設為 **False**）以使用有效的，而非真實的使用者和群組的識別碼（這可能不是所有平台都能運作）。如果你傳入 follow_symlinks=**False**，而且 *path* 的最後一個元素是一個符號連結，那麼 access 就作用在符號連結本身，而不是連結所指向的檔案。 access 並不使用上一節中提到的對其 *mode* 引數的標準解讀方式。取而代之，access 只測試這個特定行程的真實使用者和群組識別碼是否在檔案上有所要求的權限。如果你需要更詳細地研究一個檔案的權限位元，請參閱本表後面涵蓋的函式 stat。在開啟一個檔案之前，不要使用 access 來檢查使用者是否被授權開啟該檔案；這可能是一個安全漏洞。
chdir	`chdir(path)` 將行程的當前工作目錄設定為 *path*，它可能是一個檔案描述器或類路徑物件。
chmod, lchmod	`chmod(path, mode, *, dir_fd=None, follow_symlinks=True), lchmod(path, mode)` 改變檔案（或檔案描述器或類路徑物件）*path* 的權限，如整數的 *mode* 所編碼的。*mode* 可以是 os.R_OK、os.W_OK 和 os.X_OK 中的零或多個（如果多於一個，則用位元 OR 運算子 | 連接），用於讀取、寫入和執行的權限。在類 Unix 平台上，*mode* 可以是更豐富的位元模式（如上一節所述）以指定使用者、群組和其他人的不同權限，還有其他特殊的、很少使用的位元在模組 stat 中有定義，並列在線上說明文件（*https://oreil.ly/Ue-aa*）中。傳入 follow_symlinks=**False**（或使用 lchmod）來改變符號連結的權限，而不是該連結的目標。
DirEntry	DirEntry 類別的實體 *d* 提供屬性 *name* 和 *path*，分別儲存項目的基本名稱和完整路徑，以及幾個方法，其中最常用的是 is_dir、is_file 和 is_symlink。is_dir 和 is_file 預設會跟隨符號連結：傳入 follow_symlinks=**False** 來避免這種行為。*d* 會盡可能地避免系統呼叫（system calls），而當它必須那麼做時，它會快取結果。如果你需要保證是最新的資訊，你可以呼叫 os.stat(*d*.path) 並使用它回傳的 stat_result 實體；然而，這會犧牲 scandir 潛在的效能增益。關於更完整的資訊，請參閱線上說明文件（*https://oreil.ly/4ZsbW*）。

檔案和文字運算

getcwd, getcwdb	getcwd(), getcwdb() getcwd 回傳一個 str，即當前工作目錄（current working directory）的路徑。getcwdb 回傳一個 bytes 字串（**3.8+** 在 Windows 上使用 UTF-8 編碼）。
link	link(*src*, *dst*, *, src_dir_fd=**None**, dst_dir_fd=**None**, follow_symlinks=**True**) 建立一個名為 *dst* 的硬連結（*hard* link），指向 *src*。兩者都可以是類路徑物件。為 link 設定 src_dir_fd 或 dst_dir_fd，以便對相對路徑進行運算，並傳入 follow_symlinks=**False**，以便只對符號連結而非該連結的目標進行運算。要建立一個符號（「軟」）連結，請使用 symlink 函式，本表後面會介紹。
listdir	listdir(path='.') 回傳一個串列，其項目是目錄、檔案描述器（指向目錄）或類路徑物件 path 中所有檔案和子目錄的名稱。這個串列的順序是任意的，不包括特殊的目錄名稱 '.'（當前目錄）和 '..'（父目錄）。當 path 的型別是 bytes 時，回傳的檔案名稱也會是 bytes 型別；否則，它們會是 str 型別。也請參閱本表後面涵蓋的替代函式 scandir，它在某些情況下可以提供效能增益。呼叫這個函式的過程中，不要在目錄中刪除或新增檔案：那可能產生意想不到的結果。
mkdir, makedirs	mkdir(*path*, mode=0777, dir_fd=**None**), makedirs(*path*, mode=0777, exist_ok=**False**) mkdir 只建立 *path* 中最右邊的目錄，如果 *path* 中任何前面的目錄不存在，則會提出 OSError。mkdir 接受 dir_fd，用於相對於檔案描述器的路徑。makedirs 建立所有屬於 *path* 一部分但尚不存在的目錄（傳入 exist_ok=**True** 以避免提出 FileExistsError）。 這兩個函式都使用 mode 作為它們建立的目錄之權限位元，但有些平台和一些新創建的中介目錄可能會忽略 mode；請使用 chmod 來明確設定權限。
remove, unlink	remove(*path*, *, dir_fd=**None**), unlink(*path*, *, dir_fd=**None**) 刪除檔案或類路徑物件 *path*，它可能是相對於 dir_fd 的。參閱本表後面的 rmdir 來刪除目錄，而非檔案。unlink 是 remove 的同義詞。
removedirs	removedirs(*path*) 從右到左迴圈處理屬於 *path*（可能是類路徑物件）一部分的目錄，刪除每一個目錄。迴圈會在刪除的嘗試提出例外時結束，通常是因為一個目錄不是空的。removedirs 不會傳播例外，只要它至少刪除了一個目錄。

rename, renames	rename(src, dst, *, src_dir_fd=**None**, dst_dir_fd=**None**), renames(*src*, *dst*, /) 重新命名（「移動」）名為 src 的檔案、類路徑物件或目錄到 dst。如果 dst 已經存在，rename 可能會替換 dst 或提出一個例外；為了保證替換，請改為呼叫函式 os.replace。要使用相對路徑，請傳入 src_dir_fd 或 dst_dir_fd。 renames 的工作方式與 rename 類似，只是它會創建 *dst* 所需的所有中介目錄。在重新命名之後，renames 會使用 removedirs 從路徑 *src* 移除空目錄。它不會傳播任何產生的例外；如果重新命名沒有清空 *src* 的起始目錄，那就不是錯誤。renames 不能接受相對路徑引數。
rmdir	rmdir(*path*, *, dir_fd=**None**) 刪除名為 *path* 的空目錄或類路徑物件（可能是相對於 dir_fd 的）。如果刪除失敗，特別是，如果目錄不是空的，則會提出 OSError。
scandir	scandir(path='.') 回傳一個迭代器，為 path 中的每個項目產出 os.DirEntry 實體，path 可能是一個字串、類路徑物件或檔案描述器。與使用 listdir 和 stat 相比，使用 scandir 並呼叫每個結果項目的方法來確定其特徵，可以提供效能上的增益，這取決於底層平台。scandir 可以作為一個情境管理器：例如，使用 **with** os.scandir(*path*) **as** *itr*: 以確保在完成後關閉迭代器（釋放資源）。

stat, lstat, fstat

`stat(path, *, dir_fd=None, follow_symlinks=True), lstat(path, *, dir_fd=None), fstat(fd)`

stat 回傳一個 stat_result 型別的值 *x*，它提供（至少）10 項關於 path 的資訊。path 可以是一個檔案、檔案描述器（在這種情況下，你可以使用 stat(fd) 或 fstat，它們只接受檔案描述器）、類路徑物件或子目錄。*path* 可以是 dir_fd 的相對路徑，也可以是符號連結（如果 follow_symlinks=**False**，或者使用 lstat；在 Windows 上，除非 follow_symlinks=**False**，否則所有作業系統能夠解析的 reparse 點（*https://oreil.ly/AvIiq*）都會被追蹤）。stat_result 值是值的一個元組，它也支援對其包含的每個值的具名存取（類似於 collections.namedtuple，儘管不是如此實作的）。透過數值索引存取 stat_result 的項目是可能的，但並不建議那樣做，因為由此產生的程式碼是不容易閱讀的；請使用相應的屬性名稱代替。表 11-17 列出 stat_result 實體的 10 個主要屬性以及相應項目的含義。

表 11-17　stat_result 實體的項目（屬性）

項目索引	屬性名稱	意義
0	st_mode	保護和其他模式位元
1	st_ino	Inode 編號
2	st_dev	裝置 ID
3	st_nlink	硬連結數量
4	st_uid	所有者的使用者 ID
5	st_gid	所有者的群組 ID
6	st_size	大小，單位是位元組
7	st_atime	最後一次存取的時間
8	st_mtime	最後一次修改的時間
9	st_ctime	最後一次狀態改變的時間

舉例來說，要列印檔案 *path* 的大小，以位元組為單位，你可以使用以下任一種方式：

```
import os
print(os.stat(path)[6])         # 有效，但不清楚
print(os.stat(path).st_size)    # 更容易理解
print(os.path.getsize(path))    # 包裹了 stat
                                # 的便利函式
```

時間值以秒為單位，從紀元（epoch）開始算起，如第 13 章所述（在大多數平台上都是 int）。無法為一個項目提供有意義之值的平台會使用一個虛設的值（dummy value）。關於 stat_result 實體取決於平台的其他屬性，請參閱線上說明文件（*https://oreil.ly/o7wOH*）。

symlink	symlink(*target*, *symlink_path*, target_is_directory=**False**, *, dir_fd=**None**) 建立一個名為 *symlink_path* 的符號連結到檔案、目錄或類路徑物件 *target*，它可能是相對於 dir_fd 的。target_is_directory 只在 Windows 系統上使用，用來指定所建立的符號連結應該代表一個檔案還是一個目錄；這個引數在非 Windows 系統上會被忽略（在 Windows 上執行時，呼叫 os.symlink 通常需要較高的權限）。
utime	utime(*path*, times=**None**, *, [*ns*,]dir_fd=**None**, follow_symlinks=**True**) 設定檔案、目錄或類路徑物件 *path* 的存取和修改時間，它可能是相對於 dir_fd 的，如果 follow_symlinks=**False**，也可能是一個符號連結。如果 times 為 **None**，utime 會使用目前時間。否則，times 必須是數字的一個對組（以秒為單位，從紀元起算，如第 13 章所述），順序為 (*accessed*, *modified*)。要改為指定奈秒（nanoseconds），傳入 *ns* 作為 (*acc_ns*, *mod_ns*)，其中每個成員都是一個 int，表示自紀元以來的奈秒數。不要同時指定 *times* 和 *ns*。
walk, fwalk	walk(*top*, topdown=**True**, onerror=**None**, followlinks=**False**), fwalk(top='.', topdown=**True**, onerror=**None**, *, follow_symlinks=**False**, dir_fd=**None**) walk 是一個產生器，為樹狀結構中根為目錄或類路徑物件 *top* 的每個目錄產出一個項目。當 topdown 為 **True**（預設）時，walk 會從樹的根部往下訪問目錄；當 topdown 為 **False** 時，walk 會從樹狀結構的子葉向上訪問目錄。預設情況下，walk 會捕捉並忽略在樹狀結構走訪過程中產生的任何 OSError 例外；將 onerror 設定為一個可呼叫物件，以便捕捉在樹狀結構走訪過程中產生的任何 OSError 例外，並將其作為呼叫 onerror 的唯一引數，onerror 可以處理它、忽略它，或者 **raise** 它以終止樹狀結構走訪並傳播該例外（檔案名稱可以作為例外物件的 filename 屬性取用）。 walk 產出的每一項都是由三個子項目組成的一個元組：*dirpath*，一個字串，是目錄的路徑；*dirnames*，是目錄的直接子目錄的名稱串列（特殊目錄 '.' 和 '..' 不包括在內）；以及 *filenames*，是直接位在目錄中的檔案的名稱串列。如果 topdown 是 **True**，你可以就地改變 *dirnames* 串列，刪除一些項目或重新排列其他項目，以影響以 *dirpath* 為根的子樹之樹狀結構走訪；walk 只會在 *dirnames* 中剩下的子目錄上迭代，按照它們留存的順序。如果 topdown 為 **False**，這樣的改變就沒有效果（在這種情況下，walk 在訪問當前目錄並產出其項目時，就已經訪問過了所有的子目錄）。

walk, fwalk （續）	預設情況下，walk 不會沿著解析（resolve）為目錄的符號連結前進。要獲得這種額外的走訪，就傳入 followlinks=**True**，但要注意：如果一個符號連結解析到的目錄是它的祖先，這可能會導致無限迴圈。walk 並沒有對這種異常情況準備預防措施。  *followlinks vs. follow_symlinks* 請注意，僅限於 os.walk，在其他地方被命名為 follow_symlinks 的引數被改成了 followlinks。 fwalk（僅適用於 Unix）的運作方式與 walk 類似，只不過 *top* 可以是檔案描述器 dir_fd 的相對路徑，而且 fwalk 會產出四個成員的元組：前三個成員（*dirpath*、*dirnames* 和 *filenames*）與 walk 所產出的值完全，第四個成員是 *dirfd*，是 *dirpath* 的檔案描述器。注意，walk 和 fwalk 都預設為不追蹤符號連結。

檔案描述器運算

除了前面提到的許多函式外，os 模組還提供幾個專門處理檔案描述器的函式。一個**檔案描述器**（*file descriptor*）是一個整數，作業系統將其用作一個不透明的控制碼（opaque handle）來指涉一個開啟的檔案。雖然通常最好使用 Python 檔案物件（在第 377 頁的「io 模組」中介紹過）來完成 I/O 任務，但有時使用檔案描述器可以讓你更快完成一些運算，或者（可能以犧牲可移植性為代價）以 io.open 無法直接使用的方式進行。檔案物件和檔案描述器是不能互換的。

要獲得一個 Python 檔案物件 *f* 的檔案描述器 *n*，就呼叫 *n* = *f*.fileno()。要使用一個現有的已開啟的檔案描述器 *fd* 創建一個新的 Python 檔案物件 *f*，就使用 *f* = os.fdopen(*fd*)，或者將 *fd* 作為 io.open 的第一個引數傳入。在類 Unix 和 Windows 平台上，一些檔案描述器會在行程啟動時預先配置：0 是行程標準輸入（standard input）的檔案描述器；1 是行程標準輸出（standard output），而 2 是行程的標準錯誤（standard error）。在這些預先配置的檔案描述器上呼叫 os 模組方法，如 dup 或 close，對於重導或操縱標準輸入和輸出串流是很有用的。

os 模組提供許多處理檔案描述器的函式；一些最有用的函式列於表 11-18 中。

表 11-18 處理檔案描述器的實用 os 模組函式

close	close(*fd*) 關閉檔案描述器 *fd*。
closerange	closerange(*fd_low*, *fd_high*) 關閉從 *fd_low*（包括）到 *fd_high*（排除）的所有檔案描述器，忽略可能發生的任何錯誤。
dup	dup(*fd*) 回傳一個複製（duplicates）了檔案描述器 *fd* 的檔案描述器。
dup2	dup2(*fd*, *fd2*) 將檔案描述器 *fd* 複製到檔案描述器 *fd2*。如果檔案描述器 *fd2* 已經開啟，dup2 會先關閉 *fd2*。
fdopen	fdopen(*fd*, **a*, ***k*) 與 io.open 類似，只是 *fd* 必須是一個 int，代表一個已開啟的檔案描述器。
fstat	fstat(*fd*) 回傳 stat_result 的一個實體 *x*，包含在檔案描述器 *fd* 上開啟的檔案之相關資訊。表 11-17 涵蓋 *x* 的內容。
lseek	lseek(*fd*, *pos*, *how*) 將檔案描述器 *fd* 的當前位置設定為有號的整數位元組位移量 *pos*，並回傳由此產生的從檔案開頭起算的位元組位移量。*how* 表示參考點（點 0）。當 *how* 是 os.SEEK_SET 時，*pos* 為 0 意味著檔案的開頭；對於 os.SEEK_CUR，它意味著當前位置，而對於 os.SEEK_END，它意味著檔案結尾。舉例來說，lseek(*fd*, 0, os.SEEK_CUR) 會回傳當前位置從檔案開頭起算的位元組位移量，不影響當前位置。正常的磁碟檔案都支援搜尋（seeking）；在一個不支援搜尋的檔案上呼叫 lseek（例如，一個為了輸出到終端而開啟的檔案）會提出一個例外。

`open`	`open(`*`file`*`, `*`flags`*`, mode=0o777)`
	
	回傳一個檔案描述器，開啟或建立一個由字串 *file* 指名的檔案。當 `open` 建立檔案時，它使用 `mode` 作為檔案的權限位元。*flags* 是一個 `int`，通常是 `os` 的以下一或多個屬性的位元 OR（用運算子 |）運算：
	
	`O_APPEND`
	將任何新資料新增到 *file* 的當前內容中。
	
	`O_BINARY`
	在 Windows 平台上以二進位而非文字模式開啟 *file*（在類 Unix 平台上會產生例外）。
	
	`O_CREAT`
	如果 *file* 不存在，則創建 *file*。
	
	`O_DSYNC, O_RSYNC, O_SYNC, O_NOCTTY`
	如果平台支援，則相應地設定同步模式（synchronization mode）。
	
	`O_EXCL`
	如果 *file* 已經存在，則會提出一個例外。
	
	`O_NDELAY, O_NONBLOCK`
	以非阻斷式模式（nonblocking mode）開啟 *file*，如果平台支援的話。
	
	`O_RDONLY, O_WRONLY, O_RDWR`
	分別為唯讀、唯寫或可讀寫的存取開啟 *file*（互斥：這些屬性中必須剛好只有一個在 *flags* 中）。
	
	`O_TRUNC`
	扔掉 *file* 中以前的內容（與 `O_RDONLY` 不相容）。

`pipe`	`pipe()` 建立一個管線（pipe），並回傳一對檔案描述器 (*r_fd*, *w_fd*)，分別為讀和寫而開啟。
`read`	`read(`*`fd`*`, `*`n`*`)` 從檔案描述器 *fd* 最多讀取 *n* 個位元組，並以位元組字串的形式回傳。當前只有 *m* 個位元組可以從檔案中讀取時，就讀取並回傳 *m* < *n* 個位元組。特別是，當前沒有更多的位元組可以從檔案中讀取時，會回傳空字串，通常是因為檔案已經讀取完畢。
`write`	`write(`*`fd`*`, `*`s`*`)` 將位元組字串 *s* 的所有位元組寫入檔案描述器 *fd*，並回傳寫入的位元組數。

os.path 模組

os.path 模組提供分析和變換（transform）路徑字串和類路徑物件的函式。表 11-19 中列出該模組中最常用的函式。

表 11-19　os.path 模組的常用函式

abspath	abspath(*path*) 回傳一個相當於 *path* 的正規化絕對路徑字串（normalized absolute path string），就像（在 *path* 是當前目錄中的檔案名稱的情況下）： `os.path.normpath(os.path.join(os.getcwd(), path))` 舉例來說，os.path.abspath(os.curdir) 與 os.getcwd() 相同。
basename	basename(*path*) 回傳 *path* 的基本名稱（base name）部分，就像 os.path.split(*path*)[1]。舉例來說，os.path.basename('b/c/d.e') 會回傳 'd.e'。
commonpath	commonpath(*list*) 接受字串或類路徑物件的一個序列，並回傳最長的共同子路徑（longest common subpath）。與 commonprefix 不同，只會回傳有效的路徑；如果串列為空、包含絕對路徑和相對路徑的混合物，或者包含不同磁碟機上的路徑，則會提出 ValueError。
commonprefix	commonprefix(*list*) 接受字串或類路徑物件的一個串列，並回傳串列中為所有項目之前綴（prefix）的最長字串；如果 *list* 為空，則回傳 '.'。舉例來說，os.path.commonprefix(['foobar', 'foolish']) 會回傳 'foo'。可能會回傳一個無效的路徑；如果你想避免這種情況，請參閱 commonpath。
dirname	dirname(*path*) 回傳 *path* 的目錄部分，就像 os.path.split(*path*)[0]。舉例來說，os.path.dirname('b/c/d.e') 會回傳 'b/c'。
exists, lexists	exists(*path*), lexists(*path*) exists 會在 *path* 所指名（*path* 也可以是一個開啟的檔案描述器或類路徑物件）的是一個既存的檔案或目錄時，回傳 **True**；否則回傳 **False**。換句話說，os.path.exists(*x*) 等同於 os.access(*x*, os.F_OK)。lexists 也相同，但在 *path* 指名一個現有的符號連結，而且指向一個不存在檔案或目錄時（有時叫做毀損的符號連結，*broken symlink*），也會回傳 **True**，然而 exists 會在這種情況中回傳 **False**。如果路徑中含有在作業系統層次無法表示的字元或位元組，兩者都回傳 **False**。

檔案和文字運算

expandvars, expanduser	expandvars(*path*), expanduser(*path*)
	回傳一個字串或類路徑物件 *path* 的複本，其中 $*name* 或 ${*name*}（以及僅限 Windows 上的 %*name*%）形式的每個子字串都被替換為環境變數 *name* 的值。舉例來說，如果環境變數 HOME 被設定為 /u/alex，下面的程式碼：
	`import os`
	`print(os.path.expandvars('$HOME/foo/'))`
	會發出 /u/alex/foo/。
	os.path.expanduser 會將前導的 ~ 或 ~user（如果有的話）展開為當前使用者的家目錄之路徑。

getatime, getctime, getmtime, getsize	getatime(*path*), getctime(*path*), getmtime(*path*), getsize(*path*) 這些函式中的每一個都呼叫 os.stat(*path*) 並從結果中回傳一個屬性：分別是 st_atime、st_ctime、st_mtime 和 st_size。關於這些屬性的更多細節請參閱表 11-17。
isabs	isabs(*path*) 如果 *path* 是絕對的，就回傳 **True**（當一個路徑以（反）斜線（/ 或 \）開頭時就是絕對的，或者在一些非類 Unix 平台上，如 Windows，以一個磁碟代號後面接著 os.sep）。否則，isabs 回傳 **False**。
isdir	isdir(*path*) 當 *path* 指名的是一個現有目錄時，回傳 **True**（isdir 會跟隨符號連結，所以 isdir 和 islink 可能同時回傳 **True**）；否則，回傳 **False**。
isfile	isfile(*path*) 當 *path* 指名的是一個現有的普通檔案時，回傳 **True**（isfile 會跟隨符號連結，所以 islink 也可能是 **True**）；否則，回傳 **False**。
islink	islink(*path*) 當 *path* 指名的是一個符號連結時，回傳 **True**；否則，回傳 **False**。
ismount	ismount(*path*) 當 *path* 指名一個掛載點（mount point，*https://oreil.ly/JYbY5*）時，回傳 **True**；否則，回傳 **False**。

join	join(*path*, **paths*)
	回傳一個字串，將引數（字串或類路徑物件）與當前平台的適當路徑分隔符號連接起來。舉例來說，在 Unix 上，剛好用一個斜線字元 / 分隔了相鄰的路徑組成部分。若有任何引數是一個絕對路徑，join 會忽略之前的引數。比如說：
	`print(os.path.join('a/b', 'c/d', 'e/f'))`
	`# 在 Unix 上的印出：a/b/c/d/e/f`
	`print(os.path.join('a/b', '/c/d', 'e/f'))`
	`# 在 Unix 上的印出：/c/d/e/f`
	對 os.path.join 的第二次呼叫忽略了其第一個引數 'a/b'，因為其第二個引數 '/c/d' 是一個絕對路徑。

normcase	normcase(*path*) 回傳 *path* 的一個複本，並在當前平台上將其大小寫正規化。在區分大小寫的檔案系統（典型的類 Unix 系統）中，*path* 會原封不動回傳。在不區分大小寫的檔案系統中（典型的 Windows 系統），它會將字串都變為小寫。在 Windows 上，normcase 也會將每個 / 都轉換為 \\。
normpath	normpath(*path*) 回傳與 *path* 等效的一個經過正規化的路徑名稱，去掉多餘的分隔符號和路徑導覽方面的內容。舉例來說，在 Unix 上，當 *path* 是 'a//b'、'a/./b' 或 'a/c/../b' 中的任何一個時，normpath 會回傳 'a/b'。normpath 會使路徑分隔符號適合於當前平台。舉例來說，在 Windows 上，分隔符號變成了 \\。
realpath	realpath(*path*, *, strict=**False**) 回傳指定檔案或目錄或類路徑物件的實際路徑，過程中解析符號連結。**3.10+** 設定 strict=**True**，那麼當 *path* 不存在，或者有一個符號連結的迴圈時，就會提出 OSError。
relpath	relpath(*path*, start=os.curdir) 回傳檔案或目錄 *path*（一個 str 或類路徑物件）相對於目錄 start 的一個路徑。
samefile	samefile(*path1*, *path2*) 如果兩個引數（字串或類路徑物件）都指向同一個檔案或目錄，則回傳 **True**。
sameopenfile	sameopenfile(*fd1*, *fd2*) 如果兩個引數（檔案描述器）指的是同一個檔案或目錄，則回傳 **True**。
samestat	samestat(*stat1*, *stat2*) 如果兩個引數（os.stat_result 的實體，通常是 os.stat 呼叫的結果）指的是同一個檔案或目錄，則回傳 **True**。

split	split(*path*) 回傳一對字串 (*dir, base*)，使得 join(*dir,base*) 等於 *path*。*base* 是最後一個組成部分，而且永遠不包含路徑分隔符號。當 *path* 以一個分隔符號結束時，*base* 會是 ''。*dir* 是 *path* 的前導部分，，一直到最後一個分隔符號為止，除去那尾端的分隔符號。舉例來說，os.path.split('a/b/c/d') 會回傳 ('a/b/c', 'd')。
splitdrive	splitdrive(*path*) 回傳一對字串 (*drv, pth*)，使 *drv+pth* 等於 *path*。*drv* 是一個磁碟機規格（drive specification），或者是 ''；在沒有磁碟機規格的平台上，例如類 Unix 系統，它總是 ''。在 Windows 上，os.path.splitdrive('c:d/e') 會回傳 ('c:', 'd/e')。
splitext	splitext(*path*) 回傳一個對組 (*root, ext*)，使 *root+ext* 等於 *path*。*ext* 是 '' 或是以 '.' 開頭，而且沒有其他的 '.' 或路徑分隔符號。舉例來說，os.path.splitext('a.a/b.c.d') 會回傳對組 ('a.a/b.c', '.d')。

OSError 例外

當對作業系統的請求失敗時，os 會提出一個例外，即 OSError 的實體。os 還對外開放了內建的例外類別 OSError，連同其同義詞 os.error。OSError 的實體對外開放了三個實用的屬性，詳情請參閱表 11-20。

表 11-20 OSError 實體的屬性

errno	作業系統錯誤的數值錯誤碼
filename	運算失敗的檔案名稱（僅限檔案相關的函式）
strerror	簡要描述錯誤的一個字串

OSError 有子類別來具體指明問題是什麼，在第 245 頁的「OSError 的子類別」中有討論。

os 函式在以無效的引數型別或值被呼叫時，也可以提出其他標準的例外，如 TypeError 或 ValueError，如此它們甚至不會去嘗試執行底層的作業系統功能。

errno 模組

errno 模組為錯誤碼編號提供幾十個符號名稱。使用 errno 根據錯誤碼選擇性地處理可能的系統錯誤；這將提高你程式的可移植性（portability）和可讀性（readability）。然而，選擇性的 **except** 搭配適當的 OSError 子類別往往會比 errno 效果更好。舉例來說，為了處理「找不到檔案（file not found）」的錯誤，同時傳播所有其他種類的錯誤，你可以使用：

```
import errno
try:
    os.some_os_function_or_other()
except FileNotFoundError as err:
    print(f'Warning: file {err.filename!r} not found; continuing')
except OSError as oserr:
    print(f'Error {errno.errorcode[oserr.errno]}; continuing')
```

errno 提供一個名為 errorcode 的字典：鍵值是錯誤碼編號，相應的值是錯誤名稱，如 'ENOENT' 等字串。顯示 errno.errorcode[err.errno] 作為一些 OSError 實體的 err 背後解釋的一部分，往往可以使診斷更清晰，對專門研究特定平台的讀者會更容易理解。

pathlib 模組

pathlib 模組為檔案系統路徑提供一種物件導向式的做法，將各種處理路徑和檔案的方法拉到一起，作為物件而不是字串（不同於 os.path）。對於大多數用例，pathlib.Path 將提供你所需要的一切。在極少數情況下，你可能會想要實體化一個特定平台的路徑，或者一個不與作業系統互動的「純」路徑；如果你需要這樣的進階功能，請參閱線上說明文件（*https://oreil.ly/ZWExX*）。pathlib.Path 最常用的函式列在表 11-21 中，並附有 pathlib.Path 物件 *p* 的範例。在 Windows 中，pathlib.Path 物件以 WindowsPath 的形式回傳；在 Unix 中，以 PosixPath 的形式回傳，如表 11-21 的例子中所示（為了清楚起見，我們只是單純匯入 pathlib，而不是使用更常見和習慣的 **from** pathlib **import** Path）。

pathlib 方法回傳路徑物件，而不是字串

請記住，pathlib 方法通常回傳一個路徑物件（path object），而不是一個字串，所以 os 和 os.path 中的類似方法的結果不會測試為完全相同。

表 11-21　pathlib.Path 的常用方法

chmod, lchmod	*p*.chmod(*mode*, follow_symlinks=**True**), *p*.lchmod(*mode*) chmod 改變檔案模式和權限，就跟 os.chmod 一樣（參閱表 11-16）。在 Unix 平台上，**3.10+** 請設定 follow_symlinks=**False** 來改變符號連結的權限而不是其目標的，或者使用 lchmod。請參閱線上說明文件（*https://oreil.ly/23S7z*）以了解更多關於 chmod 設定的資訊。lchmod 與 chmod 類似，但當 *p* 指向一個符號連結時，就會改變符號連結而非其目標。等同於 pathlib.Path.chmod(follow_symlinks=**False**)。
cwd	pathlib.Path.cwd() 將當前工作目錄作為一個路徑物件回傳。
exists	*p*.exists() 當 *p* 指名一個現有的檔案或目錄（或為指向一個現有檔案或目錄的符號連結）時，回傳 **True**；否則，回傳 **False**。
expanduser	*p*.expanduser() 回傳一個新的路徑物件，前導的 ~ 展開為當前使用者的家目錄之路徑，或者若是 ~user 則展開為給定使用者的家目錄之路徑。參閱本表後面的 home。

`glob, rglob`	*p*.glob(*pattern*), *p*.rglob(*pattern*)
	按任意順序產出目錄 *p* 中的所有匹配檔案。*pattern* 可以包括 `**`，以允許在 *p* 或任何子目錄中進行遞迴的 globbing；`rglob` 總是會在 *p* 和所有子目錄中執行遞迴的 globbing，就好像 *pattern* 以 `'**/'` 開頭一樣。比如說：
	`>>> sorted(td.glob('*'))`
	`[WindowsPath('tempdir/bar'),`
	`WindowsPath('tempdir/foo')]`
	`>>> sorted(td.glob('**/*'))`
	`[WindowsPath('tempdir/bar'),`
	`WindowsPath('tempdir/bar/baz'),`
	`WindowsPath('tempdir/bar/boo'),`
	`WindowsPath('tempdir/foo')]`
	`>>> sorted(td.glob('*/**/*'))  # 第 2 以上的層次展開`
	`[WindowsPath('tempdir/bar/baz'),`
	`WindowsPath('tempdir/bar/boo')]`
	`>>> sorted(td.rglob('*'))  # 就如同 glob('**/*')`
	`[WindowsPath('tempdir/bar'),`
	`WindowsPath('tempdir/bar/baz'),`
	`WindowsPath('tempdir/bar/boo'),`
	`WindowsPath('tempdir/foo')]`

`hardlink_to`	*p*.hardlink_to(*target*) **3.10+** 使 *p* 成為一個連向與 *target* 相同檔案的硬連結。取代被棄用的 `link_to` **3.8+**，-3.10 備註：`link_to` 的引數順序就跟 `os.link` 一樣，在表 11-16 中有描述；至於 `hardlink_to`，就像本表後面的 `symlink_to` 一樣，是相反的順序。
`home`	pathlib.Path.home() 將使用者的家目錄（home directory）作為一個路徑物件回傳。
`is_dir`	*p*.is_dir() 當 *p* 指名一個現有的目錄（或一個目錄的符號連結）時，回傳 **`True`**；否則，回傳 **`False`**。
`is_file`	*p*.is_file() 當 *p* 指名一個現有檔案（或一個檔案的符號連結）時，回傳 **`True`**；否則，回傳 **`False`**。
`is_mount`	*p*.is_mount() 當 *p* 是一個掛載點（*mount point*，檔案系統中掛載不同檔案系統的點）時，回傳 **`True`**；否則，回傳 **`False`**。詳情見線上說明文件（*https://oreil.ly/-g8r0*）。在 Windows 上沒有實作。
`is_symlink`	*p*.is_symlink() 當 *p* 指名一個現有的符號連結（symbolic link）時，回傳 **`True`**；否則，回傳 **`False`**。

iterdir	*p*.iterdir() 為目錄 *p* 的內容（'.' 和 '..' 不包括在內）以任意順序產出路徑物件。當 *p* 不是一個目錄時，會提出 NotADirectoryError。如果你在建立迭代器後，而且在使用完畢前，就從 *p* 中刪除一個檔案，或在 *p* 中新增一個檔案，可能會產生意想不到的結果。

mkdir	*p*.mkdir(mode=0o777, parents=**False**, exist_ok=**False**)
	在路徑上建立一個新的目錄。使用 mode 來設定檔案模式和存取旗標（access flags）。傳入 parents=**True**，以根據需要創建任何缺少的父目錄（parents）。傳入 exist_ok=**True** 來忽略 FileExistsError 例外。例如：
	`>>> td=pathlib.Path('tempdir/')`
	`>>> td.mkdir(exist_ok=True)`
	`>>> td.is_dir()`
	`True`
	請參閱線上說明文件（*https://oreil.ly/yrvuL*），以了解詳盡的內容。

open	*p*.open(mode='r', buffering=-1, encoding=**None**, errors=**None**, newline=**None**) 開啟路徑所指向的檔案，就像內建的 open(*p*) 一樣（其他引數相同）。
read_bytes	*p*.read_bytes() 將 *p* 的二進位內容作為一個 bytes 物件回傳。
read_text	*p*.read_text(encoding=**None**, errors=**None**) 將 *p* 解碼出來的內容作為一個字串回傳。
readlink	*p*.readlink() **3.9+** 回傳一個符號連結所指向的路徑。
rename	*p*.rename(*target*) 將 *p* 重新命名為 *target*，**3.8+** 回傳一個指向 *target* 的新 Path 實體。*target* 可以是一個字串，或者一個絕對或相對路徑；但是，相對路徑是相對於當前工作目錄來解讀的，而不是 *p* 的目錄。在 Unix 上，當 *target* 是一個現有檔案或空目錄時，而且使用者有權限時，rename 會悄悄地替換它；在 Windows 上，rename 會提出 FileExistsError。

replace	*p*.replace(*target*)
	就像 *p*.rename(*target*) 一樣，但是，在任何平台上，如果 *target* 是一個現有的檔案（或者，除了在 Windows 上，一個空的目錄），當使用者有權限時，replace 會默默地替換它。比如說：
	`>>> p.read_text()`
	`'spam'`
	`>>> t.read_text()`
	`'and eggs'`
	`>>> p.replace(t)`
	`WindowsPath('C:/Users/annar/testfile.txt')`
	`>>> t.read_text()`
	`'spam'`
	`>>> p.read_text()`
	`Traceback (most recent call last):`
	`...`
	`FileNotFoundError: [Errno 2] No such file...`

resolve	*p*.resolve(strict=**False**) 回傳一個解析了符號連結的新的絕對路徑物件；消除任何 '..' 組成部分。設定 strict=**True** 來提出例外：當路徑不存在時產生 FileNotFoundError；遇到無限迴圈時產生 RuntimeError。舉例來說，在本表前面的 mkdir 例子中建立的暫存目錄上： `>>> td.resolve()` **`PosixPath('/Users/annar/tempdir')`**
rmdir	*p*.rmdir() 移除目錄 *p*。如果 *p* 不是空的，則提出 OSError。
samefile	*p*.samefile(*target*) 如果 *p* 和 *target* 表示同一個檔案，就回傳 **True**；否則，回傳 **False**。*target* 可以是一個字串或一個路徑物件。
stat	*p*.stat(*, follow_symlinks=**True**) 回傳有關路徑物件的資訊，包括權限和大小；回傳值請參閱表 11-16 的 os.stat。**3.10+** 要對一個符號連結本身使用 stat，而不是它的目標，請傳入 follow_symlinks=**False**。
symlink_to	*p*.symlink_to(*target*, target_is_directory=**False**) 使 *p* 成為 *target* 的一個符號連結。在 Windows 上，如果 *target* 是一個目錄，你就必須設定 target_is_directory=**True**（POSIX 會忽略這個引數）（在 Windows 10+ 上，與 os.symlink 一樣，需要 Developer Mode 的權限；詳情請見線上說明文件（*https://oreil.ly/_aI9U*））。注意：引數的順序與表 11-16 中描述的 os.link 和 os.symlink 的順序相反。

檔案和文字運算

touch	*p*.touch(mode=0o666, exist_ok=**True**)
	就跟 Unix 上的 touch 一樣，在給定的路徑上創建一個空檔案。當該檔案已經存在時，如果 exist_ok=**True**，會將修改時間更新為目前時間；如果 exist_ok=**False**，則提出 FileExistsError。比如說：
	`>>> d`
	`WindowsPath('C:/Users/annar/Documents')`
	`>>> f = d / 'testfile.txt'`
	`>>> f.is_file()`
	`False`
	`>>> f.touch()`
	`>>> f.is_file()`
	`True`

unlink	*p*.unlink(missing_ok=**False**) 刪除檔案或符號連結 *p*（對目錄使用 rmdir，如本表前面所述）。**3.8+** 傳入 missing_ok=**True** 來忽略 FileExistsError（*https://oreil.ly/wuPTp*）。
write_bytes	*p*.write_bytes(*data*) 以位元組模式開啟（或者，如果需要的話，建立）所指的檔案，向其寫入 *data*，然後關閉該檔案。如果檔案已經存在，則覆寫該檔案。
write_text	*p*.write_text(data, encoding=**None**, errors=**None**, newline=**None**) 以文字模式開啟（或者，如果需要的話，建立）所指的檔案，向其寫入 *data*，然後關閉該檔案。如果檔案已經存在，則覆寫該檔案。**3.10+** 當 newline 為 **None**（預設）時，將任何的 '\n' 轉譯為系統預設的行分隔符號；若為 '\r' 或 '\r\n'，則將 '\n' 轉譯為給定的字串；若為 '' 或 '\n'，不會轉譯。

pathlib.Path 物件也支援表 11-22 中列出的屬性，以存取路徑字串的各個組成部分。注意，有些屬性是字串，而有些是 Path 物件（為了簡潔起見，OS 的特定型別，如 PosixPath 或 WindowsPath，只用抽象的 Path 類別來表示）。

表 11-22　pathlib.Path 的一個實體 p 之屬性

屬性	描述	Unix 路徑的值 Path('/usr/bin/python')	Windows 路徑的值 Path(r'c:\Python3\python.exe')
anchor	drive 和 root 的組合	'/'	'c:\\'
drive	*p* 的磁碟機字母	''	'c:'
name	*p* 的結尾組成部分	'python'	'python.exe'

屬性	描述	Unix 路徑的值 Path('/usr/bin/python')	Windows 路徑的值 Path(r'c:\Python3\python.exe')
parent	p 的父目錄	Path('/usr/bin')	Path('c:\\Python3')
parents	p 的祖目錄	(Path('/usr/bin'), Path('/usr'), Path('/'))	(Path('c:\\Python3'), Path('c:\\'))
parts	p 的所有組成部分的元組	('/', 'usr', 'bin', 'python')	('c:\\', 'Python3', 'python.exe')
root	p 的根目錄	'/'	'\\'
stem	p 的名稱，減去後綴	'python'	'python'
suffix	p 的結尾後綴	''	'.exe'
suffixes	p 的所有後綴之串列，如 '.' 字元所分隔的	[]	['.exe']

線上說明文件（*https://oreil.ly/uBDrd*）包含更多關於帶有額外組成部分的路徑之範例，比如檔案系統和 UNC 共用。

`pathlib.Path` 物件還支援 `'/'` 運算子，是 `Path` 模組中 `os.path.join` 或 `Path.joinpath` 的絕佳替代方案。請參閱表 11-21 中 `Path.touch` 說明中的範例程式碼。

stat 模組

函式 `os.stat`（在表 11-16 中提及）回傳 `stat_result` 的實體，其項目索引、屬性名稱和意義也都會在這裡介紹。`stat` 模組提供的屬性名稱與 `stat_result` 的屬性名稱一樣，都是大寫字母，而對應的值則是相應的項目索引。

`stat` 模組中更有趣的內容是檢查 `stat_result` 實體的 `st_mode` 屬性並判斷檔案種類的函式。`os.path` 也為這些任務提供函式，它們直接對檔案的 *`path`* 進行運算。由 `stat` 所提供的函式，如表 11-23 所示，在你對同一個檔案進行多次測試時，會比 `os` 的函式更快：它們只需要在一系列測試開始時進行一次 `os.stat` 系統呼叫，以獲得檔案的 `st_mode`，而 `os.path` 中的函式在每次測試時都隱含地要求作業系統提供同樣的資訊。當 *`mode`* 表示一個給定種類的檔案時，每個函式都會回傳 **`True`**；否則回傳 **`False`**。

表 11-23 用於檢查 st_mode 的 stat 模組函式

S_ISBLK	S_ISBLK(*mode*) 指出 *mode* 是否表示一種區塊（block）類型的特殊裝置檔案（special-device file）
S_ISCHR	S_ISCHR(*mode*) 指出 *mode* 是否表示一種字元（character）類型的特殊裝置檔案
S_ISDIR	S_ISDIR(*mode*) 指出 *mode* 是否表示一個目錄（directory）
S_ISFIFO	S_ISFIFO(*mode*) 指出 *mode* 是否表示一個 FIFO（也稱為「具名管線，named pipe」）
S_ISLNK	S_ISLNK(*mode*) 指出 *mode* 是否表示一個符號連結
S_ISREG	S_ISREG(*mode*) 指出 *mode* 是否表示一個正常的檔案（而不是一個目錄、特殊裝置檔案等）
S_ISSOCK	S_ISSOCK(*mode*) 指出 *mode* 是否表示 Unix 網域（Unix-domain）的 socket

其中有幾個函式只有在類 Unix 系統上才有意義，因為其他平台不把裝置和 socket 等特殊檔案放在與普通檔案相同的命名空間中；而類 Unix 系統則會。

stat 模組還提供兩個函式，用於提取一個檔案的 *mode* 的相關部分（*x*.st_mode，對於函式 os.stat 的某個結果 *x*），列於表 11-24。

表 11-24 用來從模式（mode）中提取位元的 stat 模組函式

S_IFMT	S_IFMT(*mode*) 回傳描述檔案種類的那些 *mode* 位元（即由函式 S_ISDIR、S_ISREG 等所檢視的位元）。
S_IMODE	S_IMODE(*mode*) 回傳可以由函式 os.chmod 設定的那些 *mode* 位元（即在類 Unix 平台上的權限位元，以及一些其他的特殊位元，如 set-user-id 旗標）。

stat 模組提供一個實用的函式 stat.filemode(*mode*)，它會將檔案的模式轉換為人類可讀的 '-rwxrwxrwx' 形式的字串。

filecmp 模組

filecmp 模組提供對比較檔案和目錄有用的一些函式，列於表 11-25。

表 11-25　filecmp 模組的實用函式

clear_cache	clear_cache() 清除 filecmp 快取，這在快速檔案比較中可能很有用。
cmp	cmp(*f1*, *f2*, shallow=**True**) 比較由路徑字串 *f1* 和 *f2* 所識別的檔案（或 pathlib.Path）。如果檔案被認為是相等的，cmp 會回傳 **True**；否則，它回傳 **False**。當 shallow 為 **True** 時，如果檔案的 stat 元組相等，則被認為是相等的。當 shallow 為 **False** 時，cmp 會讀取並比較 stat 元組相等的檔案之內容。
cmpfiles	cmpfiles(*dir1*, *dir2*, *common*, shallow=**True**) 在序列 *common* 上跑迴圈。*common* 的每一項都是一個字串，用來指名存在於 *dir1* 和 *dir2* 兩個目錄中的一個檔案。cmpfiles 回傳一個元組，其項目是三個字串串列：(*equal*、*diff* 和 *errs*)。*equal* 是兩個目錄中相等的檔案之名稱串列，*diff* 是在兩個目錄中不同的檔案之名稱串列，而 *errs* 是它無法比較的檔案之名稱串列（因為它們在兩個目錄中都不存在，或者沒有權限讀取其中的一個或兩個）。引數 shallow 與 cmp 的相同。

filecmp 模組還提供 dircmp 類別。這個類別的建構器之特徵式為：

dircmp	**class** dircmp(*dir1*, *dir2*, ignore=**None**, hide=**None**) 建立一個新的目錄比較（directory-comparison）實體物件，比較目錄 *dir1* 和 *dir2*，忽略 ignore 中列出的名稱，隱藏 hide（預設為 '.'，當 hide=**None** 時，則為 '..'）中列出的名稱。ignore 的預設值由 filecmp 模組的 DEFAULT_IGNORE 屬性提供；撰寫本文時，它是 ['RCS', 'CVS', 'tags', '.git', '.hg', '.bzr', '_darcs', '__pycache__']。目錄中的檔案會像帶有 shallow=**True** 的 filecmp.cmp 那樣進行比較。

一個 dircmp 實體 *d* 提供三個方法，詳參閱表 11-26。

表 11-26　由 dircmp 實體 *d* 提供的方法

report	report_full_closure() 向 sys.stdout 輸出 *dir1* 和 *dir2* 之間的比較。
report_full_closure	report_full_closure() 向 sys.stdout 輸出 *dir1* 和 *dir2* 以及它們的所有共同子目錄之間的比較，遞迴進行。

檔案和文字運算

report_partial_closure	report_partial_closure() 向 sys.stdout 輸出 *dir1* 和 *dir2* 以及它們共同的直接子目錄之間的比較。

此外，*d* 還提供幾個屬性，在表 11-27 中提及。這些屬性是「剛好及時（just in time）」計算出來的（也就是說，只有在需要的時候才計算，歸功於 __getattr__ 特殊方法），所以使用 dircmp 實體不會產生不必要的開銷。

表 11-27　由一個 dircmp 實體 d 提供的屬性

common	同時在 *dir1* 和 *dir2* 中的檔案和子目錄
common_dirs	同時位於 *dir1* 和 *dir2* 中的子目錄
common_files	同時存在於 *dir1* 和 *dir2* 中的檔案
common_funny	在 *dir1* 和 *dir2* 中都有，但 os.stat 會回報錯誤、或為兩個目錄中的版本回傳不同種類的那些名稱
diff_files	同時存在於 *dir1* 和 *dir2* 但內容不同的檔案
funny_files	在 *dir1* 和 *dir2* 中都有但無法進行比較的檔案
left_list	在 *dir1* 中的檔案和子目錄
left_only	只在 *dir1* 中而不在 *dir2* 中的檔案和子目錄
right_list	在 *dir2* 中的檔案和子目錄
right_only	在 *dir2* 中而不在 *dir1* 中的檔案和子目錄
same_files	在 *dir1* 和 *dir2* 中都有相同內容的檔案
subdirs	一個字典，其鍵值是 common_dirs 中的字串；相應的值是每個子目錄的 dircmp（或 **3.10+** 與 *d* 相同 dircmp 子類別）的實體

fnmatch 模組

fnmatch 模組（*filename match* 的縮寫，代表「檔案名稱匹配」）以類似於 Unix shell 所用的模式（pattern）來匹配檔案名稱字串或路徑，如表 11-28 中所列。

表 11-28　fnmatch 模式匹配慣例

模式	匹配
*	字元的任何序列

模式	匹配
?	任何單一字元
[*chars*]	*chars* 中的任何一個字元
[!*chars*]	任何一個不在 *chars* 中的字元

fnmatch 不遵循 Unix shell 模式匹配的其他慣例，例如對斜線（/）或前導點號（.）進行特殊處理。它也不允許轉義特殊字元：取而代之，要匹配一個特殊字元，要用方括號（brackets）括住它。舉例來說，要匹配只有單一個右方括號（close bracket）的檔案名稱，就用 '[]]'。

fnmatch 模組提供表 11-29 中所列的函式。

表 11-29　fnmatch 模組的函式

filter	filter(*names*, *pattern*) 回傳與 *pattern* 相匹配的 *names*（一序列的字串）的項目之串列。
fnmatch	fnmatch(*filename*, *pattern*) 當字串 *filename* 與 *pattern* 匹配時，回傳 **True**；否則，回傳 **False**。如果平台是（例如，典型的類 Unix 系統）區分大小寫的（case sensitive），那麼匹配也會是，否則（例如，在 Windows 上）是不區分大小寫的（case insensitive）；如果你處理的檔案系統的大小寫區分與你的平台不一致，就要注意這一點（例如，macOS 是類 Unix 系統；但是，其典型檔案系統是不區分大小寫的）。
fnmatchcase	fnmatchcase(*filename*, *pattern*) 當字串 *filename* 與 *pattern* 匹配時，回傳 **True**；否則，回傳 **False**。此匹配在任何平台上都是區分大小寫的。
translate	translate(*pattern*) 回傳相當於 fnmatch 模式 *pattern* 的正規表達式模式（regular expression pattern，在第 356 頁的「模式字串語法」中提及）。

檔案和文字運算

glob 模組

glob 模組使用與 fnmatch 相同的規則，列出（按任意順序）與一個路徑模式（*path pattern*）相匹配的檔案之路徑名稱；此外，它還像會 Unix shell 那樣特別處理前導的點號（.）、分隔符號（/）和 **。表 11-30 列出 glob 模組所提供的一些有用的函式。

表 11-30　glob 模組的函式

escape	escape(*pathname*) 轉義（escape）所有的特殊字元（'?'、'*' 和 '['），如此你就能匹配可能包含特殊字元的任意字面值字串。
glob	glob(*pathname*, *, root_dir=**None**, dir_fd=**None**, recursive=**False**) 回傳與模式 *pathname* 相匹配的檔案之路徑名稱串列。root_dir（如果不是 **None**）是一個字串或類路徑物件，指定用於搜尋的根目錄（這與呼叫 glob 前改變當前目錄的作用相同）。如果 *pathname* 是相對的，所回傳的路徑就是相對於 root_dir 的。要搜尋相對於目錄描述器的路徑，請改為傳入 dir_fd。可以選擇傳入具名引數 recursive=**True**，讓路徑組成部分 ** 遞迴地匹配零或多層的子目錄。
iglob	iglob(*pathname*, *, root_dir=**None**, dir_fd=**None**, recursive=**False**) 像 glob 一樣，但回傳一個迭代器，每次產出一個相關的路徑名稱。

shutil 模組

shutil 模組（*shell utilities* 的縮寫，*shell* 工具）提供拷貝和移動檔案以及刪除整個目錄樹的函式。在一些 Unix 平台上，大多數函式都支援選擇性的僅限關鍵字引數 follow_symlinks，預設為 **True**。當 follow_symlinks=**True** 時，如果一個路徑表示一個符號連結，該函式會跟隨它到達一個實際的檔案或目錄；若為 **False**，該函式會對符號連結本身進行運算。表 11-31 列出 shutil 模組所提供的函式。

表 11-31　shutil 模組的函式

copy	copy(*src*, *dst*) 拷貝由 *src* 指名的檔案之內容，該檔案必須存在，並創建或覆寫檔案 *dst*（*src* 和 *dst* 是字串或 pathlib.Path 的實體）。如果 *dst* 是一個目錄，則目標是一個與 *src* 有相同基本名稱的檔案，但位於 *dst* 中。copy 還會複製權限位元，但不會複製最後存取和修改時間。回傳它所複製的目的地檔案（destination file）的路徑。
copy2	copy2(*src*, *dst*) 就像 copy，但也會複製最後存取時間和修改時間。
copyfile	copyfile(*src*, *dst*) 只拷貝 *src* 所指名的檔案之內容（沒有權限位元，也沒有最後存取和修改時間），建立或覆寫 *dst* 所指名的檔案。

copyfileobj	`copyfileobj(`*fsrc*`,` *fdst*`, bufsize=16384)` 將檔案物件 *fsrc* 的所有位元組拷貝到檔案物件 *fdst*，前者必須是開啟來讀取的，而後者必須是開啟來寫入的。如果 `bufsize` 大於 `0`，每次最多複製 `bufsize` 個位元組。檔案物件在第 377 頁的「io 模組」中提及。
copymode	`copymode(`*src*`,` *dst*`)` 將 *src* 所指名的檔案或目錄之權限位元拷貝到 *dst* 所指名的檔案或目錄。*src* 和 *dst* 都必須存在。不會改變 *dst* 的內容，也不改變其作為檔案或目錄的狀態。
copystat	`copystat(`*src*`,` *dst*`)` 將 *src* 所指名的檔案或目錄之權限位元和最後存取及修改時間複製到 *dst* 所指名的檔案或目錄。*src* 和 *dst* 都必須存在。不會改變 *dst* 的內容，也不改變其作為檔案或目錄的狀態。
copytree	`copytree(`*src*`,` *dst*`, symlinks=`**`False`**`, ignore=`**`None`**`, copy_function=copy2, ignore_dangling_symlinks=`**`False`**`, dirs_exist_ok=`**`False`**`)` 將以 *src* 指名的目錄為根的目錄樹（directory tree）拷貝到 *dst* 所指名的目的地目錄中。*dst* 必定不能已經存在：`copytree` 會創建它（並且創建任何缺少的父目錄）。`copytree` 預設使用函式 `copy2` 來拷貝每個檔案；你可以選擇傳入一個不同的檔案拷貝函式作為具名引數 `copy_function`。如果在拷貝過程中出現任何例外，`copytree` 會在內部記錄這些例外並繼續進行，在結束時提出 `Error`，其中包含所有記錄下來的例外之串列。 當 `symlinks` 為 **`True`** 時，`copytree` 在來源樹（source tree）發現符號連結時，就會在新的樹中創建符號連結。當 `symlinks` 為 **`False`** 時，`copytree` 會追蹤它發現的每個符號連結，並以連結的名稱拷貝所連向的檔案，如果所連結檔案不存在，則記錄一個例外（如果 `ignore_dangling_symlinks=`**`True`**，這個例外就會被忽略）。在沒有符號連結概念的平台上，`copytree` 會忽略 `symlinks` 這個引數。

copytree（續）	當 ignore 不是 **None** 時，它必須是一個可呼叫物件，接受兩個引數（一個目錄路徑和該目錄的直接子系之串列）並回傳在拷貝過程中被忽略的子系（children）的一個串列。如果存在，ignore 通常是呼叫 shutil.ignore_patterns 的結果。舉例來說，這段程式碼：
	`import shutil`
	`ignore = shutil.ignore_patterns('.*', '*.bak')`
	`shutil.copytree('src', 'dst', ignore=ignore)`
	會將根植於目錄 *src* 的樹複製到根植於目錄 *dst* 的新樹中，忽略名稱以一個點號開頭的任何檔案或子目錄，以及名稱以 *.bak* 結尾的任何檔案或子目錄。
	預設情況下，如果目標目錄已經存在，copytree 會記錄一個 FileExistsError 例外。**3.8+** 你可以將 dirs_exist_ok 設定為 **True**，以允許 copytree 寫入拷貝過程中發現的現有目錄（並可能覆寫其內容）。

ignore_patterns	ignore_patterns(**patterns*) 回傳一個可呼叫物件，挑出匹配 *patterns* 的檔案和目錄，*patterns* 就像 fnmatch 模組中使用的那樣（見第 426 頁的「fnmatch 模組」）。這個結果適合作為 ignore 引數傳入給 copytree 函式。
move	move(*src*, *dst*, copy_function=copy2) 將由 *src* 指名的檔案或目錄移動到由 *dst* 指名的地方。move 會先試著使用 os.rename。然後，如果那失敗了（因為 *src* 和 *dst* 在不同的檔案系統上，或者因為 *dst* 已經存在），move 會將 *src* 拷貝到 *dst*（預設情況下對檔案使用 copy2，或對目錄使用 copytree；你可以選擇傳入 copy2 之外的檔案拷貝函式作為具名引數 copy_function），然後移除 *src*（對檔案使用 os.unlink，對目錄使用 rmtree）。
rmtree	rmtree(*path*, ignore_errors=**False**, onerror=**None**) 移除以 *path* 為根的目錄樹。當 ignore_errors 為 **True** 時，rmtree 會忽略錯誤。當 ignore_errors 為 **False**，而且 onerror 為 **None** 時，錯誤會提出例外。當 onerror 不是 **None** 時，它必須是可呼叫物件，有三個引數：*func*、*path* 和 *ex*。*func* 是提出例外的函式（os.remove 或 os.rmdir），*path* 是傳入給 *func* 的路徑，而 *ex* 是 sys.exc_info 回傳資訊元組。當 onerror 提出例外時，rmtree 就會終止，並且例外會被傳播。

除了提供直接有用的函式外，Python stdlib 中的原始碼檔案 *shutil.py* 是如何運用許多 os 函式的一個優秀例子。

文字輸入和輸出

Python 將非 GUI 的文字輸入和輸出串流（streams）作為檔案物件呈現給 Python 程式，所以你可以使用檔案物件的方法（在第 380 頁的「檔案物件的屬性和方法」中講述）來操作這些串流。

標準輸出和標準錯誤

sys 模組（在第 303 頁的「sys 模組」中介紹）具有 stdout 和 stderr 屬性，它們是可寫入的檔案物件。除非你使用 shell 的重導（redirection）或管線（pipes）功能，否則這些串流會連接到執行你指令稿的「終端機（terminal）」。現在，真正的終端機是非常罕見的：所謂的終端機一般是指支援文字 I/O 的螢幕視窗。

sys.stdout 和 sys.stderr 之間的區別是一種慣例問題。sys.stdout，被稱為標準輸出（*standard output*），是你的程式發出結果的地方。sys.stderr，被稱為標準錯誤（*standard error*），是錯誤、狀態或進度訊息等輸出的地方。將程式輸出與狀態和錯誤訊息分開有助於你有效地運用 shell 重導。Python 尊重這一慣例，使用 sys.stderr 來處理自己的錯誤和警告。

print 函式

將結果輸出到標準輸出的程式經常需要寫入到 sys.stdout。Python 的 print 函式（在表 8-2 中介紹）可以成為 sys.stdout.write 的一個功能豐富、便利的替代方案。print 對於開發過程中用來幫助你除錯程式碼的非正式輸出是很好的，但是對於生產等級的輸出，你可能需要比 print 所提供的還要更多的格式化控制。舉例來說，你可能需要控制間距、欄位寬度、浮點數值的小數位數等等。若是如此，你可以把輸出準備成一個 f-string（在第 336 頁的「字串格式化」中提及），然後輸出這個字串，通常是用適當的檔案物件的 write 方法（你可以將經過格式化的字串傳入給 print，但是 print 可能會新增空格和 newlines；而 write 方法完全不會新增任何東西，所以你更容易控制到底輸出了什麼）。

如果你需要將輸出導向一個開起來寫入的檔案 *f*，單純呼叫 *f*.write 通常是最好的，而 print(..., file=*f*) 有時則是一種方便替代選擇。為了重複引導 print 呼叫的輸出到某個檔案，你可以暫時改變 sys.stdout 的值。下面的例子是一個通用的重導函式，可用於這樣的臨時變化；在存

檔案和文字運算

在多工的情況下，請確保有新增一個鎖（lock），以避免任何爭奪（也可參閱表 6-1 中描述的 contextlib.redirect_stdout 裝飾器）：

```
def redirect(func: Callable, *a, **k) -> (str, Any):
    """redirect(func, *a, **k) -> (func 的結果 , 回傳值 )
    func 是一個可呼叫物件，將結果傳送到標準輸出。
    redirect 將結果捕捉為一個 str，並回傳一個對組
    ( 輸出字串 , 回傳值 )。
    """
    import sys, io
    save_out = sys.stdout
    sys.stdout = io.StringIO()
    try:
        retval = func(*args, **kwds)
        return sys.stdout.getvalue(), retval
    finally:
        sys.stdout.close()
        sys.stdout = save_out
```

標準輸入

除了 stdout 和 stderr 以外，sys 模組還提供 stdin 屬性，它是一個可讀的檔案物件。當你需要從使用者那裡得到一行文字時，你可以呼叫內建的函式 input（在表 8-2 中提及），選擇性使用一個字串引數作為提示（prompt）。

當你需要的輸入不是字串時（例如，當你需要一個數字時），可以使用 input 從使用者那裡獲得一個字串，然後使用其他內建功能，如 int、float 或 ast.literal_eval，將字串變成你需要的數字。要估算來源不受信任的一個運算式或字串，我們推薦使用標準程式庫模組 ast 中的函式 literal_eval（正如線上說明文件（*https://oreil.ly/6kb6T*）中所述）。ast.literal_eval(*astring*) 會在可以時為給定的字面值 *astring* 回傳一個有效的 Python 值（例如一個 int、float 或 list）（**3.10+** 會從字串輸入中剝離任何前導空格和 tab），否則會提出一個 SyntaxError 或 ValueError 例外；它從不產生任何副作用。為了確保完全安全，*astring* 不能包含任何運算子或任何非關鍵字的識別字；但是，+ 和 - 可以作為數字的正負號被接受，而不是作為運算子。比如說：

```
import ast
print(ast.literal_eval('23'))      # 印出 23
print(ast.literal_eval('  23'))    # 印出 23 (3.10++)
print(ast.literal_eval('[2,-3]')) # 印出 [2, -3]
print(ast.literal_eval('2+3'))     # 提出 ValueError
print(ast.literal_eval('2+'))      # 提出 SyntaxError
```

eval 可能很危險

不要在未經淨化的任意使用者輸入上使用 `eval`：惡意的（或善意但粗心的）使用者可能透過這種方式破壞安全或造成損害。不存在有效的防禦措施，只能避免對來源你不完全信任的輸入使用 `eval`（和 `exec`）。

getpass 模組

非常罕見地，你可能想讓使用者以這樣的方式輸入一行文字：讓看著螢幕的其他人看不到使用者在輸入什麼。舉例來說，當你要求使用者輸入密碼（password）時，就會出現這種需求。`getpass` 模組為此提供一個函式，還有一個函式用於獲取當前使用者的使用者名稱（參閱表 11-32）。

表 11-32　`getpass` 模組的函式

`getpass`	`getpass(prompt='Password: ')` 和 `input` 一樣（在表 8-2 中提及），只不過使用者輸入的文字不會在使用者打字時顯示到螢幕上，而且預設的 `prompt` 也和 `input` 不同。
`getuser`	`getuser()` 回傳目前使用者的使用者名稱（username）。`getuser` 試圖以環境變數 LOGNAME、USER、LNAME 或 USERNAME 的值來獲取使用者名稱，依照這個順序。如果那些變數都不在 `os.environ` 中，`getuser` 將詢問作業系統。

更豐富的文字 I/O

到目前為止，所講述的文字 I/O 模組在所有平台終端機上都提供基本的文字 I/O 功能。大多數平台還提供增強型的文字 I/O 功能，如回應單個按鍵（不僅僅是整行）、在終端機的任何列或欄位置列印文字，以及用背景和前景顏色和字型效果（如粗體、斜體和底線）增強文字表現。對於這樣的功能，你需要考慮第三方的程式庫。我們在這裡將重點討論 `readline` 模組，然後快速瀏覽一些主控台 I/O 選項，包括 `mscvrt`，並簡要提及 `curses`、`rich` 和 `colorama`，但不會進一步介紹它們。

readline 模組

readline 模組包裹了 GNU Readline Library（*https://oreil.ly/Z0A5t*），它可以讓使用者在互動式輸入過程中編輯文字行，並喚回之前的文字行以進行編輯和重新輸入。Readline 已經預先安裝在許多類 Unix 的平台上，並且可以在線上找到它。在 Windows 上，你可以安裝並使用第三方模組 pyreadline（*https://oreil.ly/9XExm*）。

若有 readline 可用，Python 會將它用於所有行導向的輸入（line-oriented input），例如 input。互動式 Python 直譯器總是會試著載入 readline，以啟用互動式工作階段的行編輯和喚回功能。一些 readline 函式控制進階的功能：特別是**歷程記錄**（*history*），用於喚回在之前的工作階段中輸入的文字行；以及**完成**（*completion*）功能，用於對正在輸入的字詞進行情境感知的自動補完（關於組態命令的完整細節，請參閱 Python readline 的說明文件（*https://oreil.ly/6SMkN*）。你可以使用表 11-33 中的函式存取該模組的功能。

表 11-33　readline 模組的函式

add_history	add_history(*s*, /) 將字串 *s* 作為一行新增到歷程緩衝區（history buffer）的末端。要暫時禁用 add_history，請呼叫 set_auto_history(**False**)，這將只在這個工作階段中禁用 add_history（它不會跨工作階段持續存在）；set_auto_history 預設為 **True**。
append_history_file	append_history_file(*n*, *filename*='~/.history', /) 將最後的 *n* 個項目附加到現有檔案 *filename* 上。
clear_history	clear_history() 清除歷程緩衝區。
get_completer	get_completer() 回傳當前的完成器函式（completer function，如同 set_completer 最後所設定的）；若沒有設定完成器函式，則回傳 **None**。
get_history_length	get_history_length() 回傳要儲存到歷程檔案的歷程行數。當結果小於 0 時，歷程記錄中的所有文字行都將被儲存。

parse_and_bind	parse_and_bind(*readline_cmd*, /)
	給予 readline 一個組態命令(configuration command)。要讓使用者按下 Tab 鍵來請求完成，請呼叫 parse_and_bind('tab: complete')。關於 *readline_cmd* 字串的其他有用的值，請參閱 readline 說明文件(*https://oreil.ly/Wv2dm*)。
	一個好的完成函式在標準程式庫模組 rlcompleter 中。在互動式直譯器中(或在互動式工作階段開始時執行的啟動檔案中，第 26 頁的「環境變數」中有提及)，輸入：
	`import readline, rlcompleter`
	`readline.parse_and_bind('tab: complete')`
	在這個互動式工作階段的其餘部分，你就可以在編輯行時按下 Tab 鍵，獲得全域名稱和物件屬性的名稱補完。

read_history_file	read_history_file(*filename*='~/.history', /) 從位於路徑 *filename* 的文字檔案中載入歷程文字行。
read_init_file	read_init_file(*filename*=**None**, /) 讓 readline 載入一個文字檔案：每一行都是一個組態命令。當 *filename* 為 **None** 時，載入與上次相同的檔案。
set_completer	set_completer(*func*, /) 設定完成函式(completion function)。當 *func* 為 **None** 或省略時，readline 將停用完成功能。否則，當使用者輸入部分字詞 *start*，然後按下 Tab 鍵時，readline 就會呼叫 *func*(*start*, *i*)，*i* 最初為 0。*func* 回傳以 *start* 開頭的第 *i* 個可能字詞；如果沒有了，則回傳 **None**。readline 會跑迴圈，以設定為 0、1、2 等等的 *i* 來呼叫 *func*，直到 *func* 回傳 **None** 為止。
set_history_length	set_history_length(*x*, /) 設定要儲存到歷程檔案的歷程行數。當 *x* 小於 0 時，歷程上的所有文字行都將被儲存。
write_history_file	write_history_file(*filename*='~/.history') 將歷程記錄文字行儲存到名稱或路徑為 *filename* 的文字檔案中，覆寫任何現有檔案。

主控台(Console)I/O

如前所述，今日的「終端機(terminals)」通常是圖形螢幕上的文字視窗。理論上，你也可以使用一個真正的終端機，或者(或許稍微不那麼理論，但現今也差不了多少)在文字模式下使用個人電腦的主控台(主螢幕)。今天使用的所有這些「終端機」都提供進階的文字 I/O 功能，其存取方式取決於平台。低階的 curses 套件可在類 Unix 平台上運作。要找跨平台（Windows、Unix、macOS）的解決方案，你可以使用第三方套件 `rich`（*https://oreil.ly/zuTRT*）；除了其優秀的線上說明文件（*https://oreil.ly/BHr83*），還有線上教程（*https://oreil.ly/GYAnd*）來幫助你入門。要在終端機上輸出彩色文字，請參考 `colorama`，可在 PyPI（*https://oreil.ly/JVE1a*）上取得。接下來會介紹的 `msvcrt`，提供一些低階（僅限 Windows）的功能。

curses

Unix 增強終端 I/O 的經典做法被命名為 `curses`（咒罵），這是出於隱晦的歷史因素[4]。Python 套件 `curses` 可以讓你在需要時進行詳細的控制。我們在本書中不涵蓋 `curses`；更多的資訊，請參閱 A.M.Kuchling 和 Eric Raymond 的線上教程「Curses Programming with Python」（*https://oreil.ly/Pbpbh*）。

msvcrt 模組

僅限 Windows 的 `msvcrt` 模組（你可能需要以 `pip` 安裝）提供一些低階函式，使 Python 程式可以存取由 Microsoft Visual C++ 執行階段程式庫 *msvcrt.dll* 所提供的專有額外功能。舉例來說，表 11-34 中列出的函式可以讓你逐個字元讀取使用者的輸入，而不是一次讀取一整行。

4 「curses（咒罵）」確實很好地描述了程式設計師在面對這種複雜且低階的做法時的典型話語。

表 11-34　msvcrt 模組的一些實用函式

getch, getche	getch(), getche()
	讀取並回傳一個來自鍵盤輸入的單字元位元組（single-character bytes），若有必要，可以進行阻斷，直到有一個字元可用（即一個鍵被按下）為止。getche 會將字元回顯（echoes）到螢幕上（如果是可以列印的），而 getch 不會。當使用者按下一個特殊的鍵（方向鍵、功能鍵等）時，它會被視為兩個字元：首先是一個 chr(0) 或 chr(224)，然後是第二個字元，與第一個字元一起定義了使用者所按下的特殊鍵。這意味著程式必須呼叫 getch 或 getche 兩次來讀取這些按鍵。要想知道 getch 對任何按鍵的回傳值，可以在 Windows 機器上執行下面的簡短指令稿：
	`import msvcrt`
	`print("press z to exit, or any other key "`
	`      "to see the key's code:")`
	`while True:`
	`    c = msvcrt.getch()`
	`    if c == b'z':`
	`        break`
	`    print(f'{ord(c)} ({c!r})')`

kbhit	kbhit() 當一個字元可以被讀取時回傳 **True**（getch，當被呼叫時，會立即回傳）；否則，回傳 **False**（getch，當被呼叫時，需要等待）。
ungetch	ungetch(*c*) 「ungets（放回）」字元 *c*；下一次呼叫 getch 或 getche 會回傳 *c*。呼叫 ungetch 兩次而中間沒有呼叫 getch 或 getche 是一種錯誤。

國際化

許多程式會將一些資訊以文字形式呈現給使用者。這樣的文字對於不同地區（locale）的使用者都應該是可以理解、而且可接受的。舉例來說，在一些國家和文化中，「March 7（3 月 7 日）」這個日期可以簡潔地表達為「3/7」。在其他地方，「3/7」則表示「July 3（7 月 3 日）」，而代表「March 7」的字串是「7/3」。在 Python 中，這種文化慣例在標準程式庫模組 locale 的幫助下進行處理。

同樣地，在某一種自然語言中，問候語可能會用字串「Benvenuti（義大利語的歡迎）」來表達，而在另一種語言中，使用的字串會是「Welcome（英語的歡迎）」。在 Python 中，這種翻譯是在 stdlib 模組 gettext 的幫助下進行的。

這兩種問題通常都是在國際化（*internationalization*）這個統稱下解決的（經常縮寫為 *i18n*，因為在英語的完整拼寫中，*i* 和 *n* 之間有 18 個字母），這個名稱並不恰當，因為同樣的議題不僅存在於國家之間，也存在於一個國家內的不同語言或文化之間[5]。

locale 模組

Python 對文化慣例的支援模仿了 C 語言對此的支援，但略有簡化。一個程式在一個被稱為 *locale*（地區設定）的文化慣例環境中執行。地區設定滲透到程式中，通常在程式啟動時就設定好。地區設定並不針對執行緒，而 `locale` 模組也不具有執行緒安全性（thread-safe）。在一個多執行緒程式中，請在主執行緒中設定程式的 locale；也就是說，在啟動次要執行緒之前設定它。

地區設定的限制

`locale` 只對行程範圍的設定有用。如果你的應用程式需要在單一行程中同時處理多個地區設定（locales），不管是在執行緒中，還是非同步進行，由於其行程範圍的本質，`locale` 都不是解答。取而代之，可以考慮諸如 PyICU（*https://pypi.org/project/PyICU*）等替代方案，會在第 446 頁的「更多的國際化資源」中提到。

如果一個程式沒有呼叫 `locale.setlocale`，就會使用 *C locale*（出於 Python 的 C 語言根源而被如此稱呼）；它與 US English locale（美國英文地區設定）類似，但不完全相同。又或者，一個程式可以找出並接受使用者的預設地區設定。在這種情況下，`locale` 模組會與作業系統互動（透過環境或其他取決於系統的方式），試圖找到使用者的首選地區設定。最後，程式可以設定一個特定的 locale，大概是在使用者互動的基礎上或透過續存的組態設定（persistent configuration settings）來決定要設定哪個 locale。

地區設定通常是針對所有相關類別的文化慣例全面進行的。這種通用的廣泛設定由 `locale` 模組的常數屬性 `LC_ALL` 表示。然而，由 `locale` 處理的文化慣例被歸為不同的分類（categories），而在一些罕見的情況下，

5 I18n 包括「當地語系化（localization）」的過程，或使國際軟體適應當地語言和文化慣例。

程式可以選擇混搭不同分類來建立出一個合成的複合地區設定。這些分類由表 11-35 中列出的屬性所識別。

表 11-35　locale 模組的常數屬性

LC_COLLATE	字串排序；影響 locale 中的函式 strcoll 和 strxfrm
LC_CTYPE	字元類型；影響模組 string（和字串方法）中與小寫和大寫字母有關的面向
LC_MESSAGES	訊息；可能影響作業系統顯示的訊息（例如，由函式 os.strerror 和模組 gettext 所顯示的訊息）
LC_MONETARY	貨幣值（currency values）的格式化；影響 locale 中的函式 localeconv 和 currency
LC_NUMERIC	數字的格式化；影響 locale 中的函式 atoi、atof、format_string、localeconv 和 str，以及用了格式字元 'n' 時格式化字串（例如 f-strings 和 str.format）中使用的數字分隔符號
LC_TIME	時間和日期的格式化；影響函式 time.strftime

某些分類（用 LC_CTYPE、LC_MESSAGES 和 LC_TIME 表示）的設定會影響其他模組（如 string、os、gettext 和 time）的行為。其他分類（用 LC_COLLATE、LC_MONETARY 和 LC_NUMERIC 表示）只影響 locale 本身（在使用 LC_NUMERIC 的情況下，還要再加上字串格式化）的一些函式。

locale 模組提供表 11-36 中列出的函式來查詢、改變和操作地區設定，以及實作了地區設定分類 LC_COLLATE、LC_MONETARY 和 LC_NUMERIC 文化慣例的函式。

表 11-36　locale 模組的實用函式

atof	atof(*s*) 使用當前的 LC_NUMERIC 設定將字串 *s* 剖析為一個浮點數。
atoi	atoi(*s*) 使用當前的 LC_NUMERIC 設定，將字串 *s* 剖析為一個整數。
currency	currency(*data*, grouping=**False**, international=**False**) 回傳帶有一個貨幣符號（currency symbol）的字串或數字 *data*，如果 grouping 為 **True**，則使用金額千位分隔符號（monetary thousands separator）加以分組。當 international 為 **True** 時，使用 int_curr_symbol 和 int_frac_digits，會在本表的後面描述。

檔案和文字運算

format_string	format_string(*fmt*, *num*, grouping=**False**, monetary=**False**) 回傳根據格式字串 *fmt* 和 LC_NUMERIC 或 LC_MONETARY 設定格式化 *num* 所得到的字串。除了文化慣例議題外，其結果與老式的 *fmt* % *num* 字串格式化一樣，在第 347 頁的「用 % 進行傳統的字串格式化」中有所介紹。如果 *num* 是數字型別的一個實體，而且 *fmt* 是 *%d* 或 *%f*，則將 grouping 設定為 **True**，以根據 LC_NUMERIC 設定對結果字串中的數字進行分組。如果 monetary 為 **True**，那麼字串將使用 mon_decimal_point 進行格式化，而 grouping 則使用 mon_thousands_sep 和 mon_grouping，而不是 LC_NUMERIC 所提供的（關於這些的更多資訊，請參閱本表後面的 localeconv）。比如說：

```
>>> locale.setlocale(locale.LC_NUMERIC,
...                  'en_us')
'en_us'
>>> n=1000*1000
>>> locale.format_string('%d', n)
'1000000'
>>> locale.setlocale(locale.LC_MONETARY,
...                  'it_it')
'it_it'
>>> locale.format_string('%f', n)
'1000000.000000'  # 使用 decimal_point
>>> locale.format_string('%f', n,
...                      monetary=True)
'1000000,000000'  # 使用 mon_decimal_point
>>> locale.format_string('%0.2f', n,
...                      grouping=True)
'1,000,000.00'    # 分隔符號和小數點來自
                  # LC_NUMERIC
>>> locale.format_string('%0.2f', n,
...                      grouping=True,
...                      monetary=True)
'1.000.000,00'    # 分隔符號和小數點來自
                  # LC_MONETARY
```

在這個例子中，由於數值地區設定為美國英文，當引數 grouping 為 **True** 時，format_string 會用逗號將數字每三位分一組，並使用點號（.）作為小數點。然而，貨幣地區設定為義大利，所以當引數 monetary 為 **True** 時，format_string 會使用逗號（,）作為小數點，而 grouping 使用點號（.）作為千位分隔符號。一般情況下，在任何給定的地區，貨幣和非貨幣數字的語法都是相同的。

getdefaultlocale	`getdefaultlocale(envvars=('LANGUAGE', 'LC_ALL', 'LC_TYPE', 'LANG'))` 依次檢查名稱由 `envvars` 指定的環境變數（environment variables）。在環境中找到的第一個決定了預設的地區設定。`getdefaultlocale` 回傳一對符合 RFC 1766（*https://oreil.ly/BbYK1*）規範的字串 `(`*`lang, encoding`*`)`（除了 `'C'`locale 以外），例如 `('en_US', 'UTF-8')`。如果 `getdefaultlocale` 無法找到這對字串應該有什麼值，那麼這對字串中的每一項都可以是 **`None`**。
getlocale	`getlocale(category=LC_CTYPE)` 回傳一對字串 `(`*`lang, encoding`*`)`，其中包含給定分類 `category` 的當前設定。分類不能是 `LC_ALL`。

localeconv	`localeconv()`
	回傳一個字典 *d*，該 `dict` 具有當前 locale 的 `LC_NUMERIC` 和 `LC_MONETARY` 分類所指定的文化慣例。雖然 `LC_NUMERIC` 最好透過 `locale` 的其他函式間接使用，但 `LC_MONETARY` 的細節只能透過 *d* 來存取。貨幣格式的當地和國際用法是不同的。舉例來說，`'$'` 符號只限於當地使用；在國際上的使用是有歧義的，因為許多被稱為「dollars」的貨幣（美國、加拿大、澳大利亞、香港等）都使用同一個符號。因此，在國際用法中，美國貨幣的符號是無歧義的字串 `'USD'`。此函式會暫時將 `LC_CTYPE` locale 設定為 `LC_NUMERIC` locale，如果地區設定不同且數值或貨幣字串為非 ASCII 字元，則設定為 `LC_MONETARY` locale。這一臨時變化影響到所有執行緒。*d* 用於貨幣格式化的鍵值是以下字串：
	`'currency_symbol'`
	當地使用的貨幣符號
	`'frac_digits'`
	當地使用的小數位數
	`'int_curr_symbol'`
	國際上使用的貨幣符號
	`'int_frac_digits'`
	國際上要使用的小數位數
	`'mon_decimal_point'`
	用於貨幣值的「小數點（decimal point）」（又稱 *radix point*）的字串
	`'mon_grouping'`
	貨幣值的數字分組位數（digit-grouping numbers）串列
	`'mon_thousands_sep'`
	用作貨幣值的數字分組分隔符號（digit-groups separator）的字串

locale
conv（續）
	`'negative_sign'`, `'positive_sign'`
	用來作為負（正）貨幣值之正負號（sign symbol）的字串
	`'n_cs_precedes'`, `'p_cs_precedes'`
	當貨幣符號出現在負（正）貨幣值之前時為 **True**
	`'n_sep_by_space'`, `'p_sep_by_space'`
	當正負號和負（正）貨幣值之間有一個空格時為 **True**
	`'n_sign_posn'`, `'p_sign_posn'`
	格式化負（正）貨幣值的數值碼串列請參閱表 11-37
	CHAR_MAX
	表示當前的地區設定沒有為這種格式化指定任何慣例
	d['mon_grouping'] 是一個數字串列，用在格式化貨幣值時進行分組（但要注意：在某些地區設定中，*d*['mon_grouping'] 可能是一個空串列）。當 *d*['mon_grouping'][-1] 為 0 時，在指定的位數以外不會再進行分組。當 *d*['mon_grouping'][-1] 為 locale.CHAR_MAX 時，群組的劃分將持續不斷，就像 *d*['mon_grouping'][-2] 被無止盡地重複一樣。locale.CHAR_MAX 是一個常數，用來作為 *d* 中當前 locale 沒有為之指定任何慣例的所有條目之值。

localize	localize(*normstr*, grouping=**False**, monetary=**False**) 按照 LC_NUMERIC（或 LC_MONETARY，當 monetary 為 **True** 時）的設定，從正規化的數值字串 *normstr* 回傳一個經過格式化的字串。
normalize	normalize(*localename*) 回傳一個字串，適合作為 setlocale 的引數，它是 *localename* 的正規化形式。當 normalize 無法正規化字串 *localename* 時，它會原封不動回傳 *localename*。
resetlocale	resetlocale(category=LC_ALL) 將 category 的 locale 設定為 getdefaultlocale 所給出的預設值。
setlocale	setlocale(*category*, locale=**None**) 如果不是 **None**，則將 *category* 的區域設定為 locale，並回傳該設定（當 locale 為 **None** 時，會是現有的；否則，會是新的那個）。locale 可以是一個字串，或一個對組 (*lang*, *encoding*)。*lang* 通常是基於 ISO 639（*https://oreil.ly/aT8Js*）雙字母代碼的語言碼（'en' 是英語、'nl' 是荷蘭語，以此類推）。當 locale 為空字串 '' 時，setlocale 會設定使用者的預設區域。要檢視有效的地區設定，請查閱 locale.locale_alias 字典。
str	str(*num*) 就像 locale.format_string('%f',*num*)。

strcoll	strcoll(*str1*, *str2*) 在尊重 LC_COLLATE 設定的前提下，當 *str1* 在文字順序（collation）中排在 *str2* 之前時，回傳 -1；當 *str2* 在 *str1* 之前時，回傳 1；當這兩個字串在文字順序中是相等的，就回傳 0。

strxfrm	strxfrm(*s*)
	回傳一個字串 *sx*，使 Python 對於如此變換過的二或多個字串的內建比較，就像在原字串上呼叫 locale.strcoll 一樣。如果你的排序和比較工作需要進行符合地區設定的字串比較，那麼 strxfrm 就能讓你輕鬆地使用 key 引數。舉例來說：
	`def locale_sort_inplace(list_of_strings):`
	`    list_of_strings.sort(key=locale.strxfrm)`

表 11-37　用於格式化貨幣值的數字碼

0	數值和貨幣符號放在括弧內
1	正負號放在數值和貨幣符號之前
2	正負號放在數值和貨幣符號之後
3	正負號緊接在數值之前
4	正負號緊接在數值之後

gettext 模組

國際化的一個關鍵議題是使用不同自然語言的文字之能力，這項任務被稱為 *localization*（當地語系化，有時簡稱為 *l10n*，或稱「本地化」）。Python 透過標準程式庫模組 gettext 支援當地語系化，其靈感源自於 GNU 的 gettext。gettext 模組有能力選擇使用後者的基礎設施和 API，但也提供一種更簡單、更高階的做法，所以你不需要安裝或研究 GNU gettext 就可以有效地使用 Python 的 gettext。

關於從不同角度對 gettext 的全面介紹，請參閱線上說明文件（*https://oreil.ly/43fgn*）。

使用 gettext 進行當地語系化

gettext 不處理自然語言之間的自動翻譯。取而代之，它會協助你抽出、組織和存取你程式使用的文字訊息。將每個需要翻譯的字串字面值（也稱為一個 *message*）傳入給一個名為 _（底線）的函式，而非直接使用它。gettext 通常會在 builtins 模組中安裝一個名為 _ 的函式。為了確保你的程式在有無 gettext 的情況下都能執行，可以有條件地定

義一個名為 _ 的「什麼都不做」的函式，只回傳其引數，不做任何改變。然後，如果可行的話，你可以在一般會使用應該被翻譯的字面值 '*message*' 的地方安全地使用 _('*message*')。下面的例子顯示如何啟動一個有條件使用 gettext 的模組：

```
try:
    _
except NameError:
    def _(s): return s
def greet():
    print(_('Hello world'))
```

如果在你執行這個範例程式碼之前，其他模組已經安裝了 gettext，那麼函式 greet 會輸出一個正確的本地化問候語。否則，greet 將輸出字串 'Hello world'，不做任何改變。

編輯你的原始碼，用函式 _ 來裝飾那些訊息字面值（message literals）。然後使用各種工具將訊息抽取到一個文字檔案中（通常命名為 *messages.pot*），並將該檔案分發給將訊息翻譯成你應用程式必須支援的各種自然語言的那些人。Python 提供一個指令稿 *pygettext.py*（在 Python 原始碼發行版的 *Tools/i18n* 目錄下），用來在你的 Python 原始碼上進行訊息提取。

每位翻譯人員都會編輯 *messages.pot* 以產生一個延伸檔名為 *.po* 的翻譯過的訊息文字檔案。將 *.po* 檔案編譯成延伸檔名為 *.mo* 的二進位檔案，適合使用各種工具進行快速搜尋。Python 提供一個指令稿 *msgfmt.py*（也在 *Tools/i18n* 中）用於此目的。最後，將每個 *.mo* 檔案以合適的名稱安裝到合適的目錄中。

關於哪些目錄和名稱合適的慣例在不同的平台和應用程式中是不同的。gettext 的預設值是 *sys.prefix* 目錄下的子目錄 *share/locale/<lang>/LC_MESSAGES/*，其中 *<lang>* 是語言的代碼（兩個字母）。每個檔案都被命名為 *<name>.mo*，其中 *<name>* 是你應用程式或套件的名稱。

一旦你準備好並安裝了你的 *.mo* 檔案，你通常會在你應用程式啟動時執行一些程式碼，如下：

```
import os, gettext
os.environ.setdefault('LANG', 'en')  # 應用程式的預設語言
gettext.install('your_application_name')
```

這可以確保諸如 `_('message')` 這樣的呼叫會回傳翻譯好的適當字串。你可以選擇不同的方式在你的程式中取用 `gettext` 的功能；例如你還需要對 C 編寫的擴充功能進行當地語系化，或者在執行過程中切換語言。另一個重要的考慮因素是，你是對整個應用程式進行本地化，還是只對單獨發佈的套件進行本地化。

基本的 gettext 函式

`gettext` 提供許多函式。表 11-38 中列出最常用的函式，完整的清單請參閱線上說明文件（*https://oreil.ly/Yk1yv*）。

表 11-38 gettext 模組的實用函式

`install`	`install(`*`domain`*`, localedir=`**`None`**`, names=`**`None`**`)` 在 Python 的內建命名空間中安裝一個名為 `_` 的函式，以執行 `localedir` 目錄中 *<lang>/LC_MESSAGES/<domain>.mo* 檔案中給出的翻譯，語言碼為 *<lang>*，如 `getdefaultlocale` 所得。當 `localedir` 為 **`None`** 時，`install` 使用目錄 `os.path.join(sys.prefix, 'share', 'locale')`。若有提供 `names`，它必須是一個序列，包含除了 `_` 之外你想安裝在 `buildins` 命名空間中的函式之名稱。支援的名稱有 `'gettext'`、`'lgettext'`、`'lngettext'`、`'ngettext'`、**3.8+** `'npgettext'` 和 **3.8+** `'pgettext'`。
`translation`	`translation(`*`domain`*`, localedir=`**`None`**`, languages=`**`None`**`, class_=`**`None`**`, fallback=`**`False`**`)` 搜尋一個 *.mo* 檔案，就像 `install` 函式一樣；如果它找到了多個檔案，`translation` 會使用後來的檔案作為前面檔案的遞補（fallbacks）。將 `fallback` 設定為 **`True`** 以回傳一個 `NullTranslations` 實體；否則，該函式會在沒有找到任何 *.mo* 檔案時提出 `OSError`。 當 `languages` 為 **`None`** 時，`translation` 會在環境中尋找要使用的 *<lang>*，跟 `install` 一樣。它依次檢查環境變數 `LANGUAGE`、`LC_ALL`、`LC_MESSAGES` 和 `LANG`，並根據 `':'` 分割第一個非空的變數，以提供一個語言名稱串列（例如，它會將 `'de:en'` 分割為 `['de', 'en']`）。若不為 **`None`**，`languages` 必須是一或多個語言名稱所成的串列（例如，`['de', 'en']`）。`translation` 使用串列中有找到 *.mo* 檔案的第一個語言名稱。

translation（續）	translation 回傳一個翻譯類別（translation class，預設為 GNUTranslations；如果存在，該類別的建構器必須接受一個檔案物件引數）的實體物件，該類別提供方法 gettext（以翻譯一個 str）和 install（將 gettext 安裝在 Python 的 builtins 命名空間中的名稱 _ 底下）。 translation 提供比 install 更詳細的控制，後者就像是 translation(*domain*,*localedir*).install(*unicode*)。透過 translation，你可以在不影響內建命名空間的情況下對單個套件進行本地化，方法是在每個模組的基礎上繫結名稱 _，例如藉由 `_ = translation(domain).ugettext`

更多的國際化資源

國際化是一個非常大型的主題。一般性介紹請參閱 Wikipedia（*https://oreil.ly/raRbx*）。作者欣然推薦的最好的國際化程式碼和資訊套件之一是 ICU（*https://icu.unicode.org*），它還內嵌了 Unicode Consortium 的 Common Locale Data Repository（CLDR）地區慣例資料庫，以及存取 CLDR 的程式碼。要在 Python 中使用 ICU，請安裝第三方套件 PyICU（*https://oreil.ly/EkwTk*）。

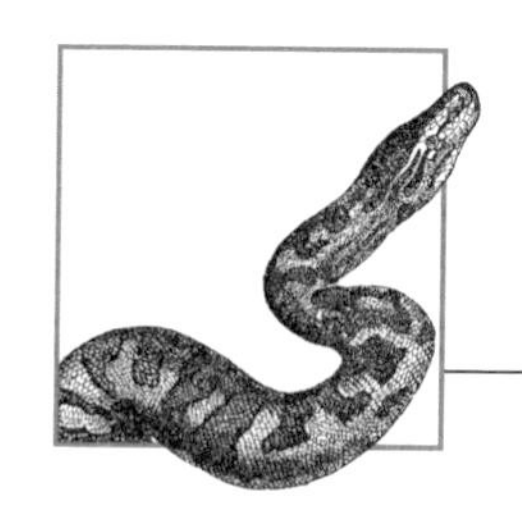

12 續存和資料庫

Python 支援幾種續存（persisting）資料的方式。一種方式是**序列化**（*serialization*），將資料視為 Python 物件的群集（collection）。這些物件可以被**序列化**（儲存）到一個位元組串流中，然後再從位元組串流**解序列化**（*deserialized*）回來（載入並重新建立）。**物件續存**（*object persistence*）仰賴序列化，增加了諸如物件命名（object naming）等功能。本章介紹支援序列化和物件續存的 Python 模組。

另一種使資料續存的方法是將其儲存在資料庫（database，DB）中。DB 的一種簡單分類是使用**鍵值存取**（*keyed access*）來進行選擇性讀取（selective reading）和更新部分資料的檔案。本章介紹支援這種被稱為 *DBM* 的檔案格式之數種變體的 Python 標準程式庫模組。

關聯式資料庫管理系統（*relational DB management system*，RDBMS），如 PostgreSQL 或 Oracle，提供一種更強大的途徑來儲存、搜尋和檢索續存資料。關聯式 DB 依靠 Structured Query Language（SQL，結構化查詢語言）的方言來建立和更動資料庫的結構描述（schema）、在 DB 中插入和更新資料，並以搜尋條件（search criteria）查詢 DB（本書不提供關於 SQL 的參考資料；為此，我們推薦 O'Reilly 的《*SQL in a Nutshell*》，由 Kevin Kline、Regina Obe 和 Leo Hsu 所著）。遺憾的是，儘管存在 SQL 標準，但每個 RDBMS 實作的 SQL 方言都稍有不同。

Python 標準程式庫沒有附帶 RDBMS 介面。然而，許多第三方模組能讓你的 Python 程式存取特定的 RDBMS。這些模組大多遵循 Python Database API 2.0（*https://oreil.ly/sktml*）標準，也被稱為 *DBAPI*。本章介紹 DBAPI 標準，並提及實作它的幾個最熱門的第三方模組。

一個特別方便的 DBAPI 模組（因為它在每個標準的 Python 安裝中都有）是 `sqlite3`（*https://oreil.ly/mAq7b*），它包裹了 SQLite（*https://www.sqlite.org*）。SQLite 是「自成一體、無伺服器、零組態、交易式的 SQL DB 引擎」，是世界上最廣泛部署的關聯式 DB 引擎。我們會在第 472 頁的「SQLite」中介紹 `sqlite3`。

除了關聯式 DB 和本章涵蓋的較簡單的做法外，還存在一些 NoSQL（*http://nosql-database.org*）資料庫，如 Redis（*https://redis.io*）和 MongoDB（*https://www.mongodb.com*），每個都有 Python 介面。我們在本書中不涵蓋進階的非關聯式 DB。

序列化

Python 提供幾個模組來將 Python 物件**序列化**（儲存）為各種位元組串流（byte streams），並將 Python 物件從串流**解序列化**（載入並重新建立）回來。序列化也被稱為 *marshaling*（**封送處理**），它意味著為資料交換（*data interchange*）而進行的格式化。

序列化做法的範圍很廣，從低階的、針對特定 Python 版本的 `marshal` 和獨立於語言的 JSON（兩者都限於基本資料型別）、到更豐富但限定於 Python 的 `pickle` 和跨語言格式，如 XML、YAML（*http://yaml.org*）、協定緩衝區（*https://developers.google.com/protocol-buffers*），以及 MessagePack（*http://msgpack.org*）。

在這一節中，我們介紹 Python 的 `csv`、`json`、`pickle` 和 `shelve` 模組。我們會在第 23 章中介紹 XML。`marshal` 太低階，無法在應用程式中使用；如果你需要維護使用它的舊程式碼，請參考線上說明文件（*https://oreil.ly/wZZ3s*）。至於協定緩衝區、MessagePack、YAML 和其他資料交換或序列化做法（每種都有特定的優勢和弱點），我們無法在本書中一一涵蓋；我們建議透過 Web 上的資源來研究它們。

csv 模組

雖然 CSV（代表 *comma-separated values*，逗號分隔的值[1]）格式通常不被認為是一種序列化形式，但它是一種廣泛使用又方便的表格資料（tabular data）交換格式。由於許多資料都是表格式的，CSV 資料被大量使用，儘管對於它在檔案中的具體表現方式缺乏一致意見。為了克服這個問題，csv 模組提供數個方言（特定來源編碼 CSV 資料的方式之規格），並允許你定義自己的方言。你可以透過呼叫 `csv.list_dialects` 函式來註冊額外的方言並列出可用的方言。關於方言的更多資訊，請查閱該模組的說明文件（*https://oreil.ly/3_o6_*）。

csv 的函式和類別

csv 模組對外開放了表 12-1 中詳述的函式和類別。它提供兩種讀取器（readers）和寫入器（writers），讓你在 Python 中以串列或字典的形式處理 CSV 資料列（data rows）。

表 12-1　csv 模組的函式和類別

reader	`reader(`*`csvfile`*`, dialect='excel', **`*`kw`*`)` 建立並回傳一個讀取器物件 *r*。*csvfile* 可以是任何產出文字列（text rows）作為 str 的可迭代物件，作為 str（通常是文字行的一個串列或用 `newline=''`[a] 開啟的檔案）；dialect 是一個已註冊的方言之名稱。要修改方言，可以新增具名引數：它們的值會覆寫同名的方言欄位。對 *r* 進行迭代會產出一序列的串列，每個串列都包含 *csvfile* 中的一列元素。
writer	`writer(`*`csvfile`*`, dialect='excel', **`*`kw`*`)` 建立並回傳一個寫入器物件 *w*。*csvfile* 是帶有 write 方法的一個物件（如果是檔案，就用 `newline=''` 開啟）；dialect 是一個已註冊的方言之名稱。要修改方言，可以新增具名引數：它們的值會覆寫同名的方言欄位。*w*.writerow 接受一個序列的值，並將它們的 CSV 表示值作為一列（row）寫入 *csvfile*。*w*.writerows 接受這種序列所構成的一個可迭代物件，並對每個序列呼叫 *w*.writerow。你要負責關閉 *csvfile*。

續存和資料庫

1 事實上，「CSV」是一個不恰當的名稱，因為有些方言使用 tab 或其他字元而非逗號作為欄位分隔符號（field separator）。把它們看成是「delimiter-separated values（定界符分隔的值）」可能更合適一些。

DictReader	DictReader(*csvfile*, fieldnames=**None**, restkey=**None**, restval=**None**, dialect='excel', **args*,***kw*) 建立並回傳一個物件 *r*，該物件會在 *csvfile* 上進行迭代，產生字典的一個可迭代物件（-3.8 OrderedDict），每列一個。若有給出 fieldnames 引數，它會被用來命名 *csvfile* 中的欄位；否則，欄位名稱取自 *csvfile* 的第一列。如果一列包含的欄數多於欄位名稱數，額外的值將被儲存為一個串列，其鍵值為 restkey。如果在任何一列中沒有足夠的值，那麼那些欄（column）的值將被設定為 restval。dialect、*kw* 以及 *args* 會被傳入給底層的讀取器物件。
DictWriter	DictWriter(*csvfile*, *fieldnames*, restval='', extrasaction='raise', dialect='excel', **args*, ***kwds*) 建立並回傳一個物件 *w*，該物件的 writerow 和 writerows 方法接收一個字典或字典的可迭代物件，並使用 *csvfile* 的 write 方法將其寫入。*fieldnames* 是一序列的字串，它們是那些字典的鍵值。*restval* 是用來填補缺少某些鍵值的字典的值。extrasaction 指定當字典有額外的、未列在 *fieldnames* 中的鍵值時該如何處理：若設定為 'raise'（預設值），函式會在這種情況下產生 ValueError；當設定為 'ignore' 時，函式會忽略這種錯誤。dialect、*kw* 和 *args* 會傳入給底層的讀取器物件。你需要負責關閉 *csvfile*（通常是以 newline='' 開啟的檔案）。

[a] 以 newline='' 開啟檔案讓 csv 模組可以使用它自己的 newline 處理，並正確處理其中的文字欄位可能包含 newlines 的方言。

一個 csv 範例

下面是一個使用 csv 從字串串列中讀取顏色資料的簡單例子：

```
import csv

color_data = '''\
color,r,g,b
red,255,0,0
green,0,255,0
blue,0,0,255
cyan,0,255,255
magenta,255,0,255
yellow,255,255,0
'''.splitlines()

colors = {row['color']:
          row for row in csv.DictReader(color_data)}

print(colors['red'])
# 印出： {'color': 'red', 'r': '255', 'g': '0', 'b': '0'}
```

請注意，整數值是作為字串來讀取的。csv 不做任何資料轉換；那需要你的程式碼藉由 DictReader 所回傳的 dict 來完成。

json 模組

標準程式庫的 json 模組支援 Python 原生資料型別（tuple、list、dict、int、str 等）的序列化。為了序列化你自己的自訂類別的實體，你應該實作繼承自 JSONEncoder 和 JSONDecoder 的相應的類別。

json 的函式

json 模組提供四個關鍵函式，詳情請參閱表 12-2。

表 12-2　json 模組的函式

dump	dump(*value*, *fileobj*, skipkeys=**False**, ensure_ascii=**True**, check_circular=**True**, allow_nan=**True**, cls=JSONEncoder, indent=**None**, separators=(', ', ': '), default=**None**, sort_keys=**False**, ***kw*) 將物件 *value* 的 JSON 序列化寫入類檔案物件 *fileobj*，該物件必須以文字模式開啟來寫入，透過呼叫 *fileobj*.write，對 *fileobj*.write 的每個呼叫都會傳入一個文字字串作為引數。 當 skipkeys 為 **True** 時（預設為 **False**），不是純量的 dict 鍵值（即，不是 bool、float、int、str 或 **None** 型別）會提出一個例外。在任何情況下，純量（scalars）的鍵值都會變成字串（例如，**None** 會變成 'null'）：JSON 只允許字串作為其映射中的鍵值。 當 ensure_ascii 為 **True**（預設）時，輸出中的所有非 ASCII 字元都會被轉義；當它為 **False** 時，它們照原樣輸出。 當 check_circular 為 **True**（預設值）時，*value* 中的容器會被檢查是否有循環參考（circular references），如果發現任何循環參考，會提出 ValueError 例外；當它為 **False** 時，檢查被跳過，許多不同的例外會因此被提出（甚至有可能發生當機）。 當 allow_nan 為 **True**（預設）時，浮點純量 nan、inf 和 -inf 被輸出為它們各自的 JavaScript 等價物 NaN、Infinity 和 -Infinity；當它為 **False** 時，這種純量的出現會提出一個 ValueError 例外。 你可以選擇傳入 cls，以便使用 JSONEncoder 的一個自訂子類別（這種進階客製化很少需要，我們在本書中不涵蓋）；在這種情況下，***kw* 會在呼叫 cls 實體化它時被傳入。預設情況下，編碼直接使用 JSONEncoder 類別。

dump（續）	當 `indent` 為 `> 0` 的一個 `int` 時，`dump` 會在每個陣列元素和物件成員上預留那麼多空格來「美觀列印」輸出；當它為 `<= 0` 的 `int` 時，`dump` 只會插入 `\n` 字元。當 `indent` 為 **`None`**（預設）時，`dump` 使用最精簡的表示法。`indent` 也可以是一個字串，例如 `'\t'`，在這種情況下，`dump` 會使用該字串進行縮排（indenting）。 `separators` 必須是包含兩個項目的一個元組，分別是用於區隔項目和區隔鍵值與值的字串。你可以明確地傳入 `separators=(',', ':')` 以確保 `dump` 不插入空白。 你可以選擇性地傳入 `default`，以便將一些本來不可序列化的物件轉化為可序列化的物件。`default` 是用單個引數呼叫的一個函式，那個引數是不可序列化的物件，而它必須回傳一個可序列化的物件，或者提出 `ValueError`（預設情況下，出現不可序列化物件會提出 `ValueError`）。 當 `sort_keys` 為 **`True`** 時（預設為 **`False`**），映射將按照其鍵值排序好的順序輸出；若為 **`False`**，它們將按照其自然的迭代順序輸出（現在，對於大多數映射來說，就是插入順序）。
dumps	`dumps(`*`value`*`, skipkeys=`**`False`**`, ensure_ascii=`**`True`**`, check_circular=`**`True`**`, allow_nan=`**`True`**`, cls=JSONEncoder, indent=`**`None`**`, separators=(', ', ': '), default=`**`None`**`, sort_keys=`**`False`**`, **`*`kw`*`)` 回傳物件 *`value`* 的 JSON 序列化字串，也就是 `dump` 會寫入其檔案物件引數的字串。`dumps` 的所有引數與 `dump` 的引數具有完全相同的含義。  *JSON 每個檔案只序列化一個物件* JSON 不是所謂的框架格式（*framed format*）：這意味著不可能多次呼叫 `dump` 以將多個物件序列化到同一個檔案中，也不可能隨後多次呼叫 `load` 來解序列化那些物件，不像可以使用 `pickle`（在下一節討論）做到的那樣。因此，從技術上來說，JSON 每個檔案只序列化一個物件。然而，那一個物件可以是一個 `list` 或 `dict`，能夠包含你想要的許多項目。

load	load(*fileobj*, encoding='utf-8', cls=JSONDecoder, object_hook=**None**, parse_float=float, parse_int=int, parse_constant=**None**, object_pairs_hook=**None**, ***kw*) 建立並回傳先前序列化為類檔案物件 *fileobj* 的物件 *v*，前者必須以文字模式開啟來讀取，透過呼叫 *fileobj*.read 獲取 *fileobj* 的內容。對 *fileobj*.read 的呼叫必須回傳一個文字（Unicode）字串。函式 load 和 dump 是互補的。換句話說，單次呼叫 load(*f*) 能解序列化出當初由單次呼叫 dump(*v*, *f*) 所創建的 *f* 內容中先前所序列化的同一個值（可能有一些改動：例如所有字典的鍵值都變成了字串）。 你可以選擇傳入 cls，以便使用 JSONDecoder 的自訂子類別（這種進階客製化很少需要，我們在本書中也不涵蓋）；在這種情況下，***kw* 會在呼叫 cls 時被傳入，以將其實體化。預設情況下，解碼會直接使用 JSONDecoder 類別。 你可以選擇傳入 object_hook 或 object_pairs_hook（如果你兩者都傳入，object_hook 會被忽略，只有 object_pairs_hook 會被使用），這個函式讓你實作自訂解碼器。當你傳入 object_hook 而不傳入 object_pairs_hook 時，每次一個物件被解碼成一個 dict 時，load 會以該字典作為唯一的引數呼叫 object_hook，並使用 object_hook 的回傳值而不是那個 dict。當你傳入 object_pairs_hook 時，每次解碼一個物件時，load 都會呼叫 object_pairs_hook，其唯一引數是該物件的 (*key*, *value*) 項目所成對組的一個串列，按照它們在輸入中出現的順序，並使用 object_pairs_hook 的回傳值。這讓你得以執行可能取決於輸入中的 (*key*, *value*) 對組之順序的特殊解碼。parse_float、parse_int 和 parse_constant 是以單一引數呼叫的函式：代表一個 float 或一個 int 的一個 str，或者三個特殊常數 'NaN'、'Infinity' 或 '-Infinity' 之一。load 每次在輸入中辨識出一個代表數字的 str 時，都會呼叫相應的函式，並使用該函式的回傳值。預設情況下，parse_float 是內建函式 float；parse_int 是 int，而 parse_constant 是會視情況回傳三個特殊浮點純量 nan、inf 或 -inf 之一的一個函式。舉例來說，你可以傳入 parse_float=decimal.Decimal 來確保結果中所有通常會是浮點數的數字都是十進位小數（在第 578 頁的「decimal 模組」中提及）。
loads	loads(*s*, cls=JSONDecoder, object_hook=**None**, parse_float=float, parse_int=int, parse_constant=**None**, object_pairs_hook=**None**, ***kw*) 建立並回傳先前被序列化為字串 *s* 的物件 *v*。loads 的所有引數與 load 的引數含義完全相同。

一個 json 範例

假設你需要讀取幾個文字檔案，這些檔案的名稱是作為你程式的引數給出的，記錄每個不同的字詞在檔案中出現的位置。你需要為每個字詞記錄的是 (*filename*, *linenumber*) 對組的一個串列。下面的例子使用 fileinput 模組迭代過所有作為程式引數的檔案，並使用 json 將 (*filename*, *linenumber*) 對組的串列編碼為字串，並將它們儲存在一個類

DBM 的檔案中（如第 462 頁的「DBM 模組」中所述）。由於這些串列包含元組，每個元組包含一個字串和一個數字，所以它們在 json 的能力範圍內，可以進行序列化：

```
import collections, fileinput, json, dbm
word_pos = collections.defaultdict(list)
for line in fileinput.input():
    pos = fileinput.filename(), fileinput.filelineno()
    for word in line.split():
        word_pos[word].append(pos)
with dbm.open('indexfilem', 'n') as dbm_out:
    for word, word_positions in word_pos.items():
        dbm_out[word] = json.dumps(word_positions)
```

然後我們可以使用 json 來解序列化儲存在類 DBM 檔案 *indexfilem* 中的資料，就像下面的例子：

```
import sys, json, dbm, linecache
with dbm.open('indexfilem') as dbm_in:
    for word in sys.argv[1:]:
        if word not in dbm_in:
             print(f'Word {word!r} not found in index file',
             continue
        places = json.loads(dbm_in[word])
        for fname, lineno in places:
            print(f'Word {word!r} occurs in line {lineno}'
                  f' of file {fname!r}:')
            print(linecache.getline(fname, lineno), end='')
```

pickle 模組

pickle 模組提供工廠函式，名為 Pickler 和 Unpickler，用於生成物件（無法子類別化的型別之實體，而不是類別），這些物件包裹檔案並提供 Python 限定的序列化機制。透過這些模組進行的序列化和解序列化，也被稱為 *pickling*（醃製）和 *unpickling*（解醃製）。

序列化跟深層拷貝（deep copying）有同樣的一些問題，詳情請見第 308 頁的「copy 模組」。pickle 模組處理這些問題的方式與 copy 模組的方式基本相同。序列化，就像深層拷貝一樣，意味著在參考的有向圖上的遞迴走訪（recursive walk over a directed graph of references）。pickle 保留了圖的形狀：當同一物件被多次訪問時，該物件只會在第一次被序列化，而同一物件的其他出現處則序列化對那個單一值的參考。pickle 還正確地序列化了具有參考循環（reference cycles）的圖。然而，這意味著如果一個可變物件 *o* 被多次序列化為同一個 `Pickler` 實體 *p*，那麼在 *o* 第一次序列化到 *p* 之後，對 *o* 的任何變更都不會被儲存。

不要在序列化進行過程中更動物件

為了清晰、正確和簡單起見，序列化為 `Pickler` 實體的過程中，請不要改變正在被序列化的物件。

`pickle` 可以用傳統的 ASCII 協定或幾種精簡的二進位協定（binary protocols）之一進行序列化。表 12-3 列出可用的協定。

表 12-3　`pickle` 的協定

協定	格式	在哪個 Python 版本中加入	說明
`0`	ASCII	1.4[a]	人類可讀的格式，序列化 / 解序列化速度慢
`1`	Binary	1.5	早期的二進位格式，被協定 2 取代了
`2`	Binary	2.3	改良了對 Python 2 後期功能的支援
`3`	Binary	3.0	（-3.8 預設）增加了對 `bytes` 物件的具體支援
`4`	Binary	3.4	（3.8+ 預設）包括對非常大型物件的支援
`5`	Binary	3.8	3.8+ 增加了功能以支援 pickling 作為行程間傳輸的序列化，根據 PEP 574（*https://oreil.ly/PcSYs*）

[a] 或者可能更早。這是在 Python.org 上可獲得的最古老的說明文件版本。

始終使用協定 2 或更高版本進行 *pickle*

請永遠都至少使用協定 2。體積和速度的節省是很可觀的，而且二進位格式基本上沒有什麼缺點，除了所產生的 pickles 與真正古老的 Python 版本之相容性有所損失。

當你重新載入物件時，`pickle` 會直接識別並使用你當前使用的 Python 版本所支援的任何協定。

pickle 是按照名稱而非依據值來序列化類別和函式的[2]。因此，pickle 只能透過從 pickle 序列化類別或函式時發現的同一模組匯入類別或函式來進行解序列化。特別是，pickle 通常只有在它們是各自模組的頂層名稱（即屬性）時，才能序列化和解序列化類別和函式。請考慮下面的例子：

```
def adder(augend):
    def inner(addend, augend=augend):
        return addend+augend
    return inner
plus5 = adder(5)
```

這段程式碼將一個 closure（閉包）繫結到名稱 plus5（如第 129 頁「巢狀函式和巢狀範疇」中所講述的），即一個巢狀函式 inner 加上一個適當的外層範疇。因此，試圖 pickle plus5 會提出一個 AttributeError：一個函式只有在它是頂層值的時候才能被 pickle，而在這段程式碼中，函式 inner 的閉包被繫結到名稱 plus5 上，它並不是頂層的，而是嵌入在函式 adder 的內部。類似的問題也適用於對於巢狀函式和巢狀類別（即不在頂層的類別）的 pickling。

pickle 的函式與類別

pickle 模組對外開放了表 12-4 中所列的函式和類別。

表 12-4　pickle 模組的函式和類別

dump, dumps	dump(*value*, *fileobj*, protocol=**None**, bin=**None**), dumps(*value*, protocol=**None**, bin=**None**) dumps 回傳代表物件 *value* 的一個位元組字串。dump 會將相同的字串寫到類檔案物件 *fileobj* 中，它必須被開啟來寫入。dump(*v*, *f*) 就像 *f*.write(dumps(*v*))。protocol 參數可以是 0（ASCII 輸出，最慢和體積最大的選項），或一個較大的 int，用於各種二進位輸出（參閱表 12-3）。除非 protocol 為 0，否則要 dump 的 *fileobj* 參數必須以二進位開啟來寫入。不要傳入 bin 參數，它的存在只是為了與舊版本的 Python 相容。

2 如果你需要在這方面或其他方面擴充 pickle，可以考慮第三方套件 dill（*https://oreil.ly/mU15t*）。

`load, loads`	`load(fileobj),`
	`loads(s, *, fix_imports=True, encoding="ASCII", errors="strict")`
	函式 `load` 和 `dump` 是互補的。換句話說，一連串對 `load(f)` 的呼叫所解序列化的東西，就是之前透過一連串對 `dump(v, f)` 的呼叫來創建 *f* 的內容時，所序列化的相同值。`load` 會從類檔案物件 *fileobj* 讀取正確數量的位元組，然後建立並回傳那些位元組所代表的物件 *v*。`load` 和 `loads` 直接支援以任何二進位或 ASCII 協定進行的 pickle 工作。如果資料是以任何二進位格式來 pickle 的，檔案就必須以二進位格式開啟，以用於 `dump` 和 `load`。`load(f)` 就像是 `Unpickler(f).load()`。
	`loads` 會建立並回傳由位元組字串 *s* 表示的物件 *v*，因此對於任何支援型別的物件 *v* 而言，`v==loads(dumps(v))`。如果 *s* 比 `dumps(v)` 長，`loads` 會忽略多餘的位元組。選擇性的引數 `fix_imports`、`encoding` 和 `errors` 是為處理 Python 2 程式碼所生成的串流而提供的；更多資訊請參閱 `pickle.loads` 的說明文件（*https://oreil.ly/VSepJ*）。

永遠不要 *unpickle* 不信任的資料

從一個不受信任的資料來源進行 unpickling 是一種安全風險；攻擊者可以利用這種弱點來執行任意程式碼。

`Pickler`	`Pickler(fileobj, protocol=None, bin=None)` 建立並回傳一個物件 *p*，使得呼叫 *p*.dump 等同於將 *fileobj*、`protocol` 和 `bin` 引數傳入給 `Pickler` 來呼叫函式 `dump`。要把多個物件序列化到一個檔案中，`Pickler` 比重複呼叫 `dump` 更方便、更快速。你可以從 `pickle.Pickler` 衍生子類別以覆寫 `Pickler` 的方法（特別是 `persistent_id` 方法），並建立你自己的續存框架（persistence framework）。然而，這是一個進階主題，本書不會進一步介紹。
`Unpickler`	`Unpickler(fileobj)` 建立並回傳一個物件 *u*，使得呼叫 *u*.load 等同於用傳入給 `Unpickler` 的 *fileobj* 引數來呼叫 `load`。要從一個檔案解序列化出多個物件，`Unpickler` 比重複呼叫函式 `load` 更方便、更快速。你可以子類別化 `pickle.Unpickler` 來覆寫 `Unpickler` 的方法（特別是 `persistent_load` 方法）並建立你自己的續存框架。然而，這是一個進階主題，在本書中不會進一步介紹。

一個 pickling 範例

下面的例子處理與之前展示的 `json` 例子相同的任務，不過使用 `pickle` 而非 `json` 來將 (*filename*, *linenumber*) 對組的串列序列化為字串：

```python
import collections, fileinput, pickle, dbm
word_pos = collections.defaultdict(list)
for line in fileinput.input():
    pos = fileinput.filename(), fileinput.filelineno()
    for word in line.split():
        word_pos[word].append(pos)

with dbm.open('indexfilep', 'n') as dbm_out:
    for word, word_positions in word_pos.items():
        dbm_out[word] = pickle.dumps(word_positions, protocol=2)
```

然後我們可以使用 pickle 來讀回儲存在類 DBM 檔案 *indexfilep* 中的資料，如下面的例子所示：

```python
import sys, pickle, dbm, linecache
with dbm.open('indexfilep') as dbm_in:
    for word in sys.argv[1:]:
        if word not in dbm_in:
            print(f'Word {word!r} not found in index file',
                  file=sys.stderr)
            continue
        places = pickle.loads(dbm_in[word])
        for fname, lineno in places:
            print(f'Word {word!r} occurs in line {lineno}'
                  f' of file {fname!r}:')
            print(linecache.getline(fname, lineno), end='')
```

實體的 pickling

為了讓 pickle 重新載入一個實體 *x*，pickle 必須能夠從 pickle 儲存該實體時定義其類別的同一個模組中匯入 *x* 的類別。下面展示 pickle 如何儲存類別 *T* 的實體物件 *x* 之狀態，然後再將所儲存的狀態重新載入到 *T* 的一個新的實體 *y* 中（重新載入的第一步總是建立 *T* 的一個新的空實體 *y*，除非我們明確指出並非如此）：

- 若 *T* 有提供方法 `__getstate__` 時，pickle 會儲存呼叫 `T.__getstate__(x)` 的結果 *d*。
- 若 *T* 有提供方法 `__setstate__`，*d* 可以是任何型別，而 pickle 會透過呼叫 `T.__setstate__(y, d)` 來重新載入所儲存的狀態。
- 否則，*d* 必須是一個字典，而 pickle 單純設定 `y.__dict__ =d`。
- 否則，若 *T* 有提供 `__getnewargs__` 方法，並且 pickle 是用協定 2 或更高版本進行 pickling 時，pickle 會儲存呼叫 `T.__getnewargs__(x)` 的結果 *t*；*t* 必須是一個元組。

- 在這種情況下，pickle 並不會從一個空的 *y* 開始，而是透過執行 *y* =*T*.__new__(*T*, **t*) 來建立 *y*，從而完成重載。
- 否則，預設情況下，pickle 會將字典 *x*.__dict__ 儲存為 *d*。
- 若 *T* 有提供方法 __setstate__，pickle 會透過呼叫 *T*.__setstate__(*y*, *d*) 來重新載入所儲存的狀態。
- 否則，pickle 只會設定 *y*.__dict__ = *d*。

pickle 儲存和重新載入的 *d* 或 *t* 物件（通常是一個字典或元組）中的所有項目必須也是適合 pickling 和 unpickling 的型別之實體（又稱 *pickleable* 物件），如果有必要，剛才概述的程序可以遞迴地重複，直到 pickle 到達原始的 pickleable 內建型別（字典、元組、串列、集合、數字、字串…等）。

正如在第 308 頁「copy 模組」中提到的，__getnewargs__、__getstate__ 和 __setstate__ 特殊方法也控制了實體物件的被拷貝或深層拷貝的方式。如果一個類別定義了 __slots__，而因此它的實體沒有 __dict__ 屬性，pickle 會盡力儲存和恢復一個與那些插槽（slots）的名稱和值等效的字典。然而，這樣的類別應該定義 __getstate__ 和 __setstate__；否則，它的實體可能無法正確地透過這種盡力而為（best-effort）的方式進行 pickling 和 copying。

使用 copyreg 模組進行 pickling 的客製化

你可以透過用 copyreg 模組註冊工廠（factory）和縮簡（reduction）函式來控制 pickle 序列化和解序列化任意型別物件的方式。當你在以 C 編寫的一個 Python 擴充功能中定義一個型別時，這特別有用，儘管那不是唯一適用的情況。copyreg 模組提供表 12-5 中列出的函式。

表 12-5　copyreg 模組的函式

constructor	constructor(*fcon*) 將 *fcon* 新增到建構器表（table of constructors）中，該表列出 pickle 可以呼叫的所有工廠函式。*fcon* 必須是可呼叫的，通常是一個函式。

續存和資料庫

pickle　　pickle(*type*, *fred*, fcon=**None**)

註冊函式 *fred* 作為 *type* 型別的縮簡函式（*reduction function*），其中 *type* 必須是一個型別物件。為了儲存型別 *type* 的一個物件 *o*，pickle 模組會呼叫 *fred*(*o*) 並儲存其結果。*fred*(*o*) 必須回傳一個元組 (fcon,*t*) 或 (fcon,*t*,*d*)，其中 *fcon* 是一個建構器，而 *t* 是一個元組。為了重新載入 *o*，pickle 會使用 *o*=fcon(**t*)。然後，當 *fred* 也回傳一個 *d* 時，pickle 使用 *d* 來復原 *o* 的狀態（若 *o* 有提供 __setstate__，就是 *o*.__setstate__(*d*)；否則為 *o*.__dict__.update(*d*)），如上節所述。如果 *fcon* 不是 **None**，pickle 也會呼叫 constructor(*fcon*) 將 *fcon* 註冊為一個建構器。

pickle 不支援程式碼物件（code objects）的 pickling，但 marshal 支援。下面展示你如何自訂 pickling 以支援程式碼物件，方法是使用 copyreg 把工作委派給 marshal：

```
>>> import pickle, copyreg, marshal
>>> def marsh(x):
...     return marshal.loads, (marshal.dumps(x),)
...
>>> c=compile('2+2','','eval')
>>> copyreg.pickle(type(c), marsh)
>>> s=pickle.dumps(c, 2)
>>> cc=pickle.loads(s)
>>> print(eval(cc))
4
```

使用 *marshal* 會使你的程式碼依存於 *Python* 版本

在你的程式碼中使用 marshal 時要小心，就像前面的例子一樣。marshal 的序列化並不能保證在不同的版本中都是穩定的，所以使用 marshal 意味著用其他版本的 Python 編寫的程式可能無法載入你程式所序列化的物件。

shelve 模組

shelve 模組指揮並協調 pickle、io 和 dbm 模組（及其用於存取類 DBM 封存檔的底層模組，會在下一節中討論），以提供一個簡單、輕量化的續存機制（persistence mechanism）。

shelve 提供一個函式，open，它與 dbm.open 是多型的（polymorphic）。然而，由 shelve.open 回傳的映射 *s* 比由 dbm.open 回傳的映射 *a* 受到

的限制要少。*a* 的鍵值與值必須是字串[3]。*s* 的鍵值也必須是字串，但 *s* 的值可以是任何的 pickleable 型別。pickle 的自訂功能（copyreg、__getnewargs__、__getstate__ 和 __setstate__）也適用於 shelve，因為 shelve 會將序列化工作委派給 pickle。鍵值和值都以位元組形式儲存。使用字串時，它們會在被儲存之前被隱含地轉換為預設編碼。

當你將 shelve 與可變物件一起使用時，要小心一個微妙的陷阱：當你對儲存在一個 shelf 中的某個可變物件進行運算時，除非你把被改變的物件指定回相同的索引，否則變更不會被儲存起來。比如說：

```
import shelve
s = shelve.open('data')
s['akey'] = list(range(4))
print(s['akey'])            # 印出：[0, 1, 2, 3]
s['akey'].append(9)         # 嘗試直接變動
print(s['akey'])            # 不「接受」；印出：[0, 1, 2, 3]
x = s['akey']               # 擷取物件
x.append(9)                 # 進行更動
s['akey'] = x               # 關鍵步驟：將物件儲存回去！
print(s['akey'])            # 現在它「接受」了，印出：[0, 1, 2, 3, 9]
```

你可以在呼叫 shelve.open 時傳入具名引數 writeback=**True** 來巧妙處理這個問題，但這可能會嚴重影響你程式的效能。

一個 shelving 範例

下面的例子處理與前面的 json 和 pickle 例子相同的任務，但使用 shelve 來續存 (*filename, linenumber*) 對組的串列：

```
import collections, fileinput, shelve
word_pos = collections.defaultdict(list)
for line in fileinput.input():
    pos = fileinput.filename(), fileinput.filelineno()
    for word in line.split():
        word_pos[word].append(pos)
with shelve.open('indexfiles','n') as sh_out:
    sh_out.update(word_pos)
```

然後我們必須使用 shelve 來讀回儲存在類 DBM 檔案 *indexfiles* 中的資料，如下例所示：

```
import sys, shelve, linecache
with shelve.open('indexfiles') as sh_in:
```

3 dbm 的鍵值和值必須是位元組；shelve 會接受位元組或 str，並在內部編碼那些字串。

```
for word in sys.argv[1:]:
    if word not in sh_in:
        print(f'Word {word!r} not found in index file',
                      file=sys.stderr)
        continue
    places = sh_in[word]
    for fname, lineno in places:
        print(f'Word {word!r} occurs in line {lineno}'
              f' of file {fname!r}:')
        print(linecache.getline(fname, lineno), end='')
```

這兩個例子是本節中展示的各種對等例子中最簡單和最直接的。這反映了一個事實，即 shelve 比前面例子中使用的模組更高階。

DBM 模組

DBM（*https://oreil.ly/osARc*），是 Unix 的一個長期支柱，是支援含有成對位元組字串 (*key, data*) 的資料檔案的一系列程式庫。給定一個鍵值，DBM 提供資料的快速擷取和儲存，這種使用模式被稱為**鍵值存取**（*keyed access*）。鍵值存取，雖然遠不及關聯式資料庫的資料存取功能強大，但它的額外負擔較小，可能足以滿足一些程式的需求。如果類 DBM 檔案（DBM-like files）足以滿足你的目的，使用這種方法你最終得到的程式會比使用關聯式資料庫的程式更小、更快。

DBM 資料庫是位元組導向的

DBM 資料庫要求鍵值和值都是位元組值（bytes values）。你將在後面的例子中看到，文字輸入會在儲存前被明確地編碼為 UTF-8。同樣地，讀回值時，也必須進行反向解碼。

Python 標準程式庫中的 DBM 支援是以一種簡潔而優雅的方式組織的：dbm 套件對外開放了兩個通用函式，而在同一個套件中，還存在其他模組提供具體的實作。

Berkeley DB 介面

bsddb 模組已經從 Python 標準程式庫中移除。如果你需要與 BSD DB 封存檔（archive）互動用的介面，我們推薦優秀的第三方套件 bsddb3（*https://oreil.ly/xizEg*）。

dbm 套件

dbm 套件提供表 12-6 中描述的頂層函式。

表 12-6 dbm 套件的函式

open	open(*filepath*, flag='r', mode=0o666) 開啟或建立由 *filepath*（任何檔案的路徑）指名的 DBM 檔案，並回傳一個與該 DBM 檔案對應的映射物件。如果那個 DBM 檔案已經存在，open 會使用函式 whichdb 來確定哪個 DBM 子模組可以處理該檔案。當 open 是建立一個新的 DBM 檔案時，它會按照以下優先序選擇第一個可用的 dbm 子模組：gnu、ndbm、dumb。 flag 是一個單字元字串，根據表 12-7 所示的規則，它告訴 open 如何開啟檔案以及是否建立檔案。mode 是一個整數，如果 open 要建立檔案，就會將其作為檔案的權限位元，如第 378 頁「用 open 建立一個檔案物件」中所介紹的。

表 12-7 dbm.open 的旗標值

旗標	唯讀？	如果檔案存在：	如果檔案不存在
'r'	是	開啟檔案	提出錯誤
'w'	否	開啟檔案	提出錯誤
'c'	否	開啟檔案	創建檔案
'n'	否	截斷檔案	創建檔案

dbm.open 回傳一個映射物件 *m*，它具有字典功能性的一個子集（在第 87 頁的「字典運算」中提及）。*m* 只接受 bytes 作為鍵值和值，而 *m* 的非特殊映射方法只提供 *m*.get、*m*.key 和 *m*.setdefault。你可以用同樣的索引語法 *m*[*key*] 來繫結、重新繫結、存取和解除繫結 *m* 中的項目，就彷彿 *m* 是一個字典那樣。如果 flag 是 'r'，*m* 就是唯讀的，所以你只能存取 *m* 的項目，而不能繫結、重新繫結或解除繫結。你可以用一般的運算式 *s* **in** *m* 來檢查一個字串 *s* 是否是 *m* 中的一個鍵值；你不能直接在 *m* 上迭代，但你可以在 *m*.keys() 上迭代，效果也一樣。

m 提供的一個額外方法是 *m*.close，其語意與檔案物件的 close 方法相同。就像對檔案物件一樣，你應該確保在使用完 *m* 後有呼叫 *m*.close。**try/finally** 述句（在第 233 頁的「try/finally」中有提及）是確保最終處理的一種方式，但第 236 頁的「with 述句和情境管理器」中講到的 **with** 述句甚至更好（你可以使用 **with**，因為 *m* 是一個情境管理器）。

whichdb	whichdb(*filepath*) 開啟並讀取由 *filepath* 指定的檔案，以發現哪個 dbm 子模組創建了該檔案。當檔案不存在或不能被開啟和讀取時，whichdb 會回傳 **None**。若檔案存在並且可以開啟和讀取，但無法確定是哪個 dbm 子模組創建了該檔案（通常，這意味著該檔案不是一個 DBM 檔案），它會回傳 ''。如果它能找出哪個模組可以讀取那個類 DBM 檔案，whichdb 就會回傳一個字串，指名一個 dbm 子模組，如 'dbm.ndbm'、'dbm.dumb' 或 'dbm.gdbm'。

除了這兩個頂層函式以外，dbm 套件還包含一些特定的模組，比如 ndbm、gnu 和 dumb，它們提供 DBM 功能的各種實作，通常你只會透過這些頂層函式來存取它們。第三方套件可以在 dbm 中安裝進一步的實作模組。

dumb 是 dbm 套件中唯一一個保證在所有平台上都存在的實作模組。dumb 有最底限的 DBM 功能，效能一般；它唯一的優勢是你可以在任何地方使用它，因為 dumb 不依存於任何程式庫。你通常不會 **import** dbm.dumb：而是 **import** dbm，並讓 dbm.open 提供可用的最佳 DBM 模組，如果在當前的 Python 安裝中沒有更好的子模組，則預設為 dumb。你會直接匯入 dumb 的唯一情況是，你要建立的類 DBM 檔案必須在任何 Python 安裝中都是可讀的，這種情況非常罕見。dumb 模組提供一個與 dbm 的 open 多型的 open 函式。

類 DBM 檔案的使用範例

當你的程式需要持續記錄相當於 Python 字典的內容時，DBM 的鍵值存取是很合適的，其中字串既是鍵值也是值。舉例來說，假設你需要分析幾個文字檔案，這些檔案的名稱是作為你程式的引數給出的，並且記錄每個字詞在那些檔案中出現的位置。在這種情況下，鍵值是字詞（words），因此，本質上就是字串。你需要為每個字詞記錄的資料是 (*filename, linenumber*) 對組的一個串列。然而，你可以透過幾種方式將資料編碼為字串，例如利用路徑分隔符號字串 os.pathsep（在第 402 頁的「os 模組的路徑字串屬性」中提及）通常不會出現在檔案名稱中的事實（本章開頭部分用同樣的例子介紹將資料編碼為字串的更通用的方法）。透過這種簡化，一個記錄檔案中字詞位置的程式可能如下：

```
import collections, fileinput, os, dbm
word_pos = collections.defaultdict(list)
for line in fileinput.input():
    pos = f'{fileinput.filename()}{os.pathsep}{fileinput.filelineno()}'
```

```
        for word in line.split():
            word_pos[word].append(pos)
    sep2 = os.pathsep * 2
    with dbm.open('indexfile','n') as dbm_out:
        for word in word_pos:
            dbm_out[word.encode('utf-8')] = sep2.join(
                                word_pos[word]
                    ).encode('utf-8')
```

你可以透過幾種方式讀回儲存在類 DBM 檔案 *indexfile* 中的資料。下面的例子接受字詞作為命令列引數，並列印出所要求的字詞出現的行：

```
import sys, os, dbm, linecache

sep = os.pathsep
sep2 = sep * 2
with dbm.open('indexfile') as dbm_in:
    for word in sys.argv[1:]:
        e_word = word.encode('utf-8')
        if e_word not in dbm_in:
            print(f'Word {word!r} not found in index file',
                  file=sys.stderr)
            continue
        places = dbm_in[e_word].decode('utf-8').split(sep2)
        for place in places:
            fname, lineno = place.split(sep)
            print(f'Word {word!r} occurs in line {lineno}'
                  f' of file {fname!r}:')
            print(linecache.getline(fname, int(lineno)), end='')
```

Python Database API（DBAPI）

正如我們前面提到的，Python 標準程式庫沒有附帶 RDBMS 介面（除了第 472 頁「SQLite」中提及的 `sqlite3`，它是一個內涵豐富的實作，而不僅僅是一個介面）。許多第三方模組能讓你的 Python 程式存取特定的資料庫。這些模組大多遵循 PEP 249（*https://oreil.ly/-yhzm*）中規範的 Python Database API 2.0 標準，又稱 DBAPI。

在匯入符合 DBAPI 的任何模組後，你可以用特定 DB 的參數呼叫該模組的 `connect` 函式。`connect` 會回傳 *x*，為 `Connection` 的一個實體，它代表對該 DB 的一個連線（connection）。*x* 提供處理交易（transactions）的 `commit` 和 `rollback` 方法；當你完成了對 DB 的運算時，可以呼叫的 `close` 方法，還有一個 `cursor` 方法來回傳 *c*，為 `Cursor` 的一個實體。*c*

提供用於 DB 運算的方法和屬性。一個符合 DBAPI 的模組還提供例外類別、描述性屬性（descriptive attributes）、工廠函式和型別描述屬性（type-description attributes）。

例外類別

一個符合 DBAPI 的模組提供例外類別 `Warning`、`Error` 和 `Error` 的數個子類別。`Warning` 指出例如插入時資料截斷等的異常狀況。`Error` 的子類別表示你的程式在處理 DB 和與 DBAPI 相容的模組介接時可能遇到的各種錯誤。一般來說，你的程式碼會使用以下形式的述句：

```
try:
    ...
except module.Error as err:
    ...
```

來捕捉所有你需要處理的與資料庫相關的錯誤，而不終止。

執行緒安全性

當一個相容 DBAPI 的模組的 `threadsafety`（執行緒安全性）屬性大於 `0` 時，就等於該模組為 DB 介面斷言了某種程度的執行緒安全性。與其仰賴這一點，不如確保單個執行緒對任何給定的外部資源（如資料庫）都有獨佔的存取權，這通常更安全，也更容易移植，正如第 545 頁「多緒程式架構」所概述的那樣。

參數風格

符合 DBAPI 的模組會有一個叫作 `paramstyle`（參數風格）的屬性，用來識別作為參數預留位置（placeholders for parameters）的記號（markers）之風格。在你傳入給 `Cursor` 實體的方法（例如 `execute`）的 SQL 述句字串中插入這樣的記號，以使用在執行時期才會確定的參數值（runtime-determined parameter values）。比如說，你需要獲取 DB 資料表 *ATABLE* 的資料列（rows），其中欄位 *AFIELD* 等於 Python 變數 *x* 目前的值。假設游標實體（cursor instance）被命名為 *c*，理論上你**可以**（但是非常不明智！）用 Python 的字串格式化來完成這個任務：

```
c.execute(f'SELECT * FROM ATABLE WHERE AFIELD={x!r}')
```

避免 SQL 查詢字串的格式化：使用參數替換

字串格式化不是推薦的做法。它會為 *x* 的每個值都產生一個不同的字串，要求每次都重新剖析和準備述句；它還會帶來安全弱點的可能性，如 SQL 注入（SQL injection，*https://oreil.ly/hpUlv*）漏洞。透過參數替換（parameter substitution），你傳入給 `execute` 單一個述句字串，用一個佔位符（placeholder）來代替參數值。這讓 `execute` 只需要剖析和準備該述句一次，以獲得更好的效能；更重要的是，參數替換提高了穩固性和安全性，妨礙 SQL 注入攻擊。

舉例來說，當一個模組的 `paramstyle` 屬性（接下來會描述）是 `'qmark'` 時，你可以將前面的查詢表達為：

```
c.execute('SELECT * FROM ATABLE WHERE AFIELD=?', (some_value,))
```

唯讀的字串屬性 `paramstyle` 告訴你的程式應該如何使用該模組的參數替換。`paramstyle` 可能的值顯示在表 12-8 中。

表 12-8　`paramstyle` 屬性的可能值

`format`	記號為 `%s`，就像老式的字串格式化一樣（總是用 `s`：無論資料的型別如何，都不要使用其他型別的指示字母）。一個查詢看起來會像： `c.execute('SELECT * FROM ATABLE WHERE AFIELD=%s', (some_value,))`
`named`	記號為 `:`*`name`*，而參數是具名的。一個查詢看起來會像： `c.execute('SELECT * FROM ATABLE WHERE AFIELD=:x', {'x':some_value})`
`numeric`	記號為 `:n`，給出參數的編號，從 1 開始算。一個查詢看起來會像： `c.execute('SELECT * FROM ATABLE WHERE AFIELD=:1', (some_value,))`
`pyformat`	記號為 `%(`*`name`*`)s`，而參數是具名的。始終使用 `s`：絕不使用其他型別的指示字母，無論資料的型別如何。一個查詢看起來會像： `c.execute('SELECT * FROM ATABLE WHERE AFIELD=%(x)s', {'x':some_value})`
`qmark`	記號為 `?`。一個查詢看起來會像： `c.execute('SELECT * FROM ATABLE WHERE AFIELD=?', (x,))`

如果參數具名的（也就是當 paramstyle 是 'pyformat' 或 'named' 時），execute 方法的第二個引數會是一個映射。否則，第二個引數就是一個序列。

format 和 pyformat 只接受型別指示器 s

format 或 pyformat 唯一有效的型別指示字母是 s；兩者都不接受任何其他的型別指示器，舉例來說，永遠不要使用 %d 或 %(*name*)d。在所有的參數替換中都使用 %s 或 %(*name*)s，不管資料的型別為何。

工廠函式

透過預留位置傳入給 DB 的參數通常必須是正確的型別：這意味著 Python 數字（整數或浮點數值）、字串（位元組或 Unicode）和表示 SQL NULL 的 **None**。沒有普遍用於表示日期、時間和二進位大型物件（binary large objects，BLOB）的型別。符合 DBAPI 標準的模組提供工廠函式來創建這樣的物件。相容 DBAPI 的大多數模組為此目的而使用的型別是那些由 datetime 模組提供的型別（在第 13 章中提及），以及用於 BLOB 的字串或緩衝區（buffer）型別。表 12-9 中列出由 DBAPI 指定的工廠函式（*FromTicks 方法接受一個整數的時戳 *s*，代表自模組 time 的紀元（epoch）以來的秒數，在第 13 章中有介紹）。

表 12-9　DBAPI 工廠函式

Binary	Binary(*string*) 回傳將給定的位元組 *string* 表示為一個 BLOB 的一個物件。
Date	Date(*year*, *month*, *day*) 回傳代表指定日期的一個物件。
DateFromTicks	DateFromTicks(*s*) 回傳代表整數時戳 *s* 之日期的一個物件。舉例來說，DateFromTicks(time.time()) 意味著「今天」。
Time	Time(*hour*, *minute*, *second*) 回傳代表指定時間的一個物件。
TimeFromTicks	TimeFromTicks(*s*) 回傳代表整數時戳 *s* 的時間的一個物件。舉例來說，TimeFromTicks(time.time()) 意味著「一天中的當前時間」。

Timestamp	Timestamp(*year*, *month*, *day*, *hour*, *minute*, *second*) 回傳代表指定日期和時間的一個物件。
Timestamp FromTicks	TimestampFromTicks(*s*) 回傳代表整數時戳 *s* 的日期和時間的一個物件。舉例來說，TimestampFromTicks(time.time()) 是當前日期和時間。

型別描述屬性

一個 Cursor 實體的 description 屬性描述你最後在該游標（cursor）上執行的 SELECT 查詢（query）的每一欄（column）的型別和其他特徵。每一欄的型別（*type*，描述該欄的元組的第二個項目）等於符合 DBAPI 的模組的下列屬性之一：

BINARY	描述含有 BLOB 的欄
DATETIME	描述含有日期、時間或兩者的欄
NUMBER	描述包含任何種類數字的欄
ROWID	描述包含行識別號（row-identification number）的欄
STRING	描述包含任何種類文字的欄

游標的描述，特別是每一欄的型別，對於自我內省（introspection）你程式所使用的資料庫是非常有用的。這樣的內省可以幫助你編寫通用的模組，並與使用不同結構描述（schemas）的資料表一起工作，包括你在編寫程式碼時可能不知道的結構描述。

connect 函式

一個符合 DBAPI 的模組的 connect 函式接受的引數取決於 DB 的種類和所涉及的具體模組。DBAPI 標準建議 connect 接受具名引數。特別是，connect 至少應該接受具有以下名稱的選擇性引數：

database	要連接的特定資料庫的名稱
dsn	連線要使用的資料來源之名稱
host	資料庫在其上執行的主機名稱
password	連接時使用的密碼
user	連接時使用的使用者名稱

Connection 物件

符合 DBAPI 標準的模組的 connect 函式回傳一個物件 *x*，該物件是 Connection 類別的一個實體，*x* 提供表 12-10 中列出的方法。

表 12-10　類別 Connection 實體 *x* 的方法

close	*x*.close() 終止 DB 連線並釋放所有相關資源。一旦你完成了對 DB 的處理，就呼叫 close。毫無必要地保持 DB 連線的開啟可能會嚴重消耗系統的資源。
commit	*x*.commit() 認可（commits）DB 中的當前交易（transaction）。如果 DB 不支援交易，*x*.commit() 會是一個無害的 no-op。
cursor	*x*.cursor() 回傳 Cursor 類別（會在下一節中提及）的一個新實體。
rollback	*x*.rollback() 復原 DB 中的當前交易。如果 DB 不支援交易，*x*.rollback() 會提出一個例外。DBAPI 建議，對於不支援交易的 DB，Connection 類別不提供 rollback 方法，所以 *x*.rollback() 會提出 AttributeError：你可以用 hasattr(*x*, 'rollback') 測試交易是否受支援。

Cursor 物件

Connection 實體提供一個 cursor 方法，該方法回傳一個物件 *c*，它是 Cursor 類別的一個實體。一個 SQL 游標（cursor）代表一個查詢的結果集，並讓你在這個結果集合中按順序逐筆處理記錄。由 DBAPI 所建模的游標是一種更豐富的概念，因為它是你的程式一開始執行 SQL 查詢的唯一途徑。另一方面，DBAPI 游標只允許你在結果序列中往前推進（有些關聯式資料庫，但不是所有的，也提供功能性更高的游標，能夠向後以及向前），並且不支援 SQL 子句 WHERE CURRENT OF CURSOR。DBAPI 游標的這些限制使得符合 DBAPI 標準的模組可以提供 DBAPI 游標，即使是在根本沒有提供真正 SQL 游標的 RDBMS 之上。Cursor 類別的一個實體 *c* 提供許多屬性和方法；最常用的屬性和方法如表 12-11 所示。

表 12-11　Cursor 類別實體 c 的常用屬性和方法

close	*c*.close() 關閉游標並釋放所有相關資源。
description	一個唯讀的屬性，是一序列七個項目的元組，在最後執行的查詢中每一欄一個： `name, typecode, displaysize, internalsize, precision, scale, nullable` 如果對 *c* 的最後一次運算不是 SELECT 查詢，或者沒有回傳相關欄的可用描述，那麼 c.description 就是 **None**。游標的描述對於內省你程式所使用的資料庫非常有用。這樣的內省動作可以幫助你寫出能夠使用不同結構描述的資料表的通用模組，包括在你寫程式碼時可能還不完全知道的結構描述。
execute	*c*.execute(statement, parameters=**None**) 用給定的 parameters 在 DB 上執行一個 SQL *statement* 字串。當模組的 paramstyle 是 'format'、'numeric' 或 'qmark' 時，parameters 會是一個序列；而當 paramstyle 是 'named' 或 'pyformat' 時，則是一個映射。有些 DBAPI 模組要求序列是具體的元組。

executemany	*c*.executemany(statement, **parameters*)
	在 DB 上執行一個 SQL *statement*，對給定的 *parameters* 的每一項都執行一次。當模組的 paramstyle 為 'format'、'numeric' 或 'qmark' 時，*parameters* 會是序列所構成的一個序列；當 paramstyle 為 'named' 或 'pyformat' 時，則會是映射所構成的一個序列。舉例來說，當 paramstyle 為 'qmark' 時，此述句：
	`c.executemany('UPDATE atable SET x=? '`
	`              'WHERE y=?',(12,23),(23,34))`
	會等同於下列兩個述句，但速度比較快：
	`c.execute('UPDATE atable SET x=12 WHERE y=23')`
	`c.execute('UPDATE atable SET x=23 WHERE y=34')`

fetchall	*c*.fetchall() 將上一次查詢的所有剩餘的資料列作為元組的一個序列回傳。如果上一次運算不是 SELECT，則提出一個例外。
fetchmany	*c*.fetchmany(*n*) 以元組序列的形式回傳上一次查詢的最多 *n* 個剩餘資料列。如果上一次運算不是 SELECT，則提出一個例外。
fetchone	*c*.fetchone() 將上一次查詢的下一個資料列作為一個元組回傳。如果上一次運算不是 SELECT，則提出一個例外。
rowcount	一個唯讀的屬性，指出上一次運算所獲取或影響的列數；如果模組無法確定這個值，則為 -1。

符合 DBAPI 的模組

無論你想使用什麼關聯式資料庫，至少都會有一個（通常不只一個）符合 Python DBAPI 的模組可以從網際網路上下載。有這麼多的資料庫和模組，而且可能性的集合不斷變化，我們不可能把它們都列出來，（更重要的是）我們也不可能隨著時間的推移維護這個清單。取而代之，我們建議你從社群維護的 wiki 頁面（*https://oreil.ly/ubKe7*）開始，它至少有一定的機會在任何時候都是完整和最新的。

因此，下面只是一個非常簡短的、有時效性的清單，列出一些符合 DBAPI 的模組，在寫這篇文章的時候，這些模組非常流行，並能與非常熱門的開源 DB 介接：

ODBC 模組

Open Database Connectivity（ODBC）是連接許多不同資料庫的標準方式，包括一些不被其他符合 DBAPI 的模組所支援的資料庫。要找一個符合 ODBC 的 DBAPI 相容模組，並且具有自由的開源授權，請使用 `pyodbc`（*https://oreil.ly/MNAt9*）；要找有商業上支援的模組，請使用 mxODBC（*https://oreil.ly/hPUU0*）。

MySQL 模組

MySQL 是一個流行的開源 RDBMS，在 2010 年被 Oracle 收購。Oracle 對此的「官方」DBAPI 相容介面是 `mysql-connector-python`（*https://oreil.ly/iWzpg*）。MariaDB 專案也提供一個符合 DBAPI 的介面 `mariadb`（*https://oreil.ly/zmCLT*），能夠連接到 MySQL 和 MariaDB（一個 GPL 授權的分支）。

PostgreSQL 模組

PostgreSQL 是另一個流行的開源 RDBMS。對它的一個廣泛使用且符合 DBAPI 的介面是 `psycopg3`（*https://oreil.ly/pXc-t*），它是對受尊崇的 `psycopg2`（*https://oreil.ly/gOTn7*）套件的合理化改寫和擴充。

SQLite

SQLite（*http://www.sqlite.org*）是一個以 C 語言編寫的程式庫，它在單一檔案中實作了一個關聯式資料庫，在足夠小型和暫時性的情況下，甚至能在記憶體中實作。Python 的標準程式庫提供 `sqlite3` 套件，它是一個符合 DBAPI 的 SQLite 介面。

SQLite 有豐富的進階功能，有許多選項可以選擇；sqlite3 提供對這些功能的存取，還有更多的可能性，能使你的 Python 程式碼和底層 DB 之間的交互運算更順暢、更自然。我們在本書中沒有足夠的篇幅來介紹這兩個強大的軟體系統的每一個角落；取而代之，我們把重點放在最常用和最有用的功能子集上。要想了解更多的細節，包括範例和最佳實務做法的建議，請參閱 SQLite（*https://oreil.ly/-6LhJ*）和 sqlite3（*https://oreil.ly/S6VE1*）的說明文件，以及 Jay Kreibich 所著的《*Using SQLite*》（O'Reilly）。

sqlite3 套件提供表 12-12 中所列的函式。

表 12-12 sqlite3 模組的一些實用函式

connect	connect(*filepath*, timeout=5.0, detect_types=0, isolation_level='', check_same_thread=**True**, factory=Connection, cached_statements=100, uri=**False**) 連接到由 *filepath* 所指名的檔案中的 SQLite 資料庫（如果需要的話，可以建立它），並回傳 Connection 類別（或其作為 factory 傳入的子類別）的一個實體。要建立一個記憶體內的資料庫，請將 ':memory:' 作為第一個引數 *filepath* 傳入。若為 **True**，uri 引數會啟動 SQLite 的 URI 功能（*https://oreil.ly/S2h8r*），允許透過 *filepath* 引數將一些額外的選項與檔案路徑一起傳入。 timeout 是當另一個連線在某個交易中使得 DB 鎖定時，在提出例外之前要等待的秒數。 sqlite3 只直接支援以下 SQLite 原生型別，將它們轉換為所指出的 Python 型別： • BLOB：轉換成 bytes • INTEGER：轉換為 int • NULL：轉換為 **None** • REAL：轉換為 float • TEXT：取決於 Connection 實體的 text_factory 屬性，請參閱表 12-13；預設情況下為 str 其他的任何型別名稱都被視為 TEXT，除非適當地檢測出來並送經一個用函式 register_converter 註冊的轉換器，在本表的後面會提到。為了允許型別名稱的檢測，請將 sqlite3 套件提供的常數 PARSE_COLNAMES 或 PARSE_DECLTYPES（或兩者皆用，以 | 位元 OR 運算子將它們連接起來）作為 detect_types 傳入。 當你傳入 detect_types=sqlite3.PARSE_COLNAMES 時，型別名稱取自檢索欄位的 SQL SELECT 述句中的欄位名稱；舉例來說，以 *foo* AS [*foo* CHAR(10)] 檢索的一個欄位具有 CHAR 的型別名稱。 當你傳入 detect_types=sqlite3.PARSE_DECLTYPES 時，型別名稱取自新增欄位的原始 CREATE TABLE 或 ALTER TABLE SQL 述句中的欄位宣告；舉例來說，宣告為 *foo* CHAR(10) 的欄位具有 CHAR 的型別名稱。

connect（續）	當你傳入 detect_types=sqlite3.PARSE_COLNAMES | sqlite3.PARSE_DECLTYPES 時，兩種機制都會被使用，當欄位名稱至少有兩個字詞時，優先考慮欄位名稱（在這種情況下第二個字詞給出型別名稱），作為遞補的就是宣告時賦予該欄位的型別（在這種情況下宣告型別的第一個字詞給出型別名稱）。 isolation_level 可以讓你對 SQLite 處理交易的方式進行一些控制；它可以是 ''（預設）、**None**（使用 *autocommit* 模式），或者是 'DEFERRED'、'EXCLUSIVE' 或 'IMMEDIATE' 這三個字串之一。SQLite 線上說明文件（*https://oreil.ly/IuKIz*）涵蓋交易類型的細節（*https://oreil.ly/AnFtn*），以及它們與 SQLite 內部執行的各種級別的檔案鎖定（*https://oreil.ly/cpWkt*）的關係。 預設情況下，一個連線物件只能在創建它的 Python 執行緒中使用，以避免由於你程式中的小錯誤而可能輕易損壞 DB 的事故（唉，小錯誤在多執行緒程式設計中很常見）。如果你對你執行緒運用鎖（locks）和其他同步（synchronization）機制的方式完全有信心，而且你需要在多個執行緒中重複使用一個連線物件，你可以傳入 check_same_thread=**False**。然後 sqlite3 將不執行任何檢查，相信你「知道自己在做什麼而且你的多執行緒架構是 100% 沒有錯誤」的主張，祝你好運囉！ cached_statements 是 sqlite3 在剖析和準備狀態下快取的 SQL 述句數量，以避免重複剖析它們所帶來的額外負擔。你可以傳入一個低於預設值 100 的值，以節省一點記憶體，如果你的應用程式使用令人眼花繚亂的各種 SQL 述句，也可以傳入一個更大的值。
register_adapter	register_adapter(*type*, *callable*) 將 *callable* 註冊為**配接器**（*adapter*），將任何 Python 型別 *type* 的物件轉換為 sqlite3 能直接處理的少數 Python 型別值之一：int、float、str 和 bytes。*callable* 必須接受一個引數，也就是要轉換的值，並回傳 sqlite3 能直接處理的型別的一個值。
register_converter	register_converter(*typename*, *callable*) 將 *callable* 註冊為**轉換器**（*converter*），將任何在 SQL 中被識別為型別 *typename* 的值（請參閱 connect 函式 detect_types 參數的描述，以了解如何識別型別名稱）轉換為相應的 Python 物件。*callable* 必須接受一個引數，即從 SQL 獲得之值的字串形式，並回傳相應的 Python 物件。*typename* 的匹配是區分大小寫的。

此外，sqlite3 還提供 Connection、Cursor 和 Row 這些類別。每一個類別都可以被子類別化，以便進一步自訂；然而，這是一個進階主題，我們在本書中不會更深入介紹。Cursor 類別是一個標準的 DBAPI 游標類別，只不過還有一個額外的便利方法 executescript，接受一個引數，即用 ; 分隔的多個述句之字串（沒有參數）。其他兩個類別將在接下來的章節中介紹。

sqlite3.Connection 類別

除了在第 470 頁「Connection 物件」中介紹的符合 DBAPI 的模組的所有 Connection 類別所共有的方法以外，sqlite3.Connection 還提供表 12-13 中的方法和屬性。

表 12-13 sqlite3.Connection 類別的額外方法和屬性

create_aggregate	create_aggregate(*name*, *num_params*, *aggregate_class*) *aggregate_class* 必須是提供兩個實體方法的一個類別：step，剛好接受 *num_params* 個引數；*finalize*，不接受引數，並回傳彙總（aggregate）的最終結果，即 sqlite3 原生支援的型別的一個值。彙總函式可以透過給定的 *name* 在 SQL 述句中使用。
create_collation	create_collation(*name*, *callable*) *callable* 必須接受兩個位元組字串引數（用 'utf-8' 編碼），並且為了比較用途，在第一個引數必須被認為是「小於」第二個引數時，回傳 -1；如果必須被認為是「大於」，則回傳 1；如果必須被認為是「等於」就為 0。在 SELECT 述句中的 SQL ORDER BY 子句中，可以用給定的 *name* 指稱這樣的文字順序（collation）。
create_function	create_function(*name*, *num_params*, *func*) *func* 必須正好接受 *num_params* 個引數，並回傳 sqlite3 原生支援的型別的一個值；這樣一個使用者定義的函式可以在 SQL 述句中藉由給定的 *name* 來使用。
interrupt	interrupt() 從任何其他執行緒呼叫，中止在此連線上執行的所有查詢（會在使用此連線的執行緒中提出一個例外）。
isolation_level	一個唯讀屬性，是作為 connect 函式 isolation_level 參數給出的值。
iterdump	iterdump() 回傳一個產出字串的迭代器，那些字串是從頭開始創建出當前資料庫的 SQL 述句，包括結構描述（schema）和內容。舉例來說，適合用來將記憶體中的資料庫續存到磁碟上以便將來重複使用。
row_factory	一個可呼叫物件，它接受游標和原本的資料列作為一個元組，並回傳一個物件作為真正的結果資料列使用。一個常見的慣用語是 *x*.row_factory=sqlite3.Row，使用下一節中提及的經過高度最佳化的 Row 類別，提供基於索引和不區分大小寫的基於名稱的欄位存取，只會帶有小到可以忽略的額外負擔。
text_factory	一個可呼叫物件，它接受單一位元組字串引數，並回傳用於那個 TEXT 欄位值的物件，預設是 str，但你可以把它設定為任何類似的可呼叫物件。
total_changes	自連線建立以來，被修改、插入或刪除的資料列總數。

Connection 物件也可以作為情境管理器，在發生例外時自動認可（commit）資料庫更新或復原；但是，在這種情況下，你需要明確呼叫 Connection.close() 來關閉連線。

sqlite3.Row 類別

sqlite3 還提供 Row 類別。一個 Row 物件就很像是一個 tuple，但也提供 keys 方法，回傳欄位名稱的一個串列，並支援以欄位名稱作為索引來替代以欄位號碼作為索引。

一個 sqlite3 範例

下面的例子處理的任務與本章前面的例子相同，但使用 sqlite3 進行續存，沒有在記憶體中建立索引：

```
import fileinput, sqlite3
connect = sqlite3.connect('database.db')
cursor = connect.cursor()
with connect:
    cursor.execute('CREATE TABLE IF NOT EXISTS Words '
                   '(Word TEXT, File TEXT, Line INT)')
    for line in fileinput.input():
        f, l = fileinput.filename(), fileinput.filelineno()
        cursor.executemany('INSERT INTO Words VALUES (:w, :f, :l)',
            [{'w':w, 'f':f, 'l':l} for w in line.split()])
connect.close()
```

然後我們可以使用 sqlite3 來讀回儲存在 DB 檔案 *database.db* 中的資料，如下面的例子所示：

```
import sys, sqlite3, linecache
connect = sqlite3.connect('database.db')
cursor = connect.cursor()
for word in sys.argv[1:]:
    cursor.execute('SELECT File, Line FROM Words '
                   'WHERE Word=?', [word])
    places = cursor.fetchall()
    if not places:
         print(f'Word {word!r} not found in index file',
               file=sys.stderr)
         continue
    for fname, lineno in places:
        print(f'Word {word!r} occurs in line {lineno}'
              f' of file {fname!r}:')
        print(linecache.getline(fname, lineno), end='')
connect.close()
```

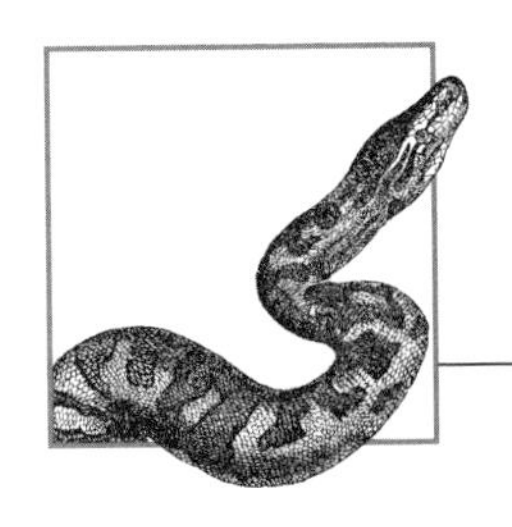

13 時間運算

一個 Python 程式能以數種方式處理時間。時間間隔（*intervals*）是以秒為單位的浮點數（一秒的幾分之幾是時間間隔的小數部分）：接受以秒為單位表示時間間隔的一個引數的所有標準程式庫函式都接受一個浮點數作為該引數的值。時間點（*instants* in time）是以稱為紀元（*epoch*）的參考時間點起算的秒數來表示的（儘管不同語言和平台的紀元可能不同，但在所有平台上，Python 的紀元都是 1970 年 1 月 1 日的午夜，UTC 時間）。時間點也經常需要用混合的計量單位來表示（例如年、月、日、小時、分鐘和秒），特別是為了 I/O 的目的。當然，I/O 也需要將時間和日期格式化為人類可讀字串，並從字串格式剖析回來的能力。

time 模組

`time` 模組在一定程度上依存於底層系統的 C 語言程式庫，它設定了 `time` 模組可以處理的日期範圍。在舊的 Unix 系統上，1970 年和 2038 年是典型的分界點[1]（透過使用 `datetime` 避免這一限制，會在下一節中討論）。時間點通常以 UTC（Coordinated Universal Time，曾被稱為 GMT，或 Greenwich Mean Time）來指定。

1 在較舊的 Unix 系統中，1970-01-01 是紀元的開始，而 2038-01-19 是 32 位元時間重新回到紀元的時刻。現在大多數現代系統都使用 64 位元時間，而許多 `time` 方法都可以接受從 0001 到 9999 的年份，但某些方法或舊系統（尤其是嵌入式系統）可能仍有限制。

time 模組也支援當地時區（local time zones）和夏令時間（daylight savings time，DST，也稱「日光節約時間」），但只是在底層 C 系統程式庫能做到的範圍內[2]。

作為自紀元以來的秒數的替代品，一個時間點（time instant）可以用由九個整數構成的一個元組來表示，稱為 *timetuple*（在表 13-1 中提及）。所有的項目都是整數：時間元組（timetuples）並不記錄秒的小數部分。一個 timetuple 是 struct_time 的一個實體。你可以把它當作一個元組來使用；你也可以把這些項目當作唯讀屬性 *x*.tm_year、*x*.tm_mon 等來存取，會更有用，其屬性名稱列在表 13-1 中。每當函式需要一個 timetuple 引數，你就可以傳入一個 struct_time 的實體或任何其他序列，只要其項目是正確範圍內的九個整數（表中的所有範圍包括下限和上限，兩端點都包括在內）。

表 13-1　時間表示的元組形式

項目	意義	欄位名稱	範圍	備註
0	年	tm_year	1970-2038	在某些平台上為 0001–9999
1	月	tm_mon	1-12	1 是一月；12 是十二月
2	日	tm_mday	1-31	
3	小時	tm_hour	0-23	0 是午夜（midnight）；12 是正午（noon）
4	分鐘	tm_min	0-59	
5	秒	tm_sec	0-61	60 和 61 為閏秒（leap seconds）
6	週天（Weekday）	tm_wday	0-6	0 為週一；6 為週日
7	年日（Year day）	tm_yday	1-366	年內日數
8	DST 旗標	tm_isdst	-1-1	-1 表示由程式庫決定 DST

要把一個時間點從「自紀元以來的秒數」的浮點數值翻譯成一個 timetuple，就把該浮點數值傳給一個函式（例如，localtime），該函式會回傳所有九個項目都有效的一個 timetuple。當你往另一個方向轉換時，mktime 會忽略元組中多餘的第 6 項（tm_wday）和第 7 項

2　time 和 datetime 不考慮閏秒，因為未來的閏秒排程尚未確定。

（tm_yday）。在這種情況下，你通常會把第 8 項（tm_isdst）設定為 -1，以讓 mktime 本身決定是否套用 DST。

time 提供表 13-2 中所列的函式和屬性。

表 13-2　time 模組的函式和屬性

asctime	asctime([*tupletime*]) 接受一個 timetuple 並回傳一個可讀的 24 字元字串，例如 'Sun Jan 8 14:41:06 2017'。呼叫沒有引數的 asctime() 就像呼叫 asctime(time.localtime())（以當地時間格式化目前時間）。
ctime	ctime([*secs*]) 和 asctime(localtime(*secs*)) 一樣，接受自紀元以來秒數表達的一個時間點，並回傳該時間點可讀的 24 字元字串形式，以當地時間表示。呼叫沒有引數的 ctime() 就像呼叫 asctime()（以當地時間格式化當前時間）。
gmtime	gmtime([*secs*]) 接受自紀元以來秒數表達的一個時間點，並回傳一個包含 UTC 時間的時間元組 *t*（*t*.tm_isdst 始終為 0）。呼叫沒有引數的 gmtime() 就像呼叫 gmtime(time())（回傳當前時間點的時間元組）。
localtime	localtime([*secs*]) 接受自紀元以來秒數表達的一個時間點，並回傳一個包含當地時間的時間元組 *t*（*t*.tm_isdst 為 0 或 1，取決於當地規則中 DST 是否適用於時間點 *secs*）。不帶引數呼叫 localtime() 就像呼叫 localtime(time())（回傳當前時間點的時間元組）。
mktime	mktime(*tupletime*) 接受一個表示為時間元組的當地時間時間點，並回傳一個浮點數值，將該時間點表示為自紀元以來的秒數（只接受 1970-2038 年之間的有限紀元日期，不接受延伸範圍，即使是在 64 位元機器上）[a]。DST 旗標，即 *tupletime* 中的最後一項，是有意義的：將其設定為 0 以獲得標準時間，設定為 1 以獲得 DST，或者設定為 -1 以讓 mktime 計算 DST 是否在給定的時間點生效。
monotonic	monotonic() 和 time() 一樣，回傳當前的時間點，是自紀元以來的秒數的一個 float；但是，時間值在兩次呼叫之間保證不會倒退，即使系統時鐘被調整過（例如，由於閏秒或在切換到 DST 的瞬間）。

perf_counter	perf_counter() 為了確定連續呼叫之間經過的時間（像秒錶一樣），perf_counter 使用現有最高解析度的時鐘回傳一個以分數秒數值為單位的時間值，為短暫的時間間隔獲取準確性。它是系統範圍內的，**包括** sleep 期間的時間。只使用連續呼叫之間的差異值，因為並沒有定義參考點。
process_time	process_time() 和 perf_counter 一樣；但是，回傳的時間值是行程範圍內的，不包括 sleep 期間的時間。只使用連續呼叫之間的差異值，因為並沒有定義參考點。
sleep	sleep(*secs*) 暫停呼叫端執行緒 *secs* 秒鐘。呼叫端執行緒可能會在 *secs* 秒之前（當它是主執行緒而有些訊號將其喚醒時）、或在更長時間的暫停之後（取決於系統對行程和執行緒的排程）再次開始執行。你可以在 *secs* 設定為 0 的情況下呼叫 sleep，為其他執行緒提供一個執行的機會，如果當前執行緒是唯一一個準備執行的執行緒，則不會產生明顯的延遲。
strftime	strftime(*fmt*[, *tupletime*]) 接受表示為當地時間 timetuple 的一個時間點，並回傳代表該時間點的一個字串，其格式由字串 *fmt* 指定。如果你省略了 *tupletime*，strftime 會使用 localtime(time())（格式化當前時間點）。*fmt* 的語法與第 347 頁「用 % 進行傳統的字串格式化」中提及的語法相似，儘管轉換字元不同，如表 13-3 所示。指涉 *tupletime* 所指定的時間點；格式不能指定寬度和精確度。 舉例來說，你可以用格式字串 '%a %b %d %H:%M:%S %Y' 獲得與 asctime 一樣格式的日期（例如 'Tue Dec 10 18:07:14 2002'）。你可以獲得符合 RFC 822 的日期（例如 'Tue, 10 Dec 2002 18:07:14 EST'），只要使用格式字串 '%a, %d %b %Y %H:%M:%S %Z'。這些字串也可以使用第 345 頁「使用者所編寫的類別之格式化」中討論的機制來對 datetime 進行格式化，能讓你將一個 datetime.datetime 物件 d 寫成 f'{d:%Y/%m/%d}' 或 '{:%Y/%m/%d}'.format(d) 的等價形式，這兩種做法都會給出像是 '2022/04/17' 這樣的結果。對於 ISO 8601 格式的日期，請參閱第 482 頁「date 類別」中的 isoformat() 和 fromisoformat() 方法。

`strptime`

`strptime(`*`str`*`, `*`fmt`*`)`

根據格式字串 *fmt*（像是 `'%a %b %d %H:%M:%S %Y'` 這樣的字串，如 `strftime` 的討論中所講述的）剖析 *str*，並將該時間點作為一個 timetuple 回傳。如果沒有提供時間值，預設為午夜（midnight）。如果沒有提供日期值，則預設為 1900 年 1 月 1 日。舉例來說：

```
>>> print(time.strptime("Sep 20, 2022", '%b %d, %Y'))
time.struct_time(tm_year=2022, tm_mon=9, tm_mday=20,
tm_hour=0, tm_min=0, tm_sec=0, tm_wday=1,
tm_yday=263, tm_isdst=-1)
```

`time`

`time()`

回傳當前的時間點，是自紀元以來秒數的一個 `float`。在一些（主要是舊的）平台上，這個時間的精確度低至一秒。如果系統時鐘在兩次呼叫之間向後調整（例如，由於閏秒），在隨後的呼叫中可能回傳一個更低的值。

`timezone`

當地時區（沒有 DST）與 UTC 的時差（美洲 `<0`；歐洲、亞洲和非洲大部分地區 `>=0`），以秒為單位。

`tzname`

一對取決於地區設定（locale）的字串，分別是沒有 DST 和含 DST 的當地時區名稱。

[a] `mktime` 的結果之小數部分總是 `0`，因為它的 timetuple 引數不考慮幾分之幾秒。

表 13-3　`strftime` 的轉換字元

型別字元	意義	特殊備註
`a`	週天名稱，縮寫的	取決於地區設定
`A`	週天名稱，完整的	取決於地區設定
`b`	月份名稱，縮寫的	取決於地區設定
`B`	月份名稱，完整的	取決於地區設定
`c`	完整的日期和時間表示值	取決於地區設定
`d`	月中日數	在 1 和 31 之間
`f`	十進位，以零填補到六位數的微秒	一到六位數
`G`	ISO 8601:2000 標準的基於週數的年份編號	
`H`	小時（24 小時制時鐘）	在 0 和 23 之間
`I`	小時（12 小時制時鐘）	在 1 和 12 之間
`j`	一年中的第幾天	介於 1 到 366
`m`	月份編號	介於 1 到 12

型別字元	意義	特殊備註
M	分鐘編號	介於 0 到 59
p	A.M. 或 P.M. 同等的	取決於地區設定
S	秒數編號	介於 0 到 61
u	週天	星期一是 1，一直到 7
U	週編號（星期日是第一週天）	介於 0 到 53
V	ISO 8601:2000 標準的基於週數的週編號	
w	週天編號	0 為星期日，一直到 6
W	週編號（星期一為第一週天）	介於 0 到 53
x	完整的日期表示值	取決於地區設定
X	完整的時間表示值	取決於地區設定
y	世紀（century）內的年份編號	介於 0 到 99
Y	年份編號	1970 到 2038，或更廣
z	作為字串的 UTC 偏移量（offset）：±HHMM[SS[.ffffff]]	
Z	時區名稱	若無時區存在則為空
%	字面上的 % 字元	編碼為 %%

datetime 模組

datetime 提供用來為日期和時間物件建模的類別，這些類別可以是 *aware*（具有時區意識的）或者是 *naive*（無時區資訊的）（預設值）。tzinfo 類別的實體為時區（time zone）建模，它是抽象的：datetime 模組只提供一個簡單的實作，即 datetime.timezone（關於所有的細節，請參閱線上說明文件（*https://oreil.ly/8Bt8N*））。下一節介紹的 zoneinfo 模組為 tzinfo 提供更豐富的具體實作，它可以讓你輕鬆建立具有時區意識的 datetime 物件。datetime 中的所有型別都有不可變的實體：屬性是唯讀的，實體可以是 dict 中的鍵值或 set 中的項目，而所有的函式和方法都會回傳新的物件，絕不會更動作為引數傳入的物件。

date 類別

date 類別的實體代表一個日期（在該日期內沒有特定的時間），介於 date.min <= d <= date.max 之間，而且總是 naive 的，並假設總是公曆

（Gregorian calendar）。date 實體有三個唯讀的整數屬性：*year*、*month* 和 *day*。這個類別的建構器有這樣的特徵式：

date	**class** date(*year*, *month*, *day*) 為給定的 *year*、*month* 和 *day* 引數回傳一個日期物件，有效範圍是 1 <= *year* <= 9999、1 <= *month* <= 12 以及 1 <= *day* <= *n*，其中 *n* 是給定月和年的天數。若給定的值無效，則提出 ValueError。

date 類別還提供三個類別的方法，可以作為替代的建構器，列在表 13-4 中。

表 13-4　替代的 date 建構器

fromordinal	date.fromordinal(*ordinal*) 回傳一個 date 物件，對應於前公曆序數（proleptic Gregorian ordinal，*https://oreil.ly/o_Li9*）*ordinal*，其中 1 的值對應於公元 1 年的第一天（first day of year 1 CE）。
fromtimestamp	date.fromtimestamp(*timestamp*) 回傳一個 date 物件，該物件對應於自紀元以來秒數表達的時間點 *timestamp*。
today	date.today() 回傳一個代表今天日期的 date。

date 類別的實體支援一些算術。date 實體之間的差值是一個 timedelta 實體；你可以對一個 date 實體加上或減去一個 timedelta（時間差），從而形成另一個 date 實體。你也可以比較 date 類別的任兩個實體（日期較後的較大）。

date 類別的一個實體 *d* 提供表 13-5 中列出的方法。

表 13-5　date 類別的實體 d 的方法

ctime	*d*.ctime() 回傳一個代表日期 *d* 的字串，格式與 time.ctime 相同，共 24 個字元（一天中的時間設定為 00:00:00，午夜）。
isocalendar	*d*.isocalendar() 回傳包含三個整數（ISO 年、ISO 週號和 ISO 週天）的一個元組。關於 ISO（International Standards Organization）日曆的更多細節，請參閱 ISO 8601 標準（*https://oreil.ly/e5yfG*）。

isoformat	*d*.isoformat() 回傳一個代表日期 *d* 的字串，格式為 'YYYY-MM-DD'；與 str(*d*) 相同。
isoweekday	*d*.isoweekday() 回傳日期 *d* 的星期（day of the week）為一個整數，1 代表星期一，到代表星期日的 7；類似於 d.weekday() + 1。
replace	*d*.replace(year=**None**, month=**None**, day=**None**) 回傳一個新的 date 物件，就像 *d* 一樣，除了那些明確指定為引數的屬性，它們會被替換。例如： `date(x,y,z).replace(month=m) == date(x,m,z)`
strftime	*d*.strftime(*fmt*) 回傳一個字串，代表由字串 *fmt* 指定的日期 *d*，如： `time.strftime(fmt, d.timetuple())`
timetuple	*d*.timetuple() 回傳一個時間元組（timetuple），對應於時間為 00:00:00（午夜）的日期 *d*。
toordinal	*d*.toordinal() 回傳日期 *d* 的前公曆序數（proleptic Gregorian ordinal），例如： `date(1,1,1).toordinal() == 1`
weekday	*d*.weekday() 回傳日期 *d* 的星期為一個整數，0 代表週一，到代表週日的 6；類似於 d.isoweekday() - 1。

time 類別

time 類別的實體代表一天內的時間（沒有特定的日期），時區方面可以是 naive 的，也可以是 aware 的，並且總是忽略閏秒。它們有五個屬性：四個唯讀的整數（hour、minute、second 與 microsecond）和一個選擇性的唯讀的 tzinfo（naive 實體為 **None**）。time 類別的建構器有如下特徵式：

time	**class** time(hour=0, minute=0, second=0, microsecond=0, tzinfo=**None**) time 類別的實體不支援算術。你可以比較兩個 time 實體（在一天中較晚的那個較大），但只有在兩者都是 aware 的或都是 naive 情況才行。

time 類別的一個實體 *t* 提供表 13-6 中所列的方法。

表 13-6　time 類別的一個實體 t 的方法

isoformat	*t*.isoformat() 回傳一個代表時間 *t* 的字串，格式為 'HH:MM:SS'；與 str(*t*) 相同。如果 *t*.microsecond !=0，所產生的字串會更長：'HH:MM:SS.mmmmmm'。如果 *t* 是 aware 的，則在最後增加六個字元 '+HH:MM'，以表示時區與 UTC 的偏移量（offset）。換句話說，這種格式化運算遵循 ISO 8601 標準（*https://oreil.ly/e5yfG*）。
replace	*t*.replace(hour=**None**, minute=**None**, second=**None**, microsecond=**None**[, *tzinfo*]) 回傳一個新的 time 物件，就和 *t* 一樣，除了那些明確指定為引數的屬性，那些屬性會被替換。比如說： `time(x,y,z).replace(minute=m) == time(x,m,z)`
strftime	*t*.strftime(*fmt*) 回傳一個代表時間 *t* 的字串，格式由字串 *fmt* 指定。

time 類別的實體 *t* 也提供方法 dst、tzname 和 utcoffset，這些方法不接受引數，並會將工作委派給 *t*.tzinfo，在 *t*.tzinfo 為 **None** 時回傳 **None**。

datetime 類別

datetime 類別的實體表示一個時間點（一個日期，具有那個日期中當天的特定時間），對於時區，可以是 naive 的，也可以是 aware 的，並且總是忽略閏秒。datetime 擴充了 date 並新增了 time 的屬性；它的實體有唯讀的整數屬性 year、month、day、hour、minute、second 與 microsecond，以及一個選擇性的 tzinfo 屬性（對於 naive 實體來說為 **None**）。此外，datetime 實體有一個唯讀的 fold 屬性，以區分時鐘復原（rollback）過程中有歧義的時戳（比如夏令時間結束時的「回復」，它會在凌晨 1 點和 2 點之間產生重複的 naive 時間）。fold 的值為 0 或 1。0 對應於復原之前的時間；1 對應於復原之後的時間。

datetime 的實體支援一些算術運算：datetime 實體之間的差值（兩者都是 aware 的，或者都是 naive 的）是一個 timedelta 實體，而你可以對一個 datetime 實體加上或減去一個 timedelta 實體，以建置另一個 datetime 實體。你可以比較兩個 datetime 類別的實體（比較之後的較大），只要它們都是有 aware 的或者都是 naive 的。這個類別的建構器有這樣的特徵式：

datetime	**class** datetime(*year*, *month*, *day*, hour=0, minute=0, second=0, microsecond=0, tzinfo=**None**, *, fold=0) 遵循與 date 類別建構器類似的限制回傳一個 datetime 間物件。fold 是一個 int，值為 0 或 1，如前所述。

datetime 還提供一些可以作為替代建構器的類別方法，具體內容請參閱表 13-7。

表 13-7　替代的 datetime 建構器

combine	datetime.combine(*date*, *time*)
	回傳一個 datetime 物件，其日期屬性取自 *date*，時間屬性（包括 tzinfo）取自 *time*。datetime.combine(*d*,*t*) 就像：
	`datetime(d.year, d.month, d.day,`
	`t.hour, t.minute, t.second,`
	`t.microsecond, t.tzinfo)`

fromordinal	datetime.fromordinal(*ordinal*) 為給定的前公曆（proleptic Gregorian）序數 *ordinal* 回傳一個 datetime 物件，其中 1 的值意味著公元 1 年的第一天（first day of year 1 CE），時間是午夜（midnight）。
fromtime stamp	datetime.fromtimestamp(*timestamp*, tz=**None**) 回傳一個 datetime 物件，該物件對應的是從自紀元以來的秒數所表達的時間點 *timestamp*，以當地時間計算。當 tz 不是 **None** 時，回傳一個帶有給定的 tzinfo 實體 tz 的 aware datetime 物件。
now	datetime.now(tz=**None**) 為目前的當地日期和時間回傳一個 naive 的 datetime 物件。當 tz 不是 **None** 時，回傳一個帶有給定的 tzinfo 實體 tz 的 aware datetime 物件。
strptime	datetime.strptime(*str*, *fmt*) 回傳一個代表 *str* 的 datetime，格式如字串 *fmt* 所指定。當 *fmt* 中存在 %z 時，回傳的 datetime 物件具有時區意識（time zone-aware）。
today	datetime.today() 回傳一個代表目前當地日期和時間的 naive datetime 物件；與 now 類別方法相同，但不接受選擇性的引數 *tz*。
utcfrom timestamp	datetime.utcfromtimestamp(*timestamp*) 回傳一個 naive 的 datetime 物件，該物件對應的是自紀元以來的秒數所表達的時間點 *timestamp*，以 UTC 計算。

utcnow	datetime.utcnow() 回傳一個代表當前日期和時間的 naive datetime 物件，以 UTC 計算。

datetime 的一個實體 *d* 也提供表 13-8 中列出的方法。

表 13-8　datetime 實體 d 的方法

astimezone	*d*.astimezone(*tz*) 回傳一個新的 aware 的 datetime 物件，就像 *d* 一樣，只不過日期和時間與時區一起被轉換為 tzinfo 物件 *tz*[a] 中的那個。*d* 必須是 aware 的，以避免潛在的錯誤。傳入一個 naive 的 *d* 可能會導致非預期的結果。
ctime	*d*.ctime() 回傳一個字串，代表日期和時間 *d*，是跟 time.ctime 相同的 24 字元格式。
date	*d*.date() 回傳代表的日期與 *d* 相同的一個日期物件。
isocalendar	*d*.isocalendar() 回傳一個包含三個整數（ISO 年、ISO 週號和 ISO 週天）的元組，代表 *d* 的日期。
isoformat	*d*.isoformat(sep='T') 回傳一個以 'YYYY-MM-DDxHH:MM:SS' 格式表示 *d* 的字串，其中 *x* 是引數 sep 的值（必須是長度為 1 的字串）。如果 *d*.microsecond != 0，則在字串的 'SS' 部分之後新增七個字元 '.mmmmmm'。如果 *t* 是 aware 的，則在結尾增加六個字元 '+HH:MM'，以表示時區與 UTC 的偏移量。換句話說，這種格式化運算遵循 ISO 8601 標準。str(*d*) 與 *d*.isoformat(sep=' ') 相同。
isoweekday	*d*.isoweekday() 回傳 *d* 的週天（day of the week）為整數，1 代表週一，到代表週日的 7。

replace	*d*.replace(year=**None**, month=**None**, day=**None**, hour=**None**, minute=**None**, second=**None**, microsecond=**None**, tzinfo=**None**,*, fold=0)
	回傳一個新的 datetime 物件，和 *d* 一樣，除了那些指定為引數的屬性，那些屬性會被替換（但不進行時區轉換；如果你想轉換時間，就用 astimezone）。你也可以使用 replace 來從一個 naive 的 datetime 物件建立出一個 aware 的 datetime 物件。比如說：
	`# 建立 datetime，只替換月份，`
	`# 沒有其他變化（== datetime(x,m,z)）`
	`datetime(x,y,z).replace(month=m)`
	`# 從 naive 的 datetime.now() 建立出 aware 的 datetime`
	`d = datetime.now().replace(tzinfo=ZoneInfo(`
	`"US/Pacific"))`

strftime	*d*.strftime(*fmt*) 回傳一個代表 *d* 的字串，該字串由格式字串 *fmt* 指定。
time	*d*.time() 回傳一個 naive 的 time 物件，代表與 *d* 相同的一天內的時間。
timestamp	*d*.timestamp() 回傳一個浮點數，表示自紀元以來的秒數。naive 實體會被假設是在當地的時區。
timetuple	*d*.timetuple() 回傳一個對應於時間點 *d* 的時間元組（timetuple）。
timetz	*d*.timetz() 回傳一個 time 物件，代表與 *d* 相同的一天內的時間，並具有相同的 tzinfo。
toordinal	*d*.toordinal() 回傳 *d* 的日期的前公曆序數（proleptic Gregorian ordinal）。舉例來說： `datetime(1, 1, 1).toordinal() == 1`
utctimetuple	*d*.utctimetuple() 回傳一個與時間點 *d* 相對應的 timetuple，如果 *d* 是 aware 的，則正規化為 UTC。
weekday	*d*.weekday() 回傳 *d* 的日期的星期為整數，0 代表星期一，到代表星期日的 6。

[a] 請注意，*d*.astimezone(*tz*) 與 *d*.replace(tzinfo=*tz*) 相當不同：replace 不做時區轉換，而只是複製 *d* 的所有屬性，除了 *d*.tzinfo。

datetime 類別的實體 *d* 也提供 dst、tzname 和 utcoffset 方法，這些方法不接受引數，並會把工作委派給 *d*.tzinfo，若 *d*.tzinfo 為 **None**，則回傳 **None**（也就是當 *d* 是 naive 的時候）。

timedelta 類別

timedelta 類別的實體表示具有三個唯讀整數屬性的時間間隔（time intervals）：days、seconds 與 microseconds。這個類別的建構器有這樣的特徵式：

timedelta	timedelta(days=0, seconds=0, microseconds=0, milliseconds=0, minutes=0, hours=0, weeks=0)
	用明顯的係數（一星期 7 天、一小時 3,600 秒，以此類推）轉換所有單位，並將所有東西正規化為三個整數屬性，確保 0 <= seconds < 24 * 60 * 60 和 0 <= microseconds < 1000000。比如說：
	`>>> print(repr(timedelta(minutes=0.5)))`
	`datetime.timedelta(days=0, seconds=30)`
	`>>> print(repr(timedelta(minutes=-0.5)))`
	`datetime.timedelta(days=-1, seconds=86370)`
	timedelta 的實體支援算術：它們之間以及與 date 和 datetime 類別的實體之間的 + 和 -；與整數的 *；與整數和 timedelta 實體的 /（floor 除法、真除法、divmod、%）。它們還支援彼此之間的比較。

雖然可以使用這個建構器來建立 timedelta 實體，但它們更常透過相減兩個 date、time 或 datetime 實體來建立，這樣得到的 timedelta 代表一段已逝去的時間。timedelta 的一個實體 *td* 提供一個方法 *td*.total_seconds()，該方法回傳一個浮點數，代表一個 timedelta 實體的總秒數。

tzinfo 抽象類別

tzinfo 類別定義了表 13-9 中所列的抽象類別方法，以支援 aware 的 datetime 和 time 物件的建立和使用。

表 13-9 tzinfo 類別的方法

dst	dst(*dt*) 回傳一個給定的 datetime 的夏令時間位移量（daylight savings offset），作為一個 timedelta 物件。

tzname	tzname(*dt*) 回傳一個給定的 datetime 的時區縮寫。
utcoffset	utcoffset(*dt*) 回傳給定的 datetime 與 UTC 的偏移量，作為一個 timedelta 物件。

tzinfo 還定義了一個 fromutc 抽象實體方法，主要供 datetime.astimezone 方法內部使用。

timezone 類別

timezone 類別是 tzinfo 類別的一個具體實作。你可以使用一個代表與 UTC 時間偏移量的 timedelta 來建構一個 timezone 實體。timezone 提供一個類別特性 utc，它是一個代表 UTC 時區的 timezone（相當於 timezone(timedelta(0))）。

zoneinfo 模組

3.9+ zoneinfo 模組是對時區的具體實作，可與 datetime 的 tzinfo 一起使用[3]。zoneinfo 預設使用系統的時區資料，而 tzdata（*https://oreil.ly/i1PF6*）則作為遞補（在 Windows 上，你可能需要 **pip install tzdata**；一旦安裝，你就不用在程式中匯入 tzdata，取而代之，zoneinfo 會自動使用它）。

zoneinfo 提供一個類別：ZoneInfo，是 datetime.tzinfo 抽象類別的一個具體實作。你可以在建構一個 aware 的 datetime 實體時將其指定給 tzinfo，或者以 datetime.replace 或 datetime.astimezone 方法來使用它。要建構 ZoneInfo，就使用已定義的 IANA 時區名稱之一，例如 "America/Los_Angeles" 或 "Asia/Tokyo"。你可以透過呼叫 zoneinfo.available_timezones() 來獲得這些時區名稱的清單。關於每個時區的更多細節（如與 UTC 的偏移量和夏令時間資訊）可以在 Wikipedia 上找到（*https://oreil.ly/0u4KW*）。

下面是一些使用 ZoneInfo 的例子。我們將從獲取加州（California）目前的當地日期和時間開始：

3 在 3.9 之前的，請使用第三方模組 pytz（*https://oreil.ly/65xFP*）來代替。

```
>>> from datetime import datetime
>>> from zoneinfo import ZoneInfo
>>> d=datetime.now(tz=ZoneInfo("America/Los_Angeles"))
>>> d

datetime.datetime(2021,10,21,16,32,23,96782,tzinfo=zoneinfo.
ZoneInfo(key='America/Los_Angeles'))
```

我們現在可以在不改變其他屬性的情況下，將時區更新為不同的時區（也就是說，不需要將時間轉換為新的時區）：

```
>>> dny=d.replace(tzinfo=ZoneInfo("America/New_York"))
>>> dny

datetime.datetime(2021,10,21,16,32,23,96782,tzinfo=zoneinfo.
ZoneInfo(key='America/New_York'))
```

將一個 datetime 實體轉換為 UTC：

```
>>> dutc=d.astimezone(tz=ZoneInfo("UTC"))
>>> dutc

datetime.datetime(2021,10,21,23,32,23,96782,tzinfo=zoneinfo.
ZoneInfo(key='UTC'))
```

獲取一個以 UTC 計算的當前時間的 *aware* 時戳（timestamp）：

```
>>> daware=datetime.utcnow().replace(tzinfo=ZoneInfo("UTC"))
>>> daware

datetime.datetime(2021,10,21,23,32,23,96782,tzinfo=zoneinfo.
ZoneInfo(key='UTC'))
```

以不同的時區顯示 datetime 實體：

```
>>> dutc.astimezone(ZoneInfo("Asia/Katmandu")) # 偏移量 +5h 45m

datetime.datetime(2021,10,22,5,17,23,96782,tzinfo=zoneinfo.ZoneInfo(key
='Asia/Katmandu'))
```

獲取當地的時區：

```
>>> tz_local=datetime.now().astimezone().tzinfo
>>> tz_local

datetime.timezone(datetime.timedelta(days=-1, seconds=61200), 'Pacific
Daylight Time')
```

將 UTC datetime 實體轉換回當地時區：

```
>>> dt_loc=dutc.astimezone(tz_local)
>>> dt_loc

datetime.datetime(2021, 10, 21, 16, 32, 23, 96782, tzinfo=datetime.time
(datetime.timedelta(days=-1, seconds=61200), 'Pacific Daylight Time'))

>>> d==dt_local

True
```

並取得所有可用時區的一個排序好的清單：

```
>>> tz_list=zoneinfo.available_timezones()
>>> sorted(tz_list)[0],sorted(tz_list)[-1]

('Africa/Abidjan', 'Zulu')
```

始終在內部使用 *UTC* 時區

繞過時區陷阱與常見錯誤的最佳途徑是始終在內部使用 UTC 時區，在輸入時從其他時區轉換過來，並僅在顯示時使用 datetime.astimezone。

即使你的程式只在自己的所在地執行，而不打算使用其他時區的時間資料，這個建議也適用。如果你的應用程式會一次連續執行幾天或幾週，而為你的系統配置的時區遵循夏令時間，那麼如果你不在內部使用 UTC，你就會遇到與時區有關的問題。

dateutil 模組

第三方套件 dateutil（*https://oreil.ly/KKEf6*）（你可以用 **pip install python-dateutil** 來安裝）提供以多種方式處理日期的模組。表 13-10 列出它所提供的主要模組，以及那些與時區有關的運算（現在最好用 zoneinfo 來進行，如上一節所討論的）。

表 13-10　dateutil 模組

easter	easter.easter(*year*)
	回傳給定年份的復活節（Easter）的 datetime.date 物件。比如說：
	`>>> from dateutil import easter`
	`>>> print(easter.easter(2023))`
	2023-04-09

parser	parser.parse(*s*)
	回傳由字串 *s* 表示的 datetime.datetime 物件，具有非常寬鬆（或「模糊」）的剖析規則。比如說：
	`>> from dateutil import parser`
	`>>> print(parser.parse('Saturday, January 28,'`
	`' 2006, at 11:15pm'))`
	`2006-01-28 23:15:00`

relative delta	relativedelta.relativedelta(...) 除其他功能外，還提供一種查詢「下週一」、「去年」等的簡便方式。dateutil 的說明文件（*https://oreil.ly/1zJqi*）提供詳細的解釋，說明了定義 relativedelta 實體無法避免的複雜行為的規則。
rrule	rrule.rrule(*freq*, ...) 實作 RFC 2445（*https://oreil.ly/Xs_NN*，也被稱為 iCalendar RFC），那輝煌的 140 多頁說明。rrule 允許你處理重複發生的事件（recurring events），提供諸如 after、before、between 與 count 等方法。

關於 dateutil 模組豐富功能的完整細節，請參閱說明文件（*https://oreil.ly/dmYej*）。

sched 模組

sched 模組實作了一個事件排程器（event scheduler），讓你輕鬆地處理可能在「真實」或「模擬」時間尺度內排程的事件。這個事件排程器可以在單執行緒和多執行緒環境中安全使用。sched 提供一個 scheduler 類別，它接受兩個選擇性的引數：timefunc 和 delayfunc。

scheduler	**class** scheduler(timefunc=time.monotonic, delayfunc=time.sleep) 選擇性的引數 timefunc 必須可以在沒有引數的情況下呼叫，以獲得當前的時間點（以任何計量單位計算）；舉例來說，你可以傳入 time.time。選擇性的引數 delayfunc 可以用一個引數（一個時段，單位與 timefunc 相同）來呼叫，以延遲當前執行緒那個時間。scheduler 會在每個事件之後呼叫 delayfunc(0) 以給其他執行緒一個機會執行；這與 time.sleep 相容。透過接受函式作為引數，scheduler 可以讓你使用任何適合你應用程式的「模擬時間（simulated time）」或「偽時間（pseudotime）」[a]。 如果單調時間（monotonic time，即使系統時鐘在呼叫之間向後調整，時間也不會倒退，例如因為閏秒）對你的應用程式至關重要，請為你的排程器使用預設的 time.monotonic。

[a] 依存關係注入（dependency injection）設計模式（*https://oreil.ly/F8W_Z*）的一個很好的例子，其目的不一定與測試有關。

一個 scheduler 實體 *s* 提供的方法細節，請參閱表 13-11。

表 13-11　scheduler 實體 s 的方法

cancel	*s*.cancel(*event_token*) 從 *s* 的佇列（queue）中刪除一個事件。*event_token* 必須是先前呼叫 *s*.enter 或 *s*.enterabs 的結果，而且該事件必須尚未發生；否則，cancel 會提出 RuntimeError。
empty	*s*.empty() 當 *s* 的佇列目前是空的，就回傳 **True**；否則，回傳 **False**。

enter	*s*.enter(*delay*, *priority*, *func*, argument=(), kwargs={})
	和 enterabs 一樣，只不過 *delay* 是一個相對時間（從當前時間點向前的正差值），而 enterabs 的引數 *when* 是一個絕對時間（未來時間點）。要排程一個事件的重複執行（*repeated* execution），可以使用一個小型的包裹器函式，例如：
	`def enter_repeat(s, first_delay, period, priority,`
	`        func, args):`
	`    def repeating_wrapper():`
	`        s.enter(period, priority,`
	`                repeating_wrapper, ())`
	`        func(*args)`
	`    s.enter(first_delay, priority,`
	`        repeating_wrapper, args)`

enterabs	*s*.enterabs(*when*, *priority*, *func*, argument=(), kwargs={}) 在時間 *when* 排程一個未來的事件（對 *func*(*args*, *kwargs*) 的回呼）。*when* 的單位是 *s* 的時間函式所用的單位。如果有幾個事件被安排在同一時間，*s* 會按照 *priority* 的遞增順序來執行它們。enterabs 回傳一個事件權杖（event token）*t*，之後你可以把它傳入給 *s*.cancel 來取消這個事件。
run	*s*.run(blocking=**True**) 執行排程好的事件。如果 blocking 為 **True**，*s*.run 會跑迴圈，直到 *s*.empty 回傳 **True** 為止，使用 *s* 初始化時傳入的 delayfunc 來等待每個已排程事件。如果 blocking 為 **False**，則執行任何即將到期的事件，然後回傳下一個事件的期限（如果有的話）。當回呼 *func* 提出例外時，*s* 會傳播它，但 *s* 會保留自己的狀態，從排程表中刪除事件。如果一個回呼 *func* 的執行時間超過了下一個排定事件之前的可用時間，*s* 就會落後，但會繼續按順序執行排定的事件，絕不會放棄任何事件。若有一個事件不再有意義，就呼叫 *s*.cancel 來明確地捨棄該事件。

calendar 模組

calendar 模組提供與行事曆有關的功能，包括列印指定月份或年份的文字日曆的功能。預設情況下，calendar 會將週一（Monday）作為一週的第一天，而週日（Sunday）作為最後一天。要改變這一點，請呼叫 calendar.setfirstweekday。calendar 處理模組 time 範圍內的年份，通常（至少）是 1970 年到 2038 年。

calendar 模組提供表 13-12 中所列的函式。

表 13-12　calendar 模組的函式

calendar	calendar(*year*, w=2, li=1, c=6) 回傳一個多行字串，其中有一個格式化的年份 *year* 月曆，分為三欄，由 c 個空格隔開。w 是每個日期的寬度；每行的長度為 21*w+18+2*c，li 是每個星期的行數。
firstweekday	firstweekday() 回傳作為每個星期開頭的週天（weekday）的當前設定。預設情況下，當 calendar 第一次被匯入時，這是 0（指星期一）。
isleap	isleap(*year*) 若 *year* 為閏年（leap year），則回傳 **True**；否則，回傳 **False**。
leapdays	leapdays(*y1*, *y2*) 回傳 range(*y1*, *y2*) 內各年的閏日（leap days）總數（記住，這意味著 *y2* 被排除在外）。
month	month(*year*, *month*, w=2, li=1) 回傳一個多行字串，包含年份 *year* 的月份 *month* 的月曆，每週一行，外加兩個標頭行。w 是每個日期的寬度，單位是字元；每行的長度為 7*w+6。li 是每週的行數。
monthcalendar	monthcalendar(*year*, *month*) 回傳一個由 int 串列構成的串列。每個子串列表示一個星期。*year* 年 *month* 月以外的日子被設定為 0；該月內的日子被設定為它們在該月中的編號，從 1 往上算。
monthrange	monthrange(*year*, *month*) 回傳兩個整數。第一個是 *year* 年 *month* 月第一天的週天碼（code of the weekday）；第二個是該月的天數。週天碼為 0（週一）至 6（週日）；月份編號為 1 至 12。
prcal	prcal(*year*, w=2, li=1, c=6) 就像 print(calendar.calendar(*year*, *w*, *li*, *c*))。

prmonth	prmonth(*year*, *month*, w=2, li=1) 就像 print(calendar.month(*year*, *month*, *w*, *li*))。
setfirstweekday	setfirstweekday(*weekday*) 將每個星期的第一天設定為週天碼 *weekday*。週天碼為 0（星期一）到 6（星期日）。calendar 提供 MONDAY、TUESDAY、WEDNESDAY、THURSDAY、FRIDAY、SATURDAY 與 SUNDAY 屬性，它們的值是 0 到 6 的整數。當你指的是星期時，請使用這些屬性（例如，calendar.FRIDAY 而不是 4），來讓你的程式碼更清晰、更易讀。
timegm	timegm(*tupletime*) 就像 time.mktime 一樣：接受一個以時間元組（timetuple）形式存在的時間點（time instant），並將該時間點作為自紀元以來秒數的一個 float 回傳。
weekday	weekday(*year*, *month*, *day*) 回傳給定日期的週天碼（weekday code）。週天碼為 0（週一）至 6（週日）；月份編號為 1（一月）至 12（十二月）。

python -m calendar 提供一個有用的命令列介面來取用該模組的功能：執行 **python -m calendar -h** 可以得到一個簡短的說明訊息。

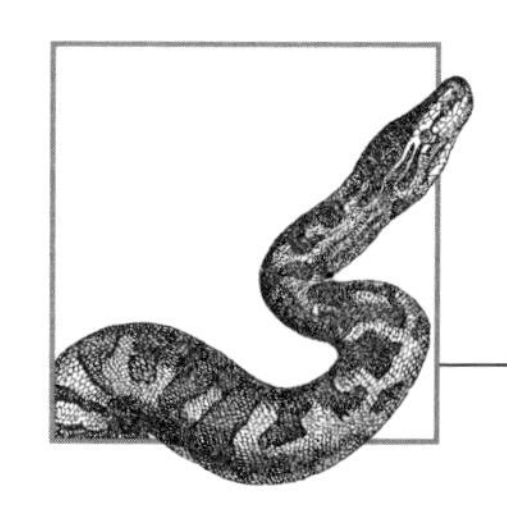

14 自訂執行

Python 對外開放、支援並以文件說明它的許多內部機制。這可能有助於你在進階層次上理解 Python，並讓你把自己的程式碼掛接到這種 Python 機制上，在某種程度上控制它們。舉例來說，第 263 頁的「Python 內建值（built-ins）」涵蓋 Python 安排內建功能讓我們得以取用的方式。本章涵蓋其他一些進階的 Python 技巧，包括站點自訂（site customization）、終止函式（termination functions）、動態執行（dynamic execution）、處理內部型別（internal types）和垃圾回收（garbage collection）。我們將在第 15 章中研究與使用多執行緒（threads）和行程（processes）控制執行有關的其他議題；第 17 章涵蓋測試（testing）、除錯（debugging）和效能評測（profiling）的具體問題。

站點個別化設定

Python 提供一種特定的「掛接器（hook）」，讓每個站點（site）在每次執行開始時自訂 Python 行為的某些面向。Python 會在主指令稿（main script）之前載入標準模組 `site`。如果 Python 在執行時帶有選項 `-S`，它就不會載入 `site`。`-S` 使得啟動速度更快，但卻讓主指令稿背負了初始化的重任。`site` 的任務主要是把 `sys.path` 變成標準形式（絕對路徑，沒有重複），包括遵循環境變數、虛擬環境以及在 `sys.path` 目錄下發現的每個 *.pth* 檔案的指示。

其次，如果開始的工作階段（session）是互動式的，`site` 就會新增幾個方便的內建功能（如 `exit`、`copyright` 等），而且，若有啟用 `readline`，則將自動完成（autocompletion）設定為 Tab 鍵的功能。

在任何正常的 Python 安裝中，安裝過程會設定好一切，以確保 `site` 做的事情足以讓 Python 程式和互動式工作階段「正常」執行，也就是說，就像它們在安裝了該版本 Python 的任何其他系統上一樣。在特殊情況下，如果身為系統管理員（或者相當的角色，比如在自己的家目錄下安裝了 Python 供其單獨使用的使用者），你認為你絕對需要做一些自訂，可以在一個叫作 *sitecustomize.py* 的新檔案中進行（在 *site.py* 所在的同一個目錄中建立它）。

避免修改 *site.py*

我們強烈建議你不要更動進行基本自訂的 *site.py* 檔案。這樣做可能會使 Python 在你系統上的行為與其他地方不同。在任何情況下，*site.py* 檔案都會在你每次更新 Python 安裝時被覆寫，而你會失去你的修改。

在 *sitecustomize.py* 存在的極少數情況下，它做的通常是向 `sys.path` 新增更多的字典，執行這項任務的最佳方式是讓 *sitecustomize.py* 去 **`import site`**，然後呼叫 `site.addsitedir(`*`path_to_a_dir`*`)`。

終止函式

`atexit` 模組讓你註冊終止函式（termination functions，即在程式終止時依照 LIFO 順序呼叫的函式）。終止函式類似於由 **`try/finally`** 或 **`with`** 所建立的清理處理器（cleanup handlers）。不過，終止函式是全域性註冊的，在整個程式結束時被呼叫，而清理處理器則是在語彙上建立的，在特定的 **`try`** 子句或 **`with`** 述句結束時被呼叫。無論程式是正常終止還是異常終止，終止函式和清理處理器都會被呼叫，但當程式是透過呼叫 `os._exit` 而結束時，則不會被呼叫（所以你通常會改為呼叫 `sys.exit`）。`atexit` 模組提供一個名為 `register` 的函式，它接受 *`func`*、*`*args`* 和 *`*kwds`* 作為引數，並確保 *`func(*args, **kwds)`* 會在程式終止時被呼叫。

動態執行和 exec

Python 的 exec 內建函式可以執行在程式執行過程中讀入、生成或以其他方式獲得的程式碼。exec 會動態地執行一個述句或一組述句。它的語法如下：

```
exec(code, globals=None, locals=None, /)
```

code 可以是 str、bytes、bytearray 或程式碼物件。*globals* 是一個 dict，而 *locals* 可以是任何映射。

如果你同時傳入 *globals* 和 *locals*，它們就是 *code* 執行的全域和區域命名空間。如果你只傳入 *globals*，exec 會將 *globals* 作為那兩個命名空間。如果你兩者都不傳入，*code* 就會在當前的範疇（scope）中執行。

永遠不要在當前範疇內執行 exec

在當前範疇內執行 exec 是一個特別糟糕的主意：它可以繫結、重新繫結或解除繫結任何全域名稱。為了使事情得到控制，如果一定要的話，請只搭配特定的明確字典使用 exec。

避免 exec

一個經常被問到的關於 Python 的問題是：「我如何設定一個其名稱我剛讀到或建立的變數？」。從字面上來看，對於一個**全域**（*global*）變數，exec 允許這樣做，但是為此目的使用 exec 是一個非常糟糕的主意。舉例來說，如果變數的名稱是在 *varname* 中，你可能會想到使用：

```
exec(varname + ' = 23')
```

請別這樣做。像這樣在當前範疇中的 exec，會使你失去對命名空間的控制，導致極難發現的錯誤，使你的程式非常難以理解。不要把你需要透過動態找到的名稱來設定的「變數」作為實際的變數，而是作為字典中的條目（例如 *mydict*）。然後你可能會考慮使用：

```
exec(varname+'=23', mydict) # 仍然是個壞主意
```

雖然這並不像前面的例子那樣糟糕，但它仍然是一個壞主意。把這樣的「變數」保留為字典條目，意味著你沒有必要使用 exec 來設定它們！只需要這樣的程式碼：

```
mydict[varname] = 23
```

這樣，你的程式就會更清晰、更直接、更優雅、而且更快速。確實有一些 exec 的有效用法存在，但它們是極其罕見的：只要改為使用明確的字典就可以了。

努力避免 exec

只有當 exec 真的不可缺少時才使用它，但這是極為罕見的。大多數情況下，最好避免使用 exec，而選擇更具體、更受控的機制：exec 削弱了你對程式碼命名空間的控制，可能損害你的程式效能，並使你面臨許多難以發現的錯誤和巨大的安全風險。

運算式

exec 可以執行一個運算式（expression），因為任何運算式也都是一個有效的述句（稱為**運算式述句**，*expression statement*）。然而，Python 會忽略由運算式述句回傳的值。要估算一個運算式並獲得運算式的值，可以使用表 8-2 中所介紹的內建函式 eval（但是請注意，幾乎所有關於 exec 安全風險的注意事項也都適用於 eval）。

compile 和程式碼物件

要製作一個能與 exec 一起使用的程式碼物件，請呼叫內建函式 compile，並將最後一個引數設定為 'exec'（如表 8-2 中所述）。

一個程式碼物件 *c* 對外開放了許多有趣的唯讀屬性，其名稱都是以 'co_' 開頭的，比如表 14-1 中列出的那些。

表 14-1　程式碼物件的唯讀屬性

co_argcount	*c* 為程式碼的函式之參數數目（當 *c* 不是一個函式的程式碼物件，而是直接由 compile 建立的時候為 0）
co_code	一個帶有 *c* 的位元組碼的 bytes 物件
co_consts	*c* 中使用的常數（constants）所構成的元組

co_filename	*c* 從之編譯出來的檔案名稱（當 *c* 以這種方式建置時，該字串是 compile 的第二個引數）
co_firstlineno	如果 *c* 是透過編譯檔案建立出來的，那就是被編譯而產生 *c* 的原始碼之初始行號（在由 co_filename 指名的檔案中）
co_name	*c* 為其程式碼的函式之名稱（當 *c* 不是函式的程式碼物件，而是直接由 compile 建立的時候，就是 '<module>'）
co_names	*c* 中使用的所有識別字（identifiers）構成的元組。
co_varnames	*c* 中區域變數（local variables）的識別字所構成的元組，從參數名稱開始

這些屬性大多只對除錯有用，但有些可能有助於進階的內省（introspection），正如本節後面舉的例子所示。

如果你從包含一或多個述句的一個字串開始，首先請在字串上使用 compile，然後在所產生的程式碼物件上呼叫 exec，這比把字串交給 exec 編譯和執行要好一些。這種分離可以讓你分別檢查語法錯誤和執行時期錯誤。你經常可以做好安排，讓字串被編譯一次，而重複執行程式碼物件，這可以加快事情的進展。eval 也能從這種分離中受益。此外，compile 步驟在本質上是安全的（如果你在並非 100% 信任的程式碼上執行 exec 和 eval，依然都是非常危險的），而且你可能會在執行前檢查程式碼物件，以減少風險（儘管它永遠不會真的降為零）。

正如表 14-1 中提到的，程式碼物件有一個唯讀屬性 co_names，它是程式碼中使用的名稱之元組。舉例來說，假設你想讓使用者輸入一個只包含字面值常數和運算子的運算式，其中沒有函式呼叫或其他名稱。在估算運算式之前，你可以檢查使用者輸入的字串是否滿足這些條件：

```
def safer_eval(s):
    code = compile(s, '<user-entered string>', 'eval')
    if code.co_names:
        raise ValueError(
            f'Names {code.co_names!r} not allowed in expression {s!r}')
    return eval(code)
```

這個 safer_eval 函式只在字串是語法上有效的運算式（否則，compile 會提出 SyntaxError）、並且完全不包含名稱的情況下才會對作為引數 *s* 傳入的運算式進行估算（否則，safer_eval 會明確提出 ValueError）（這與第 432 頁「標準輸入」中介紹的標準程式庫函式 ast.literal_eval 相似，但更強大一些，因為它允許使用運算子）。

知道程式碼即將要存取哪些名稱，有時可能得以幫助你最佳化需要傳入給 exec 或 eval 作為命名空間的字典之準備工作。因為你只需要為這些名稱提供值，你可以不用準備其他條目，藉此節省工夫。舉例來說，假設你的應用程式動態地接受來自使用者的程式碼，並帶有這種慣例：以 data_ 開頭的變數名指的是位於子目錄 *data* 中的檔案，而使用者編寫的程式碼不需要明確地讀取它們。使用者編寫的程式碼可以接著進行計算並將結果留在全域變數中，名稱以 result_ 開頭，而你的應用程式會將其作為檔案寫回 *data* 子目錄中。由於這個慣例，你之後可以把資料移到其他地方（例如，移到資料庫中的 BLOB 而非子目錄中的檔案），而使用者編寫的程式碼不會受到影響。下面展示你如何有效地實作這些慣例：

```
def exec_with_data(user_code_string):
    user_code = compile(user_code_string, '<user code>', 'exec')
    datadict = {}
    for name in user_code.co_names:
        if name.startswith('data_'):
            with open(f'data/{name[5:]}', 'rb') as datafile:
                datadict[name] = datafile.read()
        elif name.startswith('result_'):
            pass  # 使用者程式碼對名為 `result_...` 的變數進行指定
        else:
            raise ValueError(f'invalid variable name {name!r}')
    exec(user_code, datadict)
    for name in datadict:
        if name.startswith('result_'):
            with open(f'data/{name[7:]}', 'wb') as datafile:
                datafile.write(datadict[name])
```

永遠都不要 exec 或 eval 不可信任的程式碼

一些舊版本的 Python 提供一些工具，旨在減輕使用 exec 和 eval 的風險，歸類在「受限執行（restricted execution）」這個名稱之下，但這些工具在對抗技藝高超的駭客之聰明才智時，從來都不是完全安全的，而最近版本的 Python 已經放棄了它們，以避免為使用者帶來一種毫無根據的安全感。如果你需要防範此類攻擊，請善用你作業系統的保護機制：在一個獨立的行程中執行不受信任的程式碼，並盡可能限制其權限（請研究你的 OS 為此提供的機制，如 chroot、setuid 或 jail；在 Windows 中，你可以嘗試第三方的商業附加元件 WinJail（*https://oreil.ly/a4hf4*），或者在一個獨立的、高度受限的虛擬機器或容器中執行不受信任的程式碼，如果你是將容器安全化的專家的話）。為了做好防護以對抗阻斷服務的攻擊，就讓主行程監控獨立的行程，並在資源消耗過大時終止後者。行程會在第 550 頁的「執行其他程式」中介紹。

exec 和 *eval* 用於不被信任的程式碼是不安全的

上一節中定義的函式 `exec_with_data` 對於不受信任的程式碼來說根本不安全：若把一些以你無法完全信任的方式獲得的字串作為 *`user_code`* 引數傳入給它，那麼它可能造成的損害基本上是沒有極限的。不幸的是，所有對 `exec` 或 `eval` 的使用幾乎都是如此，除了那些罕見的案例，即你可以對要執行或估算的程式碼設下極其嚴格和完全可檢查的限制，正如函式 `safer_eval` 的情況那樣。

內部型別

本節中描述的一些 Python 內部物件很難使用，而確實在大多數情況下不是為了讓你使用而存在的。為了正確使用這些物件並取得好的效果，需要對你 Python 實作的 C 源碼進行一些研究。除了建置通用的開發工具或類似的精密任務外，很少需要這樣黑魔法般的深奧技巧。一旦你確實深入理解了運作原理，Python 就會賦予你能力，在需要時施加控制。由於 Python 向你的 Python 程式碼開放了許多種類的內部物件，你可以透過 Python 編寫程式碼來施加這種控制，不過你還是需要對 C 語言有所理解以閱讀 Python 的原始碼並了解所發生的事情。

型別物件

名為 `type` 的內建型別作為一個可呼叫的工廠，回傳作為型別的物件。除了相等性比較和作為字串表示以外，型別物件不需要支援任何特殊的運算。然而，大多數型別物件都是可呼叫的，會在呼叫時回傳該型別的新實體。特別是內建型別，如 `int`、`float`、`list`、`str`、`tuple`、`set` 與 `dict` 都是這樣工作的；具體而言，若呼叫時不帶引數，它們會回傳一個新的空實體，或者對於數字來說，回傳一個等於 `0` 的實體。`types` 模組的屬性是那些沒有內建名稱的內建型別。除了可呼叫以產生實體外，型別物件之所以有用，是因為你可以繼承它們，正如第 139 頁「類別和實體」中所講述的。

程式碼物件型別

除了使用內建的函式 compile，你可以透過一個函式或方法物件的 __code__ 屬性獲得一個程式碼物件（code object）（關於程式碼物件屬性的討論，請參閱第 500 頁的「compile 和程式碼物件」）。程式碼物件是不可呼叫的，但你可以用正確的參數數目重新繫結一個函式物件的 __code__ 屬性，以便將程式碼物件包裝成可呼叫的形式。比如說：

```
def g(x):
    print('g', x)
code_object = g.__code__
def f(x):
    pass
f.__code__ = code_object
f(23)     # 印出：g 23
```

沒有參數的程式碼物件也可以透過 exec 或 eval 來使用。直接創建程式碼物件需要很多參數；關於如何做到這點，請參閱 Stack Overflow 上的非官方說明文件（*https://oreil.ly/pM3m7*，但請記住，你通常最好是呼叫 compile 來這麼做）。

框架型別

模組 sys 中的函式 _getframe 會從 Python 的呼叫堆疊（call stack）回傳一個框架物件（frame object）。一個框架物件有一些屬性，提供在該框架中執行的程式碼和執行狀態的相關資訊。traceback 和 inspect 模組幫助你存取和顯示這些資訊，特別是在處理例外的時候。第 17 章提供更多關於框架和回溯追蹤軌跡（tracebacks）的資訊，並涵蓋模組 inspect，它是進行這種內省（introspection）的最佳方式。正如名稱 _getframe 中的前導底線所暗示的那樣，這個函式是「有點私密的」；它只為除錯器（debuggers）等工具所用，這些工具不可避免地需要對 Python 的內部進行深入的自我觀察。

垃圾回收

Python 的垃圾回收（garbage collection）通常是透明且自動進行的，但你可以選擇直接控制。一般的原則是，Python 會在 *x* 變得不可觸及之後的某個時間點回收每個物件 *x*，也就是說，當沒有任何參考鏈（chain of references）可以從正在執行的函式實體之區域變數，或從已載入的模

組之全域變數抵達 *x* 時。一般情況下，當完全沒有對 *x* 的參考存在時，一個物件 *x* 就會成為無法觸及的（unreachable）。此外，當一組物件相互參考，但沒有全域變數或區域變數參考它們中的任何一個，即使是間接參考，也可能是無法觸及的（這種情況被稱為**相互參考迴圈**，*mutual reference loop*）。

傳統 Python 會為每個物件 *x* 維護一個計數，被稱為**參考計數**（*reference count*），即對 *x* 的參考有多少是尚未完成的。當 *x* 的參考計數下降到 `0` 時，CPython 會立即回收 *x*。模組 `sys` 的函式 `getrefcount` 接受任何物件並回傳其參考計數（至少是 `1`，因為 `getrefcount` 本身就會有一個對它所檢視的物件之參考）。其他版本的 Python，如 Jython 或 PyPy，依存於它們所執行的平台（如 JVM 或 LLVM）所提供的其他垃圾回收機制。因此，`gc` 和 `weakref` 模組只適用於 CPython。

當 Python 垃圾回收 *x* 而且不存在對 *x* 的參考時，Python 會將 *x* 最終化（即，呼叫 *x*.`__del__`）並釋放 *x* 所佔用的記憶體。如果 *x* 有對任何其他物件的參考，Python 會刪除那些參考，這可能進而會使其他物件無法觸及。

gc 模組

`gc` 模組對外開放了 Python 垃圾回收器（garbage collector）的功能。`gc` 處理屬於相互參考迴圈（mutual reference loops）一部分的不可及物件（unreachable objects）。如前所述，在這樣的迴圈中，迴圈中的每個物件都參考一或多個其他物件，使所有物件的參考計數都為正數，但沒有外部參考指涉這相互參考物件集合中的任何一個物件。因此，整個群組，也被稱為**循環垃圾**（*cyclic garbage*），是無法觸及的，因此是可以垃圾回收的。尋找這樣的循環垃圾迴圈（cyclic garbage loops）需要時間，這就是 `gc` 模組存在的原因：幫助你控制程式是否以及何時要花費這樣的時間。預設情況下，循環垃圾回收功能是啟用的，並帶有一些合理的預設參數：然而，藉由匯入 `gc` 模組並呼叫其函式，你可以選擇停用該功能、改變其參數，或找出這方面的確切情況。

`gc` 對外開放了一些屬性和函式來幫助你管理和控制循環垃圾回收，包括表 14-2 中列出的那些。這些函式可以讓你追查記憶體洩漏（memory leaks），也就是那些**不應該**再有參考指向它們、但卻沒有被回收的物件，藉由幫助你發現其他哪些物件實際上持有對它們的參考。請注意，

gc 實作了電腦科學中稱為 generational garbage collection（世代垃圾回收，*https://oreil.ly/zeGDK*）的架構。

表 14-2　gc 的函式和屬性

callbacks	垃圾回收器在回收前後將呼叫的回呼（callbacks）的一個 list。更多細節請參閱第 509 頁的「檢測垃圾回收」。
collect	collect() 強制立即進行完整的循環垃圾回收。
disable	disable() 暫停定期的自動化循環垃圾回收。
enable	enable() 重新啟用先前用 **disable** 暫停的定期循環垃圾回收。
freeze	freeze() 凍結所有由 gc 追蹤的物件：將它們移到一個「永久世代（permanent generation）」，即一組在未來所有回收中都會被忽略的物件。
garbage	無法觸及但也無法回收的物件的一個 list（但是，把它當作唯讀的）。當循環垃圾迴圈中的任何物件有 __del__ 特殊方法時，就會發生這種情況，因為對於 Python 來說，可能沒有明顯的安全順序來最終處理這些物件。
get_count	get_count() 回傳當前的回收計數（collection counts）為一個元組 (count0, count1, count2)。
get_debug	get_debug() 回傳一個 int 的位元字串，即用 set_debug 所設定的垃圾回收除錯旗標（debug flags）。
get_freeze_count	get_freeze_count() 回傳永久世代（permanent generation）中的物件數量。
get_objects	get_objects(generation=**None**) 回傳回收器所追蹤的物件的一個串列。**3.8+** 如果選擇性的 generation 引數不是 **None**，則只列出所選世代的物件。
get_referents	get_referents(**objs*) 回傳由引數的 C 層級 tp_traverse 方法所訪問的物件的一個串列，這些物件被引數中的任何一個所參考。
get_referrers	get_referrers(**objs*) 回傳當前由循環垃圾回收器追蹤的所有容器物件的一個串列，這些物件參考了引數中的任何一個或多個。

get_stats	get_stats() 回傳由三個 dict 所組成的一個串列，每個世代（generation）一個，包含該世代的回收次數、回收的物件數量，以及無法回收的物件數量。
get_threshold	get_threshold() 回傳當前回收的門檻值（collection thresholds），作為三個 int 的一個元組。
isenabled	isenabled() 若目前循環垃圾回收是啟用的，就回傳 **True**；否則回傳 **False**。
is_finalized	is_finalized(*obj*) **3.9+** 如果垃圾回收器已經最終處理 *obj*，就回傳 **True**；否則，回傳 **False**。
is_tracked	is_tracked(*obj*) 當 *obj* 目前由垃圾回收器所追蹤時，就回傳 **True**；否則，回傳 **False**。
set_debug	set_debug(*flags*) 設定垃圾回收過程中除錯行為的旗標。*flags* 是一個 int，會被解讀為一個位元字串，由模組 gc 提供的零或更多個常數進行 OR 運算（用位元 OR 運算子，|）而建立出來。每一個位元都可以啟用一個特定的除錯函式： DEBUG_COLLECTABLE 印出在垃圾回收過程中發現的可回收物件的資訊。 DEBUG_LEAK 結合了 DEBUG_COLLECTABLE、DEBUG_UNCOLLECTABLE 和 DEBUG_SAVEALL 的行為。這些都是最常用的旗標，用來幫助你診斷記憶體洩漏。 DEBUG_SAVEALL 將所有可回收的物件儲存到 gc.garbage 串列中（其中無法回收的物件也總是被儲存），以幫助你診斷洩漏問題。 DEBUG_STATS 印出在垃圾回收期間收集的統計資料，以幫助你調整門檻值。 DEBUG_UNCOLLECTABLE 印出在垃圾回收過程中發現的不可回收物件的資訊。

set_threshold	set_threshold(*thresh0*[, *thresh1*[, *thresh2*]]) 設定門檻值（thresholds），控制循環垃圾回收的執行頻率。*thresh0* 為 0 的情況下，垃圾回收將被停用。垃圾回收是一個進階的專門主題，而 Python 中使用的世代垃圾回收（generational garbage collection）做法的細節（以及因此而產生的這些門檻值的詳細含義）超出了本書的範疇；詳情請參閱線上說明文件（*https://oreil.ly/b3rm6*）。
unfreeze	unfreeze() 解凍永久世代（permanent generation）中的所有物件，將它們全部移回最古老的世代。

如果你知道你的程式中沒有循環垃圾迴圈，或者當你無法承受在某些關鍵時刻循環垃圾回收所帶來的延遲時，就呼叫 gc.disable() 暫停自動的垃圾回收。你可以在之後呼叫 gc.enable() 再次啟用回收。你可以呼叫 gc.isenabled() 來測試目前是否有啟用自動回收功能，該函式回傳 **True** 或 **False**。為了控制何時要花時間進行回收，你可以呼叫 gc.collect() 來迫使一次完整的循環回收立即發生。要包裹一些對時間要求高的程式碼：

```
import gc
gc_was_enabled = gc.isenabled()
if gc_was_enabled:
    gc.collect()
    gc.disable()
# 在此插入一些講求時效性的程式碼
if gc_was_enabled:
    gc.enable()
```

你可能會發現，作為一個情境管理器來實作，會更容易使用：

```
import gc
import contextlib

@contextlib.contextmanager
def gc_disabled():
    gc_was_enabled = gc.isenabled()
    if gc_was_enabled:
        gc.collect()
        gc.disable()
    try:
        yield
    finally:
        if gc_was_enabled:
            gc.enable()
```

```
with gc_disabled():
    # ... 在此插入一些講求時效性的程式碼 ...
```

gc 模組中的其他功能比較進階，很少使用，可以歸納為兩個領域。函式 get_threshold 和 set_threshold、以及除錯旗標 DEBUG_STATS 幫助你對垃圾回收進行微調，以最佳化程式的效能。gc 的其他功能可以幫助你診斷程式中的記憶體洩漏（memory leaks）。雖然 gc 本身可以自動修復許多洩漏（只要避免在你的類別中定義 __del__，因為 __del__ 的存在可能阻礙循環垃圾回收），但如果你的程式一開始就避免產生循環垃圾，那麼程式就會執行得更快。

檢測垃圾回收

gc.callbacks 是一個最初為空的串列，你可以在其中新增 Python 在垃圾回收時會呼叫的函式 f(*phase*,*info*)。當 Python 呼叫每個這樣的函式時，*phase* 是 'start' 或 'stop'，以標示回收的開始或結束，而 *info* 是一個字典，包含了 CPython 使用的世代回收的相關資訊。你可以在這個串列中新增函式，例如用以收集關於垃圾回收的統計資料。更多細節請參閱說明文件（*https://oreil.ly/GjJF-*）。

weakref 模組

謹慎的設計通常可以避免參考迴圈。然而，有時你的物件之間需要互相了解，而避免相互參考會使你的設計扭曲和複雜化。舉例來說，一個容器有對其項目的參考，然而，讓一個物件知道持有它的容器通常會是有用的。其結果就是一個參考迴圈：由於相互參考，容器和項目讓彼此持續存活，即使所有其他物件都忘記了它們。弱參考解決了這個問題，允許物件參考其他物件而不需要一直保持其存在。

一個*弱參考*（*weak reference*）是一個特殊的物件 *w*，它參考另一個物件 *x* 而不增加 *x* 的參考計數。當 *x* 的參考計數下降到 0 時，Python 就會最終化並回收 *x*，然後通知 *w* 說 *x* 已經消亡。弱參考 *w* 現在就可以消失或者以一種受控的方式被標示為無效。在任何時候，一個給定的 *w* 指的是與 *w* 被建立時相同的物件 *x*，或者什麼都不指；一個弱參考永遠不會被重新指定目標。不是所有型別的物件都支援成為弱參考 *w* 的目標 *x*，但類別、實體和函式支援。

weakref 模組對外開放了建立和管理弱參考用的函式和型別，詳見表 14-3。

表 14-3　weakref 模組的函式和類別

`getweakrefcount`	`getweakrefcount(x)` 回傳 `len(getweakrefs(x))`。
`getweakrefs`	`getweakrefs(x)` 回傳其目標為 *x* 的所有弱參考和代理（proxies）的一個串列。
`proxy`	`proxy(x[, f])` 回傳 `ProxyType`（當 *x* 是可呼叫的時候為 `CallableProxyType`）型別的一個弱代理（weak proxy）*p*，目標是 *x*。使用 *p* 就像使用 *x* 一樣，只不過當你在 *x* 被刪除後使用 *p* 時，Python 會提出 `ReferenceError`。*p* 永遠都不是可雜湊的（你不能用 *p* 作為字典的鍵值）。若有出現 *f*，它必須是可呼叫的，有一個引數，作為 *p* 的最終化回呼（finalization callback，也就是說，緊接在最終化 *x* 之前，Python 會呼叫 *f*(*p*)）。*f* 會在 *x* 不再能從 *p* 到達時立即執行。
`ref`	`ref(x[, f])` 回傳一個以物件 *x* 為目標的弱參考 *w*，其型別為 `ReferenceType`。*w* 是可呼叫的，沒有引數：當 *x* 仍然存在時，呼叫 *w*() 會回傳 *x*；否則，*w*() 回傳 `None`。如果 *x* 是可雜湊的，*w* 就是可雜湊的。你可以比較弱參考的相等（`==`、`!=`），但不能比較順序（`<`、`>`、`<=`、`>=`）。如果它們的目標仍存活而且是相等的，或者當 *x* 是 *y* 時，兩個弱參考 *x* 和 *y* 就是相等的。若 *f* 有出現，它必須可以用一個引數來呼叫，而且是 *w* 的最終化回呼（也就是說，緊接在最終化 *x* 之前，Python 會呼叫 *f*(*w*)）。
`WeakKeyDictionary`	`class WeakKeyDictionary(adict={})` 一個 `WeakKeyDictionary` *d* 是弱參考其鍵值的一個映射（mapping）。當 *d* 中的一個鍵值 *k* 的參考計數降為 `0` 時，項目 *d*[*k*] 就會消失。`adict` 被用來初始化映射。
`WeakSet`	`class WeakSet(elements=[])` 一個 `WeakSet` *s* 是弱參考其內容元素的一個集合（set），從 `elements` 初始化。當 *s* 中的一個元素 *e* 的參考計數降為 `0` 時，*e* 就會從 *s* 中消失。
`WeakValueDictionary`	`class WeakValueDictionary(adict={})` 一個 `WeakValueDictionary` *d* 是弱參考其值的一個映射。當 *d* 中的一個值 *v* 的參考計數降為 `0` 時，*d* 中使得 *d*[*k*] **is** *v* 為真的所有項目都會消失。`adict` 用於初始化映射。

WeakKeyDictionary 讓你在不改變物件的情況下，非侵入式地將額外的資料與一些可雜湊的（hashable）物件關聯起來。WeakValueDictionary 讓你非侵入式地記錄物件之間的暫時關聯，並建置快取。在這每一種情況下，都使用弱映射（weak mapping），而不是 dict，以確保一個本來是可垃圾回收的物件不會因為被用於映射中而持續存在。同樣地，WeakSet 也提供同樣的弱容器功能來代替普通的 set。

一個典型的例子是會追蹤其實體的類別，但不會只因為追蹤而使得它們持續存在：

```
import weakref
class Tracking:
    _instances_dict = weakref.WeakValueDictionary()

    def __init__(self):
        Tracking._instances_dict[id(self)] = self

    @classmethod
    def instances(cls):
        return cls._instances_dict.values()
```

當 Tracking 實體是可雜湊的，類似的類別可以使用實體的一個 WeakSet 來實作，或者使用一個 WeakKeyDictionary，以實體為鍵值，以 **None** 作為值。

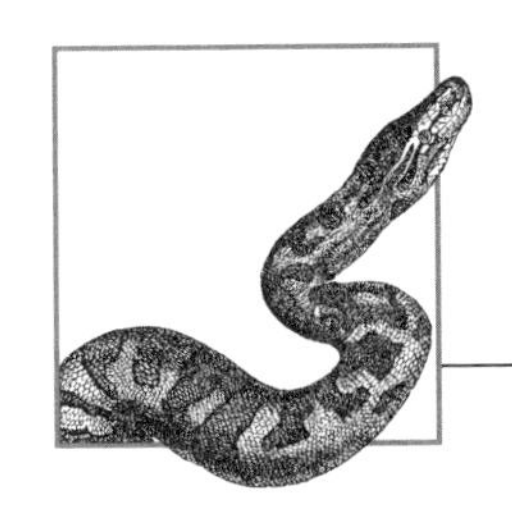

15 共時性：執行緒和行程

行程（*processes*）是正在執行的程式的實體，作業系統會為其設下防護，防止它們互相干擾。想進行通訊的行程必須明確安排，透過行程間通訊（*interprocess communication*，IPC）機制，或透過檔案（第 11 章介紹）、資料庫（第 12 章介紹）或網路介面（第 18 章介紹）來進行。行程使用資料儲存機制（如檔案和資料庫）進行通訊的一般方式是：一個行程寫入資料，另一個行程隨後將該資料讀回。本章涵蓋使用行程的程式設計，包括 Python 標準程式庫模組 `subprocess` 和 `multiprocessing`；模組 `os` 中與行程有關的部分，包括透過管線（*pipes*）進行的簡單 IPC；稱為**記憶體映射檔案**（*memory-mapped files*）的跨平台 IPC 機制，在模組 `mmap` 中提供；**3.8+** 以及 `multiprocessing.shared_memory` 模組。

執行緒（*thread*，最初被稱為「輕量化行程」，lightweight process）是一種流程控制，它與單一行程內的其他執行緒共享全域狀態（記憶體）；所有執行緒看起來都像是同時（simultaneously）執行的，儘管它們實際上可能是在一或多個處理器或核心上「輪流」執行。執行緒的運用非常不容易掌握，而多執行緒程式往往很難測試和除錯；然而，正如第 515 頁「多緒執行、多行程或非同步程式設計？」中所講述的，如果使用得當，多緒處理（multithreading）可能會比單緒（single-threaded）程式設計有更好的效能。本章介紹 Python 為處理執行緒所提供的各種設施，包括 `threading`、`queue` 和 `concurrent.futures` 模組。

另一種在單個行程中的多個活動之間共享控制權的機制被稱為**非同步**（*asynchronous*，或簡稱 *async*）程式設計。閱讀 Python 程式碼時，關鍵

字 **async** 和 **await** 的出現表明它是非同步的。這樣的程式碼依存於一個**事件迴圈**（*event loop*），廣義來說，它相當於一個行程中使用的執行緒切換器（thread switcher）。當事件迴圈是排程器（scheduler）時，一個非同步函式的每次執行都會成為一個**任務**（*task*），這大致相當於多執行緒程式中的一個**執行緒**（*thread*）。

行程排程和執行緒切換都是**先佔式的**（*preemptive*），也就是說，排程器或切換器擁有對 CPU 的控制權，並得以決定任何特定程式碼何時可以執行。然而，非同步程式設計是**合作式**（*cooperative*）的：每個任務一旦開始執行，在向事件迴圈表明它準備放棄控制權（通常是因為它在等待其他非同步任務的完成，最常見的是以 I/O 為重點的任務）之前，要選擇執行多久都可以。

儘管非同步程式設計為最佳化某些類型的問題提供極大的彈性，但它是許多程式設計師不熟悉的程式設計典範。出於它的合作性質，不謹慎的非同步程式設計會導致**鎖死**（*deadlocks*），而無限迴圈會搶奪其他任務的處理器時間：為了弄清楚如何避免鎖死，會為普通程式設計師帶來很大的額外認知負擔。我們不會在本書中進一步介紹非同步程式設計，包括 asyncio（*https://oreil.ly/zRZKX*）模組，因為我們認為這是一個足夠複雜的主題，值得單獨出一本書介紹[1]。

網路機制非常適用於 IPC，在網路不同節點上執行的行程之間、和在同一節點上執行的行程之間，都同樣有效。multiprocessing 模組提供一些適合在網路上進行 IPC 的機制；第 18 章涵蓋為 IPC 提供基礎的低階網路機制。其他更高階的**分散式運算**（*distributed computing*；CORBA、DCOM/COM+、EJB、SOAP、XML-RPC、.NET、gRPC 等）可以使 IPC 更容易一些，無論是本地還是遠端；但是，我們在本書中不會涵蓋分散式運算。

當多處理器電腦到來時，OS 必須處理更複雜的排程問題，而希望獲得最大效能的程式設計師必須據此編寫他們的應用程式，使程式碼能夠真正在不同的處理器或核心上平行（in parallel）執行（從程式設計的角度

1 我們知道的關於非同步程式設計的最好入門書籍，雖然很遺憾現在已經過時了（因為 Python 中的非同步做法不斷改進），依然是 Caleb Hattingh 所著的《*Using Asyncio in Python*》（O'Reilly）。繁體中文版《Python 非同步設計｜使用 Asyncio》由碁峰資訊出版。我們建議你也研讀 Real Python 上 Brad Solomon 的 Asyncio 逐步解說（*https://oreil.ly/HkGpJ*）。

來看，核心就只是在同一塊矽晶片上實作的處理器）。這需要知識和紀律。CPython 實作透過實作**全域直譯器鎖**（*global interpreter lock*，GIL）簡化了這些問題。在 Python 程式設計師沒有採取任何行動的情況下，在 CPython 上，只有持有 GIL 的執行緒才被允許存取處理器，等同於妨礙了 CPython 行程對多處理器硬體的充分利用。像 NumPy（*https://numpy.org*）這樣的程式庫，通常需要對不使用直譯器設施的已編譯程式碼進行長時間的計算，在這種計算過程中，它們會安排程式碼釋放 GIL。這允許有效地運用多個處理器，但如果你所有的程式碼都是用純 Python 寫的話，這就不是一個可以使用的技巧。

多緒執行、多行程或非同步程式設計？

在許多情況下，最好的答案是「以上皆非！」。這些做法充其量都是一種最佳化（optimization），而且（正如第 623 頁「最佳化」中所講述的）最佳化往往是不需要的，或者至少是言之過早的。這每種做法都容易出現臭蟲，而且難以測試和除錯；只要可能，就堅持使用單執行緒，並保持事情簡單。

當你**確實**需要最佳化，而且你的程式是 *I/O 密集*（*I/O-bound*）的（意味著它花了很多時間做 I/O），非同步程式設計是最快的，只要你能使你的 I/O 運算成為**非阻斷式**（*nonblocking*）的。其次，當你的 I/O 絕對**必須**是阻斷式（blocking）的時候，`threading` 模組可以幫忙改善一個 I/O 密集程式的效能。

當你的程式是 *CPU 密集*（*CPU-bound*）的（意味著它花了很多時間進行計算），在 CPython 中 `threading` 通常對效能沒有幫助。這是因為 GIL 確保每次只有一個 Python 編寫的執行緒可以執行（這也適用於 PyPy（*https://www.pypy.org*））。C 編寫的擴充功能可以在進行耗時運算時「釋放 GIL」；舉例來說，NumPy（會在第 16 章中講到）對陣列運算（array operations）就是這樣做的。因此，如果你的程式因為會呼叫 NumPy 或其他類似最佳化過的 C 擴充功能中冗長的 CPU 運算而成為 CPU 密集的，`threading` 模組可能有助於你程式在多處理器電腦（如今天大多數的電腦）上的效能。

> 如果你的程式因為純 Python 程式碼而成為 CPU 密集的，而且你是在多處理器電腦上使用 CPython 或 PyPy，`multiprocessing` 模組可能得以透過允許真正的平行計算來幫助提升效能。然而，要在多個網路連接的電腦上解決問題（實作分散式運算），你應該看看 Python wiki（*https://oreil.ly/N7PHZ*）上討論的更專業的做法和套件，我們在本書中不涵蓋那些。

Python 中的執行緒

Python 在支援執行緒的平台上支援多緒執行（multithreading），例如 Windows、Linux 和幾乎所有的 Unix 變體（包括 macOS）。如果一個動作可以保證在動作的開始和結束之間不發生執行緒切換（thread switching），這個動作就被稱為**原子**（*atomic*）動作。實務上，在 CPython 中，看起來是原子的運算（例如簡單的指定和存取）大多就是原子的，但只有在對內建型別執行時才是這樣（然而，擴增和多重指定都不是原子的）。不過大多數情況下，仰賴這種「原子性（atomicity）」並不是一個好主意。你可能正在處理一個使用者編寫的類別之實體，而不是內建型別的實體，其中可能會有對 Python 程式碼的隱含呼叫，使得原子性的假設失效。此外，仰賴取決於實作的原子性可能會使你的程式碼鎖進一個特定的實作中，從而阻礙了未來的變化。你最好使用本章其他部分所講述的同步設施，而非仰賴原子性假設。

多緒系統的關鍵設計問題是如何以最佳方式協調多個執行緒。下一節會介紹的 `threading` 模組，提供幾種同步物件（synchronization objects）。`queue` 模組（在第 529 頁的「queue 模組」中討論）對執行緒的同步也非常有用：它提供同步的、具備執行緒安全性的佇列型別（queue types），便於執行緒之間的通訊和協調。套件 `concurrent`（在第 542 頁的「concurrent.futures 模組」中介紹）為通訊和協調提供統一的介面，可由執行緒或行程的集區（pools）來實作。

threading 模組

threading 模組提供多緒執行功能。threading 的做法是將鎖（locks）和條件（conditions）建模為獨立的物件（舉例來說，在 Java 中，這種功能是每個物件的一部分），而執行緒不能從外部直接控制（因此，沒有優先序、分組、銷毀或停止）。threading 提供之物件的所有方法都是原子的。

threading 提供下列以執行緒為中心的類別，我們將在本節中探討所有的這些類別：Thread、Condition、Lock、RLock、Event、Semaphore、BoundedSemaphore、Timer 與 Barrier。

threading 還提供許多實用的函式，包括表 15-1 中列出的那些。

表 15-1　threading 模組的函式

active_count	active_count() 回傳一個 int，即當前存活的 Thread 物件的數量（不是已經終止或尚未啟動的那些）。
current_thread	current_thread() 為呼叫端執行緒（calling thread）回傳一個 Thread 物件。如果呼叫端執行緒不是由 threading 建立的，current_thread 會建立並回傳一個功能有限的半虛設 Thread 物件。
enumerate	enumerate() 回傳當前存活的所有 Thread 物件的一個 list（不是已經終止或尚未啟動的那些）。
excepthook	excepthook(args) **3.8+** 覆寫此函式以決定如何處理執行緒內的例外；詳情請參閱線上說明文件（*https://oreil.ly/ylw7S*）。args 引數有一些屬性，能讓你存取例外和執行緒的細節。**3.10+** threading.__excepthook__ 持有模組原本的 threadhook 值。
get_ident	get_ident() 回傳一個非零的 int 作為當前所有執行緒中的唯一識別碼（unique identifier）。對於管理和追蹤執行緒的資料很有用。隨著執行緒的退出和新執行緒的建立，執行緒識別碼可以被重複使用。
get_native_id	get_native_id() **3.8+** 回傳由作業系統核心配置的當前執行緒的原生整數 ID。在大多數常見的作業系統上可用。

stack_size	stack_size([*size*]) 回傳當前用於新執行緒的堆疊大小，以位元組為單位，並且（若有提供 *size*）為新執行緒設定該值。*size* 的可接受值受到特定平台的限制，比如至少是 32768（或者在某些平台上是更高的最小值），以及（在某些平台上）是 4096 的倍數。傳入 *size* 為 0 總是可以接受的，意味著「使用系統的預設值」。當你傳入一個在當前平台上不可接受的 *size* 值時，stack_size 會提出一個 ValueError 例外。

Thread 物件

一個 Thread 實體 *t* 是執行緒的一個模型。當你建立 *t* 時，你可以傳入一個要當作 *t* 的主函式的函式作為 *target* 引數，或者你可以子類別化 Thread 並覆寫它的 run 方法（你也可以覆寫 __init__，但你不應該覆寫其他方法）。當你創建 *t* 時，它還沒有準備好執行；要使 *t* 準備好（active），請呼叫 *t*.start。一旦 *t* 處於 active（活動）狀態，它就會在其主函式結束時終止，無論是正常結束，還是透過傳播一個例外。一個 Thread *t* 可以是一個 *daemon*（常駐精靈），這意味著即使 *t* 仍然處於活動狀態，Python 也可以終止，而一個正常的（非 daemon）執行緒會讓 Python 持續存活，直到該執行緒終止。Thread 類別提供建構器、特性和方法，詳見表 15-2。

表 15-2　Thread 類別的建構器、方法和特性

Thread	**class** Thread(name=**None**, target=**None**, args=(), kwargs={}, *, daemon=**None**) 總是用具名的引數來呼叫 *Thread*：規格並沒有保證參數的數量和順序，但參數的名稱是有保證的。在建構一個 Thread 時，你有兩種選擇： • 將 Thread 類別本身實體化為一個 target 函式（然後 *t*.run 就會在執行緒啟動時呼叫 *target(*args, **kwargs)*）。 • 擴充 Thread 類別並覆寫其 run 方法。 在這兩種情況下，執行都只會在你呼叫 *t*.start 時才會開始，name 成為 *t* 的名稱。如果 name 為 **None**，Thread 將為 *t* 生成一個獨特的名稱。如果 Thread 的一個子類別 *T* 覆寫了 __init__，*T*.__init__ 必須在任何其他 Thread 方法之前呼叫 self 上的 Thread.__init__（通常透過 super 內建函式）。daemon 可以被設定一個 Boolean 值，若為 **None**，將從進行創建的執行緒的 daemon 屬性中獲取該值。

daemon	daemon 是一個可寫入的 Boolean 特性，指出 *t* 是否為一個 daemon（也就是說，即使 *t* 仍在活動，行程也可以終止；這樣的終止也會結束 *t*）。你只能在呼叫 *t*.start 之前對 *t*.daemon 進行指定；指定一個真值會將 *t* 設定為一個 daemon。由一個 daemon 執行緒建立的執行緒預設會將 *t*.daemon 設定為 **True**。
is_alive	*t*.is_alive() is_alive 會在 *t* 處於活動（active）狀態（即 *t*.start 已經執行，而 *t*.run 尚未終止）時回傳 **True**；否則，回傳 **False**。
join	*t*.join(timeout=**None**) join 會暫停呼叫端執行緒（必須不是 *t*），直到 *t* 終止（若 *t* 已經終止，呼叫端執行緒就不會暫停）。timeout 在第 520 頁的「timeout 參數」中提及。你只能在 *t*.start 之後呼叫 *t*.join。多次呼叫 join 是可行的。
name	*t*.name name 是回傳 *t* 之名稱的一個特性；指定 name 會重新繫結 *t* 的名稱（name 的存在只是為了幫助你進行除錯；name 在執行緒中不需要是唯一的）。如果省略，執行緒將收到一個生成的名稱 Thread-*n*，其中 *n* 是一個遞增的整數（**3.10+** 若有指定 target，還會附加 (target.__name__)）。
run	*t*.run() run 是由 *t*.start 呼叫的方法，用於執行 *t* 的主函式。Thread 的子類別可以覆寫 run。除非被覆寫，否則 run 會呼叫 *t* 建立時傳入的 *target* 可呼叫物件。不要直接呼叫 *t*.run；呼叫 *t*.run 是 *t*.start 的工作！
start	*t*.start() start 使 *t* 處於活動（active）狀態，並安排 *t*.run 在另一個執行緒中執行。對於任何給定的 Thread 物件 *t*，你必須只呼叫一次 *t*.start；再次呼叫會提出一個例外。

執行緒同步物件

threading 模組提供幾個同步原始型別（synchronization primitives，讓執行緒進行通訊和協調的型別）。每個原始型別都有專門的用途，會在下面幾節中討論。

你可能不需要執行緒同步原始型別

只要你避免有（非佇列）全域變數發生變化並會被多個執行緒存取，queue（在第 529 頁的「queue 模組」中介紹）通常可以提供你需要的所有協調功能，concurrent（在第 542 頁的「concurrent.futures 模組」中介紹）也可以。第 545 頁的「多緒程式架構」展示如何使用 Queue 物件來為你的多緒程式提供簡單有效的架構，通常不需要明確使用同步原始型別。

timeout 參數

同步原始型別 Condition 和 Event 提供的 wait 方法接受一個選擇性的 timeout 引數。Thread 物件的 join 方法也接受一個選擇性的 timeout 引數（見表 15-2）。使用預設的 timeout 值 **None** 會導致正常的阻斷式行為（呼叫端執行緒會暫停並等待，直到滿足所需條件）。當它不是 **None** 時，timeout 引數是會一個浮點數值，表示一段時間，單位是秒（timeout 可以有小數部分，所以它可以表示任何時間間隔，甚至是一個非常短的時間間隔）。當 timeout 秒過後，呼叫端執行緒會再次成為就緒（ready）狀態，即使沒有達到預期的條件；在這種情況下，等待的方法會回傳 **False**（否則，該方法回傳 **True**）。timeout 讓你設計的系統能夠克服少數執行緒中偶爾出現的異常狀況，從而更加穩健。然而，使用 timeout 可能會使你的程式變慢：當這一點很重要時，一定要準確測量你程式碼的速度。

Lock 和 RLock 物件

Lock 和 RLock 物件提供相同的三個方法，在表 15-3 中描述。

表 15-3　Lock 的實體 L 的方法

acquire	*L*.acquire(blocking=**True**, timeout=-1) 當 *L* 被解鎖，或者如果 *L* 是正在呼叫 acquire 的同一執行緒所獲取的 RLock，該執行緒會立即鎖定它（如果 *L* 是 RLock，則遞增內部計數器，如稍後所述）並回傳 **True**。 當 *L* 已經被鎖定且 blocking 為 **False** 時，acquire 立即回傳 **False**。 當 blocking 為 **True** 時，呼叫端執行緒將被暫停，直到以下任一情況： • 另一個執行緒釋放了鎖，在這種情況下，此執行緒會將其鎖定並回傳 **True**。 • 在獲取鎖之前，運算逾時（times out），在這種情況下，acquire 回傳 **False**。預設的 -1 值永遠不會逾時。

locked	*L*.locked() 當 *L* 被鎖定時，回傳 **True**；否則，回傳 **False**。
release	*L*.release() 解鎖 *L*，它必須已被鎖定（對於 RLock，這意味著遞減鎖的計數，它不能低於零；只有當鎖的計數為零時，鎖才能被一個新的執行緒獲取）。當 *L* 被鎖定時，任何執行緒都可以呼叫 *L*.release，而不僅僅是鎖定 *L* 的執行緒。當不止一個執行緒在 *L* 上被阻斷時（即，已經呼叫 *L*.acquire，發現 *L* 被鎖定，並且正在等候 *L* 被解鎖），release 會喚醒任意一個等待中的執行緒。呼叫 release 的執行緒並不會暫停：它仍然就緒並繼續執行。

下面的主控台工作階段演示了當鎖被用作情境管理器時，在鎖上自動進行的 acquire/release（以及 Python 為鎖而維護的其他資料，如擁有者執行緒 ID 和鎖的 acquire 方法被呼叫過的次數）：

```
>>> lock = threading.RLock()
>>> print(lock)
<unlocked _thread.RLock object owner=0 count=0 at 0x102878e00>
>>> with lock:
...     print(lock)
...
<locked _thread.RLock object owner=4335175040 count=1 at 0x102878e00>
>>> print(lock)
<unlocked _thread.RLock object owner=0 count=0 at 0x102878e00>
```


RLock 物件 *r* 的語意通常更方便（除了在特殊的架構中，你需要執行緒能夠釋放不同執行緒獲取的鎖）。RLock 是一種**可重入**（*reentrant*）的鎖，這意味著當 *r* 被鎖定時，它會追蹤**擁有它的**執行緒（*owning* thread，即鎖定它的執行緒，對於 RLock 來說，也是唯一可以釋放它的執行緒；當任何其他執行緒試圖釋放 RLock 時，會提出一個 RuntimeError 例外）。擁有鎖的執行緒可以再次呼叫 *r*.acquire 而不會阻斷；然後 *r* 只是遞增一個內部計數。在涉及 Lock 物件的類似情況下，執行緒會阻斷，直到其他執行緒釋放鎖為止。舉例來說，考慮下面的程式碼片段：

```
lock = threading.RLock()
global_state = []
def recursive_function(some, args):
    with lock:  # 獲取鎖，保證在結束時釋放
        # ...修改 global_state...
        if more_changes_needed(global_state):
            recursive_function(other, args)
```

如果 `lock` 是 `threading.Lock` 的一個實體，`recursive_function` 在遞迴呼叫自己的時候就會阻斷它的呼叫端執行緒：**`with`** 述句發現鎖已經被獲取了（儘管那是由同一個執行緒完成的），就會阻斷並一直等待。若使用 `threading.RLock`，就不會發生這樣的問題：在這種情況下，由於鎖已經被**同一個執行緒**所獲取，在再次獲取時，它只是遞增其內部計數並繼續進行。

一個 `RLock` 物件 *r* 只有在它被釋放的次數與它被獲取的次數相同時才會解鎖。當物件的方法相互呼叫時，`RLock` 對於確保該物件的獨佔存取（exclusive access）非常有用；每個方法都可以在開始時獲取並在結束時釋放同一個 `RLock` 實體。

使用 with 述句來自動獲取和釋放同步物件

使用 **`try/finally`** 述句（在第 233 頁的「try/finally」中提及）是確保獲取的鎖確實被釋放的一種方式。使用 **`with`** 述句（在第 236 頁的「with 述句和情境管理器」中介紹）通常會更好：所有的鎖、條件和 semaphores 都是情境管理器，因此可以在 **`with`** 子句中直接使用這些型別的實體來獲取它（隱含地、會阻斷），並確保它在 **`with`** 區塊結束時被釋放。

Condition 物件

一個 `Condition` 物件 *c* 包裹了一個 `Lock` 或 `RLock` 物件 *L*。`Condition` 類別對外開放了表 15-4 中描述的建構器和方法。

表 15-4　`Condition` 類別的建構器和方法

`Condition`	**`class`** `Condition(lock=`**`None`**`)` 建立並回傳一個新的 `Condition` 物件 *c*，帶有一個設定為 `lock` 的鎖 *L*。如果 `lock` 是 **`None`**，*L* 會被設定為一個新建立的 `RLock` 物件。
`acquire`, `release`	*`c`*`.acquire(blocking=`**`True`**`)`, *`c`*`.release()` 這些方法單純呼叫 *L* 的相應方法。一個執行緒必定不能呼叫 *c* 上的任何其他方法，除非該執行緒持有（即已經獲取）鎖 *L*。

notify, notify_all	*c*.notify(), *c*.notify_all() notify 會喚醒在 *c* 上等待的任意一個執行緒。在呼叫 *c*.notify 之前，呼叫端執行緒必須持有 *L*，而 notify 並不會釋放 *L*。被喚醒的執行緒在能夠再次獲取 *L* 之前不會變成就緒。因此，呼叫端執行緒通常會在呼叫 notify 之後再呼叫 release。notify_all 與 notify 類似，但它會喚醒所有等待的執行緒，而不僅僅是一個。
wait	*c*.wait(timeout=**None**) wait 釋放 *L*，然後暫停呼叫端執行緒，直到其他執行緒在 *c* 上呼叫 notify 或 notify_all。呼叫端執行緒在呼叫 *c*.wait 之前必須持有 *L*。在第 520 頁「timeout 參數」中的介紹有提及 timeout。在一個執行緒被通知或逾時喚醒後，當它再次獲得 *L* 時，該執行緒就變為就緒。當 wait 回傳 **True** 時（意味著它已經正常退出，而不是因為逾時），呼叫端執行緒總是會再次持有 *L*。

一般情況下，一個 Condition 物件 *c* 會調節對執行緒之間共用的某個全域性狀態 *s* 之存取。當一個執行緒必須等待 *s* 發生變化時，該執行緒會跑迴圈：

```
with c:
    while not is_ok_state(s):
        c.wait()
    do_some_work_using_state(s)
```

同時，每個修改 *s* 的執行緒在 *s* 發生變化時都會呼叫 notify（或者 notify_all，如果它需要喚醒所有等待的執行緒，而不僅僅是一個）：

```
with c:
    do_something_that_modifies_state(s)
    c.notify()    # 或者 c.notify_all()
# 不需要呼叫 c.release()，退出 'with' 本身就能做到這一點
```

你必須在每次使用 *c* 的方法時都獲取和釋放 *c*：透過 **with** 述句這樣做，讓 Condition 實體的使用不容易出錯。

Event 物件

Event 物件會讓任何數量的執行緒暫停和等待。當任何其他執行緒呼叫 *e*.set 時，所有在 Event 物件 *e* 上等待的執行緒都會進入就緒（ready）狀態。*e* 有一個記錄事件是否發生的旗標；在 *e* 被建立時，它最初是 **False**。因此，Event 有點像一個簡化的 Condition。Event 物件對於發出一次性變化的訊號很有用，但對於更普遍的使用卻很脆弱；特別是，仰賴對 *e*.clear 的呼叫很容易產生錯誤。Event 類別對外開放了表 15-5 中的建構器和方法。

表 15-5　Event 類別的建構器和方法

Event	**class** Event() 建立並回傳一個新的 Event 物件 *e*，*e* 的旗標設定為 **False**。
clear	*e*.clear() 將 *e* 的旗標設為 **False**。
is_set	*e*.is_set() 回傳 *e* 的旗標之值：**True** 或 **False**。
set	*e*.set() 將 *e* 的旗標設為 **True**。所有在 *e* 上等待的執行緒（如果有的話）都準備好執行。
wait	*e*.wait(timeout=None) 如果 *e* 的旗標是 **True**，立即回傳；否則，暫停呼叫端執行緒，直到其他執行緒呼叫 set。timeout 在第 520 頁的「timeout 參數」中提及。

下面的程式碼顯示了 Event 物件如何明確地在多個執行緒間同步處理：

```
import datetime, random, threading, time

def runner():
    print('starting')
    time.sleep(random.randint(1, 3))
    print('waiting')
    event.wait()
    print(f'running at {datetime.datetime.now()}')

num_threads = 10
event = threading.Event()

threads = [threading.Thread(target=runner) for _ in range(num_threads)]
for t in threads:
    t.start()

event.set()

for t in threads:
    t.join()
```

Semaphore 和 BoundedSemaphore 物件

semaphores（旗號，也被稱為計數旗號，*counting semaphores*）是鎖的一種泛化（generalization）。一個 Lock 的狀態可以被看作是 **True** 或 **False**；而一個 Semaphore *s* 的狀態是在 *s* 創建時設定的一個介於 0 和

n 之間的數字（包括兩個界限）。Semaphore 對於管理一個固定的資源集區（fixed pool of resources）是很有用的，例如 4 部印表機或 20 個 sockets，儘管使用 Queue（在本章後面描述）來達到這樣的目的通常更穩健。BoundedSemaphore 類別非常相似，但如果狀態變得比初始值高，則會提出 ValueError：在許多情況下，這種行為可能是一個有用的錯誤指標。表 15-6 顯示了 Semaphore 和 BoundedSemaphore 類別的建構器、以及其中任一個類別的物件 *s* 所對外開放的方法。

表 15-6　Semaphore 和 BoundedSemaphore 類別的建構器和方法

Semaphore, Bounded Semaphore	**class** Semaphore(n=1), **class** BoundedSemaphore(n=1) Semaphore 建立並回傳一個 Semaphore 物件 *s*，狀態設定為 n；BoundedSemaphore 非常相似，只是如果狀態變得高於 n，*s*.release 會提出 ValueError。
acquire	*s*.acquire(blocking=**True**) 當 *s* 的狀態 >0 時，acquire 會將狀態遞減 1 並回傳 **True**。當 *s* 的狀態為 0 且 blocking 為 **True** 時，acquire 會暫停呼叫端執行緒並等待其他執行緒呼叫 *s*.release。當 *s* 的狀態為 0 且 blocking 為 **False** 時，acquire 立即回傳 **False**。
release	*s*.release() 當 *s* 的狀態 >0 時，或者當狀態為 0 但沒有執行緒在 *s* 上等待時，release 會將狀態遞增 1。當 *s* 的狀態為 0 而有一些執行緒在 *s* 上等待時，release 會將 *s* 的狀態保持為 0，並喚醒任意一個等待中的執行緒。呼叫 release 的執行緒並不會暫停，它仍舊準備就緒，繼續正常執行。

Timer 物件

一個 Timer 物件會在一個新創建的執行緒中，在給定的延遲後呼叫一個指定的可呼叫物件。Timer 類別對外開放了表 15-7 中的建構器和方法。

表 15-7　Timer 類別的建構器和方法

Timer	**class** Timer(*interval*, *callback*, args=**None**, kwargs=**None**) 建立一個會呼叫 *callback* 的物件 *t*，在啟動後 *interval* 秒（*interval* 是一個浮點數的秒數）後進行。
cancel	*t*.cancel() 停止定時器（timer）並取消其動作的執行，前提是你呼叫 cancel 時 *t* 還在等待（還沒有呼叫其回呼）。

start	*t*.start() 啟動 *t*。

Timer 擴充了 Thread，並添加了屬性 function、interval、args 與 kwargs。

Timer 是「一次性（one-shot）」的：*t* 只會呼叫它的回呼（callback）一次。要定期呼叫 *callback*，每 *interval* 秒鐘呼叫一次，這裡有一個簡單的訣竅：Periodic 計時器每 *interval* 秒鐘執行一次 *callback*，只在 *callback* 提出例外時才停止：

```
class Periodic(threading.Timer):
    def __init__(self, interval, callback, args=None, kwargs=None):
        super().__init__(interval, self._f, args, kwargs)
        self.callback = callback

    def _f(self, *args, **kwargs):
        p = type(self)(self.interval, self.callback, args, kwargs)
        p.start()
        try:
            self.callback(*args, **kwargs)
        except Exception:
            p.cancel()
```

Barrier 物件

Barrier 是一個同步原始型別，允許一定數量的執行緒等待，直到它們全都達到了執行的某一點，這時它們都會恢復執行。具體來說，當一個執行緒呼叫 *b*.wait 時，它就會阻斷，直到指定數量的執行緒在 *b* 上進行了同樣的呼叫為止；這時，所有被阻斷在 *b* 上的執行緒都被允許恢復執行。

Barrier 類別對外開放了表 15-8 中所列的建構器、方法和特性。

表 15-8　Barrier 類別的建構器、方法和特性

Barrier	**class** Barrier(*num_threads*, action=**None**, timeout=**None**) 為 *num_threads* 個執行緒建立一個 Barrier 物件 *b*。action 是一個沒有引數的可呼叫物件：如果你傳入了這個引數，當被阻斷的執行緒都解除阻斷時，它就會在每一個被阻斷的執行緒上執行。timeout 在第 520 頁的「timeout 參數」中提及。

abort	*b*.abort() 將 Barrier *b* 置於損壞（*broken*）狀態，這意味著任何正在等待的執行緒都會以 threading.BrokenBarrierException 恢復執行（在隨後對 *b*.wait 的任何呼叫中也會提出同樣的例外）。這是一種緊急動作，通常在一個等待中的執行緒遭受某種異常終止時使用，以避免整個程式的鎖死。
broken	*b*.broken 當 *b* 處於損壞（broken）狀態時為 **True**，否則為 **False**。
n_waiting	*b*.n_waiting 目前在 *b* 上等待的執行緒數目。
parties	parties 在 *b* 的建構器中作為 *num_threads* 傳入的值。
reset	*b*.reset() 將 *b* 回復到最初空的、未損壞的狀態；然而，任何目前在 *b* 上等待的執行緒都會以 threading.BrokenBarrierException 恢復執行。
wait	*b*.wait() 前 *b*.parties-1 個呼叫 *b*.wait 的執行緒會阻斷；當阻斷在 *b* 上的執行緒數量為 *b*.parties-1，並且還有一個執行緒呼叫 *b*.wait 時，所有阻斷在 *b* 上的執行緒都會恢復執行。*b*.wait 會向每個恢復執行的執行緒回傳一個 int，全都不同而且在 range(*b*.parties) 範圍內，順序未指定；執行緒可以使用這個回傳值來決定哪個執行緒接下來應該做什麼（儘管在 Barrier 的建構器中傳入 action 會更簡單，而且通常也足夠了）。

下面的程式碼顯示了 Barrier 物件是如何跨多個執行緒進行同步處理的（與前面顯示的 Event 物件的範例程式碼對比）：

```
import datetime, random, threading, time

def runner():
    print('starting')
    time.sleep(random.randint(1, 3))
    print('waiting')
    try:
        my_number = barrier.wait()
    except threading.BrokenBarrierError:
        print('Barrier abort() or reset() called, thread exiting...')
        return
    print(f'running ({my_number}) at {datetime.datetime.now()}')

def announce_release():
    print('releasing')
```

```
num_threads = 10
barrier = threading.Barrier(num_threads, action=announce_release)

threads = [threading.Thread(target=runner) for _ in range(num_threads)]
for t in threads:
    t.start()

for t in threads:
    t.join()
```

執行緒的本地儲存區

threading 模組提供 local 類別，一個執行緒可以用它來獲得執行緒的本地儲存區（*thread-local storage*），也被稱為執行緒專屬資料（*per-thread data*）。local 的一個實體 *L* 有任意的具名屬性，你能夠加以設定和獲取，儲存在一個你也可以存取的字典 *L*.__dict__ 中。*L* 具備完整的執行緒安全性，這意味著就算有多個執行緒同時設定和獲取 *L* 上的屬性也不會有問題。存取 *L* 的每個執行緒看到的都是一組沒有交集的屬性：在一個執行緒中做出的任何改變對其他執行緒都沒有影響。比如說：

```
import threading

L = threading.local()
print('in main thread, setting zop to 42')
L.zop = 42

def targ():
  print('in subthread, setting zop to 23')
  L.zop = 23
  print('in subthread, zop is now', L.zop)

t = threading.Thread(target=targ)
t.start()
t.join()
print('in main thread, zop is now', L.zop)
# 印出：
# in main thread, setting zop to 42
# in subthread, setting zop to 23
# in subthread, zop is now 23
# in main thread, zop is now 42
```

執行緒本地儲存區使得編寫要在多個執行緒中執行的程式碼更加容易，因為你可以在多個執行緒中使用相同的命名空間（threading.local 的一個實體），而且獨立的執行緒之間不會相互干擾。

queue 模組

queue 模組提供支援多執行緒存取的佇列型別（queue types），有一個主類別 Queue、一個簡化類別 SimpleQueue、主類別的兩個子類別（LifoQueue 和 PriorityQueue），以及兩個例外類別（Empty 和 Full），在表 15-9 中描述。主類別及其子類別的實體所對外開放的方法詳見表 15-10。

表 15-9　queue 模組的類別

Queue	**class** Queue(maxsize=0) Queue，即 queue 模組中的主類別，實作了一種先進先出（first-in, first-out，FIFO）的佇列：每次取回的項目都是其中最早加入的那個。 當 maxsize > 0 時，新的 Queue 實體 *q* 會在 *q* 有 maxsize 的項目時，被認為是滿的。當 *q* 滿的時候，一個以 block=**True** 插入項目的執行緒會暫停，直到有另一個執行緒取出一個項目為止。若 maxsize <= 0，*q* 永遠都不會被認為是滿的，它的大小只受可用記憶體的限制，就像大多數 Python 容器一樣。
Simple Queue	**class** SimpleQueue SimpleQueue 是一個簡化的 Queue：一種沒有 full、task_done 和 join 方法的無界 FIFO 佇列（見表 15-10 以及後續說明），其方法 put 會忽略它的選擇性引數，但保證了重入性（reentrancy，這使得它可以在 __del__ 方法和 weakref 回呼中使用，而 Queue.put 則不能）。
LifoQueue	**class** LifoQueue(maxsize=0) LifoQueue 是 Queue 的一個子類別；唯一的區別是 LifoQueue 實作了一個後進先出（last-in, first-out，LIFO）的佇列，意味著每次取回的項目都是最近新增的那個（通常稱為**堆疊**，*stack*）。
Priority Queue	**class** PriorityQueue(maxsize=0) PriorityQueue 是 Queue 的一個子類別；唯一的區別是 PriorityQueue 實作了一種**優先序**佇列（*priority* queue），意味著每次取回的項目都是當前佇列中最小的一個。由於沒有辦法指定順序，你通常會使用 (*priority*, *payload*) 對組作為項目，讓低值的 *priority* 意味著更早的取回。
Empty	Empty 是 *q*.get(block=**False**) 會在 *q* 為空時提出的例外。
Full	Full 是 *q*.put(*x*, block=**False**) 會在 *q* 滿的時候提出的例外。

Queue（或者它的任何一個子類別）的實體 *q* 提供表 15-10 中列出的方法，這些方法都具備執行緒安全性，並且保證是原子的。關於 SimpleQueue 的一個實體對外開放的方法之細節，請參閱表 15-9。

表 15-10　Queue、LifoQueue 或 PriorityQueue 類別的實體 q 之方法

empty	*q*.empty() 當 *q* 為空時，回傳 **True**；否則，回傳 **False**。
full	*q*.full() 當 *q* 是滿的時候回傳 **True**；否則，回傳 **False**。
get, get_nowait	*q*.get(block=**True**, timeout=**None**), *q*.get_nowait() 當 block 為 **False** 時，若有項目可用，get 會從 *q* 中移除並回傳一個項目；否則，get 會提出 Empty。當 block 為 **True** 且 timeout 為 **None** 時，get 會從 *q* 中移除並回傳一個項目，如果需要的話，會暫停呼叫執行緒，直到有一個項目可用。當 block 為 **True** 且 timeout 不是 **None** 時，timeout 必須是一個 >=0 的數字（可以包括小數部分來指定一秒的幾分之幾），而且 get 等待的時間不會超過 timeout 秒（如果到那時還沒有項目可用，get 會提出 Empty）。*q*.get_nowait() 類似於 *q*.get(**False**)，也類似於 *q*.get(timeout=0.0)。get 會刪除並回傳項目：如果 *q* 是 Queue 本身的直接實體，則按照插入它們的相同順序（FIFO）；如果 *q* 是 LifoQueue 的實體，則按照 LIFO 順序，或者如果 *q* 是 PriorityQueue 的實體，則按照最小者優先（smallest-first）的順序。
put, put_nowait	*q*.put(*item*, block=**True**, timeout=**None**), *q*.put_nowait(*item*) 當 block 為 **False** 時，如果 *q* 不是滿的，put 會將 *item* 新增到 *q* 中；否則，put 將提出 Full。當 block 為 **True** 且 timeout 為 **None** 時，put 會將 *item* 新增到 *q* 中，如果需要的話，暫停呼叫端執行緒，直到 *q* 不是滿的。當 block 為 **True** 且 timeout 不是 **None** 時，timeout 必須是一個 >=0 的數字（可以包括小數部分來指定一秒的幾分之幾），而且 put 等待的時間不會超過 timeout 秒（如果到那時 *q* 仍然是滿的，put 會提出 Full）。*q*.put_nowait(*item*) 就像 *q*.put(*item*, **False**)，也像 *q*.put(*item*, timeout=0.0)。
qsize	*q*.qsize() 回傳當前在 *q* 中的項目之數量。

q 會維護一個內部的、隱藏的**未完成任務**（*unfinished tasks*）的計數，它一開始會是零。每呼叫一次 put，該計數就遞增 1。為了將計數遞減 1，當一個工作者執行緒（worker thread）處理完一個任務時，它會呼叫 *q*.task_done。要在「所有任務都完成」上進行同步，可以呼叫 *q*.join：當未完成任務的數量為非零時，*q*.join 會阻斷呼叫端執行緒，稍後當數量變為零時解除阻斷；當未完成任務的數量為零時，*q*.join 會讓呼叫端執行緒繼續執行。

如果你喜歡用其他方式來協調執行緒，你就不必使用 join 和 task_done，但當你需要用 Queue 來協調執行緒系統時，它們提供了一種簡單、有用的做法。

Queue 為慣用語「It's easier to ask forgiveness than permission」（EAFP，「請求原諒比請求允許更容易」）提供一個很好的例子，詳情請見第 251 頁的「錯誤檢查策略」。由於多執行緒的原因，*q* 的每個非變動方法（empty、full、qsize）可能只是建議性的。當其他執行緒對 *q* 進行變動時，在執行緒從非變動方法獲得資訊的那個瞬間、到執行緒根據資訊採取行動的下一瞬間，事情有可能會發生變化。因此，仰賴「look before you leap」（LBYL，「先看後跳」）慣用語是徒勞的，而操弄鎖來試圖修復事情是一種實質性的浪費。避免使用脆弱的 LBYL 程式碼，例如：

```
if q.empty():
    print('no work to perform')
else:  # 一些其他的執行緒現在可能已經清空了佇列！
    x = q.get_nowait()
    work_on(x)
```

而使用更簡單且更強大的 EAFP 做法：

```
try:
    x = q.get_nowait()
except queue.Empty:  # 保證存取時佇列是空的
    print('no work to perform')
else:
    work_on(x)
```

multiprocessing 模組

multiprocessing 模組提供的函式和類別，與你在多緒處理（multithreading）中使用的函式和類別差不多，不過是在各行程（processes）之間分配工作，而非在執行緒（threads）之間分配工作：其中包括 Process 類別（類似於 threading.Thread）、同步原始型別的類別（Lock、RLock、Condition、Event、Semaphore、BoundedSemaphore 和 Barrier，每個都類似於 threading 模組中的同名類別，還有 Queue 和 JoinableQueue，兩者皆類似於 queue.Queue）。這些類別使得為使用 threading 而編寫的程式碼很容易被移植到使用 multiprocessing 的版本中；只要注意我們在下一小節中所講述的差異就行了。

通常最好避免在行程之間共享狀態：使用佇列，而不是在它們之間明確地傳遞訊息。然而，對於那些你確實需要共享一些狀態的罕見情況，multiprocessing 提供存取共用記憶體的類別（Value 和 Array），以及更有彈性（包括網路上不同電腦之間的協調）、但額外負擔較大的 Process 子類別 Manager，設計來儲存任意資料，並讓其他行程透過代理（*proxy*）物件操作那些資料。我們將在第 534 頁「共用狀態：類別 Value、Array 和 Manager」中介紹狀態的共享。

編寫新的程式碼時，除了移植原來為使用 threading 而編寫的程式碼，你通常可以使用 multiprocessing 所提供的不同做法。特別是 Pool 類別（在第 538 頁的「行程集區（Process Pools）」中介紹），常常可以簡化你的程式碼。多行程處理（multiprocessing）最簡單和最高階的方式是使用 concurrent.futures 模組（在第 542 頁的「concurrent.futures 模組」中介紹）搭配 ProcessPoolExecutor。

其他高度進階的做法，基於由 Pipe 工廠函式建置的 Connection 物件，或由 Client 和 Listener 物件所包裹的 Connection 物件，甚至更加靈活，但也相當複雜；我們在本書中不會進一步介紹它們。關於 multiprocessing 更深入的介紹，請參考線上說明文件（*https://oreil.ly/mq8d1*）[2] 和第三方的線上教程，如 PyMOTW（*https://oreil.ly/ApoV0*）。

multiprocessing 和 threading 的區別

你可以很容易地將使用 threading 編寫的程式碼移植到使用 multiprocessing 的變體中；然而，你必須考慮幾個不同之處。

結構性差異

你在行程之間交換的所有物件（例如，透過佇列，或作為 Process 的 target 函式之引數）都是透過 pickle 進行序列化的，在第 454 頁的「pickle 模組」中已經介紹過。所以，你只能交換那些可以被序列化的物件。此外，序列化後的位元組字串不能超過約 32 MB（取決於平台），否則會提出例外；因此，你可以交換的物件大小是有限制的。

特別是在 Windows 中，子行程（child processes）必須能夠作為一個模組匯入分生出它們的主指令稿。因此，一定要用常見的 **if** __name__ == '__main__' 慣用語來保護主指令稿中的所有頂層程式碼（指那些不能被子行程再次執行的程式碼），這在第 269 頁的「主程式」中有所介紹。

2 線上說明文件包括一個特別有用的「Programming Guidelines」章節（*https://oreil.ly/6EqPh*），其中列出使用 multiprocessing 模組時的一些額外的實用建議。

如果一個行程在使用佇列、或持有同步原始型別時被突然殺死（例如，透過訊號），它將無法對該佇列或原始型別進行適當的清理。結果就是，佇列或原始型別可能毀損，導致所有試圖使用它的其他行程出錯。

Process 類別

multiprocessing.Process 類別與 threading.Thread 非常相似；它提供的屬性和方法都相同（見表 15-2），另外還有一些，列在表 15-11 中。它的建構器有如下特徵式：

Process	**class** Process(name=**None**, target=**None**, args=(), kwargs={}) *始終用具名引數來呼叫 Process*：參數的數量和順序不被規格所保證，但有保證參數的名稱。要麼實體化 Process 類別本身，傳入一個 target 函式（當執行緒啟動時，*p*.run 就會呼叫 *target*(**args*, ***kwargs*)）；或者不傳入 target，而是擴充 Process 類別並覆寫其 run 方法。在這兩種情況下，只有當你呼叫 *p*.start 時執行才會開始。name 會成為 *p* 的名稱。如果 Process 的子類別 *P* 覆寫了 __init__，*P*.__init__ 必須在任何其他 Process 方法之前在 self 上呼叫 Process.__init__（通常是透過 super 內建函式）。

表 15-11　Process 類別額外的屬性和方法

authkey	行程的授權金鑰（authorization key），一個位元組字串。它被初始化為由 os.urandom 提供的隨機位元組，但如果你想要，可以在之後重新指定它。在授權交握（authorization handshake）中使用，是我們在本書中沒有提及的高階用途。
close	close() 關閉一個 Process 實體並釋放與之相關的所有資源。如果底層行程仍在執行，則提出 ValueError。
exitcode	行程還沒有退出時為 **None**；否則會是行程的退出碼（exit code）。這是一個 int：0 表示成功；>0 表示失敗；<0 表示行程被殺死。
kill	kill() 與 terminate 相同，但在 Unix 上會發送一個 SIGKILL 訊號。
pid	行程尚未啟動時為 **None**；否則為作業系統設定的行程識別碼。
terminate	terminate() 殺死行程（不給它執行終止程式碼的機會，如清理佇列和同步原始型別；當行程使用佇列或持有同步原始型別時，要注意引起錯誤的可能性！）。

佇列中的差異

multiprocessing.Queue 類別與 queue.Queue 非常相似，只不過 multiprocessing.Queue 的實體 *q* 不提供 join 和 task_done 方法（第 529 頁的「queue 模組」中描述）。當 *q* 的方法由於逾時而提出例外時，它們會提出 queue.Empty 或 queue.Full 的實體。multiprocessing 沒有與 queue 的 LifoQueue 和 PriorityQueue 類別等價的功能。

multiprocessing.JoinableQueue 類別確實提供 join 和 task_done 方法，但與 queue.Queue 相比有一個語意上的區別：對於 multiprocessing.JoinableQueue 的實體 *q*，呼叫 *q*.get 的行程在完成處理該工作單元時必須呼叫 *q*.task_done（這並非選擇性的，不同於使用 queue.Queue 時那樣）。

你放（put）入多行程處理佇列（multiprocessing queues）中的所有物件都必須是可被 pickle 序列化的。在你執行 *q*.put 到得以透過 *q*.get 取得物件之間可能會有延遲。最後，請記住，使用 *q* 的行程之突然退出（因為當掉或訊號）可能會使 *q* 對任何其他行程而言都無法使用。

共用狀態：類別 Value、Array 和 Manager

為了在兩個或多個行程中使用共享記憶體來儲存單一個共通的原型值（primitive value），multiprocessing 提供 Value 類別，而對於一個固定長度的原型值陣列（array），它提供 Array 類別。為了獲得更多的彈性（包括共享非原型值和在由網路連接的不同系統之間「共享」，但不共用記憶體），以更高的額外負擔為代價，multiprocessing 提供 Manager 類別，它是 Process 的一個子類別。我們將在下面的小節中分別討論它們。

Value 類別

Value 類別的建構器有這樣的特徵式：

Value	**class** Value(*typecode*, **args*, *, lock=**True**) *typecode* 是定義該值之原始型別（primitive type）的一個字串，就像在第 581 頁「array 模組」中介紹的 array 模組一樣（另外，*typecode* 也可以是來自 ctypes 模組的一個型別，第 25 章（*https://oreil.ly/python-nutshell-25*）的「ctypes」中會討論，但這很少有必要）。*args* 被傳入給該型別的建構器：因此，*args* 要麼不存在（在這種情況下，原型值按其預設值初始化，通常為 0），要麼是單一個值，用於初始化原型值。 當 lock 為 **True**（預設值）時，Value 會製作並使用一個新的鎖來保護該實體。又或者，你也可以把一個現有的 Lock 或 RLock 實體作為 lock 傳入。你甚至可以傳入 lock=**False**，但那是不可取的：當你那樣做時，該實體並沒有受到保護（因此，它在行程之間不同步），並且缺少 get_lock 方法。如果你有傳入 lock，你**必須**把它當作一個具名引數傳遞，使用 lock=*something*。

Value 類別的一個實體 *v* 提供 get_lock 方法，該方法回傳（但既不獲取也不釋放）守護 *v* 的鎖，以及可讀寫屬性 value，用來設定和取得 *v* 的底層原型值。

為了確保對 *v* 底層原型值之運算的原子性，請用 **with** *v*.get_lock(): 述句來保護該運算。這種用法的一個典型例子是用於擴增指定，如：

```
with v.get_lock():
    v.value += 1
```

然而，若有任何其他行程對同一原型值進行了未受保護的運算，即使是原子運算，像 *v*.value =*x* 這樣的簡單指定，那一切都沒有用了：受保護的運算和未受保護的運算可能會使你的系統陷入**競態狀況**（*race condition*）[3]。安全起見，若有**任何**對 *v*.value 的運算不是原子的（因此需要放在以 **with** *v*.get_lock(): 開頭的區塊中進行保護），那麼對 *v*.value 的**所有**運算都要放在這種區塊中進行保護。

Array 類別

一個 multiprocessing.Array 是一個固定長度的原型值陣列，所有的項目都是相同的原始型別。類別 Array 的建構器之特徵式為：

3 競態狀況是指不同事件的相對時間（通常是不可預測的）會影響到計算的結果…這絕不是一件好事！

Array	**class** Array(*typecode*, *size_or_initializer*, *, lock=**True**) *typecode* 是定義該值之原始型別的一個字串，就像第 581 頁「array 模組」中所講述的模組 array 一樣（又或者，*typecode* 可以是 ctypes 模組中的一個型別，在第 25 章（*https://oreil.ly/python-nutshell-25*）的「ctypes」中會討論，但這很少需要）。*size_or_initializer* 可以是一個可迭代物件，用來初始化陣列，或者是一個整數，用來作為陣列的長度，在這種情況下，陣列的每一項都會被初始化為 0。當 lock 為 **True**（預設）時，Array 會建立並使用一個新的鎖來保護這個實體。又或者，你也可以把一個現有的 Lock 或 RLock 實體作為鎖傳入。你甚至可以傳入 lock=**False**，但這是不可取的：如果你那麼做，該實體就不會受到保護（因此它沒有在行程之間同步），並且缺少 get_lock 方法。如果你確實傳入了 lock，你必須把它作為一個具名引數傳遞，使用 lock=*something*。

Array 類別的一個實體 *a* 提供 get_lock 方法，該方法回傳（但既不獲取也不釋放）保護 *a* 的鎖。

a 透過索引和切片來存取，並透過向索引或切片指定來修改。*a* 的長度固定：因此，當你向切片指定時，你必須指定一個與你所指定的切片長度完全相同的可迭代物件。*a* 也是可迭代的。

在 *a* 是以 'c' 的 *typecode* 來創建的特殊情況下，你也可以存取 *a*.value 來獲得 *a* 的內容，作為一個位元組字串，你可以把任何不長於 len(*a*) 的位元組字串指定給 *a*.value。當 *s* 是 len(*s*) < len(*a*) 的位元組字串時，*a*.value = *s* 意味著 *a*[:len(*s*)+1] = *s* + b'\0'；這反映了 C 語言中 char 字串的表示法，以一個 0 位元組結束。比如說：

```
a = multiprocessing.Array('c', b'four score and seven')
a.value = b'five'
print(a.value)   # 印出 b'five'
print(a[:])      # 印出 b'five\x00score and seven'
```

Manager 類別

multiprocessing.Manager 是 multiprocessing.Process 的一個子類別，具有相同的方法和屬性。此外，它還提供方法來建立任何多行程處理同步原始型別（multiprocessing synchronization primitives）的實體，加上 Queue、dict、list 和 Namespace，後者是讓你設定和獲取任意具名屬性的一個類別。每個方法都有它所建立的實體的類別名稱，並回傳對這樣一個實體的代理（*proxy*），任何行程都可以用它來呼叫管理器行程（manager process）中持有的實體上的方法（包括特殊方法，如對 dict 或 list 的實體進行索引）。

代理物件會將大多數運算子以及對方法和屬性的存取傳入給它們所代理的實體；但是，它們不傳入**比較**運算子；如果你需要比較，你就得獲取被代理物件的本地複本。比如說：

```
manager = multiprocessing.Manager()
p = manager.list()

p[:] = [1, 2, 3]
 print(p == [1, 2, 3])       # 印出 False，它與 p 本身比較
print(list(p) == [1, 2, 3])  # 印出 True，它與複本比較
```

Manager 的建構器不接受任何引數。有一些進階的做法可以自訂 Manager 子類別，以允許來自不相關行程（包括透過網路連接的不同電腦上的行程）的連線，並提供一套不同的建置方法，但我們在本書中不涵蓋那些做法。取而代之，使用 Manager 的一個簡單的、經常是足夠的做法是明確地將它產生的代理轉移給其他行程，通常是透過佇列，或作為 Process 的 *target* 函式的引數。

舉例來說，假設有一個長期執行的 CPU 密集函式 *f*，給定一個字串作為引數，最終會回傳一個相應的結果；給定字串的一個 set，我們想產生以那些字串為鍵值、以相應結果為值的一個 dict。為了能夠追蹤 *f* 在哪些行程中執行，我們在呼叫 *f* 之前還會 print 行程 ID。範例 15-1 顯示了這樣做的一種方式。

範例 15-1　分配工作給多個工作者行程

```
import multiprocessing as mp
def f(s):
    """ 長時間執行，最終回傳一個結果。"""
    import time, random
    time.sleep(random.random()*2)  # 模擬緩慢的計算
    return s+s                     # 一些計算或其他東西

def runner(s, d):
    print(os.getpid(), s)
    d[s] = f(s)

def make_dict(strings):
    mgr = mp.Manager()
    d = mgr.dict()
    workers = []
    for s in strings:
        p = mp.Process(target=runner, args=(s, d))
        p.start()
        workers.append(p)
```

```
    for p in workers:
        p.join()
    return {**d}
```

行程集區（Process Pools）

在現實生活中，你應該避免像我們在範例 15-1 中所做的那樣建立無限數量的工作者行程（worker processes）。效能的好處頂多只限於你機器上的核心數量（透過呼叫 `multiprocessing.cpu_count` 獲取）或者略低於或略高於此數量時才有成效，具體情況取決於你的平台、程式碼的 CPU 密集程度或 I/O 密集程度、電腦上執行的其他任務等微小差異。如果建立的工作者行程數量遠多於這個最佳數量，將會產生大量額外的開銷，而且沒有相應的好處。

因此，常見的設計模式是以有限的工作者行程數量啟動一個集區（*pool*），並將工作指派給它們。`multiprocessing.Pool` 類別可讓你指揮這種模式。

Pool 類別

`Pool` 的建構器具有以下特徵式：

`Pool`	**`class`** `Pool(processes=None, initializer=`**`None`**`, initargs=(), maxtasksperchild=`**`None`**`)` `processes` 是集區中的行程數量；預設值為 `cpu_count` 的回傳值。當 `initializer` 不是 **`None`** 時，它會是一個函式，在集區中的每個行程啟動時呼叫，使用 `initargs` 作為引數，如 `initializer(*`*`initargs`*`)`。 當 `maxtasksperchild` 不是 **`None`** 時，它是集區中每個行程可以執行的最大任務數量。當集區中的一個行程執行了那麼多的任務後，它會終止，然後一個新的行程啟動並加入集區中。當 `maxtasksperchild` 為 **`None`**（預設值）時，每個行程的生命週期都與集區一樣長。

`Pool` 類別的一個實體 *p* 提供在表 15-12 中列出的方法（每個方法只能在建立實體 *p* 的行程中呼叫）。

表 15-12　類別 Pool 的實體 p 的方法

apply	apply(*func*, args=(), kwds={}) 在任一個工作者行程中，執行 *func*(**args*, ***kwds*)，等待它完成並回傳 *func* 的結果。
apply_async	apply_async(*func*, args=(), kwds={}, callback=**None**) 在任一個工作者行程中，開始執行 *func*(**args*, ***kwds*)，並且不等待其完成，立即回傳一個 AsyncResult 實體。該實體最終會在 *func* 的結果準備好時回傳結果（AsyncResult 類別將在下一節中討論）。若 callback 不為 **None**，它會是一個函式（在呼叫 apply_async 的行程中的新獨立執行緒中被呼叫），並以 *func* 的結果作為唯一引數，在該結果準備好時呼叫。callback 應該快速執行，因為不這樣的話會阻斷呼叫端的行程。若該引數是可變的，callback 可以對其進行變更；callback 的回傳值不重要（因此，最佳且最清晰的寫法是回傳 **None**）。
close	close() 設定一個旗標，禁止對集區的進一步提交。工作者行程在完成所有未完成的任務後就會終止。
imap	imap(*func*, *iterable*, chunksize=1) 回傳一個迭代器，在 *iterable* 的每一項上按順序呼叫 *func*。chunksize 決定了有多少個連續的項目會被發送到每個行程；在一個很長的 *iterable* 上，一個大型的 chunksize 可以提高效能。當 chunksize 為 1 時（預設），回傳的迭代器有一個方法 next（儘管這個迭代器方法的正式名稱為 __next__），接受一個選擇性的 *timeout* 引數（一個浮點數值，單位是秒），如果 *timeout* 秒後結果還沒有準備好，則提出 multiprocessing.TimeoutError。
imap_unordered	imap_unordered(*func*, *iterable*, chunksize=1) 與 imap 相同，但結果的排序是任意的（迭代的順序不重要時，這有時可以提高效能）。如果函式的回傳值包含足夠的資訊，能夠將結果與用於產生它們的可迭代物件的值關聯起來，這通常會是很有幫助的。
join	join() 等待所有工作者行程退出。你必須在呼叫 join 之前呼叫 close 或 terminate。
map	map(*func*, *iterable*, chunksize=1) 在集區的工作者行程中，按順序對 *iterable* 的每一項呼叫 *func*；等待它們全部完成，並回傳結果串列。chunksize 決定了向每個行程傳送多少個連續的項目；在一個很長的 *iterable* 上，大型的 chunksize 可以提高效能。

map_async	map_async(*func*, *iterable*, chunksize=1, callback=**None**) 安排 *func* 在集區的工作者行程中，在 *iterable* 的每一個項目上被呼叫；不需要等待這一切都完成，立即回傳一個 AsyncResult 實體（會在下一節中描述），它最終會在 *func* 的結果串列準備好時，給出該串列。 當 callback 不是 **None** 時，它會是一個函式，會在該串列準備好時，以 *func* 的結果串列為唯一的引數（在呼叫 map_async 的行程中的一個獨立的執行緒中）依序進行呼叫；callback 應該快速執行，否則的話會阻斷行程。callback 可以變動它的串列引數；callback 的回傳值是不相關的（所以，最好、最清晰的風格是讓它回傳 **None**）。
terminate	terminate() 一次性終止所有工作者行程，而不等待它們完成工作。

舉例來說，這裡有一個基於 Pool 的做法來執行與範例 15-1 中的程式碼相同的任務：

```
import os, multiprocessing as mp
def f(s):
    """ 執行很長時間，並最終回傳一個結果。"""
    import time, random
    time.sleep(random.random()*2)  # 模擬緩慢的計算
    return s+s                     # 某些計算或其他

def runner(s):
    print(os.getpid(), s)
    return s, f(s)

def make_dict(strings):
    with mp.Pool() as pool:
        d = dict(pool.imap_unordered(runner, strings))
        return d
```

AsyncResult 類別

Pool 類別的 apply_async 和 map_async 方法回傳 AsyncResult 類別的一個實體。AsyncResult 類別的一個實體 *r* 提供表 15-13 中所列的方法。

表 15-13　類別 AsyncResult 的一個實體 r 的方法

get	get(timeout=**None**) 阻斷並在準備好後回傳結果，或者重新提出計算結果的過程中所提出的例外。當 timeout 不是 **None** 時，它是一個以秒為單位的浮點數值；如果 timeout 秒後結果還沒有準備好，get 會提出 multiprocessing.TimeoutError。

ready	ready() 不會阻斷；如果呼叫已經完成並有結果或提出例外，就回傳 **True**；否則，回傳 **False**。
successful	successful() 不會阻斷；如果結果已經準備好，而且計算過程沒有提出例外，就回傳 **True**；如果計算提出了例外，則回傳 **False**。如果結果還沒有準備好，successful 會提出 AssertionError。
wait	wait(timeout=**None**) 阻斷並等待，直到結果準備好。當 timeout 不是 **None** 時，它是一個以秒為單位的浮點數值：如果 timeout 秒後結果還沒有準備好，wait 會提出 multiprocessing.TimeoutError。

ThreadPool 類別

multiprocessing.pool 模組還提供一個名為 ThreadPool 的類別，它的介面與 Pool 完全相同，以一個行程內的多個執行緒（而非多個行程，儘管該模組的名稱是如此）來實作。與範例 15-1 相當的使用 ThreadPool 的 make_dict 程式碼為：

```
def make_dict(strings):
    num_workers=3
    with mp.pool.ThreadPool(num_workers) as pool:
        d = dict(pool.imap_unordered(runner, strings))
        return d
```

由於 ThreadPool 使用多個執行緒，但僅限於在一個行程中執行，所以它最適合獨立執行緒會執行重疊 I/O 的應用。如前所述，當工作主要是 CPU 密集時，Python 執行緒的優勢不大。

在現代 Python 中，你通常應該更偏好來自 concurrent.futures 模組的 Executor 抽象類別（將在下一節介紹），以及它的兩個實作：ThreadPoolExecutor 和 ProcessPoolExecutor。特別是，由 concurrent.futures 實作的執行器（executor）類別的 submit 方法所回傳的 Future 物件與 asyncio 模組相容（如前所述，我們在本書中不涵蓋該模組，但它仍然是最近版本的 Python 中許多共時性處理的關鍵部分）。由 multiprocessing 實作的集區（pool）類別的 apply_async 和 map_async 方法所回傳的 AsyncResult 物件與 asyncio 不相容。

concurrent.futures 模組

concurrent 套件提供單一的一個模組，即 futures。concurrent.futures 提供兩個類別，ThreadPoolExecutor（使用執行緒作為工作者）和 ProcessPoolExecutor（使用行程作為工作者），它們實作了同一個抽象介面 Executor。透過呼叫其類別來實體化任一種集區（pool），它有一個引數 max_workers，指出集區應該包含多少個執行緒或行程。你可以省略 max_workers，讓系統來決定工作者（workers）的數量。

Executor 類別的一個實體 *e* 支援表 15-14 中的方法。

表 15-14　Executor 類別的實體 e 之方法

map	map(*func*, **iterables*, timeout=**None**, chunksize=1) 回傳一個迭代器 *it*，其項目是依序從 *iterables* 裡的每個可迭代物件（iterable）中取得一個引數並藉以呼叫 *func* 所產生的結果（使用多個工作者執行緒或行程來平行執行 *func*）。當 *timeout* 不是 **None** 時，它會是一個 float 秒數：如果 next(*it*) 在 timeout 秒內沒有產生任何結果，則會提出 concurrent.futures.TimeoutError。 你也可以選擇性指定（僅透過名稱）引數 chunksize：對於 ThreadPoolExecutor 來說會被忽略；對於 ProcessPoolExecutor 來說，它設定了 *iterables* 中每個可迭代物件會有多少個項目被傳入給每個工作者行程。
shutdown	shutdown(wait=**True**) 不允許再呼叫 map 或 submit。當 wait 為 **True** 時，shutdown 會阻斷，直到所有待處理的未來（futures）都完成；若為 **False**，shutdown 會立即回傳。在任一種情況下，行程都不會終止，直到所有待處理的未來都完成。
submit	submit(*func*, **a*, ***k*) 確保 *func*(**a*, ***k*) 在集區的任意一個行程或執行緒上執行。不會阻斷，而是立即回傳一個 Future 實體。

任何 Executor 的實體也都是情境管理器，因此適合在 **with** 述句中使用（__exit__ 就像 shutdown(wait=**True**)）。

舉例來說，這裡有一個基於 concurrent 的做法來進行與範例 15-1 相同的任務：

```
import concurrent.futures as cf
def f(s):
    """ 執行很長時間並最終回傳一個結果 """
    # ... 就跟之前一樣！
```

```
def runner(s):
    return s, f(s)

def make_dict(strings):
    with cf.ProcessPoolExecutor() as e:
        d = dict(e.map(runner, strings))
    return d
```

Executor 的 submit 方法回傳一個 Future 實體。Future 實體 *f* 提供表 15-15 中描述的方法。

表 15-15　Future 類別的一個實體 *f* 的方法

add_done_callback	add_done_callback(*func*) 將可呼叫的 *func* 新增到 *f* 中；當 *f* 完成（即取消或完結）時，*func* 會被呼叫，以 *f* 作為唯一的引數。
cancel	cancel() 試著取消呼叫。當呼叫正在執行而不能取消時，回傳 **False**；否則，回傳 **True**。
cancelled	cancelled() 如果呼叫被成功取消，就回傳 **True**；否則，回傳 **False**。
done	done() 當呼叫完成（即完結或成功地取消）時，回傳 **True**。
exception	exception(timeout=**None**) 回傳由呼叫引起的例外，如果呼叫沒有引起例外，則回傳 **None**。當 timeout 不是 **None** 時，它是要等候的一個 float 秒數。如果呼叫在 timeout 秒後仍未完成，exception 會提出 concurrent.futures.TimeoutError；若是呼叫被取消，exception 會提出 concurrent.futures.CancelledError。
result	result(timeout=**None**) 回傳呼叫的結果。當 timeout 不是 **None** 時，它是一個 float 的秒數。如果呼叫在 timeout 秒內沒有完成，result 會提出 concurrent.futures.TimeoutError；如果呼叫被取消，result 會提出 concurrent.futures.CancelledError。
running	running() 當呼叫正在執行且不能取消時，回傳 **True**；否則，回傳 **False**。

concurrent.futures 模組還提供兩個函式，詳見表 15-16。

表 15-16 concurrent.futures 模組的函式

as_completed	as_completed(*fs*, timeout=**None**) 可迭代物件 *fs* 的項目給出一些 Future 實體，而 as_completed 會回傳在那些 Future 實體上迭代的一個迭代器 *it*。那些實體是可迭代物件 *fs* 的項目。如果 *fs* 中存在重複的實體，則每個實體只會被產出一次。*it* 會每次產出一個完成的未來（future），在它們完成之時按順序進行。如果 timeout 不是 **None**，它會是一個 float 的秒數；若有萬一，從上一個未來以來，在 timeout 秒內還無法產出新的未來，as_completed 將提出 concurrent.futures.Timeout。
wait	wait(*fs*, timeout=**None**, return_when=ALL_COMPLETED) 等待作為可迭代物件 *fs* 之項目的 Future 實體。回傳一個具名的有兩個 set 的元組（2-tuple of sets）：第一個 set，名為 done，包含在 wait 回傳之前完成的未來（意味著它們要麼完結，要麼被取消）；第二個 set，名為 not_done，包含尚未完成的未來。timeout，如果不是 **None**，就是一個 float 秒數，是 wait 在回傳前允許經過的最長時間（當 timeout 為 **None** 時，wait 只會在 return_when 被滿足時才回傳，不管在那發生之前經過了多少時間）。return_when 控制 wait 回傳的確切時間；它必須是 concurrent.futures 模組提供的三個常數之一： ALL_COMPLETED 當所有未來（futures）都完結或被取消時回傳。 FIRST_COMPLETED 有任何未來完結或被取消時回傳。 FIRST_EXCEPTION 有任何未來提出例外時回傳；如果沒有未來提出例外，則等同於 ALL_COMPLETED。

這個版本的 make_dict 說明了如何使用 concurrent.futures.as_completed 來處理每個任務的完成（對比之前使用 Executor.map 的例子，後者總是按照任務提交的順序回傳）：

```
import concurrent.futures as cf

def make_dict(strings):
    with cf.ProcessPoolExecutor() as e:
        futures = [e.submit(runner, s) for s in strings]
        d = dict(f.result() for f in cf.as_completed(futures))
    return d
```

多緒程式架構

一個多緒程式（threaded program）應該總是試圖安排一個**單一**的執行緒來「擁有（own）」程式外部的任何物件或子系統（如檔案、資料庫、GUI 或網路連線）。讓多個執行緒處理同一個外部物件是可能的，但往往會產生難以解決的問題。

當你的多緒程式必須與一些外部物件打交道的時候，可以用一個專門的執行緒來處理這樣的工作，並使用一個 Queue 物件，從這個面向外部的執行緒取得其他執行緒貼出的工作請求。這個面向外部的執行緒透過將結果放在一或多個其他的 Queue 物件上來回傳它們。接下來的例子展示如何把這種架構包裝成一個通用的、可重用的類別，假設外部子系統上的每個工作單元都可以用一個可呼叫物件來表示：

```
import threading, queue

class ExternalInterfacing(threading.Thread):
    def __init__(self, external_callable, **kwds):
        super().__init__(**kwds)
        self.daemon = True
        self.external_callable = external_callable
        self.request_queue = queue.Queue()
        self.result_queue = queue.Queue()
        self.start()

    def request(self, *args, **kwds):
        """ 被其他執行緒呼叫，就像 external_callable 那樣 """
        self.request_queue.put((args, kwds))
        return self.result_queue.get()

    def run(self):
        while True:
            a, k = self.request_queue.get()
            self.result_queue.put(self.external_callable(*a, **k))
```

一旦某個 ExternalInterfacing 物件 *ei* 被實體化，任何其他執行緒都可以呼叫 *ei*.request，就像它在沒有這種機制的情況下呼叫 external_callable 那樣（根據情況，可能有或沒有引數）。ExternalInterfacing 的優點在於，對 external_callable 的呼叫是*序列化的*（*serialized*）。這意味著只有一個執行緒（與 *ei* 繫結的 Thread 物件）以某種定義好的循序順序（sequential order）執行它們，沒有重疊、競態狀況（難以除錯的問題，取決於哪個執行緒剛好「先抵達」），或其他可能產生的異常情況。

如果你需要將幾個可呼叫物件一起序列化，你可以將可呼叫物件作為工作請求的一部分傳入，而不是在類別 ExternalInterfacing 的初始化時傳入，以獲得更高的一般性。下面的例子展示了這種更通用的做法：

```
import threading, queue

class Serializer(threading.Thread):
    def __init__(self, **kwds):
        super().__init__(**kwds)
        self.daemon = True
        self.work_request_queue = queue.Queue()
        self.result_queue = queue.Queue()
        self.start()

    def apply(self, callable, *args, **kwds):
        """ 被其他執行緒呼叫，就像 `callable` 那樣 """
        self.work_request_queue.put((callable, args, kwds))
        return self.result_queue.get()

    def run(self):
        while True:
            callable, args, kwds = self.work_request_queue.get()
            self.result_queue.put(callable(*args, **kwds))
```

一旦 Serializer 物件 *ser* 被實體化，任何其他執行緒都可以呼叫 *ser*.apply(external_callable)，就像在沒有這種機制的情況下呼叫 external_callable 一樣（根據情況，可能有或沒有進一步的引數）。Serializer 機制跟 ExternalInterfacing 有相同的優點，只是對於單個 *ser* 實體所包裹的相同或不同的可呼叫物件的所有呼叫，現在都被序列化了。

整個程式的使用者介面是一個外部子系統，因此應該由一個單獨的執行緒來處理，具體而言就是程式的主執行緒（這對於一些使用者介面工具套件來說是強制性的，即便是使用其他沒有強制要求的工具套件，這也是可取的）。因此，一個 Serializer 執行緒是不合適的。取而代之，程式的主執行緒應該只處理使用者介面的相關事宜，並將所有實際工作交給工作者執行緒，這些工作執行緒會在一個 Queue 物件上接受工作請求，並在另一個佇列上回傳結果。一組工作者執行緒（worker threads）通常被稱為一個**執行緒集區**（*thread pool*）。如下面的例子所示，所有的工作者執行緒應該共用單一個請求佇列和單一個結果佇列，因為主執行緒是唯一會貼出工作請求和收穫結果的執行緒：

```
import threading

class Worker(threading.Thread):
    IDlock = threading.Lock()
    request_ID = 0

    def __init__(self, requests_queue, results_queue, **kwds):
        super().__init__(**kwds)
        self.daemon = True
        self.request_queue = requests_queue
        self.result_queue = results_queue
        self.start()

    def perform_work(self, callable, *args, **kwds):
        """ 由主執行緒所呼叫，就跟 `callable` 一樣，
                但沒有回傳 """
        with self.IDlock:
            Worker.request_ID += 1
            self.request_queue.put(
                (Worker.request_ID, callable, args, kwds))
            return Worker.request_ID

    def run(self):
        while True:
            request_ID, callable, a, k = self.request_queue.get()
            self.result_queue.put((request_ID, callable(*a, **k)))
```

主執行緒建立兩個佇列，然後實體化工作者執行緒，如下所示：

```
import queue
requests_queue = queue.Queue()
results_queue = queue.Queue()
number_of_workers = 5
for i in range(number_of_workers):
    worker = Worker(requests_queue, results_queue)
```

每當主執行緒需要分配工作（執行一些可能需要大量時間才能產生結果的可呼叫物件）時，主執行緒就會呼叫 *worker*.perform_work(*callable*)，就像它在沒有這種機制的情況下呼叫 *callable* 一樣（根據情況，可能有或沒有進一步的引數）。然而，perform_work 並不回傳呼叫的結果。主執行緒得到的不是結果，而是一個能識別工作請求的 ID。當主執行緒需要結果時，它可以追蹤這個 ID，因為請求的結果出現時，會用這個 ID 來標示。這種機制的好處在於，主執行緒永遠不會阻斷以等待可呼叫物件的執行完成，而是立即重新準備好，並且可以立即回頭處理使用者介面的主要業務。

主執行緒必須安排檢查 `results_queue`，因為每一個工作請求的結果最終都會出現在那裡，並以請求的 ID 標示，在從佇列中取出該請求的工作者執行緒完成計算結果之時。主執行緒如何安排檢查使用者介面事件和工作者執行緒回傳到結果佇列上的結果，取決於所用的使用者介面工具套件，或者，如果使用者介面是基於文字的，就取決於程式所執行的平台。

一個廣泛適用的（儘管並不總是最佳的）一般策略是讓主執行緒**輪詢**（*poll*，定期檢查結果佇列的狀態）。在大多數類 Unix 平台上，模組 `signal` 的函式 `alarm` 允許輪詢。`tkinter` GUI 工具箱提供一個可用於輪詢的 `after` 方法。一些工具套件和平台提供更有效的策略（比如讓一個工作者執行緒在把一些結果放到結果佇列時提醒主執行緒），但目前還沒有普遍適用的、跨平台的、跨工具的方式來安排這點。因此，下面的人造範例會忽略使用者介面事件，而只是透過在幾個工作者執行緒上估算隨機運算式，並帶有隨機的延遲來模擬工作，從而補完了前面的例子：

```
import random, time, queue, operator
# 將前面定義的 Worker 類別拷貝到此

requests_queue = queue.Queue()
results_queue = queue.Queue()

number_of_workers = 3
workers = [Worker(requests_queue, results_queue)
           for i in range(number_of_workers)]
work_requests = {}

operations = {
    '+': operator.add,
    '-': operator.sub,
    '*': operator.mul,
    '/': operator.truediv,
    '%': operator.mod,
}

def pick_a_worker():
    return random.choice(workers)

def make_work():
    o1 = random.randrange(2, 10)
    o2 = random.randrange(2, 10)
    op = random.choice(list(operations))
    return f'{o1} {op} {o2}'

def slow_evaluate(expression_string):
```

```
        time.sleep(random.randrange(1, 5))
        op1, oper, op2 = expression_string.split()
        arith_function = operations[oper]
        return arith_function(int(op1), int(op2))

    def show_results():
        while True:
            try:
                completed_id, results = results_queue.get_nowait()
            except queue.Empty:
                return
            work_expression = work_requests.pop(completed_id)
            print(f'Result {completed_id}: {work_expression} -> {results}')

    for i in range(10):
        expression_string = make_work()
        worker = pick_a_worker()
        request_id = worker.perform_work(slow_evaluate, expression_string)
        work_requests[request_id] = expression_string
        print(f'Submitted request {request_id}: {expression_string}')
        time.sleep(1.0)
        show_results()

    while work_requests:
        time.sleep(1.0)
        show_results()
```


行程環境

作業系統為每個行程 *P* 提供一個**環境**（*environment*），即一組變數，其名稱是字串（最常見的是，按照慣例的大寫識別字），其值也是字串。在第 26 頁的「環境變數」中，我們介紹過影響 Python 運算的環境變數。作業系統的 shell 提供幾種方法來檢查與修改環境，藉由 shell 命令和該節提到的其他手段。

行程環境是自成一體的

任何行程 *P* 的環境都是在 *P* 啟動時確定的。啟動後，只有 *P* 自己可以改變 *P* 的環境。對 *P* 的環境變更只會影響 *P*：環境不是行程間通訊的一種手段。*P* 所做的任何事情都不會影響 *P* 的父行程（啟動 *P* 的行程）之環境，也不會影響之前從 *P* 啟動、現在正在執行的任何子行程之環境，或者與 *P* 無關的任何行程之環境。*P* 的子行程通常會得到 *P* 的環境複本，這個複本是在 *P* 創建該行程時的環境，並作為它的起始環境。從這種狹隘的定義來說，*P* 的環境變化確實會影響到 *P* 在那種變化之後啟動的子行程。

模組 os 提供屬性 environ，一個代表當前行程環境的映射。當 Python 啟動時，它會從行程環境初始化 os.environ。對 os.environ 的修改會更新當前行程的環境，如果平台支援這種更新的話。os.environ 中的鍵值和值必須是字串。在 Windows 上（但不是在類 Unix 的平台上），os.environ 中的鍵值是隱含地大寫的。舉例來說，這裡是試著判斷你是在哪個 shell 或命令處理器下執行的方式：

```
import os
shell = os.environ.get('COMSPEC')
if shell is None:
    shell = os.environ.get('SHELL')
if shell is None:
    shell = 'an unknown command processor'
print('Running under ', shell)
```

當一個 Python 程式改變它的環境（例如透過 os.environ['X'] = 'Y'）時，這並不影響啟動程式的 shell 或命令處理器之環境。正如已經解釋過的，對於所有程式語言都是這樣，包括 Python：對一個行程的環境之變更只會影響該行程本身，而不會影響當前執行的其他行程。

執行其他程式

你可以透過 os 模組中的低階函式來執行其他程式，或者使用 subprocess 模組進行（在一個更高的、通常更可取的抽象層級上）。

使用 subprocess 模組

subprocess 模組提供一個非常廣泛的類別：Popen，它支援許多不同的方式讓你的程式執行另一個程式。Popen 的建構器有如下特徵式：

Popen	**class** Popen(*args*, bufsize=0, executable=**None**, capture_output=**False**, stdin=**None**, stdout=**None**, stderr=**None**, preexec_fn=**None**, close_fds=**False**, shell=**False**, cwd=**None**, env=**None**, text=**None**, universal_newlines=**False**, startupinfo=**None**, creationflags=0) Popen 啟動一個子行程（subprocess）來執行一個不同的程式，並創建和回傳一個物件 *p*，代表該子行程。*args* 強制引數和許多選擇性的具名引數控制子行程如何執行的所有細節。 如果子行程建立過程中發生任何例外（在不同的那個程式啟動之前），Popen 會在呼叫端行程中重新提出該例外，並增加一個名為 child_traceback 的屬性，它是子行程的 Python 回溯追蹤（traceback）物件。這樣的例外通常是 OSError 的一個實體（或者可能是 TypeError 或 ValueError，以表明你傳入給 Popen 的引數在型別或值上是無效的）。

subprocess.run() 是 Popen 的一個便利的包裹器函式

subprocess 模組包括 run 函式，它封裝了一個 Popen 實體，並在其上執行最常見的處理流程。run 接受與 Popen 建構器相同的引數，執行給定的命令，等待完成或逾時，並回傳其屬性帶有回傳碼、stdout 和 stderr 內容的一個 CompletedProcess 實體。

如果需要捕捉命令的輸出，最常見的引數值是將 capture_output 和 text 引數設定為 **True**。

要執行什麼，以及如何執行

args 是一個字串序列：第一個項目是要執行的程式之路徑，後面接的項目，如果有的話，是要傳入給程式的引數（*args* 也可以只是一個字串，如果你不需要傳入引數的話）。executable 不是 **None** 的時候，在決定要執行哪個程式時，會優先於 *args*，將之覆寫。當 shell 為 **True** 時，executable 指定使用哪個 shell 來執行子行程；當 shell 為 **True** 且 executable 為 **None** 時，在類 Unix 系統中，所用的 shell 是 */bin/sh*（在 Windows 中，為 os.environ['COMSPEC']）。

子行程檔案

stdin、stdout 和 stderr 分別指定子行程的標準輸入、輸出和錯誤檔案。每個檔案都可以是 PIPE，這會為建立一個新的管線（pipe）連接到子行程；**None**，意味著子行程將使用與這個（「父」）行程相同的檔案；或一個已經適當地開啟（對於標準輸入是可讀取的；對於標準輸出和標準錯誤是可寫入的）的檔案物件（或檔案描述器）。stderr 也可以是 subprocess.STDOUT，這意味著子行程的標準錯誤必須使用與其標準輸出相同的檔案[4]。當 capture_output 為 true 時，你不能指定 stdout，也不能指定 stderr：取而代之，其行為就像那每個都被指定為 PIPE 一樣。bufsize 控制這些檔案的緩衝（除非它們已經被開啟），其語意等同於第 378 頁「用 open 建立一個檔案物件」中提及的 open 函式的相同引數（預設的 0 表示「無緩衝」）。當 text（或其同義的 universal_newlines，為了回溯相容而提供）為真時，stdout 和 stderr（除非它們已經開啟）將作為文字檔案開啟；否則，它們將作為二進位檔案開啟。當 close_fds 為真時，在子行程的程式或 shell 執行之前，所有其他檔案（除了標準輸入、輸出和錯誤）都會在子行程中被關閉。

其他的進階引數

當 preexec_fn 不是 **None** 時，它必須是一個函式或其他的可呼叫物件，並且會在子行程的程式或 shell 執行前被呼叫（僅限於類 Unix 系統，其中呼叫發生在 fork 之後和 exec 之前）。

當 cwd 不是 **None** 時，它必須是一個字串，給出一個現有目錄的完整路徑；在子行程的程式或 shell 執行之前，當前目錄（current directory）會被改為子行程中的 cwd。

當 env 不是 **None** 時，它必須是以字串為鍵值和值的一個映射，並且完整定義了新行程的環境；否則，新行程的環境就會是當前在父行程中啟用的環境的一個複本。

startupinfo 和 creationflags 是傳入給 Win32 API 呼叫 CreateProcess 的 Windows 專用引數，用來創建子行程（我們在本書中沒有進一步討論它們，本書幾乎只關注 Python 的跨平台使用）。

4 就像 **2>&1** 在 Unix shell 命令列中的效果那樣。

subprocess.Popen 實體的屬性

Popen 類別的一個實體 *p* 提供表 15-17 中列出的屬性。

表 15-17 類別 Popen 實體 p 的屬性

args	Popen 的 *args* 引數（字串或字串序列）。
pid	子行程的行程 ID。
return code	None 表示子行程還沒有退出；否則，會是一個整數：0 表示成功終止；>0 表示有錯誤碼的終止，或者 <0 表示子行程被一個訊號（signal）殺死。
stderr, stdin, stdout	當 Popen 的相應引數是 subprocess.PIPE 時，這些屬性中的每一個都是包裹相應管線的檔案物件；否則，這些屬性都會是 **None**。使用 *p* 的 communicate 方法，而非讀寫這些檔案物件，以避免可能的鎖死。

subprocess.Popen 實體的方法

Popen 類別的一個實體 *p* 提供表 15-18 中列出的方法。

表 15-18 類別 Popen 的實體 p 的方法

communicate	*p*.communicate(input=**None**, timeout=**None**) 送出字串 input 作為子行程的標準輸入（當輸入不是 **None** 時），然後將子行程的標準輸出和錯誤檔案讀入記憶體中的字串 *so* 和 *se*，直到兩個檔案都完成為止，最後等待子行程終止，並回傳 (*so*, *se*) 這個對組（雙項元組）。
poll	*p*.poll() 檢查子行程是否已經終止；如果已經終止，回傳 *p*.returncode；否則，回傳 **None**。
wait	*p*.wait(timeout=**None**) 等待子行程的終止，然後回傳 *p*.returncode。如果子行程在 timeout 秒內沒有終止，則提出 TimeoutExpired。

使用 os 模組執行其他程式

你的程式執行其他行程的最好方式通常是使用 subprocess 模組，在上一節中已經介紹過了。然而，os 模組（在第 11 章中提及）也提供幾種較低階的方式，在某些情況下，使用這些方式可能更為簡單。

執行另一個程式最簡單方法是透過函式 `os.system`，儘管這沒有提供控制外部程式的方式。`os` 模組還提供一些名稱以 `exec` 開頭的函式。這些函式提供高精細度的控制。由其中一個 `exec` 函式執行的程式將在同一個行程中取代當前程式（即 Python 直譯器）。因此，在實務上，你主要會在允許行程使用 `fork`（即類 Unix 平台）的平台上使用這些 `exec` 函式。以 `spawn` 和 `popen` 開頭的 `os` 函式提供中等的簡單性和功能：它們是跨平台的，並且不像 `system` 那麼簡單，但對於許多用途來說已經足夠簡單。

`exec` 和 `spawn` 函式會執行給定的可執行檔案，需提供可執行檔案的路徑、要傳入給它的引數，並選擇性地提供一個環境映射（environment mapping）。`system` 和 `popen` 函式會執行一道命令，它是一個字串，會傳入給平台預設 shell 的新實體（通常是 Unix 上的 */bin/sh*；Windows 上的 *cmd.exe*）。**命令**（*command*）是比**可執行檔案**（*executable file*）更一般化的概念，因為它可以使用當前特定平台的 shell 語法（管線、重導和內建的 shell 命令）來包含 shell 的功能性。

`os` 提供的函式列於表 15-19。

表 15-19　與行程有關的 os 模組函式

execl, execle, execlp, execv, execve, execvp, execvpe	execl(*path*, **args*), execle(*path*, **args*), execlp(*path*,**args*), execv(*path*, *args*), execve(*path*, *args*, *env*), execvp(*path*, *args*), execvpe(*path*, *args*, *env*) 執行由字串 *path* 指定的可執行檔案（程式），並取代當前行程中目前的程式（即 Python 直譯器）。函式名稱（前綴 exec 之後的）所編碼的區別控制找尋及執行新程式的三個面向： • *path* 是否需要為程式的可執行檔案的完整路徑，或者該函式可以接受一個名稱作為 *path* 引數、並在多個目錄中尋找該可執行檔，就像作業系統 shell 所做的那樣？ execlp、execvp 和 execvpe 可以接受一個只是檔案名稱而非完整路徑的 *path* 引數。在這種情況下，那些函式會在 os.environ['PATH'] 列出的目錄中尋找該名稱的可執行檔案。其他函式則需要 *path* 是可執行檔案的完整路徑。 • 函式是否接受單一序列引數 *args* 作為新程式的引數，或者作為函式的個別引數？名稱以 execv 開頭的函式接受單一引數 *args*，它是新程式要用的引數所構成的一個序列。名稱以 execl 開頭的函式則將新程式的引數作為個別引數來接收（特別是 execle，其最後一個引數用作新程式的環境）。 • 函數是否接受新程式的環境作為一個明確的映射引數 *env*，或者隱含地使用 os.environ？execle、execve 和 execvpe 接受一個引數 *env*，該參數是用作新程式環境的一個映射（鍵值和值必須是字串），而其他函式則使用 os.environ 作此用途。 每個 exec 函式都使用 *args* 的第一個項目作為新程式被告知其正在執行的名稱（例如，C 程式的 main 中的 argv[0]）；只有 args[1:] 才是新程式的適當引數。
popen	popen(*cmd*, mode='r', buffering=-1) 在一個新的行程 *P* 中執行字串命令 *cmd*，並回傳一個類檔案物件 *f*，該物件包裹連接到 *P* 的標準輸入或 *P* 的標準輸出（取決於 mode）的一個管線；*f* 在兩個方向上都使用文字串流而非原始位元組。 mode 和 buffering 的含義與 Python 的 open 函式相同，詳見第 378 頁的「用 open 建立一個檔案物件」。當 mode 是 'r'（預設值）時，*f* 是唯讀的，並包裹 *P* 的標準輸出。當 mode 是 'w' 時，*f* 是唯寫的，並包裹 *P* 的標準輸入。*f* 與其他類檔案物件的主要區別在於 *f*.close 方法的行為。*f*.close 會等待 *P* 結束，並在 *P* 成功結束時回傳 **None**，這與其他類檔案物件的 close 方法的正常行為相同。然而，如果作業系統將一個整數錯誤碼 *c* 關聯到了 *P* 的終止，指出 *P* 的結束不成功，那麼 *f*.close 將會回傳 *c*。在 Windows 系統上，*c* 來自子行程的一個有號整數回傳碼。

spawnv, spawnve

spawnv(*mode*, *path*, *args*), spawnve(*mode*, *path*, *args*, *env*)

這些函式在新的行程 *P* 中執行由 *path* 指示的程式，並使用作為序列 *args* 傳入的引數。spawnve 使用映射 *env* 作為 *P* 的環境（鍵值和值都必須是字串），而 spawnv 則用 os.environ 來達到這個目的。僅在類 Unix 平台上，os.spawn 有其他變體，對應於 os.exec 的變體，但只有 spawnv 和 spawnve 是也存在於 Windows 上的。

mode 必須是 os 模組提供的兩個屬性之一：os.P_WAIT 表示呼叫端行程會等待新行程終止，而 os.P_NOWAIT 表示呼叫端行程與新行程同時繼續執行。當 *mode* 是 os.P_WAIT 時，函式回傳 *P* 的終止碼 *c*：0 表示成功結束；*c* < 0 表示 *P* 被一個訊號（*signal*）殺死；*c* > 0 表示正常但未成功的終止。當 *mode* 是 os.P_NOWAIT 時，該函式回傳 *P* 的行程 ID（或者在 Windows 上，*P* 的行程控制代碼）。沒有跨平台的方式可以使用 *P* 的 ID 或控制代碼（handle）；平台特定的方式（在本書中未進一步涵蓋）包括類 Unix 平台上的 os.waitpid 和 Windows 上第三方擴充套件 pywin32（*https://oreil.ly/dsHxn*）。

舉例來說，假設你希望你的互動程式給使用者一個機會來編輯你程式即將讀取和使用的文字檔案。你必須事先確定使用者最愛的文字編輯器之完整路徑，例如 Windows 上的 *c:\\windows\\notepad.exe* 或類 Unix 平台上的 */usr/bin/vim*。假設這個路徑字串被繫結到變數 editor，而你想讓使用者編輯的文字檔案之路徑被繫結到 textfile：

```
import os
os.spawnv(os.P_WAIT, editor, (editor, textfile))
```

引數 *args* 的第一個項目是作為「調用該程式時所使用的名稱」傳入給分生（spawn）出來的程式。大多數程式不看這個，所以你通常可以在這裡放置任何字串。以防編輯器程式確實會查看這個特殊的第一引數（例如某些版本的 Vim 就會），請傳入與 os.spawnv 第二個引數相同的 editor 字串，這是最簡單且有效的做法。

system

system(*cmd*)

在一個新的行程中執行字串命令 *cmd*，當新行程成功終止時回傳 0。若是新行程不成功終止，system 會回傳一個不等於 0 的整數錯誤碼（究竟會回傳哪些錯誤碼，取決於你正在執行的命令：在這方面沒有廣泛接受的標準）。

mmap 模組

mmap 模組提供記憶體映射的檔案物件。mmap 物件的行為類似於位元組字串，所以你通常可以在預期使用位元組字串的地方傳入一個 mmap 物件。然而，也有一些區別存在：

- mmap 物件不提供字串物件的方法。
- mmap 物件是可變的，就像 bytesarray，而 bytes 物件是不可變的。

- 一個 mmap 物件也對應於一個開啟的檔案，其行為與 Python 檔案物件是多型的（如第 383 頁的「類檔案物件與多型（Polymorphism）」中所述）。

一個 mmap 物件 *m* 可以被索引或切片，產出位元組字串。由於 *m* 是可變的，你也可以對 *m* 的索引或切片進行指定。然而，當你對 *m* 的一個切片進行指定時，指定述句的右邊必須是與你要指定的切片長度完全相同的一個位元組字串。因此，串列切片指定的許多實用技巧（在第 81 頁的「修改一個串列」中提及）並不適用於 mmap 的切片指定。

mmap 模組提供一個工廠函式，在類 Unix 系統和 Windows 上略有不同：

mmap　*Windows*：mmap(*filedesc*, *length*, tagname='', access=**None**, offset=**None**)
Unix：mmap(*filedesc*, *length*, flags=MAP_SHARED, prot=PROT_READ| PROT_WRITE, access=**None**, offset=0)

建立並回傳一個 mmap 物件 *m*，該物件會將檔案描述器 *filedesc* 所指的檔案的前 *length* 個位元組映射到記憶體中。*filedesc* 必須是一個為讀和寫而開啟的檔案描述器，除非在類 Unix 平台上，當引數 prot 要求唯讀或只寫入時（檔案描述器在第 410 頁的「檔案描述器運算」中介紹）。要為一個 Python 檔案物件 *f* 取得一個 mmap 物件 *m*，就用 *m*=mmap.mmap(*f*.fileno(),*length*)。*filedesc* 可以是 -1 來映射匿名記憶體（anonymous memory）。

在 Windows 上，所有的記憶體映射都是可讀可寫的，並在行程之間共享，所以所有在檔案上有記憶體映射的行程都可以看到其他行程所做的改變。僅限於 Windows 上，你可以傳入一個字串 tagname 來為該記憶體映射提供一個明確的標記名稱（*tag name*）。這個標記名讓你在同一個檔案上有幾個獨立的記憶體映射，但這很少有必要。只用兩個引數呼叫 mmap 的好處是可以使你的程式碼在 Windows 和類 Unix 平台之間保持可移植性。

僅限類 Unix 平台，你可以傳入 mmap.MAP_PRIVATE 作為 flags，來得到一個對你的行程來説是私有的、而且是 copy-on-write（寫入時複製）的映射。預設的 mmap.MAP_SHARED，會得到一個與其他行程共享的映射，這樣所有映射該檔案的行程都可以看到某個行程所做的改變（與 Windows 上相同）。你可以傳入 mmap.PROT_READ 作為 prot 引數，得到一個只能讀、不能寫的映射。傳入 mmap.PROT_WRITE 會得到一個你只能寫而不能讀的映射。預設情況下，使用位元 OR 的 mmap.PROT_READ|mmap.PROT_WRITE，會得到一個既能讀又能寫的映射。

你可以傳入具名引數 access，而不是 flags 和 prot（同時傳入 access 和其他兩個引數中的一個或兩個都是種錯誤）。access 的值可以是 ACCESS_READ（唯讀）、ACCESS_WRITE（write-through，直接寫入，Windows 的預設值）或 ACCESS_COPY（copy-on-write，寫入時複製）中的一個。

你可以透過具名引數 offset 在檔案開頭之後開始映射；offset 必須是一個 >= 0 的 int，是 ALLOCATIONGRANULARITY 的倍數（或者，在 Unix 上，是 PAGESIZE 的倍數）。

mmap 物件的方法

一個 mmap 物件 *m* 提供表 15-20 中所列的方法。

表 15-20　mmap 的一個實體 m 的方法

close	*m*.close() 關閉 *m* 的檔案。
find	*m*.find(*sub*, start=0, end=**None**) 回傳最低的 i >= start，使得 *sub* ==*m*[*i*:*i*+len(*sub*)]（而且 *i*+len(*sub*)-1 <= end，當你有傳入 end 時）。如果沒有這樣的 *i* 存在，*m*.find 會回傳 -1。這與表 9-1 中介紹的 str 的 find 方法行為相同。
flush	*m*.flush([*offset*, *n*]) 確保所有對 *m* 的修改都存在於 *m* 的檔案中。在你呼叫 *m*.flush 之前，無法確定檔案是否反映了 *m* 的當前狀態。你可以傳入一個起始的位元組位移量 *offset* 和一個位元組數 *n* 讓排清效應（flushing effect）的保證限制在 *m* 的一個切片上。請兩個引數都傳入，或者都不傳入：只用一個引數呼叫 *m*.flush 是一種錯誤。
move	*m*.move(*dstoff*, *srcoff*, *n*) 就像切片指定 *m*[*dstoff*:*dstoff*+*n*] = *m*[*srcoff*:*srcoff*+*n*]，但可能更快。來源切片和目的切片可以重疊。除了這種潛在的重疊之外，move 並不影響來源切片（也就是說，move 方法會*拷貝*位元組，但並不會*移動*（*move*）它們，儘管方法的名稱是那樣）。
read	*m*.read(*n*) 讀取並回傳一個包含最多 *n* 個位元組的位元組字串 *s*，從 *m* 的檔案指標（file pointer）開始，然後將 *m* 的檔案指標推進 len(*s*)。如果 *m* 的檔案指標和 *m* 的長度之間少於 *n* 個位元組，就回傳可用的那些位元組。特別是，如果 *m* 的檔案指標是在 *m* 的結尾，則回傳空位元組字串 b''。
read_byte	*m*.read_byte() 回傳一個長度為 1 的位元組字串，包含位於 *m* 的檔案指標處的位元組，然後將 *m* 的檔案指標推進 1。*m*.read_byte() 與 *m*.read(1) 類似。然而，如果 *m* 的檔案指標在 *m* 的結尾，*m*.read(1) 會回傳空字串 b'' 並且不會推進，而 *m*.read_byte() 提出 ValueError 例外。
readline	*m*.readline() 讀取並回傳，作為一個位元組字串，*m* 檔案的一行，從 *m* 目前的檔案指標到下一個 '\n'，包括它在內（如果沒有 '\n'，則到 *m* 的結尾），然後推進 *m* 的檔案指標到剛超過讀完的位元組的地方。如果 *m* 的檔案指標在 *m* 的結尾，readline 回傳空字串 b''。

resize	*m*.resize(*n*) 改變 *m* 的長度，使 len(*m*) 變成 *n*。不影響 *m* 的檔案之大小。*m* 的長度和檔案的大小是獨立的。要將 *m* 的長度設定為等於檔案的大小，請呼叫 *m*.resize(*m*.size())。如果 *m* 的長度大於檔案的大小，*m* 會以 null 位元組（\x00）填補。
rfind	rfind(*sub*, start=0, end=**None**) 回傳最高的 *i* >= start，使 *sub* ==*m*[*i*:*i*+len(*sub*)]（而且 *i*+len(*sub*)-1 <= end，當你有傳入 end 時）。如果沒有這樣的 *i* 存在，*m*.rfind 會回傳 -1。這與表 9-1 中介紹的字串物件的 rfind 方法相同。
seek	*m*.seek(*pos*, how=0) 將 *m* 的檔案指標設定為整數的位元組位移量 *pos*，相對於 how 所指示的位置： 0 或 os.SEEK_SET 位移量是相對於 *m* 的開頭。 1 或 os.SEEK_CUR 位移量是相對於 *m* 目前的檔案指標。 2 或 os.SEEK_END 位移量是相對於 *m* 的末端而言的。 試圖將 *m* 的檔案指標設定為一個負位移量的 seek，或者設定超過 *m* 長度的位移量，都會提出一個 ValueError 例外。
size	*m*.size() 回傳 *m* 的檔案的長度（位元組數）（不是 *m* 本身的長度）。要獲得 *m* 的長度，請使用 len(*m*)。
tell	*m*.tell() 回傳 *m* 的檔案指標的當前位置，是 *m* 檔案內的一個位元組偏移量。
write	*m*.write(*b*) 在 *m* 的檔案指標的當前位置將位元組字串 *b* 中的位元組寫入 *m*，覆寫原來的位元組，然後將 *m* 的檔案指標推進 len(*b*)。如果在 *m* 的檔案指標和 *m* 的長度之間沒有至少 len(*b*) 個位元組，write 會提出一個 ValueError 例外。
write_byte	*m*.write_byte(*byte*) 在 *m* 的檔案指標的目前位置將 *byte*（必須是一個 int）寫入映射 *m*，覆寫原來的位元組，然後將 *m* 的檔案指標推進 1。*m*.write_byte(*x*) 類似於 *m*.write(*x*.to_bytes(1, 'little'))。 然而，如果 *m* 的檔案指標在 *m* 的結尾，*m*.write_byte(*x*) 會默默地什麼都不做，而 *m*.write(*x*.to_bytes(1, 'little')) 則會提出一個 ValueError 例外。請注意，這與位於檔案結尾（end-offile）的 read 和 read_byte 之間的關係相反：write 和 read_byte 可能提出 ValueError，而 read 和 write_byte 永遠不會。

將 mmap 物件用於 IPC

行程使用 mmap 進行通訊的方式與使用檔案通訊的方式基本相同：一個行程寫入資料，另一個行程隨後讀回相同的資料。由於一個 mmap 物件有一個底層檔案，你可以讓一些行程在該檔案上做 I/O（如第 377 頁的「io 模組」中所述），而其他行程在同一個檔案上使用 mmap。根據方便性在 mmap 和檔案物件上的 I/O 之間做選擇：功能相同，效能也大致相當。舉例來說，這裡有一個簡單的程式，它反覆使用檔案 I/O，使檔案的內容等於使用者互動輸入的最後一行：

```
fileob = open('xxx','wb')
while True:
    data = input('Enter some text:')
    fileob.seek(0)
    fileob.write(data.encode())
    fileob.truncate()
    fileob.flush()
```

這裡是另一個簡單的程式，當它與前者在同一目錄下執行時，會使用 mmap（以及表 13-2 中提及的 time.sleep 函式）每秒鐘檢查一次檔案的變化，若有任何變化，則列印出檔案的新內容：

```
import mmap, os, time
mx = mmap.mmap(os.open('xxx', os.O_RDWR), 1)
last = None
while True:
    mx.resize(mx.size())
    data = mx[:]
    if data != last:
        print(data)
        last = data
    time.sleep(1)
```

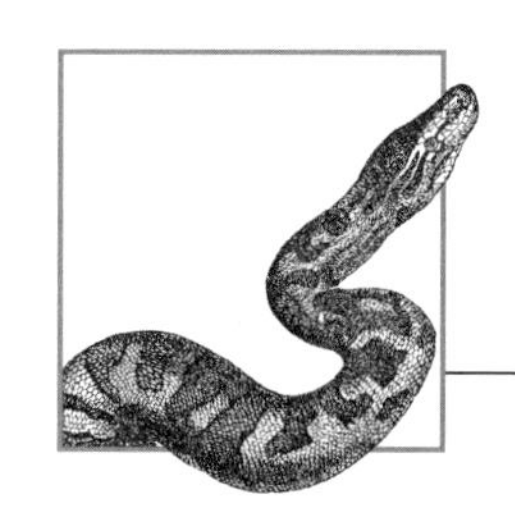

16 數值處理

你可以用運算子（在第 75 頁的「數值運算」中講述）和內建函式（在第 294 頁的「內建函式」中講述）進行一些數值計算。Python 還提供支援更多數值計算的模組，在本章中提及：`math` 和 `cmath`、`statistics`、`operator`、`random` 和 `secrets`、`fractions` 和 `decimal`。數值處理經常需要，更具體地說，處理數字的**陣列**（*arrays*）；這個主題會在第 580 頁的「陣列處理」中提及，重點放在標準程式庫模組 `array` 和流行的第三方擴充功能 NumPy。最後，第 589 頁「額外的數值套件」列出由 Python 社群製作的幾個額外的數值處理套件。本章中的大多數例子都假定你已經匯入了相應的模組；**`import`** 述句只在情況不清楚時才會出現。

浮點數值

Python 使用 `float` 型別的變數表示實數值（即那些不是整數的數值）。與整數不同，電腦很少能準確地表示 `float`，因為它們的內部實作是一個固定大小的二進位整數 *significand*（**有效數**）（經常被錯誤地稱為「mantissa（尾數）」）、和一個固定大小的二進位整數指數（exponent）。`float` 有幾個限制（其中一些可能導致意想不到的結果）。

對於大多數日常的算術應用來說，`float` 已經足夠了，但它們所能代表的小數位數（number of decimal places）是有限的：

```
>>> f = 1.1 + 2.2 - 3.3 # f 應該等於 0
>>> f
4.440892098500626e-16
```

它們能夠準確儲存的整數值的範圍也是有限的（從能夠區分這一個和下一個最大或最小整數值的意義上來說）：

```
>>> f = 2 ** 53
>>> f
9007199254740992
>>> f + 1
9007199254740993    # 整數算術是沒有界限的
>>> f + 1.0
9007199254740992.0  # float 的轉換會在 2**53 失去了整數精確度
```

永遠要記得，float 並不完全精確，這出於它們在電腦中的內部表示法。同樣的考量也適用於 complex 數字。

不要在浮點數或複數之間使用 ==

鑑於浮點數與其運算只是近似於數學上的「實數」行為，檢查兩個浮點數 *x* 和 *y* 是否完全相等很少會有意義。在計算方式上的細微變化很容易導致意外的差異。

要測試浮點數或複數是否相等，可以使用內建模組 math 匯出的函式 isclose。下面的程式碼說明了原因：

```
>>> import math
>>> f = 1.1 + 2.2 - 3.3  # f 直覺上等於 0
>>> f == 0
False
>>> f
4.440892098500626e-16
>>> # 在這種比較中，預設的容忍值沒有問題
>>> math.isclose(-1, f-1)
True
```

對於某些數值，你可能必須明確設定容忍值（tolerance value，當你與 0 比較時，這總是必要的）：

```
>>> # 使用預設容忍值的近零比較
>>> math.isclose(0, f)
False
>>> # 必須使用 abs_tol 來與 0 進行比較
>>> math.isclose(0, f, abs_tol=1e-15)
True
```

你也可以使用 isclose 來進行安全迴圈。

不要使用 *float* 作為迴圈控制變數

一個常見的錯誤是使用浮點數值作為迴圈的控制變數，假設它最終會等於某個終止值，比如 0，但實際上它很可能會永遠迴圈下去。

下面的迴圈，預計將跑迴圈五次，然後結束，實際上將陷入無限迴圈：

```
>>> f = 1
>>> while f != 0:
...     f -= 0.2
```

儘管 f 開始是一個 int，但現在變成了一個 float。這段程式碼顯示了原因：

```
>>> 1-0.2-0.2-0.2-0.2-0.2  # 應該是 0，但是 ...
5.551115123125783e-17
```

即使是使用不等式運算子 > 也會導致不正確的行為，迴圈六次而非五次（因為剩餘的 float 值仍然大於 0）：

```
>>> f = 1
>>> count = 0
>>> while f > 0:
...     count += 1
...     f -= 0.2
>>> print(count)
6   # 多了一次迴圈！
```

如果你改用 math.isclose 來比較 *f* 和 0，**for** 迴圈就會重複正確的次數：

```
>>> f = 1
>>> count = 0
>>> while not math.isclose(0,f,abs_tol=1e-15):
...     count += 1
...     f -= 0.2
>>> print(count)
5   # 這次就次數剛好了！
```

一般來說，盡量使用 int 作為迴圈的控制變數，而不是 float。

最後，產生非常大型浮點數的數學運算通常會導致 OverflowError，或者 Python 可能會將其回傳為 inf（infinity，無窮大）。在你的電腦上可用的最大 float 值是 sys.float_info.max：在 64 位元電腦上，它是 1.7976931348623157e+308。使用非常大的數字進行數學運算時，這可

數值處理

能會導致意外的結果。如果你需要處理非常大的數字，我們建議改用 decimal 模組或第三方的 gmpy（*https://oreil.ly/JWoAx*）。

math 和 cmath 模組

math 模組提供處理浮點數的數學函式；cmath 模組提供處理複數（complex numbers）的同等函式。舉例來說，math.sqrt(-1) 會提出一個例外，但 cmath.sqrt(-1) 會回傳 1j。

就像其他模組一樣，使用這些模組的最潔淨、最易讀的方法是，舉例來說，在你的程式碼頂端 **import** math，然後明確地呼叫，例如 math.sqrt。然而，如果你的程式碼包括對該模組知名數學函式的大量呼叫，你可以（儘管可能會失去一些清晰度和可讀性）要麼使用 **from** math **import** *，要麼使用 **from** math **import** sqrt，然後之後直接呼叫 sqrt。

每個模組都對外開放了三個與基本數學常數 e、pi 和 tau（*https://oreil.ly/2Sbrf*）的值繫結的 float 屬性，以及各種函式，包括表 16-1 中所示的那些。math 和 cmath 模組並不是完全對稱的，所以對於每個方法，表格中都說明了它是在 math、cmath 還是兩者中。所有的例子都假定你已經匯入了相應的模組。

表 16-1　math 和 cmath 模組的方法和屬性

		math	cmath
acos, asin, atan, cos, sin, tan	acos(*x*) 等。 分別回傳 *x* 的反餘弦（arccosine）、反正弦（arcsine）、反正切（arctangent）、餘弦（cosine）、正弦（sine）、或正切（tangent）三角函數值，其中 *x* 的單位為弧度（radians）。	✓	✓
acosh, asinh, atanh, cosh, sinh, tanh	acosh(*x*) 等。 分別回傳 *x* 的反雙曲餘弦（arc hyperbolic cosine）、反雙曲正弦（arc hyperbolic sine）、反雙曲正切（arc hyperbolic tangent）、雙曲餘弦（hyperbolic cosine）、雙曲正弦（hyperbolic sine）、或雙曲正切（hyperbolic tangent）函數值，其中 *x* 的單位為弧度。	✓	✓

		math	cmath

atan2	atan2(*y*, *x*)
	和 atan(y/x) 一樣，只是 atan2 適當地考慮到了兩個引數的正負號。比如說：
	`>>> math.atan(-1./-1.)`
	`0.7853981633974483`
	`>>> math.atan2(-1., -1.)`
	`-2.356194490192345`
	當 *x* 等於 0 時，atan2 回傳 π/2，而除以 *x* 會提出 ZeroDivisionError。
		✓	

cbrt	cbrt(*x*) **3.11+** 回傳 *x* 的立方根（cube root）。	✓	
ceil	ceil(*x*) 回傳 float(*i*)，其中 *i* 是使得 *i* >=*x* 的最小整數。	✓	
comb	comb(*n*, *k*) **3.8+** 回傳 *n* 個項目每次取 *k* 個項目的組合數（number of *combinations*），不考慮順序。計算從 *A*、*B*、*C* 三個項目中一次取兩個項目的組合數時，comb(3, 2) 回傳 3，因為，舉例來說，*A-B* 和 *B-A* 被認為是同一個組合（與本表後面的 perm 對比）。當 *k* 或 *n* 為負數時，提出 ValueError；當 *k* 或 *n* 不是 int 時，提出 TypeError。當 k>n 時，只回傳 0，不提出任何例外。	✓	
copysign	copysign(*x*, *y*) 回傳 *x* 的絕對值（absolute value）並帶有 *y* 的正負號（sign）。	✓	
degrees	degrees(*x*) 回傳給定的角 *x* 的角度（degree）度量，*x* 的單位為弧度（radians）。	✓	
dist	dist(*pt0*, *pt1*) **3.8+** 回傳兩個 *n* 維的點（*n*-dimensional points）之間的歐幾里得距離（Euclidean distance），其中每個點被表示為值（座標）的一個序列。如果 *pt0* 和 *pt1* 是不同長度的序列，則提出 ValueError。	✓	
e	數學常數 *e*（2.718281828459045）。	✓	✓

數值處理

		math	cmath
erf	erf(*x*) 回傳用於統計計算的 *x* 的誤差函式（error function）。	✓	
erfc	erfc(*x*) 回傳 *x* 的互補誤差函式（complementary error function），定義為 1.0 - erf(*x*)。	✓	
exp	exp(*x*) 回傳 e^x。	✓	✓
exp2	exp2(*x*) **3.11+** 回傳 2^x。	✓	
expm1	expm1(*x*) 回傳 e^x - 1。log1p 的反函式。	✓	
fabs	fabs(*x*) 回傳 *x* 的絕對值（absolute value）。即使 *x* 是一個 int，也總是回傳一個 float（不像內建的 abs 函式）。	✓	
factorial	factorial(*x*) 回傳 *x* 的階乘。當 *x* 為負數時，提出 ValueError；當 *x* 不是整數時，提出 TypeError。	✓	
floor	floor(*x*) 回傳 float(*i*)，其中 *i* 是使得 *i*<=x 的最大整數。	✓	
fmod	fmod(*x*, *y*) 回傳與 *x* 相同正負號的 float *r*，使得 *r*==*x*-*n***y*，對於某個整數 *n*，而且 abs(*r*)<abs(*y*)。與 x%y 類似，只是當 *x* 和 *y* 的正負號不同時，*x*%*y* 的正負號會與 *y* 相同，而不是與 *x* 相同。	✓	
frexp	frexp(*x*) 回傳一個對組 (*m*, *e*)，其中 *m* 是一個浮點數，*e* 是一個整數，使得 *x*==*m**(2**e) 且 0.5<=abs(*m*)<1[a]，只不過 frexp(0) 會回傳 (0.0, 0)。	✓	
fsum	fsum(*iterable*) 回傳 *iterable* 中數值的浮點值總和（floating-point sum），比內建函式 sum 的精確度更高。	✓	
gamma	gamma(*x*) 回傳在 *x* 處估算的 Gamma 函式。	✓	

		math	cmath
gcd	gcd(*x*, *y*) 回傳 *x* 和 *y* 的最大公因數（greatest common divisor）。當 *x* 和 *y* 都是 0 時，回傳 0（**3.9+** gcd 可以接受任何數量的值；沒有引數的 gcd() 回傳 0）。	✓	
hypot	hypot(*x*, *y*) 回傳 sqrt(*x***x*+*y***y*)。（**3.8+** hypot 可以接受任何數量的值，以計算 *n* 維的斜邊長度）。	✓	
inf	一個浮點數的正無限大，就像 float('inf')。	✓	✓
infj	一個 complex 的虛數無限大（imaginary infinity），等於 complex(0, float('inf'))。		✓
isclose	isclose(*x*, *y*, rel_tol=1e-09, abs_tol=0.0) 當 *x* 和 *y* 在相對容忍值 rel_tol 內近似相等時回傳 **True**，最小絕對容忍值為 abs_tol；否則，回傳 **False**。預設是 rel_tol 在小數點後九位以內。rel_tol 必須大於 0。abs_tol 用於接近零的比較：它必須至少是 0.0。NaN 不被認為與任何數值接近（包括 NaN 本身）；-inf 和 inf 中的每一個都只被認為與自己接近。除了在 +/-inf 的行為，isclose 就像： `abs(x-y) <= max(rel_tol*max(abs(x), abs(y)),abs_tol)`	✓	✓
isfinite	isfinite(*x*) 當 *x*（在 cmath 中，*x* 的實部和虛部都包括）既不是無限大（infinity）也不是 NaN 時回傳 **True**；否則，回傳 **False**。	✓	✓
isinf	isinf(*x*) 當 *x*（在 cmath 中，*x* 的實部或虛部，或兩者）為正或負無窮大時，回傳 **True**；否則，回傳 **False**。	✓	✓
isnan	isnan(*x*) 當 *x*（在 cmath 中，*x* 的實部或虛部，或兩者）為 NaN 時回傳 **True**；否則，回傳 **False**。	✓	✓
isqrt	isqrt(*x*) **3.8+** 回傳 int(sqrt(*x*))。	✓	
lcm	lcm(*x*, ...) **3.9+** 回傳給定的那些 int 的最小公倍數。如果不是所有的值都是 int，會提出 TypeError。	✓	

		math	cmath
`ldexp`	`ldexp(x, i)` 回傳 *x**(2***i*)（*i* 必須是 `int`；當 *i* 是 `float` 時，`ldexp` 會提出 `TypeError`）。`frexp` 的反函式。	✓	
`lgamma`	`lgamma(x)` 回傳 Gamma 函式在 *x* 處估算的絕對值的自然對數（natural logarithm）。	✓	
`log`	`log(x)` 回傳 *x* 的自然對數（natural logarithm）。	✓	✓
`log10`	`log10(x)` 回傳 *x* 基數為 10 的對數（base-10 logarithm）。	✓	✓
`log1p`	`log1p(x)` 回傳 `1+x` 的自然對數。是 `expm1` 的反函式。	✓	
`log2`	`log2(x)` 回傳 *x* 基數為 2 的對數（base-2 logarithm）。	✓	
`modf`	`modf(x)` 回傳一個對組 (*f*, *i*)，包含 *x* 的小數部分和整數部分，即兩個與 *x* 正負號相同的浮點數，使得 *i*==int(*i*) 而且 *x*==*f*+*i*。	✓	
`nan`	`nan` 一個浮點數值的「Not a Number」（`NaN`，「不是一個數字」）值，如 `float('nan')` 或 `complex('nan')`。	✓	✓
`nanj`	一個複數，實部為 `0.0`，虛部為浮點數值的「Not a Number」（`NaN`）。		✓
`nextafter`	`nextafter(a, b)` **3.9+** 回傳從 *a* 到 *b* 方向的下一個較高或較低的 `float` 值。	✓	
`perm`	`perm(n, k)` **3.8+** 回傳從 *n* 個項目中每次取 *k* 個項目的排列數（number of *permutations*），其中選擇相同的項目，但順序不同時，分別計算。計算三個項目 *A*、*B* 和 *C* 一次取兩個的排列數時，`perm(3, 2)` 回傳 6，因為，舉例來說，*A-B* 和 *B-A* 被認為是不同的排列（與本表前面的 `comb` 對比）。當 *k* 或 *n* 為負數時提出 `ValueError`；當 *k* 或 *n* 不是 `int` 時提出 `TypeError`。	✓	

		math	cmath
pi	數學常數 π，即 3.141592653589793。	✓	✓
phase	phase(*x*) 回傳 *x* 的相位（*phase*），範圍在 (–π, π) 中的一個 float。類似於 math.atan2(*x*.imag, *x*.real)。詳見線上說明文件（*https://oreil.ly/gXdbT*）中的「Conversions to and from polar coordinates（極座標的轉換）」。		✓
polar	polar(*x*) 回傳 *x* 的極座標（polar coordinate）表示值，作為一個對組 (*r*, *phi*)，其中 *r* 是 *x* 的模數（modulus），*phi* 是 *x* 的相位（phase）。就像 (abs(*x*), cmath.phase(*x*))。詳見線上說明文件（*https://oreil.ly/gXdbT*）中的「Conversions to and from polar coordinates」。		✓
pow	pow(*x*, *y*) 回傳 float(*x*)**float(*y*)。對於大型的 int 值 *x* 和 *y*，為了避免 OverflowError 例外，請使用 *x***y* 或 pow 內建函式代替（不會轉換為 float）。	✓	
prod	prod(*seq*, start=1) **3.8+** 回傳序列中所有數值的乘積（product），從給定的 start 開始，預設為 1。如果 *seq* 是空的，就回傳起始值。	✓	
radians	radians(*x*) 回傳給定的角 *x* 的弧度（radian）度量，*x* 的單位為角度（degrees）。	✓	
rect	rect(*r*, *phi*) 回傳極座標 (*r*, *phi*) 轉換為矩形座標（rectangular coordinates）的 complex 值 (*x* + *yj*)。		✓
remainder	remainder(*x*, *y*) 回傳 *x*/*y* 的有號餘數（如果 *x* 或 *y* 為負數，結果可能為負數）。	✓	
sqrt	sqrt(*x*) 回傳 *x* 的平方根（square root）。	✓	✓
tau	數學常數 $\tau = 2\pi$，或 6.283185307179586。	✓	✓

		math	cmath
trunc	trunc(*x*) 回傳 *x* 截斷（truncated）為一個 int 的結果。	✓	
ulp	ulp(*x*) 3.9+ 回傳浮點數值 *x* 的最小有效位元（least significant bit）。對於正值，這等於 math.nextafter(*x*, *x*+1) - *x*。對於負值，這等於 ulp(-*x*)。如果 *x* 是 NaN 或 inf，則回傳 *x*。ulp 代表 *unit of least precision*（最小精確度單位，*https://oreil.ly/6cN99*）。	✓	

[a] 正式地說，*m* 是 significand（有效數），而 *e* 是 exponent（指數）。用來呈現浮點數值的跨平台可移植表示法。

statistics 模組

statistics 模組提供 NormalDist 類別來進行分佈分析（distribution analytics），以及表 16-2 中列出的函式來計算常見的統計資料。

表 16-2　statistics 模組的函式（帶有在 3.8 和 3.10 版本中新增的函式）

	3.8+	3.10+
harmonic_mean	fmean	correlation
mean	geometric_mean	covariance
median	multimode	linear_regression
median_grouped	quantiles	
median_high	NormalDist	
median_low		
mode		
pstdev		
pvariance		
stdev		
variance		

線上說明文件（*https://oreil.ly/CY8Pi*）包含關於這些函式之特徵式、和使用方式的詳細資訊。

operator 模組

operator 模組提供與 Python 的運算子（operators）等效的函式。這些函式在可呼叫物件必須儲存、作為引數傳入或作為函式結果回傳的情況下非常方便。operator 中的函式與相應的特殊方法（在第 170 頁的「特殊方法」中提及）之名稱相同。每個函式都可透過兩個名稱取用，有「dunder」和沒有「dunder」（前導和尾隨的雙底線）：舉例來說，operator.add(*a*, *b*) 和 operator.__add__(*a*, *b*) 都回傳 *a* + *b*。

矩陣乘法（matrix multiplication）的支援已經被新增為中置運算子（infix operator）@，但是你必須透過定義你自己的 __matmul__、__rmatmul__ 或 __imatmul__ 方法來實作它；NumPy 目前支援矩陣乘法的 @（但是，撰寫本文之時，尚未支援 @=）。

表 16-3 列出由 operator 模組提供的一些函式。有關這些函式及其使用的詳細資訊，請參閱線上說明文件（*https:// oreil.ly/WrtUH*）。

表 16-3　由 operator 模組提供的函式

函式	特徵式	行為就像是
abs	abs(*a*)	abs(*a*)
add	add(*a*, *b*)	*a* + *b*
and_	and_(*a*, *b*)	*a* & *b*
concat	concat(*a*, *b*)	*a* + *b*
contains	contains(*a*, *b*)	*b* **in** *a*
countOf	countOf(*a*, *b*)	*a*.count(*b*)
delitem	delitem(*a*, *b*)	**del** *a*[*b*]
delslice	delslice(*a*, *b*, *c*)	**del** *a*[*b*:*c*]
eq	eq(*a*, *b*)	*a* == *b*
floordiv	floordiv(*a*, *b*)	*a* // *b*
ge	ge(*a*, *b*)	*a* >= *b*
getitem	getitem(*a*, *b*)	*a*[*b*]
getslice	getslice(*a*, *b*, *c*)	*a*[*b*:*c*]
gt	gt(*a*, *b*)	a > *b*
index	index(*a*)	*a*.__index__()

數值處理

函式	特徵式	行為就像是
indexOf	indexOf(a, b)	a.index(b)
invert, inv	invert(a), inv(a)	~a
is_	is_(a, b)	a **is** b
is_not	is_not(a, b)	a **is not** b
le	le(a, b)	a <= b
lshift	lshift(a, b)	a << b
lt	lt(a, b)	a < b
matmul	matmul(m1, m2)	m1 @ m2
mod	mod(a, b)	a % b
mul	mul(a, b)	a * b
ne	ne(a, b)	a != b
neg	neg(a)	-a
not_	not_(a)	**not** a
or_	or_(a, b)	a | b
pos	pos(a)	+a
pow	pow(a, b)	a ** b
repeat	repeat(a, b)	a * b
rshift	rshift(a, b)	a >> b
setitem	setitem(a, b, c)	a[b] = c
setslice	setslice(a, b, c, d)	a[b:c] = d
sub	sub(a, b)	a - b
truediv	truediv(a, b)	a/b # 無截斷
truth	truth(a)	bool(a), **not not** a
xor	xor(a, b)	a ^ b

operator 模組還提供額外的高階函式，列在表 16-4 中。這些函式中的三個，即 attrgetter、itemgetter 和 methodcaller，所回傳的函式適合作為具名引數 key 傳入給串列的 sort 方法、sorted、min 和 max 內建函式，以及標準程式庫模組中的數個函式，如 heapq 和 itertools（在第 8 章討論）。

表 16-4　operator 模組提供的高階函式

attrgetter	attrgetter(*attr*), attrgetter(**attrs*) 回傳一個可呼叫的 *f*，使得 *f*(*o*) 與 getattr(*o*, *attr*) 相同。字串 *attr* 可以包括點號（.），在這種情況下，attrgetter 的可呼叫結果會重複呼叫 getattr。舉例來說，operator.attrgetter('a.b') 等同於 **lambda** *o*: getattr(getattr(*o*, 'a'), 'b')。 當你用多個引數呼叫 attrgetter 時，產生的可呼叫物件會提取每個這樣命名的屬性，並回傳所產生的值元組。
itemgetter	itemgetter(*key*), itemgetter(**keys*) 回傳一個可呼叫的 *f*，使 *f*(*o*) 與 getitem(*o*, *key*) 相同。當你用多個引數呼叫 itemgetter 時，回傳的可呼叫物件會提取鍵值這樣的每個項目，並回傳所產生的值元組。 舉例來說，假設 *L* 是串列組成的一個串列，其中每個子串列至少有三個項目：你想根據每個子串列的第三個項目對 *L* 進行就地排序，並讓具有相同第三項的子串列按其第一個項目排序。最簡單的方式為： `L.sort(key=operator.itemgetter(2, 0))`
length_hint	length_hint(*iterable*, default=0) 用來試著為 *iterable* 中的項目預先配置儲存空間。呼叫物件 *iterable* 的 __len__ 方法來嘗試獲得一個確切的長度。如果 __len__ 沒有實作，那麼 Python 將試著呼叫 *iterable* 的 __length_hint__ 方法。如果這個方法也沒有實作，length_hint 會回傳給定的預設值 default。使用這個「提示（hint）」助手的任何錯誤都可能導致效能問題，但不會導致沉默無聲的錯誤行為。
methodcaller	methodcaller(*methodname*, args...) 回傳一個可呼叫的 *f*，使 *f*(*o*) 與 o.*methodname*(args, ...) 相同。選擇性的 args 可以作為位置引數或具名引數給出。

隨機和偽隨機數字

標準程式庫的 random 模組可以產生具有各種分佈（distributions）的偽隨機數（pseudorandom numbers）。底層的均勻偽隨機生成器（uniform pseudorandom generator）使用強大、流行的 Mersenne Twister 演算法（*https://oreil.ly/AcAgG*），其（巨大的！）週期長度為 $2^{19937}-1$。

random 模組

random 模組的所有函式都是 random.Random 類別的一個隱藏的全域實體之方法。你可以明確地實體化 Random 來獲得不共享狀態的多個產生器。如果你在多個執行緒中都需要隨機數，那麼明確的實體化是明智的（執行緒在第 15 章中提及）。又或者，如果你需要更高品質的隨機數，可以實體化 SystemRandom（詳見下節）。表 16-5 記載了 random 模組對外開放的最常用的函式。

表 16-5 random 模組提供的實用函式

choice	choice(*seq*) 從非空的序列 *seq* 中回傳一個隨機項目。
choices	choices(*seq*, *weights*=**None**, *, cum_weights=**None**, k=1) 從非空序列 *seq* 中回傳 k 個元素，選完放回重複選取。預設情況下，元素的選擇機率是相等的。如果傳入了選擇性的 *weights*，或者具名的引數 cum_weights（作為 float 或 int 的一個串列），那麼在選擇過程中，個別的選擇會被加權計算。cum_weights 引數接受由 itertools.accumulate(*weights*) 回傳的那種 float 或 int 串列；舉例來說，如果包含三個項目的一個 *seq* 的 *weights* 是 [1, 2, 1]，那麼相應的 cum_weights 將是 [1, 3, 4]（只能指定 *weights* 或 cum_weights 中的一個，而且必須與 *seq* 相同長度。若有使用，cum_weights 和 k 必須作為具名引數給出）。
getrandbits	getrandbits(*k*) 回傳一個帶有 *k* 個隨機位元的 int >= 0，就像 randrange(2 ** *k*) 一樣（但速度更快，而且對大 *k* 來說沒有問題）。
getstate	getstate() 回傳一個 hashable 且 pickleable 的物件 *S*，代表產生器的當前狀態。之後你可以把 *S* 傳給函式 setstate 來恢復產生器的狀態。
jumpahead	jumpahead(*n*) 推進產生器的狀態，就像已經生成了 *n* 個隨機數一樣。這比生成並忽略 *n* 個隨機數要快。
randbytes	randbytes(*k*) **3.9+** 產生 *k* 個隨機位元組。要為安全目的或加密應用生成位元組，請使用 secrets.randbits(*k* * 8)，然後使用 int.to_bytes (*k*, 'big') 將其回傳的 int 解開為 *k* 個位元組。
randint	randint(*start*, *stop*) 從一個均勻分佈（uniform distribution）中回傳一個隨機的 int *i*，使得 *start* <= *i* <= *stop*。兩個端點都包括在內：這在 Python 中是非常不自然的，所以你通常會選擇 randrange。

random	random() 回傳一個均勻分佈的隨機 float *r*，而且 0 <= *r* < 1。
randrange	randrange([*start*,]*stop*[,*step*]) 就像 choice(range(*start*, *stop*, *step*))，但速度快得多。
sample	sample(*seq*, *k*) 回傳一個新的串列，其中的 *k* 個項目是從 *seq* 中隨機抽取的獨特項目。這個串列是按隨機順序排列的，因此它的任何切片都是一個同樣有效的隨機樣本。*seq* 可能包含重複的項目。在這種情況下，每一個出現的項目都是在樣本中被選取的候選者，而且樣本也可能包含這樣的重複項目。
seed	seed(*x*=**None**) 初始化產生器狀態。*x* 可以是任何 int、float、str、bytes 或 bytearray。當 *x* 為 **None** 時，並且在模組 random 首次載入時，seed 會使用目前的系統時間（或某些平台特定的隨機來源，如果有的話）來獲取種子。*x* 通常是最大 2^{256} 的一個 int、一個 float 或大小最大為 32 個位元組 [a] 的一個 str、bytes 或 bytearray。較大的 *x* 值也接受，但可能會產生與較小的相同的產生器狀態。seed 能用於可重複執行的模擬（simulation）或建模（modeling），或編寫需要可重現的隨機值序列的測試。
setstate	setstate(*S*) 恢復產生器狀態。*S* 必須是先前呼叫 getstate 的結果（這樣的呼叫可能發生在另一個程式中，或者在該程式的先前執行中，只要物件 *S* 已正確傳輸、儲存和恢復就行）。
shuffle	shuffle(*seq*) 原地洗牌（shuffles）可變的序列 *seq*。
uniform	uniform(*a*, *b*) 從均勻分佈中回傳一個隨機的浮點數 *r*，使得 *a* <= *r* < *b*。

[a] 如同 Python 語言規格中的定義。特定的 Python 實作可能支援更大的種子值（seed values）來生成唯一的隨機數序列。

random 模組還提供其他幾個函式，透過內部呼叫 random.random 作為其隨機性的來源，從其他機率分佈（Beta、Gamma、指數、Gauss、Pareto 等）生成偽隨機浮點數。詳見線上說明文件（*https://oreil.ly/2n8wP*）。

密碼學品質的隨機數：secrets 模組

random 模組提供的偽隨機數雖然足以用於模擬和建模，但不具備密碼學品質（cryptographic quality）。要獲得用於安全性和密碼學應用的隨機數和序列，請使用 secrets 模組中定義的函式。這些函式使用

random.SystemRandom 類別，而它則會呼叫 os.urandom。os.urandom 回傳隨機位元組，從隨機位元的物理來源中讀取而來，比如在較早期的 Linux 版本中的 */dev/urandom*，或者在 Linux 3.17 及以上版本中的 **getrandom()** 系統呼叫。在 Windows 上，os.urandom 使用具有密碼學強度的來源，比如 CryptGenRandom API。如果當前系統中沒有合適的來源，os.urandom 會提出 NotImplementedError。

secrets 函式不能用已知的種子執行

不像 random 模組，它包括一個 seed 函式來支援生成可重複的隨機值序列，secrets 模組沒有這樣的能力。要編寫依存於由 secrets 模組函式生成的特定隨機值序列的測試，開發人員必須用他們自己的模擬版本來模擬那些函式。

secrets 模組提供表 16-6 中所列的函式。

表 16-6 secret 模組的函式

choice	choice(*seq*) 回傳從非空序列 *seq* 中隨機選擇的一個項目。
randbelow	randbelow(*n*) 回傳範圍在 0 <= x < *n* 中的隨機 int *x*。
randbits	randbits(*k*) 回傳一個有 *k* 個隨機位元的 int。
token_bytes	token_bytes(*n*) 回傳一個由 *n* 個隨機位元組成的 bytes 物件。若你省略 *n*，則會使用一個預設值，通常是 32。
token_hex	token_hex(*n*) 從 *n* 個隨機位元組回傳十六進位字元構成的一個字串，每個位元組有兩個字元。當你省略 *n* 時，會使用一個預設值，通常是 32。
token_url safe	token_urlsafe(*n*) 從 *n* 個隨機位元組回傳 Base64 編碼的字元構成的一個字串；結果字串的長度大約是 *n* 的 1.3 倍。當你省略 *n* 時，會使用一個預設值，通常是 32。

Python 的線上說明文件（*https://oreil.ly/Yxh4k*）中提供額外的訣竅和最佳密碼學實務做法。

物理隨機數的其他來源可在線上獲得，例如來自 Fourmilab（*https://oreil.ly/uNAfT*）。

fractions 模組

fractions 模組提供一個有理數類別（rational number class），即 Fraction，你可以透過一對整數、另一個有理數或一個 str 來建置其實體。Fraction 類別的實體具有唯讀屬性 numerator 與 denominator。你可以傳入一對（選擇性地帶有正負號的）int 作為**分子**（*numerator*）和**分母**（*denominator*）。分母為 0 會提出 ZeroDivisionError。一個字串可以是 '3.14' 的形式，也可以選擇性包括一個有號的分子、一個斜線（/），和一個分母，如 '-22/7'。

分數會化簡到最簡單的形式

Fraction 會將分數化簡到最低項（lowest terms），舉例來說，f = Fraction(226, 452) 建置的實體 f 等於 Fraction(1, 2) 建置的實體。最初傳入給 Fraction 的確切分子和分母無法從結果實體還原。

Fraction 也支援從 decimal.Decimal 實體和 float（後者可能不會提供你所期望的結果，因為 float 的精確度是有限制的）進行建構。下面是一些使用 Fraction 與各種輸入的例子。

```
>>> from fractions import Fraction
>>> from decimal import Decimal
>>> Fraction(1,10)
Fraction(1, 10)
>>> Fraction(Decimal('0.1'))
Fraction(1, 10)
>>> Fraction('0.1')
Fraction(1, 10)
>>> Fraction('1/10')
Fraction(1, 10)
>>> Fraction(0.1)
Fraction(3602879701896397, 36028797018963968)
>>> Fraction(-1, 10)
Fraction(-1, 10)
>>> Fraction(-1,-10)
Fraction(1, 10)
```

Fraction 類別提供的方法包括 limit_denominator，它允許你建立一個 float 的有理近似值（rational approximation），舉例來說，Fraction(0.0999).limit_denominator(10) 會回傳 Fraction(1, 10)。Fraction 實體是不可變的，可以作為 dict 中的鍵值或 set 的成員，也可以用於與其他數字的算術運算。完整的介紹請參閱線上說明文件（*https://oreil.ly/xyS7U*）。

fractions 模組還提供一個函式 gcd，就像表 16-1 中提及的 math.gcd。

decimal 模組

Python 的 float 是二進位浮點數，通常根據稱為 IEEE 754 的標準實作在現代電腦的硬體中。對於浮點算術及其相關議題，一個優秀、簡明、實務的介紹是 David Goldberg 的論文「What Every Computer Scientist Should Know About Floating-Point Arithmetic」（*https://oreil.ly/kmCAq*）。一篇以 Python 為重點且關於同樣議題的文章是 Python 說明文件中教程（tutorial）的一部分（*https://oreil.ly/0SQ-H*）；另一篇優秀的總結（不以 Python 為重點）是 Bruce Bush 的「The Perils of Floating Point」，也可以線上取得（*https://oreil.ly/d8HJE*）。

一般情況下，特別是在與錢有關的計算中，你可能會更偏好使用十進位（*decimal*）的浮點數字。Python 在標準程式庫的 decimal 模組中提供一個被稱為 IEEE 854[1] 標準的實作，用於基數（base）為 10 的情況。該模組有很好的說明文件（*https://oreil.ly/3np33*）：在那裡，你可以找到完整的參考資料、適用標準的連結、教程和對 decimal 的推廣。在此，我們只會介紹 decimal 功能性的一小個子集，即該模組最常用的部分。

decimal 模組提供一個 Decimal 類別（其不可變的實體是十進位數字）、例外類別以及處理算術情境（*arithmetic context*）的類別和函式，其中指定了諸如精確度（precision）、捨入（rounding）方式以及發生哪些計算異常狀況（如除以零、溢位、下溢等）時要提出例外。在預設情況下，精確度是 28 位十進位數字（digits）、捨入方式為「half-even」（將結果捨入到最接近的可表示的十進位數字；當一個結果正好在兩個這樣的數字之間，就捨入到最後一位數字是偶數的那個），而提出例外的情況是無效運算、除以零和溢位（overflow）。

1 從技術上來講，已被更新近的、非常相似的 754-2008 標準所取代（*https://oreil.ly/qL5nI*），但實際上仍然有用！

要建立一個十進位數，就用一個引數呼叫 Decimal：一個 int、float、str 或 tuple。如果你從一個 float 開始，Python 會將其無損地轉換為精確的十進位數（這可能需要 53 位或更高的精確度）：

```
>>> from decimal import Decimal
>>> df = Decimal(0.1)
>>> df
Decimal('0.1000000000000000055511151231257827021181583404541015625')
```

如果這不是你想要的行為，你可以把 float 作為一個 str 來傳入；例如：

```
>>> ds = Decimal(str(0.1))  # 或者，更直接地，Decimal('0.1')
>>> ds
Decimal('0.1')
```

你可以很容易地編寫出一個工廠函式，以方便進行 decimal 的互動實驗：

```
def dfs(x):
    return Decimal(str(x))
```

現在 dfs(0.1) 與 Decimal(str(0.1)) 或 Decimal('0.1') 是一樣的，但更簡潔、寫起來更方便。

另外，你可以使用 Decimal 的 quantize 方法，透過將一個 float 捨入到你指定的有效位數來建構一個新的十進位數：

```
>>> dq = Decimal(0.1).quantize(Decimal('.00'))
>>> dq
Decimal('0.10')
```

如果你從一個元組開始，你需要提供三個引數：正負號（0 代表正，1 代表負），數位的一個元組（tuple of digits），以及整數指數（exponent）：

```
>>> pidigits = (3, 1, 4, 1, 5)
>>> Decimal((1, pidigits, -4))
Decimal('-3.1415')
```

一旦你有了 Decimal 的實體，你就可以對它們進行比較，包括與 float 的比較（為此請使用 math.isclose）；對它們進行 pickle 和 unpickle；把它們用作字典的鍵值和集合的成員。你也可以在它們之間進行算術，也可以與整數進行算術，但不能與浮點數進行算術（以避免結果出現意外的精確度損失），如這裡所示：

```
>>> import math
>>> from decimal import Decimal
>>> a = 1.1
>>> d = Decimal('1.1')
>>> a == d
False
>>> math.isclose(a, d)
True
>>> a + d
Traceback (most recent call last):
  File "<stdin>", line 1, in <module>
TypeError: unsupported operand type(s) for +: 'float' and
'decimal.Decimal'
>>> d + Decimal(a) # 由 'a' 建構出來的新十進位數
Decimal('2.200000000000000088817841970')
>>> d + Decimal(str(a)) # 用 str(a) 將 'a' 轉換為十進位數
Decimal('2.20')
```

線上說明文件（*https://oreil.ly/MygnC*）包括關於貨幣格式化、一些三角函式的實用訣竅，以及一個 FAQ 清單（*https://oreil.ly/9KnLa*）。

陣列處理

你可以用串列（在第 59 頁的「串列」中介紹）以及 `array` 標準程式庫模組（在下一小節中介紹）來表示大多數語言所稱的陣列（arrays），或向量（vectors）。你可以用迴圈、索引和切片、串列概括式、迭代器、產生器和 genexps（在第 3 章中都有介紹）、`map`、`reduce` 和 `filter` 等內建函式（在第 294 頁的「內建函式」中都有介紹）以及 `itertools` 等標準程式庫模組（在第 323 頁的「itertools 模組」中介紹）來操作陣列。如果你只需要一個輕量化的、由簡單型別之實體組成的一維陣列（one-dimensional array），請堅持使用 `array`。然而，要處理大型數字陣列，這樣的函式可能比第三方擴充功能如 NumPy 和 SciPy（在第 583 頁的「數值陣列計算的擴充功能」中提及）更慢、更不方便。如果你要進行資料分析和建模，以 NumPy 為基礎的 Pandas（但在本書中沒有討論）可能是最合適的。

array 模組

array 模組提供一種型別，也叫 array，其實體是可變的序列，就像串列一樣。一個 array *a* 是一個一維的序列（one-dimensional sequence），其項目只能是字元，或者只能是某個特定數值型別的數字，在你創建 *a* 的時候已經固定。array 的建構器是：

array	**class** array(*typecode*, *init*='', /) 建立並回傳具有給定 *typecode* 的一個 array 物件 *a*。*init* 可以是一個字串（一個位元組字串，除非 *typecode* 為 'u'），其長度是 itemsize 的倍數：字串的位元組，被解讀為機器值，直接用來初始化 *a* 的項目。或者，*init* 可以是一個可迭代物件（其組成部分在 *typecode* 為 'u' 時是字元，否則為數字）：這個可迭代物件的每一個項目都初始化 *a* 的一個項目。

array.array 的優勢在於，與串列相比，當你需要儲存一連串全都相同（數值或字元）型別的物件時，它可以節省記憶體。一個 array 物件 *a* 有在建立時設定的只有一個字元的唯讀屬性 *a*.typecode，它指出 *a* 的項目之型別。表 16-7 顯示了 array 可能的 typecode 值。

表 16-7　array 模組的型別碼

型別碼	C 型別	Python 型別	最小大小
'b'	char	int	1 位元組
'B'	unsigned char	int	1 位元組
'u'	unicode char	str（長度 1）	參閱備註
'h'	short	int	2 位元組
'H'	unsigned short	int	2 位元組
'i'	int	int	2 位元組
'I'	unsigned int	int	2 位元組
'l'	long	int	4 位元組
'L'	unsigned long	int	4 位元組
'q'	long long	int	8 位元組
'Q'	unsigned long long	int	8 位元組
'f'	float	float	4 位元組
'd'	double	float	8 位元組

型別碼 'u' 的最小大小

'u' 在少數幾個平台上的項目大小為 2（特別是 Windows），在其他幾乎所有平台上都是 4。你可以透過使用 array.array('u').itemsize 來檢查 Python 直譯器的建置型別。

一個 array *a* 中每個項目的大小，以位元組為單位，可能大於最小值，這取決於機器的架構，並可作為唯讀屬性 *a*.itemsize 取用。

陣列物件對外開放了可變序列的所有方法和運算（如第 78 頁的「序列運算」中所述），除了 sort。要用 + 或 += 進行串接，以及切片指定，需要兩個運算元都是具有相同型別碼的陣列；相較之下，*a*.extend 的引數可以是任何可迭代物件，只要其項目是 *a* 可接受的。除了可變序列的方法（append、extend、insert、pop 等等），一個 array 物件 *a* 還對外開放了表 16-8 中列出的方法和特性。

表 16-8　array 物件 a 的方法和特性

buffer_info	*a*.buffer_info() 回傳一個雙項目的元組 (*address*, *array_length*)，其中 *array_length* 是你可以儲存在 *a* 中的項目數量。*a* 的大小（單位是位元組）是 a.buffer_info()[1] * *a*.itemsize。
byteswap	*a*.byteswap() 對調 *a* 每一項的位元組順序（byte order）。
frombytes	*a*.frombytes(*s*) 新增 bytess 的位元組到 *a*，解讀為機器值。len(*s*) 必須剛好是 *a*.itemsize 的倍數。
fromfile	*a*.fromfile(*f*, *n*) 從檔案物件 *f* 讀取 *n* 個項目，作為機器值接受，並將這些項目附加到 *a*。*f* 應該以二進位模式開啟來讀取，通常是 'rb' 模式（參閱第 378 頁的「用 open 建立一個檔案物件」）。當 *f* 中可用的項目少於 *n* 個時，fromfile 在附加可用的項目後會提出 EOFError（所以，一定要在 **try/except** 中捕捉這個，如果這樣對你的 app 是 OK 的話！）。
fromlist	*a*.fromlist(*L*) 將串列 *L* 的所有項目附加到 *a*。
fromunicode	*a*.fromunicode(*s*) 將字串 *s* 中的所有字元新增到 *a* 中。*a* 必須有型別碼 'u'；否則，Python 將提出 ValueError。

itemsize	*a*.itemsize 一個特性，屬回傳 *a* 中每個項目的大小，單位是位元組。
tobytes	*a*.tobytes() tobytes 回傳 *a* 中項目的位元組表示值（bytes representation）。對於任何 *a*，len(*a*.tobytes()) == len(*a*)**a* 都成立。itemsize. *f*.write(*a*.tobytes()) 等同於 *a*.tofile(*f*)。
tofile	*a*.tofile(*f*) 將 *a* 的所有項目，作為機器值，寫入檔案物件 *f*。注意，*f* 應該以二進位模式開啟，例如使用 'wb' 模式。
tolist	*a*.tolist() 建立並回傳一個串列物件，其項目與 *a* 相同，就像 list(*a*) 一樣。
tounicode	*a*.tounicode() 建立並回傳帶有跟 *a* 相同項目的一個字串，就像 ''.join(*a*)。*a* 必須有型別碼 'u'；否則，Python 會提出 ValueError。
typecode	*a*.typecode 一個特性，回傳用來創建 *a* 的 typecode。

數值陣列計算的擴充功能

正如你已經看到的，Python 對數值處理有很好的內建支援。第三方程式庫 SciPy 和為數眾多的其他套件，如 NumPy、Matplotlib、SymPy、Numba、Pandas、PyTorch、CuPy 和 TensorFlow，都提供更多的工具。我們在這裡介紹 NumPy，然後簡要介紹 SciPy 和其他一些套件，並指出要去哪找它們的說明文件。

NumPy

如果你需要一個輕量化的一維數字陣列，標準程式庫的 array 模組可能就足夠了。如果你的工作涵蓋科學計算、影像處理、多維陣列、線性代數或其他涉及大量資料的應用，流行的第三方 NumPy 套件可以滿足你的需求。廣泛的說明文件都可在線上獲得（*https://docs.scipy.org/doc*）；Travis Oliphant 所著的《*Guide to NumPy*》（*https://oreil.ly/QA2xJ*）也有免費的 PDF 版本可取得 [2]。

2 Python 和 NumPy 專案已經緊密合作了很多年，Python 還專門為 NumPy 引入了語言功能（比如 @ 運算子和延伸式切片），儘管這種新穎的語言功能（還？）沒有用在 Python 標準程式庫中的任何地方。

NumPy 還是 numpy？

說明文件各有不同地將該套件稱呼為 NumPy 或 Numpy；然而，寫程式的時候，該套件被稱為 numpy，並且你通常用 **import** numpy **as** np 來匯入它。本節遵循那些慣例。

NumPy 提供 ndarray 類別，你可以對其進行子類別化（*https://oreil.ly/FK9qK*），以添加滿足你特定需求的功能。一個 ndarray 物件有 *n* 個維度（dimensions）的同質項目（項目可以包括異質型別的容器）。每個 ndarray 物件 *a* 都有一定數量的維度（又稱「軸」，*axes*），稱為其秩（*rank*）。一個純量（*scalar*，即單一的一個數字）有秩 0，一個向量（*vector*）有秩 1，一個矩陣（*matrix*）有秩 2，以此類推。一個 ndarray 物件也會有一個形狀（*shape*），可以作為屬性 shape 來存取。舉例來說，對於一個有 2 欄（columns）和 3 列（rows）的矩陣 *m*，其 *m*.shape 為 (3,2)。

NumPy 比 Python 支援更廣泛的數值型別（*https://oreil.ly/HPxtV*）（dtype 的實體）；預設的數值型別是 bool_（1 位元組）、int_（int64 或 int32，取決於你的平台）、float_（float64 的簡稱）和 complex_（complex128 的簡稱）。

建立一個 NumPy 陣列

在 NumPy 中建立一個陣列有幾種方法。其中最常見的是：

- 使用工廠函式 np.array，從一個序列（通常是巢狀的）建構出來，透過型別推論（*type inference*）或明確指定 *dtype*
- 使用工廠函式 np.zeros、np.ones 或 np.empty，它們預設為 *dtype* float64
- 使用工廠函式 np.indices，它預設為 *dtype* int64
- 使用工廠函式 np.random.uniform、np.random.normal、np.random.binomial 等，它們預設為 *dtype* float64
- 使用工廠函式 np.range（具有一般的 *start*、*stop*、*stride*），或者使用工廠函式 np.linspace（具有 *start*、*stop*、*quantity*）以獲得更好的浮點行為

- 透過使用其他 np 函式從檔案中讀取資料（例如，用 np.genfromtxt 讀取 CSV）。

下面是一些使用剛才描述的各種技巧建立陣列的例子：

```
>>> import numpy as np
>>> np.array([1, 2, 3, 4])  # 從一個 Python 串列中
array([1, 2, 3, 4])
>>> np.array(5, 6, 7)  # 一種常見的錯誤：單獨傳入項目（它們
                       # 必須作為一個序列傳入，例如一個串列）
Traceback (most recent call last):
  File "<stdin>", line 1, in <module>
TypeError: array() takes from 1 to 2 positional arguments, 3 were given
>>> s = 'alph', 'abet'  # 由兩個字串組成的一個元組
>>> np.array(s)
array(['alph', 'abet'], dtype='<U4')
>>> t = [(1,2), (3,4), (0,1)]  # 元組的一個串列
>>> np.array(t, dtype='float64')  # 明確的型別指定
array([[1., 2.],
       [3., 4.],
       [0., 1.]])
>>> x = np.array(1.2, dtype=np.float16)  # 一個純量
>>> x.shape
()
>>> x.max()
1.2
>>> np.zeros(3)  # 形狀預設為一個向量
array([0., 0., 0.])
>>> np.ones((2,2))  # 指定好形狀
array([[1., 1.],
[1., 1.]])
>>> np.empty(9)  # 任意的 float64s
array([ 6.17779239e-31, -1.23555848e-30,  3.08889620e-31,
       -1.23555848e-30,  2.68733969e-30, -8.34001973e-31,
            3.08889620e-31, -8.34001973e-31,  4.78778910e-31])
>>> np.indices((3,3))
array([[[0, 0, 0],
        [1, 1, 1],
        [2, 2, 2]],

       [[0, 1, 2],
        [0, 1, 2],
        [0, 1, 2]]])
>>> np.arange(0, 10, 2)  # 上限不包括在內
array([0, 2, 4, 6, 8])
>>> np.linspace(0, 1, 5)  # 預設：包括端點
array([0.  , 0.25, 0.5 , 0.75, 1.  ])
>>> np.linspace(0, 1, 5, endpoint=False)  # 不包括端點
array([0. , 0.2, 0.4, 0.6, 0.8])
```

數值處理

```
>>> np.genfromtxt(io.BytesIO(b'1 2 3\n4 5 6'))  # 使用一個偽檔案
array([[1., 2., 3.],
       [4., 5., 6.]])
>>> with open('x.csv', 'wb') as f:
...     f.write(b'2,4,6\n1,3,5')
...
11
>>> np.genfromtxt('x.csv', delimiter=',')  # 使用一個實際的 CSV 檔案
array([[2., 4., 6.],
       [1., 3., 5.]])
```

形狀、索引和切片

每個 ndarray 物件 *a* 都有一個屬性 *a*.shape，它是 int 的一個元組。len(*a*.shape) 是 *a* 的秩（*rank*）；舉例來說，一個一維陣列（也稱為**向量**）的秩為 1，而 *a*.shape 只有一個項目。更廣義地說，*a*.shape 的每一項都是 *a* 相應維度的長度。*a* 的元素數，稱為它的**大小**（*size*），是 *a*.shape 所有項目的乘積（也可作為特性 *a*.size 取用）。*a* 的每個維度也被稱為一個**軸**（*axis*）。軸的索引從 0 開始往上算，和 Python 中一樣。允許負的軸索引，並且從右邊開始計算，所以 -1 是最後一個（最右邊的）軸。

每個陣列 *a*（除了一個純量，意味著秩為 0 的一個陣列）都是一個 Python 序列。*a* 的每個項 *a*[*i*] 都是 *a* 的子陣列（subarray），代表它是其秩比 *a* 的秩小一的陣列：*a*[*i*].shape == *a*.shape[1:]。舉例來說，如果 *a* 是一個二維矩陣（*a* 的秩為 2），*a*[*i*]，對於任何有效的索引 *i*，就會是 *a* 的一個一維子陣列，對應於矩陣的一列。當 *a* 的秩為 1 或 0 時，*a* 的項目就是 *a* 的元素（對於秩為 0 的陣列，只有一個元素）。由於 *a* 是一個序列，你可以用普通的索引語法來存取或改變 *a* 的項目。請注意，*a* 的項目是 *a* 的子陣列；只有當陣列的秩為 1 或 0 時，陣列的**項目**（*items*）才等同於陣列的**元素**（*elements*）。

與任何其他序列一樣，你也可以對 *a* 進行**切片**（*slice*）。在 *b* = a[*i*:*j*] 之後，*b* 的秩與 *a* 相同，*b*.shape 等於 *a*.shape，只不過 *b*.shape[0] 會是切片 *a*[*i*:*j*] 的長度（也就是說，當 *a*.shape[0] > *j* >= *i* >= 0 時，切片的長度會是 *j* - *i*，如第 80 頁的「切割一個序列」中所述）。

有了陣列 *a* 之後，你就可以呼叫 *a*.reshape（或 np.reshape，並使用 a 作為第一個引數）。得到的形狀必須與 *a*.size 相匹配：當 *a*.size 為 12 時，你可以呼叫 *a*.reshape(3, 4) 或 *a*.reshape(2, 6)，但 *a*.reshape(2, 5) 會提

出 ValueError。需要注意的是，reshape 不是就地進行：你必須明確地繫結或重新繫結該陣列，例如，*a* = *a*.reshape(*i*, *j*) 或 *b* = *a*.reshape(*i*, *j*)。

你也可以用 **for** 在（非純量）*a* 上跑迴圈，就像你可以對其他序列做的一樣。舉例來說，這樣：

```
for x in a:
    process(x)
```

代表的意義等同於：

```
for _ in range(len(a)):
    x = a[_]
    process(x)
```

在這些例子中，**for** 迴圈中 *a* 的每一個項目 *x* 都是 *a* 的子陣列。舉例來說，如果 *a* 是一個二維矩陣，這些迴圈中的每個 *x* 都會是 *a* 的一維子陣列，對應於矩陣的某一列。

你也可以透過一個元組（tuple）對 *a* 進行索引或切片。舉例來說，當 *a* 的秩 >= 2 時，你可以把 *a*[*i*][*j*] 寫成 *a*[*i*, *j*]，對於任何有效的 *i* 和 *j*，用於重新繫結以及存取；元組索引更快、更方便。**不要在方括號內加上括弧**來表示你在用一個元組作為 *a* 的索引：只需一個接一個地寫出索引，用逗號隔開。*a*[*i*, *j*] 的意思和 *a*[(*i*, *j*)] 完全一樣，但沒有括弧的形式更容易閱讀。

一個索引動作（indexing）是一種切片動作（slicing），其中元組的一或多個項目是切片，或者（每次切片動作最多一次）特殊形式 ...（Python 內建的 Ellipsis）。... 會視需要擴充成盡可能多的全軸切片（:），以「填補」你進行切片的陣列的秩（rank）。舉例來說，當 *a* 的秩為 4 時，*a*[1,...,2] 就像 *a*[1,:,:,2]，但當 *a* 的秩為 6 時，就會是 *a*[1,:,:,:,:,2]。

下面的程式碼片段展示了迴圈、索引和切片的過程：

```
>>> a = np.arange(8)
>>> a
array([0, 1, 2, 3, 4, 5, 6, 7])
>>> a = a.reshape(2,4)
>>> a
array([[0, 1, 2, 3],
       [4, 5, 6, 7]])
```

```
>>> print(a[1,2])
6
>>> a[:,:2]
array([[0, 1],
       [4, 5]])
>>> for row in a:
...     print(row)
...
[0 1 2 3]
[4 5 6 7]
>>> for row in a:
...     for col in row[:2]:  # 每列的前兩個項目
...         print(col)
...
0
1
4
5
```

NumPy 中的矩陣運算

正如第 571 頁「operator 模組」中提到的，NumPy 實作了運算子 @，用於陣列的矩陣乘法（matrix multiplication）。*a1* @ *a2* 就像是 np.matmul(*a1*, *a2*)。當兩個矩陣都是二維的時候，它們會被當作傳統的矩陣來處理。當一個引數是一個向量時，你在概念上將其提升為一個二維陣列，就像根據需要在前面或後面附加上 1 到其形狀一樣。不要在純量上使用 @，而應使用 *。矩陣也允許與一個純量相加（使用 +），以及與向量和其他相容形狀的矩陣相加。內積（Dot product）也可用於矩陣，使用 np.dot(*a1*, *a2*)。下面是這些運算子的幾個簡單例子：

```
>>> a = np.arange(6).reshape(2,3)  # 一個 2D 矩陣
>>> b = np.arange(3)               # 一個向量
>>>
>>> a
array([[0, 1, 2],
       [3, 4, 5]])
>>> a + 1    # 加上一個純量
array([[1, 2, 3],
       [4, 5, 6]])
>>> a + b    # 加上一個向量加上一個向量
array([[0, 2, 4],
       [3, 5, 7]])
>>> a * 2    # 乘以一個純量
array([[ 0,  2,  4],
       [ 6,  8, 10]])
```

```
>>> a * b    # 乘以一個向量
array([[ 0,  1,  4],
       [ 0,  4, 10]])
>>> a @ b    # 與一個向量做矩陣相乘
array([ 5, 14])
>>> c = (a*2).reshape(3,2)  # 使用純量乘法來建立
>>> c
array([[ 0,  2],
       [ 4,  6],
       [ 8, 10]])
>>> a @ c    # 兩個二維矩陣的矩陣相乘
array([[20, 26],
       [56, 80]])
```

NumPy 的內容豐富，功能強大，足以撐起自己一本書的內容；我們只觸及一些細節。請參閱 NumPy 說明文件（*https://oreil.ly/UceLt*）以了解更多功能的廣泛說明。

SciPy

NumPy 包含處理陣列的類別和函式，而 SciPy 程式庫支援更進階的數值計算。舉例來說，NumPy 有提供幾個線性代數（linear algebra）方法，而 SciPy 則提供進階的分解方法（decomposition methods），並支援更多的進階函式，如允許第二個矩陣引數用以解決廣義特徵值問題（generalized eigenvalue problems）。一般來說，如果你要進行高階的數值計算，同時安裝 SciPy 和 NumPy 會是個好主意。

SciPy.org（*https://oreil.ly/WO3ON*）還為其他一些套件提供說明文件（*https://oreil.ly/zf6-O*），這些套件與 SciPy 和 NumPy 整合在一起，包括提供 2D 繪圖支援的 Matplotlib（*https://matplotlib.org*）；SymPy（*https://oreil.ly/fbfld*），支援符號數學（symbolic mathematics）運算；Jupyter Notebook（*http://jupyter.org*），一個強大的互動式主控台 shell 和 Web 應用程式核心；以及 Pandas（*https://pandas.pydata.org*），支援資料分析和建模。你可能還想看看 `mpmath`（*https://mpmath.org*），它支援任意精確度，而 `sagemath`（*https://www.sagemath.org*）則支援更豐富的功能性。

額外的數值套件

在數值處理（numeric processing）領域，Python 社群產出了許多套件。其中的幾個是：

Anaconda（*https://www.anaconda.com*）

一個綜合環境，簡化了 Pandas、NumPy 和許多相關的數值處理、分析和視覺化套件的安裝，並透過自己的 conda 套件安裝程式提供套件管理。

gmpy2（*https://pypi.org/project/gmpy2*）

一個支援 GMP/MPIR、MPFR 和 MPC 程式庫的模組[3]，以擴充和加速 Python 的多精度算術（multiple-precision arithmetic）能力。

Numba（*https://numba.pydata.org*）

一個 just-in-time 編譯器，將 Numba 裝飾的 Python 函式和 NumPy 程式碼轉換為 LLVM。Python 中 Numba 編譯的數值演算法可以接近 C 或 FORTRAN 的速度。

PyTorch（*https://pytorch.org*）

一個開源的機器學習框架（machine learning framework）。

TensorFlow（*https://www.tensorflow.org/api_docs/python*）

一個全面的機器學習平台，在大規模和混合環境下作業，使用資料流程圖（dataflow graphs）來表示計算、共用狀態和狀態操作運算。TensorFlow 支援在叢集中的多部機器上進行處理，以及在機器內部的多核 CPU、GPU 和自訂設計的 ASIC 上進行處理。TensorFlow 的主要 API 使用 Python。

3 原本衍生自本書一位作者的作品。

17 測試、除錯和最佳化

寫完程式碼時，你並不算是完成一項程式設計任務；只有當程式碼能正確執行並具有可接受的效能時，你才算完成。**測試**（*testing*）是指在已知條件下自動執行程式碼並檢查結果是否符合預期，來驗證程式碼是否正確執行。**除錯**（*debugging*）代表發現不正確行為的原因並修復它們（一旦你弄清原因，修復往往很容易）。

最佳化（*optimizing*）通常被用作一個總稱，泛指用以確保效能可接受的那些活動。最佳化分為 *benchmarking*（**基準化分析**，測量給定任務的效能，以檢查其是否在可接受的範圍內）、*profiling*（**效能評測**，用額外的程式碼來檢測程式，以識別出效能瓶頸）和實際的最佳化（消除瓶頸以改善程式效能）。顯然，在你找到效能瓶頸的位置之前，你無法消除那些瓶頸（透過 profiling），而這又需要先知道有效能問題存在（透過 benchmarking）。

本章按照開發中出現的自然順序介紹這些主題：首先是測試，其次是除錯，最後是最佳化。大多數程式設計師的熱情都集中在最佳化上：測試和除錯常常（錯誤地！）被認為是雜事，而最佳化則被視為有趣的。如果你只會閱讀本章的一節，我們可能會建議那一節是「開發一個足夠快的 Python 應用程式」，它總結了 Pythonic 的最佳化做法，很接近 Jackson 的經典「Rules of Optimization: Rule 1. Don't do it. Rule 2 (for experts only) Don't do it *yet.*」（「最佳化守則：守則 1. 別那麼做！守則 2.（僅適用於專家）還不要那麼做」，*https://oreil.ly/_dTA8*）。

所有這些任務都很重要；對每個任務的討論至少可以填滿自己的一本專書。本章甚至不能說是探索了每一種相關的技術；取而代之，它專注於 Python 特定的方法和工具。通常，為了獲得最好的結果，你應該從**系統分析和設計**（*system analysis and design*）的更高階角度來處理這個問題，而不是只關注實作（用 Python 或任何其他混合的程式語言）。要起步，可以先研讀一本關於這個主題的優良入門書籍，例如 Alan Dennis、Barbara Wixom 和 Roberta Roth（Wiley）所著的《*Systems Analysis and Design*》。

測試

在本章中，我們區分了兩種不同的測試：**單元測試**（*unit testing*）和**系統測試**（*system testing*）。測試是一個豐富且重要的領域：還可以進行更多的區分，但我們把焦點放在對大多數軟體開發人員最至關緊要的問題上。許多開發人員不願意花時間在測試上，認為這是從「真正」的開發偷過來的時間，但這是短視的：程式碼中的問題越早發現越容易修復。多花一個小時來發展測試，就會有足夠的回報，因為你可以及早發現缺陷，否則就需要在軟體開發週期的後期階段進行除錯，花費大量的時間[1]。

單元測試和系統測試

單元測試是指編寫和執行測試來驗證單個模組，或更小型的單元（unit），如一個類別或函式。**系統測試**（也稱為**功能性**測試、**整合**測試或**端到端**測試）包括用已知的輸入執行整個程式。一些關於測試的經典書籍也區分所謂的**白箱測試**（*white-box testing*）和**黑箱測試**（*black-box testing*），前者是在具備程式內部運作知識的情況下進行的，後者是在沒有那種知識的情況下進行的。這種經典觀點與現代單元測試和系統測試的區別相似，但並不完全相同。

單元測試和系統測試的目標不同。單元測試與開發同步進行；你可以而且應該在開發過程中測試每個單元。一種相對現代的做法（1971 年在 Gerald Weinberg 的不朽經典《*The Psychology of Computer Programming* 》

1 這個問題與「技術債務」和本書作者之一的「'Good enough' is good enough」（*https://oreil.ly/LcncX*）技術講座中提及的其他主題有關（該作者在他發表的眾多技術講座中最喜歡的一次！），Martin Michlmayr 在 LWN.net（*https://oreil.ly/2REWD*）上進行了出色的總結和討論。

[Dorset House] 中首次提出）被稱為**測試驅動開發**（*test-driven development*，TDD）：對於程式必須具備的每個功能，你會先編寫單元測試，然後才繼續編寫實作該項功能並使測試通過的程式碼。TDD 看起來像是顛倒的，但它有其優點；舉例來說，它確保你不會略過某些功能的單元測試。這種方法很有幫助，因為它敦促你首先專注於某個函式、類別或方法應該達成**什麼任務**，之後再處理**如何**實作該函式、類別或方法的問題。沿著 TDD 的思路前進的一項創新是**行為驅動開發**（*behavior-driven development*，BDD）（*http://behavior-driven.org*）。

為了測試一個單元（可能依存於其他尚未完全開發的單元），你通常必須編寫 *stubs*（**虛擬功能**），也稱為 *mocks*（**模擬功能**）[2]：它們是各種單元之介面的虛構實作（fake implementations），在需要測試其他單元的情況下給出已知的、正確的回應。`mock` 模組（Python 標準程式庫的一部分，在 `unittest` 套件中（*https://oreil.ly/iJJMn*））可以幫助你實作這種虛擬功能。

系統測試在之後才進行，因為它要求系統必須存在，而且至少有一些系統功能的子集被認為是可運作的（基於單元測試）。系統測試提供一種健全性檢查：程式中的每個模組都能正常工作（通過單元測試），但整個程式是否正確運作呢？如果每個單元都 OK，但系統卻有問題，那麼就是單元之間的整合有問題了，也就是單元之間的合作方式出了錯。出於這個原因，系統測試也被稱為整合測試（integration testing）。

系統測試類似於在生產環境中執行系統，只不過你會事先固定輸入，這樣你可能發現的任何問題都很容易重現（reproduce）。系統測試的失敗成本低於實際生產環境中的使用，因為系統測試的輸出不會用於決策、服務客戶端、控制外部系統等等。取而代之，系統測試的輸出會和系統在已知輸入的情況下**應該**產生的輸出進行系統性的比較。其目的是以廉價且可重複的方式發現「程式**應該**做什麼」和「程式**實際上**做了什麼」之間的差異。

系統測試發現的故障（就像生產環境中的系統故障）可能揭示了單元測試的缺陷，以及程式碼中的缺陷。單元測試可能是不充分的：一個模組的單元測試可能未能激發該模組所有必要的功能性。在那種情況下，單

2 在這個領域使用的語言是混亂又令人困惑的：像 *dummies*、*fakes*、*spies*、*mocks*、*stubs* 和 *test doubles* 這樣的術語被不同的人用來表示稍微不同的東西。關於這方面術語和概念的權威（儘管不是我們採用的確切做法），請參閱 Martin Fowler 的文章「Mocks Aren't Stubs」（*https://oreil.ly/QaPs6*）。

元測試需要加強。在你改變程式碼來解決問題之前，先那樣做，接著執行增強過的新單元測試來確認它們現在能夠顯示出問題所在。然後修復問題，並再次執行單元測試，確認它們不再顯示出問題。最後，重新執行系統測試，確認問題確實已經消失。

修復錯誤的最佳實務做法

這個最佳實務做法是測試驅動設計的一個具體應用，我們毫無保留地推薦：在新增會揭露該錯誤的單元測試之前，永遠不要修復那個錯誤。這為防止軟體衰退錯誤（regression bugs）提供一個極好又廉價的保險（*https://oreil.ly/msmPd*）。

通常，系統測試的失敗揭示了開發團隊內部的溝通問題[3]：一個模組正確地實作了某種功能，但另一個模組卻期待不同的功能。這種問題（嚴格意義上的整合問題）在單元測試中很難找出。在良好的開發實務上，單元測試必須經常執行，所以它們的執行速度是至關重要的。因此，在單元測試階段，很重要的是，每個單元都必須能假設其他單元正確運作且符合預期。

如果系統架構是階層架構式的（hierarchical），一個常見且合理的組織方式，那麼在開發過程相對後期執行的單元測試可以揭示出整合問題。在這樣的架構中，低階模組不依存於其他模組（除了程式庫模組，而你通常可以假設它們是正確的），所以這些低階模組的單元測試，如果完整進行的話，就足以提供正確性的信心。高階模組依存於低階模組，因此也依存於對每個模組所期望和提供的功能之正確理解。在高層模組上執行完整的單元測試（使用真正的低層模組，而非虛擬功能），觸動模組之間的介面，以及高層模組自己的程式碼。

因此，高層模組的單元測試以兩種方式執行。在開發的早期階段，低階模組還沒有準備好的時候，你可以用虛擬功能（stubs）來執行低階的測試，或在之後只需要檢查高階模組的正確性之時進行。在開發的後期階段，你還要定期使用真正的低階模組來執行高階模組的單元測試。透過這種方式，你可以檢查整個子系統的正確性，從高層往下進行。即使在

3 這部分原因在於，根據 Conway 法則（*https://oreil.ly/7usV4*），系統的結構傾向於反映組織的結構。

這種有利的情況下，你仍然需要執行系統測試，以確保你已經檢查過系統的所有功能都有觸發到，而且你沒有忽略模組之間的介面。

系統測試類似於以正常方式執行程式。你只需要特殊的支援，以確保提供已知的輸入，並捕捉所產生的輸出，以便與預期的輸出進行比較。這對於在檔案上執行 I/O 的程式來說很容易，但對於 I/O 仰賴 GUI、網路或與其他外部實體之通訊的程式來說則很困難。為了模擬這樣的外部實體，並使其可預測且完全可觀察，你一般需要取決於平台的基礎設施。系統測試的另一種實用的支援性基礎設施是**測試框架**（*testing framework*），用來自動執行系統測試，包括成功和失敗情況的記錄工作。這樣的框架也可以幫助測試人員準備一組已知的輸入和相應的預期輸出。

用於這些目的的免費和商業程式都存在，而且通常不取決於被測系統中使用的是哪種程式語言。系統測試是經典的黑盒測試之近親：測試獨立於被測系統的實作（因此，特別是獨立於實作所用的程式語言）。取而代之，測試框架通常依存於它們所執行的作業系統平台，因為它們所執行的任務取決於平台，包括：

- 用給定的輸入執行程式
- 捕捉他們的產出
- 模擬或捕捉 GUI、網路和其他行程間的通訊 I/O

由於系統測試的框架取決於平台，而非程式語言，所以我們在本書中沒有進一步介紹它們。關於 Python 測試工具的詳細清單，請參閱 Python wiki（*https://oreil.ly/5RiTF*）。

測試、除錯和最佳化

doctest 模組

`doctest` 模組的存在是為了讓你在程式碼的說明文件字串中建立良好的範例，檢查那些例子是否確實產生了你的說明文件字串所顯示的結果。`doctest` 透過在說明文件字串中尋找互動式 Python 提示符 `>>>` 來識別這樣的例子，其中同一行的後面緊跟一個 Python 述句，而該述句的預期輸出則在下一行（或數行）中。

開發一個模組時，請保持說明文件字串的最新狀態，並用例子來充實它們。每當模組的一部分（例如，一個函式）準備好了，或者部分準備好了，就要養成在其說明文件字串中新增例子的習慣。將該模組匯入一個互動式工作階段中，並使用你剛開發好的部分來提供典型案例（typical cases）、極端案例（limit cases）和失敗案例（failing cases）的混合例子。僅限於這一特定目的而使用 **from** *module* **import** *，這樣你的例子就不用在模組提供的每個名稱前加上 *module*。在編輯器中把互動式工作階段複製並貼上到說明文件字串中，消除任何小毛病，你就幾乎完成了。

你的說明文件現在已經有了豐富的例子，讀者會更容易理解（假設你有選擇良好的例子組合，並明智地用非範例文字來調味）。確保你對整個模組以及模組對外開放的每個函式、類別和方法都有附帶範例的說明文件字串，你可以選擇跳過名稱以 _ 開頭的函式、類別和方法，因為（正如它們的名稱所表明的）它們是私有的實作細節；doctest 預設會忽略它們，你模組原始碼的讀者也應該忽略它們。

讓你的例子符合現實

如果你的例子與你程式碼的運作方式不相符，那就比沒用更糟了。說明文件和註解只在與現實相符時才是有用的；會「撒謊」的說明文件和註解可能會造成嚴重的損害。

說明文件字串和註解經常會隨著程式碼的變化而過時，從而成為錯誤的資訊，阻礙而非幫助原始碼的任何讀者。完全不放入註解和說明文件字串，儘管這樣的選擇很糟糕，但總比放上那些謊言要好。doctest 可以透過執行和檢查你說明文件字串中的例子來協助你。一次失敗的 doctest 執行應該就暗示著你要去審查包含失敗例子的 docstring，從而提醒你保持整個 docstring 的最新狀態。

在你模組原始碼的結尾，請插入以下程式碼片段：

```
if __name__ == '__main__':
    import doctest
    doctest.testmod()
```

這段程式碼會在你將你的模組當作主程式執行時，呼叫模組 doctest 的函式 testmod。testmod 會檢視說明文件字串（模組的 docstring，以及所有公開函式、類別和方法的 docstring）。在每個 docstring 中，testmod 會找出所有的範例（方法是尋找直譯器提示符號 >>> 的出現處，前面可能會有空白）並執行每個範例。testmod 會檢查每個範例的結果是否符合 docstring 中範例後面所給定的輸出。在有例外的情況中，testmod 會忽略回溯追蹤軌跡（traceback），單純檢查預期的和所觀察到的錯誤訊息是否相同。

若一切順利，testmod 就會安靜地終止。否則，它會輸出和失敗範例有關的詳細訊息，顯示預期的和實際的輸出。範例 17-1 顯示了 doctest 的作用於一個模組 *mod.py* 的典型例子。

範例 *17-1* 使用 *doctest*

```
"""
This module supplies a single function reverse_words that reverses
a string word by word.

>>> reverse_words('four score and seven years')
'years seven and score four'
>>> reverse_words('justoneword')
'justoneword'
>>> reverse_words('')
''

You must call reverse_words with a single argument, a string:

>>> reverse_words()
Traceback (most recent call last):
    ...
TypeError: reverse_words() missing 1 required positional argument:
'astring'
>>> reverse_words('one', 'another')
Traceback (most recent call last):
    ...
TypeError: reverse_words() takes 1 positional argument but 2 were given
>>> reverse_words(1)
Traceback (most recent call last):
    ...
AttributeError: 'int' object has no attribute 'split'
>>> reverse_words('Unicode is all right too')
'too right all is Unicode'

As a side effect, reverse_words eliminates any redundant spacing:

>>> reverse_words('with  redundant   spacing')
'spacing redundant with'
"""

def reverse_words(astring):
    words = astring.split()
    words.reverse()
    return ' '.join(words)
```

```
if __name__ == '__main__':
    import doctest
    doctest.testmod()
```

在這個模組的 docstring 中，我們剪除了 docstring 中的回溯追蹤軌跡，並以省略符號（...）取代它們：這是良好的實務做法，因為 doctest 會忽略回溯追蹤資訊，它們對失敗案例的解釋價值沒有貢獻。除了這個剪除的動作外，其餘的 docstring 就是複製貼上一個互動式工作階段的結果，再加上了一些說明文字，還有增進可讀性的空文字行。將這段原始碼存為 *mod.py*，然後以 **python mod.py** 執行它。它不會產生輸出，代表所有的範例都正確運作。試著使用 **python mod.py -v** 來顯示所有嘗試過的測試，並在結尾顯示較長的摘要資訊。最後，更動模組說明文件中範例的結果，讓它們變得不正確，以檢視 doctest 為錯誤範例所提供的訊息。

雖然 doctest 並非為一般用途的單元測試所設計的，你可能會想把它用於該目的。在 Python 中，進行單元測試的推薦方式是使用 unittest、pytest 或 nose2 之類的測試框架（涵蓋於接下來的章節）。然而，使用 doctest 的單元測試設置起來可能比較容易也比較快，因為那所需的工夫只比從互動式工作階段複製貼上還要多一點。如果你需要維護缺乏單元測試的一個模組，那麼以 doctest 把這種測試加到該模組中作為第一步，會是一種合理的短期折衷方式。具有以 doctest 為基礎的單元測試總比完全沒有測試還要好，後者可能發生在你判斷從頭以 unittest 正確設置測試會花費太多時間的情況中[4]。

如果你決定了要使用 doctest 來進行單元測試，別讓你模組的說明文件字串中塞滿額外的測試。那會減損說明文件字串的價值，因為它們會變得太長而難以閱讀。讓說明文件字串中範例的數量與種類維持在適當的狀態，專門用於解說，就好像沒有使用單元測試一樣。把額外的測試放到你模組的一個全域變數中，一個名為 __test__ 的字典。__test__ 中的鍵值是被用作任意測試名稱的字串，而對應的值則是 doctest 會挑出並當成說明文件字串使用的字串。__test__ 中的值也可以是函式或類別物件，在那種情況中，doctest 會檢視它們的說明文件字串以執行測試。後面這種功能是在具有私有名稱的物件上執行 doctest 的一種便利方

4 然而，在任何給定的情況中，都要確定你知道你到底要用 doctest 來做什麼。引述 Peter Norvig 針對這個主題的看法：「Know what you're aiming for; if you aim at two targets at once you usually miss them both.」（要知道你所瞄準的是什麼，如果你一次瞄準兩個目標，通常你兩者都會錯過）。

式，預設情況下，`doctest` 會跳過它們。

`doctest` 模組還提供兩個函式，它們會依據 doctest 的結果回傳 `unittest.TestSuite` 類別的實體，讓你可以將這種測試整合到以 `unittest` 為基礎的測試框架中。這種進階功能的說明文件可在線上取得（*https://oreil.ly/cbdu8*）。

unittest 模組

`unittest` 模組是 Kent Beck 原本為 Smalltalk 開發的單元測試框架的 Python 版本。同樣地，此框架也有許多其他程式語言專用的普及版本（例如 Java 的 `JUnit` 套件），它們經常被統稱為 `xUnit`。

為了使用 `unittest`，別把你的測試程式碼放在與被測模組相同的原始碼檔案中：請為每個要測試的模組撰寫一個分別的測試模組。一種受歡迎的慣例是將測試模組命名為跟被測模組相同的名稱，但加上前綴 `'test_'`，並將之放入原始碼目錄的一個名為 *test* 的子目錄中。舉例來說，*mod.py* 的測試模組可能會是 *test/test_mod.py*。簡單、一致的命名慣例讓你比較容易撰寫和維護會為一個套件找出並執行所有單元測試的輔助指令稿（auxiliary scripts）。

模組原始碼和其單元測試程式碼的分離能讓你更容易重構（refactor）該模組，可能包括以 C 重新編寫其部分功能性，而不會擾動單元測試程式碼。知道無論你對 *mod.py* 做什麼變更都不會動到 *test_mod.py*，能讓你更確信通過 *test_mod.py* 中的測試就代表變更後的 *mod.py* 仍然正確運作。

一個單元測試模組定義了 `unittest` 的 `TestCase` 類別的一或多個子類別。每個子類別會藉由定義*測試案例方法*（*test case methods*）來指定一或多個測試案例，這些方法是沒有引數的可呼叫物件，名稱以 `test` 開頭。

這些子類別通常會覆寫 `setUp`，框架會在每個測試案例正要開始之前呼叫它來準備一個新的實體，經常也會覆寫 `tearDown`，框架會在每個測試案例執行完畢後，立即呼叫它來進行清理工作；這種 setup/teardown（設置 / 拆卸）的安排方式被稱為 *test fixture*（*測試夾具*）。

每個測試案例都會在 self 上，呼叫類別 TestCase 中名稱以 assert 開頭的方法，來表示測試必須滿足的條件。unittest 會以任意順序執行一個 TestCase 子類別中的測試案例方法，每個都在該子類別的一個新實體上執行，並緊接在每個測試案例之前執行 setUp，緊接在每個測試之後執行 tearDown。

必要時讓 *setUp* 使用 *addCleanup*

當 setUp 傳播出一個例外，tearDown 就不會執行。所以，如果 setUp 準備的幾件事情需要最終的清理，而某些準備步驟可能會導致未被捕捉的例外，setUp 就不能仰賴 tearDown 來進行清理工作，而是在每個準備步驟成功之後，立即呼叫 self.addCleanup(*f*, **a*, ***k*)，傳入一個清理用的可呼叫物件 *f*（還有 *f* 選擇性的位置和具名引數）。在這種情況中，*f*(**a*, ***k*) 確實會在測試案例之後被呼叫（如果 setUp 沒有傳播例外，就是在 tearDown 之後，但即使是在 setUp 確實有傳播例外之時，也會無條件地被呼叫），因此必要的清理程式碼永遠都會執行。

unittest 提供了其他的機能，例如將測試案例包裝成測試組件（test suites）、單類別與單模組的夾具（per-class and per-module fixtures）、測試探索（test discovery），以及其他甚至更進階的功能性。除非你正以 unittest 為基礎建置一個自訂的單元測試框架，或是至少是在為複雜的套件架構同等複雜的測試程序，否則你不需要這些額外功能。在多數情況下，涵蓋於本節中的概念和細節就足以讓你進行有效且系統化的單元測試。範例 17-2 顯示了如何使用 unittest 來為範例 17-1 的模組 *mod.py* 提供單元測試。這個例子純粹是為了演示，使用 unittest 來進行測試，與範例 17-1 在說明文件字串中的例子透過 doctest 所進行的測試完全相同。

範例 17-2　使用 unittest

```
""" 此模組測試模組 mod.py 所提供
的函式 reverse_words。"""
import unittest
import mod

class ModTest(unittest.TestCase):

    def testNormalCaseWorks(self):
```

```
        self.assertEqual(
            'years seven and score four',
            mod.reverse_words('four score and seven years'))

    def testSingleWordIsNoop(self):
        self.assertEqual(
            'justoneword',
            mod.reverse_words('justoneword'))

    def testEmptyWorks(self):
        self.assertEqual('', mod.reverse_words(''))

    def testRedundantSpacingGetsRemoved(self):
        self.assertEqual(
            'spacing redundant with',
            mod.reverse_words('with   redundant   spacing'))

    def testUnicodeWorks(self):
        self.assertEqual(
            'too right all is Unicode'
            mod.reverse_words('Unicode is all right too'))

    def testExactlyOneArgumentIsEnforced(self):
        with self.assertRaises(TypeError):
            mod.reverse_words('one', 'another')

    def testArgumentMustBeString(self):
        with self.assertRaises((AttributeError, TypeError)):
            mod.reverse_words(1)

if __name__=='__main__':
    unittest.main()
```

以 **python test/test_mod.py**（或等效的 **python -m test.test_mod**）執行這個指令稿會比使用 **python mod.py** 執行 doctest 還要囉嗦一點，如範例 17-1 中那樣。*test_mod.py* 會為它執行的每個測試案例輸出一個 .（點號），然後以連接號（dashes）構成的一行虛線分隔，最終有一個摘要行，例如「Ran 7 tests in 0.110s」，還有最後一行的「OK」，如果每個測試都通過的話。

每個測試案例方法都會呼叫名稱以 assert 開頭的一或多個方法。在此，並沒有方法會被這樣呼叫超過一次；然而，在較複雜的情況中，單一測試案例方法中有對斷言方法（assert methods）的多個呼叫是相當常見的。

即使是在這種簡單的情況中，一個次要面向就能顯示出，對於單元測試而言，unittest 比 doctest 更強大且有彈性。在方法 testArgumentMustBeString 中，我們傳入一對例外類別作為引數給 assertRaises，表示我們接受其中任一種的例外。*test_mod.py* 因此能接受這些作為 *mod.py* 的多種有效實作。它接受範例 17-1 中的實作，這個實作會在它的引數上試著呼叫方法 split，因此會在用來呼叫它的引數不是字串時提出 AttributeError。然而，它也接受一個不同的假設性實作，一個會在呼叫的引數型別錯誤時提出 TypeError 的實作。以 doctest 編寫這種檢查是可能的，但那會很怪異而且不容易懂，而 unittest 卻可以使它簡單而且自然。

這種彈性對於真實世界的單元測試來說是很關鍵的，它們在某種程度上算是其模組的可執行規格（executable specifications）。你可以，悲觀地，把這種測試彈性的需求視為你正在測試的程式碼之介面定義不良的一種跡象。然而，最好是把這種介面定義方式看作是要給實作者一點實用的彈性：在情況 *X*（在此範例中是傳入了型別無效的引數給函式 reverse_words）下，兩種事情（提出 AttributeError 或 TypeError）中任一種的都允許發生。

因此，具有兩種中任一種行為的實作都算是正確的：實作者可以基於效能或清晰度之類的考量在它們之間進行挑選。藉由把單元測試視為它們模組的可執行規格（現代的觀點，也是測試驅動開發的基礎），而非視為嚴格限於某個特定實作的白盒測試（依據某些傳統的測試分類法），你會發現單元測試變成了軟體開發過程中更不可或缺的一部分。

TestCase 類別

使用 unittest，你可以擴充 TestCase 來撰寫測試案例，新增方法，也就是名稱以 test 開頭且不帶引數的可呼叫物件。這種測試案例方法，接著會呼叫你類別從 TestCase 繼承而來的方法，它們的名稱以 assert 開頭，代表必須成立以讓測試成功的條件。

TestCase 類別還定義了兩個方法，你的類別可以選擇覆寫這兩個方法來分組每個測試案例方法執行前後要立即進行的動作。這並沒有耗盡 TestCase 的功能性，但除非你在開發測試框架或執行其他進階任務，否則你不需要其他的功能。表 17-1 列出 TestCase 實體 *t* 會頻繁被呼叫方法。

表 17-1 TestCase 實體 t 的方法

assertAlmost Equal	assertAlmostEqual(*first, second*, places=7, msg=**None**) 如果在捨入到小數點後 *places* 位之後，*first* != *second* 就會失敗並輸出 msg；否則，不做任何處理。這個方法比 assertEqual 更適合於比較 float，因為它們是近似值，可能只在較低的有效小數位數上有所差異。如果測試失敗，那麼在產生診斷訊息時，unittest 會假設 *first* 是預期的值（expected value），而 *second* 是觀察到的值（observed value）。
assertEqual	assertEqual(*first, second*, msg=**None**) 當 *first* != *second* 時失敗並輸出 msg；否則，不做任何事情。測試失敗產生診斷訊息時，unittest 會假設 *first* 是預期的值，而 *second* 是觀察到的值。
assertFalse	assertFalse(*condition*, msg=None) 當 *condition* 為真時，失敗並輸出 msg；否則，不做任何事情。
assertNotAlmost Equal	assertNotAlmostEqual(*first, second*, places=7, msg=**None**) 在小數點後 *places* 位之內，如果 *first* == *second*，就會失敗並輸出 msg；否則，不做任何處理。
assertNotEqual	assertNotEqual(*first, second*, msg=**None**) 當 *first* == *second* 時失敗並輸出 msg；否則，不做任何事情。

assertRaises	assertRaises(*exceptionSpec, callable, *args, **kwargs*)
	呼叫 *callable(*args, **kwargs)*。如果該呼叫沒有提出任何例外，就失敗。如果該呼叫提出的例外不符合 *exceptionSpec*，assertRaises 就會傳播該例外。如果該呼叫提出的例外符合 *exceptionSpec*，assertRaises 什麼都不做。*exceptionSpec* 可以是一個例外類別或類別所成的一個元組，就跟 **try/except** 述句中 **except** 子句的第一個引數一樣。
	使用 assertRaises 的一個替代的，通常也是偏好的方式是作為情境管理器（context manager）使用，也就是用於一個 **with** 述句：
	`with self.assertRaises(exceptionSpec):`
	`    # ... 一個區塊的程式碼 ...`
	在此，內縮在 **with** 述句中的整個「程式碼區塊」都會執行，而非只有以特定引數呼叫的 *callable*。預期的情況（避免這個語言構造失敗）是該程式碼區塊提出了符合給定的例外規格（exception specification，即一個例外類別或類別元組）的一個例外。這種替代做法比傳遞一個可呼叫物件更為通用且易讀。

assertRaises Regex	assertRaisesRegex(*exceptionSpec*, *expected_regex*, *callable*, **args*, ***kwargs*)
	就跟 assertRaises 一樣，但也會檢查例外的錯誤訊息是否與 *regex* 匹配；*regex* 可以是一個正規表達式（regular expression）物件、或一個字串模式以編譯成一個 RE 物件，而測試（當預期的例外已經被提出）透過呼叫 RE 物件的 search 來檢查錯誤訊息。
	就像 assertRaises 一樣，assertRaisesRegex 最好作為一個情境管理器使用，也就是在 **with** 述句中：
	`with self.assertRaisesRegex(exceptionSpec, regex):`
	`    # ... 一個區塊的程式碼 ...`

enterContext	enterContext(ctx_manager) **3.11+** 在一個 TestCase.setup() 方法中使用此呼叫。回傳源自 ctx_manager.__enter__ 呼叫的值，並將 ctx_manager.__exit__ 新增到框架在 TestCase 的清理階段要執行的清理方法串列中。

fail	fail(msg=**None**)
	無條件地失敗，並輸出 msg。一個範例程式碼片段可能是：
	`if not complex_check_if_its_ok(some, thing):`
	`    self.fail(`
	`      'Complex checks failed on'`
	`      f' {some}, {thing}'`
	`    )`

setUp	setUp() 框架會在呼叫每個測試案例方法之前立即呼叫 *t*.setUp()。TestCase 中的 setUp 什麼都不做；它的存在只是為了讓你的類別在需要為每個測試做一些準備時覆寫該方法。
subTest	subTest(msg=**None**, ***k*) 回傳一個情境管理器，可以在一個測試方法中定義一部分的測試。當一個測試方法會以不同的參數多次執行同一個測試時，請使用 subTest。將這些參數化的測試包在 subTest 中，可以確保所有的案例都會被執行，即使其中一些案例失敗或提出例外。
tearDown	tearDown() 框架會在每個測試案例方法之後立即呼叫 *t*.tearDown()。基礎 TestCase 類別中的 tearDown 什麼都不做；它的存在只是為了讓你的類別在每次測試後需要執行一些清理工作時，覆寫該方法。

此外，一個 TestCase 實體會維護清理函式（*cleanup functions*）的一個 LIFO（後進先出）堆疊。當你的一個測試（或 setUp）中的程式碼做了一些需要清理的事情時，就呼叫 self.addCleanup，傳入一個清理用的可

呼叫物件 *f* 和選擇性的位置引數及具名引數給 *f*。為了進行堆疊起來的清理工作，你可以呼叫 `doCleanups`；不過，框架本身在 `tearDown` 後就會呼叫 `doCleanups`。表 17-2 列出一個 `TestCase` 實體 *t* 的兩個清理方法的特徵式。

表 17-2　TestCase 實體 *t* 的清理方法

addCleanup	addCleanup(*func*, **a*, ***k*) 將 (*func*, *a*, *k*) 附加到清理串列（cleanups list）的末端。

doCleanups	doCleanups()
	執行所有的清理工作，若堆疊上有的話。實質上等同於：
	`while self.list_of_cleanups:`
	`    func, a, k = self.list_of_cleanups.pop()`
	`    func(*a, **k)`
	`self.list_of_cleanups` 是一個假設的堆疊，當然，還要加上錯誤檢查和回報。

處理大量資料的單元測試

單元測試必須很快速，因為開發過程中經常要執行它們。所以可行的話，請盡可能以少量資料「單元測試」你模組的每個面向。這能使單元測試執行起來更快，並讓你在測試的原始碼中內嵌資料。測試一個會讀取或寫入檔案物件的函式時，請為文字檔案使用類別 `io.TextIO` 的一個實體（或用於二進位檔案的 `io.BytesIO`，如第 391 頁「記憶體內的檔案：io.StringIO 和 io.BytesIO」中所講述的），以取得資料在記憶體中的一個檔案：這種做法會比寫入磁碟還要快速，而且無須清理（例如在測試之後移除磁碟檔案）。

在少數情況中，可能要提供或比較無法合理地內嵌到測試原始碼中的大量資料才能觸動一個模組的功能性。在這種情況中，你的單元測試必須仰賴輔助性的外部資料檔來存放資料，以提供給它所測試的模組或與輸出進行比較。即使是在這種情況下，使用前面提及的 `io` 類別之實體通常都會比較好，而非指引被測模組進行實際的磁碟 I/O。更重要的是，我們強烈建議你使用 stubs 來為會與外部實體（例如資料庫、GUI，或透過網路連接的其他程式）互動的模組進行單元測試。使用 stubs 會比使用真正的外部實體更容易控制測試的所有面向。此外，為了重複執行，你執行單元測試的速度就顯得很重要，而藉由 stubs 進行模擬的作業會比真實的作業還要快速。

為了讓測試隨機性可重現，請提供一個種子

如果你的程式碼會用到偽隨機數字（pseudorandom numbers，如第 574 頁「random 模組」中所講述的），你可以確保它的「隨機」行為是可重現的（*reproducible*），來讓測試工作更容易進行：具體而言，就是確保你的測試可以很容易地以一個已知的引數呼叫 `random.seed`，如此就確保了偽隨機數字變得完全可預測。這也適用於你使用偽隨機數字來產生隨機輸入以設置你的測試之時：這種產生動作應該預設使用一個已知的種子（seed），用在大多數的測試中，讓你具備能為特定的技巧（例如 fuzzing，*https://oreil.ly/C17DL*）變更種子的額外彈性。

使用 nose2 進行測試

`nose2` 是一個可透過 `pip` 安裝的第三方測試工具和框架，它建立在 `unittest` 之上，提供附加的外掛、類別和裝飾器，以輔助編寫和執行你的測試組件（test suite）。`nose2` 將「嗅出」你專案中的測試案例，透過尋找儲存在名為 *test*.py* 的檔案中的 `unittest` 測試案例來建置它的測試組件。

下面是使用 `nose2` 的 `params` 裝飾器向測試函式傳入資料參數的一個例子：

```
import unittest
from nose2.tools import params

class TestCase(unittest.TestCase):

    @params((5, 5), (-1, 1), ('a', None, TypeError))
    def test_abs_value(self, x, expected, should_raise=None):
        if should_raise is not None:
            with self.assertRaises(should_raise):
                abs(x)
        else:
            assert abs(x) == expected
```

`nose2` 還包括額外的裝飾器、定義測試函式群組的 `such` 情境管理器，以及一個提供測試元函式（testing metafunctions）的外掛框架（plug-in framework），如記錄、除錯和覆蓋率回報（coverage reporting）。欲了解更多資訊，請參閱線上說明文件（*https://oreil.ly/oFTIV*）。

使用 pytest 進行測試

pytest 模組是一個可用 pip 安裝的第三方單元測試框架，它可以自我內省（introspects）一個專案的模組，在 *test_*.py* 或 *_test.py* 檔案中找到測試案例，在模組層級名稱以 test 開頭的方法，或者在名稱以 Test 開頭的類別中。與內建的 unittest 框架不同，pytest 不要求測試案例擴充任何測試類別的階層架構；它執行所發現的測試方法，使用 Python 的 **assert** 述句來判斷每個測試的成功或失敗[5]。如果一個測試提出了除 AssertionError 之外的任何例外，這表明測試中有錯誤，而不是單純的測試失敗。

為了取代測試案例類別的階層架構，pytest 提供一些輔助方法（helper methods）和裝飾器來簡化單元測試的編寫工作。最常見的方法列在表 17-3 中；請查閱線上說明文件（*https://oreil.ly/a0WBi*）以獲得更完整的方法和選擇性引數清單。

表 17-3　常用的 pytest 方法

approx	approx(*float_value*) 用來支援必須比較浮點值的斷言（asserts）。*float_value* 可以是一個單一的值或一序列的值： **assert** 0.1 + 0.2 == approx(0.3) **assert** [0.1, 0.2, 0.1+0.2] == approx([0.1, 0.2, 0.3])
fail	fail(*failure_reason*) 迫使當前測試失敗。比注入一個 **assert False** 述句更明確，但在其他方面是相等的。
raises	raises(*expected_exception*, match=regex_match) 一個情境管理器，除非它的情境（context）提出一個例外 *exc*，使得 isinstance(*exc*, *expected_exception*) 為真，否則就會失敗。若有給出 match，除非 *exc* 的 str 表示值也與 re.search(match, str(*exc*)) 匹配，否則測試失敗。
skip	skip(*skip_reason*) 強制跳過當前的測試；舉例來說，當一個測試依存於一個已經失敗的前一個測試時，就使用這個方法。
warns	warns(*expected_warning*, match=*regex_match*) 類似於 *raises*；用來包裹測試預期警告有被提出的程式碼。

測試、除錯和最佳化

5　估算 assert *a* == *b* 時，pytest 會將 *a* 解讀為觀察到的值，將 *b* 解讀為預期的值（與 unittest 相反）。

pytest.mark 子套件包括裝飾器，用來為測試方法「標示（mark）」額外的測試行為，包括表 17-4 中列出的行為。

表 17-4　pytest.mark 子套件中的裝飾器

parametrize	@parametrize(*args_string*, *arg_test_values*)
	呼叫所裝飾的測試方法，將逗號分隔的串列 *args_string* 中指名的引數設定為 *arg_test_values* 中每個引數元組的值。下面的程式碼執行 test_is_greater 兩次，一次使用 x=1, y=0 而 expected=**True**；另一次使用 x=0, y=1，而 expected=**False**。
	`@pytest.mark.parametrize`
	`("x,y,expected",`
	` [(1, 0, True), (0, 1, False)])`
	`def test_is_greater(x, y, expected):`
	`assert (x > y) == expected`

skip, skipif	@skip(*skip_reason*), @skipif(*condition*, *skip_reason*) 跳過一個測試方法，可以選擇根據一些全域條件。

除錯

因為 Python 的開發週期很快，除錯（debug）最有效的方式經常是編輯你的程式碼，在關鍵的地方輸出相關的資訊。Python 有許多方式能讓你的程式碼探索自己的狀態，以擷取出可能與除錯有關的資訊。更具體地說，inspect 與 traceback 模組就提供了這種探索方式，也被稱為**反思**（*reflection*）或**內省**（*introspection*）。

一旦你有了除錯相關的資訊，print 經常就是顯示它們的自然方式（涵蓋於第 350 頁「pprint 模組」的 pprint 往往也是個好選擇）。然而，通常更好的是將除錯資訊**記錄**（*log*）到檔案。這種記錄工作（logging）適用於無人看管的程式（例如伺服器程式）。顯示除錯資訊就跟顯示其他的資訊一樣，如第 11 章中所講述的。記錄這種資訊就像寫入檔案（涵蓋於同一章）；然而，為了輔助這種常見的任務，Python 的標準程式庫提供了一個 logging 模組，涵蓋於第 255 頁的「logging 模組」中。如同表 8-3 中所講述的，重新繫結模組 sys 中的 excepthook 能讓你的程式在以一個傳播出來的例外終止之前，記錄錯誤資訊。

Python 也提供掛接器（hooks）來啟用互動式除錯（interactive debugging）。pdb 模組提供一個簡單的、文字模式的互動式除錯器（debugger）。其他的、更為強大的 Python 互動式除錯器，通常是 IDE

的一部分，例如 IDLE 或其他商業版的工具，如第 32 頁「Python 開發環境」中所提及的；在本書中，我們不會進一步涵蓋那些進階除錯器。

開始除錯之前

在你開始冗長的除錯探索工作之前，請確定你有以第 2 章中所提到的工具徹底地檢查過你的 Python 原始碼。這些工具只能捕捉你程式碼中的部分錯誤，但它們比互動式除錯還要快多了：使用它們絕對是值得的。

此外，同樣在起始一個除錯工作階段（debugging session）之前，請先確保涉及的所有程式碼都有提及在單元測試中，如第 599 頁「unittest 模組」中所述。如本章前面提到的，只要找到一個臭蟲，在你修補它之前，請新增一兩個一開始就能找出那個臭蟲的測試到你的單元測試組件（或者，如果必要的話，加到系統測試組件）中，然後再次執行那些測試來確認它們現在能夠揭露並分離出那個臭蟲，只有在這些動作完成後，你才開始修補那個臭蟲。規律地遵循這個程序進行，會幫助你學會撰寫更好更完備的測試，確保你最終擁有一個更穩健的測試套件，而且對於你程式碼整體、**長久**的正確性，更有信心。

請記得，即使運用了 Python 提供的所有機能，它的標準程式庫，以及你喜愛的任何 IDE，除錯仍然是很**困難**的。在你開始編寫程式碼，或甚至是開始設計之前，都要記住這點：撰寫並執行大量的單元測試，並讓你的設計和程式碼保持**簡單**，以最小化你所需的除錯工作量！關於這方面，Brian Kernighan 經典的建議是：「Debugging is twice as hard as writing the code in the first place. Therefore, if you write the code as cleverly as you can, you are, by definition, not smart enough to debug it.」（除錯程式碼的難度是一開始編寫那些程式碼的兩倍。因此，如果你用盡了你的聰明才智來撰寫那些程式碼，那麼依照定義，你的聰明程度就不足以除錯它）。這就是為什麼描述 Python 程式碼或程式設計師的時候，「很聰明（clever）」並不算是正面形容詞的部分原因。

inspect 模組

`inspect` 模組提供獲取各種物件資訊的函式，包括 Python 呼叫堆疊（call stack，它記錄了當前正在執行的所有函式呼叫）和原始碼檔案。表 17-5 中列出 `inspect` 最常用的函式。

表 17-5 inspect 模組的實用函式

currentframe	currentframe() 回傳當前函式（currentframe 的呼叫者）的框架物件。舉例來說，formatargvalues(*getargvalues(currentframe())) 會回傳一個代表呼叫端函式引數的字串。
getargspec, formatargspec	getargspec(*f*) **-3.11** 在 Python 3.5 中被棄用，在 Python 3.11 中被刪除。前向相容的方式是呼叫 inspect.signature(*f*) 來內省可呼叫物件，並使用產生的 inspect.Signature 類別的實體，這將在下一小節介紹。

getargvalues,
formatargvalues
	getargvalues(*f*)
	f 是一個框架物件（frame object），例如呼叫 sys 模組中的函式 _getframe（在第 504 頁的「框架型別」中提及）或 inspect 模組中的函式 currentframe 的結果。getargvalues 回傳一個包含四個項目的具名元組：(*args*, *varargs*, *keywords*, *locals*)。*args* 是 *f* 的函式參數的名稱序列。*varargs* 是形式為 **a* 的特殊參數之名稱；如果 *f* 的函式沒有這樣的參數，則為 **None**。*keywords* 是形式為 ***k* 的特殊參數之名稱；如果 *f* 的函式沒有這樣的參數，則為 **None**。*locals* 是 *f* 的區域變數字典。由於引數是區域變數，每個引數的值都可以透過用引數對應的參數名稱對 *locals* 字典進行索引來獲得。
	formatargvalues 接受一至四個引數，這些引數與 getargvalues 回傳的具名元組中的項目相同，並回傳一個包含這些資訊的字串。formatargvalues(*getargvalues(*f*)) 回傳一個字串，其中包含 *f* 的引數，以具名形式放在括弧中，就像在建立 *f* 的呼叫述句中使用的那樣。例如：
	`def f(x=23):`
	`    return inspect.currentframe()`
	`print(inspect.formatargvalues(`
	`      *inspect.getargvalues(f())))`
	`# 印出： (x=23)`

getdoc	getdoc(*obj*) 回傳 *obj* 的說明文件字串，這是一個多行字串，其中的 tab 展開為空格，並從每行剝離多餘的空白。
getfile, getsourcefile	getfile(*obj*), getsourcefile(*obj*) getfile 回傳定義 *obj* 的二進位檔案或原始碼檔案之名稱。無法確定檔案時，提出 TypeError（例如當 *obj* 是一個內建值之時）。getsourcefile 回傳定義 *obj* 的原始碼檔案之名稱；當它能找到的只是一個二進位檔案而非相應的原始碼檔案時，會提出 TypeError。

`getmembers`	`getmembers(obj, filter=None)`
	回傳 *obj* 的所有屬性（成員），包括資料和方法（包括特殊方法），作為一個排序好的 (*name*, *value*) 對組串列。當 `filter` 不是 **None** 時，只回傳可呼叫的 `filter` 在屬性的 *value* 上呼叫時會回傳真值結果的那些屬性，相當於：
	`((n, v) for n, v in getmembers(obj)`
	`    if filter(v))`

`getmodule`	`getmodule(obj)` 回傳定義 *obj* 的模組，如果無法確定，則回傳 **None**。

`getmro`	`getmro(c)`
	回傳 *c* 類別按方法解析順序（method resolution order，在第 156 頁的「繼承」中討論過）排列的基礎類別和祖類別的一個元組。*c* 是元組中的第一個項目，而每個類別在元組中只出現一次。比如說：
	`class A: pass`
	`class B(A): pass`
	`class C(A): pass`
	`class D(B, C): pass`
	`for c in inspect.getmro(D):`
	`    print(c.__name__, end=' ')`
	`# 印出： D B C A object`

`getsource`, `getsourcelines`	`getsource(obj)`, `getsourcelines(obj)` `getsource` 回傳一個多行字串，即 *obj* 的原始碼，如果無法確定或擷取它，則提出 `IOError`。`getsourcelines` 回傳一個對組：第一項是 *obj* 的原始碼（行的一個串列），而第二項是其檔案中第一行的行號。
`isbuiltin`, `isclass`, `iscode`, `isframe`, `isfunction`, `ismethod`, `ismodule`, `isroutine`	`isbuiltin(obj)` 等 這些函式中的每一個都接受一個引數 *obj*，當 *obj* 是函式名稱中所指的那種時，回傳 **True**。可接受的物件分別是：內建（C 編寫的）函式、類別物件、程式碼物件、框架物件、Python 編寫的函式（包括 **lambda** 運算式）、方法、模組，以及對於 `isroutine` 而言，所有的方法或函式，無論是用 C 編寫的還是 Python 編寫的。這些函式經常被用作 `getmembers` 的 `filter` 引數。
`stack`	`stack(context=1)` 回傳由六個項目組成的元組的一個串列。第一個元組是關於 `stack` 的呼叫者；第二個是關於呼叫者的呼叫者，以此類推。每個元組中的項目為：框架物件、檔案名稱、行號、函式名稱、當前行周圍的 `context` 源碼行串列、串列中當前行的索引。

內省可呼叫物件

要內省一個可呼叫物件（callable）的特徵式（signature），可以呼叫 `inspect.signature(f)`，它回傳 `inspect.Signature` 類別的一個實體 *s*。

s`.parameters` 是將參數名稱映射到 `inspect.Parameter` 實體的一個 `dict`。呼叫 *s*`.bind(*`*a*`, **`*k*`)` 將所有參數繫結至給定的位置引數和具名引數，或者呼叫 *s*`.bind_partial(*`*a*`, **`*k*`)` 繫結其中的一個子集：每個都回傳 `inspect.BoundArguments` 的一個實體 *b*。

關於如何透過這些類別和它們的方法來內省可呼叫物件之特徵式的詳細資訊和範例，請參閱 PEP 362（*https://oreil.ly/e2Sb_*）。

使用 inspect 的一個例子

假設在程式中的某個地方，你執行了一個述句，如：

```
x.f()
```

並意外地收到一個 `AttributeError`，告知你物件 `x` 沒有名為 `f` 的屬性。這意味著物件 `x` 並不像你預期的那樣，所以你想確定更多關於 `x` 的資訊，以初步確定為什麼 `x` 會變成這樣，以及你應該如何處理它。一個簡單的第一做法可能是：

```
print(type(x), x)
# 或者，從 v3.8 開始，使用帶有一個尾隨的 '=' 的一個 f-string 來顯示
repr(x)
# print(f'{x=}')
x.f()
```

這通常會提供足以繼續下去的資訊；或者你可以把它改成 `print(type(x), dir(x), x)` 來看看 `x` 的方法和屬性是什麼。但如果這還不夠，就把述句改為：

```
try:
    x.f()
except AttributeError:
    import sys, inspect
    print(f'x is type {type(x).__name__}, ({x!r})', file=sys.stderr)
    print("x's methods are:", file=sys.stderr, end='')
    for n, v in inspect.getmembers(x, callable):
        print(n, file=sys.stderr, end=' ')
    print(file=sys.stderr)
    raise
```

這個例子正確地使用了 sys.stderr（在表 8-3 中提及），因為它顯示與錯誤有關的資訊，而非程式結果。模組 inspect 的函式 getmembers 獲取 x 上所有可用方法的名稱，以便顯示它們。如果你經常需要這種診斷功能，你可以把它封裝成一個單獨的函式，比如說：

```
import sys, inspect
def show_obj_methods(obj, name, show=sys.stderr.write):
    show(f'{name} is type {type(obj).__name__}({obj!r})\n')
    show(f"{name}'s methods are: ")
    for n, v in inspect.getmembers(obj, callable):
        show(f'{n} ')
    show('\n')
```

然後，此例就變得只有這樣：

```
try:
    x.f()
except AttributeError:
    show_obj_methods(x, 'x')
    raise
```

對於用於診斷和除錯的程式碼，良好的程式結構和組織就跟在實作程式功能性的程式碼中一樣重要。請參閱第 257 頁的「assert 述句」，了解在定義診斷和除錯函式時應採用的良好技巧。

traceback 模組

traceback 模組可以讓你提取、格式化和輸出有關未捕捉的例外一般會產生的回溯追蹤軌跡（tracebacks）。預設情況下，這個模組重現了 Python 用於回溯追蹤的格式。然而，traceback 模組也可以讓你進行更精細的控制。該模組提供許多函式，但在典型的使用中，你只需要其中的一個：

print_exc	print_exc(limit=**None**, file=sys.stderr) 從一個例外處理器（exception handler）或由例外處理器直接或間接呼叫的函式呼叫 print_exc。print_exc 會輸出到類檔案物件 file 中，即 Python 為未捕捉的例外輸出到 stderr 的回溯追蹤軌跡。當 limit 是一個整數時，print_exc 只輸出 limit 層回溯追蹤的巢狀層次（traceback nesting levels）。舉例來說，當你在一個例外處理器中，想產生一個診斷訊息，就好像讓例外傳播一樣，但又要阻止例外進一步傳播（這樣你的程式就會繼續執行，而且不會涉及更多的處理器），可以呼叫 traceback.print_exc()。

pdb 模組

pdb 模組使用 Python 直譯器的除錯和追蹤掛接器（debugging and tracing hooks）來實作一個簡單的命令列互動式除錯器。pdb 讓你設定斷點（breakpoints）、單步執行（single-step）和跳到原始碼、檢視堆疊框（stack frames）…等。

要在 pdb 的控制下執行程式碼，請先匯入 pdb，然後呼叫 pdb.run，把要執行的程式碼字串作為單一的引數傳入。要使用 pdb 進行事後除錯（藉由在互動式提示符下傳播一個例外，來除錯剛結束的程式碼），就呼叫 pdb.pm()，不需要引數。要從你的應用程式碼中直接觸發 pdb，請使用內建的函式 breakpoint。

當 pdb 啟動時，它會先讀取你家目錄和當前目錄中名為 *.pdbrc* 的文字檔案。這些檔案可以包含任何 pdb 命令，但最常見的是你把 alias 命令放在其中，為你經常使用的其他命令定義實用的同義詞和縮略語。

當 pdb 處於控制狀態時，它會用字串 (Pdb) 作為提示，你可以輸入 pdb 命令。命令 help（你可以用縮寫形式的 h 輸入）列出可用的命令。用一個引數（用一個空格隔開）呼叫 help 來獲得關於任何特定命令的說明。你可以將大多數命令縮寫為前一個或兩個字母，但你必須始終以小寫字母輸入命令：pdb，像 Python 本身一樣，是區分大小寫的。輸入空行會重複前一個命令。最常用的 pdb 命令在表 17-6 中列出。

表 17-6　常用的 pdb 命令

!	! *statement* 執行 Python 述句 *statement*，將當前選定的堆疊框架（見本表後面的 d 和 u 命令）作為區域命名空間。
alias, unalias	alias [*name* [*command*]], unalias *name* 為一個經常使用的命令定義一種簡短形式。*command* 是任何 pdb 命令，帶有引數，而且可以包含 %1、%2 等來指涉傳入給正在定義的新別名 *name* 的特定引數，或者用 %* 來指涉所有的那些引數。沒有引數的 alias 會列出當前定義的別名。alias *name* 輸出別名 *name* 目前的定義。unalias *name* 刪除一個別名。
args, a	args 列出傳入給你當前除錯的函式的所有引數。

break, b	break [*location*[, *condition*]] 在沒有引數的情況下，列出目前定義的斷點以及每個斷點的觸發次數。有引數時，break 會在給定的 *location* 設定一個斷點。*location* 可以是行號或函式名稱，前面可以選擇性加上 *filename*: 以在一個不是當前檔案的檔案中設定斷點，或者在一個名稱有歧義的函式（即一個存在於多個檔案中的函式）的開頭設定斷點。當 *condition* 出現時，它是一個運算式，在每次給定的行或函式即將執行時進行估算（在除錯的情境中）；只有當運算式回傳一個真值的值時才會中斷執行。設定一個新的斷點時，break 會回傳一個斷點編號，之後你可以用它在任何其他與斷點有關的 pdb 命令中參考那個新斷點。
clear, cl	clear [*breakpoint-numbers*] 清除（移除）一或多個斷點。沒有引數的 clear 會在請求確認後刪除所有斷點。要暫時停用一個斷點，而不刪除該斷點，請參閱下面的 disable。
condition	condition *breakpoint-number* [*expression*] condition *n expression* 設定或改變斷點 *n* 的條件（condition）。沒有 *expression* 的 condition *n*，會使斷點 *n* 成為無條件的。
continue, c, cont	continue 繼續執行被除錯的程式碼，直到斷點（如果有）為止。
disable	disable [*breakpoint-numbers*] 停用一或多個斷點。不帶引數的 disable 會停用所有斷點（在請求確認後）。這與 clear 不同，因為除錯器會記住該斷點，你可以透過 enable 重新啟用它。
down, d	down 在堆疊中向下移動一個框架（即向最新近的函式呼叫移動）。一般情況下，堆疊中的當前位置是在底部（在最新近呼叫、現在正在除錯的函式處），所以 down 不能再往下移動。然而，如果你之前執行了會讓當前位置在堆疊中向上移動的命令 up，那麼 down 就會有用處。
enable	enable [*breakpoint-numbers*] 啟用一或多個斷點。不含引數的 enable 會在請求確認後啟用所有斷點。

ignore

ignore *breakpoint-number* [*count*]

設定斷點的忽略計數（ignore count，如果省略 *count*，則為 0）。觸發一個忽略計數大於 *0* 的斷點，等同於遞減該計數。只有當你觸發忽略計數為 0 的一個斷點時，執行才會停止，並出現互動式的 pdb 提示。舉例來說，假設模組 *fob.py* 包含以下程式碼：

```
def f():
    for i in range(1000):
        g(i)
def g(i):
    pass
```

現在考慮下面的互動式 pdb 工作階段（次要的格式化細節可能會根據你執行的 Python 版本而改變）：

```
>>> import pdb
>>> import fob
>>> pdb.run('fob.f()')
> <string>(1)?()
(Pdb) break fob.g
Breakpoint 1 at C:\mydir\fob.py:5
(Pdb) ignore 1 500
Will ignore next 500 crossings of breakpoint 1.
(Pdb) continue
> C:\mydir\fob.py(5)
g()-> pass
(Pdb) print(i)
500
```

ignore 命令，正如 pdb 所說，告訴 pdb 忽略接下來 500 次對斷點 1 的觸發，那個斷點是我們在前面用 break 述句設定 fob.g 的結果。因此，當執行最終停止時，函式 g 已經被呼叫了 500 次，正如我們透過列印其引數 i 所顯示的那樣，確實是 500。1 號斷點的忽略計數現在是 0；如果我們執行另一個 continue 並且 print i，i 就會顯示為 501。換句話說，一旦忽略計數遞減到 0，每次遇到斷點都會停止執行。如果我們想跳過更多次的觸發，我們必須賦予 pdb 另一個 ignore 命令，將斷點 1 的忽略計數再次設定為大於 0 的某個值。

jump, j

jump *line_number*

將要執行的下一行設定為給定的行號。你可以用這來跳過一些程式碼，推進到超過它的一行，或者跳到前一行來重新審視一些已經執行的程式碼（注意，jump 到上一個原始碼行並不是一種復原命令：在該行之後對程式狀態的任何改變都會被保留）。

jump 確實有一些限制，舉例來說，你只能在底層框架（bottom frame）內跳躍，而且你不能跳入一個迴圈或跳出一個 **finally** 區塊，但它仍然可以是一個非常有用的命令。

list, l	list [*first* [, *last*]] 沒有引數，列出以當前這行為中心的 11（十一）行，如果前一條命令也是 list，則列出下 11 行。list 命令的引數可以選擇指定當前檔案中要列出的第一行和最後一行；用點號（.）表示當前的除錯行。list 命令列出實體行（physical lines），包括註解和空行，而非邏輯行（logical lines）。list 的輸出用 -> 標示當前行；如果當前行是在處理例外的過程中到達的，提出例外的行會用 >> 標示。
ll	ll list 的加長版本，顯示當前函式或框架中的所有行。
next, n	next 執行當前行，不「踏入（stepping into）」當前行呼叫的任何函式。然而，在直接或間接從當前行呼叫的函式中碰到斷點，會停止執行。
print, p	print(*expression*), p *expression* 在當前情境中對 *expression* 進行估算，並顯示結果。
quit, q	quit 立即終止 pdb 和正在除錯的程式。
return, r	return 執行當前函式的其餘部分，只在斷點處停止，如果有的話。
step, s	step 執行當前行，踏入從當前行呼叫的任何函式。
tbreak	tbreak [*location*[, *condition*]] 和 break 一樣，但斷點是暫時的（即，一旦斷點被觸發，pdb 就會自動刪除該斷點）。
up, u	up 在堆疊中向上移動一個框架（即遠離最新近的函式呼叫，向呼叫端函式移動）。
where, w	where 顯示框架的堆疊，並指出當前的框架（也就是在哪個框架的情境中，命令 ! 執行述句、命令 args 顯示引數、命令 print 估算運算式…等）。

你也可以在 (Pdb) 提示符下輸入一個 Python 運算式，pdb 將會估算它並顯示結果，就像你在 Python 直譯器提示符底下那樣。然而，當你輸入的運算式的第一項與 pdb 命令重疊時，執行的會是 pdb 命令。在除錯帶有單字母變數（如 *p* 和 *q*）的程式碼時，這特別是問題。在這些情況下，你必須以 ! 開始運算式或者在運算式前面加上 print 或 p 命令。

其他的除錯模組

雖然 pdb 是內建在 Python 中的，但也有第三方套件為除錯提供增強的功能。

ipdb

就像 ipython 擴充了 Python 提供的互動式直譯器一樣，ipdb（*https://oreil.ly/t8rV2*）也為 pdb 新增了同樣的內省、tab 自動完成、命令列編輯和歷程功能（以及神奇的命令）。圖 17-1 顯示了一個互動的例子。

```
PS M:\dev\python> py -3.11 .\123_puzzle.py
1 -1
> m:\dev\python\123_puzzle.py(11)<module>()
      9 for i in (1, 2, 3):
     10     ipdb.set_trace(context=5, cond=(i==2))
---> 11     try:
     12         print(i, fn(i))
     13     except Exception:

ipdb> i?
Type:           int
String form: 2
Namespace:    Locals
Docstring:
int([x]) -> integer
int(x, base=10) -> integer
```

圖 17-1　ipdb 工作階段的例子

ipdb 還為它版本的 set_trace 增加了組態設定和條件運算式，對你的程式何時中斷進入除錯工作階段提供更多控制（在這個例子中，斷點的條件是 i 等於 2）。

pudb

pudb（*https://oreil.ly/a5PJB*）是一個輕量化的「類圖形」除錯器，在終端主控台中執行（見圖 17-2)，利用 urwid（*http://excess.org/urwid*）主控台 UI 程式庫。它在使用終端工作階段連接到遠端 Python 環境時特別有用，如透過 ssh，在那裡，視窗化的 GUI 除錯器不容易安裝或執行。

```
PuDB 2020.1 - ?:help  n:next  s:step into  b:breakpoint  !:python command line
 36                                                          Variables:
 37      return 2*x                                          n: 2
 38                                                          x: 1
 39                                                          y: 1
 40 def fermat(n):                                           z: 1
 41     """Returns triplets of the form x^n + y^n = z^n.
 42     Warning! Untested with n > 2.
 43     """
 44
 45     # source: "Fermat's last Python script"
 46     # https://earthboundkid.jottit.com/fermat.py
 47     # :)
 48
 49     for x in range(100):
 50         for y in range(1, x+1):
 51             for z in range(1, x**n+y**n + 1):            Stack:
> 52                 if x**n + y**n == z**n:                  >> fermat
 53                     yield x, y, z                            <module>
 54
 55 print("SF %s" % simple_func(10))
 56
 57 for i in fermat(2):
                                                             Breakpoints:
>>> (x, y, z)
(1, 1, 1)

>>>                                              < Clear >
```

圖 17-2　pudb 工作階段的例子

pudb 有它自己的一套除錯命令和介面，這需要一些練習來使用；然而，當在緊湊狹小的計算空間中工作時，它方便地提供一種視覺化的除錯環境。

warnings 模組

警告（warnings）是關於錯誤或異常狀況的資訊，但並沒有嚴重到會中斷程式的流程控制（如提出例外的情況）。warnings 模組提供對於哪些警告要被輸出以及如何處理那些警告的精細控制。你可以呼叫 warnings 模組中的函式 warn 來有條件地輸出警告。模組中的其他函式讓你控制警告如何格式化、設定它們的目的地，並有條件地抑制一些警告或將一些警告轉化為例外。

類別

代表警告的例外類別不是由 warnings 所提供的：它們是內建的。類別 Warning 是 Exception 的子類別，是所有警告的基礎類別。你可以定義你自己的警告類別，這些類別必須直接繼承 Warning 或透過 Warning 現有的某個子類別繼承，這些子類別包括：

`DeprecationWarning`
: 用於已棄用功能的使用，這些功能仍然提供，只是為了回溯相容

`RuntimeWarning`
: 用到語意容易出錯的功能

`SyntaxWarning`
: 用到語法容易出錯的功能

`UserWarning`
: 對於其他不符合上述任何情況的使用者定義的警告

物件

Python 沒有提供具體的「警告物件」。取而代之，一個警告是由一個 *message*（一個字串）、一個 *category*（`Warning` 的一個子類別）和兩項資訊所組成的，用於識別警告被提出的位置：*module*（提出警告的模組名稱）和 *lineno*（提出警告的原始碼中的行號）。從概念上講，你可以把這些看作是一個警告物件 *w* 的屬性：我們會在後面使用屬性記號，嚴格來說是為了清晰起見，但實際上並沒有具體的物件 *w* 存在。

過濾器

在任何時候，`warnings` 模組都會保留用於警告的有效過濾器的一個串列。當你在執行中第一次匯入 `warnings` 時，模組會檢查 `sys.warnoptions` 來決定初始的過濾器（filters）集合。你可以在執行 Python 時使用選項 **`-W`** 來設定某次執行的 `sys.warnoptions`。不要仰賴 `sys.warnoptions` 中專門儲存的初始過濾器集，因為那是一個實作細節，在 Python 的未來版本中可能會改變。

當每個警告 *w* 發生時，`warnings` 都會根據每個過濾器測試 *w*，直到有一個過濾器匹配為止。第一個匹配的過濾器決定了 *w* 會發生什麼事。每個過濾器是由五個項目組成的一個元組。第一項，*action*，是一個字串，定義了匹配時會發生什麼事。其他四項，即 *message*、*category*、*module* 與 *lineno*，控制了 *w* 與過濾器匹配有什麼意義：要想匹配，所有的條件都必須滿足。下面是這些項目的含義（用屬性記號表示 *w* 的概念屬性）：

message

一個正規表達式模式字串；匹配條件是 `re.match(`*message*`, `*w*`.message, re.I)`（此匹配不區分大小寫）

category

`Warning` 或其子類別；匹配條件是 `issubclass(`*w*`.category, `*category*`)`

module

一個正規表達式模式字串；匹配條件是 `re.match(`*module*`, `*w*`.module)`（此匹配區分大小寫）

lineno

一個 `int`；匹配條件是 *lineno* **in** `(0, `*w*`.lineno)`：也就是說，要麼 *lineno* 是 `0`，意味著 *w*`.lineno` 不重要，要麼 *w*`.lineno` 必須正好等於 *lineno*。

一旦匹配，過濾器的第一個欄位，即 *action*，決定了會發生什麼事。它可以有以下值：

`'always'`

無論 *w* 是否已經發生，*w*`.message` 都會被輸出。

`'default'`

只有當這是第一次從這個特定的位置（即這個特定的 `(`*w*`.module, `*w*`.location)` 對組）發生 *w* 的時候，*w*`.message` 才會被輸出。

`'error'`

w`.category(`*w*`.message)` 被作為一個例外提出。

`'ignore'`

w 被會忽略。

`'module'`

只有當這是 *w*`.module` 中第一次出現 *w* 時，*w*`.message` 才會被輸出。

`'once'`

只有當這是第一次從任何位置出現 *w* 時，*w*`.message` 才會被輸出。

當一個模組發出一個警告時，warnings 會在該模組的全域變數中新增一個名為 __warningsgregistry__ 的 dict，如果該 dict 還尚未存在的話。這個 dict 中的每個鍵值都是一個對組 (*message*, *category*)，或者有三個項目的一個元組 (*message*, *category*, *lineno*)；當該訊息的再次出現要被抑制時，相應的值會是 **True**。因此，舉例來說，你可以透過執行 *m*.__warningsregistry__.clear() 來重置一個模組 *m* 所有警告的抑制狀態：如果你這樣做，所有的訊息都允許被再次輸出（一次），即使是在，舉例來說，它們之前已經觸發了一個 *action* 為 'module' 的過濾器之情況下。

函式

warnings 模組提供表 17-7 中所列的函式。

表 17-7　warnings 模組的函式

filter warnings	filterwarnings(*action*, message='.*', category=Warning, module='.*', lineno=0, append=**False**) 將一個過濾器新增到啟用的過濾器串列中。當 append 為 **True** 時，filterwarnings 會將該過濾器新增到所有其他現有的過濾器之後（即將該過濾器附加到現有的過濾器串列中）；否則，filterwarnings 將該過濾器插入到其他現有的任何過濾器之前。所有的組成部分，除了 *action*，都有預設值，意味著「匹配一切」。如上所述，message 和 module 是正規表達式的模式字串，category 是 Warning 的某個子類別，lineno 是一個整數，而 *action* 是一個字串，決定當一個訊息與這個過濾器相匹配時會發生什麼事。
format warning	formatwarning(*message*, *category*, *filename*, *lineno*) 回傳一個字串，以標準格式化表示給定的警告。
reset warnings	resetwarnings() 刪除過濾器串列中的所有過濾器。resetwarnings 也會丟棄最初用 **-W** 命令列選項新增的任何過濾器。
showwarning	showwarning(*message*, *category*, *filename*, *lineno*, file=sys.stderr) 將給定的警告輸出到給定的檔案物件。輸出警告的過濾器動作會呼叫 showwarning，讓引數 file 預設為 sys.stderr。要改變過濾器動作輸出警告會發生的事，可以用這個特徵式編寫你自己的函式，並將其繫結到 warnings.showwarning，從而覆寫預設的實作。

`warn`	`warn(message, category=UserWarning, stacklevel=1)` 送出一個警告，讓過濾器檢查並可能輸出它。如果 stacklevel 是 1，警告的位置是當前函式（warn 的呼叫者）；如果 stacklevel 是 2，則是當前函式的呼叫者。因此，傳入 2 作為 stacklevel 的值可以讓你寫出代表它們呼叫者傳送警告的函式，例如：

```
def to_unicode(bytestr):
    try:
        return bytestr.decode()
    except UnicodeError:
        warnings.warn(f'Invalid characters in
                      {bytestr!r}',
                      stacklevel=2)
        return bytestr.decode(errors='ignore')
```

由於參數 stacklevel=2，警告看起來源自 to_unicode 的呼叫者，而非來自 to_unicode 本身。當匹配這個警告的過濾器的 *action* 是 'default' 或 'module' 時，這一點非常重要，因為這些動作只會在警告第一次從一個給定的位置或模組出現時輸出警告。

最佳化

「First make it work. Then make it right. Then make it fast.（先確保它能夠運行。然後確保它正確無誤。最後讓它變得快速）」這句話經常有稍微變化過的形式，被廣泛地稱為「程式設計的黃金法則（golden rule of programming）」。就我們所能確定的，其來源是 Kent Beck，他把這句話歸功於他的父親。這個原則經常被引用，但卻很少被遵循。它為了強調而略微誇張的一個負面形式，是 Don Knuth 的一句話（他將此歸功於 Tony Hoare 爵士）：「Premature optimization is the root of all evil in programming（過早的最佳化是程式設計中所有邪惡的根源）」。

如果你的程式碼還無法運作，或者你不確定你的程式碼到底應該做什麼（因為這樣你就沒辦法確定它是否有在運作），那麼最佳化的時機就尚未成熟。首先讓它得以運作：確認你的程式碼能準確地執行它應該要完成的所有任務。

如果你的程式碼能夠運作，但你對整體的結構和設計並不滿意，那麼最佳化也是言之過早。在擔心最佳化之前，先糾正結構上的缺陷：先讓它得以運作，接著讓它做對的事。這些步驟不是可有可無的；能夠運作的、架構良好的程式碼始終都是必要的[6]。

在嘗試任何最佳化之前，擁有一個良好的測試組件（test suite）是關鍵所在。畢竟，最佳化的目的是在不改變程式碼行為的情況下，提升速度或減少記憶體消耗量，或者兩者都是。

相較之下，你並不總是需要讓它變得快速。基準化分析（benchmarks）可能顯示你程式碼的效能在前兩步之後已經可以接受了。如果效能無法接受，效能評測（profiling）往往會顯示出所有的效能問題都集中在程式碼的一小部分，你的程式可能有 80% 或 90% 的時間花在 10% 到 20% 的程式碼上[7]。你的程式碼中這種對效能至關重要的區域（performance-crucial regions）被稱為**瓶頸**（*bottlenecks*），或**熱點**（*hot spots*）。對佔程式執行時間 10% 的大段程式碼進行最佳化，是一種浪費。即使你讓這部分的執行速度提高了 10 倍（這是一種罕見的壯舉），你程式的整體執行時間也只會減少 9%[8]，使用者甚至可能沒有注意到這種速度提升。如果需要最佳化，請將你的努力集中在重要的地方，也就是在瓶頸上。你通常可以在保持你程式碼 100% 純 Python 的情況下最佳化瓶頸，從而不妨礙將來移植到其他 Python 實作。

開發一個足夠快的 Python 應用程式

首先在 Python 中設計、編寫和測試你的應用程式，如果可用的擴充模組能節省你的工夫，就使用它們。這比使用傳統的編譯語言所花的時間要少很多。然後對應用程式進行基準化分析，看看所產生的程式碼是否足夠快。一般情況下，它通常是，然後你就完成了，恭喜你！出貨吧！

由於 Python 本身的大部分都是用高度最佳化的 C 語言編寫的（正如它的許多標準程式庫和擴充模組一樣），你的應用程式甚至可能已經比典型的 C 程式碼快了。然而，如果應用程式太慢，你首先需要重新思考你的演算法和資料結構。檢查由於應用程式架構、網路訊務、資料庫存取

6 「哦，但我只是暫時使用這段程式碼，不會太久！」這並**不是**馬虎行事的藉口：俄羅斯諺語「沒有什麼會比臨時解決方案更永久」在軟體中特別適用。在世界各地，有執行關鍵任務的大量「臨時」程式碼都已超過 50 歲了。

7 Pareto 原則的一個典型情況（*https://oreil.ly/iJVCX*）在發揮作用。

8 根據 Amdahl 定律（*https://oreil.ly/e6PEg*）。

和作業系統互動而產生的瓶頸。對於許多應用程式來說，這些因素中的每一項都比語言選擇或程式碼細節更有可能導致速度減慢。對大規模架構面向的修補往往可以大幅提高應用程式的速度，而 Python 是進行這種實驗的絕佳媒介。如果你有使用版本控制系統（你應該這樣做！），你應該很容易建立實驗性分支（branches）或複製體（clones），在那裡你可以嘗試不同的技巧，看看哪些技巧能帶來顯著的改善，而且所有的這些都不會損害到你的工作程式碼。然後，你可以將通過測試的任何改進合併回來。

如果你的程式還是太慢，那就對它進行效能評測（profile）：找出時間都用到哪去了！正如我們之前提到的，應用程式經常表現出計算瓶頸，原始碼中的小區域佔了執行時間的絕大部分。套用本章其餘部分所建議的技巧，對瓶頸進行最佳化。

如果正常的 Python 層面的最佳化仍然留下了一些未解決的計算瓶頸，你可以把它們重新編寫為 Python 擴充模組，正如第 25 章（*https://oreil.ly/python-nutshell-25*）中所介紹的那樣。最後，你應用程式的執行速度將與你用 C、C++ 或 FORTRAN 編寫的速度大致相同，或者更快，如果大規模的實驗有讓你找到更好的架構的話。透過這個過程，你的整體程式設計效率不會比你用 Python 編寫所有東西低很多。未來的變更和維護也很容易，因為你用 Python 來表達程式的整體結構，而較低階的、較難維護的語言只用於少數特定的計算瓶頸。

當你遵循這個過程在某個領域建置應用程式時，你將累積出一個可重用的 Python 擴充模組程式庫。因此，在同一領域開發其他快速執行的 Python 應用程式時，你會變得越來越有生產力。

即使外部約束最終迫使你用低階語言重新編寫你的整個應用程式，你仍然會因為從 Python 開始而更有優勢。長期以來，人們一直認為快速原型設計（rapid prototyping）是獲得正確的軟體架構的最好途徑。一個可運作的原型可以讓你檢查是否已經識別出了正確的問題，並採取了良好的做法來解決這些問題。原型還提供那種大規模的架構實驗，可以在效能上產生真正的差異。如果需要的話，你可以透過擴充模組的方式將你的程式碼逐步遷移到其他語言，而且應用程式在每個階段都能保持完整功能性和可測試性。這確保了在編寫程式碼的階段不會有損害設計之架構完整性的風險。

即使你被要求為整個應用程式使用某種低階語言，首先用 Python 編寫它往往會更有成效（特別是當你對該應用程式的領域感到陌生時）。一旦你有了一個可運作的 Python 版本，你就可以對使用者或網路介面或程式庫 API 以及架構進行實驗。另外，在 Python 程式碼中發現並修復錯誤以及進行修改，要比在低階語言中容易得多。最後，你會對程式碼瞭若指掌，以致於移植到低階語言的工作應該是非常快速且直接的，因為你知道大部分的設計錯誤在 Python 實作中都已經出現且被修正了。

由此產生的軟體將比從一開始就採用低階語言編寫更快、更穩健，而且你的生產力，雖然不像純 Python 應用程式那樣好，仍然會比你在整個過程中僅採用低階語言編寫要高。

基準化分析

benchmarking（**基準化分析**，也稱為 *load testing*，**負載測試**）與系統測試類似：這兩種活動都很像為生產目的而執行程式。在這兩種情況下，你至少需要讓程式的預期功能的一些子集發揮作用，而且你需要使用已知的、可重現的輸入。對於基準化分析，你不需要捕捉和檢查你程式的輸出：因為你在使它變快之前，就已經使它得以運作並正確運作了，所以在你為它進行負載測試時，你已經對你程式的正確性有充分的信心了。你確實需要能代表典型系統作業的輸入，最好是那些可能對你程式的效能構成最大挑戰的輸入。如果你的程式執行數種運算，請確保你有為每一種不同的運算都進行一些基準化分析。

用你的手錶測量的經過時間大概就足夠精確，可以用來為大多數程式進行基準化分析了。除了有非常特殊限制條件的程式外，效能上 5% 或 10% 的差異對程式在真實世界的可用性沒有實質的影響（具有硬性實時限制的程式是另一回事，因為它們的需求在大多數方面與普通程式之需求非常不同）。

當你對「玩具」程式或程式碼片段進行基準化分析以幫助你選擇演算法或資料結構時，你可能需要更高的精確度：Python 標準程式庫中的 `timeit` 模組（在第 635 頁的「timeit 模組」中提及）非常適用於此類任務。本節討論的基準化分析屬於另一種類型：它是對現實生活中程式執行的一種近似，其唯一目的是在著手進行效能評測和其他最佳化活動之前，檢查程式在每個任務上的效能是否可以接受。對於這樣的「系統」基準化分析，接近程式正常作業條件的情境是最好的，而高精確度的計時並不是那麼重要。

大規模的最佳化

你程式中對效能最重要的面向是規模最大的那些：你對整體架構、演算法和資料結構的選擇。

你必須經常考慮的效能問題是那些與電腦科學的傳統 big-O 記號有關的議題。非正式地說，如果你把 *N* 稱為一個演算法的輸入大小，那麼 big-O 記號就表示演算法的效能，對於大型的 *N* 值，與 *N* 的某些函數成正比（在精確的電腦科學術語中，這應該被稱為 big-Theta 記號，但在現實生活中，程式設計師總是稱它為 big-O，也許是因為大寫的 Theta 看起來有點像中間有一個點的 O！）。

`O(1)` 演算法（也稱為「常數時間」，constant time）是指需要一定時間執行，不隨 *N* 增長的演算法。`O(N)` 演算法（也稱為「線性時間」，linear time）是指對於足夠大的 *N*，處理兩倍的資料需要大約兩倍的時間、三倍的資料需要三倍的時間，以此類推，執行時間與 *N* 成正比的演算法。$O(N^2)$ 演算法（也被稱為「平方時間」演算法，「quadratic time」algorithm）是指，對於足夠大的 *N*，處理兩倍的資料需要大約四倍的時間、三倍的資料需要九倍的時間，以此類推，執行時間與 *N* 的平方成比例增長的演算法。相同的概念和記號也被用來描述程式對記憶體（「空間」）的消耗，而非對時間的消耗。

要找到更多關於 big-O 記號的資訊，以及關於演算法及其複雜性的資訊，任何一本關於演算法和資料結構的好書都會有所幫助；我們推薦 Magnus Lie Hetland 的優秀書籍《*Python Algorithms: Mastering Basic Algorithms in the Python Language*, 2nd edition》（Apress）。

為了理解 big-O 這種考量在你程式中的實際重要性，請考慮兩種不同的方式來接受來自輸入可迭代物件的所有項目，並將它們按相反的順序累積到一個串列中：

```
def slow(it):
    result = []
    for item in it:
        result.insert(0, item)
    return result

def fast(it):
    result = []
    for item in it:
        result.append(item)
```

```
    result.reverse()
    return result
```

我們能以更簡潔的方式表達這些函式中的每一個，但最好還是以這些基本術語來呈現這些函式，以更好地理解它們之間的關鍵差異。函式 slow 建置結果串列的方式是將每個輸入項目插入到先前收到的所有項目之前。函式 fast 則是將每個輸入項目附加在先前收到的所有項目之後，然後在最後將結果串列反轉（reverse）。從直覺上來說，人們可能會認為最後的反轉意味著額外的工作，因此 slow 應該比 fast 更快。但事情並不是這樣的。

每次呼叫 result.append 所花費的時間大致相同，與串列 result 中已經有多少個項目無關，因為在串列的結尾（幾乎）總是會有一個空閒的位置來容納一個額外的項目（用學究的話來講，append 是 *amortized* O(1)，但我們在本書中不涵蓋 amortization）。函式 fast 中的 **for** 迴圈執行了 N 次以接收 N 個項目。由於迴圈的每一次迭代都需要一個常數時間，所以整體的迴圈時間是 $O(N)$。result.reverse 也需要 $O(N)$ 的時間，因為它與項目的總數成正比。因此，fast 的總執行時間是 $O(N)$。（如果你不明白為什麼每個都是 $O(N)$ 的兩個數量之總和也是 $O(N)$，請考慮到任何 N 的任兩個線性函數的總和也會是 N 的線性函數，而且「是 $O(N)$」與「消耗的時間量是 N 的線性函數」的含義完全相同）。

另一方面，每次呼叫 result.insert 都要在 0 號插槽（slot）為新項目的插入騰出空間，將已經在串列 result 中的所有項目向前移動一個插槽。這需要的時間與串列中已存在的項目數量成正比。因此，接收 N 個項目的總時間與 $1+2+3+...N-1$ 成正比，這個總和的值是 $O(N^2)$。因此，slow 的總執行時間為 $O(N^2)$。

用 $O(N)$ 解決方案取代 $O(N^2)$ 解決方案，幾乎總是值得的，除非你能以某種方式為輸入大小 N 設定嚴格的小量限制。如果 N 可以在沒有非常嚴格的限制下增長，那麼無論每種情況下的比例常數（proportionality constants）是多少（也無論效能評測告訴你什麼），對於大型的 N 值，$O(N^2)$ 解決方案都會比 $O(N)$ 解決方案慢得可怕。除非你在其他地方有其他 $O(N^2)$ 或甚至更糟糕的瓶頸，而且你又無法消除，否則程式中 $O(N^2)$ 的部分就會變成程式的瓶頸，在大型的 N 值下主導執行時間。幫你自己一個忙，注意 big-O：所有其他的效能問題，相比之下，通常幾乎是微不足道的。

順帶一提，你可以透過更慣用的 Python 語言來表達函式 fast，使它更快。只要把前兩行換成下面的單一述句就可以了：

```
result = list(it)
```

這一改變並不影響 fast 的 big-O 特徵（改變後 fast 仍然是 O(*N*)），但確實因為一個很大型的常數係數（constant factor）而增快。

簡單比複雜好，而且通常更快！

在 Python 中，最簡單、最清晰、最直接和最慣用的表達方式往往也是最快的。

在 Python 中選擇具有良好 big-O 效能的演算法，跟在其他語言中大致是相同的任務。你只需要一些關於 Python 基本構建組塊（building blocks）的 big-O 效能提示，而我們將在下面的章節中提供。

串列運算

Python 串列在內部被實作為**向量**（*vectors*，也被稱為**動態陣列**，*dynamic arrays*），而非「鏈結串列（*linked* lists）」。這種實作方式的選擇決定了 Python 串列的效能特徵，以 big-O 來說明。

將長度為 *N1* 和 *N2* 的兩個串列 *L1* 和 *L2* 鏈串起來（即 *L1*+*L2*）是 O(*N1*+*N2*)。將長度為 *N* 的串列 *L* 乘以整數 *M*（即 *L***M*）則是 O(*N***M*)。存取或重新繫結任何串列項目都是 O(1)。len() 在一個串列上也是 O(1)。存取任何長度為 *M* 的任何切片（slice）都是 O(*M*)。用一個相同長度的切片重新繫結一個長度為 *M* 的切片也是 O(*M*)。用不同長度 *M2* 的切片重新繫結長度為 *M1* 的切片是 O(*M1*+*M2*+*N1*)，其中 *N1* 是目標串列中切片**後面**的項目數（因此，改變長度的切片重新繫結發生在串列的**結尾**時成本相對便宜，但發生在長串列的**開頭**或中間時成本更高）。如果你需要先進先出（first-in, first-out）的運算，串列可能不是最快的資料結構：取而代之，可以試試 collections.deque 型別，在第 314 頁的「deque」中提及。

大多數串列方法，如表 3-5 所示，都等同於切片的重新繫結，並且具有相等的 big-O 效能。count、index、remove 和 reverse 等方法，以及運算子 **in**，都是 O(*N*)。sort 方法一般是 O(*N* log *N*)，但 sort 在一些重要的特殊情況下被高度最佳化[9] 為 O(*N*)，例如當串列除了幾個項目外都已經排序好或反向排序好。range(a, b, c) 是 O(1)，但對結果的所有項目跑迴圈是 O((b - a) // c)。

字串運算

大多數在長度為 *N* 的字串（無論是位元組還是 Unicode）上進行的方法都是 O(*N*)。len(*astring*) 是 O(1)。產生一個帶有轉寫（transliterations）或刪除指定字元的字串複本最快的方式是字串的方法 translate。第 638 頁的「從片段建立出字串」中提及了涉及字串時實務上最重要的 big-O 考量。

字典運算

Python 的 dict 是用雜湊表（hash tables）實作的。這種實作方式的選擇決定了 Python 字典的所有效能特徵，從 big-O 的角度來說明。

存取、重新繫結、新增或刪除一個字典項目是 O(1)，方法 get、setdefault、popitem 和運算子 **in** 也是如此。*d1*.update(*d2*) 是 O(len(*d2*))。len(*adict*) 是 O(1)。方法 keys、items 和 values 是 O(1)，但是在這些方法回傳的迭代器的所有項目上跑迴圈是 O(*N*)，就跟在 dict 上直接跑迴圈一樣。

當字典中的鍵值是定義了 __hash__ 和相等性比較方法的類別之實體時，字典的效能當然會受到那些方法的影響。當鍵值上的雜湊（hashing）和相等性比較（equality comparison）是 O(1) 時，本節中提出的效能指示也都成立。

集合運算

Python 的集合，像 dict 一樣，是用雜湊表實作的。從 big-O 的角度來看，集合的所有效能特徵都與字典相同。

在一個集合中新增或刪除一個項目是 O(1)，就像運算子 **in** 一樣。len(*aset*) 是 O(1)。在一個集合上跑迴圈是 O(*N*)。當一個集合中的項目是定義了 __hash__ 和相等性比較方法的類別之實體時，集合的效能當

---

9 使用為 Python 發明的適應式排序（*https://oreil.ly/BjZoM*）演算法 Timsort（*https://oreil.ly/cFW7U*）。

然會受到那些方法的影響。當項目上的雜湊運算和相等性比較是 O(1) 時，本節中提出的效能提示是有效的。

Python 內建型別運算的 big-O 時間總結

讓 *L* 是任何串列，*T* 是任何字串（str 或 bytes），*D* 是任何 dict，*S* 是任何 set（例如，項目為數字，單純為了確保 O(1) 的雜湊和比較），而 *x* 是任何數字（同上）：

O(1)

 len(*L*)、len(*T*)、len(*D*)、len(*S*)、*L*[i]、*T*[i]、*D*[i]、del *D*[i]、**if** *x* **in** *D*、**if** *x* **in** *S*、*S*.add(*x*)、*S*.remove(*x*)、在 *L* 的最右端新增或刪除

O(*N*)

 L、*T*、*D*、*S* 上的迴圈、對 *L* 的一般附加或刪除（除了在最右端），*T* 上的所有方法、**if** *x* **in** *L*、**if** *x* **in** *T*、*L* 上的大多數方法、所有淺層拷貝（shallow copies）

O(*N* log *N*)

 L.sort()，大多數情況下（但如果 *L* 已經接近排序好或反向排序好，則為 O(*N*)）

效能評測

正如本節開始時提到的，大多數程式都有熱點（*hot spots*）：原始碼中相對較小型的區域，但在程式執行中佔了大部分的時間。不要試圖猜測你程式的熱點在哪裡：在這個領域，程式設計師的直覺是出了名的不可靠。取而代之，使用 Python 標準程式庫中的 profile 模組來收集你程式在一次或多次執行中的效能評測（profile）資料，使用已知的輸入。然後使用 pstats 模組來整理、解讀和顯示這些效能評測資料。

為了獲得準確性，你可以為你的機器校準 Python 效能評測器（即判斷出效能評測在該機器上產生的額外負擔）。然後，profile 模組可以從它測量到的時間中減去這些額外負擔，使你收集的效能評測資料更接近現實。標準程式庫模組 cProfile 具有與 profile 類似的功能性；cProfile 更受歡迎，因為它更快，這意味著它的額外負擔更低。

還有許多值得考慮的第三方效能評測工具，如 pyinstrument（*https://oreil.ly/taMU6*） 和 Eliot（*https://oreil.ly/CCbtt*）；Itamar Turner-Trauring 的一篇優秀文章（*https://oreil.ly/UWs_3*）解釋了這每項工具的基礎知識和優勢。

profile 模組

`profile` 模組提供一個經常使用的函式：

`run`	`run(`*`code`*`, filename=`**`None`**`)` *code* 是一個可與 `exec` 一起使用的字串，通常是對你要評測效能的程式之主函式的呼叫。`filename` 是 `run` 用效能評測資料建立或覆寫的檔案之路徑。通常，你會多次呼叫 `run`，指定不同的檔案名稱和不同的引數給你程式的主函式，以便按照你對「現實生活」中使用情況的預期，成比例地觸動程式的各個部分。然後，你使用 `pstats` 模組來顯示各次執行的校勘結果。你可以在沒有檔案名稱的情況下呼叫 `run` 來獲得一個摘要報告，類似於 `pstats` 模組提供的標準輸出。然而，這種做法沒有賦予你對輸出格式的控制權，也沒有辦法將幾次執行合併成一個報告。在實務上，你應該很少使用這個功能：最好是將效能評測資料收集到檔案中，然後使用 `pstats`。 `profile` 模組還提供 `Profile` 類別（會在下一節簡要討論）。透過直接實體化 `Profile`，你可以獲得進階的功能性，比如在指定的區域和全域字典中執行命令的能力。我們在本書中沒有進一步介紹 `profile.Profile` 類別的這種進階功能性。

校準

要為你的機器校準 `profile`，請使用 `Profile` 類別，`profile` 提供的，並會在內部用於函式 `run`。`Profile` 的一個實體 *p* 提供一個用於校準（calibration）的方法：

`calibrate`	*`p`*`.calibrate(`*`N`*`)`
	
	跑迴圈 *N* 次，然後回傳一個數字，即在你機器上每次呼叫的效能評測額外負擔（profiling overhead）。如果你的機器速度快，*N* 一定要很大。多次呼叫 *`p`*`.calibrate(10000)`，檢查它回傳的各種數字是否接近彼此，然後挑選其中最小的一個。如果數字變化很大，就用更大的 *N* 值再試一次。校準過程可能很耗時。然而，你只需要執行一次，只有在你做出可能改變機器特徵的改變時才重複，例如給修補作業系統、增加記憶體，或者改變 Python 版本。一旦你知道了你機器的額外負擔，你就可以在每次匯入時，在使用 `profile.run` 之前告知 `profile`。最簡單的方式是這樣做的：
	
	`import profile`
	`profile.Profile.bias = ... 你測量到的額外負擔 ...`
	`profile.run('main()', 'somefile')`

pstats 模組

pstats 模組提供單一個類別 Stats，用來分析、合併和回報由函式 profile.run 所寫入的一或多個檔案中包含的效能評測資料。它的建構器有這樣的特徵式：

Stats	**class** Stats(*filename*, **filenames*, stream=*sys.stdout*) 用一或多個由函式 profile.run 寫入的效能評測資料檔案的檔名來實體化 Stats，效能評測輸出被發送到 stream。

Stats 類別的一個實體 *s* 提供新增效能評測資料、排序和輸出結果的方法。每個方法都回傳 *s*，所以你可以在同一個運算式中鏈串呼叫許多方法。*s* 的主要方法在表 17-8 中列出。

表 17-8　類別 Stats 的實體 s 的方法

add	add(*filename*) 將另一個效能評測資料檔案新增到 *s* 所持有的分析集合中。
print_callees, print_callers	print_callees(**restrictions*), print_callers(**restrictions*) 輸出 *s* 的效能評測資料中的函式串列，根據最近一次對 *s*.sort_stats 的呼叫進行排序，如果有的話，要遵守給定的限制（restrictions）。你可以用零或多個 *restrictions* 來呼叫每個列印方法，一個接一個地依序套用，以減少輸出行的數量。一個 int *n* 的限制條件會將輸出限制在前 *n* 行。一個介於 0.0 和 1.0 之間的 float *f* 限制輸出為 *f* 文字行的幾分之幾。一個是字串的限制條件會被編譯成一個正規表達式模式（在第 355 頁的「正規表達式和 re 模組」中提及）；只有滿足該正規表達式上 search 方法呼叫的文字行才會被輸出。限制條件是累計的。舉例來說，*s*.print_callees(10, 0.5) 輸出前 5 行（10 的一半）。限制條件只適用於摘要（summary）和標頭（header）行之後：摘要和標頭行是無條件輸出的。 依據方法的名稱，輸出中每個函式 *f* 都伴隨著 *f* 的呼叫者（callers，呼叫 *f* 的函式）、或 *f* 的被呼叫者（callees，*f* 呼叫的函式）之串列。

print_stats	print_stats(**restrictions*) 輸出關於 *s* 的效能評測資料的統計數據，根據最近一次對 *s*.sort_stats 的呼叫進行排序，如果有限制的話，要遵守，如上面 print_callees 和 print_callers 中所講述的。在一些摘要行（收集效能評測資料的日期和時間、函式呼叫的數量，以及使用的排序標準）之後，輸出（沒有限制的話）是每個函式一行，每行有六個欄位，在標頭行中標明。print_stats 為每個函式 *f* 輸出以下欄位： 1. 呼叫 *f* 的總次數 2. 在 *f* 中花費的總時間，不包括 *f* 呼叫的其他函式 3. 每次呼叫 *f* 的總時間（即欄位 2 除以欄位 1） 4. 在 *f* 以及從 *f* 直接或間接呼叫的所有函式中花費的累計時間 5. 每次呼叫 *f* 的累計時間（即欄位 4 除以欄位 1） 6. 函式 *f* 的名稱
sort_stats	sort_stats(**keys*) 給出一或多個鍵值，用來對未來的輸出進行排序。每個鍵值要不是一個字串，就是 pstats.SortKey 列舉中的一個成員。對於表示時間或數字的鍵值，排序是遞減（descending）的，對於鍵值 'nfl' 則是按字母順序排列的。呼叫 sort_stats 時，最經常使用的鍵值是： SortKey.CALLS 或 'calls' 對該函式的呼叫次數（如 print_stats 輸出中的欄位 1） SortKey.CUMULATIVE 或 'cumulative' 在該函式和它所呼叫的所有函式花費的累計時間（如 print_stats 輸出中的欄位 4） SortKey.NFL 或 'nfl' 函式的名稱、它的模組，以及該函式在其檔案中的行號（就像 print_stats 輸出中的欄位 6） SortKey.TIME 或 'time' 花在函式本身的總時間，不包括它所呼叫的函式（如 print_stats 輸出中的欄位 2）
strip_dirs	strip_dirs() 改變 *s*，將目錄名稱從所有模組名稱中剝離，以使未來的輸出更加緊湊。在 *s*.strip_dirs 之後，*s* 是未排序的，因此你通常會在呼叫 *s*.strip_dirs 之後立即呼叫 *s*.sort_stats。

小規模最佳化

程式作業的微調很少是重要的。它可能會在某些特別的熱點產生微小但有意義的變化，但它幾乎不是決定性的因素。然而，微調（fine-tuning），也就是追求大多數無關緊要的微型效率，是程式設計師的本能可能引導他們前往之處。正因為如此，大多數最佳化都是不成熟的，最好避免。對微調最有利的說法是，如果一種慣用語總是比另一種還要快，而這種差異是可以衡量的，那麼就值得你養成總是使用較快方式的習慣[10]。

在 Python 中，如果你做自然而然的事情，選擇簡單和優雅，你通常就會得到效能良好、清晰和可維護的程式碼。換句話說，就是讓 *Python 去發揮*：當 Python 提供一種簡單、直接的方式來執行某項任務時，有可能那也是最快的方式。在少數情況下，一種可能在直覺上並不可取的做法仍然具有效能優勢，正如本節其餘部分所討論的。

最簡單的最佳化是使用 **python -O** 或 **-OO** 執行你的 Python 程式。與 **-O** 相比，**-OO** 對效能影響不大，但可以節省一些記憶體，因為它從位元組碼中刪除了說明文件字串，而記憶體有時（間接地）是效能瓶頸。在當前的 Python 版本中，這個優化器（optimizer）並不強大，但是它可以為你帶來 5 ~ 10% 的效能優勢（如果你使用 **assert** 述句和 **if __debug__:** 守衛條件，就像第 257 頁「assert 述句」中建議的那樣，就可能會更大）。**-O** 的最好的地方在於它沒有成本，當然，前提是你的最佳化不是過早的（不要在一個你仍在開發的程式上使用 **-O**）。

timeit 模組

標準程式庫模組 `timeit` 對於測量特定程式碼片段的精確效能來說很方便。你可以匯入 `timeit`，在你的程式中使用 `timeit` 的功能，但最簡單和最正常的使用方式是透過自命令列：

```
$ python -m timeit -s 'setup statement(s)' 'statement(s) to be timed'
```

其中「setup statement（設定述句）」只執行一次，用來設定東西；「statements to be timed（要計時的述句）」會重複執行，以準確測量它們的平均時間。

10 一個曾經較慢的慣用語可能會在未來的某個 Python 版本中被最佳化，所以當你升級到較新的 Python 版本時，值得重新進行 `timeit` 測量以檢查這一點。

測試、除錯和最佳化

舉例來說，假設你想知道 `x=x+1` vs. `x+=1` 的效能，其中 `x` 是一個 `int`。在命令提示列下，你可以輕鬆地嘗試：

```
$ python -m timeit -s 'x=0' 'x=x+1'
1000000 loops, best of 3: 0.0416 usec per loop
$ python -m timeit -s 'x=0' 'x+=1'
1000000 loops, best of 3: 0.0406 usec per loop
```

並發現，就所有意圖和目的而言，這兩種情況下的效能都是相同的（微小的差異，如本例中的 2.5%，最好被視為「雜訊」）。

Memoizing

memoizing（記憶化）是儲存以相同引數值重複呼叫一個函式所回傳那些值的一種技術。當該函式被呼叫時，如果其引數以前沒有出現過，那麼 memoizing 函式就會計算出結果，然後將用於呼叫的引數和相應的結果儲存在一個快取（cache）中。之後用同樣的引數再次呼叫該函式時，該函式只會在快取中查詢計算好的值，而不是重新執行函式的計算邏輯。透過這種方式，對特定的任何一或多個引數都只進行一次計算。

這裡有一個範例函式，它用一個給定的值（單位是角度）來計算其正弦（sine）值：

```
import math
def sin_degrees(x):
    return math.sin(math.radians(x))
```

如果我們確定 `sin_degrees` 是一個瓶頸，並且會以相同的 `x` 值（比如從 `0` 到 `360` 的整數值，就像你在顯示類比時鐘時可能使用的那樣）被重複呼叫，我們可以新增一個 memoizing 快取：

```
_cached_values = {}
def sin_degrees(x):
    if x not in _cached_values:
        _cached_values[x] = math.sin(math.radians(x))
    return _cached_values[x]
```

對於接受多個引數的函式，引數值的元組將被用於快取鍵值。

我們在函式之外定義了 *`_cached_values`*，這樣每次呼叫函式時，它就不會被重置。為了明確地將快取與函式聯絡起來，我們可以利用 Python 的物件模型，它允許我們將函式視為物件並為其指定屬性：

```
def sin_degrees(x):
    cache = sin_degrees._cached_values
    if x not in cache:
        cache[x] = math.sin(math.radians(x))
    return cache[x]
sin_degrees._cached_values = {}
```

快取是以犧牲記憶體為代價來獲得效能的經典做法（時間與記憶體之間的取捨，*time-memory trade-off*）。本例中的快取是無界的，因此，當 sin_degrees 以許多不同的 x 值被呼叫時，快取會繼續增長，消耗越來越多的程式記憶體。快取通常以一種**收回政策**（*eviction policy*）來配置，它決定了值什麼時候可以從快取中移除。移除快取中最舊的值是一種常見的收回政策。由於 Python 按插入順序儲存 dict 條目，如果我們在 dict 上進行迭代，「最舊的」鍵值將是第一個被發現的：

```
def sin_degrees(x):
    cache = sin_degrees._cached_values
    if x not in cache:
        cache[x] = math.sin(math.radians(x))
        # 如果超過最大大小限制，則刪除最古老的快取條目
        if len(cache) > sin_degrees._maxsize:
            oldest_key = next(iter(cache))
            del cache[oldest_key]
    return cache[x]
sin_degrees._cached_values = {}
sin_degrees._maxsize = 512
```

你可以看到這開始使程式碼變得複雜，計算以角度為單位之值的正弦值之原始邏輯隱藏在所有的那些快取邏輯中。Python stdlib 模組 functools 包括快取裝飾器 lru_cache、3.9+ cache 和 3.8+ cached_property 來潔淨地執行記憶化（memoization）。比如說：

```
import functools
@functools.lru_cache(maxsize=512)
def sin_degrees(x):
    return math.sin(math.radians(x))
```

這些裝飾器的特徵式在第 316 頁的「functools 模組」中有詳細描述。

快取浮點值可能會產生不理想的行為

正如在第 561 頁「浮點數值」中所描述的，當浮點值實際上在某種預期的容忍值內被認為是相等的時候，比較 float 是否相等可能會回傳 **False**。在無界的快取中，包含 float 鍵值的快取可能會因為快取了多個僅在小數點後第 18 位不同的值而意外地增大。對於有界的快取，許多幾乎相等的 float 鍵值可能會導致其他明顯不同的值被不必要地收回。

這裡列出的所有快取技巧都使用相等性匹配，所以對有一或多個 float 引數的函式進行記憶化的程式碼應該採取額外的步驟來快取捨入後的值，或者使用 math.isclose 進行匹配。

預先計算出一個查找表

在某些情況下，你可以預測你的程式碼在呼叫某個特定函式時將使用的所有的值。這樣你就可以預先計算出那些值，並將它們儲存在一個查找表（lookup table）中。舉例來說，在我們要為整數角度值 0 到 360 計算 sin 函式的應用程式中，我們可以在程式啟動時只執行一次這項工作，並將結果儲存在一個 Python dict 中：

```
_sin_degrees_lookup = {x: math.sin(math.radians(x))
                       for x in range(0, 360+1)}
sin_degrees = _sin_degrees_lookup.get
```

將 sin_degrees 繫結到 _sin_degrees_lookup 這個 dict 的 get 方法上，意味著我們程式的其他部分仍然可以作為一個函式呼叫 sin_degrees，但現在取回值是以 dict 查找的速度進行的，沒有額外的函式開銷。

從片段建立出字串

最有可能破壞你程式效能的 Python「反慣用語（anti-idiom）」，到了你**永遠都不應該**使用它的程度的，就是透過迴圈連續執行字串串接（string concatenation）述句，如 big_string += piece，以從片段建立出一個大型字串。Python 字串是不可變的，所以每次這樣的串接都意味著 Python 必須釋放之前為 big_string 配置的 *M* 個位元組，並為新版本配置和充填 *M* + *K* 個位元組。在一個迴圈中反覆這樣做，你最終會得到大約 $O(N^2)$ 的效能，其中 *N* 是字元的總數。更多的時候，在輕易就能獲得 O(*N*) 的地方產生 O(N^2) 的效能，會是一場災難[11]。在某些平台上，因為釋放了多個大小逐漸增大的區域而產生的記憶體碎片化（memory fragmentation）效應，情況可能更加糟糕。

為了達到 O(*N*) 的效能，請先在一個串列中積累中間的那些片段，而不是一片一片地建置出字串。串列與字串不同，是可變的，所以附加到串列是 O(1)（分攤過後）。將出現 `big_string += piece` 的每個地方改為 `temp_list.append(piece)`。然後，累積完成後，就使用下面的程式碼在 O(*N*) 時間內建立出你想要的字串結果：

```
big_string = ''.join(temp_list)
```

使用串列概括式、產生器運算式或者其他直接手段（比如呼叫 `map`，或者使用標準程式庫模組 `itertools`）來建置 `temp_list`，通常會比重複呼叫 `temp_list.append` 提供進一步的（實質性的，但不是 big-O 等級的）最佳化。其他建立大型字串的 O(*N*) 方式，有些 Python 程式設計師認為更容易閱讀，是用陣列的 `extend` 方法將那些片段串接到 `array.array('u')` 的一個實體，使用 `bytearray`，或者將那些片段寫入 `io.TextIO` 或 `io.BytesIO` 的一個實體。

在你想輸出結果字串的特殊情況下，你可以透過在 `temp_list` 上使用 `writelines`（從不在記憶體中建立 `big_string`）來進一步獲得一點效能增益。可行的話（也就是說，當你開啟了輸出檔案物件並且在迴圈中可用，而且檔案是有緩衝的），對每一個 `piece` 進行一次 `write` 呼叫也是同樣有效的，不需要任何累積動作。

雖然不像迴圈中在大型字串上的 `+=` 那麼關鍵，但另一種情況是，當你在一個運算式中串接幾個值時，移除字串串接可能會帶來輕微的效能改善：

```
oneway = str(x) + ' eggs and ' + str(y) + ' slices of ' + k + ' ham'
another = '{} eggs and {} slices of {} ham'.format(x, y, k)
yetanother = f'{x} eggs and {y} slices of {k} ham'
```

使用 `format` 方法或 f-string（在第 8 章中討論）對字串進行格式化通常是一個很好的效能選擇，同時也比串接的做法更慣用，從而更為清晰。在前面例子的範例執行中，`format` 的做法比（或許更直覺的）串接做法快兩倍以上，而 f-string 的做法比 `format` 做法快兩倍以上。

11 儘管目前的 Python 實作很努力想要降低這種特殊的、可怕的、但常見的反模式之效能衝擊，但它們不可能捕捉到每一次的發生，所以不要指望這一點！

搜尋和排序

運算子 **in** 這個用於搜尋最自然的工具，在右手邊的運算元（operand）是一個 set 或 dict 的時候為 O(1)，不過當右手邊的運算元是一個字串、串列或 tuple，就會是 O(*N*)。如果你必須在一個容器（container）上進行許多這種檢查，使用 set 或 dict 作為容器會比串列或 tuple 還要好很多。Python 的 set 和 dict 針對搜尋和以鍵值擷取項目的動作做了高度的最佳化。然而，從其他的容器建置出 set 或 dict 則為 O(*N*)，因此，要讓這種關鍵最佳化發揮用處，你必須在多次搜尋中維護好 set 或 dict，可能還要在底層的序列改變時，快速地更動它們。

Python 串列的 sort 方法也是一個高度最佳化和精密的工具。你可以信賴 sort 的效能。標準程式庫中大多數執行比較的函式和方法都接受一個 key 引數，以決定如何確切地比較項目。你提供一個 key 函式，它為串列中的每個元素計算出一個 key 值。串列中的元素是按照它們的 key 值排序的。舉例來說，你可以寫一個 key 函式，根據屬性 *attr* 對物件進行排序，如 **lambda** ob: ob.*attr*，或者寫一個函式，根據 dict 鍵值 '*attr*' 來對 dict 進行排序，如 **lambda** d: d['*attr*']（operator 模組的 attrgetter 和 itemgetter 方法是這些簡單 key 函式的實用替代品；它們比 **lambda** 更清晰明瞭，也提供效能上的提升）。

舊版本的 Python 使用一個 cmp 函式，它接受成對的串列元素 (*A*, *B*)、並根據 *A* < *B*、*A* == *B* 或 *A* > *B* 中的哪一個成立，為每一個對組回傳 -1、0 或 1。使用 cmp 函式進行排序是非常慢的，因為它可能需要將每個元素與其他元素都進行比較（可能是 $O(N^2)$ 效能）。當前 Python 版本中的 sort 函式不再接受一個 cmp 函式引數。如果你正在遷移古老的程式碼，並且只有一個適合作為 cmp 引數的函式，你可以使用 functools.cmp_to_key 從它建立出一個適合作為新的 key 引數的 key 函式。

然而，第 318 頁「heapq 模組」中介紹的 heapq 模組中的幾個函式並不接受一個 key 引數。在這種情況下，你可以使用 DSU 慣用語，在第 320 頁的「Decorate-Sort-Undecorate 慣用語」中介紹（堆積是非常值得記住的，因為在某些情況下，它們可以使你不必對所有的資料進行排序）。

避免 exec 和 from ... import *

函式中的程式碼比模組中最頂層的程式碼執行得更快，因為對函式的區域變數的存取比對全域變數的存取要快。然而，如果一個函式包含一個沒有明確 dict 的 exec，該函式就會變慢。這種 exec 的存在迫使 Python 編譯器避免對區域變數的存取進行適度但重要的最佳化，因為 exec 可能會改變函式的命名空間。這種形式的一個 **from** 述句：

```
from my_module import *
```

也會浪費效能，因為它也會不可預測地改變一個函式的命名空間，因此會抑制 Python 的區域變數最佳化。

exec 本身也相當緩慢，如果你把它套用到一個原始碼字串而非一個程式碼物件，那就更慢了。到目前為止，為了效能、正確性和清晰性，最好的做法是完全避免 exec。通常可以找到更好（更快、更穩健、更清晰）的解決方案。如果你**必須**使用 exec，請**總是**與明確的 dict 一起使用，雖然可以的話，完全避免 exec 會**遠遠**好得多。如果你需要多次執行一個動態獲得的字串，就只 compile 該字串一次，然後重複執行所產生的程式碼物件。

eval 作用在運算式上，而非述句上；因此，雖然仍然很慢，但它避免了 exec 的一些最糟糕的效能影響。對於 eval，我們也建議你使用明確的 dict。和 exec 一樣，如果你需要對同一個動態獲得的字串進行多次估算，可以先 compile 一次字串，然後重複 eval 所產生的程式碼物件。完全避免 eval 當然更好。

關於 exec、eval 和 compile 的更多細節和建議，請參閱第 499 頁的「動態執行和 exec」。

Boolean 運算式的短路行為

Python 根據運算 **not**、**and** 和 **or** 的優先序，從左到右估算 Boolean 運算式。如果光是計算前面幾項，Python 就可以確定整個運算式必定是 **True** 或 **False**，它就會跳過運算式的其餘部分。這個功能被稱為**短路**（*short-circuiting*），之所以這樣稱呼，是因為 Python 繞過了不需要的處理，就像電子短路會繞過電路的一部分一樣。

在這個例子中，兩個條件都必須是 **True** 才能繼續：

```
if slow_function() and fast_function():
    # ... 繼續處理 ...
```

如果 fast_function 會回傳 **False**，先估算它是比較快的，有可能完全避免對 slow_function 的呼叫：

```
if fast_function() and slow_function():
    # ... 繼續處理 ...
```

這種最佳化也適用於運算子是 **or** 的情況，只要任一邊是 **True** 就能繼續：當 fast_function 回傳 **True** 時，Python 會完全跳過 slow_function。

你可以透過考慮運算式的運算子與其運算元的順序來最佳化這些運算式，並據此安排它們，使 Python 優先估算較快的子運算式。

短路可能繞過必要的函式

在前面的例子中，當 slow_function 會執行一些重要的「副作用（side effect）」行為時（如記錄到稽核檔案，或通知管理員某個系統狀況），短路可能會意外地跳過該行為。當包括必要的行為作為 Boolean 運算式的一部分時，要小心謹慎，不要過度最佳化和刪除重要的功能性。

迭代器的短路行為

與 Boolean 運算式中的短路類似，你可以在一個迭代器中短路對值的估算。Python 的內建函式 all、any 和 next 會在找到迭代器中符合給定條件的第一個項目後回傳，而不產生進一步的值：

```
any(x**2 > 100 for x in range(50))
# 一旦到達 10 就回傳 True，其餘的跳過。

odd_numbers_greater_than_1 = range(3, 100, 2)
all(is_prime(x) for x in odd_numbers_greater_than_1)
# 回傳 False：3、5 和 7 是質數，但 9 不是

next(c for c in string.ascii_uppercase if c in "AEIOU")
# 回傳 'A' 而不檢查其餘的字元
```

特別是當迭代器是一個產生器（generator）時，你的程式碼會獲得額外的優勢，如上述三種情況所示。當項目序列產生的成本很高時（例如，從資料庫中獲取的記錄就可能是這樣），用產生器取回這些項目，並透過短路只取回所需的最低限度的值，可以提供顯著的效能優勢。

最佳化迴圈

你程式的大部分瓶頸都在迴圈中，特別是巢狀迴圈（nested loops），因為迴圈主體會重複執行。Python 不會隱含地執行任何**程式碼拉升**（*code hoisting*）：如果你在一個迴圈內有任何程式碼，你可以透過把它從迴圈中拉升出來而只執行一次，而且該迴圈是一個瓶頸，那就自己把程式碼拉出來。有時，要拉升的程式碼的存在一開始可能並不明顯：

```
def slower(anobject, ahugenumber):
    for i in range(ahugenumber):
        anobject.amethod(i)

def faster(anobject, ahugenumber):
    themethod = anobject.amethod
    for i in range(ahugenumber):
        themethod(i)
```

在這種情況下，`faster` 從迴圈中拉升出來的程式碼是屬性查找 `anobject.amethod`。`slower` 每次都會重複這個查找，而 `faster` 的只執行一次。這兩個函式並不是 100% 等價的：（勉強）可以想像，執行 `amethod` 可能會導致 `anobject` 上的變化，以致於下一次對相同具名屬性的查找會獲取一個不同的方法物件。這就是為什麼 Python 不會自己進行這種最佳化的部分原因。在實務上，這種微妙的、不明顯的、棘手的情況很少會發生；幾乎無一例外的是，自己執行這樣的最佳化是安全的，可以從一些瓶頸中擠出最後一滴效能。

Python 使用區域變數比使用全域變數要快。如果一個迴圈重複存取一個全域變數，而這個全域變數的值在迭代之間不發生變化，你可以把這個值「快取」在一個區域變數中，然後改為存取它。這也適用於內建值（built-ins）：

```
def slightly_slower(asequence, adict):
    for x in asequence:
        adict[x] = hex(x)

def slightly_faster(asequence, adict):
    myhex = hex
    for x in asequence:
        adict[x] = myhex(x)
```

在這裡，速度的提升是非常有限的。

不要快取 **None**、**True** 或 **False**。這些常數是關鍵字：不需要進一步的最佳化。

串列概括式（list comprehensions）和產生器運算式（generator expressions）可以比迴圈更快，有時，map 和 filter 也可以。出於最佳化的目的，在可行的情況下，試著將迴圈改為串列概括式、產生器運算式，或者是 map 和 filter 呼叫。如果你不得不使用 **lambda** 或額外的一層函式呼叫，map 和 filter 的效能優勢就會被抵消，甚至更糟。只有當 map 或 filter 的引數是一個內建的函式，或者是一個你無論如何都要呼叫的函式，即使是從一個明確的迴圈、串列概括式或產生器運算式，你才會獲得一些微小的速度提升。

你可以用串列概括式或 map 和 filter 呼叫最自然地取代的迴圈，是那些透過重複呼叫串列上的 append 來建立一個串列的迴圈。下面的例子顯示了在一個微型效能基準化分析指令稿（microperformance benchmark script）中的這種最佳化（此例子包括對 timeit 便利函式 repeat 的呼叫，它單純呼叫 timeit.timeit 指定的次數）：

```
import timeit, operator

def slow(asequence):
    result = []
    for x in asequence:
        result.append(-x)
    return result

def middling(asequence):
    return list(map(operator.neg, asequence))

def fast(asequence):
    return [-x for x in asequence]

for afunc in slow, middling, fast:
    timing = timeit.repeat('afunc(big_seq)',
                           setup='big_seq=range(500*1000)',
                           globals={'afunc': afunc},
                           repeat=5,
                           number=100)
    for t in timing:
        print(f'{afunc.__name__},{t}')
```

正如我們在本書上一版中所報告的那樣（使用一組不同的測試參數）：

在舊的筆電上的 v2 執行這個範例，會顯示 `fast` 耗費大約 0.36 秒，`middling` 花了 0.43 秒，而 `slow` 是 0.77 秒。換句話說，在那種機器上，`slow`（`append` 方法呼叫的迴圈）大約比 `middling`（單一個 `map` 呼叫）慢了 80%，而 `middling` 則比 `fast`（串列概括式）慢了大約 20%。

串列概括式是表達這個範例中被微型基準化分析（*micro-benchmarked*）的任務最直接的方式，所以，毫不意外地，它也是最快的，大約是 `append` 方法呼叫迴圈的兩倍快。

當時，用的是 Python 2.7，使用 `middling` 函式比 `slow` 有明顯的優勢，而使用 `fast` 函式比起 `middling` 有中等的速度提高。對於本書此版所講述的版本，`fast` 比 `middling` 的改進要少得多，如果有的話。更令人感興趣的是，`slow` 函式現在已經開始接近最佳化函式的效能。此外，很容易看到在 Python 的連續幾版中，特別是 Python 3.11，效能的逐步提高（見圖 17-3）。

明顯的教訓是，在升級到較新的 Python 版本時，應該重新審視效能調整和最佳化措施。

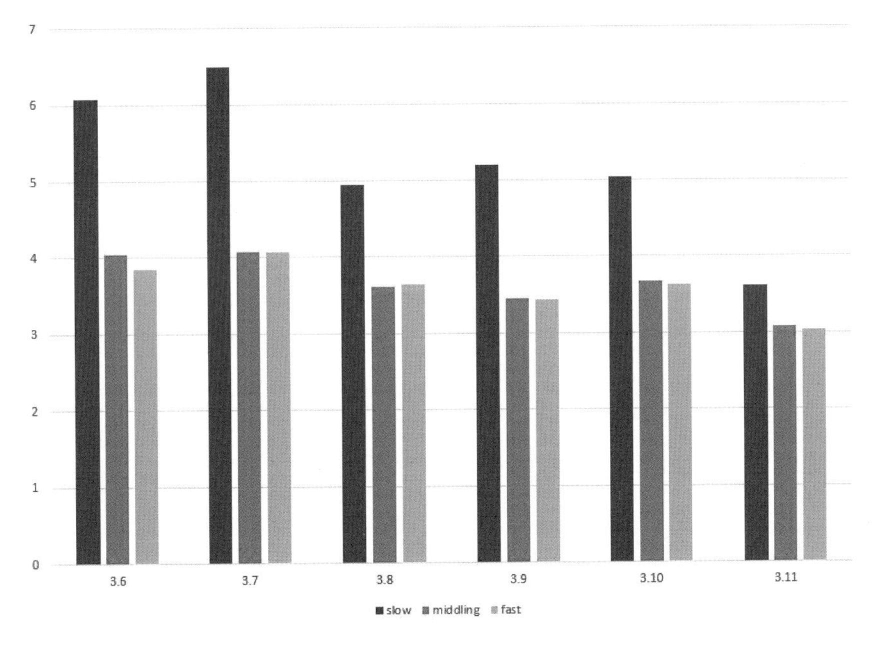

圖 17-3　本例在不同 Python 版本上的效能

測試、除錯和最佳化

為繁重的 CPU 工作使用多重處理

如果你有高度 CPU 密集（CPU-bound）的處理工作，而且可以獨立完成，那麼最佳化的一個重要方法就是使用多重處理（multiprocessing），如第 15 章所述。你還應該考慮使用第 16 章中描述的、能夠將向量處理（vector processing）套用於大型資料集的數值套件（numeric packages）之一是否適用。

最佳化 I/O

如果你的程式會進行大量的 I/O，那麼效能瓶頸很可能是出於 I/O，而非計算所造成的。這樣的程式被稱為 I/O 密集（I/O-bound）的，而不是 CPU 密集的。你的作業系統會試著最佳化 I/O 效能，但你可以透過一些方式幫助它。

從程式的便利性和簡單性的角度來看，一次讀或寫的理想資料量往往很小（一個字元或一行）或很大（一次是一整個檔案）。這通常是好的：Python 和你的作業系統會在幕後工作，讓你的程式使用方便的邏輯資料塊（logical chunks）進行 I/O，同時進行安排，讓實體 I/O 作業使用更有效能的資料塊大小。只要檔案不是**非常**大，一次讀寫整個檔案對效能來說很可能是 OK 的。具體而言，只要檔案的資料能夠非常有寬裕地全部放入實體 RAM 中，為你程式和作業系統留出足夠的記憶體來執行它們同時在進行的其他任務，那麼一次一個檔案的 I/O 就沒有問題。I/O 密集的效能難題來自於超大型的檔案。

如果效能是一種問題，請**永遠都別**使用檔案的 `readline` 方法，它能進行的資料分塊（chunking）和緩衝（buffering）的有限量的（另一方面，當該方法對你的程式來說很便利時，使用 `writelines` 不會造成效能問題）。讀取一個文字檔案時，直接在檔案物件上跑迴圈，以最佳效能一次獲取一行。如果檔案不是太大，所以可以方便地放在記憶體中，就為你程式的這兩個版本計時：一個直接在檔案物件上跑迴圈，另一個將整個檔案讀入記憶體。任一個都可能快了一點。

對於二進位檔案，特別是那些你在每次執行程式時只需要其一部分內容的大型二進位檔案，`mmap` 模組（在第 556 頁的「mmap 模組」中介紹）有時可以幫助你保持程式的簡單性並提高效能。

如果你能相應地安排你的架構，使一個 I/O 密集的程式成為多執行緒的，有時會帶來可觀的效能提升。啟動幾個專門負責 I/O 的工作者執行緒，讓計算執行緒透過 Queue 實體向 I/O 執行緒請求 I/O 運算，並在你一知道你最終會需要那些資料時，就立即貼出對每個輸入運算的請求。只有在 I/O 執行緒被阻斷來等待資料時，你的計算執行緒還有其他任務可以執行，效能才會提升。只有當你能透過讓不同的執行緒進行計算和等待，從而使計算和等待資料重疊的時候，你才能得到更好的效能（請參閱第 516 頁的「Python 中的執行緒」以了解 Python 執行緒的詳細內容和建議的架構）。

另一方面，一種可能更快、規模更可擴充的做法是放棄執行緒，而採用非同步（事件驅動）架構，如第 15 章所述。

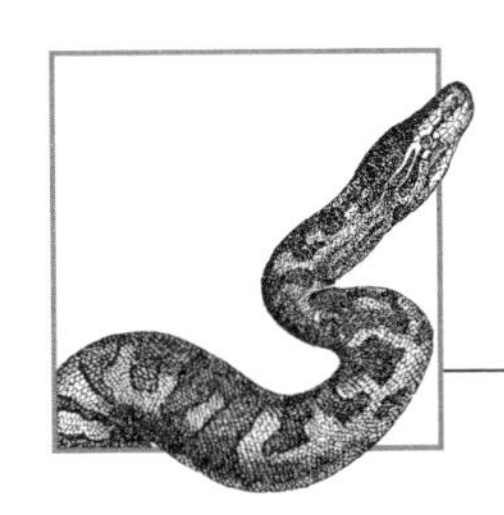

18 網路基礎知識

連線導向（*connection-oriented*）的協定運作起來就像打電話一樣。你請求連接到一個特定的**網路端點**（*network endpoint*，相當於撥打某人的電話號碼），而對方要麼回答，要麼不回應。如果他們接了，你就可以和他們交談，並聽到他們的回話（如果需要的話，同時進行），而且你知道沒有任何東西會遺失。談話結束時，你們都會說再見並掛上電話，所以如果這個結束事件沒有發生（例如，如果你只是突然停止聽到對方的聲音），那顯然是有什麼事情出錯了。Transmission Control Protocol（TCP，傳輸控制協定）是網際網路（internet）主要的連線導向傳輸協定，被 Web 瀏覽器、安全 shells、電子郵件和許多其他應用程式所使用。

無連線（*connectionless*）或**資料包**（*datagram*）協定的工作方式更像是透過寄送明信片進行通訊。大多數情況下，訊息都能抵達，但如果出現任何問題，你必須準備好應對後果，這種協定不會通知你對方是否收到了你的訊息，而且訊息可能不會按照順序到達。對於交換簡短訊息和獲得回答，資料包協定的額外負擔比連線導向的協定要小，只要整體服務能夠應付偶爾的中斷。舉例來說，Domain Name Service（DNS，網域名稱服務）伺服器可能無法回應：大多數 DNS 通訊直到最近都還是無連線的。User Datagram Protocol（UDP，使用者資料包協定）是網際網路通訊的主要無連線傳輸協定。

如今，安全問題越來越重要：了解安全通訊的基礎知識有助於你確保你的通訊有得到足夠的安全防護。如果這個總結能勸阻你在沒有徹底了解問題和風險的情況下嘗試自行實作這種技術，那麼它就達到了一個值得的目的。

所有透過網路介面的通訊都是交換位元組字串。為了交流文字或其他大多數資訊，傳送方（sender）必須將其編碼（encode）為位元組，接收方（receiver）必須對其進行解碼（decode）。我們在本章的討論僅限於單一傳送方和單一接收方的情況。

Berkeley Socket Interface

現今的大多數網路都使用 *socket*（**通訊端**）。socket 讓獨立的端點可以存取它們之間的管線（pipelines），使用**傳輸層協定**（*transport layer protocol*）在這些端點之間移動資訊。socket 的概念非常通用，端點可以在同一部電腦上，也可以在透過區域或廣域網路連接的不同電腦上。

今日最常用的傳輸層協定是 UDP（用於無連線的網路）和 TCP（用於連線導向的網路）；每個傳輸層協定都是透過一個共同的 Internet Protocol（IP，網際網路協定）網路層進行的。這個協定堆疊，以及在其上執行的許多應用層協定，統稱為 *TCP/IP*。一個良好的介紹是 Gordon McMillan 的〈*Socket Programming HOWTO*〉（*https://oreil.ly/9Y5pc*）（已過時但仍然完全有效）。

兩個最常見的 socket 家族是基於 TCP/IP 通訊的 *Internet socket*（**網際網路通訊端**；有兩種，以適應現代的 IPv6 和更傳統的 IPv4）和 *Unix socket*，儘管也有其他家族存在。Internet socket 允許可以交換 IP 資料包的任兩部電腦之間進行通訊；而 Unix socket 只能在同一部 Unix 機器上的行程之間進行通訊。

為了支援許多共時（concurrent）的 Internet sockets，TCP/IP 協定堆疊（protocol stack）使用由一個 IP 位址（address）、一個**通訊埠號**（*port number*）以及一個協定（protocol）來識別的端點（endpoints）。通訊埠號允許協定處理軟體區分同一 IP 位址下使用同一協定的不同端點。一個已連接的 socket 還與一個**遠端端點**（*remote endpoint*）相關聯，即它所連接、可以與之通訊的另一方的 socket。

大多數 Unix socket 在 Unix 檔案系統中都有名稱。在 Linux 平台上，名稱以一個零位元組（zero byte）開頭的 socket 存在於由核心維護的名稱集區（name pool）中。這對於與 chroot-jail 行程（*https://oreil.ly/qvgaC*）進行通訊很有用，例如在兩個行程之間沒有共享檔案系統的地方。

Internet 和 Unix socket 都支援無連線和連線導向的網路，所以如果你仔細編寫你的程式，它們就可以在任何一個 socket 家族上工作。討論其他 socket 家族已經超出了本書的範疇，不過我們應該提到 *raw sockets*（**原始通訊端**），Internet socket 家族的一個子類型，讓你直接傳送和接收連結層封包（link layer packets，例如，Ethernet 封包）。這對一些實驗性應用程式和封包嗅探（packet sniffing）很有用（*https://oreil.ly/bmYSI*）。

在建立一個 Internet socket 後，你可以將一個特定的通訊埠號與該 socket 關聯（**繫結**）起來（只要該埠號尚未被其他 socket 所用）。這是許多伺服器使用的策略，在所謂的**知名通訊埠號**（*well-known port numbers*，*https://oreil.ly/Y2XeE*）上提供服務，這些埠號被網際網路標準定義為 1 ～ 1,023 的範圍。在 Unix 系統上，要獲得這些通訊埠的存取權，需要有 *root* 權限。一個典型的客戶端並不關心它所使用的埠號，因此它通常要求一個**暫時通訊埠**（*ephemeral port*），由協定驅動程式（protocol driver）指定，並保證在該主機上是唯一的。沒有必要繫結客戶端的通訊埠。

考慮到同一部電腦上的兩個行程，每個行程都作為客戶端連接到同一個遠端伺服器。它們 socket 的完整關聯有五個部分：`(local_IP_address, local_port_number, protocol, remote_IP_address, remote_port_number)`。當封包到達遠端伺服器時，兩個客戶端的目的地、來源 IP 位址、目的地埠號和協定都是一樣的。暫時埠號的唯一性的保證讓伺服器能夠區分來自兩個客戶端的訊務。這就是 TCP/IP 處理兩個相同 IP 位址之間多個對話的方式[1]。

socket 位址

不同類型的 socket 使用不同的位址格式：

1 編寫一個應用程式時，你通常透過更高的抽象層來使用 socket，例如第 19 章中所講述的那些。

- Unix socket 位址是指名檔案系統中一個節點的字串（在 Linux 平台上，是以 `b'\0'` 開頭的位元組字串，對應於一個核心表格中的名稱）。
- IPv4 socket 位址是 `(address, port)` 對組。第一項是一個 IPv4 位址，第二項是埠號，範圍是 1 ～ 65,535。
- IPv6 socket 位址是四項元組 `(address, port, flowinfo, scopeid)`。提供一個位址作為引數時，只要位址範疇（address scope，*https://oreil.ly/RcIfb*）不重要，`flowinfo` 和 `scopeid` 項一般可以省略。

Client/Server 計算

我們下面討論的模式通常被稱為 *client/server* 網路，其中一個 *server*（伺服器）在一個特定的端點上聆聽來自需要服務的 *clients*（**客戶端**）之訊務（traffic）。我們不涵蓋**點對點**（*peer-to-peer*）網路，因為它缺乏任何中央伺服器，必須包含點對點之間相互發現的能力。

大多數（儘管並非全部）的網路通訊都是使用 client/server 技術進行的。伺服器在一個事先決定或已公告的網路端點上聆聽傳入的訊務。在沒有這種輸入的情況下，它什麼也不做，只是坐在那裡等待客戶端的輸入。無連線端點和連線導向端點之間的通訊有些不同。

在無連線網路中，例如透過 UDP，請求（requests）是隨機到達伺服器，並會立即得到處理：回應被派發給請求者，沒有延遲。每個請求都是獨立處理的，通常不參考雙方之前可能發生的任何通訊。無連線網路非常適用於短期、無狀態（stateless）的互動，如 DNS 或網路開機（network booting）所需的互動。

在連線導向的網路中，客戶端與伺服器進行初始交換，有效地跨越兩個行程之間的網路管線建立了一個連線（有時被稱為**虛擬電路**，*virtual circuit*（*https://oreil.ly/ePVQo*）），兩個行程可以透過這個連線進行通訊，直到雙方表示願意結束連線為止。在這種情況下，服務需要使用平行處理（parallelism，透過執行緒、行程或非同步性等共時機制：參閱第 15 章）來非同步或同時處理每個傳入的連線。如果沒有平行處理，伺服器將無法在先前的連線結束之前處理新進入的連線，因為對 socket 方法的呼叫一般會**阻斷**（*block*）（意味著它們會暫停呼叫它們的執行緒，直到它們終止或逾時）。連線是處理冗長互動的最佳方式，如郵件交換、命令列 shell 互動或 Web 內容的傳輸，並在使用 TCP 時提供自動錯誤偵測和修正。

無連線的客戶端和伺服器結構

無連線伺服器的大致邏輯流程如下：

1. 透過呼叫 `socket.socket` 建立一個 `socket.SOCK_DGRAM` 型別的 socket。
2. 透過呼叫 socket 的 `bind` 方法將 socket 與服務端點關聯起來。
3. **無止境地**重複以下步驟：
   a. 透過呼叫 socket 的 `recvfrom` 方法從客戶端那裡請求一個傳入的資料包；這個呼叫會阻斷，直到收到一個資料包為止。
   b. 計算或查找結果。
   c. 透過呼叫 socket 的 `sendto` 方法將結果送回給客戶端。

伺服器在步驟 3a 中花費了大部分時間，等待客戶端的輸入。

無連線客戶端與伺服器的互動過程如下：

1. 透過呼叫 `socket.socket` 建立一個 `socket.SOCK_DGRAM` 型別的 socket。
2. 選擇性地呼叫 socket 的 `bind` 方法將 socket 與一個特定的端點關聯起來。
3. 透過呼叫 socket 的 `sendto` 方法向伺服器的端點發送請求。
4. 透過呼叫 socket 的 `recvfrom` 方法來等待伺服器的回覆；這個呼叫會阻斷，直到收到回應為止。有必要對這個呼叫套用一個**逾時**（*timeout*）時間，以處理資料包丟失的情況，程式必須重試或放棄嘗試：無連線 socket 不保證送達。
5. 在客戶端程式的其餘邏輯中使用該結果。

一個客戶端程式可以與同一個或多個伺服器進行多種互動，這取決於它需要使用的服務。許多這樣的互動對應用程式設計師來說是隱藏在程式庫程式碼中的。一個典型的例子是將一個主機名稱（hostname）解析為適當網路位址的動作，這通常使用 `gethostbyname` 程式庫函式（在 Python 的 `socket` 模組中實作，不久後將討論）。無連線互動通常涉及向伺服器傳送一個單一的封包，並接收一個單一的封包作為回應（response）。主要的例外是串流（*streaming*）協定，如 Real-time Transport Protocol（RTP，實時傳輸協定）[2]，它通常是分層在 UDP 之上，以減少延遲和延誤：在串流中，會有許多資料包被發送和接收。

連線導向的客戶端和伺服器結構

連線導向的伺服器的大致邏輯流程如下：

1. 透過呼叫 `socket.socket` 建立一個 `socket.SOCK_STREAM` 型別的 socket。
2. 透過呼叫 socket 的 `bind` 方法將 socket 與適當的伺服器端點關聯起來。
3. 透過呼叫 socket 的 `listen` 方法，啟動端點聆聽連接請求。
4. 無止境地重複以下步驟：
    a. 透過呼叫 socket 的 `accept` 方法來等待一個傳入的客戶端連線；伺服器行程會阻斷，直到收到一個傳入的連線請求為止。當這樣的請求到來時，一個新的 socket 物件會被建立，其另一端點就是那個客戶端程式。
    b. 建立一個新的控制執行緒或行程來處理這個特定的連線，把新創建的 socket 傳給它；然後控制的主執行緒透過迴圈回到步驟 4a 來繼續。
    c. 在新的控制執行緒中，分別使用新 socket 的 `recv` 和 `send` 方法與客戶端進行互動，從客戶端讀取資料並向其發送資料。`recv` 方法會阻斷，直到來自客戶端的資料可用（或者客戶端表示它希望關閉連線，在這種情況下，`recv` 會回傳一個空的結果）為止。`send` 方法只有在網路軟體的緩衝資料太多，以致於通訊不得不暫停時才會阻斷，等到傳輸層清空其部分緩衝記憶體時再繼續。當伺服器希望關閉連線時，它可以透過呼叫 socket 的 `close` 方法來達成，可以選擇性地先呼叫其 `shutdown` 方法。

伺服器在步驟 4a 中花費了大部分時間，等待客戶端的連線請求。

2 還有相對較新的多路連接傳輸協定 QUIC（*https://oreil.ly/1XwoM*），在 Python 中由第三方的 `aioquic`（*https://oreil.ly/uh_1O*）支援。

一個連線導向的客戶端的整體邏輯如下：

1. 透過呼叫 socket.socket 建立一個 socket.SOCK_STREAM 型別的 socket。
2. 可以選擇透過呼叫 socket 的 bind 方法將 socket 與一個特定的端點關聯起來。
3. 透過呼叫 socket 的 connect 方法建立與伺服器的連線。
4. 使用 socket 的 recv 和 send 方法與伺服器互動，分別從伺服器讀取資料和向其傳送資料。recv 方法會阻斷，直到從伺服器獲得資料（或者伺服器表示希望關閉連線，在這種情況下，recv 呼叫會回傳一個空結果）為止。send 方法只有在網路軟體的緩衝資料太多，以致於通訊不得不暫停時會阻斷，等到傳輸層清空其部分緩衝記憶體後，才繼續進行。當客戶端希望關閉連線時，它可以透過呼叫 socket 的 close 方法來達成，可以選擇先呼叫其 shutdown 方法。

連線導向的互動往往比無連線的互動更繁複。具體來說，判斷何時讀取和寫入資料更為複雜，因為必須對輸入進行剖析，以確定來自 socket 另一端的傳輸何時完成。在連線導向網路中使用的較高層協定順應這種判斷；有時透過表明資料長度作為內容的一部分來完成，有時透過更精密的方法。

socket 模組

Python 的 socket 模組透過 socket 介面處理網路作業。各個平台之間有一些小型的差異，但該模組隱藏了大部分的差異，使得編寫可移植的網路應用程式變得相對容易。

該模組定義了三個例外類別，都是內建例外類別 OSError 的子類別（見表 18-1）。

表 18-1　socket 模組例外類別

herror	識別主機名稱解析（resolution）錯誤：舉例來說，socket.gethostbyname 無法將一個名稱轉換為網路位址，或者 socket.gethostbyaddr 找不到網路位址的主機名稱。伴隨的值是一個雙元素的元組 (*h_errno*, *string*)，其中 *h_errno* 是來自作業系統的整數錯誤碼，而 *string* 是對錯誤的描述。
gaierror	識別在 socket.getaddrinfo 或 socket.getnameinfo 中遇到的定址錯誤（addressing errors）。

網路基礎知識

timeout	當運算時間超過逾時限制時提出（根據 socket.setdefaulttimeout，可在每個 socket 的基礎上覆寫）。

該模組定義了許多常數。其中最重要的是表 18-2 中列出的位址家族（address family，AF_*）和 socket 類型（SOCK_*），它們是 IntEnum 群集的成員。該模組還定義了許多其他用於設定 socket 選項的常數，但說明文件沒有對它們進行全面定義：要使用它們，你必須熟悉 C socket 程式庫和系統呼叫的說明文件。

表 18-2　socket 模組中定義的重要常數

AF_BLUETOOTH	用於建立 Bluetooth（藍牙）位址家族的 socket，會在行動和 Personal Area Network（PAN）應用程式中使用。
AF_CAN	用來為 Controller Area Network（CAN）位址家族建立 socket，廣泛用於自動化、汽車和嵌入式裝置應用程式。
AF_INET	用於建立 IPv4 位址家族的 socket。
AF_INET6	用於建立 IPv6 位址家族的 socket。
AF_UNIX	用於建立 Unix 位址家族的 socket。這個常數只在提供 Unix socket 的平台上有定義。
SOCK_DGRAM	用於建立無連線的 socket，在沒有連線能力或錯誤偵測的情況下會盡力（best-effort）遞送訊息。
SOCK_RAW	用於建立直接存取連結層（link layer）驅動程式的 socket；通常用來實作較低階的網路功能。
SOCK_RDM	建立 socket 用於 Transparent InterProcess Communication（TIPC）協定中所用的可靠的無連線訊息。
SOCK_SEQPACKET	建立 socket 用於 TIPC 協定中所用的可靠的連線導向訊息。
SOCK_STREAM	用於建立連線導向的 socket，提供完整的錯誤偵測和修正機能。

該模組定義了許多函式來建立 socket、操作位址資訊，並協助處理資料的標準表示法。我們在本書中沒有提及所有的那些函式，因為 socket 模組的說明文件（*https://oreil.ly/LU9FI*）已經相當詳盡；我們只關注那些在編寫網路應用程式時必不可少的函式。

socket 模組包含許多函式，其中大部分只在特定情況下使用。舉例來說，當通訊在網路端點之間進行時，兩端的電腦可能有架構上的差異，並以不同的方式表示相同的資料，所以有一些函式來處理數目有限的資料型別與網路中立形式之間的轉換。表 18-3 列出該模組提供的一些較為普遍適用的函式。

表 18-3　socket 模組的實用函式

`getaddrinfo`	`socket.getaddrinfo(`*`host`*`, `*`port`*`, family=0, type=0, proto=0, flags=0)` 接受一個 *host* 和 *port*，並回傳五項元組的一個串列，該種元組的形式為 `(family, type, proto, `*`canonical_name`*`, `*`socket`*`)`，可用來創建一個到特定服務的 socket 連線。除非在 `flags` 引數中設定了 `socket.AI_CANONNAME` 位元，否則 *canonical_name* 會是一個空字串。當你傳入一個主機名稱而不是 IP 位址時，`getaddrinfo` 會回傳一個元組串列，每個與該名稱相關的 IP 位址一個元組。
`getdefault timeout`	`socket.getdefaulttimeout()` 回傳 socket 運算的預設逾時值（單位是秒），如果沒有設定逾時值，則回傳 **None**。有些函式允許你指定明確的逾時。
`getfqdn`	`socket.getfqdn([`*`host`*`])` 回傳與主機名稱或網路位址關聯的經過完整資格修飾（fully qualified）的網域名稱（預設情況下，是你呼叫它的電腦之網域名稱）。
`gethostbyaddr`	`socket.gethostbyaddr(`*`ip_address`*`)` 接受一個包含 IPv4 或 IPv6 位址的字串，並回傳一個形式為 `(`*`hostname`*`, `*`aliaslist`*`, `*`ipaddrlist`*`)` 的三項目元組。*hostname* 是該 IP 位址的標準名稱，*aliaslist* 是替代名稱的一個串列，而 *ipaddrlist* 是 IPv4 和 IPv6 位址的一個串列。
`gethostbyname`	`socket.gethostbyname(hostname)` 回傳包含與給定主機名稱關聯的 IPv4 位址的一個字串。如果呼叫時用的是一個 IP 位址，則回傳該位址。此函式不支援 IPv6：請為 IPv6 使用 `getaddrinfo`。
`getnameinfo`	`socket.getnameinfo(`*`sock_addr`*`, flags=0)` 接收一個 socket 位址並回傳一個 `(`*`host`*`, `*`port`*`)` 對組。沒有 `flags` 的話，*host* 是一個 IP 位址，而 *port* 是一個 `int`。
`setdefault timeout`	`socket.setdefaulttimeout(`*`timeout`*`)` 設定 socket 的預設逾時值，以浮點值的秒為單位。新建立的 socket 以 *timeout* 值決定的模式執行，如下一節所討論的。將 *timeout* 設為 **None**，以取消在隨後建立的 socket 上隱含的逾時使用。

socket 物件

socket 物件是 Python 中網路通訊的主要手段。一個 SOCK_STREAM socket 接受一個連線時，也會建立一個新的 socket，每個這樣的 socket 都被用來與相關的客戶端進行通訊。

socket 物件和 with 述句

每個 socket 物件都是一個情境管理器：你可以在 **with** 述句中使用任何 socket 物件，以確保在退出述句主體時正確終止 socket。更多細節，請參閱第 236 頁的「with 述句和情境管理器」。

有幾種方式可以建立一個 socket，詳見下一節。根據逾時值，socket 可以在三種不同的模式下執行，如表 18-4 所示，逾時值可以用不同的方式設定：

- 透過在建立 socket 時提供逾時值作為一個引數
- 透過呼叫 socket 物件的 settimeout 方法
- 根據 socket.getdefaulttimeout 函式回傳的 socket 模組的預設逾時值

建立每種可能模式的逾時值列在表 18-4 中。

表 18-4　逾時值及其相關模式

None	設定阻斷（*blocking*）模式。每個運算都會暫停執行緒（阻斷），直到運算完成，除非作業系統提出一個例外。
0	設定非阻斷（*nonblocking*）模式。每個運算在不能立即完成或發生錯誤時都會提出一個例外。使用 selectors 模組（*https://oreil.ly/UBypi*）來找出一個運算是否可以立即完成。
>0.0	設定 *timeout* 模式。每個運算都會阻斷，直到完成，或者逾時時間結束（在這種情況下會提出 socket.timeout 例外），或者發生錯誤。

socket 物件代表網路端點。socket 模組提供幾個函式來建立一個 socket（見表 18-5）。

表 18-5　創建 socket 的函式

create_connection	`create_connection([address[, timeout[, source_address]]])` 建立連線到一個位址（一個 (*host, port*) 對組）上的 TCP 端點的 socket。*host* 可以是數值的網路位址或 DNS 主機名稱；在後一種情況下，AF_INET 和 AF_INET6 的名稱解析都會被嘗試（未指定順序），然後依次嘗試連接到每個回傳的位址，這是建立能夠使用 IPv6 或 IPv4 的客戶端程式的便利方式。 *timeout* 引數，若有給定，指定連線逾時的秒數，從而設定 socket 的模式（見表 18-4）；若不存在，會呼叫 socket.getdefaulttimeout 函式來確定這個值。*source_address* 引數，若有給定，也必須是一個 (*host, port*) 對組，會傳遞給遠端 socket 作為連線端點。當 *host* 為 '' 或 *port* 為 0 時，將使用作業系統的預設行為。
socket	`socket(family=AF_INET, type=SOCK_STREAM, proto=0, fileno=None)` 建立並回傳一個帶有適當位址家族和類型的 socket（預設是 IPv4 的 TCP socket）。子行程不會繼承如此建立的 socket。協定號碼 proto 只用於 CAN socket。當你傳入 fileno 引數時，其他引數會被忽略：該函式回傳已經與給定檔案描述器關聯的 socket。
socketpair	`socketpair([family[, type[, proto]]])` 回傳給定了位址家族、socket 類型和（僅適用於 CAN socket）協定的連接起來的一對 sockets。若沒有指定 *family*，在有該家族可用的平台上，socket 的家族就會是 AF_UNIX；否則，它們的家族會是 AF_INET。若沒有指定 *type*，預設會是 SOCK_STREAM。

socket 物件 *s* 提供表 18-6 中列出的方法。那些處理連線或需要已連接的 socket 的方法僅適用於 SOCK_STREAM socket，而其他的則適用於 SOCK_STREAM 和 SOCK_DGRAM socket。對於接受 *flags* 引數的方法，可用的確切旗標集合取決於你的特定平台（可用的值記載在 Unix 手冊頁面中 recv(2)（*https://oreil.ly/boM-c*）和 send(2)（*https://oreil.ly/JAaNO*）的說明裡、以及 Windows 說明文件中（*https://oreil.ly/90h4R)*）；如果省略，*flags* 預設為 0。

表 18-6　socket 實體 s 的方法

accept	`accept()` 會阻斷，直到客戶端建立與 *s* 的連線，該連線必須被繫結到一個位址（透過呼叫 *s*.bind）並設定為聆聽狀態（透過呼叫 *s*.listen）。回傳一個新的 socket 物件，它可以被用來與連線的另一個端點進行通訊。

網路基礎知識

`bind`	`bind(`*`address`*`)` 將 *s* 繫結到一個特定的位址。*address* 引數的形式取決於 socket 的位址家族（參閱第 651 頁的「socket 位址」）。
`close`	`close()` 將 socket 標示為已關閉。呼叫 *s*`.close` 不一定會立即關閉連接，這取決於對該 socket 的其他參考是否存在。如果需要立即關閉，請先呼叫 *s*`.shutdown` 方法。確保 socket 會被及時關閉最簡單方式是在 **`with`** 述句中使用它，因為 socket 是情境管理器。
`connect`	`connect(`*`address`*`)` 連接到 *address* 上的一個遠端 socket。*address* 引數的形式取決於位址家族（參閱第 651 頁的「socket 位址」）。
`detach`	`detach()` 使 socket 進入已關閉模式（closed mode），但允許 socket 物件被重新用於進一步的連線（透過再次呼叫 `connect`）。
`dup`	`dup()` 回傳該 socket 的一個複本，子行程不可繼承。
`fileno`	`fileno()` 回傳 socket 的檔案描述器。
`getblocking`	`getblocking()` 如果 socket 被設定為阻斷狀態，則回傳 **`True`**，可以透過呼叫 *s*`.setblocking(`**`True`**`)` 或 *s*`.settimeout(`**`None`**`)` 來設定。否則，回傳 **`False`**。
`get_` `inheritable`	`get_inheritable()` 當 socket 能夠被子行程繼承時，回傳 **`True`**。否則，回傳 **`False`**。
`getpeername`	`getpeername()` 回傳此 socket 所連接的遠端端點的位址。
`getsockname`	`getsockname()` 回傳此 socket 所使用的位址。
`gettimeout`	`gettimeout()` 回傳與此 socket 關聯的逾時時間。
`listen`	`listen([`*`backlog`*`])` 啟動聆聽其關聯端點之訊務的 socket。若有給定，整數的 *backlog* 引數決定了作業系統在開始拒絕連接之前允許多少個未接受的連線排入佇列。

makefile	makefile(*mode*, buffering=**None**, *, encoding=**None**, newline=**None**) 回傳一個檔案物件，允許 socket 被用於類檔案的運算，如 read 和 write。引數與內建的 open 函式的引數相同（參閱第 378 頁的「用 open 建立一個檔案物件」）。*mode* 可以是 'r' 或 'w'；對於二進位傳輸可以加上 'b'。socket 必須處於阻斷模式；若有設定逾時值，發生逾時的時候，可能會出現非預期的結果。
recv	recv(*bufsiz*[, *flags*]) 從 sockets 接收並回傳最多為 *bufsiz* 個位元組的資料。
recvfrom	recvfrom(*bufsiz*[, *flags*]) 從 *s* 接收最多為 *bufsiz* 個位元組的資料，回傳一個對組 (*bytes*, *address*)：*bytes* 是接收的資料，*address* 是發送資料的彼方 socket 的位址。
recvfrom_into	recvfrom_into(*buffer*[, *nbytes*[, *flags*]]) 從 *s* 接收最多 *nbytes* 個位元組的資料，將其寫入到給定的 *buffer* 物件。如果 *nbytes* 被省略或為 0，則會使用 len(*buffer*)。回傳一個對組 (*nbytes*, *address*)：*nbytes* 是收到的位元組數，*address* 是傳送資料的彼方 socket 的位址（*_*into* 函式可能會比配置新緩衝區的「一般」函式更快）。
recv_into	recv_into(*buffer*[, *nbytes*[, *flags*]]) 從 *s* 接收最多 *nbytes* 個位元組的資料，將其寫入到給定的 *buffer* 物件。如果 *nbytes* 被省略或為 0，將使用 len(*buffer*)。回傳收到的位元組數。
recvmsg	recvmsg(*bufsiz*[, *ancbufsiz*[, *flags*]]) 在 socket 上接收最多 *bufsiz* 個位元組的資料、和最多 *ancbufsiz* 個位元組的輔助（「頻帶外的」，out-of-band）資料。回傳一個四項元組 (*data*, *ancdata*, *msg_flags*, *address*)，其中 *data* 是收到的資料，*ancdata* 是代表收到的輔助資料的三項元組 (*cmsg_level*, *cmsg_type*, *cmsg_data*) 的一個串列，*msg_flags* 持有與訊息一起收到的任何旗標（記載在 recv(2) 系統呼叫的 Unix 手冊頁面（*https://oreil.ly/boM-c*）或 Windows 的說明文件（*https://oreil.ly/90h4R*）中），而 *address* 是傳送資料的彼方 socket 的位址（如果 socket 是已連接的，這個值就是未定義的，但發送方可以從 socket 中確定）。
send	send(*bytes*[, *flags*]) 透過 socket 傳送給定的資料 *bytes*，socket 必須已經連接到一個遠端端點。回傳已傳送的位元組數，你應該對此進行檢查：該呼叫可能沒有傳送完所有的資料，在那種情況下，必須分別請求傳送剩餘的資料。

sendall	sendall(*bytes*[, *flags*]) 透過 socket 傳送所有給定的資料 *bytes*，socket 必須已經連接到一個遠端端點。socket 的逾時值適用於所有資料的傳輸，即使需要多次傳輸。
sendfile	sendfile(*file*, offset=0, count=**None**) 將檔案物件 *file*（必須以二進位模式開啟）的內容傳送到所連接的端點。在 os.sendfile 可用的平台上，它會被使用；否則，就會使用 send 呼叫。offset，如果有的話，決定檔案中開始傳輸的位元組位置；count 設定傳輸的最大位元組數。回傳已傳輸的總位元組數。
sendmsg	sendmsg(*buffers*[, *ancdata*[, *flags*[, *address*]]]) 向連接的端點發送正常資料和輔助資料（頻帶外的）。*buffers* 應該是一個類位元組（bytes-like）的可迭代物件。*ancdata* 引數應該是代表輔助資料的元組 (*data*, *ancdata*, *msg_flags*, *address*) 的一個可迭代物件。*msg_flags* 是在 Unix 手冊頁面中記載的 send(2) 系統呼叫的旗標，或者在 Windows 說明文件（*https://oreil.ly/90h4R*）中記載的旗標。*address* 應該只為未連接的 socket 提供，它決定了資料要被發送到哪個端點。
sendto	sendto(*bytes*,[*flags*,]*address*) 向給定的 socket 位址傳送 *bytes*（*s* 必須是未連接的），並回傳所傳送的位元組數。選擇性的 *flags* 引數與 recv 的同一個引數含義相同。
setblocking	setblocking(*flag*) 根據 *flag* 的真假值，決定 *s* 是否在阻斷模式下執行（參閱第 658 頁的「socket 物件」）。*s*.setblocking(**True**) 的作用與 *s*.settimeout(**None**) 類似；*s*.set_blocking(**False**) 的作用與 *s*.settimeout(0.0) 類似。
set_inheritable	set_inheritable(*flag*) 根據 *flag* 的真假值，決定該 socket 是否會被子行程繼承。
settimeout	settimeout(*timeout*) 根據 *timeout* 的值確定 *s* 的模式（參閱第 658 頁的「socket 物件」）。

shutdown	shutdown(*how*) 根據 *how* 引數的值，關閉（shuts down）一個 socket 連線的一半或全部，詳見這裡： socket.SHUT_RD 　不能對 *s* 進行進一步的接收運算。 socket.SHUT_RDWR 　不能對 *s* 進行進一步的接收或傳送運算。 socket.SHUT_WR 　不能對 *s* 進行進一步的傳送運算。

一個 socket 物件 *s* 也有屬性 family（*s* 的 socket 家族）和 type（*s* 的 socket 類型）。

一個無連線的 socket 客戶端

考慮一個簡單的 packet-echo（封包回送）服務，其中客戶端傳送以 UTF-8 編碼的文字到伺服器，然後伺服器將同樣的資訊發回給客戶端。在一個無連線的服務中，客戶端所要做的就是把每個資料塊傳送到定義好的伺服器端點：

```
import socket

UDP_IP = 'localhost'
UDP_PORT = 8883
MESSAGE = """\
This is a bunch of lines, each
of which will be sent in a single
UDP datagram. No error detection
or correction will occur.
Crazy bananas! £€ should go through."""

server = UDP_IP, UDP_PORT
encoding = 'utf-8'
with socket.socket(socket.AF_INET,     # IPv4
                   socket.SOCK_DGRAM, # UDP
                  ) as sock:
    for line in MESSAGE.splitlines():
        data = line.encode(encoding)
        bytes_sent = sock.sendto(data, server)
        print(f'SENT {data!r} ({bytes_sent} of {len(data)})'
              f' to {server}')
        response, address = sock.recvfrom(1024)  # 緩衝區大小：1024
        print(f'RCVD {response.decode(encoding)!r}'
```

網路基礎知識

```
            f' from {address}')

print('Disconnected from server')
```

請注意，伺服器只執行一個位元組導向的 echo 功能。因此，客戶端會將其 Unicode 資料編碼為位元組字串，並使用相同的編碼將從伺服器收到的位元組字串回應解碼為 Unicode 文字。

一個無連線的 socket 伺服器

上一節中描述的 packet-echo 服務的伺服器也很簡單。它繫結到其端點，在該端點接收封包（資料包），並向送來每個資料包的客戶端回傳帶有完全相同資料的一個封包。伺服器對所有客戶端一視同仁，不需要使用任何種類的共時性（儘管這最後一個方便的特徵對於請求的處理需要更多時間的服務可能不成立）。

下面的伺服器可以運作，但除了中斷服務（通常是在鍵盤上按下 Ctrl-C 或 Ctrl-Break）外，沒有提供終止服務的方式：

```
import socket

UDP_IP = 'localhost'
UDP_PORT = 8883
with socket.socket(socket.AF_INET,    # IPv4
                   socket.SOCK_DGRAM  # UDP
                   ) as sock:
    sock.bind((UDP_IP, UDP_PORT))
    print(f'Serving at {UDP_IP}:{UDP_PORT}')
    while True:
        data, sender_addr = sock.recvfrom(1024)  # 1024 位元組的緩衝區
        print(f'RCVD {data!r}) from {sender_addr}')
        bytes_sent = sock.sendto(data, sender_addr)
        print(f'SENT {data!r} ({bytes_sent}/{len(data)})'
              f' to {sender_addr}')
```

也沒有任何機制來處理丟失的封包和類似的網路問題；這在簡單的服務中往往是可以接受的。

你可以使用 IPv6 運行同樣的程式：只需將 socket 類型 AF_INET 替換為 AF_INET6 即可。

一個連線導向的 socket 客戶端

現在考慮一個簡單的連線導向的「echo-like（類回送）」協定：伺服器讓客戶端連接到它聆聽的 socket，從它們那裡接收任意的位元組，並向每個客戶端送回該客戶端傳送給伺服器的相同位元組，直到客戶端關閉連線為止。下面是一個基本的測試客戶端範例[3]：

```
import socket

IP_ADDR = 'localhost'
IP_PORT = 8881
MESSAGE = """\
A few lines of text
including non-ASCII characters: € £
to test the operation
of both server
and client."""

encoding = 'utf-8'
with socket.socket(socket.AF_INET,     # IPv4
                   socket.SOCK_STREAM  # TCP
                   ) as sock:
    sock.connect((IP_ADDR, IP_PORT))
    print(f'Connected to server {IP_ADDR}:{IP_PORT}')
    for line in MESSAGE.splitlines():
        data = line.encode(encoding)
        sock.sendall(data)
        print(f'SENT {data!r} ({len(data)})')
        response, address = sock.recvfrom(1024)  # 緩衝區大小：1024
        print(f'RCVD {response.decode(encoding)!r}'
              f' ({len(response)}) from {address}')

print('Disconnected from server')
```

請注意，這些資料是文字，所以必須用合適的表示法進行編碼。我們選擇了最常用的 UTF-8。伺服器以位元組為單位運作（因為在網路上傳播的是位元組，又稱 octets）；收到的位元組物件在列印前會以 UTF-8 解碼回 Unicode 文字。也可以使用其他合適的任何編解碼器（codec）：關鍵是文字必須在傳輸前被編碼，在接收後被解碼。以位元組為單位運作的伺服器甚至不需要知道正在使用哪種編碼，除了要進行日誌記錄的時候。

3 這個客戶端範例並不安全，請參閱第 667 頁的「Transport Layer Security」以了解如何使其更加安全。

連線導向的 socket 伺服器

下面是一個簡單的伺服器，對應於上一節所示的測試客戶端，透過 concurrent.futures 使用多執行緒處理（在第 542 頁的「concurrent.futures 模組」中提及）：

```
import concurrent
import socket

IP_ADDR = 'localhost'
IP_PORT = 8881

def handle(new_sock, address):
    print('Connected from', address)
    with new_sock:
        while True:
            received = new_sock.recv(1024)
            if not received:
                break
            s = received.decode('utf-8', errors='replace')
            print(f'Recv: {s!r}')
            new_sock.sendall(received)
            print(f'Echo: {s!r}')
    print(f'Disconnected from {address}')

with socket.socket(socket.AF_INET,     # IPv4
                   socket.SOCK_STREAM  # TCP
                   ) as servsock:
    servsock.bind((IP_ADDR, IP_PORT))
    servsock.listen(5)
    print(f'Serving at {servsock.getsockname()}')
    with cconcurrent.futures.ThreadPoolExecutor(20) as e:
        while True:
            new_sock, address = servsock.accept()
            e.submit(handle, new_sock, address)
```

這個伺服器有其侷限性。特別是，它只能執行 20 個執行緒，所以它不能同時為 20 個以上的客戶端提供服務；當其他 20 個客戶端已經被服務時，任何試圖連接的客戶端都要在 servsock 的聆聽佇列中等待。如果該佇列中塞滿了等待被接受的五個客戶端，那麼更多試圖連接的客戶端將被直接拒絕。這個伺服器只是作為一個基本的例子來演示，而不是一個堅固、規模可擴充的或安全的系統。

和以前一樣，透過將 socket 的類型從 AF_INET 替換為 AF_INET6，同樣的程式就可以使用 IPv6 執行。

Transport Layer Security

Transport Layer Security（TLS，傳輸層安全性）是 Secure Sockets Layer（SSL）的後繼者，它透過 TCP/IP 提供隱私（privacy）和資料完整性（data integrity），幫助你抵禦伺服器的冒名頂替（impersonation）、竊聽正在交換的位元組和對那些位元組的惡意竄改。關於 TLS 的介紹，我們推薦 Wikipedia 涵蓋廣泛的條目（*https://oreil.ly/EzLWt*）。

在 Python 中，你可以透過標準程式庫的 `ssl` 模組使用 TLS。為了善用 `ssl`，你必須對其豐富的線上說明文件（*https://oreil.ly/2EGr0*）有良好的掌握，並對 TLS 本身有深刻且廣泛的理解（Wikipedia 上的文章，儘管優良且廣泛，但只算是剛開始涵蓋這個龐大且困難的主題而已）。特別是，你必須研讀並徹底理解線上說明文件的安全考量（*https://oreil.ly/ohqtT*）部分，以及在該部分提供的許多連結可以找到的所有參考資料。

如果這些警告聽起來彷彿在說完美地實作安全防範措施是一項艱鉅的任務，那是因為它**確實是**。在安全領域，你是在用你的智慧和技能與那些機智老練的攻擊者對決，他們可能更熟悉所涉及的問題的各種細節：他們專門尋找變通方式並入侵，而（通常）你的注意力並不完全在這些問題上，而是試圖在你的程式碼中提供一些有用的服務。將安全視為事後或次要考量是有風險的，它**必須**自始至終處於最優先和最中心位置，以贏得技能和智慧的較量。

知道這點後，我們強烈建議所有的讀者進行上述的 TLS 研究，如果所有的開發人員都能更好地理解安全方面的考量，我們大家都能變得更好（除了，我們猜想，那些安全破壞者的崇拜者以外！）。

除非你已經對 TLS 和 Python 的 `ssl` 模組有了非常深入和廣泛的了解（在那種情況下，你會知道到底該怎麼做，可能還比我們做得更好！），我們建議使用一個 `SSLContext` 實體來儲存你使用 TLS 的所有細節。用 `ssl.create_default_context` 函式建立該實體，如果需要的話，新增你的憑證（如果你是在撰寫一個安全伺服器，這**就是**必要的），然後使用該實體的 `wrap_socket` 方法將你製作的（幾乎[4]）每個 `socket.socket` 實體都包裹成 `ssl.SSLSocket` 的實體，其行為幾乎與它包裹的 socket 物件完全相同，但近乎透明地「從旁」添加安全檢查和驗證。

4 我們說「幾乎」是因為當你編寫一個伺服器的程式碼時，你並不會包裹你繫結、聆聽和接受連線的 socket。

預設的 TLS 情境（contexts）在安全性和廣泛的可用性之間取得了很好的平衡，我們建議你堅持使用它們（除非你有足夠的知識來微調和加強安全性以滿足特殊需要）。如果你需要支援那些無法使用最新、最安全 TLS 實作的過時的類似元件，你可能會很想要只學習剛好夠用的知識並放寬你的安全要求就好。這樣做的風險要自行承擔，我們絕對不建議在這樣的領域裡徘徊！

在下面的章節中，如果你只是想遵循我們的建議，我們將介紹你需要熟悉的 ssl 最小子集。但是，即使是這樣，也請拜託你讀一下 TLS 和 ssl，以獲得這些複雜議題的一些背景知識。有朝一日，這些知識可能會讓你獲益匪淺。

SSLContext

ssl 模組提供一個 ssl.SSLContext 類別，其實體持有關於 TLS 組態的資訊（包括憑證和私密金鑰），並提供許多方法來設定、改變、檢查和使用這些資訊。如果你清楚知道你在做什麼，可以手動實體化、設定並使用你自己的 SSLContext 實體，以達到你的特殊目的。

然而，我們建議你使用調整好的函式 ssl.create_default_context 來實體化 SSLContext，它有單一個引數：如果你的程式碼是一個伺服器（因此可能需要驗證客戶端），那就是 ssl.Purpose.CLIENT_AUTH，或者 ssl.Purpose.SERVER_AUTH，如果你的程式碼是一個客戶端（因此肯定需要驗證伺服器）的話。如果你的程式碼既是某些伺服器的客戶端，又是其他客戶端的伺服器（舉例來說，有些網際網路代理伺服器就是這樣），那麼你將需要兩個 SSLContext 的實體，各用於不同的目的。

對於大多數客戶端的使用，你的 SSLContext 已經準備好了。如果你正在編寫一個伺服器，或者為極少數需要 TLS 認證客戶端的伺服器撰寫程式碼，你就需要有一個憑證檔案（certificate file）和一個金鑰檔案（key file）（請參閱線上說明文件（*https://oreil.ly/mBPJ0*）以了解如何獲得這些檔案）。把憑證和金鑰檔案的路徑傳入給 load_cert_chain 方法，將它們新增到 SSLContext 實體中（如此對方才能驗證你的身分），程式碼如下：

```
ctx = ssl.create_default_context(ssl.Purpose.CLIENT_AUTH)
ctx.load_cert_chain(certfile='mycert.pem', keyfile='mykey.key')
```

一旦你的情境實體 *ctx* 準備好了，如果你正在編寫一個客戶端，只需呼叫 *ctx*.wrap_socket 來包裹你將要連接到伺服器的任何 socket，並使用包裹後的結果（ssl.SSLSocket 的一個實體）而非你剛包裹的 socket。比如說：

```
sock = socket.socket(socket.AF_INET)
sock = ctx.wrap_socket(sock, server_hostname='www.example.com')
sock.connect(('www.example.com', 443))
# 從這裡開始，正常使用 'sock'
```

注意，在客戶端的情況下，你還應該向 wrap_socket 傳入一個與你即將連接的伺服器相對應的 server_hostname 引數；如此，連線可以驗證你最終連接上的伺服器的身分確實是正確的，這是一個絕對關鍵的安全步驟。

在伺服器端，**不要**包裹你要繫結至位址、聆聽或在其上接受連線的 socket；只需包裹住 accept 回傳的新 socket。比如說：

```
sock = socket.socket(socket.AF_INET)
sock.bind(('www.example.com', 443))
sock.listen(5)
while True:
    newsock, fromaddr = sock.accept()
    newsock = ctx.wrap_socket(newsock, server_side=True)
    # 像往常一樣處理 'newsock'；關閉，然後在完成後關閉它。
```

在這種情況下，你需要向 wrap_socket 傳入引數 server_side=True，以便讓它知道你是在伺服器那一端。

再次，我們建議查閱線上說明文件，特別是範例（*https://oreil.ly/r6hQ7*），以得到更好的理解，即使你只堅持使用這個簡單的 ssl 運算子集。

網路基礎知識

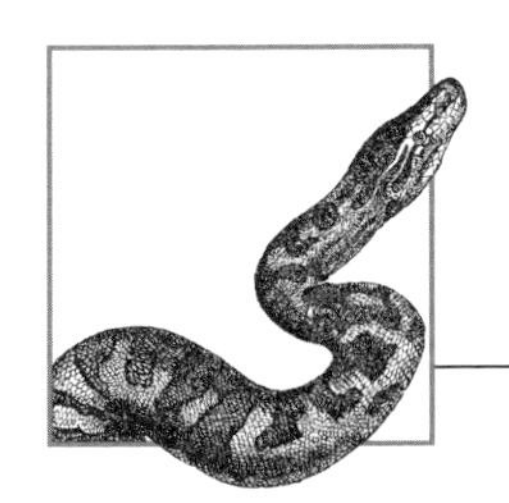

19 客戶端網路協定模組

Python 的標準程式庫提供了數個模組，來簡化 Internet（網際網路）協定的使用，不管是在客戶端或伺服器端。近來，最常被稱為 *PyPI* 的 Python Package Index（*https://oreil.ly/PGIim*）提供了更多的這種套件。由於許多標準程式庫模組可以追溯到上個世紀，你會發現今日的第三方套件支援更多的協定，而且有幾個套件提供的 API 比標準程式庫的同等功能還要好。當你需要使用標準程式庫沒有的協定，或者標準程式庫提供的方式你不滿意，請一定要搜尋 PyPI，你很有可能在那裡找到更好的解決方案。

在本章中，我們將介紹一些能讓你相對簡單地使用網路協定的標準程式庫套件：這些套件讓你在編寫程式碼時不需要第三方套件，使你的應用程式或程式庫更容易安裝在其他機器上。因此，你可能會在處理舊有程式碼時遇到它們，其簡單性也使它們成為 Python 學習者的有趣讀物。我們還提到了一些第三方套件，涵蓋標準程式庫中沒有包含的重要網路協定，但我們沒有提及使用非同步程式設計的第三方套件。

對於 HTTP 客戶端和其他最好透過 URL 存取的網路資源（如匿名的 FTP 站台）這種非常普遍的用例，第三方的 `requests` 套件（*https://oreil.ly/t4X8r*）甚至在 Python 官方說明文件中都有推薦，所以我們會涵蓋它，並推薦使用它而不是標準程式庫模組。

Email 協定

今天，大多數的電子郵件（email）是透過實作 Simple Mail Transport Protocol（SMTP，簡單郵件傳輸協定）的伺服器送出（*sent*）的，並透過使用 Post Office Protocol 版本 3（POP3）或 Internet Message Access Protocol 版本 4（IMAP4）[1] 的伺服器和客戶端來接收（*received*）。這些協定的客戶端分別由 Python 標準程式庫模組 `smtplib`、`poplib` 和 `imaplib` 支援，我們在本書中會介紹其中的前兩個。如果你需要處理電子郵件訊息的剖析（*parsing*）或產生（*generating*），請使用第 21 章中提及的 `email` 套件。

如果你需要寫一個可以透過 POP3 或 IMAP4 連接的客戶端，一個標準的建議是選擇 IMAP4，因為它更強大，而且根據 Python 自己的線上說明文件，通常在伺服器端實作得更準確。遺憾的是，`imaplib` 非常複雜，在本書中遠遠無法涵蓋。如果你選擇走這條路，請使用線上說明文件（*https://oreil.ly/3ncIi*），不可避免地要輔以 IMAP 的 RFC，可能還有其他相關的 RFC，如功能性的 5161 和 6855 以及命名空間的 2342。除了標準程式庫模組的線上說明文件以外，使用 RFC 也是無法避免的：許多傳入給 `imaplib` 函式和方法的引數，以及呼叫它們的結果，都是字串，其格式只在 RFC 中有記載，而沒有在 Python 自己的說明文件中。強烈推薦的替代方案是使用更簡單的、更高的抽象層次的第三方套件 IMAPClient（*https://oreil.ly/xTc4T*），可透過 **`pip install`** 獲得，並在線上有很好的說明文件（*https://oreil.ly/SuiI_*）。

poplib 模組

`poplib` 模組提供一個 `POP3` 類別，用於存取 POP 郵箱（mailbox）[2]。其建構器的特徵式如下：

POP3	**class** POP3(*host*, port=110) 回傳一個連接到指定的 *host* 和 port 的 POP3 類別實體 *p*。POP3_SSL 類別的行為是一樣的，但是它透過一個安全的 TLS 頻道連接到主機（預設為埠 995）；若要連接到要求一些最低限度安全性的電子郵件伺服器，如 pop.gmail.com 這就是必要的 [a]。

[a] 特別是要連接到 Gmail 帳號的時候，你需要將該帳號配置為啟用 POP，「allow less secure apps」，並避免雙步驟驗證（two-step verification），一般來說，我們不推薦這樣做，因為這會削弱你電子郵件的安全性。

1 IMAP4，根據 RFC 1730（*https://oreil.ly/fn5aH*）；或 IMAP4rev1，根據 RFC 2060（*https://oreil.ly/C5N0w*）。

2 POP 協定的規格可以在 RFC 1939（*https://oreil.ly/NLl6b*）中找到。

POP3 類別的一個實體 *p* 提供許多方法；最常用的方法列在表 19-1 中。在所有情況下，*msgnum*，一個訊息的識別碼，可以是一個包含整數值的字串或一個 `int`。

表 19-1　POP3 實體 *p* 的方法

dele	*p*.dele(*msgnum*) 將訊息 *msgnum* 標示為刪除，並回傳伺服器的回應字串。伺服器會將這樣的刪除請求放入佇列等待，並且只有在你透過呼叫 *p*.quit[a] 來終止這個連線時才會執行它們。
list	*p*.list(*msgnum*=**None**) 回傳一個三項目元組 (*response, messages, octets*)，其中 *response* 是伺服器的回應字串；*messages* 是位元組字串的一個串列，每個位元組字串有兩個字詞 b'*msgnum bytes*'，是郵箱中每個訊息的號碼和長度（位元組）；*octets* 是總回應的長度（位元組）。當 *msgnum* 不是 **None** 時，list 回傳一個字串，即給定的 *msgnum* 的回應，而不是一個元組。
pass_	*p*.pass_(*password*) 向伺服器傳送密碼（password），並回傳伺服器的回應字串。必須在 *p*.user 之後呼叫。名稱中的尾隨底線是必要的，因為 **pass** 是一個 Python 關鍵字。
quit	*p*.quit() 結束工作階段，並告訴伺服器執行呼叫 *p*.dele 所請求的刪除運算。回傳伺服器的回應字串。
retr	*p*.retr(*msgnum*) 回傳一個三項目元組 (*response, lines, bytes*)，其中 *response* 是伺服器回應字串，*lines* 是訊息 *msgnum* 中所有行的位元組字串的串列，*bytes* 是訊息中的總位元組數。
set_ debuglevel	*p*.set_debuglevel(*debug_level*) 將除錯等級（debug level）設定為 *debug_level*，這是一個 int 值，0（預設值）表示不除錯，1 表示適量的除錯輸出，2 或更多表示完整輸出與伺服器交換的所有控制資訊的追蹤軌跡。
stat	*p*.stat() 回傳一個對組 (*num_msgs, bytes*)，其中 *num_msgs* 是郵箱中的訊息數量，*bytes* 是總位元組數。
top	*p*.top(*msgnum, maxlines*) 就跟 retr 一樣，但是最多回傳訊息主體中的 *maxlines* 行（除了標頭中的所有行以外）。對於查看長訊息的開頭可能很有用。

user	*p*.user(*username*) 向伺服器傳送使用者名稱（username）；必然會跟著一個對 *p*.pass_ 的呼叫。

[a] 標準規定，如果斷開連線發生在 quit 呼叫之前，刪除動作就不應該實行。儘管如此，一些伺服器會在任何連線中斷後執行刪除，不管是有計畫的還是無計畫的。

smtplib 模組

smtplib 模組提供一個類別，SMTP，用於透過 SMTP 伺服器[3] 傳送郵件。其建構器有下列特徵式：

SMTP	class SMTP([*host*, port=25]) 回傳 SMTP 類別的一個實體 *s*。若有給出 *host*（和選擇性的 port），就會隱含地呼叫 *s*.connect(*host*, port)。SMTP_SSL 類別的行為是一樣的，但是它會透過一個安全的 TLS 頻道連線到主機（預設為埠 465）；若要連線到要求一些最底限安全性的電子郵件伺服器，如 smtp.gmail.com，這就是必要的。

SMTP 類別的一個實體 *s* 提供許多方法。其中最常用的方法列在表 19-2 中。

表 19-2　SMTP 實體 *s* 的方法

connect	*s*.connect(host=127.0.0.1, port=25) 連線到位在 host（預設為本地主機）和 port 的 SMTP 伺服器（埠 25 是 SMTP 服務的預設通訊埠；465 是更安全的「SMTP over TLS」的預設通訊埠）。
login	*s*.login(*user*, *password*) 用給定的 *user* 和 *password* 登入到伺服器上。只有在 SMTP 伺服器需要認證時才需要（幾乎所有的伺服器都需要）。
quit	*s*.quit() 終止 SMTP 工作階段。
sendmail	*s*.sendmail(*from_addr*, *to_addrs*, *msg_string*) 將位址在字串 *from_addr* 中的發件人的郵件訊息 *msg_string* 傳送至串列 *to_addrs*[a] 中的每個收件人。*msg_string* 必須是一個完整的 RFC 822 訊息，以多行位元組字串表示：標頭、一個空行作為分隔，然後是主體（body）。郵件傳輸機制只使用 *from_addr* 和 *to_addrs* 來確定路由（routing），忽略 *msg_string*[b] 中的任何標頭。要準備符合 RFC 822 標準的訊息，就使用套件 email，在第 703 頁的「MIME 和 Email 格式處理」中提及。

3　SMTP 協定的規格可以在 RFC 2821（*https://oreil.ly/J9aCH*）中找到。

send_message	*s*.send_message(*msg*, from_addr=**None**, to_addrs=**None**) 一個便利的函式，以 email.message.Message 物件作為它的第一個引數。如果 from_addr 和 to_addrs 中的任何一個或兩個都是 **None**，它們將改為從訊息中提取出來。

[a] 雖然標準對 *to_addrs* 中的收件人數量沒有限制，但個別郵件伺服器很可能會這樣做，因此建議將郵件分批處理，每個批次中的收件人數量最多不超過某個最大值。

[b] 舉例來說，這使得電子郵件系統可以實作 Bcc（密件副本）電子郵件，因為路由不依存於訊息信封。

HTTP 和 URL 客戶端

大多數時候，你的程式碼透過抽象程度較高的 URL 層使用 HTTP 和 FTP 協定，由下面幾節中提及的模組和套件所支援。Python 的標準程式庫也提供較低階的、協定專屬的模組，這些模組較不常使用：對於 FTP 客戶端，有 ftplib（*https://oreil.ly/O_XHc*）；對於 HTTP 客戶端，有 http.client（我們會在第 20 章介紹 HTTP 伺服器）。如果你需要編寫一個 FTP 伺服器，可以看看第三方模組 pyftpdlib（*https://oreil.ly/Qrvcn*）。較新的 HTTP/2（*https://http2.github.io*）的實作可能還沒有完全成熟，但在本文寫作之時，你最好的選擇是第三方模組 HTTPX（*https://www.python-httpx.org*）。我們在本書中不涵蓋任何的這些低階模組：我們在接下來的章節中著重於更高的抽象層，URL 層次的存取。

URL 存取

URL 是 uniform resource identifier（URI，統一資源識別碼）的一種。URI 是用來識別（*identifies*）資源的字串（但不一定能**定位**到它），URL 則會在網際網路上**定位**（*locates*）出一項資源。URL 是由幾個部分（*components*，有些是非必要的）組成的字串，這些部分包括：*scheme*、*location*、*path*、*query* 和 *fragment*（第二個部分有時也稱為**網路位置**，*net location*，或簡稱為 *netloc*）。包含所有部分的 URL 看起來就像：

```
scheme://lo.ca.ti.on/pa/th?qu=ery#fragment
```

舉例來說，在 *https://www.python.org/community/awards/psf-awards/#october-2016* 中，scheme 是 *http*；location 是 *www.python.org*；path 是 */community/awards/psf-awards/*，沒有 query，而 fragment 是 *#october-2016*（若沒有明確指定通訊部，大多數的 scheme 都預設為**知名通訊埠**；舉例來說，80 是 HTTP scheme 的知名通訊埠）。有些標點符號是它所區隔的分量之一部分；其他標點符號只是分隔符號，而非任何分量的一部分。省略標點符號意味著缺少該分量。舉例來說，在 *mailto:me@you.com* 中，scheme 是 *mailto*，path 是 *me@you.com*（*mailto:me@you.com*），而且沒有 location、query 或 fragment。沒有 `//` 意味著 URI 沒有 location；沒有 `?` 意味著它沒有 query；沒有 `#` 意味著它沒有 fragment。

如果 location 以一個冒號（colon）結尾，後面接著一個數字，這就表示端點的 TCP 埠。否則，連線使用與該 scheme 關聯的知名通訊埠（如 HTTP 的埠 80）。

urllib 套件

`urllib` 套件提供幾個模組用於剖析和使用 URL 字串和所關聯的資源。除了這裡描述的 `urllib.parse` 和 `urllib.request` 模組外，還包括 `urllib.robotparser`（根據 RFC 9309（*https://oreil.ly/QI7CQ*）用來剖析網站的 *robots.txt* 檔案）和 `urllib.error` 模組，包含其他 `urllib` 模組會提出的所有例外型別。

urllib.parse 模組

`urllib.parse` 模組提供分析和合成 URL 字串的函式，通常用 `from urllib import parse as urlparse` 來匯入。它最常用的函式列在表 19-3 中。

表 19-3　urllib.parse 模組的實用函式

urljoin

`urljoin(base_url_string, relative_url_string)`

回傳一個 URL 字串 *u*，透過連接 *relative_url_string*（可能是相對的）和 *base_url_string* 所獲得。`urljoin` 為獲得其結果所執行的連接（joining）過程可以總結為以下幾點：

- 當其中一個引數字串為空時，*u* 就是另一個引數。
- 當 *relative_url_string* 明確指定了一個與 *base_url_string* 不同的 scheme 時，*u* 就會是 *relative_url_string*。否則，*u* 使用的 scheme 就會是 *base_url_string* 的 scheme。
- 當 scheme 不允許相對的 URL（例如 `mailto`），或者當 *relative_url_string* 明確指定了一個位置（即使它與 *base_url_string* 的位置相同），*u* 的所有其他分量都會是 *relative_url_string* 的分量。否則，*u* 的 location 就會是 *base_url_string* 的 location。
- *u* 的路徑是由 *base_url_string* 和 *relative_url_string* 的路徑按照絕對和相對 URL 路徑[a] 的標準語法連接而得。比如說：

```
urlparse.urljoin(
  'http://host.com/some/path/here','../other/path')
# 結果是： 'http://host.com/some/other/path'
```

urlsplit

`urlsplit(url_string, default_scheme='', allow_fragments=True)`

分析 *url_string* 並回傳一個元組（實際上是 `SplitResult` 的一個實體，你可以把它當作一個元組對待或以具名屬性來使用），其中有五個字串項目：*scheme*、*netloc*、*path*、*query* 和 *fragment*。*default_scheme* 是當 *url_string* 缺乏一個明確的 scheme 時的第一個項目。當 `allow_fragments` 為 **`False`** 時，該元組的最後一項總是 `''`，無論 *url_string* 是否有一個 fragment。缺少的部分所對應的項目也會是 `''`。比如說：

```
urlparse.urlsplit(
  'http://www.python.org:80/faq.cgi?src=file')
# 結果是：
# 'http','www.python.org:80','/faq.cgi','src=file',''
```

urlunsplit	urlunsplit(*url_tuple*)
	url_tuple 是剛好有五個項目的任何可迭代物件，全都是字串。urlsplit 呼叫的任何回傳值都是 urlunsplit 可接受的引數。urlunsplit 回傳具有給定的分量以及所需分隔符號的一個 URL 字串，但沒有多餘的分隔符號（例如，當 fragment，也就是 *url_tuple* 的最後一項是 '' 時，結果中不會有 #）。例如：
	`urlparse.urlunsplit((`
	`  'http','www.python.org','/faq.cgi','src=fie',''))`
	`# 結果是： 'http://www.python.org/faq.cgi?src=fie'`
	urlunsplit(urlsplit(*x*)) 回傳 URL 字串 *x* 的一個正規化形式（normalized form），它不一定等於 *x*，因為 *x* 不需要被正規化。比如說：
	`urlparse.urlsplit('http://a.com/path/a?'))`
	`# 結果是： 'http://a.com/path/a'`
	在這種情況下，正規化保證了多餘的分隔符號，例如 urlsplit 的引數中尾隨的 ?，不會出現在結果中。

[a] 根據 RFC 1808（*https://oreil.ly/T9v1p*）。

urllib.request 模組

urllib.request 模組提供透過標準網際網路協定存取資料資源的函式，其中最常用的在表 19-4 中列出（表中的例子假設你已經匯入了該模組）。

表 19-4 urllib.request 模組的實用函式

urlopen	urlopen(*url*, data=**None**, timeout, context=**None**)
	回傳一個回應物件（response object），其型別取決於 *url* 中的 scheme：
	• HTTP 和 HTTPS URL 會回傳一個 http.client.HTTPResponse 物件（其 msg 屬性被修改為包含與 reason 屬性相同的資料；詳情請見線上說明文件（*https://oreil.ly/gWFcH*））。你的程式碼可以像對可迭代物件一樣使用這個物件，也可以作為 **with** 述句中的情境管理器。
	• FTP、檔案和資料 URL 回傳一個 urllib.response.addinfourl 物件。*url* 是要開啟的 URL 的字串或 urllib.request.Request 物件。*data* 是一個選擇性的 bytes 物件、類檔案物件或位元組的可迭代物件，遵循 *application/x-www-form-urlencoded* 格式編碼要傳送到 URL 的額外資料。*timeout* 是一個選擇性的引數，用於指定 URL 開啟程序這種阻斷式運算的逾時，以秒為單位，只適用於 HTTP、HTTPS 和 FTP URL。若有給出 *context*，它必須包含一個指定 SSL 選項的 ssl.SSLContext 物件；*context* 取代了已棄用的 *cafile*、*capath* 和 *cadefault* 引數。下面的例子從一個 HTTPS URL 下載一個檔案，並將其取出到一個本地的 bytes 物件 unicode_db 中：
	`unicode_url = ("https://www.unicode.org/Public"`
	`               "/14.0.0/ucd/UnicodeData.txt")`
	`with urllib.request.urlopen(unicode_url`
	`     ) as url_response:`
	`    unicode_db = url_response.read()`

urlretrieve	urlretrieve(*url_string*, filename=**None**, report_hook=**None**, data=**None**)
	一個支援從 Python 2 舊有程式碼遷移的相容函式。*url_string* 給出要下載的資源的 URL。filename 是一個選擇性的字串，指名本地檔案，用於儲存從 URL 取回的資料。report_hook 是一個可呼叫物件，用於支援下載期間的進度回報，在取得每個資料區塊時呼叫一次。data 類似於 urlopen 的 data 引數。在其最簡單的形式中，urlretrieve 等同於：
	`def urlretrieve(url, filename=None):`
	`    if filename is None:`
	`        filename = ... 從 url 剖析出檔名 ...`
	`    with urllib.request.urlopen(url`
	`         ) as url_response:`
	`        with open(filename, "wb") as save_file:`
	`            save_file.write(url_response.read())`
	`        return filename, url_response.info()`
	由於這個函式是為了相容 Python 2 而開發的，你可能仍會在現有的源碼庫中看到它。新的程式碼應該使用 urlopen。

關於 `urllib.request` 的全部內容，請參閱線上說明文件（*https://oreil.ly/Vz9IV*）和 Michael Foord 的 HOWTO（*https://oreil.ly/6Lrem*），其中包括給定一個 URL 並下載檔案的範例。在第 731 頁「使用 BeautifulSoup 的一個 HTML 剖析範例」中有一個使用 `urllib.request` 的簡短例子。

第三方的 requests 套件

第三方的 `requests` 套件（*https://oreil.ly/cOiit*）（線上有非常詳細的說明文件（*https://oreil.ly/MiQ76*））是我們推薦你存取 HTTP URL 的方式。就像一般的第三方套件一樣，它最好用簡單的 **`pip install requests`** 來安裝。在本節中，我們將總結如何在合理的簡單情況下以最佳的方式運用它。

`requests` 原生只支援 HTTP 和 HTTPS 傳輸協定；要存取使用其他協定的 URL，你需要安裝其他第三方套件（稱為 *protocol adapters*，**協定配接器**），如 requests-ftp（*https://oreil.ly/efT73*）用於 FTP URL，或其他作為內涵豐富的 requests-toolbelt（*https://oreil.ly/_6nQe*）套件的一部分所提供的 `requests` 實用工具。

`requests` 套件的功能主要取決於它提供的三個類別：`Request`，為要傳送給伺服器的 HTTP 請求建模；`Response`，為伺服器對請求的 HTTP 回應建模；以及 `Session`，跨越一連串的請求提供連續性，也被稱為一個**工作階段**（*session*）。對於單一的 request/response 互動的這種常見用例，你不需要連續性，所以你通常可以忽略 `Session`。

送出請求

一般情況下，你不需要明確考慮 `Request` 類別：而是呼叫工具函式 `request`，它在內部會準備和發送 `Request`，並回傳 `Response` 實體。`request` 有兩個強制性的位置引數，都是字串：`method` 是要使用的 HTTP 方法（method），`url` 是要定址的 URL。然後，許多選擇性的具名引數可能接在後面（在下一節，我們將介紹 `request` 函式最常用的具名參數）。

為了更為便利，`requests` 模組還提供一些函式，其名稱與 HTTP 方法 `delete`、`get`、`head`、`options`、`patch`、`post` 和 `put` 相同；每個函式都需要一個強制性的位置引數 `url`，然後是與函式 `request` 相同的選擇性具名引數。

當你想跨多個請求保持一些連續性時，就呼叫 `Session` 來建立一個實體 *s*，然後使用 *s* 的方法 `request`、`get`、`post` 等等，這些方法就像 `requests` 模組直接提供的同名函式一樣（然而，*s* 的方法將 *s* 的設定與選擇性的具名參數合併，以準備要發送到給定 `url` 的每個請求）。

request 的選擇性具名參數

函式 `request`（就像函式 `get`、`post` 等，以及類別 `Session` 實體上同名的方法）接受許多選擇性的具名參數。如果你需要進階的功能性，如對代理（proxies）的控制、認證、對重導（redirection）的特殊處理、串流（streaming）、cookies 等，請參考 `requests` 套件優秀的線上說明文件（*https://oreil.ly/0rIwn*），以獲得完整的功能。表 19-5 列出最經常使用的具名引數。

表 19-5 `request` 函式接受的具名參數

`data`	一個 `dict`，鍵值與值對組（key/value pairs）的一個序列，一個位元組字串，或者一個類檔案物件，用作請求的主體
`files`	以名稱為鍵值，以類檔案物件或檔案元組（*file tuples*）為值的一個 `dict`，與 POST 方法一起使用，以指定一個多部分編碼（multipart-encoding）的檔案上傳（我們在下一節介紹 `files` 的值的格式）
`headers`	要在請求中傳送的 HTTP 標頭的一個 `dict`
`json`	要編碼為 JSON 以用作請求主體的 Python 資料（通常是一個 `dict`）
`params`	`(`*`name`*`, `*`value`*`)` 項目的一個 `dict`，或者一個位元組字串，作為請求的查詢字串（query string）傳送
`timeout`	一個 `float` 秒數，在提出例外之前等待回應的最長時間

`data`、`json` 和 `files` 是彼此不相容的指定請求主體的方式；一般情況下，你最多只應該使用其中之一，而且只適用於那些有使用主體的 HTTP 方法（即 PATCH、POST 和 PUT）。一個例外是，你可以同時有一個作為 `dict` 傳入的 `data` 引數和一個 `files` 引數。那是非常普遍的用法：在這種情況下，`dict` 中的鍵值與值對組和檔案都作為一個單一的 *multipart/form-data* 整體構成請求的主體[4]。

4 根據 RFC 2388（*https://oreil.ly/7xsOe*）。

files 引數（以及其他指定請求主體的方式）

當你用 `json` 或 `data` 指定請求的主體時（傳入一個位元組字串或一個類檔案物件，後者必須被開啟來讀取，通常是二進位模式），所產生的位元組會直接被用作請求的主體。當你以 `data` 指定它時（傳入鍵值與值對組的一個 `dict` 或一個序列），主體被建置為一個表單（*form*），從 *application/x-www-form-urlencoded* 格式的鍵值與值對組，依據相關的 Web 標準（*https://oreil.ly/hHKp4*）。

當你用 `files` 指定請求的主體時，主體也會被建置為一個表單，在這種情況下，其格式被設定為 *multipart/form-data*（在 PATCH、POST 或 PUT HTTP 請求中上傳檔案的唯一方式）。你上傳的每個檔案都被格式化為表單中自己的部分；此外，如果你希望表單為伺服器提供進一步的非檔案參數，那麼除了 `files` 之外，你還需要為進一步的參數傳入一個帶有 `dict` 值的 `data` 引數（或 key/value 對組的一個序列）。那些參數會被編碼為多部分表單（multipart form）的一個補充部分。

為了靈活起見，`files` 引數的值可以是一個 `dict`（它的項目被當作 `(`*`name, value`*`)` 對組的一個序列），或者是 `(`*`name, value`*`)` 對組的一個序列（在所產生的請求主體中保持順序）。

無論哪種方式，`(`*`name, value`*`)` 對組中的每個值都可以是一個 `str`（或者更好的[5]，是 `bytes` 或 `bytearray`），直接作為上傳檔案的內容使用，或者是一個為讀取而開啟的類檔案物件（然後，`requests` 對其呼叫 `.read()` 並使用結果作為上傳檔案的內容；我們強烈建議在這種情況下，請以二進位模式開啟檔案，以避免在內容長度方面出現任何歧義）。當這些條件中的任何一個適用時，`requests` 會使用該對組的 *`name`* 部分（例如，`dict` 的鍵值）作為檔案的名稱（除非它可以做得更好，因為開啟的檔案物件能夠揭示其底層的檔案名稱），對內容類型做出最好的猜測，並對檔案的表單部分使用最少的標頭。

又或者，每個 `(`*`name, value`*`)` 對組中的值可以是有二到四個項目的一個元組 `(`*`fn, fp`*`[, `*`ft`*`[, `*`fh`*`]])`（使用方括號作為元語法來表示選擇性的部分）。在這種情況下，*`fn`* 是檔案的名稱，*`fp`* 提供內容（與前一段中的方式相同），選擇性的 *`ft`* 提供內容類型（若缺少，`requests` 會進行猜測，與前一段中相同），選擇性的 `dict` *`fh`* 則為檔案的表單部分提供額外的標頭。

---

5 因為它讓你完全明確地控制到底上傳了哪些 octets。

如何解讀 requests 的例子

在實際應用中，你通常不需要考慮 requests.Request 類別的內部實體 *r*，它的功能就像是 requests.post 正在建置、準備，然後代表你發送出去。然而，為了準確理解 requests 正在做什麼，在較低的抽象層級上工作（建置、準備並檢視 *r*，不需要發送它！）是有啟發性的。舉例來說，在匯入 requests 後，像下面的例子那樣傳入 data：

```
r = requests.Request('GET', 'http://www.example.com',
    data={'foo': 'bar'}, params={'fie': 'foo'})
p = r.prepare()
print(p.url)
print(p.headers)
print(p.body)
```

印出（為了便於閱讀，將 *p*.headers dict 的列印結果分開）：

```
http://www.example.com/?fie=foo
{'Content-Length': '7',
 'Content-Type': 'application/x-www-form-urlencoded'}
foo=bar
```

同樣地，傳入 files 時：

```
r = requests.Request('POST', 'http://www.example.com',
    data={'foo': 'bar'}, files={'fie': 'foo'})
p = r.prepare()
print(p.headers)
print(p.body)
```

這會印出（為了方便閱讀，分成了幾行）：

```
{'Content-Length': '228',
 'Content-Type': 'multipart/form-data; boundary=dfd600d8aa58496270'}
b'--dfd600d8aa58496270\r\nContent-Disposition: form-data;
="foo"\r\n\r\nbar\r\n--dfd600d8aa584962709b936134b1cfce\r\n
Content-Disposition: form-data; name="fie" filename="fie"\r\n\r\nfoo\r\
n
--dfd600d8aa584962709b936134b1cfce--\r\n'
```

互動式探索愉快！

Response 類別

requests 模組中你總是要考慮的一個類別是 Response：每個請求，一旦被發送到伺服器（通常，這是由 get 等方法隱含完成的），就會回傳 requests.Response 的一個實體 *r*。

你通常要做的第一件事是檢查 `r.status_code`，這是一個 `int`，告訴你請求進行的情況，使用典型的「HTTPese（HTTP 語言）」：`200` 表示「一切正常」，`404` 表示「未找到」，以此類推。如果你寧願在狀態碼表明有錯誤的情況下得到一個例外，可以呼叫 `r.raise_for_status`；如果請求沒有問題，什麼也不做，否則會提出 `requests.exceptions.HTTPError`（不對應於任何特定的 HTTP 狀態碼的其他例外，會確實被提出，而不需要任何這樣的明確呼叫：舉例來說，任何類型網路問題的 `ConnectionError`，或逾時的 `TimeoutError`）。

接下來，你可能想檢查回應的 HTTP 標頭：為此，使用 `r.headers`，它是一個 `dict`（其特點是有不區分大小寫的純字串鍵值，表示標頭的名稱，例如 Wikipedia（*https://oreil.ly/_nJRX*）所列出的那些，根據 HTTP 規格）。大多數標頭可以被安全地忽略，但有時你寧願進行檢查。舉例來說，你可以透過 `r.headers.get('content-language')` 驗證回應是否指定了其主體是用哪種自然語言撰寫的，以提供不同表現形式的選擇，例如選擇使用某種語言翻譯服務，使該回應對使用者更有用。

你通常不需要對重導（redirects）進行特定的狀態或標頭檢查：預設情況下，`requests` 會自動跟隨所有方法的重導，除了 HEAD（你可以在請求中明確傳入 `allow_rediction` 具名參數來改變此一行為）。如果你允許重導，你可能想檢查 `r.history`，這是沿途積累的所有 `Response` 實體的一個串列，從最舊的到最新的，直到但不包括 `r` 本身（如果沒有重導，`r.history` 會是空的）。

大多數情況下，也許在檢查完狀態和標頭後，你會想使用回應的主體。在簡單的情況下，只需將回應的主體作為位元組字串來存取，即 `r.content`，或者透過呼叫 `r.json` 將其解碼為 JSON（前提是你檢查過了它是如何編碼的，例如透過 `r.headers.get('content-type')`）。

一般情況下，可能更想用 `r.text` 這個屬性將回應的主體作為文字（Unicode）存取。後者會被解碼（從實際構成回應主體的 octets），根據 Content-Type 標頭和對主體自身的粗略檢查，用 `requests` 認為最好的解碼器進行解碼。你可以透過 `r.encoding` 屬性檢查已經使用（或即將使用）的編解碼器（codec）；它的值將是以 `codecs` 模組註冊的編解碼器名稱，在第 352 頁的「codecs 模組」中提及。你甚至可以對 `r.encoding` 指定你選擇的編解碼器名稱來覆寫所選的編解碼器。

我們在本書中不涵蓋其他進階議題，如串流；更多資訊請參閱 `requests` 套件的線上說明文件（*https://oreil.ly/4St1s*）。

其他網路協定

還有很多其他的網路協定也被使用，有少數幾個最好由 Python 的標準程式庫支援，但對於其中的大多數，你會在 PyPI（*https://oreil.ly/PGIim*）上找到更好、更新的第三方模組。

要像登入到另一部機器上一樣進行連線（或在你自己的節點上進行分別的登入工作階段），你可以使用 Secure Shell（SSH）（*https://oreil.ly/HazNC*）協定，由第三方模組 `paramiko`（*http://www.paramiko.org*）所支援，或包裹它的更高抽象層，即第三方模組 `spur`（*https://oreil.ly/vdmrN*）所支援（你也可以使用傳統的 Telnet（*https://oreil.ly/5fw-y*），由標準程式庫模組 `telnetlib`（*https://oreil.ly/GYdGi*）支援，但很可能有一些安全風險）。

其他的網路協定還有很多，其中的一些包括：

- NNTP（*https://oreil.ly/zCBov*），存取 Usenet News 伺服器，由標準程式庫模組 `nntplib` 支援
- XML-RPC（*https://oreil.ly/7vRm0*），用於基本的遠端程序呼叫（remote procedure call）功能，由 `xmlrpc.client`（*https://oreil.ly/K3oDj*）支援。
- gRPC（*http://www.grpc.io*），用於更現代的遠端程序功能，由第三方模組 `grpcio`（*https://oreil.ly/KHQHs*）支援。
- NTP（*http://www.ntp.org*），從網路上獲取精確的時間，由第三方模組 `ntplib`（*https://oreil.ly/R5SDp*）支援。
- SNMP（*https://oreil.ly/nlhqH*），用於網路管理，由第三方模組 `pysnmp`（*https://oreil.ly/syh0_*）支援。

沒有任何一本書（即使是這本書！）可能涵蓋所有的這些協定和它們的支援模組。取而代之，我們在這個問題上的最佳建議是策略性的：每當你決定你的應用程式需要透過某種網路協定與其他系統進行互動時，不要急於實作自己的模組來支援該協定。而是要搜尋和詢問，你很可能會發現已經有支援該協定的優秀 Python 模組（第三方或標準程式庫的）[6]。

如果你在這些模組中發現了一些錯誤或缺少的功能，請開啟一個錯誤或功能請求（最好是提供一個 patch 或 pull request，以解決該問題並滿足你應用程式的需求）。換句話說，成為開源社群活躍的主動成員，而不僅僅是一個被動的使用者：你在那裡會受到歡迎，自己的癢自己抓，並在這個過程中幫助許多其他人。「傳承貢獻」，因為你無法直接「回饋」所有為你提供大部分你正在使用的工具而做出貢獻的了不起的人們！

6 更重要的是，如果你認為有必要發明一個全新的協定，並在 socket 的基礎上實作它，請再想想，並仔細搜尋：更有可能的是，現有的大量網際網路協定中的一或多個協定能夠正好滿足你的需求！

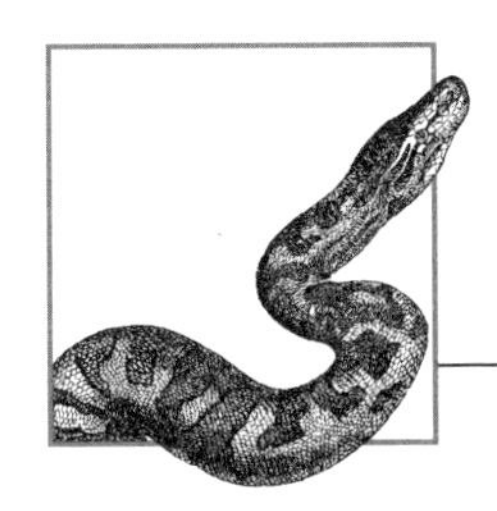

20
提供 HTTP 服務

當瀏覽器（或任何其他網路客戶端）從伺服器請求一個頁面時，伺服器可以回傳靜態或動態內容。供應動態內容涉及到伺服器端的 Web 程式即時生成並遞送內容，通常是基於儲存在資料庫中的資訊。

在 Web 的早期歷史中，伺服器端程式設計的標準是 *Common Gateway Interface*（CGI），它要求伺服器在每次客戶端請求動態內容時執行一個單獨的程式。行程啟動時間、直譯器初始化、與資料庫的連線和指令稿初始化加起來是不小的額外負擔；CGI 的規模沒辦法很好地擴充。

現在，Web 伺服器支援許多伺服器限定的方法來減少額外負擔，從可以多次服務的行程提供動態內容，而不是每次服務都要啟動一個新行程。因此，我們在本書中並不涵蓋 CGI。為了維護現有的 CGI 程式，或者更好地將它們移植為更現代的做法，請查閱線上說明文件（特別是 PEP 594（*https://oreil.ly/qNhHr*）的建議），並了解標準程式庫模組 `cgi`（*https://oreil.ly/h5Fo_*）（從 3.11 開始已棄用）和 `http.cookies`（*https://oreil.ly/U4JL9*）[1]。

隨著基於微服務（microservices，*https://microservices.io*）的系統之湧現，HTTP 已經成為分散式系統設計的基礎，為行程之間經常使用的 JSON 內容提供方便的傳輸方式。網際網路上有成千上萬公開可用的 HTTP 資料 API。雖然 HTTP 的原理自 1990 年代中期開創以來幾乎

1 一個歷史遺留之物是，在 CGI 中，伺服器主要透過作業系統的環境（在 Python 中是 `os.environ`）向 CGI 指令稿提供要提供的 HTTP 請求之資訊；時至今日，Web 伺服器和應用程式框架之間的介面還是仰賴一個「環境」，它本質上是一個字典，泛化並加速了同樣的基本想法。

沒有變化，但多年來它已被大大強化，以擴充其功能[2]。要找徹底且優秀的基礎參考資源，我們推薦 David Gourley 等人所著的《*HTTP: The Definitive Guide*》（O'Reilly）。

http.server

Python 的標準程式庫包括一個含有伺服器和處理器（handler）類別的模組，以實作一個簡單的 HTTP 伺服器。

你可以在命令列執行這個伺服器，只需輸入：

```
$ python -m http.server port_number
```

預設情況下，伺服器會聆聽所有介面，並提供對當前目錄下檔案的存取。一位作者將此作為檔案傳輸的簡單手段：在來源系統的檔案目錄下啟動一個 Python `http.server`，然後使用 `wget` 或 `curl` 等工具將檔案複製到目的地。

`http.server` 的安全功能非常有限。你可以在線上說明文件（*https://oreil.ly/5ckN2*）中找到關於 `http.server` 的進一步資訊。對於生產的正式使用，我們建議你使用下面幾節中會提到的框架之一。

WSGI

Python 的 *Web Server Gateway Interface*（WSGI）是所有現代 Python Web 開發框架（development frameworks）與底層 Web 伺服器或閘道互動介接的標準方式。WSGI 並不是設計來讓你的應用程式直接使用的；取而代之，你使用許多較高階抽象框架中的任何一個來編寫你的程式，而框架則使用 WSGI 來與 Web 伺服器對話。

只有當你要為一個尚未提供 WSGI 介面的 Web 伺服器實作 WSGI 介面時，或者當你要建立一個新的 Python Web 框架[3]時，你才需要關心 WSGI 的細節。在那種情況下，請研讀 WSGI PEP（*https://oreil.ly/*

2 存在更進階的 HTTP 版本（*https://oreil.ly/tAyoT*），但我們在本書中不涵蓋它們。

3 請不要這樣做。正如 Titus Brown 曾經指出的，Python 因其 Web 框架多於關鍵字而出名（聲名狼藉）。在 Guido 初次設計 Python 3 時，本書的一位作者曾經向他展示了如何輕鬆解決這個問題：只要增加幾百個新的關鍵字就行了，但是，出於某些原因，Guido 對這個建議不是很接受。

CALIJ）、標準程式庫套件 `wsgiref` 的說明文件（*https://oreil.ly/9HmUO*），以及 WSGI.org 的封存檔案（*https://oreil.ly/UWcaq*）。

如果你使用輕量化框架（即與 WSGI 緊密配合的框架），有些 WSGI 概念可能對你很重要。WSGI 是一個**介面**（*interface*），這個介面有兩個面向：*Web* **伺服器 / 閘道一側**，以及**應用程式 / 框架一側**。

框架那側的工作是提供一個 WSGI **應用程式**（*application*）物件，一個可呼叫的物件（通常是帶有 `__call__` 特殊方法的類別之實體，但這是一個實作細節），遵循 PEP 中的慣例，並透過特定伺服器記載的任何方式（通常是幾行程式碼，或組態檔案，或只是一種慣例，如將 WSGI 應用程式物件命名為模組中的頂層屬性 `application`），將應用程式物件連接到伺服器。伺服器會為每個傳入的 HTTP 請求呼叫應用程式物件，而應用程式物件會做出適當的回應，以便伺服器能夠建立要傳出的 HTTP 回應，並根據所述慣例將其送出。一個框架，即使是一個輕量化的，也能為你隱藏這些細節（除了你可能必須實體化並連接應用程式物件，這取決於具體的伺服器）。

WSGI 伺服器

線上可以找到（*https://oreil.ly/7De2i*）一個清單，列出能用來執行 WSGI 框架和應用程式（用於開發和測試，或在生產用的 Web 環境中，或兩者皆是）的廣泛的伺服器和配接器（adapters），不過雖然廣泛，但也只是部分。舉例來說，它沒有提到 Google App Engine 的 Python 執行環境（runtime）也是一個 WSGI 伺服器，可以按照 *app.yaml* 組態檔的指示來分配 WSGI apps。

如果你正在尋找一個用於開發的 WSGI 伺服器，或者部署在生產環境中，例如基於 Nginx 的負載平衡器（load balancer），你應該感到高興，因為至少在類 Unix 的系統上，有 Gunicorn（*https://gunicorn.org*）：純 Python 的好物，只支援 WSGI，非常輕便。值得一提的（也是純 Python 且只支援 WSGI 的）替代品是 Waitress（*https://oreil.ly/bs4IW*），目前有更好的 Windows 支援。如果你需要更豐富的功能（如除了 Python 外也支援 Perl 和 Ruby，以及許多其他形式的擴充方式），可以考慮更大型、更複雜的 uWSGI（*https://oreil.ly/DwiOe*）[4]。

4　目前在 Windows 上安裝 uWSGI 需要用 Cygwin 編譯它。

WSGI 也有**中介軟體**（*middleware*）的概念，這是 WSGI 的伺服器側和應用程式側都有實作的一種子系統。一個中介軟體物件「包裹」一個 WSGI 應用程式；可以有選擇性地更動請求、環境和回應；並把自己當作「應用程式」呈現給伺服器。多層包裹器（wrappers）是允許的，也是常見的，形成中介軟體的一個「堆疊」，向實際的應用程式碼提供服務。如果你想編寫一個跨框架的中介軟體元件，那麼你可能確實需要成為一名 WSGI 專家。

ASGI

如果你對非同步（asynchronous）的 Python 感興趣（我們在本書中並沒有提及），你肯定應該研究 ASGI（*https://oreil.ly/ceEuZ*），它的目的是做與 WSGI 相當的事情，但卻是非同步的。就像網路環境中的非同步程式一樣，它可以提供極大的效能改善，儘管（毫無疑問的）開發人員的認知負擔會有一些增加。

Python 的 Web 框架

對於 Python Web 框架的調查，請看 Python wiki 頁面（*https://oreil.ly/Me-Ig*）。它很有權威性，因為它在 Python.org 的官方網站上，而且它是由社群策劃的，所以隨著時間的推移，它一直都會是最新的。這個 wiki 列出幾十個它認為是「活躍（active）」的框架並提供其連結[5]，以及更多它認為是「停止發展 / 不活躍（discontinued/inactive）」的框架。此外，它還指出了關於 Python 內容管理系統（content management systems）、Web 伺服器和網路元件及其程式庫的個別 wiki 頁面。

「全端」框架 vs.「輕量化」框架

粗略地說，Python 的 Web 框架可以分為**全端**（*full-stack*，試圖提供你建立一個 Web 應用程式可能需要的所有功能性）的或**輕量化**（*lightweight*，只提供 Web 服務本身的方便介面，讓你挑選自己喜歡的元件來完成任務，如與資料庫的介面和樣板）的。當然，像所有的分類法一樣，這個分類法是不精確和不完整的，而且需要進行價值判斷；但是，這是開始了解眾多 Python Web 框架的一種方式。

5 由於 Python 的關鍵字不到 40 個，你可以理解為什麼 Titus Brown 一度指出 Python 的 Web 框架多於關鍵字了。

在這本書中，我們沒有徹底涵蓋任何全端框架，其中每一個都太複雜了。然而，其中一個可能是你特定應用程式的最佳做法，所以我們確實提到了幾個最流行的框架，並建議你去看一看它們的網站。

幾個流行的全端框架

到目前為止，最流行的全端框架是 Django（*https://oreil.ly/JLnV5*），它功能多元且擴充性很強。Django 所謂的**應用程式**（*applications*）實際上是可重用的子系統（reusable subsystems），而通常被稱為「應用程式」的東西被 Django 稱為一個**專案**（*project*）。使用 Django 需要接受它獨特的思維方式，但提供強大的能力和功能性作為回報。

一個很好的替代選擇是 web2py（*http://www.web2py.com*）：它同樣強大，更容易學習，並以其對回溯相容性的全心奉獻而聞名（如果它保持其良好的記錄，你今天編寫的任何 web2py 應用程式將在未來很長時間內繼續工作）。web2py 也有出色的說明文件。

第三個值得一提的競爭者是 TurboGears（*https://turbogears.org*），它一開始是一個輕量化的框架，但透過完全整合其他獨立的第三方專案來達成大多數 Web apps 所需的各種其他功能，如資料庫介面和樣板化（templating），而非自行設計，從而達到「全端」的狀態。另一個在哲學上有些類似的「輕量化但功能豐富」的框架是 Pyramid（*https://trypyramid.com*）。

使用輕量化框架時的考量

每當你使用一個輕量化框架時，如果你需要任何資料庫、樣板或其他嚴格來說與 HTTP 不相關的功能，你就會為那個目的挑選獨立的元件。然而，你的框架越輕量化，你需要了解和整合的元件就越多，例如為了驗證使用者或在特定使用者的 Web 請求之間維護狀態。許多 WSGI 中介軟體套件都可以幫助你完成這些任務。一些優秀的軟體是相當專門的，舉例來說，Oso（*https://oreil.ly/zyXl0*）用於存取控制；Beaker（*https://oreil.ly/v8LxQ*）用於以幾種輕量化工作階段（lightweight sessions）的形式維護狀態…等。

然而，當我們（本書作者群）需要好的 WSGI 中介軟體來達到任何目的時，我們幾乎無一例外地會優先檢視 Werkzeug（*https://oreil.ly/lF9H3*），它是在廣度和品質上都令人驚訝的此類別元件的一個群集。我們在本書中沒有提及 Werkzeug（就像我們沒有介紹其他中介軟體一樣），但我們強烈推薦它（Werkzeug 也是我們最喜歡的輕量化框架 Flask 的基礎，我們會在本章的後面介紹它）。

你可能會注意到，正確使用輕量化框架需要你對 HTTP 的理解（換句話說，要知道你在做什麼），而全端框架則試圖牽著手引導你，讓你做正確的事情，而不需要真正了解怎樣是正確的或為什麼正確，代價是時間和資源，以及接受全端框架的概念地圖和思維方式。本書作者熱衷於輕量化框架的重知識、輕資源的做法，但我們承認，在很多情況下，功能豐富、資源要求高、無所不包的全端框架更為合適。視個人需求而定！

幾個流行的輕量化框架

如前所述，Python 有多個框架，包括許多輕量化的框架。我們在這裡介紹後者中的兩個：流行且通用的 Flask，以及以 API 為中心的 FastAPI。

Flask

最受歡迎的 Python 輕量化框架是 Flask（*https://oreil.ly/oCnoc*），這是一個第三方的可由 `pip` 安裝的套件。雖然是輕量化的，但它包括一個開發伺服器和除錯器，而且它明確地依存於其他精心挑選的套件，如用於中介軟體的 Werkzeug 和用於樣板的 Jinja（*https://oreil.ly/-HdvE*）（這兩個套件最初都是由 Flask 的作者 Armin Ronacher 編寫的）。

除了專案網站（包括豐富、詳細的說明文件），還可以看看 GitHub（*https://oreil.ly/v_YkH*）上的原始碼和 PyPI 條目（*https://oreil.ly/-76be*）。如果你想在 Google App Engine 上執行 Flask（在你的本地電腦，或在 Google 位於 *appspot.com* 的伺服器上），Dough Mahugh 的 Medium 文章（*https://oreil.ly/bs0JC*）是很便利的參考資訊。

我們也強力推薦 Miguel Grinberg 的《*Flask Web Development*》（O'Reilly）一書：雖然第二版已經相當過時（本文寫作之時已經差不多四年了），但它仍然提供一個很好的基礎，在此基礎上你會更容易學習最新的功能。

由 `flask` 套件提供的主類別被命名為 `Flask`。`flask.Flask` 的一個實體，除了本身是一個 WSGI 應用程式外，還可以包裹一個 WSGI 應用程式作為其 `wsgi_app` 屬性。當你需要進一步把 WSGI app 包裹在某個 WSGI 中介軟體裡時，可以使用這個慣用語：

```
import flask

app = flask.Flask(__name__)
app.wsgi_app = some_middleware(app.wsgi_app)
```

當你實體化 `flask.Flask` 時，總是把應用程式的名稱作為第一個引數傳給它（通常只是你在其中實體化它的模組的 `__name__` 特殊變數；如果你從一個套件內實體化它，通常是在 *__init__.py* 中，那麼 `__name__.partition('.')[0]` 也可以）。你也可以選擇傳入具名參數（如 `static_folder` 和 `template_folder`）來自訂找尋靜態檔案和 Jinja 樣板（templates）的位置；然而，這很少需要，其預設值（分別是名為 *static* 和 *templates* 的子資料夾，位於實體化 `flask.Flask` 的 Python 指令稿的同一資料夾中）就非常合理了。

`flask.Flask` 的一個實體 *app* 提供 100 多個方法和屬性，其中許多是裝飾器，用來將函式繫結到 *app* 的各種角色，如 *view functions*（在 URL 上提供 HTTP 動詞）或 *hooks*（掛接器，讓你在處理請求之前或在建立回應之後改變它、處理錯誤…等）。

`flask.Flask` 在實體化時只需要幾個參數（而且它需要的參數通常不是你需要在程式碼中計算的那些），它還提供你在定義 view functions 之類的東西時想要使用的裝飾器。因此，`flask` 的正常模式是在你的主指令稿中儘早實體化 *app*，就在你應用程式啟動的時候，這樣 app 的裝飾器以及其他方法和特性就可以在你 **def** view functions 等等的時候取用。

由於只有一個單一的全域 *app* 物件，你可能會想知道存取、變動和重新繫結 *app* 的特性和屬性的執行緒安全性如何。不用擔心：你看到的名稱實際上只是存在於特定請求的情境（*context*）中的實際物件之代理（proxies），在一個特定的執行緒或 greenlet（*https://oreil.ly/IaGCM*）中。不要對這些特性進行型別檢查（它們的型別實際上是費解的代理型別），你就會沒事。

Flask 還提供許多其他的工具函式和類別；通常，後者對其他套件的類別進行子類別化或包裹，以無縫新增便利的 Flask 整合。舉例來說，Flask 的 `Request` 和 `Response` 類別透過子類別化相應的 Werkzeug 類別而添加了一些方便的功能。

Flask 的請求物件　`flask.Request` 這個類別提供大量有詳細說明的特性（*https://oreil.ly/mmYul*）。表 20-1 列出你最常使用的特性。

表 20-1　`flask.Request` 的實用特性

`args`	請求的查詢（query）引數的一個 `MultiDict`
`cookies`	帶有請求中的 cookies 的一個 `dict`
`data`	一個 bytes 字串，即請求的主體（通常用於 POST 和 PUT 請求）
`files`	請求中上傳檔案的一個 `MultiDict`，將檔案名稱映射到包含每個檔案的資料的類檔案物件上
`form`	包含請求的表單欄位（form fields）的一個 `MultiDict`，在請求的主體中提供
`headers`	包含請求標頭的一個 `MultiDict`
`values`	結合了 `args` 和 `form` 屬性的一個 `MultiDict`

一個 `MultiDict` 就像一個 `dict`，只不過它的一個鍵值可以有多個值。對一個 `MultiDict` 實體 *`m`* 進行索引和 `get` 時，會回傳其中一個任意的值；要獲取一個鍵值的值串列（如果該鍵值不在 *`m`* 中，則是一個空串列），請呼叫 *`m`*`.getlist(`*`key`*`)`。

Flask 的回應物件　一般情況下，Flask 的一個 view function 可以只回傳一個字串（這成為回應的主體）：Flask 會將 `flask.Response` 的實體 *`r`* 透明地包裹在該字串周圍，所以你不必擔心回應類別的問題。然而，有時你想改變回應的標頭；在這種情況下，在 view function 中，呼叫 *`r`*` = flask.make_response(`*`astring`*`)`，以你想要的方式改變 *`r`*`.headers`，然後 `return `*`r`*（若要設定一個 cookie，就不要使用 *`r`*`.headers`；而是呼叫 *`r`*`.set_cookie`（*https://oreil.ly/AehLj*））。

Flask 與其他系統的一些內建整合不需要子類別化：舉例來說，樣板整合（templating integration）隱含地將 Flask 的全域值 `config`、`request`、`session` 和 `g`（後者是方便的「全域值總受（globals catch-all）」物件 `flask.g`，它是應用程式情境中的一個代理，你的程式碼可以在其中儲存任何你想在請求被服務的過程中「儲藏」的東西）、以及函式 `url_for`（將一個端點轉譯成相應的 URL，與 `flask.url_for` 相同）、和 `get_flashed_messages`（支援 *flashed messages*，我們在本書中沒有提及；與 `flask.get_flashed_messages` 相同）。Flask 還提供便利的方式，讓你的程式碼可以將更多的過濾器、函式和值注入到 Jinja 情境中，而無須衍生任何子類別。

大多數官方認可或批准的 Flask 擴充功能（*https://oreil.ly/V8mD7*）（在撰寫本文之時，有數以百計的擴充功能可從 PyPI 取得）都採用了類似的做法，提供類別和工具函式，以便將其他流行的子系統與你的 Flask 應用程式無縫整合。

此外，Flask 還引入了其他功能，如 *signals*（*https://oreil.ly/YmEuJ*），在「pub/sub」模式和 *blueprints*（*https://oreil.ly/jMIZE*）中提供更寬鬆的動態耦合，並提供 Flask 應用程式功能性的一個可觀的子集，以高度模組化、靈活的方式讓大型應用程式的重構工作更輕鬆。我們在本書中不涵蓋這些進階概念。

範例 20-1 展示了一個簡單的 Flask 例子（使用 `pip` 安裝 Flask 後，使用命令 **`flask --app flask_example run`** 來執行這個例子）。

範例 20-1　Flask 的一個例子

```
import datetime, flask
app = flask.Flask(__name__)

# 用於加密元件的祕鑰，如編碼工作階段的 cookies；
# 對於生產使用，請用 secrets.token_bytes()。
app.secret_key = b'\xc5\x8f\xbc\xa2\x1d\xeb\xb3\x94;:d\x03'

@app.route('/')
def greet():
    lastvisit = flask.session.get('lastvisit')
    now = datetime.datetime.now()
    newvisit = now.ctime()
    template = '''
      <html><head><title>Hello, visitor!</title>
      </head><body>
      {% if lastvisit %}
        <p>Welcome back to this site!</p>
        <p>You last visited on {{lastvisit}} UTC</p>
        <p>This visit on {{newvisit}} UTC</p>
      {% else %}
        <p>Welcome to this site on your first visit!</p>
        <p>This visit on {{newvisit}} UTC</p>
        <p>Please Refresh the web page to proceed</p>
      {% endif %}
      </body></html>'''
    flask.session['lastvisit'] = newvisit
    return flask.render_template_string(
      template, newvisit=newvisit, lastvisit=lastvisit)
```

這個例子展示如何使用 Flask 提供的眾多構建組塊（building blocks）中的幾個：Flask 類別、一個 view function 和回應的建立（本例中，在一個 Jinja 樣板上使用 render_template_string；在現實生活中，樣板通常儲存在單獨的檔案中，並用 render_template 來 render）。這個例子還展示如何利用方便的 flask.session 變數，在同一個瀏覽器與伺服器進行多次互動時保持狀態的連續性（它也可以用 Python 程式碼來拼湊 HTML 回應，而不是使用 Jinja，並直接使用 cookie 而非工作階段；然而，現實世界中的 Flask 應用程式確實傾向於使用 Jinja 和工作階段）。

如果這個 app 有多個 view functions，它可能想在工作階段中把 lastvisit 設定為觸發請求的任何 URL。下面是如何編寫和裝飾一個掛接器函式（hook function），以在每個請求後執行：

```
@app.after_request
def set_lastvisit(response):
    now = datetime.datetime.now()
    flask.session['lastvisit'] = now.ctime()
    return response
```

現在你可以從 greet 這個 view function 中移除 flask.session ['lastvisit'] = newvisit 述句，app 將會繼續正常工作。

FastAPI

FastAPI（*https://fastapi.tiangolo.com*）是一個比 Flask 或 Django 更新近的設計。雖然後者那兩個都有非常好用的擴充功能來提供 API 服務，但 FastAPI 正如其名稱所暗示的那樣，完全是為了製作基於 HTTP 的 API 所設計的。它也完全能夠製作供瀏覽器使用的動態網頁，使其成為一種多功能的伺服器。FastAPI 的主頁（*https://fastapi.tiangolo.com*）提供單純、簡短的例子，展示了它的運作方式，並強調了它的優勢，還有非常全面和詳細的參考說明文件作為支援。

隨著型別注釋（type annotations，在第 5 章中提及）進入 Python 語言，大家發現了它們比在原本的 pydantic（*https://pydanticdocs.helpmanual.io*）等工具中更廣泛的用途，該工具使用它們來進行執行時期的剖析和驗證。FastAPI 伺服器利用了這種對潔淨資料結構的支援，展示了透過內建和量身訂製的轉換和輸入驗證來提高 Web 程式碼編寫效率的巨大潛力。

FastAPI 也依存於 Starlette（*https://www.starlette.io*），這是一個高效能的非同步 Web 框架，而它又會使用 ASGI 伺服器，如 Uvicorn（*https://www.uvicorn.org*）或 Hypercorn（*https://oreil.ly/SXsur*）。你不需要直接使用非同步的技巧才能利用 FastAPI 的優勢。你可以用更傳統的 Python 風格來寫你的應用程式，儘管如果你真的切換到非同步風格，它可能會執行得更快。

FastAPI 能夠提供型別準確的 API（以及為它們自動產生說明文件），與你的注釋所指示的型別相一致，這意味著它可以對輸入的資料進行自動剖析，並在輸入和輸出上進行轉換。

考慮一下範例 20-2 所示的範例程式碼，它為 pydantic 和 mongoengine 都定義了一個簡單的模型。每個都有四個欄位：name 和 description 是字串，price 和 tax 是十進位數字（decimal）。name 和 price 欄位的值是必須的，但 description 和 tax 是選擇性的。pydantic 為後兩個欄位建立了一個預設值 **None**；mongoengine 不會為其值為 **None** 的欄位儲存值。

範例 20-2　models.py：pydantic 和 mongoengine 資料模型

```
from decimal import Decimal
from pydantic import BaseModel, Field
from mongoengine import Document, StringField, DecimalField
from typing import Optional

class PItem(BaseModel):
    "pydantic typed data class."
    name: str
    price: Decimal
    description: Optional[str] = None
    tax: Optional[Decimal] = None

class MItem(Document):
    "mongoengine document."
    name = StringField(primary_key=True)
    price = DecimalField()
    description = StringField(required=False)
    tax = DecimalField(required=False)
```

假設你想透過 Web 表單或 JSON 來接受這些資料，並能以 JSON 的形式取回資料或以 HTML 的形式顯示。骨架般的範例 20-3（沒有提供維護現有資料的設施）向你展示如何用 FastAPI 達成此一目的。這個例子使用 Uvicorn HTTP 伺服器，但沒有嘗試明確地使用 Python 的非同步功能。就跟使用 Flask 一樣，程式開始時建立了一個應用程式物件 app。

這個物件有每個 HTTP 方法的裝飾器方法，但 `app.route` 裝飾器（雖然可用）被捨棄了，改用 `app.get` 來進行 HTTP GET、`app.post` 來進行 HTTP POST…等，這些決定了哪個 view function 處理對不同 HTTP 方法路徑的請求。

範例 20-3　*server.py*：接受和顯示項目資料的 *FastAPI* 範例程式碼

```
from decimal import Decimal
from fastapi import FastAPI, Form
from fastapi.responses import HTMLResponse, FileResponse
from mongoengine import connect
from mongoengine.errors import NotUniqueError
from typing import Optional
import json
import uvicorn
from models import PItem, MItem

DATABASE_URI = "mongodb://localhost:27017"
db=DATABASE_URI+"/mydatabase"
connect(host=db)
app = FastAPI()

def save(item):
    try:
        return item.save(force_insert=True)
    except NotUniqueError:
        return None

@app.get('/')
def home_page():
    "View function to display a simple form."
    return FileResponse("index.html")

@app.post("/items/new/form/", response_class=HTMLResponse)
def create_item_from_form(name: str=Form(...),
                          price: Decimal=Form(...),
                          description: Optional[str]=Form(""),
                          tax: Optional[Decimal]=Form(Decimal("0.0"))):
    "View function to accept form data and create an item."
    mongoitem = MItem(name=name, price=price, description=description,
                      tax=tax)
    value = save(mongoitem)
    if value:
        body = f"Item({name!r}, {price!r}, {description!r}, {tax!r})"
    else:
        body = f"Item {name!r} already present."
    return f"""<html><body><h2>{body}</h2></body></html>"""
```

```
@app.post("/items/new/")
def create_item_from_json(item: PItem):
    "View function to accept JSON data and create an item."
    mongoitem = MItem(**item.dict())
    value = save(mongoitem)
    if not value:
        return f"Primary key {item.name!r} already present"
    return item.dict()

@app.get("/items/{name}/")
def retrieve_item(name: str):
    "View function to return the JSON contents of an item."
    m_item = MItem.objects(name=name).get()
    return json.loads(m_item.to_json())

if __name__ == "__main__":
    # 主機為 "localhost" 或 "127.0.0.1" 只允許本地 apps 存取網頁。
    # 使用 "0.0.0.0" 將接受來自其他主機上的 app 之存取，
    # 但這可能會引起安全問題，一般不建議使用。
    uvicorn.run("__main__:app", host="127.0.0.1", port=8000,
reload=True)
```

home_page 函式不接受任何引數，只是簡單地描繪（renders）出了一個最底限的 HTML 主頁，其中包含了 *index.html* 檔案中的一個表單，如例 20-4 所示。該表單貼出到 */items/new/form/* 端點，觸發對 create_item_from_form 函式的呼叫，該函式在路由裝飾器（routing decorator）中被宣告為產生一個 HTML 回應而不是預設的 JSON。

範例 *20-4　index.html* 檔案

```
<!DOCTYPE html>
<html lang="en">
  <body>
  <h2>FastAPI Demonstrator</h2>
  <form method="POST" action="/items/new/form/">
    <table>
    <tr><td>Name</td><td><input name="name"></td></tr>
    <tr><td>Price</td><td><input name="price"></td></tr>
    <tr><td>Description</td><td><input name="description"></td></tr>
    <tr><td>Tax</td><td><input name="tax"></td></tr>
    <tr><td></td><td><input type="submit"></td></tr>
    </table>
  </form>
  </body>
</html>
```

圖 20-1 所示的表單是由 `create_item_from_form` 函式處理的，它的特徵式為每個表單欄位接受一個引數，並有注釋將每個欄位定義為一個表單欄位（form field）。請注意，該特徵式為 `description` 和 `tax` 定義了自己的預設值。該函式從表單資料中建立出一個 `MItem` 物件，並嘗試將其儲存在資料庫中。`save` 函式強制插入，抑制現有記錄的更新，並透過回傳 **`None`** 來回報失敗；回傳值被用來制定一個簡單的 HTML 回覆。在生產應用程式中，一個樣板引擎，如 Jinja，通常會被用來描繪（render）回應。

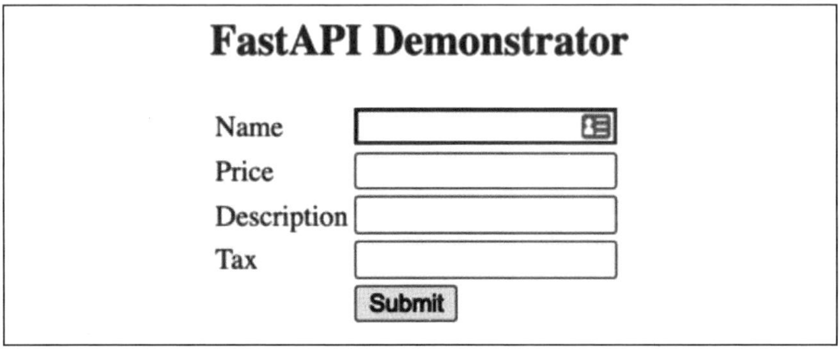

FastAPI Demonstrator

Name
Price
Description
Tax
Submit

圖 20-1　FastAPI Demonstrator 的輸入表單

從 */items/new/* 端點繞送的 `create_item_from_json` 函式，接受來自一個 POST 請求的 JSON 輸入。它的特徵式接受一個 `pydantic` 記錄，所以在這種情況下，FastAPI 將使用 `pydantic` 的驗證來確定輸入是否可以接受。該函式回傳一個 Python 字典，FastAPI 會自動將其轉換為一個 JSON 回應。這可以很容易地用一個簡單的客戶端進行測試，如範例 20-5 所示。

範例 20-5　FastAPI 測試客戶端

```
import requests, json

result = requests.post('http://localhost:8000/items/new/',
                       json={"name": "Item1",
                             "price": 12.34,
                             "description": "Rusty old bucket"})
print(result.status_code, result.json())
result = requests.get('http://localhost:8000/items/Item1/')
print(result.status_code, result.json())
result = requests.post('http://localhost:8000/items/new/',
                       json={"name": "Item2",
```

```
                                "price": "Not a number"})
    print(result.status_code, result.json())
```

執行這個程式的結果如下：

```
200 {'name': 'Item1', 'price': 12.34, 'description': 'Rusty old
bucket'> 'tax': None}
200 {'_id': 'Item1', 'price': 12.34, 'description': 'Rusty old bucket'}
422 {'detail': [{'loc': ['body', 'price'], 'msg': 'value is not a valid
decimal', 'type': 'type_error.decimal'}]}
```


向 */items/new/* 發出的第一個 POST 請求看到伺服器回傳了與之相同的資料，確認它已經被儲存在資料庫中。注意，並沒有提供 `tax` 欄位，所以這裡使用 `pydantic` 的預設值。第二行顯示了取回新儲存的項目的輸出結果（`mongoengine` 使用 `_id` 這個名稱來識別主鍵值）。第三行顯示了一個錯誤訊息，是由於試圖在 `price` 欄位中儲存一個非數值而產生的。

最後，`retrieve_item` 這個 view function，從 */items/Item1/* 等 URL 繞送，提取出鍵值作為第二個路徑元素並回傳給定項目的 JSON 表示值。它在 `mongoengine` 中查詢給定的鍵值，並將回傳的紀錄轉換為字典，由 FastAPI 呈現為 JSON。

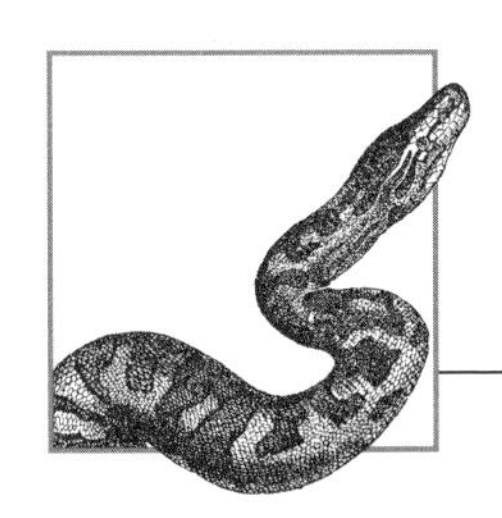

21 Email、MIME 和其他網路編碼

在網路上傳播的是位元組串流（streams of bytes），在網路術語中也被稱為 *octets*（八位元）。當然，位元組可以透過幾種可能的編碼（encodings）方式代表文字。然而，你想在網路上傳送的東西往往更有結構，而不僅僅是文字或位元組的一個串流。Multipurpose Internet Mail Extensions（MIME，*https://oreil.ly/dwyZi*）和其他編寫標準透過指定如何將結構化資料表示為位元組或文字來彌補這一差距。雖然最初通常是為 email（電子郵件）設計的，但這些編碼方式也被用於 Web 和許多其他網路系統中。Python 透過各種程式庫模組支援這些編碼，例如 `base64`、`quopri` 和 `uu`（在第 713 頁的「將二進位資料編碼為 ASCII 文字」中介紹），以及 `email` 套件的模組（在下一節中介紹）。舉例來說，這些編碼使我們能夠無縫地建立某種編碼的訊息（messages），其中包含另一種編碼的附件（attachments），避免了沿途的許多麻煩的作業。

MIME 和 Email 格式處理

`email` 套件處理 MIME 檔案的剖析、生成和操作，這些檔案包括電子郵件訊息、Network News Transfer Protocol（NNTP）貼文、HTTP 互動等等。Python 標準程式庫還包含其他模組，處理這些工作的某些部分。然而，`email` 套件為這些重要的工作提供一種完整而系統的做法。我們建議你使用 `email`，而不是那些與 `email` 的部分功能重疊的舊模組。`email`，儘管它的名稱如此，但實際上與接收或發送電子郵件無關；對於這樣的任務，請參閱第 672 頁「Email 協定」中提及的模組

imaplib、poplib 和 smtplib。取而代之，email 負責的是在你收到 MIME 訊息（可能是也可能不是郵件）後的處理工作，或者在你傳送前正確地建構它們。

電子郵件套件中的函式

email 套件提供四個工廠函式，它們從一個字串或檔案回傳 email.message.Message 類別的實體 *m*（見表 21-1）。這些函式依存於 email.parser.Parser 類別，但工廠函式更方便、更簡單。因此，我們在本書中沒有進一步介紹 email.parser 模組。

表 21-1　從字串或檔案建立出訊息物件的 email 工廠函式

message_from_binary_file	message_from_binary_file(*f*) 透過剖析二進位類檔案物件 *f* 的內容來建置 *m*，該物件必須是開啟來讀取的
message_from_bytes	message_from_bytes(*s*) 透過剖析位元組字串 *s* 來建立 *m*
message_from_file	message_from_file(*f*) 透過剖析文字類檔案物件 *f* 的內容來建置 *m*，該物件必須是開啟來讀取的
message_from_string	message_from_string(*s*) 透過剖析字串 *s* 來建立 *m*

email.message 模組

email.message 模組提供 Message 類別。email 套件的所有部分都是在製作、修改或使用 Message 的實體。Message 的實體 *m* 是一個 MIME 訊息的模型，包括標頭（*headers*）和一個承載（*payload*，即資料內容），*m* 是一個映射，以標頭名稱為鍵值，以標頭值字串為值。

要建立一個最初為空的 *m*，可以不帶引數呼叫 Message。更常見的情況是，你透過表 21-1 中的工廠函式之一進行剖析來建立 *m*，或者透過其他間接方式，比如第 708 頁「創建訊息」中提及的類別。*m* 的承載可以是一個字串、Message 的另一個實體，或一個多部分訊息（*multipart message*，其他 Message 實體的一個遞迴的巢狀串列）。

你可以在你建立的電子郵件訊息上設定任意的標頭。有些網際網路 RFC 規範了各種用途的標頭。主要的適用 RFC 是 RFC 2822（*https://oreil.ly/*

*xyfF_*）；你可以在非規範性的 RFC 2076（*https://oreil.ly/IpSCO*）中找到許多其他關於標頭的 RFC 摘要。

為了使 *m* 更方便，它作為映射的語意與 dict 的語意不同。*m* 的鍵值不區分大小寫。*m* 會按照你新增標頭的順序儲存它們，而方法 keys、values 和 items 則按照這個順序回傳標頭的串列（而非 views！）。*m* 可以有一個以上的名為 *key* 的標頭：*m*[*key*] 會回傳任意一個這樣的標頭（或者標頭缺少時為 **None**），而 **del** *m*[*key*] 會把它們全都刪除（如果缺少該標頭，則不為錯誤）。

要獲得具有某個名稱的所有標頭之串列，請呼叫 *m*.get_all(*key*)。len(*m*) 回傳標頭的總數，包括重複的，而不僅僅不同標頭名稱的數量。如果沒有名為 *key* 的標頭時，*m*[*key*] 會回傳 **None**，並且不會提出 KeyError（也就是說，它的行為和 *m*.get(*key*) 一樣）：**del** *m*[*key*] 在這種情況下不做任何事情，而 *m*.get_all(*key*) 會回傳 **None**。你可以直接在 *m* 上跑迴圈：這就像在 *m*.keys() 上跑迴圈一樣。

一個 Message 的實體 *m* 提供各種屬性和方法來處理 *m* 的標頭和承載，列在表 21-2 中。

表 21-2　Message 實體 m 的屬性和方法

add_header	*m*.add_header(*_name*, *_value*, ***_params*) 就像 *m*[*_name*]=*_value* 一樣，但是你也可以把標頭參數作為具名引數來提供。對於每個具名引數 *pname*=*pvalue*，add_header 會將 *pname* 中的底線（underscores）改為連接號（dashes），然後在標頭的值上附加一個字串，其形式為： ; *pname*="*pvalue*" 當 *pvalue* 為 **None** 時，add_header 只會附加一個形式如下的字串： ; *pname* 當一個參數的值包含非 ASCII 字元時，將其指定為一個包含三個項目的元組，即 (*CHARSET*, *LANGUAGE*, *VALUE*)。*CHARSET* 指名該值所使用的編碼。*LANGUAGE* 通常為 **None** 或 ''，但可以根據 RFC 2231（*https://oreil.ly/FKtQA*）設定為任何語言值；*VALUE* 是包含非 ASCII 字元的字串值。
as_string	*m*.as_string(unixfrom=**False**) 將整個訊息作為一個字串回傳。當 unixfrom 為真時，還包括第一行，通常以 'From ' 開頭，被稱為訊息的信封標頭（*envelope header*）。

attach	*m*.attach(*payload*) 將 *payload*，即一個訊息，新增到 *m* 的承載。當 *m* 的承載是 **None** 時，*m* 的承載現在就會是單項目的串列 [*payload*]。當 *m* 的承載是一個訊息串列時，將 *payload* 附加到該串列。當 *m* 的承載是其他東西時，*m*.attach(*payload*) 會提出 MultipartConversionError。
epilogue	*m*.epilogue 屬性可以是 **None**，也可以是一個字串，在最後的邊界行之後成為訊息字串形式的一部分。郵件程式通常不會顯示這段文字。epilogue 是 *m* 的一個正常屬性：你的程式可以在處理任何 m 時存取它，並在建立或修改 *m* 時繫結它。
get_all	*m*.get_all(*name*, default=**None**) 回傳一個串列，該串列包含了名稱為 *name* 的所有標頭之值，其順序是標頭被新增到 *m* 中的順序。當 *m* 沒有名為 *name* 的標頭時，get_all 回傳 default。
get_boundary	*m*.get_boundary(default=**None**) 回傳 *m* 的 Content-Type 標頭的 boundary 參數的字串值。如果 *m* 沒有 Content-Type 標頭，或者該標頭沒有 boundary 參數時，get_boundary 回傳 default。
get_charsets	*m*.get_charsets(default=**None**) 回傳 *m* 的 Content-Type 標頭的參數 charset 的字串值所成的串列 *L*。當 *m* 是多部分（multipart）的，每個部分在 *L* 中都會有一個項目；否則，*L* 的長度為 1。對於沒有 Content-Type 標頭、沒有 charset 參數，或者主類型與 'text' 不同的部分，*L* 中相應的項目會 default。
get_content_ maintype	*m*.get_content_maintype(default=**None**) 回傳 *m* 的主要內容類型（main content type）：取自標頭 Content-Type 的一個小寫字串 '*maintype*'。舉例來說，當內容類型是 'Text/Html' 時，get_content_maintype 會回傳 'text'。當 *m* 沒有 Content-Type 標頭時，get_content_maintype 回傳 default。
get_content_ subtype	*m*.get_content_subtype(default=**None**) 回傳 *m* 的內容子類型（content subtype）：一個小寫的字串 '*subtype*'，取自標頭 Content-Type。舉例來說，當 Content-Type 是 'Text/Html' 時，get_content_subtype 會回傳 'html'。當 *m* 沒有 Content-Type 標頭時，get_content_subtype 會回傳 default。
get_content_ type	*m*.get_content_type(default=**None**) 回傳 *m* 的內容類型：一個小寫的字串 '*maintype*/*subtype*'，取自標頭 Content-Type。舉例來說，當 Content-Type 是 'Text/Html' 時，get_content_type 會回傳 'text/html'。當 *m* 沒有 Content-Type 標頭時，get_content_type 回傳 default。

get_filename	*m*.get_filename(default=**None**) 回傳 *m* 的 Content-Disposition 標頭的 filename 參數的字串值。當 *m* 沒有 Content-Disposition 標頭，或者該標頭沒有 filename 參數時，get_filename 會回傳 default。
get_param	*m*.get_param(*param*, default=**None**, header='Content-Type') 回傳 *m* 的標頭 header 的參數 *param* 的字串值。對於只用名稱指定的參數（沒有值），則回傳 ''。當 *m* 沒有標頭 header，或者該標頭中沒有名為 *param* 的參數時，get_param 會回傳 default。
get_params	*m*.get_params(default=**None**, header='Content-Type') 回傳 *m* 的標頭 header 的參數，這是字串對組的一個串列，給出每個參數的名稱和值。對於僅由名稱指定的參數（沒有值），會使用 '' 作為值。當 *m* 沒有標頭 header 時，get_params 會回傳 default。
get_payload	*m*.get_payload(i=**None**, decode=**False**) 回傳 *m* 的承載（payload）。當 *m*.is_multipart 為 **False** 時，i 必須是 **None**，而 *m*.get_payload 會回傳 *m* 的整個承載，是一個字串或 Message 實體。如果 decode 為真，而且標頭 Content-Transfer-Encoding 的值是 'quoted-printable' 或 'base64'，*m*.get_payload 也會對承載進行解碼。如果 decode 為假，或者標頭 Content-Transfer-Encoding 缺少或有其他值，*m*.get_payload 將原封不動回傳承載。 當 *m*.is_multipart 為 **True** 時，decode 必須為假。當 i 為 **None** 時，*m*.get_payload 會將 *m* 的承載作為一個串列回傳。否則，*m*.get_payload(*i*) 會回傳承載的第 *i* 項，如果 *i* < 0 或 *i* 太大，則提出 TypeError。
get_unixfrom	*m*.get_unixfrom() 回傳 *m* 的信封標頭字串，如果 *m* 沒有信封標頭，則回傳 **None**。
is_multipart	*m*.is_multipart() 當 *m* 的承載是一個串列時，回傳 **True**；否則，回傳 **False**。
preamble	屬性 *m*.preamble 可以是 **None**，也可以是一個字串，在第一個邊界行之前成為郵件的字串形式的一部分。郵件程式只有在不支援多部分訊息的情況下才會顯示這個文字，所以你可以用這個屬性來提醒使用者你的訊息是多部分的，需要用不同的郵件程式來檢視。preamble 是 *m* 的一個普通屬性：處理一個透過任何方式建立的 *m* 時，你的程式就可以存取它，當你建立或修改 *m* 時，就可以繫結、重新繫結或解除繫結。
set_boundary	*m*.set_boundary(*boundary*) 將 *m* 的 Content-Type 標頭的 boundary 參數設定為 *boundary*。當 *m* 沒有 Content-Type 標頭時，提出 HeaderParseError。

set_payload	*m*.set_payload(*payload*) 將 *m* 的承載設定為 *payload*，*payload* 必須是一個字串，或 Message 實體的一個串列，如 *m* 的 Content-Type 所示。
set_unixfrom	*m*.set_unixfrom(*unixfrom*) 設定 *m* 的信封標頭字串。*unixfrom* 是整個信封標頭行，包括前面的 'From '，但不包括尾隨的 '\n'。
walk	*m*.walk() 回傳 *m* 的所有部分和子部分的一個迭代器，以便用深度優先的方式走訪各部分所構成的樹狀結構（見第 136 頁的「遞迴」）。

email.Generator 模組

email.Generator 模組提供 Generator 類別，你可以用它來產生訊息 *m* 的文字形式。*m*.as_string() 和 str(*m*) 可能已經足夠，但 Generator 提供更多的靈活性。實體化 Generator 類別時，需要一個必要引數 *outfp* 和兩個選擇性引數：

Generator	**class** Generator(*outfp*, mangle_from_=**False**, maxheaderlen=78)
	outfp 是一個檔案或類檔案物件，它提供 write 方法。當 mangle_from_ 為真時，*g* 會在承載中任何以 'From ' 開頭的行之前加上一個大於符號（>），以使訊息的文字形式更容易剖析。*g* 將每個標頭行在分號處包裹成不超過 maxheaderlen 個字元的實體行。要使用 *g*，就呼叫 *g*.flatten；例如：
	`g.flatten(m, unixfrom=False)`
	這會將 *m* 作為文字發射到 *outfp*，就像（但消耗的記憶體比較少）：
	`outfp.write(m.as_string(unixfrom))`

創建訊息

email.mime 這個子套件提供各種模組，每個模組都有一個名稱像是模組的 Message 子類別。模組的名稱是小寫的（例如 email.mime.text），而類別的名稱是大小寫混合的。表 21-3 中列出的這些類別，可以幫助你建立不同 MIME 類型的 Message 實體。

表 21-3　由 email.mime 提供的類別

MIMEAudio	**class** MIMEAudio(*_audiodata*, _subtype=**None**, _encoder=**None**, ****_params*) 建立主要類型為 'audio' 的 MIME 訊息物件。*_audiodata* 是音訊資料的一個位元組字串，用於封裝在 MIME 類型為 'audio/_subtype' 的訊息中。當 _subtype 為 **None** 時，*_audiodata* 必須能被標準的 Python 程式庫模組 sndhdr 剖析以確定子類型；否則，MIMEAudio 會提出 TypeError。**3.11+** 由於 sndhdr 已被棄用，你應該總是指定 _subtype。當 _encoder 為 **None** 時，MIMEAudio 會將資料編碼為 Base64，這通常是最好的選擇。否則，_encoder 必須是用一個參數 *m* 來呼叫的可呼叫物件，這個參數就是正在建構的訊息；然後 _encoder 必須呼叫 *m*.get_payload 來獲取承載，對承載進行編碼，透過呼叫 *m*.set_payload 把編碼後的形式放回去，並設定 *m* 的 Content-Transfer-Encoding 標頭。MIMEAudio 把 *_params* 字典中具名引數的名稱和值傳給 *m*.add_header，以建構 *m* 的 Content-Type 標頭。
MIMEBase	**class** MIMEBase(*_maintype*, *_subtype*, ****_params*) 所有 MIME 類別的基礎類別；擴充 Message。實體化： *m* = MIMEBase(*mainsub*, ***params*) 相當於更長、較不方便的慣用語： *m* = Message() *m*.add_header('Content-Type', f'{*main*}/{*sub*}', ***params*) *m*.add_header('Mime-Version', '1.0')
MIMEImage	**class** MIMEImage(*_imagedata*, _subtype=**None**, _encoder=**None**, ****_params*) 像 MIMEAudio 一樣，但有主類型 'image'；如果需要，使用標準 Python 模組 imghdr 來確定子類型。**3.11+** 因為 imghdr 被棄用了，你應該總是指定 _subtype。
MIMEMessage	**class** MIMEMessage(*msg*, _subtype='rfc822') 將 *msg* 作為 MIME 類型 'message/_subtype' 的訊息之承載來封裝，它必須是 Message（或其子類別）的實體。
MIMEText	**class** MIMEText(*_text*, _subtype='plain', _charset='us-ascii', _encoder=**None**) 將文字字串 *_text* 作為 MIME 類型 'text/_subtype' 的訊息的承載來封裝，並使用給定的 _charset。當 _encoder 為 **None** 時，MIMEText 不對文字進行編碼，這通常是最好的選擇。否則，_encoder 必須是用一個參數 *m* 來呼叫的可呼叫物件，這個參數就是正在建置的訊息；然後 _encoder 必須呼叫 *m*.get_payload 來獲取承載，對承載進行編碼，透過呼叫 *m*.set_payload 把編碼後的形式放回去，並適當地設定 *m* 的 Content-Transfer-Encoding 標頭。

email.encoders 模組

email.encoders 模組提供一些函式，這些函式接受非多部分（*nonmultipart*）的訊息 *m* 作為其唯一的引數，對 *m* 的承載進行編碼，並適當地設定 *m* 的標頭。這些函式在表 21-4 中列出。

表 21-4　email.encoders 模組的函式

encode_base64	encode_base64(*m*) 使用 Base64 編碼，通常是任意二進位資料的最佳選擇（見第 713 頁的「base64 模組」）。
encode_noop	encode_noop(*m*) 不對 *m* 的承載和標頭進行任何處理。
encode_quopri	encode_quopri(*m*) 使用 Quoted Printable 編碼，通常最適合於幾乎是但不完全是 ASCII 的文字（見第 714 頁的「quopri 模組」）。
encode_7or8bit	encode_7or8bit(*m*) 不對 *m* 的承載做任何處理，但當 *m* 的承載的任何位元組有設定高位元時，將標頭 Content-Transfer-Encoding 設定為 '8bit'；否則，設定為 '7bit'。

email.utils 模組

email.utils 模組為電子郵件處理提供幾個函式，列於表 21-5。

表 21-5　email.utils 模組的函式

formataddr	formataddr(*pair*) 接收一對字串 (*realname*, *email_address*)，並回傳一個字串 *s*，其中包含要插入到 To 和 Cc 等標頭欄位的位址。當 *realname* 為假時（例如，空字串 ''），formataddr 會回傳 *email_address*。
formatdate	formatdate(timeval=**None**, localtime=**False**) 回傳一個按照 RFC 2822 規定的格式化的時間點（time instant）字串。timeval 是自紀元以來的秒數。當 timeval 為 **None** 時，formatdate 使用當前時間。當 localtime 為 **True** 時，formatdate 使用當地的時區；否則，使用 UTC。

getaddresses	getaddresses(*L*) 剖析 *L* 的每一項，它是用於 To 或 Cc 等標頭欄位的位址字串的一個串列，並回傳字串對組 (*name*, *address*) 的一個串列。當 getaddresses 無法將 *L* 的某項剖析為電子郵件位址時，它會將 ('', '') 設定為串列中的對應項目。
mktime_tz	mktime_tz(*t*) 回傳一個 float，代表自紀元以來的秒數，以 UTC 表示，對應於 *t* 表示的時間點。*t* 是一個有 10 項的元組。*t* 的前九項與 time 模組中使用的格式相同，在第 477 頁的「time 模組」中提及。*t*[-1] 是一個時區，作為與 UTC 的秒數偏移量（與 time.timezone 的正負號相反，如 RFC 2822 所規定）。當 *t*[-1] 為 **None** 時，mktime_tz 使用當地時區。
parseaddr	parseaddr(*s*) 剖析字串 *s*，其中包含一個位址，通常指定在 To 或 Cc 等標頭欄位中，並回傳一對字串 (*realname*, *address*)。當 parseaddr 不能將 *s* 剖析為一個位址時，它會回傳 ('', '')。
parsedate	parsedate(*s*) 根據 RFC 2822 中的規則剖析字串 *s*，並回傳一個包含九個項目的元組 *t*，如第 477 頁的「time 模組」中所述（項目 *t*[-3:] 沒有意義）。parsedate 還會試著剖析一些錯誤的 RFC 2822 變體，這些變體是郵件作者經常使用的。當 parsedate 不能剖析 *s* 時，它會回傳 **None**。
parsedate_tz	parsedate_tz(*s*) 像 parsedate 一樣，但回傳一個有 10 個項目的元組 *t*，其中 *t*[-1] 是 *s* 的時區，作為與 UTC 的秒數偏移量（與 time.timezone 的正負號相反，如 RFC 2822 所規定的），就像 mktime_tz 接受的引數那樣。項目 *t*[-4:-1] 是沒有意義的。當 *s* 沒有時區時，*t*[-1] 為 **None**。
quote	quote(*s*) 回傳字串 *s* 的複本，其中每個雙引號（"）都變為了 '\"'，而每個現有的反斜線（backslash）會被重複。
unquote	unquote(*s*) 回傳字串 *s* 的複本，其中前導和尾隨的雙引號字元（"）和角括號（<>）都被移除了，如果它們圍繞著 *s* 的其餘部分的話。

email 套件的使用範例

email 套件可以幫助你讀取和編寫電子郵件和類似電子郵件的訊息（但它不參與這些訊息的接收和傳輸：那些任務屬於第 19 章中提及的那些個別模組）。下面是一個例子，說明如何使用 email 來讀取一個可能有多部分的訊息，並將每個部分解開放到指定目錄下的一個檔案中：

```
import pathlib, email
def unpack_mail(mail_file, dest_dir):
    ''' 給定開啟以讀取的檔案物件 mail_file，
       以及 dest_dir，一個字串，它是一個現有的、可寫的目錄之路徑，
       從 mail_file 中解開郵件訊息的每個部分
       到 dest_dir 中的一個檔案中。
    '''
    dest_dir_path = pathlib.Path(dest_dir)
    with mail_file:
        msg = email.message_from_file(mail_file)
    for part_number, part in enumerate(msg.walk()):
        if part.get_content_maintype() == 'multipart':
            # 我們會在迴圈後面得到每個特定的部分，
            # 所以，對於 'multipart' 本身沒有什麼要做的
            continue
        dest = part.get_filename()
        if dest is None: dest = part.get_param('name')
        if dest is None: dest = f'part-{part_number}'
        # 在現實生活中，請確保 dest 對於你的 OS 來說是一個
        # 合理的檔案名稱；否則，就操弄那個名稱直到它是為止
        part_payload = part.get_payload(decode=True)
        (dest_dir_path / dest).write_text(part_payload)
```

這裡有一個例子，大致上執行了相反的任務，將直接位在給定的來源目錄下的所有檔案封裝成單一個適合郵寄的檔案：

```
def pack_mail(source_dir, **headers):
    ''' 給定 source_dir 這個字串，它是一個現有的、
       可讀的目錄之路徑，以及作為具名引數傳入的
       任意的標頭 name/value 對組，將直接位在
       source_dir 下的所有檔案（假定為純文字檔案）
       封裝到一個以 MIME 格式的字串回傳的郵件訊息中。
    '''
    source_dir_path = pathlib.Path(source_dir)
    msg = email.message.Message()
    for name, value in headers.items():
        msg[name] = value
    msg['Content-type'] = 'multipart/mixed'
    filepaths = [path for path in source_dir_path.iterdir()
                 if path.is_file()]
    for filepath in filepaths:
        m = email.message.Message()
        m.add_header('Content-type', 'text/plain', name=filename)
        m.set_payload(filepath.read_text())
        msg.attach(m)
    return msg.as_string()
```

將二進位資料編碼為 ASCII 文字

有幾種媒體（例如，電子郵件訊息）只能包含 ASCII 文字。當你想透過這種媒體傳輸任意的二進位資料時，你需要將資料編碼為 ASCII 文字字串。Python 標準程式庫提供支援標準編碼的模組，即 Base64、Quoted Printable 和 Unix-to-Unix，將在下面幾節中描述。

base64 模組

base64 模組支援 RFC 3548（*https://oreil.ly/Cbhkl*）中指定的 Base16、Base32 和 Base64 編碼。這些編碼中的每一種都是將任意二進位資料表示為 ASCII 文字的一種緊湊的方式，不會試圖產生人類可讀的結果。base64 提供 10 個函式：6 個用於 Base64，另外 2 個用於 Base32 和 Base16。表 21-6 中列出六個 Base64 函式。

表 21-6　base64 模組的 Base64 函式

b64decode	b64decode(*s*, altchars=**None**, validate=**False**) 解碼 B64 所編碼的位元組字串 *s*，並回傳解碼後的位元組字串。altchars，如果不是 **None**，必須是一個至少有兩個字元的位元組字串（額外的字元會被忽略），指定兩個非標準字元來代替 + 和 /（對解碼具有 URL 安全性或檔案系統安全性的 B64 編碼的字串可能會有用）。當 validate 為 **True** 時，如果 *s* 包含任何在 B64 編碼的字串中無效的位元組，該呼叫會提出一個例外（預設情況下，這樣的位元組單純會被忽略和跳過）。當 *s* 根據 Base64 標準被不適當地填補時，也會提出一個例外。
b64encode	b64encode(*s*, altchars=**None**) 對位元組字串 *s* 進行編碼，並回傳帶有相應的經過 B64 編碼的資料的位元組字串。altchars，如果不是 **None**，必須是至少由兩個字元構成的一個位元組字串（額外的字元會被忽略），指定兩個非標準字元來代替 + 和 /（對於製作具有 URL 安全性或檔案系統安全性的 B64 編碼的字串可能很有用）。
standard_b64decode	standard_b64decode(*s*) 就像 b64decode(*s*)。
standard_b64encode	standard_b64encode(*s*) 就像 b64encode(*s*)。
urlsafe_b64decode	urlsafe_b64decode(*s*) 就像 b64decode(*s*, '-_')。

urlsafe_b64encode	urlsafe_b64encode(*s*) 就像 b64encode(*s*, '-_')。

表 21-7 中列出 Base16 和 Base32 的四個函式。

表 21-7 base64 模組的 Base16 和 Base32 功能

b16decode	b16decode(*s*, casefold=**False**) 對 B16 編碼的位元組字串 *s* 進行解碼，並回傳解碼後的位元組字串。當 casefold 為 **True** 時，*s* 中的小寫字元會被當作等效的大寫字元處理；預設情況下，若有小寫字元出現，該呼叫會提出一個例外。
b16encode	b16encode(*s*) 對位元組字串 *s* 進行編碼，並回傳帶有相應的 B16 編碼資料的位元組字串。
b32decode	b32decode(*s*, casefold=**False**, map01=**None**) 對 B32 編碼的位元組字串 *s* 進行解碼，並回傳解碼後的位元組字串。當 casefold 為 **True** 時，*s* 中的小寫字元會被當作其等效的大寫字元對待；預設情況下，當小寫字元出現時，該呼叫會提出一個例外。當 map01 為 **None** 時，輸入中不允許出現字元 0 和 1；若不為 **None**，它必須是一個單字元的位元組字串，指定 1 被映射到什麼（小寫 'l' 或大寫 'L'）；然後 0 總是被映射到大寫的 'O'。
b32encode	b32encode(*s*) 對位元組字串 *s* 進行編碼，並回傳帶有相應 B32 編碼資料的位元組字串。

該模組還提供函式來編碼和解碼非標準但流行的 Base85 和 Ascii85 編碼，它們雖然沒有編入 RFC 或與彼此相容，但透過使用較大的字母集（alphabets）來編碼位元組字串，可以節省 15% 的空間。關於這些函式的細節，請參閱線上說明文件（*https://oreil.ly/rndpn*）。

quopri 模組

quopri 模組支援 RFC 1521 中規範的編碼，即 *Quoted Printable*（QP）。QP 可以將任何二進位資料表示為 ASCII 文字，但它主要用於大部分是文字的資料，其中有少量高位元有設定的字元（即 ASCII 範圍外的字元）。對於這樣的資料，QP 產生的結果既緊湊又是人類可讀的。quopri 模組提供四個函式，列在表 21-8 中。

表 21-8　quopri 模組的函式

decode	decode(*infile*, *outfile*, header=**False**) 透過呼叫 *infile*.readline 讀取二進位類檔案物件 *infile*，直到檔案結尾（即直到呼叫 *infile*.readline 會回傳一個空字串之時），對這樣讀取的 QP 編碼過的 ASCII 文字進行解碼，並將結果寫入二進位類檔案物件 *outfile*。當 header 為真時，decode 還會將 _（底線）變成空格（根據 RFC 1522）。
decodestring	decodestring(*s*, header=**False**) 解碼位元組字串 *s*，其為 QP 編碼的 ASCII 文字，並回傳帶有解碼後資料的位元組字串。當 header 為真時，decodestring 也會將 _（底線）變成空格。
encode	encode(*infile*, *outfile*, *quotetabs*, header=**False**) 透過呼叫 *infile*.readline 讀取二進位類檔案物件 *infile*，直到檔案結尾（即直到呼叫 *infile*.readline 會回傳一個空字串之時），對這樣讀取的資料進行 QP 編碼，並將編碼後的 ASCII 文字寫到二進位類檔案物件 *outfile*。當 *quotetabs* 為真時，encode 也會對空格和 tab 進行編碼。當 header 為真時，encode 會將空格（spaces）編碼為 _（底線）。
encodestring	encodestring(*s*, quotetabs=**False**, header=**False**) 對包含任意位元組的位元組字串 *s* 進行編碼，並回傳一個帶有 QP 編碼的 ASCII 文字的位元組字串。當 quotetabs 為真時，encodestring 也會對空格和 tab 進行編碼。當 header 為真時，encodestring 會將空格編碼為 _（底線）。

uu 模組

uu 模組[1]支援經典的 *Unix-to-Unix*（UU）編碼，由 Unix 程式 *uuencode* 和 *uudecode* 所實作。UU 以一個 begin 行開始編碼資料，其中包括被編碼檔案的檔名和權限，並以 end 行結束。因此，UU 編碼讓你在其他非結構化的文字中嵌入編碼過的資料，而 Base64 編碼（在第 713 頁的「base64 模組」中討論過）則仰賴其他指示的存在，指出編碼過的資料開始和結束的地方。uu 模組提供兩個函式，列在表 21-9 中。

1　在 Python 3.11 中被棄用，並會在 Python 3.13 中移除；線上說明文件指引使用者更新現有程式碼，對資料內容使用 base64 模組，對詮釋資料（metadata）使用 MIME 標頭。

表 21-9 uu 模組的函式

decode	decode(*infile*, outfile=**None**, mode=**None**) 透過呼叫 *infile*.readline 讀取類檔案物件 *infile*，直到檔案結尾（即直到呼叫 *infile*.readline 會回傳一個空字串之時）、或直到一個終止行（周圍有任何數量的空白的字串 'end'）。decode 對這樣讀取的 UU 編碼文字進行解碼，並將解碼後的資料寫到類檔案物件 outfile 中。當 outfile 為 **None** 時，decode 會建立 UU 格式的 begin 行中指定的檔案，並使用 mode 給定的權限位元（當 mode 為 **None** 時，begin 行中會指定權限位元）。在這種情況下，如果檔案已經存在，decode 會提出一個例外。
encode	encode(*infile*, *outfile*, name='-', mode=0o666) 透過呼叫 *infile*.read 來讀取類檔案物件 *infile*（每次 45 個位元組，這是 UU 在每個輸出行中編碼為 60 個字元的資料量），直到檔案結尾（即直到呼叫 *infile*.read 會回傳一個空字串之時）。它對這樣讀取的資料進行 UU 編碼，並將編碼後的文字寫入類檔案物件 *outfile* 中。encode 還在文字之前寫入一個 UU 格式的 begin 行，並在文字之後寫入一個 UU 格式的 end 行。在 begin 行中，encode 指定檔案名稱為 name，模式為 mode。

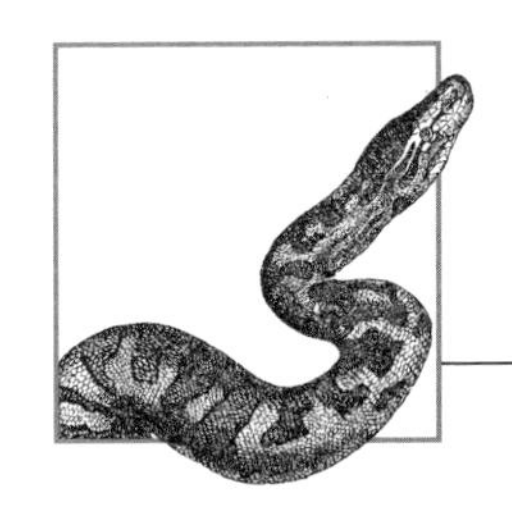

22 結構化文字：HTML

網路上的大多數文件（documents）都使用 HTML，即 HyperText Markup Language。標示（*markup*）是指在文字文件中插入特殊的語彙單元（tokens），即所謂的標記（*tags*），以賦予文字結構。從理論上講，HTML 是被稱為 SGML 的大型通用標準的一種應用，即 Standard Generalized Markup Language（*https://oreil.ly/X-3xi*）。在實務上，Web 上的許多文件都以草率或不正確的方式使用 HTML。

HTML 是為了在瀏覽器（browser）中呈現文件而設計的。隨著 Web 內容的發展，使用者意識到它缺乏語意標示（*semantic markup*）的能力，在這種情況下，標示表明所界定的文字之含義，而不僅僅是其外觀。完整、精確地提取 HTML 文件中的資訊往往被證明是不可行的。一個名為 XHTML 的更嚴格的標準試圖彌補這些缺陷。XHTML 與傳統的 HTML 相似，但它是以 XML（eXtensible Markup Language）來定義的，比 HTML 更精確。你可以用第 23 章中介紹的工具來處理格式正確的 XHTML。然而，截至本文寫作之時，XHTML 都還沒有取得壓倒性的成功，而是被更實用的 HTML5 所取代。

儘管困難重重，從 HTML 文件中至少提取出一些有用的資訊經常還是可以做到的（這項任務被稱為 *web scraping*、*spidering*，或單純 *scraping*）。Python 的標準程式庫試圖提供幫助，為剖析 HTML 文件的任務提供 `html` 套件，無論是為了呈現文件，還是更典型的用途，試著從中提取資訊。然而，當你在處理有些破損的網頁時（幾乎總是這樣！），第三方模組 `BeautifulSoup`（*https://oreil.ly/9-cUQ*）通常可以為你帶來最後的、最好的希望。在本書中，出於實用性考量，我們主要介紹

BeautifulSoup，而會忽略與它競爭的標準程式庫模組。尋找替代方案的讀者也應該了解一下日益流行的 scrapy 套件（*https://scrapy.org*）。

產生 HTML 和在 HTML 中內嵌 Python 也是相當常見的任務。標準的 Python 程式庫不支援 HTML 的生成和嵌入，但是你可以使用 Python 字串格式化，而第三方模組也可以提供幫助。BeautifulSoup 可以讓你更動一個 HTML 樹狀結構（特別是，如此你就能以程式化的方式建立一個，甚至是「從頭開始」）；一個通常更可取的替代做法是**樣板化**（*templating*），例如，由第三方模組 jinja2（*http://jinja.pocoo.org*）支援，其基礎知識我們會在第 735 頁的「jinja2 套件」中介紹。

html.entities 模組

Python 標準程式庫中的 html.entities 模組提供一些屬性，它們都是映射（見表 22-1）。無論你用什麼做法來剖析、編輯或生成 HTML，它們都能派上用場，包括下一節中提及的 BeautifulSoup 套件。

表 22-1　*html.entities* 的屬性

codepoint2name	從 Unicode 編碼位置（codepoints）到 HTML 實體名稱（entity names）的映射。舉例來說，entities.codepoint2name[228] 是 'auml'，因為 Unicode 字元 228，即 ä，「帶分音符的小寫 a」，在 HTML 中被編碼為 'ä'。
entitydefs	從 HTML 實體名稱到 Unicode 等效單字元字串的映射。舉例來說，entities.entitydefs['auml'] 是 'ä'， 而 entities.entitydefs['sigma'] 是 'σ'。
html5	從 HTML5 的具名字元參考（named character references）到等同的單字元字串的映射。舉例來說，entities.html5['gt;'] 是 '>'。鍵值中尾隨的分號（semicolon）是**很重要的**：少數（但遠非全部）的 HTML5 具名字元參考的拼寫可以選擇不帶尾隨的分號，在那些情況下，這兩種鍵值（帶尾隨分號和不帶尾隨分號）都出現在 entities.html5 中。
name2codepoint	一個從 HTML 實體名稱（entity names）到 Unicode 編碼位置（codepoints）的映射。舉例來說，entities.name2codepoint['auml'] 是 228。

BeautifulSoup 第三方套件

BeautifulSoup（*https://oreil.ly/xx57e*）可以讓你剖析 HTML，即使它的構成相當糟糕。它使用簡單的啟發式（heuristics）方法來彌補典型的 HTML 缺陷，並在大多數情況下出人意料地成功完成了這項艱鉅的任務。目前 BeautifulSoup 的主要版本是第 4 版，也被稱為 bs4。在本書中，我們特別介紹 4.10 版，因為截至本文寫作之時，這是 bs4 最新的穩定版本。

BeautifulSoup 的安裝 *vs.* 匯入

BeautifulSoup 是那種惱人的模組之一，其封裝方式要求你在 Python 內部和外部使用不同的名稱。你透過在 shell 命令提示列下執行 **pip install beautifulsoup4** 來安裝該模組，但當你在 Python 程式碼中要匯入它時，你得使用 **import** bs4。

BeautifulSoup 類別

bs4 模組提供 BeautifulSoup 類別，你以一或兩個引數呼叫它來進行實體化：第一個是 htmltext，它要麼是一個類檔案物件（它被讀取以獲得要剖析的 HTML 文字），要麼是一個字串（要剖析的文字），而第二個是一個選擇性的 parser 引數。

BeautifulSoup 使用哪個剖析器（parser）

如果你沒有傳入 parser 引數，BeautifulSoup 會「四處探查」以挑選出最佳剖析器（但在這種情況下你可能會得到 GuessedAtParserWarning 警告）。如果你沒有安裝任何其他剖析器，BeautifulSoup 預設會使用 Python 標準程式庫中的 html.parser；如果你安裝了其他剖析器，BeautifulSoup 預設會使用其中一個（目前 lxml 是首選）。除非另有說明，下面的例子都使用預設的 Python html.parser。為了獲得更多的控制權，並避免 BeautifulSoup 說明文件（*https://oreil.ly/pxxVI*）中提到的剖析器之間的差異，在實體化 BeautifulSoup 時，把要使用的剖析器程式庫的名稱作為第二個引數傳入[1]。

1 BeautifulSoup 的說明文件（*https://oreil.ly/B-xCI*）提供關於安裝各種剖析器的詳細資訊。

舉例來說，如果你安裝了第三方套件 html5lib（使用跟所有主要瀏覽器相同的方式剖析 HTML，儘管速度很慢），你可以呼叫：

```
soup = bs4.BeautifulSoup(thedoc, 'html5lib')
```

當你傳入 'xml' 作為第二個引數時，你必須已經安裝了第三方套件 lxml。然後 BeautifulSoup 就會將文件當作 XML 剖析，而不是 HTML。在這種情況下，soup 的屬性 is_xml 會是 **True**；否則，soup.is_xml 就是 **False**。你也可以用 lxml 來剖析 HTML，如果你把 'lxml' 作為第二個引數傳入的話。更普遍的是，你可能需要安裝適當的剖析器程式庫，取決於你選擇傳入 bs4.BeautifulSoup 呼叫的第二個引數為何；如果你不這樣做，BeautifulSoup 會以警告訊息提醒你。

這裡有個例子，在同一個字串上使用不同剖析器：

```
>>> import bs4, lxml, html5lib
>>> sh = bs4.BeautifulSoup('<p>hello', 'html.parser')
>>> sx = bs4.BeautifulSoup('<p>hello', 'xml')
>>> sl = bs4.BeautifulSoup('<p>hello', 'lxml')
>>> s5 = bs4.BeautifulSoup('<p>hello', 'html5lib')
>>> for s in [sh, sx, sl, s5]:
...   print(s, s.is_xml)
...
<p>hello</p> False
<?xml version="1.0" encoding="utf-8"?>
<p>hello</p> True
<html><body><p>hello</p></body></html> False
<html><head></head><body><p>hello</p></body></html> False
```

剖析器在修復無效的 HTML 輸入方面的差異

在前面的例子中，'html.parser' 只是單純插入輸入中缺失的結束標記 </p>。其他剖析器透過新增所需的標記，如 <html>、<head> 和 <body>，來修復無效 HTML 輸入的程度各不相同，你可以在例子中看到。

BeautifulSoup、Unicode 和編碼

BeautifulSoup 使用 Unicode，當輸入是位元組字串或二進位檔案時，會推論或猜測編碼[2]。對於輸出，prettify 方法回傳樹狀結構的一個 str

2 正如 BeautifulSoup 說明文件（*https://oreil.ly/vTXcK*）中所解讀的那樣，其中還展示了指引或完全覆寫 BeautifulSoup 對編碼的猜測的各種方式。

表示值，包括標記和它們的屬性。`prettify` 對字串進行格式化，加入空白和換行（newlines）來縮排元素，顯示巢狀結構。要想讓它改為回傳一個給定編碼的 `bytes` 物件（一個位元組字串），請將編碼名稱作為一個引數傳給它。如果你不希望結果被「美化（prettified）」，可以使用 `encode` 方法來獲得一個位元組字串，並使用 `decode` 方法來獲得一個 Unicode 字串。例如：

```
>>> s = bs4.BeautifulSoup('<p>hello', 'html.parser')
>>> print(s.prettify())
<p>
 hello
</p>
>>> print(s.decode())
<p>hello</p>
>>> print(s.encode())
b'<p>hello</p>'
```

bs4 的可巡覽類別

`BeautifulSoup` 類別的實體 *b* 提供「巡覽（navigate）」剖析好的 HTML 樹狀結構的屬性和方法，回傳**可巡覽類別**（*navigable classes*）`Tag` 和 `NavigableString` 的實體，以及 `NavigableString` 的子類別（`CData`、`Comment`、`Declaration`、`Doctype` 和 `ProcessingInstruction`，區別只在於你輸出它們時如何被發送出去）。

可巡覽類別的每個實體都可以讓你繼續巡覽，即挖掘更多的資訊，其巡覽屬性和搜尋方法與 *b* 本身幾乎相同。有一些區別：`Tag` 的實體可以有 HTML 屬性和 HTML 樹狀結構中的子節點（child nodes），而 `NavigableString` 的實體不能（`NavigableString` 的實體總是有一個文字字串、一個父 `Tag`，和零或多個兄弟姐妹，即同一父標記的其他子節點）。

可巡覽類別的術語

當我們說「`NavigableString` 的實體」時，我們指的也包括其任何子類別的實體；當我們說「`Tag` 的實體」時，我們也指 `BeautifulSoup` 的實體，因為後者是 `Tag` 的子類別。可巡覽類別的實體也被稱為樹狀結構的元素（*elements*）或節點（*nodes*）。

結構化文字：HTML

所有可巡覽類別的實體都有屬性 `name`：對於 `Tag` 實體來說是標記字串（tag string），對於 `BeautifulSoup` 實體是 `'[document]'`，而對於 `NavigableString` 實體則是 **`None`**。

`Tag` 的實體讓你透過索引存取它們的 HTML 屬性，或者你可以透過實體的 `.attrs` Python 屬性以一個 `dict` 的形式獲得它們。

索引 Tag 的實體

當 *`t`* 是 `Tag` 的一個實體時，*`t`*`['foo']` 會在 *`t`* 的 HTML 屬性中尋找一個名為 `foo` 的 HTML 屬性，並回傳 `foo` 屬性的字串。當 *`t`* 沒有名為 `foo` 的 HTML 屬性時，*`t`*`['foo']` 會提出一個 `KeyError` 例外；就像在 `dict` 上一樣，呼叫 *`t`*`.get('foo', default=`**`None`**`)` 來獲取 `default` 引數的值，而不是一個例外。

有幾個屬性，例如 `class`，在 HTML 標準中被定義為可以有多個值（例如，`<body class="foo bar">...</body>`）。在這種情況下，索引會回傳值的一個 `list`，舉例來說，`soup.body['class']` 將是 `['foo', 'bar']`（同樣地，當屬性根本不存在時，你會得到一個 `KeyError` 例外；請使用 `get` 方法，而不是索引，來獲得一個預設值）。

要得到一個將屬性名稱映射為值（或者在 HTML 標準中定義的少數情況下，映射為值的串列）的 `dict`，請使用屬性 *`t`*`.attrs`：

```
>>> s = bs4.BeautifulSoup('<p foo="bar" class="ic">baz')
>>> s.get('foo')
>>> s.p.get('foo')
'bar'
>>> s.p.attrs
{'foo': 'bar', 'class': ['ic']}
```

如何檢查一個 *Tag* 實體是否具有某個屬性

要檢查 `Tag` 實體 *`t`* 的 HTML 屬性是否包括一個名為 `'foo'` 的屬性，不要使用 `if 'foo' in t:`，`Tag` 實體上的 `in` 運算子會在 `Tag` 的子代（*children*）中尋找，而不是在它的屬性（*attributes*）中。請改為使用 `if 'foo' in t.attrs:`，或是 `if t.has_attr('foo'):` 這個更好的選擇。

獲得一個實際的字串

當你有 NavigableString 的一個實體時，你通常會想存取它所包含的實際文字字串。當你有一個 Tag 的實體時，你可能想存取它所包含的唯一字串，或者，如果它包含一個以上的字串，那就存取所有的字串，也許會讓它們文字周圍的任何空白被剝離。下面展示如何以最好的方式完成這些任務。

當你有一個 NavigableString 實體 *s*，並且你需要讓它的文字在某個地方儲藏或處理，而不需要在其上進行更多的巡覽，請呼叫 str(*s*)。或使用 *s*.encode(codec='utf8') 得到一個位元組字串，或者使用 *s*.decode() 得到一個文字字串（即 Unicode）。這會給你實際的字串，沒有對 BeautifulSoup 樹狀結構的參考，那會阻礙垃圾回收（*s* 支援 Unicode 字串的所有方法，所以如果它們能做到你想達成的，就直接呼叫它們）。

給定一個包含單個 NavigableString 實體 *s* 的 Tag 實體 *t*，你可以使用 *t*.string 來獲取 *s*（或者，若只是要從 *s* 中獲取你想要的文字，就用 *t*.string.decode()）。*t*.string 只在 *t* 有一個是 NavigableString 的單一子節點，或者有一個是 Tag 的單一節點，而其唯一子節點是一個 NavigableString 的時候才有效；否則，*t*.string 會是 **None**。

要找*所有*包含的（可巡覽的）字串的一個迭代器，就用 *t*.strings。你可以使用 ''.join(*t*.strings) 來獲得所有的字串串接成一個的結果，只需一個步驟。要忽略包含的每個字串周圍的空白，就用迭代器 *t*.stripped_strings（它也會跳過全都空白的字串）。

或者，呼叫 *t*.get_text()：這將回傳一個單一的（Unicode）字串，包含 *t* 的後裔中的所有文字，按照樹狀結構中的順序（相當於存取屬性 *t*.text）。你可以選擇傳入一個字串作為唯一的位置引數，作為分隔符號使用。預設是空字串 ''。傳入具名參數 strip=**True**，可以使每個字串周圍的空白都被去除，並跳過全都是空白的字串。

下面的例子演示了這些從標記內獲取字串的方式：

```
>>> soup = bs4.BeautifulSoup('<p>Plain <b>bold</b></p>')
>>> print(soup.p.string)
None
>>> print(soup.p.b.string)
bold
>>> print(''.join(soup.strings))
Plain bold
```

```
>>> print(soup.get_text())
Plain bold
>>> print(soup.text)
Plain bold
>>> print(soup.get_text(strip=True))
Plainbold
```

在 BeautifulSoup 和 Tag 實體上的屬性參考

在 bs4 中沿著 HTML 樹狀結構或子樹向下巡覽最簡單、最優雅的方式是使用 Python 的屬性參考語法（只要你指名的每個標記都是唯一的，或者你只關心每一層後代的第一個標記）。

給定 Tag 的任何實體 *t*，像 *t*.foo.bar 這樣的構造會在 *t* 的後裔中尋找第一個標記 foo，並為它得到一個 Tag 實體 *ti*，然後在 *ti* 的後裔中尋找第一個標記 bar，並為那個 bar 標記回傳一個 Tag 實體。

這是一種簡潔、優雅的方式，當你知道某個標記在一個可巡覽實體的後裔中只出現了一次，或者該標記的數次出現中你只關心它的第一次出現時，就可以沿著樹往下巡覽。但要注意：如果任何一層的查找都沒有找到它要找的標記，那麼屬性參考的值就會是 **None**，然後任何進一步的屬性參考都會提出 AttributeError。

小心 *Tag* 實體上的屬性參考中的錯別字

出於 BeautifulSoup 的行為模式，你在 Tag 實體上的屬性參考中的任何錯別字都會給出一個 **None** 的值，而不是一個 AttributeError 例外，所以，請特別小心！

bs4 也提供更通用的方式來沿著樹向下、向上和橫向巡覽。特別是，每個可巡覽的類別實體都有用以識別單個「親屬（relative）」的屬性，如果是複數形式的，就會是該類型所有親屬的一個迭代器。

contents、children 和 descendants

給定一個 Tag 的實體 *t*，你可以用 *t*.contents 得到它所有子代（children）的一個串列，或者用 *t*.children 得到所有子代的一個迭代器。要找所有後裔（*descendants*，子代、子代的子代等等）的迭代器，就使用 *t*.descendants：

```
>>> soup = bs4.BeautifulSoup('<p>Plain <b>bold</b></p>')
>>> list(t.name for t in soup.p.children)
[None, 'b']
>>> list(t.name for t in soup.p.descendants)
[None, 'b', None]
```

是 **None** 的 name 對應於 NavigableString 節點；其中只有第一個是 p 標記的一個子代（*child*），但兩個都是該標記的後裔（*descendants*）。

parent 和 parents

給定任何可巡覽類別的一個實體 *n*，其父節點（parent node）是 *n*.parent：

```
>>> soup = bs4.BeautifulSoup('<p>Plain <b>bold</b></p>')
>>> soup.b.parent.name
'p'
```

樹狀結構往上的所有祖先（ancestors）的一個迭代器，就是 *n*.parents。這包括 NavigableString 的實體，因為它們也有父節點。BeautifulSoup 的實體 *b* 有 **None** 的 *b*.parent，而 *b*.parents 是一個空的迭代器。

next_sibling、previous_sibling、next_siblings 與 previous_siblings

給定任何可巡覽類別的實體 *n*，其左方緊鄰的手足節點（sibling node）是 *n*.previous_sibling，右方緊鄰的是 *n*.next_sibling；如果 *n* 沒有這樣的手足，則兩者都可以是 **None**。在樹中向左的所有左邊手足的一個迭代器是 *n*.previous_siblings；在樹中向右的所有右邊手足的一個迭代器是 *n*.next_siblings（任一或兩個迭代器都可以是空的）。這包括 NavigableString 的實體，因為它們也有手足。對於 BeautifulSoup 的實體 *b*，*b*.previous_sibling 和 *b*.next_sibling 都是 **None**，而且它們兩個的手足迭代器都是空的：

```
>>> soup = bs4.BeautifulSoup('<p>Plain <b>bold</b></p>')
>>> soup.b.previous_sibling, soup.b.next_sibling
('Plain ', None)
```

next_element、previous_element、next_elements 與 previous_elements

給定任何可巡覽類別的實體 *n*，緊接在它之前剖析的節點是 *n*.previous_element，而緊接在它之後剖析的節點是 *n*.next_element；當 *n* 分別是第一個或最後一個被剖析的節點時，兩者都可以是 **None**。在樹上往回走的之前所有元素的一個迭代器是 *n*.previous_elements；*n*.next_elements 是在樹中往前走的所有後續元素的一個迭代器（任一或兩個迭代器都可以是空的）。NavigableString 的實體也有這樣的屬性。對於 BeautifulSoup 的實體 *b*，*b*.previous_element 和 *b*.next_element 都是 **None**，而且它的兩個元素迭代器都是空的：

```
>>> soup = bs4.BeautifulSoup('<p>Plain <b>bold</b></p>')
>>> soup.b.previous_element, soup.b.next_element
('Plain ', 'bold')
```

如前面的例子所示，b 標記沒有 next_sibling（因為它是其父節點的最後一個子代）；但是，它有一個 next_element（緊接在它後面剖析的節點，在本例中是它包含的 'bold' 字串）。

bs4 的 find... 方法（又稱搜尋方法）

bs4 中的每個可巡覽類別都提供幾個名稱以 find 開頭的方法，被稱為*搜尋方法*（*search methods*），用來定位滿足指定條件的樹節點。

搜尋方法是成對出現的，每對方法中的一個會走遍樹狀結構的所有相關部分，並回傳滿足條件的節點的一個串列，而另一個則會在一找到滿足所有條件的單一節點時，就停下來並回傳該節點（如果沒有找到這樣的節點則回傳 **None**）。因此，呼叫後一個方法就像以引數 limit=1 呼叫前一個方法，然後對產生的單項串列進行索引以獲得該單一項目，但速度更快，更優雅。

因此，舉例來說，對於任何 Tag 實體 *t* 和任何由 ... 表示的任何位置和具名引數群組，以下等價關係總是成立的：

```
just_one = t.find(...)
other_way_list = t.find_all(..., limit=1)
other_way = other_way_list[0] if other_way_list else None
assert just_one == other_way
```

這些成對的方法列在表 22-2 中。

表 22-2　bs4 成對的 find... 方法

find, find_all	*b*.find(...), *b*.find_all(...) 搜尋 *b* 的後裔（*descendants*），或者，當你傳入具名引數 recursive=**False**（僅適用於這兩個方法，不適用於其他搜尋方法）時，僅搜尋 *b* 的子代（*children*）。這些方法在 NavigableString 實體上無法取用，因為它們沒有後裔；其他所有的搜尋方法都適用於 Tag 和 NavigableString 實體。 由於經常需要 find_all，bs4 提供一種優雅的捷徑：呼叫一個標記就像呼叫其 find_all 方法。換句話說，當 *b* 是一個 Tag 時，*b*(...) 就等同於 *b*.find_all(...)。 另一個捷徑，在第 724 頁的「在 BeautifulSoup 和 Tag 實體上的屬性參考」中已經提到，*b*.foo.bar 就像 *b*.find('foo').find('bar')。
find_next, find_all_next	*b*.find_next(...), *b*.find_all_next(...) 搜尋 *b* 的 next_elements。
find_next_sibling, find_next_siblings	*b*.find_next_sibling(...), *b*.find_next_siblings(...) 搜尋 *b* 的 next_siblings。
find_parent, find_parents	*b*.find_parent(...), *b*.find_parents(...) 搜尋 *b* 的父節點。
find_previous, find_all_previous	*b*.find_previous(...), *b*.find_all_previous(...) 搜尋 *b* 的 previous_elements。
find_previous_sibling, find_previous_siblings	*b*.find_previous_sibling(...), *b*.find_previous_siblings(...) 搜尋 *b* 的 previous_siblings。

搜尋方法的引數

每個搜尋方法都有三個選擇性引數：*name*、*attrs* 和 *string*。*name* 和 *string* 是過濾器（*filters*），會在接下來的小節中描述；*attrs* 是一個 dict，會在本節後面描述。此外，正如表 22-2 中提到的，只限 find 和 find_all（而非其他的搜尋方法）可以有選擇性地以具名引數 recursive=**False** 呼叫，以限制搜尋子代（children），而不是所有的後裔（descendants）。

任何回傳一個 `list` 的搜尋方法（即名稱為複數或以 `find_all` 開頭的方法）都可以選擇接受具名引數 `limit`：它的值，如果有的話，是一個整數，為它回傳的串列之長度設定一個上限（如果你有傳入 `limit`，所回傳的 `list` 結果會在必要時被截斷）。

在這些選擇性的引數之後，每個搜尋方法可以選擇性地擁有任何數量的任意具名引數：引數名稱可以是任何識別字（除了搜尋方法的某個特定引數之名稱以外），而值是一個過濾器。

過濾器　一個過濾器會被套用到一個目標（*target*），這個目標可以是一個標記的名稱（作為 *`name`* 引數傳入時）、一個 `Tag` 的 `string` 或一個 `NavigableString` 的文字內容（作為 *`string`* 引數傳入時），或一個 `Tag` 的屬性（作為一個具名引數的值傳入時，或在 *`attrs`* 引數中）。每個過濾器都可以是：

一個 *Unicode* 字串

　當該字串與目標值完全相同時，過濾成功。

一個位元組字串

　使用 `utf-8` 將其解碼為 Unicode，當產生的 Unicode 字串與目標字串完全相等時，過濾就成功了。

一個正規表達式物件（由 *`re.compile`* 產生，在第 *355* 頁的「正規表達式和 *re* 模組」中提及）

　當以目標為引數呼叫的 RE 的 `search` 方法成功時，該過濾器就成功了。

字串的一個串列

　若有任何一個字串與目標完全相同，則過濾成功（如果有任何一個字串是位元組字串，則使用 `utf-8` 將其解碼為 Unicode）。

一個函式物件

　當以 `Tag` 或 `NavigableString` 實體作為引數呼叫的函式回傳 **`True`** 時，過濾就成功了。

`True`

　過濾器永遠成功。

作為「過濾器成功」的同義詞，我們也等同於在說「目標與過濾器匹配」。

每個搜尋方法都能找到符合其所有過濾器的所有相關節點（也就是說，它隱含地在每個候選節點上對其過濾器進行邏輯的 **and** 運算）。（不要把這個邏輯和以一個 list 為引數值的特定過濾器之邏輯混為一談。當那個 list 中的任何一個項目匹配時，該過濾器就會匹配；也就是說，該過濾器會隱含地對作為其引數值的 list 中的項目進行邏輯 **or** 運算。）

name　要尋找名稱與過濾器相匹配的 Tag，請將過濾器作為第一個位置引數傳入給搜尋方法，或將其作為 name=*filter* 傳入：

```
# 回傳文件中標記 'b' 的所有實體
soup.find_all('b') # 或是 soup.find_all(name='b')

# 回傳文件中標記 'b' 和 'bah' 的所有實體
soup.find_all(['b', 'bah'])

# 回傳文件中所有以 'b' 開頭的標記實體。
soup.find_all(re.compile(r'^b'))

# 回傳文件中包括字串 'bah' 的所有標記實體
soup.find_all(re.compile(r'bah'))

# 回傳其父節點名稱為 'foo' 的所有標記實體
def child_of_foo(tag):
    return tag.parent.name == 'foo'

soup.find_all(child_of_foo)
```

string　要尋找其 .string 的文字與過濾器匹配的 Tag 節點，或其文字與過濾器匹配的 NavigableString 節點，請將過濾器作為 string=*filter* 傳入：

```
# 回傳其文字為 'foo' 的所有 NavigableString 實體
soup.find_all(string='foo')

# 回傳其 .string 的文字是 'foo' 的所有標記 'b' 實體
soup.find_all('b', string='foo')
```

attrs　要尋找屬性值符合過濾器的 Tag 節點，請使用一個以屬性名稱為鍵值，過濾器為相應值的 dict *d*。然後，將 *d* 作為第二個位置引數傳入給搜尋方法，或者傳入 attrs=*d*。

作為一種特殊情況，你可以使用 **None** 作為 *d* 中的一個值，而不是一個過濾器；這可以匹配缺乏相應屬性的節點。

作為一個單獨的特例，如果 attrs 的值 *f* 不是一個 dict，而是一個過濾器，這相當於有 attrs={'class': *f*}（這個便利的捷徑很有幫助，因為尋找帶有某個 CSS 類別的標記是經常出現的任務）。

你不能同時套用兩種特殊情況：要搜尋沒有任何 CSS 類別的標記，你必須明確地傳入 attrs={'class': **None**}（也就是說，使用第一個特例，但不能同時使用第二個特例）：

```
# 回傳標記 'b' 的所有實體，必須包括屬性為 'foo' 但沒有 'bar'
soup.find_all('b', {'foo': True, 'bar': None})
```

匹配帶有多個 CSS 類別的標記

與大多數屬性不同，一個標記的 'class' 屬性可以有多個值。這些值在 HTML 中顯示為一個空格分隔的字串（例如，'<p class='foo bar baz'>...'），在 bs4 中顯示為一個字串串列（例如 *t*['class'] 是 ['foo', 'bar', 'baz']）。

當你在任何搜尋方法中按 CSS 類別進行過濾時，如果該過濾器與一個標記的多個 CSS 類別中的任何一個相匹配，則該過濾器就會匹配該標記。

要透過多個 CSS 類別來匹配標記，你可以編寫一個自訂函式，並將其作為過濾器傳入給搜尋方法；或者，如果你不需要搜尋方法的其他附加功能，你可以捨棄搜尋方法，而使用下一節中提及的 *t*.select 方法，並採用 CSS 選擇器（selectors）的語法。

其他具名引數　具名引數，除了那些搜尋方法已知其名稱的引數外，還被用來擴增 attrs 中指定的限制，如果有的話。舉例來說，用 *foo*=*bar* 呼叫一個搜尋方法就像用 attrs={'*foo*': *bar*} 來呼叫它。

bs4 的 CSS 選擇器

bs4 的標記提供 select 和 select_one 方法，大致相當於 find_all 和 find，但接受一個是 CSS 選擇器（selector，*https://oreil.ly/8bNZk*）的字

串作為單一引數，並分別回傳滿足該選擇器的 Tag 節點串列或第一個符合的 Tag 節點。比如說：

```
def foo_child_of_bar(t):
    return t.name=='foo' and t.parent and t.parent.name=='bar'

# 回傳名稱為 'foo' 的標記，而且其父節點之名稱必須為 'bar'
soup.find_all(foo_child_of_bar)

# 相當於使用 find_all()，不需要自訂過濾函式
soup.select('bar > foo')
```

bs4 只支援豐富的 CSS 選擇器功能的一個子集，因此我們在本書中不會進一步介紹 CSS 選擇器（要想了解 CSS 的完整內容，我們推薦 O'Reilly 的《*CSS: The Definitive Guide*》，作者為 Eric Meyer 和 Estelle Weyl）。在大多數情況下，上一節中所講述的搜尋方法是更好的選擇；然而，在少數特殊情況下，呼叫 select 可以為你省去編寫一個自訂過濾函式的（小）麻煩。

使用 BeautifulSoup 的一個 HTML 剖析範例

下面的例子使用 bs4 來執行一項典型的任務：從 Web 擷取一個頁面，對其進行剖析，並輸出頁面中的 HTTP 超連結：

```
import urllib.request, urllib.parse, bs4

f = urllib.request.urlopen('http://www.python.org')
b = bs4.BeautifulSoup(f)

seen = set()
for anchor in b('a'):
    url = anchor.get('href')
    if url is None or url in seen:
        continue
    seen.add(url)
    pieces = urllib.parse.urlparse(url)
    if pieces[0].startswith('http'):
        print(urllib.parse.urlunparse(pieces))
```

我們首先呼叫 bs4.BeautifulSoup 類別的實體（相當於呼叫它的 find_all 方法）來獲取某個標記（這裡是標記 '<a>'）的所有實體，然後呼叫相關標記實體的 get 方法來取得某個屬性（這裡是 'href'）的值，如果缺乏該屬性則為 **None**。

結構化文字：HTML

產生 HTML

Python 沒有提供專門用於生成 HTML 的工具，也沒有提供讓你直接將 Python 程式碼嵌入 HTML 頁面的工具。透過樣板化（*templating*）將邏輯（logic）和表現（presentation）問題分開，開發和維護就變得容易了，這會在第 735 頁的「樣板」中有所介紹。另一種方法是使用 bs4 在你的 Python 程式碼中透過逐漸修改非常簡單的初始文件來建立 HTML 文件。由於這些修改仰賴 bs4 對一些 HTML 的剖析（*parsing*），使用不同的剖析器會影響輸出，正如第 719 頁「BeautifulSoup 使用哪個剖析器（parser）」中提到的。

用 bs4 編輯和建立 HTML

你有各種選擇來編輯 Tag 的一個實體 *t*。你可以透過指定 *t*.name 來改變標記的名稱，你也可以把 *t* 當作一個映射來改變 *t* 的屬性：指定給一個索引來新增或變更一個屬性，或者刪除索引來刪除一個屬性（例如，**del** *t*['foo'] 會移除屬性 foo）。如果你為 *t*.string 指定了某個 str，所有之前的 *t*.contents（標記或字串，*t* 後裔的整個子樹）都會被丟棄，並被一個新的 NavigableString 實體取代，而那個 str 會是其文字內容。

給定一個 NavigableString 的實體 *s*，你可以替換它的文字內容：呼叫 *s*.replace_with('other') 將 *s* 的文字替換成 'other'。

建置和添加新節點

改變現有的節點是很重要的，但是建立新的節點並把它們新增到樹狀結構上，對於從頭開始建置一個 HTML 文件來說是很關鍵的。

要建立一個新的 NavigableString 實體，請將文字內容作為單一引數來呼叫該類別：

```
s = bs4.NavigableString(' some text ')
```

要建立一個新的 Tag 實體，可以呼叫 BeautifulSoup 實體的 new_tag 方法，以標記名稱作為單一的位置引數，還有（選擇性地）用於屬性的具名引數：

```
>>> soup = bs4.BeautifulSoup()
>>> t = soup.new_tag('foo', bar='baz')
>>> print(t)

<foo bar="baz"></foo>
```

要將一個節點新增到 Tag 的子代中，請使用 Tag 的 append 方法。這將在任何現有的子節點之後新增節點：

```
>>> t.append(s)
>>> print(t)

<foo bar="baz"> some text </foo>
```

如果你想把新節點放在 *t* 的子代中的某個索引處，而不是在結尾處，就呼叫 *t*.insert(*n*, *s*) 將 *s* 放在 *t*.contents 中的索引 *n* 處（*t*.append 和 *t*.insert 的工作方式就彷彿 *t* 是其子節點的一個串列那樣）。

如果你有一個可巡覽的元素 *b*，並且想添加一個新的節點 *x* 作為 *b* 的 previous_sibling，請呼叫 *b*.insert_before(*x*)。如果你是想讓 *x* 成為 *b* 的 next_sibling，則呼叫 *b*.insert_after(*x*)。

如果你想在 *b* 周圍包裹一個新的父節點 *t*，請呼叫 *b*.wrap(*t*)（它也會回傳新包裹的標記）。比如說：

```
>>> print(t.string.wrap(soup.new_tag('moo', zip='zaap')))

<moo zip="zaap"> some text </moo>

>>> print(t)

<foo bar="baz"><moo zip="zaap"> some text </moo></foo>
```


替換和移除節點

你可以對任何標記 *t* 呼叫 *t*.replace_with：該呼叫會將 *t* 及其之前的所有內容替換為引數，並回傳帶有其原始內容的 *t*。比如說：

```
>>> soup = bs4.BeautifulSoup(
...         '<p>first <b>second</b> <i>third</i></p>', 'lxml')
>>> i = soup.i.replace_with('last')
>>> soup.b.append(i)
>>> print(soup)

<html><body><p>first <b>second<i>third</i></b> last</p></body></html>
```

你可以對任何標記 *t* 呼叫 *t*.unwrap：該呼叫會將 *t* 替換為其內容，並回傳「清空」的 *t*（即沒有內容）。比如說：

```
>>> empty_i = soup.i.unwrap()
>>> print(soup.b.wrap(empty_i))
```

```
<i><b>secondthird</b></i>

>>> print(soup)

<html><body><p>first <i><b>secondthird</b></i> last</p></body></html>
```

t.clear 會刪除 *t* 的內容，銷毀它們，讓 *t* 空著（但仍位於它在樹中的原始位置）。*t*.decompose 刪除並銷毀 *t* 本身及其內容：

```
>>> # 刪除 <i> 和 </i> 之間的所有內容，但保留標記
>>> soup.i.clear()
>>> print(soup)

<html><body><p>first <i></i> last</p></body></html>

>>> # 刪除 <p> 和 </p> 之間的所有內容，包括標記
>>> soup.p.decompose()
>>> print(soup)

<html><body></body></html>

>>> # 移除 <body> 和 </body>
>>> soup.body.decompose()
>>> print(soup)

<html></html>
```

最後，*t*.extract 會擷取並回傳 *t* 和它的內容，但不破壞任何東西。

使用 bs4 建置 HTML

下面的例子展示如何使用 bs4 的方法來產生 HTML。具體來說，下面的函式接收「列（rows）」（sequences）的一個序列，並回傳一個字串，該字串是顯示它們的值的一個 HTML 表格：

```
def mktable_with_bs4(seq_of_rows):
    tabsoup = bs4.BeautifulSoup('<table>')
    tab = tabsoup.table
    for row in seq_of_rows:
        tr = tabsoup.new_tag('tr')
        tab.append(tr)
        for item in row:
            td = tabsoup.new_tag('td')
            tr.append(td)
            td.string = str(item)
    return tab
```

這裡有使用我們剛剛定義的函式的一個例子：

```
>>> example = (
...     ('foo', 'g>h', 'g&h'),
...     ('zip', 'zap', 'zop'),
... )
>>> print(mktable_with_bs4(example))

<table><tr><td>foo</td><td>g&gt;h</td><td>g&amp;h</td></tr>
<tr><td>zip</td><td>zap</td><td>zop</td></tr></table>
```

請注意，`bs4` 會自動將 `<`、`>` 和 `&` 等標示字元（markup characters）轉換為相應的 HTML 實體（entities）；舉例來說，`'g>h'` 會產生為 `'g>h'`。

樣板

要生成 HTML，最好的做法往往是樣板化（*templating*）。你從一個樣板（*template*）開始，它是一個文字字串（通常從檔案、資料庫等讀取），它幾乎是完全有效的 HTML，但包括一些標示，稱為佔位符（*placeholders*），動態生成的文字必須插入其中，而你的程式負責生成所需的文字並將其替換到樣板中。

在最簡單的情況下，你可以使用形式為 `{name}` 的標示。將動態生成的文字設定為某個字典 `d` 中的鍵值 `'name'` 的值。Python 字串格式化方法 `.format`（在第 336 頁的「字串格式化」中提及）讓你完成剩下的工作：當 `t` 是樣板字串時，`t.format(d)` 是樣板的複本，其中所有的值都被正確替換。

一般來說，除了替換佔位符以外，你還會想使用條件述句、執行迴圈，以及處理其他進階的格式化和表現任務；本著將「業務邏輯（business logic）」與「表現議題（presentation issues）」分開的精神，你會更喜歡後者成為你樣板的一部分。這就是專用的第三方樣板化套件的作用。有很多這樣的套件，本書的所有作者在過去都使用和編寫過一些，目前最喜歡 `jinja2`（*https://oreil.ly/PYYm5*），接下來會介紹。

jinja2 套件

對於認真的樣板任務，我們推薦 `jinja2`（可在 PyPI（*https://oreil.ly/1DgV9*）上獲得，就像其他第三方 Python 套件一樣，因此能以 **`pip install jinja2`** 輕鬆安裝）。

`jinja2` 的說明文件（*https://oreil.ly/w6IiV*）非常出色和全面，涵蓋樣板化語言本身（在概念上以 Python 為模型，但有許多不同之處，以支援將其嵌入 HTML，以及表現議題的特殊需求）；你的 Python 程式碼用來連線到 `jinja2` 並在必要時延展或擴充它的 API；以及其他的議題，從安裝到國際化，從沙箱程式碼（sandboxing code）到從其他樣板引擎過來的移植，更不用說還有寶貴的技巧和竅門。

在這一節中，我們只介紹 `jinja2` 的一小部分功能，也就是你在安裝後開始使用所需的部分。我們真誠地推薦你研讀 `jinja2` 的說明文件，以獲得它們有效地傳達的大量實用的額外資訊。

jinja2.Environment 類別

當你使用 `jinja2` 時，總是會涉及到一個 `Environment` 實體，在少數情況下，你可以讓它預設為一個泛用的「共用環境（shared environment）」，但這並不推薦。只有在非常進階的用法中，當你從不同的來源獲得樣板（或使用不同的樣板化語言語法）時，你才會定義多個環境，通常你會實體化單一的 `Environment` 實體 *env*，適合所有你需要描繪（render）的樣板。

你可以在建置 *env* 的過程中，透過向其建構器傳入具名引數，以多種方式自訂它（包括改變樣板化語言語法的關鍵面向，例如以何種界定符起始和結束區塊、變數、註解等）。在現實生活中，你幾乎總是會傳入的一個具名引數是 `loader`（其他引數很少被設定）。

一個環境的 `loader` 指定被請求時要從哪裡載入樣板，通常是檔案系統中的某個目錄，或者是某個資料庫（你必須為後者編寫一個自訂的 `jinja2.Loader` 子類別），但也有其他可能性。你需要一個 `loader` 來讓樣板享受 `jinja2` 的一些最強大的功能，如樣板繼承（*template inheritance*，*https://oreil.ly/yhG7y*）。

你可以在實體化 *env* 時，為其裝備自訂的過濾器（*https://oreil.ly/ouZ9A*）、測試（*https://oreil.ly/2NL9l*）、擴充功能（*https://oreil.ly/K4wHT*）等等（每一個都可以在之後新增）。

在後面的例子中，我們假設 *env* 在實體化時只使用 `loader=jinja2.FileSystemLoader('/path/to/templates')`，而沒有進一步強化，事實上，為了簡單起見，我們甚至不會使用 `loader` 引數。

env.get_template(*name*) 會根據 env.loader(*name*) 回傳的內容去擷取、編譯並回傳 jinja2.Template 的一個實體。在本節結尾的例子中，為了簡單起見，我們將使用很少使用的 env.from_string(*s*) 來從字串 *s* 建立出一個 jinja2.Template 的實體。

jinja2.Template 類別

jinja2.Template 的實體 *t* 有許多屬性和方法，但你在現實生活中幾乎只會使用一個：

render	*t*.render(...context...) *context* 引數與你可能傳入給 dict 建構器的引數相同，是一個映射實體，或具名引數，強化並可能覆寫了映射的鍵值對值的關聯（key-to-value connections）。*t*.render(*context*) 回傳一個由 *context* 引數套用到樣板 *t* 所產生的（Unicode）字串。

使用 jinja2 建置 HTML

這裡的例子展示如何使用 jinja2 樣板來生成 HTML。具體而言，就像第 734 頁的「使用 bs4 建置 HTML」一樣，下面的函式接收「列（rows）」（sequences）的一個序列，並回傳一個 HTML 表格來顯示它們的值：

```
TABLE_TEMPLATE = '''\
<table>
{% for s in s_of_s %}
  <tr>
  {% for item in s %}
    <td>{{item}}</td>
  {% endfor %}
  </tr>
{% endfor %}
</table>'''
def mktable_with_jinja2(s_of_s):
    env = jinja2.Environment(
        trim_blocks=True,
        lstrip_blocks=True,
        autoescape=True)
    t = env.from_string(TABLE_TEMPLATE)
    return t.render(s_of_s=s_of_s)
```

該函式在建置環境時使用選項 autoescape=**True**，以自動「轉義（escape）」含有 <、> 和 & 等標示字元的字串；舉例來說，使用 autoescape=**True** 時，'g>h' 會顯示為 'g>h'。

`trim_blocks=True` 和 `lstrip_blocks=True` 這兩個選項純粹是裝飾性的，只是為了確保樣板字串和所描繪的 HTML 字串都能有美觀的格式；當然，當瀏覽器描繪 HTML 時，HTML 文字本身是否有良好的格式並不重要。

一般情況下，你總是會用 `loader` 引數來建置環境，並讓它從檔案或其他儲存區載入樣板，透過像 *t* = *env*.get_template(*template_name*) 這樣的方法呼叫。在這個例子中，為了把所有東西都放在一個地方，我們省略了載入器（loader），而是改為呼叫方法 *env*.from_string 從一個字串建立出樣板。請注意，`jinja2` 不是專門針對 HTML 或 XML 的，所以僅僅使用它並不能保證生成內容的有效性，如果需求之一是符合標準，你就應該仔細檢查。

這個例子只使用 `jinja2` 樣板化語言提供的幾十個功能中最常見的兩個：迴圈（*loops*，也就是用 `{% for ...%}` 和 `{% endfor %}` 圍起來的區塊）和參數替換（*parameter substitution*，即用 `{{` 和 `}}` 括起來的行內運算式）。

下面是一個使用我們剛定義好的函式的例子：

```
>>> example = (
...   ('foo', 'g>h', 'g&h'),
...   ('zip', 'zap', 'zop'),
... )
>>> print(mktable_with_jinja2(example))

<table>
  <tr>
    <td>foo</td>
    <td>g&gt;h</td>
    <td>g&amp;h</td>
  </tr>
  <tr>
    <td>zip</td>
    <td>zap</td>
    <td>zop</td>
  </tr>
</table>
```

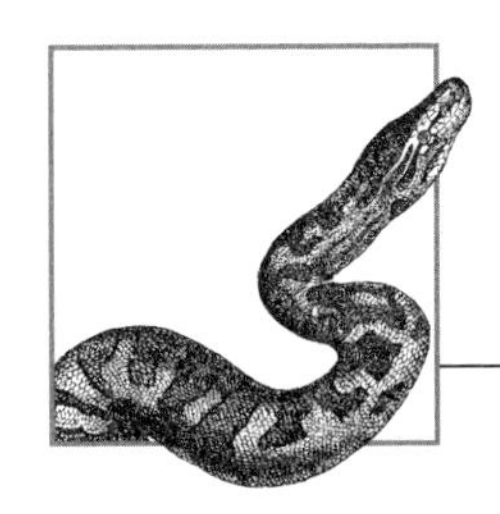

23
結構化文字：XML

XML，也就是 *eXtensible Markup Language*，是一種廣泛使用的資料交換格式。在 XML 本身的基礎上，XML 社群（主要是在 World Wide Web Consortium 之內，或稱 W3C）已經將許多其他技術標準化，如結構描述語言（schema languages）、命名空間（namespaces）、XPath、XLink、XPointer 和 XSLT。

業界聯盟還在 XML 的基礎上定義了特定行業的標示語言（markup languages），以便在各自領域的應用程式之間進行資料交換。XML、基於 XML 的標示語言以及其他與 XML 相關的技術經常被用於特定領域的應用程式間、跨語言、跨平台的資料交換。

由於歷史因素，Python 的標準程式庫在 `xml` 套件下有多個支援 XML 的模組，有重疊的功能性；本書沒有提及所有模組，但感興趣的讀者可以在線上說明文件（*https://oreil.ly/nHs5w*）中找到詳細資訊。

本書（特別是本章）只涵蓋 XML 處理最 Pythonic 的做法：`ElementTree`，作者是深深令人懷念的 Fredrik Lundh（*https://oreil.ly/FjHRs*），以「the effbot」這個稱呼最為人所知[1]。它的優雅、速度、通用性、多重實作和 Pythonic 架構使它成為 Python XML 應用程式的首選套件。關於 `xml.etree.ElementTree` 模組的入門教程和完整的細節，除了本章提供的內容外，請參閱線上說明文件（*https://oreil.ly/pPDh8*）。本書

1 Alex 太謙虛了，沒提到他和 Fredrik 在 1995 年至 2005 年期間，連同 Tim Peters 一起被譽為 *the* Python bots。之所以會有這樣的稱號，是因為他們對 Python 語言有百科全書式的詳盡知識，effbot、martellibot 和 timbot 所創造的軟體和說明文件對數以百萬計的人們都有龐大的價值。

假設讀者對於 XML 本身有一些基礎；如果你需要學習更多關於 XML 的知識，我們推薦 Elliotte Rusty Harold 和 W. Scott Means 所著的《*XML in a Nutshell*》（O'Reilly）。

從不受信任的來源剖析 XML 會使你的應用程式面臨許多可能攻擊的風險。我們沒有專門討論這個問題，但線上說明文件（*https://oreil.ly/jiWUx*）推薦了一些第三方模組，以幫忙保護你的應用程式，如果你確實不得不從無法完全信任的來源剖析 XML 的話。特別是，如果你需要一個 `ElementTree` 的實作，並帶有針對剖析不受信任之來源的保障措施，可以考慮 `defusedxml.ElementTree`（*https://oreil.ly/dl21V*）。

ElementTree

Python 和第三方增補功能提供 `ElementTree` 功能性的幾種替代實作；在標準程式庫中你可以一直仰賴的是 `xml.etree.ElementTree` 模組。只要匯入 `xml.etree.ElementTree` 就可以得到你 Python 安裝的標準程式庫中最快的實作。本章簡介中提到的第三方套件 `defusedxml`，如果你需要剖析來自不可信任來源的 XML，它可提供稍慢但更安全的實作；另一個第三方套件 `lxml`（*http://lxml.de*），透過 `lxml.etree`（*http://lxml.de/api.html*）為你帶來更快的效能和一些額外功能。

傳統上，你可以使用 **`from...import...as`** 這樣的述句得到你偏好的 `ElementTree` 的任何可用實作，像這樣：

```
from xml.etree import ElementTree as et
```

或者這樣，試圖匯入 `lxml`，如果無法匯入，就退回到標準程式庫中提供的版本：

```
try:
    from lxml import etree as et
except ImportError:
    from xml.etree import ElementTree as et
```

一旦你成功地匯入了一個實作，就在你的其他程式碼中以 `et`（有些人喜歡大寫的變體，`ET`）來使用它。

`ElementTree` 提供一個基本的類別，代表自然映射一個 XML 文件的樹狀結構（*tree*）中的一個節點（*node*）：`Element` 類別。`ElementTree` 還提供其他重要的類別，主要是代表整個樹的類別，具有輸入和輸出的方法，以及許多相當於其 Element 根（*root*）上那些的便利類別，那就是 ElementTree 類別。此外，ElementTree 模組還提供幾個工具函式，以及一些較不重要的輔助類別。

Element 類別

Element 類別表示映射 XML 文件的樹中的一個節點，它是整個 ElementTree 生態系統的核心。每個元素都有點像一個映射，其**屬性**（*attributes*）將字串鍵值映射到字串值，也有點像一個序列（sequence），帶有也是其他元素的**子代**（*children*，有時被稱為元素的「子元素」，subelements）。此外，每個元素都提供一些額外的屬性和方法。每個 Element 實體 *e* 都有四個資料屬性或特性，詳見表 23-1。

表 23-1　Element 實體 e 的屬性

屬性	說明
attrib	一個包含 XML 節點所有屬性的 dict，以字串的屬性名稱作為它的鍵值（通常也用字串作為相應的值）。舉例來說，剖析 XML 片段 <a x="y">b</a>c，你會得到一個 *e*，其 *e*.attrib 是 {'x': 'y'}。  **避免在 *Element* 實體上存取 *attrib*** 一般情況下，最好盡可能地避免存取 *e*.attrib，因為當你存取它時，實作可能需要即時建置它。*e* 本身提供一些典型的映射方法（在表 23-2 中列出），你可能比較想在 *e*.attrib 上呼叫那些方法；與透過實際字典 *e*.attrib 所得到的效能相比，透過 *e* 自己的方法可以讓實作為你最佳化一些事情。
tag	節點的 XML 標記（tag）：一個字串，有時也被稱為元素的類型（*type*）。舉例來說，剖析 XML 片段 <a x="y">b</a>c，你會得到 *e*.tag 被設為 'a' 的一個 *e*。
tail	緊緊「跟隨」在該元素後的任意資料（一個字串）。例如，剖析 XML 片段 <a x="y">b</a>c，你會得到一個 *e*，其 *e*.tail 被設置為了 'c'。
text	直接位在該元素「內」的任意資料（一個字串）。舉例來說，剖析 XML 片段 <a x="y">b</a>c，你會得到一個 *e*，其 *e*.text 被設定為了 'b'。

e 有一些類映射（mapping-like）的方法，避免了明確詢問 *e*.attrib dict 的需要。這些方法列在表 23-2 中。

表 23-2　Element 實體 *e* 的類映射方法

clear	*e*.clear() 讓 *e* 變「空的」，除了它的 tag，刪除所有的屬性和子代，並將 text 和 tail 設定為 **None**。
get	*e*.get(*key*, default=**None**) 就像 *e*.attrib.get(*key*, *default*)，但可能會快得多。你不能使用 *e*[*key*]，因為對 *e* 的索引是用來存取子代的，而不是屬性。
items	*e*.items() 回傳所有屬性的 (*name*, *value*) 元組所成的一個串列，以任意的順序。
keys	*e*.keys() 回傳所有屬性名稱的串列，以任意的順序。
set	*e*.set(*key*, *value*) 將名為 *key* 的屬性之值設定為 *value*。

e 的其他方法（包括用 *e*[i] 語法進行索引的方法和獲取長度的方法，如 len(*e*)）作為一個序列處理 *e* 的所有子代，或者在某些情況下，如會在本節的其餘部分說明的，處理所有後裔（根在 *e* 的子樹中的元素，也被稱為 *e* 的子元素）。

不要仰賴 *Element* 隱含的 *bool* 轉換

最高到 Python 3.11 的所有版本中，如果一個 Element 實體 *e* 沒有子代（children），則估算為假，這遵循 Python 容器隱含 bool 轉換的正常規則。然而，根據記錄，這種行為可能會在未來的某個 Python 版本中改變。為了將來的相容性，如果你想檢查 *e* 是否沒有子代，請明確地檢查 **if** len(*e*) == 0:，而不是使用正常的 Python 慣用語 **if not** *e*:。

表 23-3 中列出 *e* 處理子代或後裔的具名方法（我們在本書中不涵蓋 XPath：關於該主題的資訊請參閱線上說明文件（*https://oreil.ly/6E174*））。下面的許多方法都接受一個選擇性的引數 namespaces，預設為 **None**。若有出現，namespaces 是以 XML 命名空間前綴（namespace prefixes）為鍵值、以相應的 XML 命名空間全名為值的一個映射。

表 23-3　Element 實體 *e* 處理子代或後裔的方法

append	*e*.append(*se*) 在 *e* 的子代之結尾新增子元素 *se*（必須是一個 Element）。
extend	*e*.extend(*ses*) 在 *e* 的子代之結尾新增可迭代物件 *ses* 的每一項（每個項目都必須是一個 Element）。
find	*e*.find(*match*, namespaces=**None**) 回傳第一個匹配 *match* 的後裔，*match* 可以是一個標記名稱或當前 ElementTree 實作所支援的子集中的 XPath 運算式。如果沒有匹配 *match* 的後裔，則回傳 **None**。
findall	*e*.findall(*match*, namespaces=**None**) 回傳匹配 *match* 的所有後裔的串列，*match* 可以是一個標記名稱或當前 ElementTree 實作支援的子集中的 XPath 運算式。如果沒有匹配 *match* 的後裔，則回傳 []。
findtext	*e*.findtext(*match*, default=**None**, namespaces=**None**) 回傳第一個匹配 *match* 的後裔的 text，*match* 可以是一個標記名稱或當前 ElementTree 實作所支援的子集內的 XPath 運算式。如果第一個匹配 *match* 的後裔沒有 text，結果可能是一個空字串，即 ''。如果沒有匹配 *match* 的後裔，則回傳 default。
insert	*e*.insert(*index*, *se*) 在 *e* 的子代序列的索引 *index* 處新增子元素 *se*（必須是一個 Element）。
iter	*e*.iter(*tag*='*') 回傳一個以深度優先順序走訪 *e* 的所有後裔的迭代器。當 *tag* 不是 '*' 時，只產出其 tag 等於 *tag* 的子元素。當你在 *e*.iter 上跑迴圈時，請不要修改以 *e* 為根的子樹。
iterfind	*e*.iterfind(*match*, namespaces=**None**) 回傳一個迭代器，按照深度優先的順序，回傳匹配 *match* 的所有後裔，*match* 可以是標記名稱或當前 ElementTree 實作支援的子集中的 XPath 運算式。如果沒有匹配 *match* 的後裔，所產生的迭代器會是空的。
itertext	*e*.itertext(*match*, namespaces=**None**) 回傳一個迭代器，產出所有後裔的 text（而非 tail）屬性，按照深度優先順序，*match* 可以是標記名稱或當前 ElementTree 實作支援的子集內的 XPath 運算式。如果沒有後裔匹配 *match*，則產生的迭代器為空。
remove	*e*.remove(*se*) 移除 **is** 元素 *se* 的後裔（如表 3-4 中所述）。

ElementTree 類別

ElementTree 類別表示映射一個 XML 文件的一個樹狀結構。ElementTree 的實體 *et* 的核心附加價值是擁有對整棵樹進行整體剖析（輸入）和寫入（輸出）的方法。這些方法在表 23-4 中描述。

表 23-4　ElementTree 實體的剖析和寫入方法

parse	*et*.parse(*source*, parser=**None**) *source* 可以是一個開啟供讀取的檔案，或者是一個要開啟並讀取的檔案之名稱（要剖析一個字串，用 io.StringIO 包裹它，這在第 391 頁的「記憶體內的檔案：io.StringIO 和 io.BytesIO」中有提及），該檔案包含 XML 文字。*et*.parse 剖析那些文字，建立其 Element 樹作為 *et* 的新內容（如果有的話，捨棄 *et* 的先前內容），並回傳該樹的根元素。parser 是一個選擇性的剖析器實體；預設情況下，*et*.parse 使用由 ElementTree 模組提供的 XMLParser 類別的實體（本書不涵蓋 XMLParser；請參閱線上說明文件（*https://oreil.ly/TXwf5*））。
write	*et*.write(*file*, encoding='us-ascii', xml_declaration=**None**, default_namespace=**None**, method='xml', short_empty_elements=**True**) *file* 可以是一個開啟來寫入的檔案，或者是一個要開啟並寫入的檔案之名稱（要寫入一個字串，可以把 io.StringIO 的一個實體作為 *file* 傳入，在第 391 頁的「記憶體內的檔案：io.StringIO 和 io.BytesIO」中有提及）。*et*.write 將代表樹狀結構對應的 XML 文件的文字寫入該檔案，也就是 *et* 的內容。 encoding 應該按照標準（*https://oreil.ly/Vlj0C*）來拼寫，而不是使用常見的「暱稱」，例如，是 'iso-8859-1'，而不是 'latin-1'，儘管 Python 本身接受這種編碼的兩種拼法，同樣地，是 'utf-8'，有連接號（dash）的，而不是沒有連接號的 'utf8'。最好的選擇通常是將 encoding 傳入為 'unicode'。當 *file*.write 接受這種字串時，這將輸出文字（Unicode）字串；否則，*file*.write 必須接受位元組字串，而那將是 *et*.write 輸出的字串型別，對於不在編碼中的字元，會使用 XML 字元參考（character references），舉例來說，在預設的 US-ASCII 編碼下，「帶尖音符的 e」，也就是 é，會被輸出為 é。 你可以把 xml_declaration 傳入為 **False**，以便讓結果文字中不出現宣告（declaration），或者傳為 **True**，讓宣告出現；預設情況下，只有當 encoding 不是 'us-ascii'、'utf-8' 或 'unicode' 之一時，才會在結果中出現宣告。 你可以選擇傳入 default_namespace 來設定 xmlns 構造的預設命名空間。

write（續）	你可以把 method 傳入為 'text'，只輸出每個節點的 text 和 tail（而沒有標記）。你可以把 method 傳入為 'html'，以輸出 HTML 格式的文件（這會省略 HTML 中不需要的結束標記，如 </br>）。預設是 'xml'，以 XML 格式輸出。你可以選擇（僅透過名稱，而不是位置）傳入 short_empty_elements 為 **False**，以始終使用明確的開始和結束標記，即使是沒有文字或子元素的元素；預設是為這種空元素使用 XML 的簡短形式。舉例來說，有標記 a 的一個空元素預設會輸出為 <a/>，如果你傳入 **False** 的 short_empty_elements，則會是 <a></a>。

此外，ElementTree 的實體 *et* 提供 getroot 方法（回傳樹的根）以及 find、findall、findtext、iter 和 iterfind 等便利方法，每個方法都完全等同於在樹的根部呼叫相同的方法，也就是在 *et*.getroot 的結果上。

ElementTree 模組中的函式

ElementTree 模組還提供幾個函式，如表 23-5 所述。

表 23-5　ElementTree 的函式

Comment	Comment(text=**None**) 回傳一個 Element，它一旦作為節點插入到 ElementTree 中，將作為一個 XML 註解（comment）輸出，給定的 text 字串會放在 '<!--' 和 '-->' 之間。XMLParser 會跳過它剖析的任何文件中的 XML 註解，所以這個函式是插入註解節點的唯一方式。
dump	dump(*e*) 將 *e* 作為 XML 寫入 sys.stdout，*e* 可以是一個 Element 或一個 ElementTree。這個函式只用於除錯目的。
fromstring	fromstring(*text*, parser=**None**) 從 *text* 字串剖析 XML，並回傳一個 Element，就像剛才涵蓋的 XML 函式一樣。
fromstringlist	fromstringlist(*sequence*, parser=**None**) 就像 fromstring(''.join(*sequence*)) 一樣，但由於避免了 join，可以更快一點。
iselement	iselement(*e*) 如果 *e* 是一個元素，就回傳 **True**；否則，回傳 **False**。

iterparse	iterparse(*source*, events=['end'], parser=**None**) 剖析一個 XML 文件，並逐步建立出相應的 ElementTree。*source* 可以是一個開啟供讀取的檔案，或者是一個要開啟並讀取的檔案之名稱，其中包含一個 XML 文件作為文字。iterparse 回傳一個迭代器，產出兩個項目的元組 (*event*, *element*)，其中 *event* 是引數 events 中列出的字串之一（每個字串都必須是 'start'、'end'、'start-ns' 或 'end-ns'），隨著剖析的進行而定。*element* 對於事件 'start' 和 'end'，*element* 是一個 Element，對於事件 'end-ns' 為 **None**，對於事件 'start-ns' 則是兩個字串的元組 (*namespace_prefix*, *namespace_uri*)。parser 是一個選擇性的剖析器實體；預設情況下，iterparse 使用由 ElementTree 模組提供的 XMLParser 類別的實體（關於 XMLParser 類別的詳細資訊，請參閱線上說明文件（*https://oreil.ly/wG429*））。 iterparse 的目的是讓你迭代地剖析一個大型的 XML 文件，只要可行，就不需要在記憶體中保留所產生的所有 ElementTree 結果。我們會在第 750 頁的「迭代地剖析 XML」中更詳細地介紹 iterparse。
parse	parse(*source*, parser=**None**) 就像表 23-4 中介紹的 ElementTree 的 parse 方法一樣，只是它回傳它所建立的 ElementTree 實體。
Processing Instruction	ProcessingInstruction(*target*, text=**None**) 回傳一個 Element，它一旦作為節點插入到 ElementTree 中，將作為一個 XML 處理指令（processing instruction）輸出，給定的 *target* 和 text 字串會放在 '<?' 和 '?>' 之間。XMLParser 在它剖析的任何文件中都會跳過 XML 處理指令，所以這個函式是插入處理指令節點的唯一方式。
register_namespace	register_namespace(*prefix*, *uri*) 將字串 *prefix* 註冊為字串 *uri* 的命名空間前綴（namespace prefix）；命名空間中的元素會以這個前綴進行序列化。
SubElement	SubElement(*parent*, *tag*, attrib={}, ***extra*) 用給定的標記 *tag*、來自字典 attrib 的屬性，以及放在 *extra* 中作為具名引數傳入的其他屬性建立一個元素，並將其附加為 Element *parent* 最右邊的子代；回傳它所建立的 Element。
tostring	tostring(*e*, encoding='us-ascii, method='xml', short_empty_elements=**True**) 回傳一個以 Element *e* 為根的子樹之 XML 表示字串，引數的含義與 ElementTree 的 write 方法相同，見表 23-4。
tostringlist	tostringlist(*e*, encoding='us-ascii', method='xml', short_empty_elements=**True**) 回傳以 Element *e* 為根的子樹的 XML 表示字串串列。引數的含義與 ElementTree 的 write 方法相同，詳見表 23-4。

XML	XML(*text*, parser=**None**) 從 *text* 字串剖析 XML，並回傳一個 Element。parser 是一個選擇性的剖析器實體；預設情況下，XML 使用 ElementTree 模組提供的 XMLParser 類別的實體（本書不涵蓋 XMLParser 類別；詳情請參閱線上說明文件（*https://oreil.ly/wG429*））。
XMLID	XMLID(*text*, parser=**None**) 從 *text* 字串剖析 XML，並回傳包含兩個項目的一個元組：一個 Element 和將 id 屬性映射到唯一擁有該 id 的每個元素的一個 dict（XML 禁止重複的 id）。parser 是一個選擇性的剖析器實體；預設情況下，XMLID 使用由 ElementTree 模組提供的 XMLParser 類別的一個實體（本書不涵蓋 XMLParser 類別；詳情見線上說明文件（*https://oreil.ly/wG429*））。

ElementTree 模組還提供 QName、TreeBuilder 和 XMLParser 類別，我們在本書中沒有提及這些類別，還有 XMLPullParser 類別，會在第 750 頁的「迭代地剖析 XML」中提及。

以 ElementTree.parse 剖析 XML

在日常使用中，製作 ElementTree 實體最常見的方法是從檔案或類檔案物件中剖析出來的，通常使用模組函式 parse 或 ElementTree 類別實體的 parse 方法。

在本章其餘部分的例子中，我們使用在 *http://www.w3schools.com/xml/simple.xml* 找到的簡單 XML 檔案；它的根標記是 'breakfast_menu'，根的子代是標記為 'food' 的元素。每個 'food' 元素都有一個帶有 'name' 標記的子代，其文字是食物的名稱，還有一個帶有 'calories' 標記的子代，其文字是一個份量的該食物的整數卡路里值的字串表示。換句話說，例子中我們感興趣的那個 XML 檔案內容的簡化表示為：

```
<breakfast_menu>
  <food>
    <name>Belgian Waffles</name>
    <calories>650</calories>
  </food>
  <food>
    <name>Strawberry Belgian Waffles</name>
    <calories>900</calories>
  </food>
  <food>
    <name>Berry-Berry Belgian Waffles</name>
    <calories>900</calories>
```

```
    </food>
    <food>
      <name>French Toast</name>
      <calories>600</calories>
    </food>
    <food>
      <name>Homestyle Breakfast</name>
      <calories>950</calories>
    </food>
</breakfast_menu>
```

由於該 XML 文件存在於一個 WWW URL 之上，你首先要獲得一個帶有該內容的類檔案物件，並將其傳入給 `parse`；最簡單的方式是使用 `urllib.request` 模組：

```
from urllib import request
from xml.etree import ElementTree as et
content = request.urlopen('http://www.w3schools.com/xml/simple.xml')
tree = et.parse(content)
```

從一個 ElementTree 選擇元素

假設我們想在標準輸出上印出各種食物的卡路里和名稱，並按卡路里遞增的順序排列，卡路里相等的就按字母排序。下面是這項任務的程式碼：

```
def bycal_and_name(e):
    return int(e.find('calories').text), e.find('name').text

for e in sorted(tree.findall('food'), key=bycal_and_name):
    print(f"{e.find('calories').text} {e.find('name').text}")
```

執行時，這會印出：

```
600 French Toast
650 Belgian Waffles
900 Berry-Berry Belgian Waffles
900 Strawberry Belgian Waffles
950 Homestyle Breakfast
```

編輯一個 ElementTree

只要一個 ElementTree 被建立起來（無論是透過剖析還是其他方式），你就能透過 ElementTree 和 Element 類別的各種方法以及模組函式來「編輯（edit）」它：插入、刪除或改變節點（元素）。舉例來說，假設我們的程式獲得可靠的消息指出，菜單上增加了一種新的食物：奶油吐司（buttered toast），兩片白麵包烤過後塗上奶油，有 180 卡路里；而任何名稱中包含「berry（莓）」的食物，不區分大小寫，都被刪除了。這些規格的「樹編輯」動作可以編寫成：

```
# 新增 Buttered Toast 到菜單
menu = tree.getroot()
toast = et.SubElement(menu, 'food')
tcals = et.SubElement(toast, 'calories')
tcals.text = '180'
tname = et.SubElement(toast, 'name')
tname.text = 'Buttered Toast'
# 菜單中刪除任何與 'berry' 有關的內容
for e in menu.findall('food'):
    name = e.find('name').text
    if 'berry' in name.lower():
        menu.remove(e)
```

一旦我們在剖析樹的程式碼和選擇性列印的程式碼之間插入這些「編輯」步驟，後者就會印出：

```
180 Buttered Toast
600 French Toast
650 Belgian Waffles
950 Homestyle Breakfast
```

編輯 ElementTree 的便利性有時是一個重要的考量因素，使你值得把它全部儲存在記憶體中。

從頭開始建立一個 ElementTree

有時，你的任務並不是從一個現有的 XML 文件開始的，而是需要用你程式碼從不同來源（如 CSV 檔案或某種資料庫）獲得的資料製作出一個 XML 文件。

這類別任務的程式碼與我們展示的編輯現有 ElementTree 的程式碼相似，只需新增一個小片段來建立一個最初為空的樹。

舉例來說，假設你有一個 CSV 檔案，*menu.csv*，其以兩個逗號分隔的欄（columns）是各種食物的卡路里和名稱，每列（row）一種食物。你的任務是建立出一個 XML 檔案——*menu.xml*，類似於我們在前面例子中剖析的檔案。下面是你可以做到這點的一種方式：

```
import csv
from xml.etree import ElementTree as et

menu = et.Element('menu')
tree = et.ElementTree(menu)
with open('menu.csv') as f:
    r = csv.reader(f)
    for calories, namestr in r:
        food = et.SubElement(menu, 'food')
        cals = et.SubElement(food, 'calories')
        cals.text = calories
        name = et.SubElement(food, 'name')
        name.text = namestr

tree.write('menu.xml')
```

迭代地剖析 XML

對於重點放在從現有的 XML 文件中選擇元素的任務，有時你不需要在記憶體中建立整個 `ElementTree`，如果 XML 文件非常大，這種考量就特別重要（對於我們一直在處理的小型範例文件來說不是這樣的，但可以發揮你的想像力，設想一個類似的以菜單為重點的文件，列出數百萬種不同的食物）。

假設我們有這樣的一個大型檔案，我們想在標準輸出上印出熱量最低的 10 種食物的卡路里和名稱，按熱量遞增的順序排列，並按字母順序解決卡路里相等的情況。為了簡單起見，假設我們的 *menu.xml* 現在是一個本地檔案，列出了數百萬種食物，所以我們不想把它全部放到記憶體中（顯然，我們不需要一次完整存取所有的食物）。

下面的程式碼代表了一種天真的嘗試，即不在記憶體中建置整個結構就進行剖析：

```
import heapq
from xml.etree import ElementTree as et

def cals_and_name():
    # (calories, name) 對組的產生器
```

```
    for _, elem in et.iterparse('menu.xml'):
        if elem.tag != 'food':
            continue
        # 剛剛完成對一種食物的剖析，獲得卡路里和名稱
        cals = int(elem.find('calories').text)
        name = elem.find('name').text
        yield (cals, name)

lowest10 = heapq.nsmallest(10, cals_and_name())

for cals, name in lowest10:
    print(cals, name)
```

這種方法確實有效，但遺憾的是，它所消耗的記憶體和基於完整的 et.parse 的做法一樣多！這是因為 iterparse 會在記憶體中建置出一個完整的 ElementTree，儘管它只向我們傳達了諸如 'end' 這樣的事件（預設情況下只會這樣做），意味著「我剛完成這個元素的剖析」。

為了實際節省記憶體，我們至少可以在處理完每個元素後立即扔掉它的所有內容，也就是說，就在 **yield** 之後，我們可以加上 elem.clear()，清空剛剛處理完的元素。

這種方法確實可以節省一些記憶體，但不是全部，因為樹的根部最終仍然會有一個巨大的空子節點串列。為了真正節省記憶體，我們還需要獲得 'start' 事件，這樣我們就可以掌握到正在建置的 ElementTree 的根，並在使用時從其中刪除每個元素，而不是僅僅清空元素。也就是說，我們要把產生器改成：

```
def cals_and_name():
    # (calories, name) 對組節約記憶的產生器
    root = None
    for event, elem in et.iterparse('menu.xml', ['start', 'end']):
        if event == 'start':
            if root is None:
                root = elem
            continue
        if elem.tag != 'food':
            continue
        # 剛剛完成對一種食物的剖析，獲得卡路里和名稱
        cals = int(elem.find('calories').text)
        name = elem.find('name').text
        yield (cals, name)
        root.remove(elem)
```

這種做法節省了盡可能多的記憶體，而且還能完成任務！

以一個非同步迴圈剖析 XML

雖然正確使用 `iterparse` 可以節省記憶體，但在非同步迴圈中使用它仍然不夠好。這是因為 `iterparse` 會對作為其第一個引數傳入的檔案物件進行阻斷式的 `read` 呼叫：這種阻斷式呼叫在非同步處理中是不允許的。

`ElementTree` 提供 `XMLPullParser` 類別來幫忙解決這個問題；關於該類別的用法模式，請參閱線上說明文件（*https://oreil.ly/WxMoH*）。

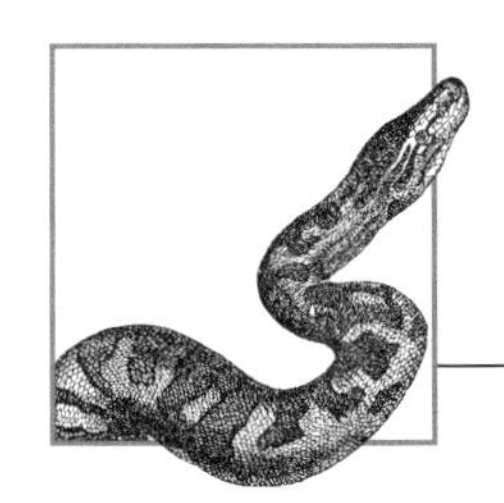

24 封裝程式和擴充功能

在這一章中，我們描述封裝（*packaging*）生態系統的發展，此章有為印刷出版而刪節過。我們在本章的線上版本（*https://oreil.ly/python-nutshell-24*）中提供額外的素材，可在本書的 *GitHub* 儲存庫中找到。除了其他主題（完整的清單見第 *757* 頁的「線上素材」），在線上版本中，我們還會描述 *poetry*，一個符合標準的現代 *Python* 建置系統（*build system*），並將其與更傳統的 *setuptools* 做法進行比較。

假設你有一些 Python 程式碼，你需要把它交付給其他人或團體。它在你的機器上可以運作，但現在你有一個額外的複雜問題，那就是讓它在其他人那邊也能運作。這涉及到將你的程式碼封裝成合適的格式，並讓它的目標受眾可以取得它。

自上一版以來，Python 封裝生態系統的品質和多樣性有了很大的提升，它的說明文件組織得更好，也更完整了。這些改進是基於在 PEP 517「A Build-System Independent Format for Source Trees」（*https://oreil.ly/Vm1QZ*）中仔細規範的獨立於任何特定建置系統的 Python 源碼樹（source tree）格式，以及在 PEP 518「Specifying Minimum Build System Requirements for Python Projects」（*https://oreil.ly/KwMjb*）中規範的最低建置系統需求。後者的「Rationale」章節簡明地描述了為什麼需要這些改變，其中最重要的是取消了執行 *setup.py* 檔案來探索（大概是透過觀察回溯追蹤軌跡）建置的需求。

PEP 517 的主要目的是在一個叫作 *pyproject.toml* 的檔案中規範建置定義（build definitions）的格式。該檔案被組織成稱為**表格**（*tables*）的部分，每個表格都有一個標頭，由方括號中的表格名稱所構成，很像一個組態檔案（config file）。每個表格都包含各種參數的值，由一個名稱、一個等號和一個值組成。**3.11+** Python 包括用於提取這些定義的 `tomllib`（*https://oreil.ly/fdSIV*）模組，它的 `load` 和 `loads` 方法與 `json` 模組中的類似[1]。

儘管 Python 生態系統中越來越多的工具在使用這些現代標準，你仍然應該會繼續遇到更傳統的基於 `setuptools` 的建置系統（它本身也正在過渡（*https://oreil.ly/aF454*）到 PEP 517 中推薦的 *pyproject.toml* 基礎）。關於可用的封裝工具的出色調查，請看由 Python Packaging Authority（PyPA）維護的清單（*https://oreil.ly/ttIW6*）。

為了解釋封裝，我們首先描述其發展，然後討論 `poetry` 和 `setuptools`。其他值得一提的符合 PEP 517 的建置工具包括 `flit`（*https://oreil.ly/sF7Zp*）和 `hatch`（*https://oreil.ly/AKylH*），你應該期待它們的數量隨著互通性（interoperability）的不斷改善而增長。對於發佈相對簡單的純 Python 套件，我們也介紹標準程式庫模組 `zipapp`，並以一個簡短的章節完結本章，解釋如何存取作為套件的一部分捆裝的資料。

本章未提及的內容

除了 PyPA 認可的方法之外，還有許多其他可能的發佈 Python 程式碼的方法，多到難以在單一章中提及。我們不包括下列封裝和發佈的主題，這些主題可能是那些希望釋出 Python 程式碼的人感興趣的：

- 使用 `conda`（*https://docs.conda.io*）
- 使用 Docker（*https://docs.docker.com*）
- 從 Python 程式碼建立出二進位可執行檔案（binary executable files）的各種方法，例如以下方法（這些工具對於複雜的專案來說，設定起來可能很麻煩，但它們藉由擴大應用程式的潛在受眾來回報這種努力）：

[1] 舊版本的使用者可以用 **`pip install toml`** 從 PyPI 安裝該程式庫。

— PyInstaller（*https://pyinstaller.org*），它接受一個 Python 應用程式和所有必要的依存關係（包括 Python 直譯器和必要的擴充程式庫）並將它們捆裝成單一個可執行程式，可以作為一個獨立的應用程式發佈。有適用於 Windows、macOS 和 Linux 的版本，儘管每個架構都只能產生自己的可執行程式。

— PyOxidizer（*https://oreil.ly/GC_5w*），是同名工具集的主要工具，它不僅可以建立獨立的可執行檔案，還可以建立 Windows 和 macOS 安裝程式和其他成品。

— cx_Freeze（*https://oreil.ly/pnWdA*），它會創建含有 Python 直譯器、擴充程式庫以及 Python 程式碼的一個 ZIP 檔案的一個資料夾。你可以將其轉換為 Windows 安裝程式或 macOS 磁碟映象（disk image）。

Python 封裝簡史

在虛擬環境出現之前，維護多個 Python 專案並避免它們不同依存關係需求之間的衝突是一項複雜的工作，需要仔細管理 `sys.path` 和 `PYTHONPATH` 環境變數。如果不同的專案在兩個不同的版本中需要相同的依存關係，那就沒有單一個 Python 環境可以同時支援這兩個版本。今日，每個虛擬環境（參閱第 278 頁的「Python 環境」以了解這個主題）都有自己的 *site_packages* 目錄，第三方和本地端的套件和模組可以透過一些便利的方式安裝到這個目錄中，因此基本上沒有必要考慮這個機制[2]。

當 Python Package Index 的構想在 2003 年出現時，還沒有這樣的功能可用，也沒有統一的方法來封裝和發佈 Python 程式碼。開發人員不得不小心翼翼地調整他們的環境，以適應他們經手的每個不同的專案。這種情況隨著 `distutils` 標準程式庫套件的開發而改變，很快就被第三方的 `setuptools` 套件及其 `easy_install` 工具所利用。現在已經過時的獨立於平台的 *egg* 封裝格式是對用於 Python 套件發佈的單一檔案格式的初次定義，允許從網路來源輕鬆下載和安裝 egg。安裝套件時會使用一個 *setup.py* 元件，它的執行將使用 `setuptools` 的功能把套件的程式碼整合到現有的 Python 環境中。要求使用第三方（即不屬於標準發行版）的模組，如 `setuptools`，顯然不是一個完全令人滿意的解決方案。

2 請注意，有些套件對虛擬環境不太友好。幸好，這種情況並不常見。

與這些平行發展的是 virtualenv 套件的建立，透過在不同專案使用的 Python 環境之間提供乾淨的分離，極大地簡化了普通 Python 程式設計師的專案管理工作。在這之後不久，主要基於 setuptools 理念的 pip 工具被引進了。pip 使用源碼樹而不是 eggs 作為其發佈格式，它不僅可以安裝套件，還可以解除安裝它們。它也可以列出虛擬環境的內容，並接受專案的依存關係的版本清單，依照慣例放在一個名為 *requirements.txt* 的檔案中。

那時 setuptools 的發展有些特立獨行，無法回應社群的需求，因此出現了一個名為 distribute 的分支，作為直接替代的選擇（它安裝在 setuptools 的名稱之下），以便讓開發工作沿著更為協作的路線進行。這最終被合併到 setuptools 源碼庫中，如今它由 PyPA 所控制：能夠這樣做的能力證實了 Python 開源授權政策的價值。

-3.11 distutils 套件最初被設計為一個標準程式庫元件，以幫助安裝擴充模組（特別是那些用編譯語言編寫的模組，在第 25 章（*https://oreil.ly/python-nutshell-25*）中提及）。儘管它目前仍在標準程式庫中，但它已被棄用，並計畫從 3.12 版本中刪除，屆時它可能會被整合到 setuptools 中。已經出現了一些符合 PEP 517 和 518 的其他工具。在這一章中，我們將研究在 Python 環境中安裝額外功能的不同方法。

隨著 PEP 425（*https://oreil.ly/vB13q*）「Compatibility Tags for Built Distributions」和 PEP 427（*https://oreil.ly/B_xwu*）「The Wheel Binary Package Format」被接受，Python 終於有了一種二進位發行（binary distribution）格式（*wheel*，其定義後來被更新了（*https://oreil.ly/XYnsg*））的規格，允許發行不同架構的編譯擴充套件，當沒有合適的二進位 wheel 可用時，會退回到從原始碼安裝。

PEP 453（*https://oreil.ly/FhWDt*）「Explicit Bootstrapping of pip in Python Installations」，決定了 pip 工具應該成為在 Python 中安裝套件的首選方式，並確立了一個過程，使其可以獨立於 Python 進行更新，以使新的部署功能可以在不等待新語言釋出的情況下提供。

這些發展和其他許多使 Python 生態系統合理化的發展都歸功於 PyPA 大量的辛勤工作，Python 統治組織「Steering Council」將與封裝和發佈有關的大部分事宜交給了他們。關於本章材料更深入和進階的解釋，請參閱「Python Packaging User Guide」（*https://packaging.python.org*），它為任何想讓他們的 Python 軟體廣泛使用的人提供合理的建議和實用的指導。

線上素材

如本章開頭所述，本章的線上版本（*https://oreil.ly/python-nutshell-24*）包含了額外的材料。涵蓋的主題有：

- 建置過程（build process）
- 進入點（entry points）
- 發佈格式（distribution formats）
- `poetry`
- `setuptools`
- 發佈你的套件
- `zipapp`
- 存取包括在你程式碼中的資料

封裝程式和擴充功能

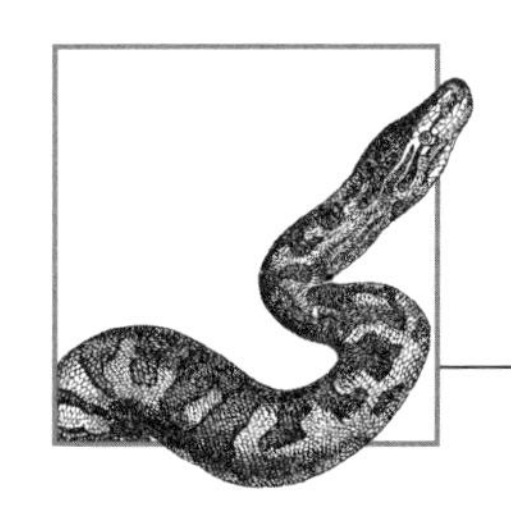

25 擴充和內嵌標準型的 Python

本章內容在本書印刷版中有所縮減。全部內容可在線上查閱（*https://oreil.ly/python-nutshell-25*），詳見第 760 頁的「線上素材」。

CPython 在一個可移植的、以 C 編寫的虛擬機器上執行。Python 的內建物件，如數字、序列、字典、集合和檔案，都是用 C 語言編寫的，Python 標準程式庫中的幾個模組也是如此。現代平台支援動態載入的程式庫，延伸檔名為 Windows 上的 *.dll*、Linux 上的 *.so* 和 Mac 上的 *.dylib*：建置 Python 會產生這樣的二進位檔案。你可以用 C 語言（或任何可以產生能被 C 呼叫的程式庫的語言）為 Python 編寫自己的擴充模組（extension modules），使用本章中提及的 Python C API。透過這個 API，你可以製作和部署動態程式庫，讓 Python 指令稿和互動式工作階段之後可以藉由 `import` 述句使用，在第 260 頁的「import 述句」中有介紹。

擴充（*extending*）Python 意味著建置 Python 程式碼可以 `import` 的模組，以存取該模組提供的功能。**內嵌**（*embedding*）Python 意味著在另一種語言編寫的應用程式中執行 Python 程式碼。為了使這種執行發揮用處，Python 程式碼必須進一步得以存取你應用程式的某些功能。因此，在實務上，內嵌也意味著一些擴充，以及一些內嵌特定的運算。希望擴充 Python 的三個主要原因可以歸納為：

- 用低階語言重新實作一些功能（最初用 Python 編寫的），希望能獲得更好的效能。
- 讓 Python 程式碼存取由低階語言編碼的程式庫提供的一些現有功能（或者，無論如何，可從低階語言呼叫）。
- 讓 Python 程式碼存取一個正在內嵌 Python 作為應用程式指令稿語言（scripting language）的應用程式的一些現有功能。

內嵌和擴充在 Python 的線上說明文件中有提及；在那裡，你可以找到一個深入的入門教程（*https://oreil.ly/BMl4L*）和一個內容廣泛的參考手冊（*https://oreil.ly/OQXBK*）。許多細節最好在 Python 加上大量說明的 C 原始碼中研究。下載 Python 的原始碼發行版，研究 Python 的核心、C 編寫的擴充模組以及為此提供的範例擴充功能的原始碼。

線上素材

本章假設讀者有一些 C 語言的知識

我們囊括了一些非 C 語言的擴充選項，但如果要使用 C API 擴充或內嵌 Python，你必須對 C 或 C++ 程式語言有一定的了解。我們在本書中沒有提及 C 和 C++，但有許多印刷品和線上資源可以供你參考，以學習它們。本章的大部分線上內容都假定你至少有一些 C 語言的知識。

在本章的線上版本（*https://oreil.ly/python-nutshell-25*）中，你會發現以下章節：

「*Extending Python with Python's C API（以 Python 的 C API 擴充 Python）*」

包括建立 C 語言編寫的 Python 擴充模組的參考表格和範例，這些模組可以匯入到你的 Python 程式中，展示如何編寫和建置這樣的模組。這個章節包括兩個完整的範例：

- 實作自訂方法用以操作 `dict` 的一個擴充功能
- 定義一個自訂型別的擴充功能

「*Extending Python Without Python's C API*（不使用 *Python* 的 *C API* 擴充 *Python*）」

討論（或至少提到並提供連結）幾個實用程式和程式庫，它們支援建立不直接需要 C 或 C++ 程式設計[1]的 Python 擴充功能，包括第三方工具 F2PY、SIP、CLIF、`cppyy`、`pybind11`、Cython、CFFI 和 HPy，以及標準程式庫模組 `ctypes`。本節包括一個完整的範例，說明如何使用 Cython 建立一個擴充功能。

「*Embedding Python*（內嵌 *Python*）」

包括參考表格和在更大型的應用程式中內嵌 Python 直譯器的概念性概述，使用 Python 的 C API 進行嵌入。

1 還有許多其他此類工具，但我們試著只挑出最受歡迎和最有前景的工具。

26
v3.7 到 v3.n 的遷移

本書跨越了 Python 的幾個版本，涵蓋一些實質性的新功能（而且還在不斷發展！），包括：

- 會保留順序（order-preserving）的 `dict`
- 型別注釋（type annotations）
- := 指定運算式（assignment expressions，被非正式地稱為 "the walrus operator"，即「海象運算子」）
- 結構化模式匹配（structural pattern matching）

獨立開發人員可能得以在每個新的 Python 版本釋出時安裝，並在他們工作過程中解決相容性問題。但是對於在企業環境中工作或維護共用程式庫的 Python 開發人員來說，從一個版本遷移到下一個版本需要深思熟慮和規劃。

這一章討論從 Python 程式設計師的觀點來看 Python 語言的變化（Python 內部也有許多變化，包括對 Python C API 的變更，但那些已經超出了本章的範疇：關於細節，請看每個版本的線上說明文件中的「What's New in Python 3.*n*」部分）。

Python 發展到版本 3.11 的重大變化

大多數版本都有一些重要的新功能和改進，這些功能和改進是該版本的特點，把這些作為針對某個特定版本的高階原因，是非常有用的。表 26-1 僅詳細說明了 3.6 到 3.11[1] 版本中可能會影響許多 Python 程式的主要新功能和突破性變化；更完整的清單見附錄。

表 26-1　最近 Python 版本中的重大變化

版本	新功能	突破性變化
3.6	• `dict` 保留順序（作為 CPython 的一個實作細節） • 新增了 F-strings • 支援數值字面值中的 `_` • 注釋可以用於型別，可以用外部工具檢查，如 `mypy` • `asyncio` 不再是一個試驗性模組 最初發佈：*2016* 年 *12* 月 支援結束：*2021* 年 *12* 月	• 在大多數 `re` 函式的模式引數中不再支援 `\` 和 ASCII 字母的未知轉義（僅在 `re.sub()` 中仍然允許）
3.7	• `dict` 保留順序（作為一種正式的語言保證） • 新增了 `dataclasses` 模組 • 新增了 `breakpoint()` 函式 最初發佈：*2018* 年 *6* 月 已規劃的支援結束：*2023* 年 *6* 月	• 在 `re.sub()` 的模式引數中不再支援未知的 `\` 和 ASCII 字母的轉義 • `bool()`、`float()`、`list()` 和 `tuple()` 中不再支援具名引數 • 不再支援 `int()` 中的前導的具名引數
3.8	• 新增了指定運算式（`:=`，又稱海象運算子） • 在函式引數串列中，`/` 和 `*` 表示僅限位置的和僅限具名的引數 • 尾隨的 `=` 用於在 f-strings 中進行除錯（`f'{x=}'` 是 `f'x={x!r}'` 的簡稱） • 新增了定型類別（`Literal`、`TypedDict`、`Final`、`Protocol`） 最初發佈：*2019* 年 *10* 月 已規劃的支援結束：*2024* 年 *10* 月	• 移除 `time.clock()`；使用 `time.perf_counter()` • 移除 `pyvenv` 指令稿；使用 **`python -m venv`** • 在概括式（comprehensions）或 genexps 中，不再允許使用 **`yield`** 和 **`yield from`** • 新增對 `str` 和 `int` 字面值的 **`is`** 和 **`is not`** 測試的 `SyntaxWarning`

1 雖然 Python 3.6 不在本書所講述的版本範圍內，但它引入了一些重要的新功能，我們在這裡包括它以了解歷史背景。

版本	新功能	突破性變化
3.9	• 支援聯集（Union）運算子 | 和 |= 在 dict 上的應用 • 新增了 str.removeprefix() 和 str.removesuffix() 方法 • 為支援 IANA 時區新增了 zoneinfo 模組（取代第三方的 pytz 模組） • 型別提示現在可以在泛型中使用內建型別（list[int] 而非 List[int]） *最初發佈：2020 年 10 月* *已規劃的支援結束：2025 年 10 月*	• 移除 array.array.tostring() 和 fromstring() • threading.Thread.isAlive() 移除（使用 is_alive() 代替） • 刪除 ElementTree 和 Element 的 getchildren() 和 getiterator() • 移除 base64.encodestring() 和 decodestring()（使用 encodebytes() 和 decodebytes() 代替） • 移除 fractions.gcd()（使用 math.gcd() 代替） • 移除 typing.NamedTuple._fields（使用 __annotations__ 代替）
3.10	• 支援 **match/case** 結構化模式匹配 • 允許將聯集型別（union types）寫成 X | Y（在型別注釋中和作為 isinstance() 的第二個引數） • 內建的 zip() 新增了選擇性的 strict 引數，以偵測不同長度的序列 • 現在正式支援括號內的情境管理器（parenthesized context managers）；例如 **with(***ctxmgr***,** *ctxmgr***, ...):** *最初發佈：2021 年 10 月* *已規劃的支援結束：2026 年 10 月*	• 移除從 collections 匯入 ABC 的做法（現在必須從 collections.abc 匯入） • loop 參數從 asyncio 大部分的高階 API 中移除
3.11	• 改善的錯誤訊息 • 總體效能提升 • 新增了例外群組（exception groups）和 except* • 新增了定型類別（Never、Self） • TOML 剖析器 tomllib 新增到 stdlib 中 *最初發佈：2022 年 10 月* *已規劃的支援結束：2027 年 10 月（估計）*	• 移除 binhex 模組 • int 到 str 的轉換限於 4,300 位數

規劃 Python 的版本升級

一開始為什麼會想要升級呢？如果你有一個穩定的、正在執行的應用程式，以及一個穩定的部署環境，一個合理的決定可能是不去管它。但是版本升級確實有好處：

- 新版本通常會引進新的功能，這可能讓你簡化程式碼。
- 更新的版本包括錯誤修復和重構，這可以提高系統的穩定性和效能。
- 在舊版本中發現的安全漏洞可能會在新版本中得到修補[2]。

最終，舊的 Python 版本會失去支援，在舊版本上執行的專案會變得難以管理，維護成本也更高。這時，升級可能成為一種必要。

選擇一個目標版本

在決定遷移到哪個版本之前，有時你必須先弄清楚「我現在執行的是什麼版本？」。你可能會很不悅地發現，在你公司的系統中潛伏著執行不支援的 Python 版本的舊軟體。通常這種情況發生在這些系統依存某個第三方套件的時候，而這個套件本身在版本升級方面已經落後，或者沒有可用的升級。如果這樣的系統在某種程度上對公司的營運至關重要，情況就更加糟糕了。你也許可以把落後的套件隔離在一個遠端存取的 API 後面，允許該套件在舊版本上執行，同時允許你自己的程式碼安全升級。有這些升級限制的系統的存在必須讓高階管理層看到，以便向他們說明保留、升級、隔離或替換的風險和權衡。

目標版本的選擇通常預設為「最新的任何版本」。這是一個合理的選擇，因為就進行升級所涉及的投資而言，這通常是最具成本效益的選擇：最新的版本將擁有最長的支援期。一個更保守的立場可能是「最新的任何版本，減去 1」。你可以合理地確定，*N*-1 版本已經在其他公司進行了一段時間實際投入生產的測試，而且其他人已經解決了大部分的錯誤。

2 當這種情況發生時，通常是在「全員出動」的緊急情況下匆忙進行升級。這些事件正是你試圖透過實作穩定和持續的 Python 版本升級計畫來避免的，或者至少最小化它們。

確定工作範疇

在你選擇了 Python 的目標版本之後，就識別出你軟體目前使用的版本之後的所有突破性變化，一直到並包括目標版本（參閱附錄中按版本列出的功能和突破性變化的詳細表格；其他細節可以在線上說明文件（*https://oreil.ly/pvEtK*）的「What's New in Python 3.*n*」部分找到）。突破性的變化的說明文件通常也會記載相容的形式，在你的當前版本和目標版本中都能發揮作用。記錄並溝通開發團隊在升級前需要進行的原始碼修改（如果你的很多程式碼都受到突破性變化或與相關軟體的相容性問題之影響，直接轉移到選定的目標版本可能會有比預期多很多的工作。你最終甚至可能重新審視對目標版本的選擇，或考慮更小型的步驟。也許你會決定把升級到 *target*–1 作為第一步，而把升級到 *target* 或 *target*+1 的任務推遲到後續的升級專案）。

識別出你源碼庫所使用的任何第三方或開源程式庫，並確保它們與目標 Python 版本相容（或有計畫與之相容）。即使你自己的源碼庫已經準備好升級到目標，一個落後的外部程式庫可能會耽誤你的升級專案。若有必要，你可以在一個單獨的執行環境中隔離這樣的程式庫（使用虛擬機器或容器技術），如果該程式庫提供一個遠端存取程式設計介面的話。

在開發環境中提供目標 Python 版本，也可以選擇在部署環境中提供，這樣開發人員就可以確認他們的升級變更是完整和正確的。

套用程式碼變更

一旦決定了你們的目標版本並確定了所有突破性的變化，就需要對你們的源碼庫進行修改，使其與目標版本相容。你們的目標，理想上，是使程式碼的形式與當前*以及*目標 Python 版本相容。

從 *__future__* 匯入

`__future__` 是一個標準程式庫模組，包含了多種功能，在線上說明文件中有所記載（*https://oreil.ly/3NaU5*），以協助不同版本之間的遷移。它與其他模組不同，因為匯入功能會影響你程式的語法，而不僅僅是語意。這種匯入必須是你程式碼的最初的可執行述句。

每一個「未來功能（future feature）」都是用這樣的述句啟用的：

```
from __future__ import feature
```

其中 *feature* 是你要使用的功能的名稱。

在本書涵蓋的版本範圍中，你可能會考慮使用的唯一未來功能是：

```
from __future__ import annotations
```

它允許對尚未定義的型別進行參考，而不需要用引號把它們圍起來（正如第 5 章中所講述的）。如果你當前的版本是 Python 3.7 或更高，那麼新增這個 `__future__` 匯入將允許在型別注釋中使用未加引號的型別，這樣你之後就不用再去修改一次了。

首先，審查在跨多個專案共用的程式庫。移除源自這些程式庫的會產生阻礙的變更將是關鍵的第一步，因為在那之前你將無法在目標版本上部署任何依存的應用程式。一旦一個程式庫與兩個版本都相容，它就可以被部署以在遷移專案中使用。在此之後，程式庫的程式碼必須與當前的 Python 版本和目標版本保持相容：共用程式庫很可能是**最後一個**能夠利用目標版本的任何新功能的專案。

獨立的應用程式將有更早的機會使用目標版本中的新功能。一旦應用程式刪除了所有受突破性變化影響的程式碼，就把它作為一個跨版本相容的快照（cross-version-compatible snapshot）提交（commit）到你的原始碼控制系統。之後，你就可以為應用程式碼添加新功能，並將其部署到支援目標版本的環境中。

如果版本相容性的變化影響了型別注釋，你可以使用 *.pyi* 殘根檔案（stub files）來將取決於版本的定型與你的原始碼隔離開來。

使用 pyupgrade 進行升級的自動化

使用自動化工具，如 pyupgrade 套件（*https://oreil.ly/01AKX*），你或許可以將升級程式碼的大部分苦工自動化。pyupgrade 會分析由 Python 的 ast.parse 函式回傳的抽象語法樹（abstract syntax tree，AST）以定位出問題並對原始碼進行修正。你可以使用命令列開關選擇一個特定的目標 Python 版本。

每當你使用自動程式碼轉換時，要審查轉換過程的輸出。像 Python 這樣的動態語言使得它不可能進行完美的轉譯；雖然測試有幫助，但它無法挑出所有不完美的地方。

多版本測試

確保你的測試盡可能覆蓋你的專案，這樣在測試中就有可能發現版本間的錯誤。目標是至少 80% 的測試覆蓋率；超過 90% 的測試覆蓋率是很難實作的，所以不要花太多的精力去試著達到一個太高的標準（第 592 頁「單元測試和系統測試」中提到的 *mocks*，可以幫助你增加單元測試覆蓋的廣度，深度或許也會有幫助）。

tox 套件（*https://tox.readthedocs.io*）對於幫助你管理和測試多版本程式碼非常有用。它可以讓你在一些不同的虛擬環境下測試你的程式碼，並支援多個 CPython 版本，以及 PyPy。

使用受控的部署程序

使目標 Python 版本在部署環境中可用，使用一個應用程式環境設定來指示應用程式是否應該使用當前或目標 Python 版本執行。持續追蹤，並定期向你的管理團隊報告完成率。

你應該多久升級一次？

PSF 以每年釋出一個次要版本（minor-release-per-year）的節奏發佈 Python，每個版本在釋出後都有五年的支援期。如果你採用 latest-release-minus-1（最新發行版減 1）的策略，它將為你提供一個穩定的、經過驗證的版本來移植，並有四年的支援期（以備將來需要推遲升級工作）。考慮到四年的時間範圍，每隔一兩年做一次升級到最新版本減 1，應該能在定期升級成本和平台穩定性之間取得合理的平衡。

總結

維護你組織的系統所依存的軟體之版本的最新狀態是一種應該持續且正確的「軟體衛生」習慣，在 Python 中就像在任何其他開發環境中一樣。透過定期進行一到兩個版本的升級，你可以把這項工作保持在一個穩定且可管理的水平上，而且它將成為你組織中被認可和重視的活動。

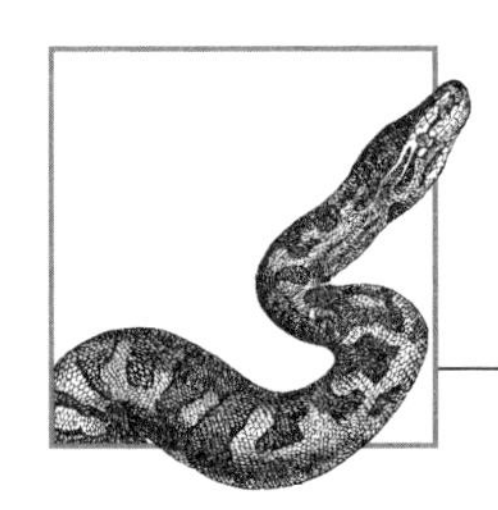

Python 3.7 至 3.11 的新功能和變化

下面的表格列出了 Python 3.7 到 3.11 版本中最有可能在 Python 程式碼中出現的語言和標準程式庫變化。根據你程式碼庫中可能遇到突破性變更的風險，使用這些表格來規劃你的升級策略。

以下類型的變化被認為是「突破性（breaking）」的，並在最後一欄中標有一個 ! 符號：

- 引入新的關鍵字或內建值（可能與現有 Python 原始碼中使用的名稱衝突）
- 從 stdlib 模組或內建型別中刪除一個方法
- 以一種不回溯相容的方式改變一個內建或 stdlib 方法的特徵式（如刪除一個參數，或重新命名一個具名參數）。

新的警告（包括 `DeprecatedWarning`）也會顯示為「突破性的」，但在最後一欄用一個 * 符號標示。

也可以參閱 PEP 594（*https://oreil.ly/4Sy73*）中要從標準程式庫棄用或刪除功能（“dead batteries”）的提議之表格，其中列出計畫棄用或刪除的模組，排程好要進行這些修改的版本（從 Python 3.12 開始），以及推薦的替代功能。

Python 3.7

下表總結了 Python 3.7 版本的變化。更多細節，請參閱線上說明文件（*https://oreil.ly/iIePL*）中的「What's New in Python 3.7」。

Python 3.7	新增	棄用	移除	突破性
函式接受大於 255 個引數	+			
`argparse.ArgumentParser.parse_intermixed_args()`	+			
`ast.literal_eval()` 不再估算加法和減法				!
`async` 和 **`await`** 成為保留的語言關鍵字	+			!
`asyncio.all_tasks()`、 `asyncio.create_task()`、 `asyncio.current_task()`、 `asyncio.get_running_loop()`、 `asyncio.Future.get_loop()`、 `asyncio.Handle.cancelled()`、 `asyncio.loop.sock_recv_into()`、 `asyncio.loop.sock_sendfile()`、 `asyncio.loop.start_tls()`、 `asyncio.ReadTransport.is_reading()`、 `asyncio.Server.is_serving()`、 `asyncio.Server.get_loop()`、 `asyncio.Task.get_loop()`、 `asyncio.run()` (provisional)	+			
`asyncio.Server` 是一個非同步的情境管理器	+			
`asyncio.loop.call_soon()`、 `asyncio.loop.call_soon_threadsafe()`、 `asyncio.loop.call_later()`、 `asyncio.loop.call_at()` 與 `asyncio.Future.add_done_callback()` 全都接受選擇性的具名 `context` 引數	+			
`asyncio.loop.create_server()`、 `asyncio.loop.create_unix_server()`、 `asyncio.Server.start_serving()` 與 `asyncio.Server.serve_forever()` 全都接受選擇性的具名 `start_serving` 引數	+			
`asyncio.Task.current_task()` 與 `asyncio.Task.all_tasks()` 被棄用了；使用 `asyncio.current_task()` 與 `asyncio.all_tasks()`		—		*
`binascii.b2a_uu()` 接受具名的 `backtick` 引數	+			

Python 3.7	新增	棄用	移除	突破性
`bool()` 建構器不再接受一個具名引數（僅限位置型）				!
`breakpoint()` 內建函式	+			!
`bytearray.isascii()`	+			
`bytes.isascii()`	+			
`collections.namedtuple` 支援預設值	+			
`concurrent.Futures.ProcessPoolExecutor` 與 `concurrent.Futures.ThreadPoolExecutor` 建構器接受選擇性的 `initializer` 和 `initargs` 引數	+			
`contextlib.AbstractAsyncContextManager`、`contextlib.asynccontextmanager()`、`contextlib.AsyncExitStack`、`contextlib.nullcontext()`	+			
`contextvars` 模組（類似於執行緒的區域變數，帶有 `asyncio` 支援）	+			
`dataclasses` 模組	+			
`datetime.datetime.fromisoformat()`	+			
在 `__main__` 模組中預設顯示 `DeprecationWarning`	+			*
現在保證維持 `dict` 的插入順序；`dict.popitem()` 按照後進先出（LIFO）的順序回傳項目	+			
模組層級的 `__dir__()`	+			
`dis.dis()` 方法接受具名的 `depth` 引數	+			
`float()` 建構器不再接受具名引數（只接受位置引數）				!
移除 `fpectl` 模組			X	!
`from` `__future__` **`import`** 使得在型別注釋中參考尚未定義的型別時不需要用引號括起來	+			
`gc.freeze()`	+			
模組層級的 `__getattr__()`	+			
`hmac.digest()`	+			
`http.client.HTTPConnection` 與 `http.client.HTTPSConnection` 建構器接受選擇性的 `blocksize` 引數	+			
`http.server.ThreadingHTTPServer`	+			

Python 3.7	新增	棄用	移除	突破性
importlib.abc.ResourceReader、importlib.resources module、importlib.source_hash()	+			
int() 建構器不再接受具名的 *x* 引數（只接受位置引數；仍然支援具名的 base 引數）				!
io.TextIOWrapper.reconfigure()	+			
ipaddress.IPv*Network.subnet_of()、ipaddress.IPv*Network.supernet_of()	+			
list() 建構器不再接受具名引數（只接受位置引數）				!
logging.StreamHandler.setStream()	+			
math.remainder()	+			
multiprocessing.Process.close()、multiprocessing.Process.kill()	+			
移除 ntpath.splitunc()；使用 ntpath.splitdrive()			X	!
os.preadv()、os.pwritev()、os.register_at_fork()	+			
移除 os.stat_float_times()（與 Python 2 相容的函式；在 Python 3 中，stat 結果中的所有時戳都是 float）			X	!
pathlib.Path.is_mount()	+			
pdb.set_trace() 接受具名的 header 引數	+			
移除 plist.Dict、plist.Plist 與 plist._InternalDict			X	!
queue.SimpleQueue	+			
可以用 copy.copy 和 copy.deepcopy 拷貝經過 re 編譯的運算式和匹配物件	+			
re.sub() 不再支援未知 \ 和 ASCII 字母轉義			X	!
socket.close()、socket.getblocking()、socket.TCP_CONGESTION、socket.TCP_USER_TIMEOUT、socket.TCP_NOTSENT_LOWAT（僅限 Linux 平台）	+			
sqlite3.Connection.backup()	+			
產生器中的 StopIteration 處理	+			

Python 3.7	新增	棄用	移除	突破性
str.isascii()	+			
subprocess.run() 的具名引數 capture_output=**True**，用於簡化 stdin/stdout 的捕捉	+			
subprocess.run() 與 subprocess.Popen() 具名的引數 text、universal_newlines 的別名	+			
subprocess.run()、subprocess.call() 與 subprocess.Popen() 改善了 KeyboardInterrupt 的處理	+			
sys.breakpointhook()、sys.getandroidapilevel()、sys.get_coroutine_origin_tracking_depth()、sys.set_coroutine_origin_tracking_depth()	+			
time.clock_gettime_ns()、time.clock_settime_ns()、time.monotonic_ns()、time.perf_counter_ns()、time.process_time_ns()、time.time_ns()、time.CLOCK_BOOTTIME、time.CLOCK_PROF、time.CLOCK_UPTIME	+			
time.thread_time() 與 time.thread_time_ns() 用於執行緒的 CPU 計時	+			
tkinter.ttk.Spinbox	+			
tuple() 建構器不再接受具名引數（只接受位置引數）				!
types.ClassMethodDescriptorType、types.MethodDescriptorType、types.MethodWrapperType、types.WrapperDescriptorType	+			
types.resolve_bases()	+			
uuid.UUID.is_safe	+			
概括式或產生器運算式中的 **yield** 和 **yield from** 已被棄用		—		*
zipfile.ZipFile 建構器接受具名的 compresslevel 引數	+			

Python 3.8

下表總結了 Python 3.8 版本的變化。更多細節，請參閱線上說明文件（*https://oreil.ly/wSZXj*）中的「What's New in Python 3.8」。

Python 3.8	新增	棄用	移除	突破性
指定運算式（:=「海象」運算子）	+			
僅限位置的參數（/ 引數分隔符號）	+			
F-string 尾隨的 = 用於除錯	+			
針對 str 和 int 字面值的 **is** 和 **is not** 測試會發出 SyntaxWarning				*
ast AST 節點 end_lineno 和 end_col_offset 屬性	+			
ast.get_source_segment()	+			
ast.parse() 接受具名引數 type_comments、mode 和 feature_version	+			
async 的 REPL 可以使用 **python -m asyncio** 來執行	+			
asyncio 的任務可以具名	+			
棄用 asyncio.coroutine 裝飾器		—		*
asyncio.run() 用以直接執行一個協程（coroutine）	+			
asyncio.Task.get_coro()	+			
bool.as_integer_ratio()	+			
collections.namedtuple._asdict() 回傳 dict 而非 OrderedDict	+			
continue 允許出現在 **finally** 區塊中	+			
移除 cgi.parse_qs、cgi.parse_qsl 與 cgi.escape；從 urllib.parse 和 html 模組匯入			X	!
csv.DictReader 回傳 dict 而非 OrderedDict	+			
datetime.date.fromisocalendar()、datetime.datetime.fromisocalendar()	+			
dict 概括式先計算鍵值，再計算值				!
回傳自 dict.keys()、dict.values() 與 dict.items() 的 dict 和 dictviews 現在是帶有 reversed() 的可迭代物件	+			

Python 3.8	新增	棄用	移除	突破性
`fractions.Fraction.as_integer_ratio()`	+			
`functools.cached_property()` 裝飾器（見 *https://oreil.ly/s3V1X* 的警示說明，還有 *https://oreil.ly/svOZb*）	+			
`functools.lru_cache` 可被當作一個裝飾器使用，不帶 `()`	+			
`functools.singledispatchmethod` 裝飾器	+			
`gettext.pgettext()`	+			
`importlib.metadata` 模組	+			
`int.as_integer_ratio()`	+			
`itertools.accumulate()` 接受具名的 `initial` 引數	+			
移除 `macpath` 模組			X	!
`math.comb()`、`math.dist()`、`math.isqrt()`、`math.perm()`、`math.prod()`	+			
`math.hypot()` 新增大於 2 維度（dimensions）的支援	+			
`multiprocessing.shared_memory` 模組	+			
`namedtuple._asdict()` 回傳 `dict` 而非 `OrderedDict`	+			
Windows 上的 `os.add_dll_directory()`	+			
`os.memfd_create()`	+			
`pathlib.Path.link_to()`	+			
移除 `platform.popen()`；使用 `os.popen()`			X	!
`pprint.pp()`	+			
移除 `pyvenv` 指令稿；使用 **`python -m venv`**			X	!
`re` 正規表達式模式支援 `\N{`*`name`*`}` 轉義	+			
`shlex.join()`（`shlex.split()` 的反向）	+			
`shutil.copytree()` 接受具名的 `dirs_exist_ok` 引數	+			
`__slots__` 接受 `{`*`name`*`: `*`docstring`*`}` 的一個 `dict`	+			
`socket.create_server()`、`socket.has_dualstack_ipv6()`	+			

Python 3.8	新增	棄用	移除	突破性
socket.if_nameindex()、socket.if_name toindex() 與 socket.if_indextoname() 在 Windows 上全都有支援	+			
sqlite3 Cache 和 Statement 物件不再是使用者看得到的			X	!
ssl.post_handshake_auth()、ssl.verify_client_post_handshake()	+			
statistics.fmean()、statistics.geometric_mean()、statistics.multimode()、statistics.NormalDist、statistics.quantiles()	+			
移除 sys.get_coroutine_wrapper() 與 sys.set_coroutine_wrapper()			X	!
sys.unraisablehook()	+			
移除 tarfile.filemode()			X	!
threading.excepthook()、threading.get_native_id()、threading.Thread.native_id	+			
移除 time.clock()；使用 time.perf_counter()			X	!
tkinter.Canvas.moveto()、tkinter.PhotoImage.transparency_get()、tkinter.PhotoImage.transparency_set()、tkinter.Spinbox.selection_from()、tkinter.Spinbox.selection_present()、tkinter.Spinbox.selection_range()、tkinter.Spinbox.selection_to()	+			
typing.Final、typing.get_args()、typing.get_origin()、typing.Literal、typing.Protocol、typing.SupportsIndex、typing.TypedDict	+			
棄用 typing.NamedTuple._field_types		—		*
unicodedata.is_normalized()	+			
unittest 支援協程（coroutines）作為測試案例（test cases）	+			
unittest.addClassCleanup()、unittest. addModuleCleanup()、unittest.AsyncMock	+			

Python 3.8	新增	棄用	移除	突破性
棄用 xml.etree.Element.getchildren()、xml.etree.Element.getiterator()、xml.etree.ElementTree.getchildren() 與 xml.etree.ElementTree.getiterator()		—		*
移除 XMLParser.doctype()			X	!
xmlrpc.client.ServerProxy 接受具名的 headers 引數	+			
yield 和 **return** 的拆分（unpacking）不再需要外圍的括弧（enclosing parentheses）	+			
在概括式或產生器運算式中，不再允許使用 **yield** 和 **yield from**。			X	!

Python 3.9

下表總結了 Python 3.9 版本的變化。更多細節，請參閱線上說明文件（*https://oreil.ly/KIMuX*）中的「What's New in Python 3.9」。

Python 3.9	新增	棄用	移除	突破性
型別注釋現在可以在泛型中使用內建型別（例如，list[int] 而不是 List[int]）	+			
移除 array.array.tostring() 與 array.array.fromstring()；使用 tobytes() 與 frombytes()			X	!
ast.unparse()	+			
停用 asyncio.loop.create_datagram_endpoint() 引數 reuse_address				!
asyncio.PidfdChild Watcher、asyncio.shutdown_default_executor()、asyncio.to_thread()	+			
移除 asyncio.Task.all_asks；使用 asyncio.all_tasks()			X	!
移除 asyncio.Task.current_task；使用 asyncio.current_task()			X	!

Python 3.9	新增	棄用	移除	突破性
移除 base64.encodestring() 與 base64.decodestring()；使用 base64.encodebytes() 與 base64.decodebytes()			X	!
concurrent.futures.Executor.shutdown() 接受具名的 cancel_futures 引數	+			
curses.get_escdelay()、curses.get_tabsize()、curses.set_escdelay()、curses.set_tabsize()	+			
dict 支援聯集運算子（union operators）| 和 |=	+			
fcntl.F_OFD_GETLK、fcntl.F_OFD_SETLK、fcntl.F_OFD_SETKLW	+			
移除 fractions.gcd()；使用 math.gcd()			X	!
functools.cache()（輕量化且較快版本的 lru_cache）	+			
gc.is_finalized()	+			
帶有 TopologicalSorter 類別的 graphlib 模組	+			
移除 html.parser.HTMLParser.unescape()			X	!
imaplib.IMAP4.unselect()	+			
importlib.resources.files()	+			
inspect.BoundArguments.arguments 回傳 dict 而非 OrderedDict	+			
ipaddress 模組不接受 IPv4 位址字串中的前導零（leading zeros）				!
logging.getLogger('root') 回傳根記錄器（root logger）	+			!
math.gcd() 接受多個引數	+			
math.lcm()、math.nextafter()、math.ulp()	+			
multiprocessing.SimpleQueue.close()	+			
移除 nntplib.NNTP.xpath() 與 nntplib.xgtitle()			X	!
os.pidfd_open()	+			
os.unsetenv() 在 Windows 上可用	+			
os.waitstatus_to_exitcode()	+			
棄用 parser 模組		—		*

Python 3.9	新增	棄用	移除	突破性
pathlib.Path.readlink()	+			
移除 plistlib API			X	!
pprint 支援 types.SimpleNamespace	+			
random.choices() 的 weights 引數，如果 weights 都是 0，會提出 ValueError				!
random.Random.randbytes()	+			
socket.CAN_RAW_JOIN_FILTERS、socket.send_fds()、socket.recv_fds()	+			
str.removeprefix()、str.removesuffix()	+			
棄用 symbol 模組		—		*
移除 sys.callstats()、sys.getcheckinterval()、sys.getcounts() 與 sys.setcheckinterval()			X	!
移除 sys.getcheckinterval() 與 sys.setcheckinterval()；使用 sys.getswitchinterval() 與 sys.setswitchinterval()			X	!
sys.platlibdir 屬性	+			
移除 threading.Thread.isAlive()；使用 threading.Thread.is_alive()			X	!
tracemalloc.reset_peak()	+			
typing.Annotated 型別	+			
typing.Literal 複製值；相等性匹配獨立於順序（3.9.1）				!
移除 typing.NamedTuple._field_types；使用 __annotations__			X	!
urllib.parse.parse_qs() 與 urllib.parse.parse_qsl() 接受 ; 或 & 查詢參數分隔符號，但不能兩者都有（3.9.2）				!
urllib.parse.urlparse() 改變了對數值路徑的處理；像 'path:80' 這樣的字串不再被剖析為路徑，而是被剖析為一個 scheme（'path'）和一個路徑（'80'）				!
移除 **with** (**await** asyncio.Condition) 和 **with** (**yield from** asyncio.Condition)；使用 **async with** condition			X	!

Python 3.7 至 3.11 的新功能和變化

Python 3.9	新增	棄用	移除	突破性
移除 **with** (**await** asyncio.lock) 和 **with** (**yield from** asyncio.lock)；使用 **async with** lock			X	!
移除 **with** (**await** asyncio.Semaphore) 和 **with** (**yield from** asyncio.Semaphore)；使用 **async with** semaphore			X	!
移除 xml.etree.Element.getchildren()、xml.etree.Element.getiterator()、xml.etree.ElementTree.getchildren() 與 xml.etree.ElementTree.getiterator()			X	!
zoneinfo 模組用於 IANA 時區支援	+			

Python 3.10

下表總結了 Python 3.10 版本中的變化。更多細節，請參閱線上說明文件（*https://oreil.ly/TCpF4*）中的「What's New in Python 3.10」。

Python 3.10	新增	棄用	移除	突破性
建置需要 OpenSSL 1.1.1 或更新版本	+			
除錯功能改善了，有精確的行號	+			
使用 **match**、**case** 和 _ 軟性關鍵字的結構化模式匹配[a]	+			
aiter() 與 anext() 內建值	+			!
array.array.index() 接受選擇性的引數 start 和 stop	+			
ast.literal_eval(*s*) 會從輸入字串 *s* 中剝離前導空格和 tab	+			
棄用 asynchat 模組		—		*
asyncio 函式移除 loop 參數			X	!
asyncio.connect_accepted_socket()	+			
棄用 asyncore 模組		—		*
base64.b32hexdecode、base64.b32hexencode	+			
bdb.clearBreakpoints()	+			

Python 3.10	新增	棄用	移除	突破性
bisect.bisect、bisect.bisect_left、bisect.bisect_right、bisect.insort、bisect.insort_left 與 bisect.insert_right 全都接受選擇性的 key 引數	+			
棄用 cgi.log		—		*
codecs.unregister()	+			
移除 collections 模組的 ABC 相容性定義；使用 collections.abc			X	!
collections.Counter.total()	+			
contextlib.aclosing() 裝飾器、contextlib.AsyncContextDecorator	+			
curses.has_extended_color_support()	+			
dataclasses.dataclass() 裝飾器接受選擇性的 slots 引數	+			
dataclasses.KW_ONLY	+			
棄用 distutils，會在 Python 3.12 中移除		—		*
enum.StrEnum	+			
fileinput.input() 與 fileinput.FileInput 接受選擇性的 encoding 和 errors 引數	+			
移除 formatter 模組			X	!
glob.glob() 和 glob.iglob() 接受選擇性的 root_dir 和 dir_fd 引數來指定根搜尋目錄（root search directory）	+			
importlib.metadata.package_distributions()	+			
inspect.get_annotations()	+			
int.bit_count()	+			
isinstance(obj, (atype, btype)) 可被寫成 isinstance(obj, atype|btype)	+			
issubclass(cls, (atype, btype)) 可被寫成 issubclass(cls, atype|btype)	+			
itertools.pairwise()	+			
os.eventfd()、os.splice()	+			
os.path.realpath() 接受選擇性的 strict 引數	+			

Python 3.10	新增	棄用	移除	突破性
os.EVTONLY、os.O_FSYNC、os.O_SYMLINK 與 os.O_NOFOLLOW_ANY 在 macOS 上全都新增了	+			
移除 parser 模組			X	!
pathlib.Path.chmod() 與 pathlib.Path.stat() 接受選擇性的 follow_symlinks 關鍵字引數	+			
pathlib.Path.hardlink_to()	+			
棄用 pathlib.Path.link_to()；使用 hardlink_to()		—		*
platform.freedesktop_os_release()	+			
pprint.pprint() 接受選擇性的 underscore_numbers 關鍵字引數	+			
棄用 smtpd 模組		—		*
ssl.get_server_certificate 接受選擇性的 timeout 引數	+			
statistics.correlation()、statistics.covariance()、statistics.linear_regression()	+			
SyntaxError.end_line_no 與 SyntaxError.end_offset 屬性	+			
sys.flags.warn_default_encoding 發出 EncodingWarning	+			*
sys.orig_argv 與 sys.stdlib_module_names 屬性	+			
threading.__excepthook__	+			
threading.getprofile()、threading.gettrace()	+			
threading.Thread 附加 '(<target.__name__>)' 到所產生的執行緒名稱	+			
traceback.format_exception()、traceback.format_exception_only() 與 traceback.print_exception() 特徵式（signature）改變				!
types.EllipsisType、types.NoneType、types.NotImplementedType	+			
typing 模組包括用於指定 Callable 型別的參數規格變數（parameter specification variables）	+			
棄用 typing.io 模組；使用 typing		—		*
typing.is_typeddict()	+			

Python 3.10	新增	棄用	移除	突破性
typing.Literal 複製值；相等性比對是獨立於順序的				!
typing.Optional[X] 可以寫成 X | None	+			
棄用 typing.re 模組；使用 typing		—		*
typing.TypeAlias 用於定義明確的型別別名（type aliases）	+			
typing.TypeGuard	+			
typing.Union[X, Y] 可以使用 | 運算子，像是 X | Y	+			
unittest.assertNoLogs()	+			
urllib.parse.parse_qs() 與 urllib.parse.parse_qsl() 接受 ; 或 & 查詢參數分隔符號，但不能兩者都有				!
with 述句接受有括弧的情境管理器（parenthesized context managers）：**with**(ctxmgr, ctxmgr, ...)	+			
xml.sax.handler.LexicalHandler	+			
zip 內建功能接受選擇性的 strict 具名引數用於長度檢查	+			
zipimport.find_spec()、zipimport.zipimporter.create_module()、zipimport.zipimporter.exec_module()、zipimport.zipimporter.invalidate_caches()	+			

[a] 由於這些被定義為**軟性**（*soft*）關鍵字，它們不會破壞使用這些相同名稱的現有程式碼。

Python 3.11

下表總結了 Python 3.11 版本中的變化。更多細節，請參閱線上說明文件（*https://oreil.ly/4Df8q*）中的「What's New in Python 3.11」。

Python 3.11	新增	棄用	移除	突破性
在 Python 3.11.0 中釋出的安全補丁，已後向移植到 3.7-3.10 版本：使用 2、4、8、16 或 32 以外的基數（bases）將 int 轉換為 str，或 str 轉換為 int 時，如果產生的字串大於 4300 位數，會提出 ValueError（解決 CVE-2020-10735（*https://oreil.ly/lS-gO*））				!

Python 3.11	新增	棄用	移除	突破性
總體效能的改進	+			
改善的錯誤訊息	+			
新的語法：**for** *x* **in** **values*	+			
棄用 aifc 模組		—		*
棄用 asynchat 和 asyncore 模組		—		*
asyncio.Barrier、asyncio.start_tls()、asyncio.TaskGroup	+			
移除 asyncio.coroutine 裝飾器			X	!
移除 asyncio.loop.create_datagram_endpoint() 的引數 reuse_address			X	!
棄用 asyncio.TimeoutError；使用 TimeoutError		—		*
棄用 audioop 模組		—		*
BaseException.add_note()、BaseException.__notes__ 屬性	+			
移除 binascii.a2b_hqx()、binascii.b2a_hqx()、binascii.rlecode_hqx() 與 binascii.rledecode_hqx()			X	!
移除 binhex 模組			X	!
棄用 cgi 和 cgitb 模組		—		*
棄用 chunk 模組		—		*
concurrent.futures.ProcessPoolExecutor() 的 max_tasks_per_child 引數	+			
棄用 concurrent.futures.TimeoutError；使用內建的 TimeoutError		—		*
contextlib.chdir 情境管理器（改變當前工作目錄，然後恢復它）	+			
棄用 crypt 模組		—		*
dataclasses 會檢查可變的預設值，不允許任何不可雜湊的值（以前允許任何非 dict、list 或 set 的值）				!
datetime.UTC 作為 datetime.timezone.utc 的一個方便的別名	+			
enum.Enum str() 輸出只給出名稱	+			

Python 3.11	新增	棄用	移除	突破性
enum.EnumCheck、enum.FlagBoundary、enum.global_enum() 裝飾器、enum.member() 裝飾器、enum.nonmember() 裝飾器、enum.property、enum.ReprEnum、enum.StrEnum 和 enum.verify()	+			
ExceptionGroups 和 except*	+			
fractions.Fraction 從字串初始化	+			
移除 gettext.l*gettext() 方法			X	!
glob.glob() 與 glob.iglob() 接受選擇性的 include_hidden 引數	+			
hashlib.file_digest()	+			
棄用 imghdr 模組		—		*
移除 inspect.formatargspec() 和 inspect.getargspec()；使用 inspect.signature()			X	!
inspect.getmembers_static()、inspect.ismethodwrapper()	+			
棄用 locale.getdefaultlocale() 和 locale.resetlocale()		—		*
locale.getencoding()	+			
logging.getLevelNamesMapping()	+			
棄用 mailcap 模組		—		*
math.cbrt()（立方根）、math.exp2()（計算 2^n）	+			
棄用 msilib 模組		—		*
棄用 nis 模組		—		*
棄用 nntplib 模組		—		*
operator.call	+			
棄用 ossaudiodev 模組		—		*
棄用 pipes 模組		—		*
re 模式語法支援 *+、++、?+ 與 {m,n}+ 佔有式量詞（possessive quantifiers），以及 (?>...) 原子分組（atomic grouping）。	+			
棄用 re.template()		—		*
棄用 smtpd 模組		—		*
棄用 sndhdr 模組		—		*

Python 3.11	新增	棄用	移除	突破性
棄用 spwd 模組		—		*
sqlite3.Connection.blobopen()、sqlite3.Connection.create_window_function()、sqlite3.Connection.deserialize()、sqlite3.Connection.getlimit()、sqlite3.Connection.serialize()、sqlite3.Connection.setlimit()	+			
棄用 sre_compile、sre_constants 與 sre_parse		—		*
statistics.fmean() 的選擇性 weights 引數	+			
棄用 sunau 模組		—		*
sys.exception()（等同於 sys.exc_info()[1]）	+			
棄用 telnetlib 模組		—		*
time.nanosleep()（僅限類 Unix 系統）	+			
tomllib 的 TOML 剖析器模組	+			
typing.assert_never()、typing.assert_type()、typing.LiteralString、typing.Never、typing.reveal_type()、typing.Self	+			
棄用 typing.Text；使用 str		—		*
typing.TypedDict 的項目可以被標示為 Required 或 NotRequired	+			
棄用 typing.TypedDict(a=int, b=str) 形式		—		*
unicodedata 更新至 Unicode 14.0.0	+			
unittest.enterModuleContext()、unittest.IsolatedAsyncio TestCase.enterAsyncContext()、unittest.TestCase.enterClassContext()、unittest.TestCase.enterContext()	+			
棄用 unittest.findTestCases()、unittest.getTestCaseName() 與 unittest.makeSuite()；使用 unittest.TestLoader 的方法		—		*
棄用 uu 模組		—		*
對於不支援情境管理器協定的物件，**with** 述句現在會提出 TypeError 而不是 AttributeError				!
棄用 xdrlib 模組		—		*

Python 3.11	新增	棄用	移除	突破性
新增了 z 字串格式指定符（string format specifier），用於接近零的值的負號（negative sign）	+			
新增了 `zipfile.ZipFile.mkdir()`	+			

在這裡加上你自己的備註：

索引

※ 提醒您：由於翻譯書籍排版的關係，部分索引內容的對應頁碼會與實際頁碼有一頁之差。

Symbols

A

B

C

D

E

F

G

H

I

J

K

L

M

N

O

P

Q

R

S

T

U

W

X

Y

Z

關於作者

Alex Martelli 已經有 40 多年的程式設計經驗，其中的後半段時間裡主要是用 Python 設計程式。他編寫了《*Python* 技術手冊》的前兩個版本，並與人合作編寫了《*Python Cookbook*》的前兩個版本和《*Python* 技術手冊》的第三個版本。他是 PSF Fellow 和 Core Committer（榮譽的），並因對 Python 社群的貢獻獲得 2002 年的 Activators' Choice Award 和 2006 年 的 Frank Willison Memorial Award。 他 在 Stack Overflow 上很活躍，並經常在技術會議上發言。他和他的妻子 Anna 在 Silicon Valley 生活了 17 年，在這期間一直在 Google 工作，目前是 Google Cloud Tech Support 的 Senior Staff Engineer。

Anna Martelli Ravenscroft 是 PSF Fellow， 也 是 2013 年 Frank Willison Memorial Award 的得主，以表彰她對 Python 社群的貢獻。她與人合著了《*Python Cookbook*》的第二版和《*Python* 技術手冊》的第三版。她是許多 Python 書籍的技術審閱者，並經常在技術會議上發言和主持。Anna 與她的丈夫 Alex、兩隻狗、一隻貓和幾隻雞住在 Silicon Valley。

Steve Holden 對程式設計和社群充滿熱情，從 1967 年開始就與電腦打交道，並在 1995 年開始使用 Python 1.4 版本。此後，他撰寫了關於 Python 的文章，創立了教師指導的培訓，並向國際受眾提供培訓，還為「不情願的 Python 使用者（reluctant Python users）」製作了 40 小時的影片培訓內容。身為 Python Software Foundation 的 Emeritus Fellow，Steve 擔任了八年的基金會理事和三年的主席；他創立了 PyCon，Python 社群的國際系列會議，並因對 Python 社群的服務而被授予 2007 年 Frank Willison Memorial Award。他住在 Hastings, England，在 UK Department for International Trade 擔任 Technical Architect，負責維護和監管貿易環境的系統。

Paul McGuire 已經有 40 多年的程式設計經驗，使用的語言包括 FORTRAN、Pascal、PL/I、COBOL、Smalltalk、Java、C/C++/C# 和 Tcl，2001 年他選擇了 Python 作為主要語言。他是 PSF Fellow，也是流行的 pyparsing 模組以及 littletable 和 plusminus 的作者和維護者。Paul 撰寫了 O'Reilly 的書籍《*Getting Started with Pyparsing*》，並為《*Python Magazine*》撰寫和編輯文章。他還在 PyCon、PyTexas 和 Austin Python User's Group 發表過演講，並活躍在 StackOverflow 上。Paul 現在與他

的妻子和狗住在 Austin, Texas，在 Indeed 工作，擔任 Site Reliability Engineer，幫助人們找到工作！

出版記事

本書封面上的動物是非洲岩蟒（African rock python，學名 *Python sebae*），是世界上最大的六種蛇類之一。牠們原生於撒哈拉以南的非洲，但也可以在世界其他地方找到。牠們可以生活在從溫帶森林和草原到熱帶草原和森林的各種棲息地中，牠們雖然主要生活在地面上，但也是優秀的游泳者和攀爬者，並喜歡生活在有常駐水源的地方。此外，由於大鼠、小鼠和其他害蟲的存在，也可以在人類居住區附近找到牠們的身影。

這種蟒蛇的平均體長在十英尺到十三英尺之間。牠們有大而壯實的身體，上面覆蓋著有色彩的斑點和不規則的條紋，顏色從褐色、橄欖色、栗色、黃色變化到白色都有，並在牠們的腹部變淡。非洲岩蟒有三角形的頭部，頂部有褐色的矛狀花紋，輪廓是黃色。

蟒蛇是無毒的絞殺蛇（nonvenomous constrictor snakes），牠們透過窒息來殺死獵物。當蛇的銳利牙齒抓住並固定住獵物時，蟒蛇長長的身體會繞著獵物的胸部，每次呼氣時都會收緊。非洲岩蟒的食物範圍很廣，包括各種哺乳動物和鳥類，如鼠類、蜥蜴、禿鷹、家禽、狗和山羊。蟒蛇對人類的攻擊極為罕見，只有在被激怒時才會發生。

非洲岩石蟒並未被列為瀕危物種，但由於棲息地喪失、狩獵和寵物貿易，牠們的物種受到了威脅。O'Reilly 書籍封面上的許多動物都面臨瀕臨絕種的危機；牠們都是這個世界重要的一份子。

封面圖片由 Karen Montgomery 根據 Dover Pictorial Archive 的一幅 19 世紀黑白版畫繪製而成。

Python 技術手冊 第四版

作　　者：Alex Martelli, Anna Martelli Ravenscroft
Steve Holden, Paul McGuire
譯　　者：黃銘偉
企劃編輯：蔡彤孟
文字編輯：王雅雯
設計裝幀：陶相騰
發 行 人：廖文良

發 行 所：碁峰資訊股份有限公司
地　　址：台北市南港區三重路 66 號 7 樓之 6
電　　話：(02)2788-2408
傳　　真：(02)8192-4433
網　　站：www.gotop.com.tw
書　　號：A749
版　　次：2023 年 11 月初版
建議售價：NT$1,200

國家圖書館出版品預行編目資料

精實執行：精實創業指南 / Alex Martelli, Anna Martelli Ravenscroft, Steve Holden, Paul McGuire 原著；黃銘偉譯. -- 初版. -- 臺北市：碁峰資訊, 2023.11
面；　公分
譯自：Python in a Nutshell: a desktop quick reference, 4th ed.
ISBN 978-626-324-664-5(平裝)
1.CST：Python(電腦程式語言)
312.32P97　　112017025